考研必备

2024 年李正元·范培华考研数学

U0731015

数学

数学二

历年试题解析

主编　北　京　大　学　李正元
　　　北　京　大　学　尤承业

中国政法大学出版社

2023·北京

声　　明　　1．版权所有，侵权必究。

　　　　　　2．如有缺页、倒装问题，由出版社负责退换。

图书在版编目（ＣＩＰ）数据

考研数学数学历年试题解析. 数学二/李正元，尤承业主编.—北京：中国政法大学出版社，2023.1
ISBN 978-7-5764-0793-8

Ⅰ．①考… Ⅱ．①李… ②尤… Ⅲ．①高等数学－研究生－入学考试－题解 Ⅳ．①013-44

中国版本图书馆 CIP 数据核字(2022)第 257872 号

出 版 者	中国政法大学出版社
地　　址	北京市海淀区西土城路 25 号
邮寄地址	北京 100088 信箱 8034 分箱　邮编 100088
网　　址	http://www.cuplpress.com （网络实名：中国政法大学出版社）
电　　话	010-58908285(总编室) 58908433 （编辑部） 58908334(邮购部)
承　　印	三河市燕山印刷有限公司
开　　本	787mm×1092mm　1/16
印　　张	21
字　　数	335 千字
版　　次	2023 年 1 月第 1 版
印　　次	2023 年 1 月第 1 次印刷
定　　价	69.80 元

前　言

（一）

对于数学考试而言,试卷本身就是一份量表,它是《数学考试大纲》规定的考试内容和考试要求的具体体现。全国硕士研究生数学招生考试统考试题是广大数学教师及参加命题的专家、教授智慧和劳动的结晶,是一份宝贵的资料。每一道试题,既反映了《数学考试大纲》对考生数学知识、能力和水平的要求,又蕴涵着命题的指导思想、基本原则和趋势,因此,对照《数学考试大纲》分析、研究这些试题不仅可以展示出统考以来数学考试的全貌,便于广大考生了解有关试题和信息,从中发现规律,归纳出每部分内容的重点、难点及常考的题型,进一步把握考试的特点及命题的思路和规律,而且通过反复做历年试题,发现问题,找出差距,以便广大考生能及时查漏补缺,通过研究历年试题,也便于广大考生明确复习方向,从而从容应考,轻取高分。

（二）

本书汇集了 2008 年～2023 年全国硕士研究生招生统考数学二试题,而且对所有试题均给出了详细解答,并尽量做到一题多解。有很多试题的解法是我们几位编者从事教学和考研辅导研究总结出来的,具有独到之处。其中有些试题的解法比标准答案的解法更简捷、更省时省力。本书在对历年考研数学试题逐题解答的基础上,每题都给出了分析或评注,不仅对每题所考知识点或难点进行了分析,而且对各种题型的解法进行了归纳总结,使考生能举一反三,触类旁通;同时通过具体试题,指出了考生在解题过程中出现的有关问题和典型错误,并点评错因,提醒考生引以为戒。

本书把历年考研数学二试题依据考试大纲的顺序,按试题考查内容分章,这样与考生复习数学的顺序保持一致,便于考生系统复习使用。每章按以下内容编写:

编者按——总体说明历年试题在本章所考查的重要知识点、常考题型及所占总分比例,便于考生在宏观上把握重点。

题型分类解析——将历年同一内容的试题归纳在一起,并进行详细解答。这样便于考生复习该部分内容时了解到:该内容考过什么样的题目,是从哪个角度来命制题的,并常与哪些知识点联系起来命题等等,从而能让广大考生掌握考研数学试题的广度和深度,并在复习时能明确目标,做到心中有数。同时把历年同一内容的试题放在一起,能让广大考生抓住近几年考题与往年考题的某种特殊联系(类似或雷同),并且能清楚地查出哪些知识点还未命题考查。另外,为了帮助考数学二的考生更全更好地了解相关内容的命题情况,**本书精选了数学一、三以及原数学四相关内容的典型考题(含解答)**,同时也精选了2001年(含)以前数学二相关内容的典型考题(含解答),供将要备考数学二的考生参考并复习之用。因此本书这种独特编排体例有助于广大考生科学备考。

综述——每种题型后都归纳总结该题型解题思路、方法和技巧,并举例说明。

(三)

本书给准备报考研究生的考生提供了锻炼自己解题能力和测验自己数学水平的机会。编者建议准备报考研究生的考生在阅读本书时,应先看《数学考试大纲》,以便明确考试的有关要求,接着去认真阅读有关教材和参考书(推荐考生认真阅读由中国政法大学出版社出版的《考研数学复习全书(数学二)》,该书对考试大纲中所要求的基本概念、基本公式、基本定理讲解详细,各类题型的解题思路、方法和技巧归纳到位,与考研命题思路较吻合),复习完后,再来看本书的试题,以检验自己的水平。在看本书试题时,应该先自己动手做题,然后将自己所得的结果与本书的解法加以比较,看哪些自己做对了,哪些自己做错了,为什么会做错,可以与你的同学、同事和老师研讨。建议考生把本书中的全部试题做2~3遍,直到对所有的题目一见到就能够熟练地、正确地解答出来的程度。

本书在编写、编辑和出版过程中,尽管我们抱着对广大考生认真负责的精神,高质量、严要求,但由于时间紧、任务重,加上我们水平有限,难免有许多不足、不尽人意之处。敬请广大读者和专家同行不吝赐教、批评指正。

祝广大考生复习顺利,考研成功!

编者

2023年2月

目　录

第三篇　2008～2022 年考研数学二试题分类解析

录　目

第一篇　2023 年考研数学二试题及答案与解析

一、选择题:1～10 小题,每小题 5 分,共 50 分,下列每题给出的四个选项中,只有一个选项是符合题目要求的,请将所选选项前的字母填在答题卡指定位置.

(1) $y = x\ln\left(e + \dfrac{1}{x-1}\right)$ 的斜渐近线方程是

(A) $y = x + e$ 　　(B) $y = x + \dfrac{1}{e}$ 　　(C) $y = x$ 　　(D) $y = x - \dfrac{1}{e}$

【　　】

(2) 函数 $f(x) = \begin{cases} \dfrac{1}{\sqrt{1+x^2}}, & x \le 0 \\ (x+1)\cos x, & x > 0 \end{cases}$ 的原函数为

(A) $F(x) = \begin{cases} \ln(\sqrt{1+x^2} - x), & x \le 0 \\ (x+1)\cos x - \sin x, & x > 0 \end{cases}$ 　　(B) $F(x) = \begin{cases} \ln(\sqrt{1+x^2} - x) + 1, & x \le 0 \\ (x+1)\cos x - \sin x, & x > 0 \end{cases}$

(C) $F(x) = \begin{cases} \ln(\sqrt{1+x^2} - x), & x \le 0 \\ (x+1)\sin x + \cos x, & x > 0 \end{cases}$ 　　(D) $F(x) = \begin{cases} \ln(\sqrt{1+x^2} + x) + 1, & x \le 0 \\ (x+1)\sin x + \cos x, & x > 0 \end{cases}$

【　　】

(3) 设数列 $\{x_n\}$,$\{y_n\}$ 满足 $x_1 = y_1 = \dfrac{1}{2}$,$x_{n+1} = \sin x_n$,$y_{n+1} = y_n^2$,当 $n \to \infty$ 时

(A) x_n 是 y_n 的高阶无穷小　　　　(B) y_n 是 x_n 的高阶无穷小

(C) x_n 是 y_n 的等价无穷小　　　　(D) x_n 是 y_n 的同阶但非等价无穷小

【　　】

(4) 已知微分方程 $y'' + ay' + by = 0$ 的解在 $(-\infty, +\infty)$ 上有界,则 a,b 的取值范围为

(A) $a < 0, b > 0$ 　　　　(B) $a > 0, b > 0$

(C) $a = 0, b > 0$ 　　　　(D) $a = 0, b < 0$

【　　】

(5) 设函数 $y = f(x)$ 由 $\begin{cases} x = 2t + |t| \\ y = |t|\sin t \end{cases}$ 确定,则

(A) $f(x)$ 连续,$f'(0)$ 不存在　　　　(B) $f'(0)$ 不存在,$f(x)$ 在 $x = 0$ 处不连续

(C) $f'(x)$ 连续,$f''(0)$ 不存在　　　　(D) $f''(0)$ 存在,$f''(x)$ 在 $x = 0$ 处不连续

【　　】

(6) 若函数 $f(\alpha) = \displaystyle\int_2^{+\infty} \dfrac{1}{x(\ln x)^{\alpha+1}} dx$ 在 $\alpha = \alpha_0$ 处取得最小值,则 $\alpha_0 =$

(A) $-\dfrac{1}{\ln(\ln 2)}$ 　　(B) $-\ln(\ln 2)$ 　　(C) $-\dfrac{1}{\ln 2}$ 　　(D) $\ln 2$

【　　】

(7) 设函数 $f(x) = (x^2 + a)e^x$,若 $f(x)$ 没有极值点,但曲线 $y = f(x)$ 有拐点,则 a 的取值范围是

(A) $[0,1)$　　　(B) $[1,+\infty)$　　　(C) $[1,2)$　　　(D) $[2,+\infty)$

【　　】

(8) 设 A,B 为 n 阶可逆矩阵，E 为 n 阶单位矩阵，M^* 为矩阵 M 的伴随矩阵，则 $\begin{pmatrix} A & E \\ O & B \end{pmatrix}^* =$

(A) $\begin{pmatrix} |A|B^* & -B^*A^* \\ 0 & A^*B^* \end{pmatrix}$　　　　(B) $\begin{pmatrix} |A|B^* & -A^*B^* \\ 0 & |B|A^* \end{pmatrix}$

(C) $\begin{pmatrix} |B|A^* & -B^*A^* \\ 0 & |A|B^* \end{pmatrix}$　　　　(D) $\begin{pmatrix} |B|A^* & -A^*B^* \\ 0 & |A|B^* \end{pmatrix}$

【　　】

(9) 二次型 $f(x_1,x_2,x_3) = (x_1+x_2)^2 + (x_1+x_3)^2 - 4(x_2-x_3)^2$ 的规范形为

(A) $y_1^2 + y_2^2$　　　(B) $y_1^2 - y_2^2$

(C) $y_1^2 + y_2^2 - 4y_3^2$　　　　(D) $y_1^2 + y_2^2 - y_3^2$

【　　】

(10) 已知向量 $\alpha_1 = \begin{pmatrix} 1 \\ 2 \\ 3 \end{pmatrix}, \alpha_2 = \begin{pmatrix} 2 \\ 1 \\ 1 \end{pmatrix}, \beta_1 = \begin{pmatrix} 2 \\ 5 \\ 9 \end{pmatrix}, \beta_2 = \begin{pmatrix} 1 \\ 0 \\ 1 \end{pmatrix}$，若 γ 既可由 α_1,α_2 线性表示，也可由 β_1,β_2

线性表示，则 $\gamma =$

(A) $k\begin{pmatrix} 3 \\ 3 \\ 4 \end{pmatrix}, k \in R$　(B) $k\begin{pmatrix} 3 \\ 5 \\ 10 \end{pmatrix}, k \in R$　(C) $k\begin{pmatrix} -1 \\ 1 \\ 2 \end{pmatrix}, k \in R$　(D) $k\begin{pmatrix} 1 \\ 5 \\ 8 \end{pmatrix}, k \in R$

【　　】

二、填空题：11 ～ 16 小题，每小题 5 分，共 30 分.

(11) 当 $x \to 0$ 时，函数 $f(x) = ax + bx^2 + \ln(1+x)$ 与 $g(x) = e^{x^2} - \cos x$ 是等价无穷小，则 $ab = \underline{\qquad}$.

(12) 曲线 $y = \int_{-\sqrt{3}}^{x} \sqrt{3-t^2}\,dt$ 的弧长为 $\underline{\qquad}$.

(13) 设函数 $z = z(x,y)$ 由 $e^z + xz = 2x - y$ 确定，则 $\left.\dfrac{\partial^2 z}{\partial^2 x}\right|_{(1,1)} = \underline{\qquad}$.

(14) 曲线 $3x^3 = y^5 + 2y^3$ 在 $x = 1$ 对应点处的法线斜率为 $\underline{\qquad}$.

(15) 设连续函数 $f(x)$ 满足：$f(x+2) - f(x) = x$，$\int_0^2 f(x)\,dx = 0$，则 $\int_1^3 f(x)\,dx = \underline{\qquad}$.

(16) 已知线性方程组 $\begin{cases} ax_1 + x_3 = 1 \\ x_1 + ax_2 + x_3 = 0 \\ x_1 + 2x_2 + ax_3 = 0 \\ ax_1 + bx_2 = 2 \end{cases}$ 有解，其中 a,b 为常数，若 $\begin{vmatrix} a & 0 & 1 \\ 1 & a & 1 \\ 1 & 2 & a \end{vmatrix} = 4$ 则

$\begin{vmatrix} 1 & a & 1 \\ 1 & 2 & a \\ a & b & 0 \end{vmatrix} = \underline{\qquad}$.

三、解答题：17 ～ 22 小题，共 70 分. 解答应写出文字说明、证明过程或演算步骤.

(17)（本题满分 10 分）

设曲线 $L: y = y(x)\ (x > e)$ 经过点 $(e^2, 0)$，L 上任一点 $P(x,y)$ 到 y 轴的距离等于该点处的切线在 y 轴上的截距，

（Ⅰ）求 $y(x)$.

（Ⅱ）在 L 上求一点,使该点的切线与两坐标轴所围三角形面积最小,并求此最小面积.

(18)（本题满分 12 分）

求函数 $f(x,y) = xe^{\cos y} + \dfrac{x^2}{2}$ 的极值.

(19)（本题满分 12 分）

已知平面区域 $D = \left\{ (x,y) \,\Big|\, 0 \leqslant y \leqslant \dfrac{1}{x\sqrt{1+x^2}}, x \geqslant 1 \right\}$,

（Ⅰ）求 D 的面积.

（Ⅱ）求 D 绕 x 轴旋转所成旋转体的体积.

(20)（本题满分 12 分）

设平面有界区域 D 位于第一象限,由曲线 $x^2 + y^2 - xy = 1$, $x^2 + y^2 - xy = 2$ 与直线 $y = \sqrt{3}x$, $y = 0$ 围成,计算 $\displaystyle\iint_D \dfrac{1}{3x^2 + y^2} dxdy$.

(21)（本题满分 12 分）

设函数 $f(x)$ 在 $[-a,a]$ 上具有 2 阶连续导数,证明:

（Ⅰ）若 $f(0) = 0$,则存在 $\xi \in (-a,a)$,使得 $f''(\xi) = \dfrac{1}{a^2}[f(a) + f(-a)]$.

（Ⅱ）若 $f(x)$ 在 $(-a,a)$ 内取得极值,则存在 $\eta \in (-a,a)$ 使得 $|f''(\eta)| \geqslant \dfrac{1}{2a^2}|f(a) - f(-a)|$.

(22)（本题满分 12 分）

设矩阵 A 满足:对任意 x_1,x_2,x_3 均有 $A\begin{pmatrix} x_1 \\ x_2 \\ x_3 \end{pmatrix} = \begin{pmatrix} x_1 + x_2 + x_3 \\ 2x_1 - x_2 + x_3 \\ x_2 - x_3 \end{pmatrix}$

（Ⅰ）求 A;

（Ⅱ）求可逆矩阵 P 与对角矩阵 Λ,使得 $P^{-1}AP = \Lambda$.

2023 年考研数学二试题答案与解析

一、选择题

(1)【分析】 先求斜渐近线的斜率

$$k = \lim_{x \to \infty} \frac{y}{x} = \lim_{x \to \infty} \ln\left(e + \frac{1}{x-1}\right) = \ln e = 1,$$

再求截距

$$\begin{aligned}
b &= \lim_{x \to \infty}(y - x) = \lim_{x \to \infty} x\left[\ln\left(e + \frac{1}{x-1}\right) - 1\right] \\
&= \lim_{x \to \infty} x\left[\ln e\left(1 + \frac{1}{e(x-1)}\right) - 1\right] = \lim_{x \to \infty} x\ln\left(1 + \frac{1}{e(x-1)}\right) \\
&= \lim_{x \to \infty} \frac{x}{e(x-1)} = \frac{1}{e}
\end{aligned}$$

其中 $\ln\left(1 + \dfrac{1}{e(x-1)}\right) \sim \dfrac{1}{e(x-1)}(x \to \infty)$，用了等价无穷小因子替换.

斜渐近线是 $y = x + \dfrac{1}{e}$.

选（B）

---

(2)【分析】 这是求分段函数的原函数.

方法 1 用变限积分法求得 $f(x)$ 的一个原函数.

$$F_0(x) = \int_0^x f(t)\,\mathrm{d}t$$

$x \leqslant 0$ 时，$F_0(x) = \displaystyle\int_0^x \frac{\mathrm{d}t}{\sqrt{1+t^2}} = \ln(\sqrt{1+x^2} + x)$

$x > 0$ 时，$F_0(x) = \displaystyle\int_0^x (t+1)\cos t\,\mathrm{d}t = \int_0^x (t+1)\,\mathrm{d}\sin t = (x+1)\sin x - \int_0^x \sin t\,\mathrm{d}t$

$\qquad\qquad\qquad = (x+1)\sin x + \cos x - 1.$

$F(x) = F_0(x) + 1$ 是 $f(x)$ 的一个原函数即（D）中所示.

选（D）

方法 2 用连续拼接法求出

$$\int \frac{1}{\sqrt{1+x^2}}\mathrm{d}x = \ln(\sqrt{1+x^2} + x) + c_1 \ (x \leqslant 0)$$

$$\int (x+1)\cos x\,\mathrm{d}x = \int (x+1)\,\mathrm{d}\sin x = (x+1)\sin x - \int \sin x\,\mathrm{d}x$$

$$\qquad\qquad\qquad\qquad = (x+1)\sin x + \cos x + c_2 \ (x > 0)$$

现将它们连续拼接得 $f(x)$ 的一个原函数

$$F(x) = \begin{cases} \ln(\sqrt{1+x^2} + x) + 1 & (x \leqslant 0) \\ (x+1)\sin x + \cos x & (x > 0) \end{cases}$$

（当 $c_1 = 1$ 时，必取 $c_2 = 0$，在 $x = 0$ 处它们才同取值为 1），选（D）.

注：作为选择题，我们可直接验证.

$F(x)$ 是原函数，必是连续函数，对于（A），（C）$F(x)$ 在 $x = 0$ 不连续（两段表达式在 $x = 0$ 处不相等),对于(B).

$((x+1)\cos x - \sin x)' = -(x+1)\sin x \neq (x+1)\cos x.$ 故(A),(B),(C)被排除,选(D).

(3)【分析】 按题意 x_n, y_n 均为无穷小.

因为 $y_{n+1} = y_n^2, y_1 = \dfrac{1}{2}$,易归纳证得 $y_n = \left(\dfrac{1}{2}\right)^{2^{n-1}}$.

我们猜想 y_n 是 x_n 的高阶无穷小,为证此事实,需要估计 $\dfrac{y_n}{x_n}$(这里 x_n 与 y_n 均取正值)

$y = \sin x$ 在 $\left[0, \dfrac{\pi}{2}\right]$ 是凸函数,所以 $\sin x > \dfrac{2}{\pi}x$ ($x \in (0, \dfrac{\pi}{2})$)

$x_{n+1} = \sin x_n > \dfrac{2}{\pi}x_n, x_2 > \dfrac{2}{\pi} \cdot \dfrac{1}{2} = \dfrac{2^0}{\pi}, x_3 > \dfrac{2}{\pi}x_2 > \dfrac{2^1}{\pi^2}$,可归纳证得

$x_n > \dfrac{2^{n-2}}{\pi^{n-1}} = \dfrac{1}{2}\left(\dfrac{2}{\pi}\right)^{n-1}$,

又 $y_n < \left(\dfrac{1}{2}\right)^{n-1}$,所以

$$0 < \dfrac{y_n}{x_n} < \dfrac{\left(\dfrac{1}{2}\right)^{n-1}}{\dfrac{1}{2}\left(\dfrac{2}{\pi}\right)^{n-1}} = 2\left(\dfrac{\pi}{4}\right)^{n-1}$$

因此 $\lim\limits_{n \to +\infty} \dfrac{y_n}{x_n} = 0, y_n$ 是 x_n 的高阶无穷小. 选(B).

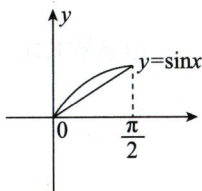

> 评注1 对任意数列 $\{a_n\}$,若满足 $|a_{n+1}| \leq k|a_n|(n=1,2,3,\cdots)$,其中 $0 < k < 1$,则 $\lim\limits_{n \to +\infty} a_n = 0$.
>
> 因为 $|a_{n+1}| \leq k|a_n| \leq k^2|a_{n-1}| \leq \cdots \leq k^n|a_1|$.
>
> 因为 $x_{n+1} = \sin x_n > \dfrac{2}{\pi}x_n > 0 (n=1,2,\cdots), 0 < y_{n+1} \leq \dfrac{1}{2}y_n$
>
> 所以 $0 < \dfrac{y_{n+1}}{x_{n+1}} \leq \dfrac{\pi}{4}\dfrac{y_n}{x_n}(n=1,2,\cdots)$,其中 $0 < \dfrac{\pi}{4} < 1$,所以 $\lim\limits_{n \to +\infty}\dfrac{y_n}{x_n} = 0$
>
> 评注2 由 $x_{n+1} = \sin x_n(n=1,2,\cdots), x_1 = \dfrac{1}{2}$,可知 $x_n \in \left[0, \dfrac{\pi}{2}\right]$,$\{x_n\}$ 单调下降有下界(0),于是∃极限 $\lim\limits_{n \to +\infty} x_n = a, a = \sin a$,该方程有唯一解 $a = 0$,因此 $\lim\limits_{n \to +\infty} x_n = 0$.

(4)【分析】 二阶线性常系数齐次微分方程

$$y'' + ay' + by = 0$$

特征方程 $\lambda^2 + a\lambda + b = 0$

特征根 $\lambda_{1,2} = \dfrac{-a \pm \sqrt{a^2 - 4b}}{2}$

它的通解有下列情形:

1° λ_1, λ_2 为相异实根: $y = c_1 e^{\lambda_1 x} + c_2 e^{\lambda_2 x}$,在 $(-\infty, +\infty)$ 一定无界.

2° $\lambda_1 = \lambda_2$ 为等实根: $y = e^{\lambda_1 x}(c_1 x + c_2)$,在 $(-\infty, +\infty)$ 一定无界.

3° $\lambda_{1,2} = \alpha \pm i\beta$ 为共轭复根: $y = e^{\alpha x}(c_1 \cos \beta x + c_2 \sin \beta x)$ 当 $\alpha \neq 0$ 时在 $(-\infty, +\infty)$ 也一定无

界,仅当 $\alpha=0$ 时,即特征根为纯虚根时该方程的所有解在 $(-\infty,+\infty)$ 有界,此时 $a=0,a^2-4b<0$,即 $b>0$,

因此选(C).

---

(5)【分析】 这是由参数式定义的函数 $f(x)$

当 $t\leqslant 0$ 时 $\begin{cases} x=t \\ y=-t\sin t \end{cases}$,$t\geqslant 0$ 时 $\begin{cases} x=3t \\ y=t\sin t \end{cases}$

函数 $y=f(x)$ 是连续的,并注意

$$x>0\Leftrightarrow t>0,x=0\Leftrightarrow t=0,x<0\Leftrightarrow t<0.$$

由参数式求导法

$$f'(x)=\frac{\mathrm{d}y}{\mathrm{d}x}=\frac{y'_t}{x'_t}=\begin{cases} -\sin t-t\cos t,t<0 \\ \dfrac{1}{3}(\sin t+t\cos t),t>0 \end{cases}$$

现求

$$\lim_{x\to 0^+}f'(x)=\lim_{t\to 0^+}\frac{1}{3}(\sin t+t\cos t)=0$$

$$\lim_{x\to 0^-}f'(x)=\lim_{t\to 0^-}(-\sin t-t\cos t)=0$$

又 $f(x)$ 在 $x=0$ 连续,故 $f'_+(0)=0,f'_-(0)=0$,$f'(0)=0$

同时也得到 $f'(x)$ 在 $x=0$ 连续,因此 $f'(x)$ 连续

还必须考察 $f''(0)$,按定义

$$f''_+(0)=\lim_{x\to 0^+}\frac{f'(x)-f'(0)}{x}=\lim_{t\to 0^+}\frac{\dfrac{1}{3}(\sin t+t\cos t)}{3t}=\frac{2}{9}$$

$$f''_-(0)=\lim_{x\to 0^-}\frac{f'(x)-f'(0)}{x}=-\lim_{t\to 0^-}\frac{\sin t+t\cos t}{t}=-2$$

故 $f''(0)$ 不存在. 因此选(C)

---

(6)【分析】 函数 $f(x)$ 由无穷积分定义的,先求它的定义域与表达式

$$f(x)=\int_2^{+\infty}\frac{\mathrm{d}\ln x}{(\ln x)^{\alpha+1}}=\int_{\ln 2}^{+\infty}\frac{\mathrm{d}t}{t^{\alpha+1}}$$

当 $\alpha+1>1$,即 $\alpha>0$ 时该积分收敛,否则是发散的.

$\alpha>0$ 时

$$f(\alpha)=-\frac{1}{\alpha}t^{-\alpha}\Big|_{\ln 2}^{+\infty}=\frac{1}{\alpha(\ln 2)^\alpha}$$

求导得驻点

$$f'(\alpha)=-\frac{(\ln 2)^\alpha+\alpha(\ln 2)^\alpha\ln\ln 2}{\alpha^2(\ln 2)^{2\alpha}}=-\frac{\alpha+\dfrac{1}{\ln\ln 2}}{\alpha^2(\ln 2)^\alpha}\ln\ln 2=0$$

得唯一驻点

$$\alpha_0=-\frac{1}{\ln\ln 2}$$

按题意,此函数在 $(0,+\infty)$ 有最小值,必在唯一驻点 $\alpha=\alpha_0$ 取到,选(A).

评注1 由 $f'(\alpha)$ 可分析单调性:
$$f'(\alpha) = -\dfrac{\alpha + \dfrac{1}{\ln\ln 2}}{\alpha^2 (\ln 2)^\alpha} \ln\ln 2 \begin{cases} < 0 & (\alpha < \alpha_0) \\ = 0 & (\alpha = \alpha_0) \\ > 0 & (\alpha > \alpha_0) \end{cases}$$

其中 $\alpha_0 = -\dfrac{1}{\ln\ln 2}$,所以 $f(x)$ 在 $(0, +\infty)$ 有最小值并在 $\alpha = \alpha_0$ 取到.

评注2 $f(\alpha)$ 在 $(0, +\infty)$ 可导,有唯一驻点 $\alpha = \alpha_0$,又
$$\lim_{\alpha \to 0^+} f(\alpha) = +\infty, \quad \lim_{\alpha \to +\infty} f(\alpha) = +\infty$$

则 $f(\alpha)$ 在 $(0, +\infty)$ 一定有最小值,并在唯一驻点 $\alpha = \alpha_0$ 取到最小值.

(7)【分析】 $f(x) = (x^2 + a)e^x$,
$$f'(x) = (x^2 + 2x + a)e^x = [(x+1)^2 + a - 1]e^x. \qquad ①$$
$$f''(x) = (x^2 + 4x + a + 2)e^x = [(x+2)^2 + a - 2]e^x. \qquad ②$$

由①知,$a - 1 \geqslant 0$,即 $a \geqslant 1$ 时 $f(x)$ 没有极值点,($a < 1$ 时,$f(x)$ 有驻点,且驻点两侧 $f'(x)$ 异号,一定是极值点).

由②知,$a - 2 < 0$,即 $a < 2$ 时 $f''(x)$ 有零点,且在零点两侧 $f''(x)$ 异号,故为拐点.($a \geqslant 2$ 时,$f''(x)$ 无零点,或零点两侧 $f''(x)$ 不变号,故 $y = f(x)$ 无拐点)

因此 a 的取值范围是 $[1, 2)$,选(C).

---

(8)【分析】利用公式 $M^* = |M|M^{-1}$ 计算 M^*.

先求 $\begin{pmatrix} A & E \\ O & B \end{pmatrix}^{-1}$

$$\left(\begin{array}{cc|cc} A & E & E & O \\ O & B & O & E \end{array}\right) \to \left(\begin{array}{cc|cc} A & O & E & -B^{-1} \\ O & B & O & E \end{array}\right) \to \left(\begin{array}{cc|cc} E & O & A^{-1} & -A^{-1}B^{-1} \\ O & E & O & B^{-1} \end{array}\right)$$

$$\begin{pmatrix} A & E \\ O & B \end{pmatrix}^{-1} = \begin{pmatrix} A^{-1} & -A^{-1}B^{-1} \\ O & B^{-1} \end{pmatrix}$$

$$\begin{pmatrix} A & E \\ O & B \end{pmatrix}^* = \begin{pmatrix} A & E \\ O & B \end{pmatrix}\begin{pmatrix} A & E \\ O & B \end{pmatrix}^{-1} = |A||B|\begin{pmatrix} A^{-1} & -A^{-1}B^{-1} \\ O & B^{-1} \end{pmatrix}$$

$$= \begin{pmatrix} |B|A^* & -A^*B^* \\ O & |A|B^* \end{pmatrix}$$

故选 D.

---

(9)【解析】 由已知 $f(x_1, x_2, x_3) = 2x_1^2 - 3x_2^2 - 3x_3^2 + 2x_1x_2 + 2x_1x_3 + 8x_2x_3$,

则其对应的矩阵 $A = \begin{pmatrix} 2 & 1 & 1 \\ 1 & -3 & 4 \\ 1 & 4 & -3 \end{pmatrix}$

由 $|\lambda E - A| = \begin{vmatrix} \lambda - 2 & -1 & -1 \\ -1 & \lambda + 3 & -4 \\ -1 & -4 & \lambda + 3 \end{vmatrix} = \lambda(\lambda + 7)(\lambda - 3) = 0$,得 A 的特征值为 $3, -7, 0$

故选(B).

(10)【解析】 设 $\gamma = x_1\beta_1 + x_2\beta_2$，则 $\gamma(\alpha_1, \alpha_2, x_1\beta_1 + x_2\beta_2) = \gamma(\alpha_1, \alpha_2)$

$$(\alpha_1, \alpha_2, x\beta_1 + y\beta_2) = \begin{pmatrix} 1 & 2 & 2x_1 + x_2 \\ 2 & 1 & 5x_1 \\ 3 & 1 & 9x_1 + x_2 \end{pmatrix} \rightarrow \begin{pmatrix} 1 & 2 & 2x_1 + x_2 \\ 0 & 1 & -x_1 \\ 0 & 0 & x_1 + x_2 \end{pmatrix}$$

得 $x_2 = -x_1$，

$$\gamma = k(\beta_1 - \beta_2) = k\begin{pmatrix} 1 \\ 5 \\ 8 \end{pmatrix}, k \in R.$$

故选（D）.

二、填空题

(11)【分析】 这是由 $\lim\limits_{x \to 0}\dfrac{f(x)}{g(x)} = 1$ 求出常数 a 与 b.

方法1 用泰勒公式是方便的.

$$\lim_{x \to 0}\frac{f(x)}{g(x)} = \lim_{x \to 0}\frac{ax + bx^2 + x - \frac{1}{2}x^2 + o(x^2)}{(1 + x^2) - \left(1 - \frac{1}{2}x^2\right) + o(x^2)}$$

$$= \lim_{x \to 0}\frac{(a+1)x + (b - \frac{1}{2})x^2 + o(x^2)}{\frac{3}{2}x^2 + o(x^2)} = 1$$

由此得 $a + 1 = 0, a = -1; b - \dfrac{1}{2} = \dfrac{3}{2}, b = 2$，因此 $ab = -2$

方法2 （不会用泰勒公式）

因为 $e^{x^2} - 1 \sim x^2, 1 - \cos x \sim \dfrac{1}{2}x^2 \ (x \to 0)$

所以

$$\lim_{x \to 0}\frac{e^{x^2} - \cos x}{x^2} = \lim_{x \to 0}\frac{(e^{x^2} - 1) - (\cos x - 1)}{x^2} = 1 + \frac{1}{2} = \frac{3}{2}$$

即

$$e^{x^2} - \cos x \sim \frac{3}{2}x^2$$

于是

$$\lim_{x \to 0}\frac{f(x)}{g(x)} = \lim_{x \to 0}\frac{ax + bx^2 + \ln(1 + x)}{\frac{3}{2}x^2}$$

$$= \frac{b}{3} + \lim_{x \to 0}\frac{ax + \ln(1 + x)}{\frac{3}{2}x^2} = \frac{b}{3} + \lim_{x \to 0}\frac{a + \frac{1}{1 + x}}{3x}$$

$$= \frac{2}{3}b + \lim_{x \to 0}\frac{(a + 1) + ax}{3(1 + x)x} \xlongequal{a = -1} \frac{2}{3}b + \frac{a}{3} = 1$$

（若 $a \neq 1$，该极限为 ∞）.

因此，$a = -1, b = 2, ab = -2$.

(12)【分析】 曲线为 $y = \int_{-\sqrt{3}}^{x} \sqrt{3 - t^2}\,\mathrm{d}t\ (-\sqrt{3} \leqslant x \leqslant \sqrt{3})$

按弧长计算公式:

$$\text{弧长}\ l = \int_{-\sqrt{3}}^{\sqrt{3}} \sqrt{1 + y'^2}\,\mathrm{d}x = \int_{-\sqrt{3}}^{\sqrt{3}} \sqrt{1 + (3 - x^2)}\,\mathrm{d}x$$

$$= 2\int_{0}^{\sqrt{3}} \sqrt{4 - x^2}\,\mathrm{d}x$$

作变量替换:$x = 2\sin t\ \left(0 \leqslant t \leqslant \dfrac{\pi}{3}\right)$,

$$l = 2\int_{0}^{\frac{\pi}{3}} \sqrt{4(1 - \sin^2 t)} \cdot 2\cos t\,\mathrm{d}t$$

$$= 8\int_{0}^{\frac{\pi}{3}} \cos^2 t\,\mathrm{d}t = 4\int_{0}^{\frac{\pi}{3}} (1 + \cos 2t)\,\mathrm{d}t$$

$$= 4\left(\frac{\pi}{3} + \frac{1}{2}\sin 2t\ \Big|_{0}^{\frac{\pi}{3}}\right) = 4\left(\frac{\pi}{3} + \frac{\sqrt{3}}{4}\right) = \frac{4}{3}\pi + \sqrt{3}$$

评注 按定积分几何意义,$\int_{0}^{\sqrt{3}} \sqrt{4 - x^2}\,\mathrm{d}x$ 是半径为 2 的半圆中阴影部

分的面积:它由两部分组成,一是圆心角为 $\dfrac{\pi}{3}$ 的扇形的面积:

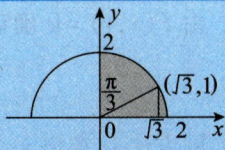

$$S_1 = \frac{1}{6}\pi \times 2^2 = \frac{2}{3}\pi$$

另一部分是直角三角形的面积

$$S_2 = \frac{1}{2} \times \sqrt{3} \times 1 = \frac{\sqrt{3}}{2}$$

因此 $\quad l = 2(S_1 + S_2) = 2\left(\frac{2}{3}\pi + \frac{\sqrt{3}}{2}\right) = \frac{4}{3}\pi + \sqrt{3}$

(13)【分析】 这是隐函数 $z = z(x, y)$,求 $\dfrac{\partial^2 z}{\partial x^2}\Big|_{(1,1)}$

在方程 $\mathrm{e}^z + xz = 2x - y$ ①中,

令 $x = 1, y = 1$ 得 $\mathrm{e}^z + z = 1$,它有唯一解 $z = 0$($\mathrm{e}^z + z$ 对 z 单调上升),所以 $z(1,1) = 0$.

$z = z(x, y)$,现将①式两边对 x 求导,得

$$\mathrm{e}^z \frac{\partial z}{\partial x} + z + x\frac{\partial z}{\partial x} = 2$$

$$(\mathrm{e}^z + x)\frac{\partial z}{\partial x} + z = 2 \quad ②$$

令 $x = 1, y = 1$,得 $\dfrac{\partial z}{\partial x}\Big|_{(1,1)} = 1$

再将②式两边对 x 求导得

$$(\mathrm{e}^z + x)\frac{\partial^2 z}{\partial x^2} + \left(\mathrm{e}^z \frac{\partial z}{\partial x} + 1\right)\frac{\partial z}{\partial x} + \frac{\partial z}{\partial x} = 0$$

令 $x = 1, y = 1$ 得

$$2\frac{\partial^2 z}{\partial x^2}\Big|_{(1,1)} + 2 + 1 = 0, \frac{\partial^2 z}{\partial x^2}\Big|_{(1,1)} = -\frac{3}{2}$$

(14)【分析】 这个问题归结为求隐函数 $y=y(x)$ 的导数 $y'(1)$.

方法 1 先求隐函数 $y=y(x)$ 的值 $y(1)$.

在
$$3x^3 = y^5 + 2y^3 \quad ①$$

中,令 $x=1$ 得
$$3 = y^5 + 2y^3$$

有唯一解 $y=1$(因为 $y^5 + 2y^3$ 是 y 的单调函数),所以 $y(1)=1$

现对①式中,方程两边对 x 求导得
$$9x^2 = (5y^4 + 6y^2)y'$$

令 $x=1$,得
$$9 = 11y'(1), y'(1) = \frac{9}{11}$$

所以曲线在 $x=1$ 对应点处的法线斜率为 $-\frac{11}{9}$.

方法 2 令 $F(x,y) = y^5 + 2y^3 - 3x^3$,

由 $F(x,y)=0$ 确定 $y=y(x)$,则
$$y'(x) = -\frac{\partial F}{\partial x} \Big/ \frac{\partial F}{\partial y} = \frac{9x^2}{5y^4 + 6y^2}$$

同方法 1,求出 $y(1)=1$,于是
$$y'(1) = \frac{9}{11}$$

所以曲线在 $x=1$ 对应点处的法线斜率为 $-\frac{11}{9}$.

---

(15)【分析】 借助于分段积分与变量替换法,利用关系式 $f(x+2)=f(x)+x$ ①

将求 $\int_1^3 f(x)\mathrm{d}x$ 转化为求 $\int_0^2 f(x)\mathrm{d}x$ 与函数 x 的定积分.

将①式两边在 $[0,1]$ 上求定积分
$$\int_0^1 f(x+2)\mathrm{d}x = \int_0^1 f(x)\mathrm{d}x + \int_0^1 x\mathrm{d}x \quad ②$$

其中
$$\int_0^1 f(x+2)\mathrm{d}x \xlongequal{t=x+2} \int_2^3 f(t)\mathrm{d}t = \int_2^3 f(x)\mathrm{d}x$$

代入②式并作变形
$$\int_2^3 f(x)\mathrm{d}x + \int_1^2 f(x)\mathrm{d}x = \int_0^1 f(x)\mathrm{d}x + \int_1^2 f(x)\mathrm{d}x + \frac{1}{2}$$
$$= \int_0^2 f(x)\mathrm{d}x + \frac{1}{2} = \frac{1}{2}$$

即
$$\int_1^3 f(x)\mathrm{d}x = \frac{1}{2}$$

---

(16)【解析】 记 $\beta = (1,0,0,2)^\mathrm{T}$ 由已知 $r(A) = r(A,\beta) \leqslant 3 < 4$,故 $|A,\beta| = 0$

即 $|A,\beta| = \begin{vmatrix} a & 0 & 1 & 1 \\ 1 & a & 1 & 0 \\ 1 & 2 & a & 0 \\ a & b & 0 & 2 \end{vmatrix} = 1 \cdot (-1)^{1+4} \begin{vmatrix} 1 & a & 1 \\ 1 & 2 & a \\ a & b & 0 \end{vmatrix} + 2 \cdot (-1)^{4+4} \begin{vmatrix} a & 0 & 1 \\ 1 & a & 1 \\ 1 & 2 & a \end{vmatrix} = -\begin{vmatrix} 1 & a & 1 \\ 1 & 2 & a \\ a & b & 0 \end{vmatrix} +$

$$2 \cdot 4 = 0$$

故 $\begin{vmatrix} 1 & a & 1 \\ 1 & 2 & a \\ a & b & 0 \end{vmatrix} = 8.$

- -

三、解答题

(17)【分析与求解】

（Ⅰ）利用导数的几何意义先列出微分方程. 曲线 L 上任一点 $P(x,y)$ 处的切线方程是
$$Y - y = y'(x)(X - x)$$

其中 (X, Y) 是切线上点的坐标，令 $X \approx 0$，得该切线在 y 轴上的截距
$$Y = y - xy'(x)$$

点 $P(x,y)$ 到 y 轴的距离是 x（因为 $x > e > 0$）. 按题意得.
$$y - xy' = x \text{ 即 } y' - \frac{1}{x}y = -1$$

又曲线经过点 $(e^2, 0)$，即 $y(e^2) = 0$. 因此曲线 $L : y = y(x)$ 满足微分方程初值问题
$$\begin{cases} y' - \dfrac{1}{x}y = -1 \\ y(e^2) = 0 \end{cases}$$

这是一阶线性微分方程，两边乘 $\mu(x) = e^{\int -\frac{1}{x}dx} \xrightarrow{\text{取}} \dfrac{1}{x}$

得
$$\left(\frac{1}{x}y\right)' = -\frac{1}{x}$$

积分得
$$\frac{1}{x}y = -\ln x + c, y = cx - x\ln x$$

由
$$y(e^2) = ce^2 - 2e^2 = 0, c = 2$$

因此曲线 L :
$$y = y(x) = 2x - x\ln x \quad (x > e)$$

（Ⅱ）曲线 $L : y = 2x - x\ln x, y' = 1 - \ln x, L$ 上任意 (x, y) 处的切线方程
$$Y - x(2 - \ln x) = (1 - \ln x)(X - x)$$

其中 (X, Y) 是切线上点的坐标.

令 $X = 0$，得 $Y = x(2 - \ln x) - x(1 - \ln x) = x$

令 $Y = 0$，得 $(1 - \ln x)X = x(1 - \ln x) - x(2 - \ln x)$，$X = \dfrac{x}{\ln x - 1}$，于是任意点处的切线与两坐标坐轴所围三角形的面积.

$$S(x) = \frac{1}{2}XY = \frac{x^2}{2(\ln x - 1)} \quad (x > e)$$

求导

$$S'(x) = \frac{2x(\ln x - 1) - x}{2(\ln x - 1)^2} = \frac{x(\ln x - \frac{3}{2})}{(\ln x - 1)^2}$$

$$\begin{cases} < 0 & (e < x < e^{\frac{3}{2}}) \\ = 0 & x = e^{\frac{3}{2}} \\ > 0 & (e^{\frac{3}{2}} < x) \end{cases}$$

所以 $x = \mathrm{e}^{\frac{3}{2}}$ 时所围三角形面积 $S(x)$ 取最小值.

$$S(\mathrm{e}^{\frac{3}{2}}) = \mathrm{e}^3.$$

---

(18)【分析与求解】 先求函数 $f(x,y)$ 的驻点,解方程组

$$\begin{cases} \dfrac{\partial f}{\partial x} = \mathrm{e}^{\cos y} + x = 0 & ① \\[2mm] \dfrac{\partial f}{\partial y} = -x\mathrm{e}^{\cos y}\sin y = 0 & ② \end{cases}$$

由②得 $\sin y = 0$, $y = (2n-1)\pi$ 或 $y = 2n\pi$ $(n = 0, \pm 1, \pm 2, \cdots\cdots)$

代回①得驻点:

$$(-\mathrm{e}^{-1}, (2n-1)\pi), \ (-\mathrm{e}, 2n\pi)$$

再求驻点处二阶偏导数:

$$\frac{\partial^2 f}{\partial x^2} = 1, \frac{\partial^2 f}{\partial y^2} = x\mathrm{e}^{\cos y}\sin^2 y - x\mathrm{e}^{\cos y}\cos y$$

$$\frac{\partial^2 f}{\partial x \partial y} = -\mathrm{e}^{\cos y}\sin y$$

在任意驻点处 $A = \dfrac{\partial^2 f}{\partial x^2} = 1$, $B = \dfrac{\partial^2 f}{\partial x \partial y} = 0$, 在驻点 $(-\mathrm{e}^{-1}, (2n-1)\pi)$ 处

$$C = \frac{\partial^2 f}{\partial y^2} = -\mathrm{e}^{-2}$$

于是

这些驻点不是极值点.

在驻点 $(-\mathrm{e}, 2n\pi)$ 处

$$C = \frac{\partial^2 f}{\partial y^2} = \mathrm{e}^2$$

于是 $\qquad\qquad AC - B^2 = \mathrm{e}^2 > 0$, 又 $A > 0$

因此 $\qquad\qquad (-\mathrm{e}, 2n\pi)$ 是极小值点.

取极小值

$$f(-\mathrm{e}, 2n\pi) = -\frac{\mathrm{e}^2}{2}.$$

---

(19)【分析与求解】

(Ⅰ)求 D 的面积 S 即求

$$S = \int_1^{+\infty} \frac{\mathrm{d}x}{x\sqrt{1+x^2}}$$

方法 1 作倒替换

$$S = \int_1^{+\infty} \frac{\mathrm{d}x}{x^2\sqrt{1+\left(\dfrac{1}{x}\right)^2}} = -\int_1^{+\infty} \frac{\mathrm{d}\dfrac{1}{x}}{\sqrt{1+\left(\dfrac{1}{x}\right)^2}} \xlongequal{t=\frac{1}{x}} \int_0^1 \frac{\mathrm{d}t}{\sqrt{1+t^2}}$$

$$= \ln(t + \sqrt{1+t^2})\Big|_0^1 = \ln(1 + \sqrt{2})$$

方法 2 作变量替换 $\sqrt{1+x^2} = t$, 则 $x^2 = t^2 - 1$

$$\frac{x}{\sqrt{1+x^2}}\mathrm{d}x = \mathrm{d}t, \quad \frac{\mathrm{d}x}{x\sqrt{1+x^2}} = \frac{1}{t^2-1}\mathrm{d}t$$

于是

$$S = \int_{\sqrt{2}}^{+\infty} \frac{\mathrm{d}t}{t^2-1} = \int_{\sqrt{2}}^{+\infty} \frac{1}{2}\left(\frac{1}{t-1} - \frac{1}{t+1}\right)\mathrm{d}t$$

$$= \frac{1}{2}\ln\frac{t-1}{t+1}\bigg|_{\sqrt{2}}^{+\infty} = \frac{1}{2}\ln\frac{\sqrt{2}+1}{\sqrt{2}-1} = \ln(\sqrt{2}+1)$$

方法 3 $\displaystyle\int_1^{+\infty}\frac{\mathrm{d}x}{x\sqrt{1+x^2}} = \frac{1}{2}\int_1^{+\infty}\frac{\mathrm{d}x^2}{x^2\sqrt{1+x^2}} \xlongequal{u=x^2} \frac{1}{2}\int_1^{+\infty}\frac{\mathrm{d}u}{u\sqrt{1+u}} \xlongequal[u=t^2=1]{\sqrt{1+u}=t} \frac{1}{2}\int_{\sqrt{2}}^{+\infty}\frac{2t\mathrm{d}t}{t(t^2-1)} =$

$\displaystyle\int_{\sqrt{2}}^{+\infty}\frac{\mathrm{d}t}{t^2-1}$（余下同方法2）

（Ⅱ）按旋转体的体积公式，该旋转体的体积

$$V = \pi\int_1^{+\infty}y^2(x)\,\mathrm{d}x = \pi\int_1^{+\infty}\frac{\mathrm{d}x}{x^2(1+x^2)}$$

$$= \pi\int_1^{+\infty}\left(\frac{1}{x^2} - \frac{1}{1+x^2}\right)\mathrm{d}x = \pi\left(-\frac{1}{x} - \arctan x\right)\bigg|_1^{+\infty}$$

$$= \pi\left[1 - \left(\frac{\pi}{2} - \frac{\pi}{4}\right)\right] = \pi\left(1 - \frac{\pi}{4}\right)$$

（20）**【分析与求解】** 从区域 D 的描述，选用极坐标变换．

曲线的极坐标表示：

$$x^2+y^2-xy=1: r^2-r^2\cos\theta\sin\theta=1, \; r = \sqrt{\frac{1}{1-\cos\theta\sin\theta}}$$

$$x^2+y^2-xy=2: r = \sqrt{\frac{2}{1-\cos\theta\sin\theta}}$$

$$y=\sqrt{3}x, \tan\theta=\sqrt{3}; \theta=\frac{\pi}{3},$$

$$y=0, \theta=0$$

D 的极坐标表示

$$\theta \leqslant \theta \leqslant \frac{\pi}{3}, \sqrt{\frac{1}{1-\cos\theta\sin\theta}} \leqslant r \leqslant \sqrt{\frac{2}{1-\cos\theta\sin\theta}}$$

在极坐标变换下，

$$I = \iint_D \frac{\mathrm{d}x\mathrm{d}y}{3x^2+y^2} = \int_0^{\frac{\pi}{3}}\mathrm{d}\theta\int_A^B \frac{r}{r^2(3\cos^2\theta+\sin^2\theta)}\mathrm{d}\theta \quad \left(\text{其中}\ A = \sqrt{\frac{1}{1-\cos\theta\sin\theta}}, B = \sqrt{\frac{2}{1-\cos\theta\sin\theta}}\right)$$

$$= \int_0^{\frac{\pi}{3}}\frac{1}{3\cos^2\theta+\sin^2\theta}\ln r \bigg|_{\sqrt{\frac{1}{1-\cos\theta\sin\theta}}}^{\sqrt{\frac{2}{1-\cos\theta\sin\theta}}}\mathrm{d}\theta$$

$$= \ln\sqrt{2}\int_0^{\frac{\pi}{3}}\frac{\mathrm{d}\theta}{3\cos^2\theta+\sin^2\theta} = \frac{1}{2}\ln2\int_0^{\frac{\pi}{3}}\frac{\mathrm{d}\tan\theta}{3+\tan^2\theta}$$

$$= \frac{1}{2}\ln2\int_0^{\frac{\pi}{3}}\frac{\mathrm{d}\frac{\tan\theta}{\sqrt{3}}}{\sqrt{3}\left(1+\frac{\tan\theta}{\sqrt{3}}\right)^2} = \frac{\ln2}{2\sqrt{3}}\ \arctan\left(\frac{\tan\theta}{\sqrt{3}}\right)\bigg|_0^{\frac{\pi}{3}}$$

$$= \frac{\ln 2}{2\sqrt{3}} \cdot \frac{\pi}{4} = \frac{\sqrt{3}\pi}{24}\ln 2.$$

---

(21)【分析与求解】这是证明函数 $f(x)$ 在 $[-a, a]$ 上存在某种特征点(在该点的二阶导数满足某种特性),常用的方法之一是用泰勒公式.

(Ⅰ)按题中假设条件,将 $f(x)$ 在 $x=0$ 展开,由泰勒公式得

$$f(x) = f(0) + f'(0)x + \frac{1}{2}f''(\xi)x^2 \ (\xi \ 在 \ 0 \ 与 \ x \ 之间)$$

其中 $f(0) = 0$.

选 $x = a$ 与 $x = -a$ 得

$$f(a) = f'(0)a + \frac{1}{2}f''(\xi_1)a^2 \ (\xi_1 \ 在 \ 0 \ 与 \ a \ 之间)$$

$$f(-a) = f'(0)(-a) + \frac{1}{2}f''(\xi_2)a^2 \ (\xi_2 \ 在 \ -a \ 与 \ 0 \ 之间)$$

两式对应相加得

$$f(a) + f(-a) = \frac{1}{2}[f''(\xi_1) + f''(\xi_2)]a^2$$

若 $f''(\xi_1) = f''(\xi_2)$,取 $\xi = \xi_1$ 或 $\xi = \xi_2$,即得

$$f''(\xi) = \frac{1}{a^2}[f(a) + f(-a)]$$

若 $f''(\xi_1) \neq f''(\xi_2)$,则 $\frac{1}{2}[f''(\xi_1) + f''(\xi_2)]$ 是介于 $f''(\xi_1)$ 与 $f''(\xi_2)$ 之间的值,因 $f''(x)$ 在 $[-a, a]$ 连续,由连续函数中间值定理,$\exists \xi$ 在 ξ_1 与 ξ_2 之间,使得

$$f''(\xi) = \frac{1}{a^2}[f(a) + f(-a)]$$

(Ⅱ)$\exists x_0 \in (-a, a)$,$f(x)$ 在 $x = x_0$ 取极值,于是 $f'(x_0) = 0$

将 $f(x)$ 在 $x = x_0$ 展开,得

$$f(x) = f(x_0) + f'(x_0)(x - x_0) + \frac{1}{2}f''(\eta)(x - x_0)^2, \eta \ 在 \ x \ 与 \ x_0 \ 之间$$

取 $x = a$,与 $x = -a$,其中 $f'(x_0) = 0$ 得

$$f(a) = f(x_0) + \frac{1}{2}f''(\eta_1)(a - x_0)^2, \eta_1 \ 在 \ x_0 \ 与 \ a \ 之间$$

$$f(-a) = f(x_0) + \frac{1}{2}f''(\eta_2)(a + x_0)^2, \eta_2 \ 在 \ -a \ 与 \ x_0 \ 之间$$

两式对应相减,得

$$f(a) - f(-a) = \frac{1}{2}f''(\eta_1)(a - x_0)^2 - \frac{1}{2}f''(\eta_2)(a + x_0)^2$$

于是

$$|f(a) - f(-a)| \leqslant \left|\frac{1}{2}f''(\eta_1)(a - x_0)^2\right| + \left|\frac{1}{2}f''(\eta_2)(a + x_0)^2\right|$$

记 $M = \max\{|f''(\eta_1)|, |f''(\eta_2)|\}$,得

$$|f(a) - f(-a)| \leqslant \frac{1}{2}M[(a - x_0)^2 + (a + x_0)^2] = M(a^2 + x_0^2)$$

因为 $x_0 \in (-a, a)$，所以 $x_0^2 \leqslant a^2$，

$$|f(a) - f(-a)| \leqslant 2a^2 M$$

若 $M = |f''(\eta_1)|$，取 $\eta = \eta_1$，若 $M = |f''(\eta_2)|$，取 $\eta = \eta_2$

因此

$$|f''(\eta)| \geqslant \frac{1}{2a^2} |f(a) - f(-a)|$$

---

(22)【解析】（Ⅰ）因为 $A \begin{pmatrix} x_1 \\ x_2 \\ x_3 \end{pmatrix} = \begin{pmatrix} x_1 + x_2 + x_3 \\ 2x_1 - x_2 + x_3 \\ x_2 - x_3 \end{pmatrix} = \begin{pmatrix} 1 & 1 & 1 \\ 2 & -1 & 1 \\ 0 & 1 & -1 \end{pmatrix} \begin{pmatrix} x_1 \\ x_2 \\ x_3 \end{pmatrix}$ 对任意的 x_1，x_2，x_3

均成立，

所以 $A = \begin{pmatrix} 1 & 1 & 1 \\ 2 & -1 & 1 \\ 0 & 1 & -1 \end{pmatrix}$

（Ⅱ）$|\lambda E - A| = \begin{vmatrix} \lambda - 1 & -1 & -1 \\ -2 & \lambda + 1 & -1 \\ 0 & -1 & \lambda + 1 \end{vmatrix} = (\lambda - 1) \cdot \begin{vmatrix} \lambda + 1 & -1 \\ -1 & \lambda + 1 \end{vmatrix} + 2 \cdot \begin{vmatrix} -1 & -1 \\ -1 & \lambda + 1 \end{vmatrix}$

$= (\lambda - 1)(\lambda^2 + 2\lambda) - 2(\lambda + 2) = (\lambda + 2)(\lambda - 2)(\lambda + 1) = 0.$

所以 A 的特征值为 $\lambda_1 = -2, \lambda_2 = 2, \lambda_3 = -1$.

$\lambda_1 = -2$ 时，$\lambda_1 E - A = \begin{pmatrix} -3 & -1 & -1 \\ -2 & -1 & -1 \\ 0 & -1 & -1 \end{pmatrix} \rightarrow \begin{pmatrix} 1 & 0 & 0 \\ 0 & 1 & 1 \\ 0 & 0 & 0 \end{pmatrix}$，可得特征向量 $\alpha_1 = (0, -1, 1)^T$；

$\lambda_2 = 2$ 时，$\lambda_2 E - A = \begin{pmatrix} 1 & -1 & -1 \\ -2 & 3 & -1 \\ 0 & -1 & 3 \end{pmatrix} \rightarrow \begin{pmatrix} 1 & 0 & -4 \\ 0 & 1 & -3 \\ 0 & 0 & 0 \end{pmatrix}$，可得特征向量 $\alpha_2 = (4, 3, 1)^T$；

$\lambda_3 = -1$ 时，$\lambda_3 E - A = \begin{pmatrix} -2 & -1 & -1 \\ -2 & 0 & -1 \\ 0 & -1 & 0 \end{pmatrix} \rightarrow \begin{pmatrix} 2 & 0 & 1 \\ 0 & 1 & 0 \\ 0 & 0 & 0 \end{pmatrix}$，可得特征向量 $\alpha_3 = (1, 0, -2)^T$；

令 $P = (\alpha_1, \alpha_2, \alpha_3) = \begin{pmatrix} 0 & 4 & 1 \\ -1 & 3 & 0 \\ 1 & 1 & -2 \end{pmatrix}$，则 $P^{-1}AP = \begin{pmatrix} -2 & 0 & 0 \\ 0 & 2 & 0 \\ 0 & 0 & -1 \end{pmatrix}$.

第二篇 2008 ~ 2022 年考研数学二试题

■ 编者按

　　历届考题就是最好的模拟试题。因为,这些试题是广大参加命题的专家、教授智慧和劳动的结晶,它既反映了《考试大纲》对考生数学知识、能力和水平的要求,展示出统考以来数学课考试的全貌,又蕴涵着命题专家在《考试大纲》要求下的命题思想和规律,是广大考生和教师了解、分析、研究全国硕士研究生入学统一考试最直接、最宝贵的第一手资料。而且,在最近几年的数学考题中有一些试题与往届考题相类似。因此,希望考生认真对待每年试题。

我们建议考生:

1. 刚开始复习时,不要去做套题,这样效果不佳。最佳方案是:首先,根据《考研数学大纲》的考试要求并结合较系统的辅导教材(《数学复习全书》(数学二))及本书按章节进行系统、全面地复习,掌握考试大纲中的基本概念、公式和方法,然后做较经典的数学模拟套题(《数学全真模拟经典 400 题》(数学二))及本书。

2. 请考生做套题时不要看后面的答案和解析,最好先测试一下自己的水平,按规定的时间做完,然后对照答案,给自己记分,通过对照来分析试题规律和自己的不足,以确定自己后阶段的复习方向和重点。

3. 请考生不要就题论题做题,而要通过对历年考题的比较以及对本书详尽解析中解题方法指导的把握,发现一些规律性的东西,使这些资料为我所用,从而提高自身水平,并轻松应对考试。

2022 年全国硕士研究生入学统一考试
数学二试题

一、选择题: 1 ~ 10 小题,每小题 5 分,共 50 分,下列每题给出的四个选项中,只有一个选项是符合题目要求的,请将所选选项前的字母填在答题卡指定位置.

(1) 当 $x \to 0$ 时,$\alpha(x)$,$\beta(x)$ 是非零无穷小量,给出以下四个命题   *P* 91,34 题 *

    ① 若 $\alpha(x) \sim \beta(x)$,则 $\alpha^2(x) \sim \beta^2(x)$

    ② 若 $\alpha^2(x) \sim \beta^2(x)$,则 $\alpha(x) \sim \beta(x)$

    ③ 若 $\alpha(x) \sim \beta(x)$,则 $\alpha(x) - \beta(x) = 0(\alpha(x))$

    ④ 若 $\alpha(x) - \beta(x) = 0(\alpha(x))$,则 $\alpha(x) \sim \beta(x)$

    其中所有真命题的序号是(   )

    (A) ①②   (B) ①④   (C) ①③④   (D) ②③④

                                                      【   】

(2) $\int_0^2 dy \int_y^2 \dfrac{y}{\sqrt{1+x^3}} dx =$ *P* 242,44 题

    (A) $\dfrac{\sqrt{2}}{6}$ (B) $\dfrac{1}{3}$ (C) $\dfrac{\sqrt{2}}{3}$ (D) $\dfrac{2}{3}$

                                                      【   】

(3) 设函数 $f(x)$ 在 $x = x_0$ 处有 2 阶导数,则   *P* 100,3 题

    (A) 当 $f(x)$ 在 x_0 的某邻域内单调增加时,$f'(x_0) > 0$

    (B) 当 $f'(x_0) > 0$ 时,$f(x)$ 在 $x = x_0$ 的某邻域内单调增加

    (C) 当 $f(x)$ 在 x_0 的某邻域内是凹函数时,$f''(x_0) > 0$

    (D) 当 $f''(x) > 0$ 时,$f(x)$ 在 x_0 的某邻域内是凹函数

                                                      【   】

(4) 设函数 $f(t)$ 连续,令 $F(x,y) = \int_0^{x-y} (x - y - t)f(t)\,dt$,则   *P* 218,16 题

    (A) $\dfrac{\partial F}{\partial x} = \dfrac{\partial F}{\partial y}$, $\dfrac{\partial^2 F}{\partial^2 x} = \dfrac{\partial^2 F}{\partial^2 y}$

    (B) $\dfrac{\partial F}{\partial x} = \dfrac{\partial F}{\partial y}$, $\dfrac{\partial^2 F}{\partial^2 x} = -\dfrac{\partial^2 F}{\partial^2 y}$

    (C) $\dfrac{\partial F}{\partial x} = -\dfrac{\partial F}{\partial y}$, $\dfrac{\partial^2 F}{\partial^2 x} = \dfrac{\partial^2 F}{\partial^2 y}$

    (D) $\dfrac{\partial F}{\partial x} = -\dfrac{\partial F}{\partial y}$, $\dfrac{\partial^2 F}{\partial^2 x} = -\dfrac{\partial^2 F}{\partial^2 y}$

                                                      【   】

(5) 设 p 为常数,若反常积分 $\int_0^1 \dfrac{\ln x}{x^p (1-x)^{1-p}} dx$ 收敛,则 p 的取值范围是   *P* 165,29 题

    (A) $(-1,1)$ (B) $(-1,2)$ (C) $(-\infty,1)$ (D) $(-\infty,2)$ 【   】

(6) 已知数列 $\{x_n\}$,其中 $-\dfrac{\pi}{2} \le x \le \dfrac{\pi}{2}$,则   *P* 72,2 题

---

    * *P* 91,34 题   分别表示该题的答案在本书第 91 页,第 34 题. 下同.

(A) 若$\lim\limits_{n\to\infty}\cos(\sin x_n)$存在,则$\lim\limits_{n\to\infty}x_n$存在.

(B) 若$\lim\limits_{n\to\infty}\sin(\cos x_n)$存在,则$\lim\limits_{n\to\infty}x_n$存在.

(C) 若$\lim\limits_{n\to\infty}\cos(\sin x_n)$存在且$\lim\limits_{n\to\infty}\sin x_n$存在,则$\lim\limits_{n\to\infty}x_n$不一定存在.

(D) 若$\lim\limits_{n\to\infty}\sin(\cos x_n)$存在且$\lim\limits_{n\to\infty}\cos x_n$存在,则$\lim\limits_{n\to\infty}x_n$不一定存在.

【　　】

(7) 已知$I_1=\int_0^1\dfrac{x}{2(1+\cos x)}dx,I_2=\int_0^1\dfrac{\ln(1+x)}{1+\cos x}dx,I_3=\int_0^1\dfrac{2x}{1+\sin x}dx$,则　　P 150,7 题

(A) $I_1<I_2<I_3$ (B) $I_2<I_1<I_3$ (C) $I_1<I_3<I_2$ (D) $I_3<I_2<I_1$

【　　】

(8) 设$\Lambda=\begin{pmatrix}1&0&0\\0&-1&0\\0&0&0\end{pmatrix}$,则$A$的特征值为$1,-1,0$的充分必要条件是。　　P 303,3 题

(A) 存在可逆矩阵P,Q,使得$A=P\Lambda Q$

(B) 存在可逆矩阵P,使得$A=P\Lambda P^{-1}$

(C) 存在正交矩阵Q,使得$A=Q\Lambda Q^{-1}$

(D) 存在可逆矩阵P,使得$A=P\Lambda P^{\mathrm{T}}$

【　　】

(9) 设$A=\begin{pmatrix}1&1&1\\1&a&a^2\\1&b&b^2\end{pmatrix},b=\begin{pmatrix}1\\2\\4\end{pmatrix}$,则线性方程组$Ax=b$解的情况为。　　P 297,13 题

(A) 无解 (B) 有解

(C) 有无穷多解或无解 (D) 有唯一解或无解

【　　】

(10) 设$\alpha_1=\begin{pmatrix}\lambda\\1\\1\end{pmatrix},\alpha_2=\begin{pmatrix}1\\\lambda\\1\end{pmatrix},\alpha_3=\begin{pmatrix}1\\1\\\lambda\end{pmatrix},\alpha_4=\begin{pmatrix}1\\\lambda\\\lambda^2\end{pmatrix}$,要使得向量组$\alpha_1,\alpha_2,\alpha_3$与$\alpha_1,\alpha_2,\alpha_4$等价,则

λ的取值范围是。　　P 278,1 题

(A) $\{0,1\}$. (B) $\{\lambda\mid\lambda\in R,\lambda\neq-2\}$

(C) $\{\lambda\mid\lambda\in R,\lambda\neq-1,\lambda\neq-2\}$ (D) $\{\lambda\mid\lambda\in R,\lambda\neq-1\}$

【　　】

二、填空题:11 ~ 16 小题,每小题 5 分,共 30 分.

(11) $\lim\limits_{x\to0}\left(\dfrac{1+e^x}{2}\right)^{\cot x}=$ _____.　　P 80,15 题

(12) 已知函数$y=y(x)$由方程$x^2+xy+y^3=3$确定,则$y''(1)=$ _____.　　P 223,22 题

(13) $\int_0^1\dfrac{2x+3}{x^2-x+1}dx=$ _____.　　P 155,12 题

(14) 微分方程$y'''-2y''+5y'=0$的通解$y(x)=$ _____.　　P 195,15 题

(15) 已知曲线L的极坐标方程为$r=\sin3\theta\left(0\leq\theta\leq\dfrac{\pi}{3}\right)$,则$L$围成有界区域的面积为_____.

P 166,31 题

(16) 设A为 3 阶矩阵,交换A的第 2,3 两行,再将第 2 列的-1倍加到第 1 列上,得到矩阵

$$\begin{pmatrix} -2 & 1 & -1 \\ 1 & -1 & 0 \\ -1 & 0 & 0 \end{pmatrix}, 则 A^{-1} 的迹 \ tr(A^{-1}) = \underline{\hspace{3cm}}。$$

P 271,5 题

三、解答题：17 ~ 22 小题，共 70 分. 解答应写出文字说明、证明过程或演算步骤.

(17)（本题满分 10 分）

　　已知函数 $f(x)$ 在 $x = 1$ 处可导且 $\lim\limits_{x \to 0} \dfrac{f(e^{x^2}) - 3f(1 + \sin^2 x)}{x^2} = 2$，求 $f'(1)$.

P 82,18 题

(18)（本题满分 12 分）

　　设函数 $y(x)$ 是微分方程 $2xy' - 4y = 2\ln x - 1$ 满足条件 $y(1) = \dfrac{1}{4}$ 的解，求曲线 $y = y(x)$（$1 \leqslant x \leqslant e$）的弧长.

P 207,30 题

(19)（本题满分 12 分）

　　已知平面区域 $D = \{(x,y) \mid y - 2 \leqslant x \leqslant \sqrt{4 - y^2}, 0 \leqslant y \leqslant 2\}$，计算 $I = \iint\limits_{D} \dfrac{(x-y)^2}{x^2 + y^2} dx dy$.

P 254,62 题

(20)（本题满分 12 分）

　　已知可微函数 $f(u,v)$ 满足 $\dfrac{\partial f(u,v)}{\partial u} - \dfrac{\partial f(u,v)}{\partial v} = 2(u-v)e^{-(u+v)}$ 且 $f(u,0) = u^2 e^{-u}$.

　　(1) 记 $g(x,y) = f(x, y-x)$，求 $\dfrac{\partial g(x,y)}{\partial x}$；

　　(2) 求 $f(u,v)$ 的表达式和极值.

P 258,65 题

(21)（本题满分 12 分）

　　设函数 $f(x)$ 在 $(-\infty, +\infty)$ 内具有 2 阶连续导数. 证明：$f''(x) \geqslant 0$ 的充分必要条件是：对不同的实数 a, b，$f\left(\dfrac{a+b}{2}\right) \leqslant \dfrac{1}{b-a} \int_a^b f(x) dx$

P 127,52 题

(22)（本题满分 12 分）

　　已知二次型 $f(x_1, x_2, x_3) = 3x_1^2 + 4x_2^2 + 3x_3^2 + 2x_1x_3$，

　　(1) 求正交变换 $x = Qy$ 将 $f(x_1, x_2, x_3)$ 化为标准形；

　　(2) 证明 $\min\limits_{x \neq 0} \dfrac{f(x)}{x^T x} = 2$.

P 315,1 题

一、选择题

(1)(C) (2)(D) (3)(B) (4)(C) (5)(A) (6)(D) (7)(A) (8)(B)

(9)(D) (10)(C)

二、填空题

(11) $e^{\frac{1}{2}}$ (12) $-\dfrac{31}{32}$ (13) $\dfrac{8\sqrt{3}}{9}\pi$ (14) $y = C_1 + e^x(C_2\cos 2x + C_3\sin 2x)$ (15) $\dfrac{\pi}{12}$ (16) -1

三、解答题

(17) -1 (18) $\dfrac{1}{4}(e^2 + 1)$ (19) $2\pi - 2$

(20)(1) $(4x - 2y)e^{-y}$ (2) $(u^2 + v^2)e^{-(u+v)}$ 极小值为 0 (21) 略

(22)(1) 令 $Q = \begin{pmatrix} 0 & \dfrac{1}{\sqrt{2}} & -\dfrac{1}{\sqrt{2}} \\ 1 & 0 & 0 \\ 0 & \dfrac{1}{\sqrt{2}} & \dfrac{1}{\sqrt{2}} \end{pmatrix}$，在正交变换 $x = Qy$ 下，二次型的标准形为 $4y_1^2 + 4y_2^2 + 2y_3^2$.

(2) 最小值为 2.

2021 年全国硕士研究生入学统一考试
数学二试题

一、选择题:1 ~ 10 小题,每小题 5 分,共 50 分. 下列每题给出的四个选项中,只有一个选项符合题目要求的,请将所选项前的字母填在答案纸指定位置上.

(1) 当 $x \to 0$ 时,$\int_0^{x^2} (e^{t^3} - 1) \mathrm{d}t$ 是 x^7 的   **P 90,33 题**

    (A) 低阶无穷小   (B) 等价无穷小

    (C) 高阶无穷小   (D) 同阶但非等价无穷小

                                                            【   】

(2) 函数 $f(x) = \begin{cases} \dfrac{e^x - 1}{x}, & x \neq 0 \\ 1, & x = 0 \end{cases}$,在 $x = 0$ 处   **P 100,2 题**

    (A) 连续且取得极大值   (B) 连续且取得极小值

    (C) 可导且导数等于零   (D) 可导且导数不为零

                                                          【   】

(3) 有一圆柱底面半径与高随时间变化的速率分别为 $2\mathrm{cm/s}$,$-3\mathrm{cm/s}$,当底面半径为 $10\mathrm{cm}$,高为 $5\mathrm{cm}$ 时,圆柱的体积与表面积随时间变化的速率分别为   **P 111,27 题**

    (A) $125\pi\mathrm{cm^3/s}, 40\pi\mathrm{cm^2/s}$ (B) $125\pi\mathrm{cm^3/s}, -40\pi\mathrm{cm^2/s}$

    (C) $-100\pi\mathrm{cm^3/s}, 40\pi\mathrm{cm^2/s}$ (D) $-100\pi\mathrm{cm^3/s}, -40\pi\mathrm{cm^2/s}$

                                                          【   】

(4) 设函数 $f(x) = ax - b\ln x (a > 0)$ 有 2 个零点,则 $\dfrac{b}{a}$ 的取值范围是   **P 131,53 题**

    (A) $(e, +\infty)$ (B) $(0, e)$ (C) $\left(0, \dfrac{1}{e}\right)$ (D) $\left(\dfrac{1}{e}, +\infty\right)$

                                                          【   】

(5) 设函数 $f(x) = \sec x$ 在 $x = 0$ 处的 2 次泰勒多项式为 $1 + ax + bx^2$,则   **P 135,59 题**

    (A) $a = 1, b = -\dfrac{1}{2}$ (B) $a = 1, b = \dfrac{1}{2}$

    (C) $a = 0, b = -\dfrac{1}{2}$ (D) $a = 0, b = \dfrac{1}{2}$

                                                           【   】

(6) 设函数 $f(x, y)$ 可微,且 $f(x + 1, e^x) = x(x + 1)^2, f(x, x^2) = 2x^2\ln x$,则 $\mathrm{d}f(1, 1) = $ **P 217,15 题**

    (A) $\mathrm{d}x + \mathrm{d}y$ (B) $\mathrm{d}x - \mathrm{d}y$ (C) $\mathrm{d}y$ (D) $-\mathrm{d}y$

                                                          【   】

(7) 设函数 $f(x)$ 在区间 $[0, 1]$ 上连续,则 $\int_0^1 f(x) \mathrm{d}x = $ **P 149,6 题**

    (A) $\lim\limits_{n \to \infty} \sum\limits_{k=1}^{n} f\left(\dfrac{2k-1}{2n}\right)\dfrac{1}{2n}$ (B) $\lim\limits_{n \to \infty} \sum\limits_{k=1}^{n} f\left(\dfrac{2k-1}{2n}\right)\dfrac{1}{n}$

    (C) $\lim\limits_{n \to \infty} \sum\limits_{k=1}^{2n} f\left(\dfrac{k-1}{2n}\right)\dfrac{1}{n}$ (D) $\lim\limits_{n \to \infty} \sum\limits_{k=1}^{2n} f\left(\dfrac{k}{2n}\right)\dfrac{2}{n}$

(8) 二次型 $f(x_1,x_2,x_3) = (x_1+x_2)^2 + (x_2+x_3)^2 - (x_3-x_1)^2$ 的正惯性指数与负惯性指数依次为

P 324,1 题

    (A)2,0   (B)1,1   (C)2,1   (D)1,2

【　　】

(9) 设 3 阶矩阵 $A=(\boldsymbol{\alpha}_1,\boldsymbol{\alpha}_2,\boldsymbol{\alpha}_3)$，$B=(\boldsymbol{\beta}_1,\boldsymbol{\beta}_2,\boldsymbol{\beta}_3)$，若向量组 $\boldsymbol{\alpha}_1,\boldsymbol{\alpha}_2,\boldsymbol{\alpha}_3$ 可以由向量组 $\boldsymbol{\beta}_1,\boldsymbol{\beta}_2,\boldsymbol{\beta}_3$ 线性表出

P 298,15 题

    (A)$\boldsymbol{A}x=0$ 的解均为 $\boldsymbol{B}x=0$ 的解   (B)$\boldsymbol{A}^Tx=0$ 的解均为 $\boldsymbol{B}^Tx=0$ 的解
    (C)$\boldsymbol{B}x=0$ 的解均为 $\boldsymbol{A}x=0$ 的解   (D)$\boldsymbol{B}^Tx=0$ 的解均为 $\boldsymbol{A}^Tx=0$ 的解

【　　】

(10) 已知矩阵 $A = \begin{pmatrix} 1 & 0 & -1 \\ 2 & -1 & 1 \\ -1 & 2 & -5 \end{pmatrix}$，若下三角可逆矩阵 P 和上三角可逆矩阵 Q 使 PAQ 为对角矩

阵，则 P,Q 可以分别取

P 267,1 题

(A)$\begin{pmatrix} 1 & 0 & 0 \\ 0 & 1 & 0 \\ 0 & 0 & 1 \end{pmatrix},\begin{pmatrix} 1 & 0 & 1 \\ 0 & 1 & 3 \\ 0 & 0 & 1 \end{pmatrix}$ (B)$\begin{pmatrix} 1 & 0 & 0 \\ 2 & -1 & 0 \\ -3 & 2 & 1 \end{pmatrix},\begin{pmatrix} 1 & 0 & 0 \\ 0 & 1 & 0 \\ 0 & 0 & 1 \end{pmatrix}$

(C)$\begin{pmatrix} 1 & 0 & 0 \\ 2 & -1 & 0 \\ -3 & 2 & 1 \end{pmatrix},\begin{pmatrix} 1 & 0 & 1 \\ 0 & 1 & 3 \\ 0 & 0 & 1 \end{pmatrix}$ (D)$\begin{pmatrix} 1 & 0 & 0 \\ 0 & 1 & 0 \\ 1 & 3 & 1 \end{pmatrix},\begin{pmatrix} 1 & 2 & -3 \\ 0 & -1 & 2 \\ 0 & 0 & 1 \end{pmatrix}$

【　　】

二、填空题：11 ~ 16 小题，每小题 5 分，共 30 分．请将答案写在答题纸指定位置上．

(11) $\int_{-\infty}^{+\infty} |x|\, 3^{-x^2} \mathrm{d}x$ _____．

P 165,28 题

(12) 设函数 $y=y(x)$ 由参数方程 $\begin{cases} x = 2e^t + t + 1 \\ y = 4(t-1)e^t + t^2 \end{cases}$ 确定，则 $\left.\dfrac{\mathrm{d}^2 y}{\mathrm{d}x^2}\right|_{t=0}$ = _____．

P 103,10 题

(13) 设函数 $z=z(x,y)$ 由方程 $(x+1)z + y\ln z - \arctan(2xy) = 1$ 确定，则 $\left.\dfrac{\partial z}{\partial x}\right|_{(0,2)}$ = _____．

P 223,21 题

(14) 已知函数 $f(t) = \int_1^{t^2} \mathrm{d}x \int_{\sqrt{x}}^{t} \sin\dfrac{x}{y}\mathrm{d}y$，则 $f'\left(\dfrac{\pi}{2}\right)$ = _____．

P 242,43 题

(15) 微分方程 $y''' - y = 0$ 的通解为 y _____．

P 195,14 题

(16) 多项式 $f(x) = \begin{vmatrix} x & x & 1 & 2x \\ 1 & x & 2 & -1 \\ 2 & 1 & x & 1 \\ 2 & -1 & 1 & x \end{vmatrix}$ 中 x^3 项的系数为 _____．

P 260,1 题

三、解答题：17 ~ 22 小题，共 70 分．请将解答写在答题纸指定位置上．解答应写出文字说明、证明过程或演算步骤．

(17)（本题满分 10 分）

    求极限 $\lim\limits_{x\to 0}\left(\dfrac{1+\int_0^x e^{t^2}\mathrm{d}t}{e^x-1} - \dfrac{1}{\sin x}\right)$．

P 80,14 题

(18)（本题满分 12 分）

已知函数 $f(x) = \dfrac{x|x|}{1+x}$，求曲线 $y = f(x)$ 的凹凸区间及渐近线．

P 145,70 题

(19)（本题满分 12 分）

设函数 $f(x)$ 满足 $\displaystyle\int \frac{f(x)}{\sqrt{x}}\mathrm{d}x = \frac{1}{6}x^2 - x + C$，$L$ 为曲线 $y = f(x)\,(4 \leqslant x \leqslant 9)$，记 L 的长度为 S，L 绕 x 轴旋转所成旋转曲面面积为 A，求 S 和 A．

P 185,56 题

(20)（本题满分 12 分）

设 $y = y(x)\,(x > 0)$ 是微分方程 $xy' - 6y = -6$ 满足条件 $y(\sqrt{3}) = 10$ 的解：

（Ⅰ）求 $y(x)$．

（Ⅱ）设 P 为曲线 $y = y(x)$ 上一点，记曲线 $y = y(x)$ 在点 P 的法线在 y 轴上的截距为 I_P，当 I_P 最小时，求点 P 的坐标．

P 206,29 题

(21)（本题满分 12 分）

设平面区域 D 由曲线 $(x^2 + y^2)^2 = x^2 - y^2\,(x \geqslant 0, y \geqslant 0)$ 与 x 轴围成，计算二重积分 $\displaystyle\iint\limits_{D} xy\,\mathrm{d}x\mathrm{d}y$．

P 254,61 题

(22)（本题满分 12 分）

设矩阵 $A = \begin{pmatrix} 2 & 1 & 0 \\ 1 & 2 & 0 \\ 1 & a & b \end{pmatrix}$ 仅有两个不同的特征值，若 A 相似于对角矩阵，求 a,b 的值，并求可逆矩阵 P，使 $P^{-1}AP$ 为对角矩阵．

P 303,4 题

▶2021 年考研数学（二）试题答案速查

一、选择题

(1)C　(2)D　(3)C　(4)A　(5)D　(6)C　(7)B　(8)B　(9)D　(10)C

二、填空题

(11) $\dfrac{1}{\ln 3}$　(12) $\dfrac{2}{3}$　(13)1　(14) $\dfrac{\pi}{2}\cos\dfrac{2}{\pi}$

(15) $c_1 e^x + c_2 e^{-\frac{x}{2}}\cos\dfrac{\sqrt{3}}{2}x + c_3 e^{-\frac{x}{2}}\sin\dfrac{\sqrt{3}}{2}x$（其中 c_1,c_2,c_3 为任意常数）　(16) -5

三、解答题

(17) $\dfrac{1}{2}$

(18) $y = f(x)$ 共有三条渐近线：一条垂直渐近线 $x = -1$，两条斜渐近线，$y = x - 1(x \to +\infty)$，$y = -x + 1(x \to -\infty)$．

(19) $\dfrac{425}{9}\pi$　(20)（Ⅰ）$y = \dfrac{1}{3}x^6 + 1$　（Ⅱ）$\left(1, \dfrac{4}{3}\right)$　(21) $\dfrac{1}{48}$

(22)(1) 当 $b = 1$ 时，$P^{-1}AP = \begin{pmatrix} 1 & 0 & 0 \\ 0 & 1 & 0 \\ 0 & 0 & 3 \end{pmatrix}$　(2) 当 $b = 3$ 时，$P^{-1}AP = \begin{pmatrix} 3 & 0 & 0 \\ 0 & 3 & 0 \\ 0 & 0 & 1 \end{pmatrix}$

2020 年全国硕士研究生入学统一考试
数学二试题

一、选择题：1 ～ 8 小题，每小题 4 分，共 32 分. 在每小题给出的四个选项中，只有一个选项中最符合题目的要求的.

1. 当 $x \to 0^+$ 时，下列无穷小量中最高阶的是　　　　　　　　　　　P 90,32 题

A. $\int_0^x (e^{t^2} - 1) \, dt$.

B. $\int_0^x \ln(1 + \sqrt{t^3}) \, dt$.

C. $\int_0^{\sin x} \sin t^2 \, dt$.

D. $\int_0^{1 - \cos x} \sqrt{\sin^3 t} \, dt$

【　　】

2. 函数 $f(x) = \dfrac{e^{\frac{1}{x-1}} \ln|1 + x|}{(e^x - 1)(x - 2)}$ 的第二类间断点的个数为　　P 96,44 题

A. 1.　　　　　B. 2.　　　　　C. 3.　　　　　D. 4.

【　　】

3. $\displaystyle\int_0^1 \dfrac{\arcsin \sqrt{x}}{\sqrt{x(1-x)}} \, dx =$　　　　　　　　　　　P 165,27 题

A. $\dfrac{\pi^2}{4}$.　　　　B. $\dfrac{\pi^2}{8}$.　　　　C. $\dfrac{\pi}{4}$.　　　　D. $\dfrac{\pi}{8}$.

【　　】

4. 已知函数 $f(x) = x^2 \ln(1 - x)$. 当 $n \geqslant 3$ 时，$f^{(n)}(0) =$　　P 105,15 题

A. $-\dfrac{n!}{n-2}$.　　B. $\dfrac{n!}{n-2}$.　　C. $\dfrac{(n-2)!}{n}$.　　D. $\dfrac{(n-2)!}{n}$.

【　　】

5. 关于函数 $f(x,y) = \begin{cases} xy, & xy \neq 0, \\ x, & y = 0, \\ y, & x = 0, \end{cases}$ 给出以下结论：　　P 210,4 题

① $\left.\dfrac{\partial f}{\partial x}\right|_{(0,0)} = 1$；② $\left.\dfrac{\partial^2 f}{\partial x \partial y}\right|_{(0,0)} = 1$；③ $\displaystyle\lim_{(x,y)\to(0,0)} f(x,y) = 0$；④ $\displaystyle\lim_{y\to 0}\lim_{x\to 0} f(x,y) = 0$

其中正确的个数为

A. 4.　　　　　B. 3.　　　　　C. 2.　　　　　D. 1.

【　　】

6. 设函数 $f(x)$ 在区间 $[-2, 2]$ 上可导，且 $f'(x) > f(x) > 0$，则　　P 126,51 题

A. $\dfrac{f(-2)}{f(-1)} > 1$.

B. $\dfrac{f(0)}{f(-1)} > e$.

C. $\dfrac{f(1)}{f(-1)} < e^2$.

D. $\dfrac{f(2)}{f(-1)} < e^3$.

【　　】

7. 设 4 阶矩阵 $A = (a_{ij})$ 不可逆，a_{12} 的代数余子式 $A_{12} \neq 0$，$\boldsymbol{\alpha}_1, \boldsymbol{\alpha}_2, \boldsymbol{\alpha}_3, \boldsymbol{\alpha}_4$ 为矩阵 A 的列向量组，A^* 为 A 的伴随矩阵，则方程组 $A^* x = 0$ 的通解为　　P 294,9 题

A. $x = k_1 \boldsymbol{\alpha}_1 + k_2 \boldsymbol{\alpha}_2 + k_3 \boldsymbol{\alpha}_3$，其中 k_1, k_2, k_3 为任意常数.

B. $\boldsymbol{x} = k_1\boldsymbol{\alpha}_1 + k_2\boldsymbol{\alpha}_2 + k_3\boldsymbol{\alpha}_4$，其中 k_1,k_2,k_3 为任意常数.

C. $\boldsymbol{x} = k_1\boldsymbol{\alpha}_1 + k_2\boldsymbol{\alpha}_3 + k_3\boldsymbol{\alpha}_4$，其中 k_1,k_2,k_3 为任意常数.

D. $\boldsymbol{x} = k_1\boldsymbol{\alpha}_1 + k_2\boldsymbol{\alpha}_3 + k_3\boldsymbol{\alpha}_4$，其中 k_1,k_2,k_3 为任意常数.

【   】

8. 设 A 为 3 阶矩阵，$\boldsymbol{\alpha}_1,\boldsymbol{\alpha}_2$ 为 A 的属于特征值 1 的线性无关的特征向量，$\boldsymbol{\alpha}_3$ 为 A 的属于特征值 -1

的特征向量，则满足 $P^{-1}AP = \begin{pmatrix} 1 & 0 & 0 \\ 0 & -1 & 0 \\ 0 & 0 & 1 \end{pmatrix}$ 的可逆矩阵 P 可为   P 310,15 题

A. $(\boldsymbol{\alpha}_1 + \boldsymbol{\alpha}_3, \boldsymbol{\alpha}_2, -\boldsymbol{\alpha}_3)$　　　　　　B. $(\boldsymbol{\alpha}_1 + \boldsymbol{\alpha}_2, \boldsymbol{\alpha}_2, -\boldsymbol{\alpha}_3)$

C. $(\boldsymbol{\alpha}_1 + \boldsymbol{\alpha}_3, \boldsymbol{\alpha}_3, -\boldsymbol{\alpha}_2)$　　　　　　D. $(\boldsymbol{\alpha}_1 + \boldsymbol{\alpha}_2, \boldsymbol{\alpha}_3, -\boldsymbol{\alpha}_2)$

【   】

二、填空题：9 ~ 14 小题，每小题 4 分，共 24 分.

9. 设 $\begin{cases} x = \sqrt{t^2 + 1}, \\ y = \ln(t + \sqrt{t^2 + 1}), \end{cases}$ 则 $\left.\dfrac{\mathrm{d}^2 y}{\mathrm{d}x^2}\right|_{t=1} = $ _____.   P 103,9 题

10. $\displaystyle\int_0^1 \mathrm{d}y \int_{\sqrt{y}}^1 \sqrt{x^3 + 1}\ \mathrm{d}x = $ _____.   P 241,42 题

11. 设 $z = \arctan\big[xy + \sin(x + y)\big]$，则 $\mathrm{d}z\big|_{(0,\pi)} = $ _____.   P 213,7 题

12. 斜边长为 $2a$ 的等腰直角三角形平板铅直地沉没在水中，且斜边与水面相齐，记重力加速度为 g，水的密度为 ρ，则该平板一侧所受的水压力为 _____.   P 170,39 题

13. 设 $y = y(x)$ 满足 $y'' + 2y' + y = 0$，且 $y(0) = 0, y'(0) = 1$，则 $\displaystyle\int_0^{+\infty} y(x)\,\mathrm{d}x = $ _____.   P 206,28 题

14. 行列式 $\begin{vmatrix} a & 0 & -1 & 1 \\ 0 & a & 1 & -1 \\ -1 & 1 & a & 0 \\ 1 & -1 & 0 & a \end{vmatrix} = $ _____.   P 260,2 题

三、解答题：15 ~ 23 小题，共 94 分. 解答应写出文字说明、证明过程或演算步骤.

15. （本题满分 10 分）

求曲线 $y = \dfrac{x^{1+x}}{(1+x)^x}\ (x > 0)$ 的斜渐近线方程.   P 121,44 题

16. （本题满分 10 分）

已知函数 $f(x)$ 连续且 $\displaystyle\lim_{x \to 0}\dfrac{f(x)}{x} = 1$，$g(x) = \displaystyle\int_0^1 f(xt)\,\mathrm{d}t$，求 $g'(x)$ 并证明 $g'(x)$ 在 $x = 0$ 处连续.

P 182,53 题

17. （本题满分 10 分）

求函数 $f(x,y) = x^3 + 8y^3 - xy$ 的极值.   P 234,35 题

18. （本题满分 10 分）

设函数 $f(x)$ 的定义域为 $(0, +\infty)$ 且满足 $2f(x) + x^2 f\left(\dfrac{1}{x}\right) = \dfrac{x^2 + 2x}{\sqrt{1 + x^2}}$. 求 $f(x)$，并求曲线 $y = $

$f(x), y = \dfrac{1}{2}, y = \dfrac{\sqrt{3}}{2}$ 及 y 轴所围图形绕 x 轴旋转所成旋转体的体积.   P 183,54 题

19. (本题满分 10 分)

设平面区域 D 由直线 $x = 1, x = 2, y = x$ 与 x 轴围成,计算 $\iint\limits_{D} \dfrac{\sqrt{x^2 + y^2}}{x} \mathrm{d}x\mathrm{d}y.$ **P 253,60 题**

20. (本题满分 11 分)

设函数 $f(x) = \displaystyle\int_1^x \mathrm{e}^{t^2}\mathrm{d}t.$

(1) 证明:存在 $\xi \in (1,2)$,使得 $f(\xi) = (2 - \xi)\mathrm{e}^{\xi^2}$;

(2) 证明:存在 $\eta \in (1,2)$,使得 $f(2) = \ln 2 \cdot \eta \mathrm{e}^{\eta^2}.$ **P 139,63 题**

21. (本题满分 11 分)

设函数 $f(x)$ 可导,且 $f'(x) > 0.$ 曲线 $y = f(x) (x \geq 0)$ 经过坐标原点 O,其上的任意一点 M 处的切线与 x 轴交于 T,又 MP 垂直 x 轴于点 $P.$ 已知由曲线 $y = f(x)$,直线 MP 以及 x 轴所围图形的面积与 $\triangle MTP$ 的面积之比恒为 $3:2$,求满足上述条件的曲线的方程. **P 184,55 题**

22. (本题满分 11 分)

设二次型 $f(x_1, x_2, x_3) = x_1^2 + x_2^2 + x_3^2 + 2ax_1x_2 + 2ax_1x_3 + 2ax_2x_3$ 经可逆线性变换 $\begin{pmatrix} x_1 \\ x_2 \\ x_3 \end{pmatrix} = \boldsymbol{P}\begin{pmatrix} y_1 \\ y_2 \\ y_3 \end{pmatrix}$ 化

为二次型 $g(y_1, y_2, y_3) = y_1^2 + y_2^2 + 4y_3^2 + 2y_1y_2.$

(1) 求 a 的值;

(2) 求可逆矩阵 $\boldsymbol{P}.$ **P 316,2 题**

23. (本题满分 11 分)

设 $\boldsymbol{A}$ 为 2 阶矩阵,$\boldsymbol{P} = (\boldsymbol{\alpha}, \boldsymbol{A\alpha})$,其中 $\boldsymbol{\alpha}$ 是非零向量且不是 $\boldsymbol{A}$ 的特征向量.

(1) 证明 $\boldsymbol{P}$ 为可逆矩阵;

(2) 若 $\boldsymbol{A}^2\boldsymbol{\alpha} + \boldsymbol{A\alpha} - 6\boldsymbol{\alpha} = \boldsymbol{O}$,求 $\boldsymbol{P}^{-1}\boldsymbol{A}\boldsymbol{P}$,并判断 $\boldsymbol{A}$ 是否相似于对角矩阵. **P 304,5 题**

▶ **2020 年考研数学(二)试题答案速查**

一、选择题

(1)D (2)C (3)A (4)A (5)B (6)B (7)C (8)D

二、填空题

(9) $-\sqrt{2}$ (10) $\dfrac{2}{9}(2\sqrt{2} - 1)$ (11) $(\pi - 1)\mathrm{d}x - \mathrm{d}y$ (12) $\dfrac{1}{3}\rho g a^3$ (13) 1 (14) $a^2(a^2 - 4)$

三、解答题

(15) $y = \dfrac{1}{\mathrm{e}}x + \dfrac{1}{2\mathrm{e}}$ (16) 略 (17) $-\dfrac{1}{216}$ (18) $\dfrac{\pi^2}{6}$

(19) $\displaystyle\int_1^2 x\mathrm{d}x\int_0^{\pm} \dfrac{1}{\cos^3\theta}\mathrm{d}\theta = \dfrac{3}{2}\int_0^{\pm} \dfrac{\mathrm{d}\theta}{\cos^3\theta}$

(20) $\eta \mathrm{e}^{\eta^2}\ln 2$ (21) $y = c_1 x^3, c_1 > 0$ 为 $\forall$ 常数. ($p = 0$ 时不合题意)

(22)(1) $a = -\dfrac{1}{2}$ (2) $\mathrm{P} = \begin{pmatrix} 1 & 2 & \dfrac{2\sqrt{3}}{3} \\ 0 & 1 & \dfrac{4\sqrt{3}}{3} \\ 0 & 1 & 0 \end{pmatrix}$

(23)(1) 因为 $\alpha \neq \boldsymbol{O}$,且不是 $\boldsymbol{A}$ 的特征向量,所以 $\alpha, \boldsymbol{A\alpha}$ 线性无关,于是 $\mathrm{r}(\boldsymbol{P}) = \mathrm{r}(\alpha, \boldsymbol{A\alpha}) = 2, \boldsymbol{P}$ 可逆.

(2) $\boldsymbol{A}$ 相似于对角矩阵

2019 年全国硕士研究生入学统一考试
数学二试题

一、选择题: 1 ~ 8 小题,每小题 4 分,共 32 分. 下列每题给出的四个选项中,只有一个选项是符合题目要求的,请将所选项前的字母填在答题纸指定位置上.

(1) 若 $x \to 0$ 时,若 $x - \tan x$ 与 x^k 是同阶无穷小,则 $k =$ 　　　　　　 P 89,31 题

　(A) 1. 　　　　　　(B) 2.

　(C) 3. 　　　　　　(D) 4.

【　　　】

(2) 曲线 $y = x\sin x + 2\cos x \left(-\dfrac{\pi}{2} < x < 2\pi \right)$ 的拐点是 　　 P 119,38 题

　(A) $(0,2)$. 　　　　　(B) $(\pi, -2)$.

　(C) $\left(\dfrac{\pi}{2}, \dfrac{\pi}{2} \right)$. 　　(D) $\left(\dfrac{3\pi}{2}, -\dfrac{3\pi}{2} \right)$.

【　　　】

(3) 下列反常积分发散的是 　　　　　　　　　　 P 164,26 题

　(A) $\displaystyle\int_0^{+\infty} x\mathrm{e}^{-x}\mathrm{d}x.$ (B) $\displaystyle\int_0^{+\infty} x\mathrm{e}^{-x^2}\mathrm{d}x.$ (C) $\displaystyle\int_0^{+\infty} \dfrac{\arctan x}{1+x^2}\mathrm{d}x.$ (D) $\displaystyle\int_0^{+\infty} \dfrac{x}{1+x^2}\mathrm{d}x.$

【　　　】

(4) 已知微分方程 $y'' + ay' + by = c\mathrm{e}^x$ 的通解为 $y = (C_1 + C_2 x)\mathrm{e}^{-x} + \mathrm{e}^x$,则 a, b, c 依次为 　　　　　　　　　　　　　　 P 191,7 题

　(A) 1,0,1. 　　　　　(B) 1,0,2.

　(C) 2,1,3. 　　　　　(D) 2,1,4.

【　　　】

(5) 已知平面区域 $D = \left\{ (x,y) \,\middle|\, |x| + |y| \leqslant \dfrac{\pi}{2} \right\}$,记 $I_1 = \displaystyle\iint\limits_D \sqrt{x^2 + y^2}\,\mathrm{d}x\mathrm{d}y, I_2 = \displaystyle\iint\limits_D \sin$

$\sqrt{x^2 + y^2}\,\mathrm{d}x\mathrm{d}y, I_3 = \displaystyle\iint\limits_D (1 - \cos\sqrt{x^2 + y^2})\,\mathrm{d}x\mathrm{d}y$ 则 　　 P 237,37 题

　(A) $I_3 < I_2 < I_1$. 　　　(B) $I_2 < I_1 < I_3$.

　(C) $I_1 < I_2 < I_3$. 　　　(D) $I_2 < I_3 < I_1$.

【　　　】

(6) 设函数 $f(x), g(x)$ 的 2 阶导函数在 $x = a$ 处连续,则 $\lim\limits_{x \to a} \dfrac{f(x) - g(x)}{(x-a)^2} = 0$ 是两条曲线 $y = f(x)$,

$y = g(x)$ 在 $x = a$ 对应的点处相切及曲率相等的 　　　 P 112,31 题

　(A) 充分不必要条件. 　　(B) 充分必要条件.

　(C) 必要不充分条件. 　　(D) 既不充分也不必要条件.

【　　　】

(7) 设 A 是 4 阶矩阵,A^* 为 A 的伴随矩阵,若线性方程组 $Ax = 0$ 的基础解系只有 2 个向量,则 $\mathrm{r}(A^*)$ =

P 295,10 题

(A) 0.　　　　(B) 1.　　　　(C) 2.　　　　(D) 3.

【　　】

(8) 设 A 是 3 阶实对称矩阵, E 是 3 阶单位矩阵, 若 $A^2 + A = 2E$, 且 $|A| = 4$, 则二次型 $x^T A x$ 的规范形为　　　　　　　　P 325,2 题

(A) $y_1^2 + y_2^2 + y_3^2$.　　　　　　　(B) $y_1^2 + y_2^2 - y_3^2$.

(C) $y_1^2 - y_2^2 - y_3^2$.　　　　　　　(D) $-y_1^2 - y_2^2 - y_3^2$.

【　　】

二、填空题:9 ~ 14 小题,每小题 4 分,共 24 分. 请将答案写在答题纸指定位置上.

(9) $\lim\limits_{x \to 0} (x + 2^x)^{\frac{2}{x}} = $ _____.　　P 80,13 题

(10) 曲线 $\begin{cases} x = t - \sin t \\ y = 1 - \cos t \end{cases}$ 在 $t = \dfrac{3\pi}{2}$ 对应点处的切线在 y 轴上的截距为 _____.　P 109,22 题

(11) 设函数 $f(u)$ 可导, $z = y f\left(\dfrac{y^2}{x}\right)$, 则 $2x \dfrac{\partial z}{\partial x} + y \dfrac{\partial z}{\partial y} = $ _____.　P 217,14 题

(12) 曲线 $y = \ln\cos x \left(0 \leq x \leq \dfrac{\pi}{6}\right)$ 的弧长为 _____.　P 168,36 题

(13) 已知函数 $f(x) = x \displaystyle\int_1^x \dfrac{\sin t^2}{t} dt$, 则 $\displaystyle\int_0^1 f(x) dx = $ _____.　P 156,14 题

(14) 已知矩阵 $A = \begin{bmatrix} 1 & -1 & 0 & 0 \\ -2 & 1 & -1 & 1 \\ 3 & -2 & 2 & -1 \\ 0 & 0 & 3 & 4 \end{bmatrix}$, A_{ij} 表示 $|A|$ 中 (i,j) 元的代数余子式, 则 $A_{11} - A_{12} = $

_____.　P 261,3 题

三、解答题:15 ~ 23 小题,共 94 分. 请将解答写在答题纸指定位置上. 解答应写出文字说明、证明过程或演算步骤.

(15)(**本题满分 10 分**)

已知函数 $f(x) = \begin{cases} x^{2x}, & x > 0 \\ x e^x + 1, & x \leq 0 \end{cases}$, 求 $f'(x)$, 并求 $f(x)$ 的极值.　P 115,33 题

(16)(**本题满分 10 分**)

求不定积分 $\displaystyle\int \dfrac{3x + 6}{(x - 1)^2 (x^2 + 1 + x)} dx$.　P 153,10 题

(17)(**本题满分 10 分**)

设函数 $y(x)$ 是微分方程 $y' - xy = \dfrac{1}{2\sqrt{x}} e^{\frac{x^2}{2}}$ 满足条件 $y(1) = \sqrt{e}$ 的特解.

(Ⅰ) 求 $y(x)$;

(Ⅱ) 设平面区域 $D = \{(x,y) \mid 1 \leq x \leq 2, 0 \leq y \leq y(x)\}$, 求 D 绕 x 轴旋转所得旋转体的体积.

P 205,27 题

(18)(**本题满分 10 分**)

已知平面区域 $D = \{(x,y) \mid |x| \leq y, (x^2 + y^2)^3 \leq y^4\}$, 计算二重积分 $\displaystyle\iint\limits_D \dfrac{x + y}{\sqrt{x^2 + y^2}} dx dy$.

P 252,59 题

(19)（本题满分 10 分）

设 n 是正整数, 记 S_n 为曲线 $y = \mathrm{e}^{-x}\sin x\,(0 \leqslant x \leqslant n\pi)$ 与 x 轴所围图形的面积. 求 S_n, 并求 $\lim\limits_{n\to\infty} S_n$.

P 257, 64 题

(20)（本题满分 11 分）

已知函数 $u(x,y)$ 满足 $2\dfrac{\partial^2 u}{\partial x^2} - 2\dfrac{\partial^2 u}{\partial y^2} + 3\dfrac{\partial u}{\partial y} = 0$, 求 a,b 的值, 使得在变换 $u(x,y) = v(x,y)\mathrm{e}^{ax+by}$ 之下, 上述等式可化为函数 $v(x,y)$ 的不含一阶偏导数的等式.

P 227, 25 题

(21)（本题满分 11 分）

已知函数 $f(x)$ 在 $[0,1]$ 上具有 2 阶导数, 且 $f(0) = 0, f(1) = 1, \displaystyle\int_0^1 f(x)\,\mathrm{d}x = 1$, 证明:

（Ⅰ）存在 $\xi \in (0,1)$, 使得 $f'(\xi) = 0$;

（Ⅱ）存在 $\eta \in (0,1)$, 使得 $f''(\eta) < -2$.

P 138, 62 题

(22)（本题满分 11 分）

已知向量组

$$\text{Ⅰ}: \boldsymbol{\alpha}_1 = (1,1,4)^{\mathrm{T}}, \ \boldsymbol{\alpha}_2 = (1,0,4)^{\mathrm{T}}, \ \boldsymbol{\alpha}_3 = (1,2,a^2+3)^{\mathrm{T}}$$

$$\text{Ⅱ}: \boldsymbol{\beta}_1 = (1,1,a+3)^{\mathrm{T}}, \ \boldsymbol{\beta}_2 = (0,2,1-a)^{\mathrm{T}}, \ \boldsymbol{\beta}_3 = (1,3,a^2+3)^{\mathrm{T}}$$

若向量组 Ⅰ 与向量组 Ⅱ 等价, 求 a 的取值, 并将 $\boldsymbol{\beta}_3$ 用 $\boldsymbol{\alpha}_1, \boldsymbol{\alpha}_2, \boldsymbol{\alpha}_3$ 线性表示.

P 278, 2 题

(23)（本题满分 11 分）

矩阵 $\boldsymbol{A} = \begin{bmatrix} -2 & -2 & 1 \\ 2 & x & -2 \\ 0 & 0 & -2 \end{bmatrix}, \boldsymbol{B} = \begin{bmatrix} 2 & 1 & 0 \\ 0 & -1 & 0 \\ 0 & 0 & y \end{bmatrix}$ 相似

（Ⅰ）求 x,y;

（Ⅱ）求可逆矩阵 $\boldsymbol{P}$, 使得 $\boldsymbol{P}^{-1}\boldsymbol{A}\boldsymbol{P} = \boldsymbol{B}$.

P 304, 6 题

▶2019 年考研数学（二）试题答案速查

一、选择题

(1) C　(2) B　(3) D　(4) D　(5) A　(6) A　(7) A　(8) C

二、填空题

(9) $4e^2$　(10) $\dfrac{3}{2}\pi + 2$　(11) $f\left(\dfrac{y^2}{x}\right) + \dfrac{2y^2}{x}f'\left(\dfrac{y^2}{x}\right)$　(12) $\dfrac{1}{2}\ln 3$　(13) $\dfrac{1}{4}(\cos 1 - 1)$　(14) -4

三、解答题

(15) 1　(16) $-2\ln|x-1| - \dfrac{3}{x-1} + \ln(x^2+x+1) + c$

(17)（Ⅰ）$y(x) = \sqrt{x}\,\mathrm{e}^{\frac{1}{2}+\frac{1}{2}x^2}$　（Ⅱ）$\dfrac{\pi}{2}(\mathrm{e}^4 - \mathrm{e})$　(18) $\dfrac{43}{120}\sqrt{2}$　(19) $\lim\limits_{n\to+\infty} S_n = \dfrac{1}{2}\cdot\dfrac{1+\mathrm{e}^{-\pi}}{1-\mathrm{e}^{-\pi}}$

(20) $a = 0, b = \dfrac{3}{4}$　(21) 略　(22) 略

(23)（Ⅰ）$x = 3, y = -2$　（Ⅱ）$\boldsymbol{P} = \begin{bmatrix} 1 & 1 & 1 \\ -2 & -1 & -2 \\ 1 & 0 & -4 \end{bmatrix}$

2018 年全国硕士研究生入学统一考试
数学二试题

一、选择题：1 ~ 8 小题，每小题 4 分，共 32 分. 下列每题给出的四个选项中，只有一个选项是符合题目要求的，请将所选项前的字母填在答题纸指定位置上.

(1) 若 $\lim\limits_{x \to 0}(e^x + ax^2 + bx)^{\frac{1}{x^2}} = 1$，则

P 83,20 题 *

  (A) $a = \dfrac{1}{2}, b = -1$.　　　　　　(B) $a = -\dfrac{1}{2}, b = -1$.

  (C) $a = \dfrac{1}{2}, b = 1$.　　　　　　(D) $a = -\dfrac{1}{2}, b = 1$.　　【　　】

(2) 下列函数中，在 $x = 0$ 处不可导的是

P 99,1 题

  (A) $f(x) = |x|\sin|x|$.　　　　　　(B) $f(x) = |x|\sin\sqrt{|x|}$.

  (C) $f(x) = \cos|x|$.　　　　　　(D) $f(x) = \cos\sqrt{|x|}$.　　【　　】

(3) 设函数 $f(x) = \begin{cases} -1, & x < 0 \\ 1, & x \geqslant 0 \end{cases}$，$g(x) = \begin{cases} 2 - ax, & x \leqslant -1 \\ x, & -1 < x < 0 \\ x - b, & x \geqslant 0 \end{cases}$，若 $f(x) + g(x)$ 在 $\mathbf{R}$ 上连续，

则

P 98,47 题

  (A) $a = 3, b = 1$.　　　　　　(B) $a = 3, b = 2$.

  (C) $a = -3, b = 1$.　　　　　　(D) $a = -3, b = 2$.　　【　　】

(4) 设函数 $f(x)$ 在 $[0,1]$ 上二阶可导，且 $\int_0^1 f(x)\,\mathrm{d}x = 0$，则

P 125,49 题

  (A) 当 $f'(x) < 0$ 时，$f\left(\dfrac{1}{2}\right) < 0$.　　(B) 当 $f''(x) < 0$ 时，$f\left(\dfrac{1}{2}\right) < 0$.

  (C) 当 $f'(x) > 0$ 时，$f\left(\dfrac{1}{2}\right) < 0$.　　(D) 当 $f''(x) > 0$ 时，$f\left(\dfrac{1}{2}\right) < 0$.　　【　　】

(5) 设 $M = \int_{-\frac{\pi}{2}}^{\frac{\pi}{2}} \dfrac{(1+x)^2}{1+x^2}\,\mathrm{d}x$，$N = \int_{-\frac{\pi}{2}}^{\frac{\pi}{2}} \dfrac{1+x}{e^x}\,\mathrm{d}x$，$K = \int_{-\frac{\pi}{2}}^{\frac{\pi}{2}}(1 + \sqrt{\cos x})\,\mathrm{d}x$，则

P 148,5 题

  (A) $M > N > K$.　　　　　　(B) $M > K > N$.

  (C) $K > M > N$.　　　　　　(D) $K > N > M$.　　【　　】

(6) $\int_{-1}^0 \mathrm{d}x \int_{-x}^{2-x^2}(1-xy)\,\mathrm{d}y + \int_0^1 \mathrm{d}x \int_x^{2-x^2}(1-xy)\,\mathrm{d}y =$

P 241,41 题

  (A) $\dfrac{5}{3}$.　　(B) $\dfrac{5}{6}$.　　(C) $\dfrac{7}{3}$.　　(D) $\dfrac{7}{6}$.　　【　　】

(7) 下列矩阵中与矩阵 $\begin{bmatrix} 1 & 1 & 0 \\ 0 & 1 & 1 \\ 0 & 0 & 1 \end{bmatrix}$ 相似的为

P 305,7 题

  (A) $\begin{bmatrix} 1 & 1 & -1 \\ 0 & 1 & 1 \\ 0 & 0 & 1 \end{bmatrix}$.　　　　　　(B) $\begin{bmatrix} 1 & 0 & -1 \\ 0 & 1 & 1 \\ 0 & 0 & 1 \end{bmatrix}$.

---

* P 83,16 题　分别表示该题的答案与解答在本书第 83 页，第 16 题. 下同.

$$(C) \begin{bmatrix} 1 & 1 & -1 \\ 0 & 1 & 0 \\ 0 & 0 & 1 \end{bmatrix}. \qquad (D) \begin{bmatrix} 1 & 0 & -1 \\ 0 & 1 & 0 \\ 0 & 0 & 1 \end{bmatrix}. \qquad 【\quad】$$

(8) 设 A,B 为 n 阶矩阵,记 $r(X)$ 为矩阵 X 的秩,(X,Y) 表示分块矩阵,则 P 286,9 题

(A) $r(A,AB) = r(A)$.   (B) $r(A,BA) = r(A)$.

(C) $r(A,B) = \max\{r(A),r(B)\}$.   (D) $r(A,B) = r(A^TB^T)$.   【 】

二、填空题:9 ~ 14 小题,每小题 4 分,共 24 分. 请将答案写在答题纸指定位置上.

(9) $\lim\limits_{x\to+\infty} x^2[\arctan(x+1) - \arctan x] = $ _____. P 79,12 题

(10) 曲线 $y = x^2 + 2\ln x$ 的其拐点处的切线方程是_____. P 108,19 题

(11) $\displaystyle\int_5^{+\infty} \frac{1}{x^2 - 4x + 3}\mathrm{d}x = $ _____. P 164,25 题

(12) 曲线 $\begin{cases} x = \cos^3 t, \\ y = \sin^3 t \end{cases}$ 在 $t = \dfrac{\pi}{4}$ 对应点处的曲率为_____. P 112,30 题

(13) 设函数 $z = z(x,y)$ 由方程 $\ln z + e^{z-1} = xy$ 确定,则 $\dfrac{\partial z}{\partial x}\bigg|_{(2,\frac{1}{2})} = $ _____. P 222,20 题

(14) 设 A 为 3 阶矩阵,$\alpha_1,\alpha_2,\alpha_3$ 是线性无关的向量组,若 $A\alpha_1 = 2\alpha_1 + \alpha_2 + \alpha_3$,$A\alpha_2 = \alpha_2 + 2\alpha_3$,$A\alpha_3 = -\alpha_2 + \alpha_3$,则 A 的实特征值为_____. P 301,1 题

三、解答题:15 ~ 23 小题,共 94 分. 请将解答写在答题纸指定位置上. 解答应写出文字说明、证明过程或演算步骤.

(15)(**本题满分 10 分**)

  求不定积分 $\displaystyle\int e^{2x}\arctan\sqrt{e^x - 1}\,\mathrm{d}x$. P 153,9 题

(16)(**本题满分 10 分**)

  已知连续函数 $f(x)$ 满足 $\displaystyle\int_0^x f(t)\mathrm{d}t + \int_0^x tf(x-t)\mathrm{d}t = ax^2$,

  (Ⅰ) 求 $f(x)$;

  (Ⅱ) 若 $f(x)$ 在区间 $[0,1]$ 上的平均值为 1,求 a 的值. P 195,16 题

(17)(**本题满分 10 分**)

  设平面区域 D 由曲线 $\begin{cases} x = t - \sin t, \\ y = 1 - \cos t \end{cases} (0 \leq t \leq 2\pi)$ 与 x 轴围成,计算二重分 $\displaystyle\iint\limits_D (x + 2y)\mathrm{d}\sigma$.

P 251,58 题

(18)(**本题满分 10 分**)

  已知常数 $k \geq \ln 2 - 1$. 证明:$(x-1)(x - \ln^2 x + 2k\ln x - 1) \geq 0$. P 126,50 题

(19)(**本题满分 10 分**)

  将长为 2m 的铁丝分成三段,依次围成圆、正方形与正三角形,三个图形的面积之和是否存在最小值?若存在,求出最小值. P 233,34 题

(20)(**本题满分 11 分**)

  已知曲线 $L: y = \dfrac{4}{9}x^2 \,(x \geq 0)$,点 $O(0,0)$,点 $A(0,1)$. 设 P 是 L 上的动点,S 是直线 OA 与直线

AP 及曲线 L 所围成图形的面积,若 P 运动到点 $(3,4)$ 时沿 x 轴正向的速度是 4,求此时 S 关于时间

t 的变化率.

P 182,52 题

（21）（**本题满分 11 分**）

设数列 $\{x_n\}$ 满足：$x_1 > 0, x_n e^{x_{n+1}} = e^{x_n} - 1 (n = 1, 2, \cdots)$，证明 $\{x_n\}$ 收敛，并求 $\lim\limits_{n \to \infty} x_n$.

P 88,28 题

（22）（**本题满分 11 分**）

设实二次型 $f(x_1, x_2, x_3) = (x_1 - x_2 + x_3)^2 + (x_2 + x_3)^2 + (x_1 + ax_3)^2$，其中 a 是参数.

（Ⅰ）求 $f(x_1, x_2, x_3) = 0$ 的解；

（Ⅱ）求 $f(x_1, x_2, x_3)$ 的规范形.

P 325,3 题

（23）（**本题满分 11 分**）

已知 a 是常数，且矩阵 $A = \begin{bmatrix} 1 & 2 & a \\ 1 & 3 & 0 \\ 2 & 7 & -a \end{bmatrix}$ 可经初等列变换化为矩阵 $B = \begin{bmatrix} 1 & a & 2 \\ 0 & 1 & 1 \\ -1 & 1 & 1 \end{bmatrix}$.

（Ⅰ）求 a；

（Ⅱ）求满足 $AP = B$ 的可逆矩阵 P.

P 288,1 题

▶**2018 年考研数学（二）试题答案速查**

一、选择题

(1)B　　(2)D　　(3)D　　(4)D　　(5)C　　(6)C　　(7)A　　(8)A

二、填空题

(9)1.　　(10)$y = 4x - 3$.　　(11)$\dfrac{1}{2}\ln 2$.　　(12)$\dfrac{2}{3}$.　　(13)$\dfrac{1}{4}$.　　(14)$(\lambda - 2)(\lambda^2 - 2\lambda + 3)$.

三、解答题

(15)$I = \dfrac{1}{2}e^{2x}\arctan\sqrt{e^x - 1} - \dfrac{1}{2}\sqrt{e^x - 1} - \dfrac{1}{6}(\sqrt{e^x - 1})^3 + c$.

(16)（Ⅰ）$y = 2a(1 - e^{-x})$；（Ⅱ）$\dfrac{e}{2}$.　　(17)$3\pi^2 + 5\pi$.　　(18)略.　　(19)$\dfrac{1}{\pi + 4 + 3\sqrt{3}}$.

(20)10.　　(21)0.　　(22)（Ⅰ）$x_1 = 2c, x_2 = c, x_3 = -c, c$ 任意；（Ⅱ）$y_1^2 + y_2^2$.

(23)（Ⅰ）2；（Ⅱ）$\begin{bmatrix} 3 - 6c_1 & 4 - 6c_2 & 4 - 6c_3 \\ -1 + 2c_1 & -1 + 2c_2 & -1 + 2c_3 \\ c_1 & c_2 & c_3 \end{bmatrix}, c_2 \neq c_3$.

2017 年全国硕士研究生入学统一考试
数学二试题

一、选择题：1 ~ 8 小题,每小题 4 分,共 32 分. 下列每题给出的四个选项中,只有一个选项是符合题目要求的,请将所选项前的字母填在答题纸指定位置上.

(1) 若函数 $f(x) = \begin{cases} \dfrac{1 - \cos\sqrt{x}}{ax}, & x > 0 \\ b, & x \le 0 \end{cases}$ 在 $x = 0$ 处连续,则 `P 97,46 题`

 (A) $ab = \dfrac{1}{2}$. (B) $ab = -\dfrac{1}{2}$. (C) $ab = 0$. (D) $ab = 2$. 【 　 】

(2) 设二阶可导函数 $f(x)$ 满足 $f(1) = f(-1) = 1, f(0) = -1$ 且 $f''(x) > 0$,则 `P 125,48 题`

 (A) $\displaystyle\int_{-1}^{1} f(x)\,\mathrm{d}x > 0$.   (B) $\displaystyle\int_{-1}^{1} f(x)\,\mathrm{d}x < 0$.

 (C) $\displaystyle\int_{-1}^{0} f(x)\,\mathrm{d}x > \int_{0}^{1} f(x)\,\mathrm{d}x$. (D) $\displaystyle\int_{-1}^{0} f(x)\,\mathrm{d}x < \int_{0}^{1} f(x)\,\mathrm{d}x$. 【 　 】

(3) 设数列 $\{x_n\}$ 收敛,则 `P 72,1 题`

 (A) 当 $\displaystyle\lim_{n\to\infty} \sin x_n = 0$ 时, $\displaystyle\lim_{n\to\infty} x_n = 0$.

 (B) 当 $\displaystyle\lim_{n\to\infty} \left(x_n + \sqrt{|x_n|}\right) = 0$ 时, $\displaystyle\lim_{n\to\infty} x_n = 0$.

 (C) 当 $\displaystyle\lim_{n\to\infty} \left(x_n + x_n^2\right) = 0$, $\displaystyle\lim_{n\to\infty} x_n = 0$.

 (D) 当 $\displaystyle\lim_{n\to\infty} \left(x_n + \sin x_n\right) = 0$ 时, $\displaystyle\lim_{n\to\infty} x_n = 0$. 【 　 】

(4) 微分方程 $y'' - 4y' + 8y = \mathrm{e}^{2x}(1 + \cos 2x)$ 的特解可设为 $y^* =$ `P 192,10 题`

 (A) $A\mathrm{e}^{2x} + \mathrm{e}^{2x}(B\cos 2x + C\sin 2x)$. (B) $Ax\mathrm{e}^{2x} + \mathrm{e}^{2x}(B\cos 2x + C\sin 2x)$.

 (C) $A\mathrm{e}^{2x} + x\mathrm{e}^{2x}(B\cos 2x + C\sin 2x)$. (D) $Ax\mathrm{e}^{2x} + x\mathrm{e}^{2x}(B\cos 2x + C\sin 2x)$. 【 　 】

(5) 设 $f(x,y)$ 具有一阶偏导数,且对任意的 (x,y),都有 $\dfrac{\partial f(x,y)}{\partial x} > 0, \dfrac{\partial f(x,y)}{\partial y} < 0$ 则

`P 209,2 题`

 (A) $f(0,0) > f(1,1)$.   (B) $f(0,0) < f(1,1)$.

 (C) $f(0,1) > f(1,0)$.   (D) $f(0,1) < f(1,0)$. 【 　 】

(6) 甲、乙两人赛跑,计时开始时,甲在乙前方 10(单位：m) 处,图中,实线表示甲的速度曲线 $v = v_1(t)$(单位：m/s),虚线表示乙的速度曲线 $v = v_2(t)$,三块阴影部分面积的数值依次为 10,20,3. 计时开始后乙追上甲的时刻记为 t_0(单位：s),则 `P 173,42 题`

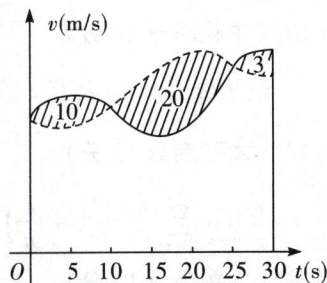

 (A) $t_0 = 10$.

 (B) $15 < t_0 < 20$.

 (C) $t_0 = 25$.

 (D) $t_0 > 25$. 【 　 】

(7) 设 A 为三阶矩阵, $P = (\alpha_1, \alpha_2, \alpha_3)$ 为可逆矩阵,使得 $P^{-1}AP = \begin{bmatrix} 0 & 0 & 0 \\ 0 & 1 & 0 \\ 0 & 0 & 2 \end{bmatrix}$,则 $A(\alpha_1 + \alpha_2 + \alpha_3)$

$=$ `P 305,8 题`

(A) $\boldsymbol{\alpha}_1 + \boldsymbol{\alpha}_2$.　　　　　　　　　(B) $\boldsymbol{\alpha}_2 + 2\boldsymbol{\alpha}_3$.

(C) $\boldsymbol{\alpha}_2 + \boldsymbol{\alpha}_3$.　　　　　　　　　(D) $\boldsymbol{\alpha}_1 + 2\boldsymbol{\alpha}_2$.　　　　　　　　【　　】

(8) 已知矩阵 $\boldsymbol{A} = \begin{bmatrix} 2 & 0 & 0 \\ 0 & 2 & 1 \\ 0 & 0 & 1 \end{bmatrix}$，$\boldsymbol{B} = \begin{bmatrix} 2 & 1 & 0 \\ 0 & 2 & 0 \\ 0 & 0 & 1 \end{bmatrix}$，$\boldsymbol{C} = \begin{bmatrix} 1 & 0 & 0 \\ 0 & 2 & 0 \\ 0 & 0 & 2 \end{bmatrix}$，则　　`P 306,9 题`

(A) $\boldsymbol{A}$ 与 $\boldsymbol{C}$ 相似，$\boldsymbol{B}$ 与 $\boldsymbol{C}$ 相似.

(B) $\boldsymbol{A}$ 与 $\boldsymbol{C}$ 相似，$\boldsymbol{B}$ 与 $\boldsymbol{C}$ 不相似.

(C) $\boldsymbol{A}$ 与 $\boldsymbol{C}$ 不相似，$\boldsymbol{B}$ 与 $\boldsymbol{C}$ 相似.

(D) $\boldsymbol{A}$ 与 $\boldsymbol{C}$ 不相似，$\boldsymbol{B}$ 与 $\boldsymbol{C}$ 不相似.　　　　　　　　【　　】

二、填空题：9 ~ 14 小题，每小题 4 分，共 24 分. 请将答案写在答题纸指定位置上.

(9) 曲线 $y = x\left(1 + \arcsin \dfrac{2}{x}\right)$ 的斜渐近线方程为 ＝ _____.　　`P 121,43 题`

(10) 设函数 $y = y(x)$ 由参数方程 $\begin{cases} x = t + e^t \\ y = \sin t \end{cases}$ 确定，则 $\dfrac{d^2 y}{dx^2}\bigg|_{t=0}$ ＝ _____.　　`P 102,8 题`

(11) $\displaystyle\int_0^{+\infty} \dfrac{\ln(1+x)}{(1+x)^2} dx$ ＝ _____.　　`P 164,24 题`

(12) 设函数 $f(x,y)$ 具有一阶连续偏导数，且 $df(x,y) = ye^y dx + x(1+y)e^y dy$，$f(0,0) = 0$，则

$f(x,y) =$ _____.　　`P 209,3 题`

(13) $\displaystyle\int_0^1 dy \int_y^1 \dfrac{\tan x}{x} dx$ ＝ _____.　　`P 241,40 题`

(14) 设矩阵 $\boldsymbol{A} = \begin{bmatrix} 4 & 1 & -2 \\ 1 & 2 & a \\ 3 & 1 & -1 \end{bmatrix}$ 的一个特征向量为 $\begin{bmatrix} 1 \\ 1 \\ 2 \end{bmatrix}$，则 $a =$ _____.　　`P 301,2 题`

三、解答题：15 ~ 23 小题，共 94 分. 请将解答写在答题纸指定位置上. 解答应写出文字说明、证明过程或演算步骤.

(15)（**本题满分 10 分**）

求 $\displaystyle\lim_{x \to 0^+} \dfrac{\displaystyle\int_0^x \sqrt{x - t}\, e^t dt}{\sqrt{x^3}}$.　　`P 79,11 题`

(16)（**本题满分 10 分**）

设函数 $f(u,v)$ 具有 2 阶连续偏导数，$y = f(e^x, \cos x)$，求 $\dfrac{dy}{dx}\bigg|_{x=0}$，$\dfrac{d^2 y}{dx^2}\bigg|_{x=0}$.　　`P 217,13 题`

(17)（**本题满分 10 分**）

求 $\displaystyle\lim_{n \to \infty} \sum_{k=1}^n \dfrac{k}{n^2} \ln\left(1 + \dfrac{k}{n}\right)$.　　`P 86,25 题`

(18)（**本题满分 10 分**）

已知函数 $y(x)$ 由方程 $x^3 + y^3 - 3x + 3y - 2 = 0$ 确定，求 $y(x)$ 的极值.　　`P 144,69 题`

(19)（**本题满分 10 分**）

设函数 $f(x)$ 在区间 $[0,1]$ 上具有 2 阶导数，且 $f(1) > 0$，$\displaystyle\lim_{x \to 0^+} \dfrac{f(x)}{x} < 0$，证明：

（Ⅰ）方程 $f(x) = 0$ 在区间 $(0,1)$ 内至少存在一个实根；

（Ⅱ）方程 $f(x)f''(x) + (f'(x))^2 = 0$ 在区间 $(0,1)$ 内至少存在两个不同实根.

(20)（**本题满分 11 分**）

已知平面区域 $D = \{(x,y) \mid x^2 + y^2 \leqslant 2y\}$，计算二重积分 $\iint\limits_{D}(x+1)^2 \mathrm{d}x\mathrm{d}y$. 　　P 251,57 题

(21)（**本题满分 11 分**）

设 $y(x)$ 是区间 $\left(0,\dfrac{3}{2}\right)$ 内的可导函数，且 $y(1) = 0$，点 P 是曲线 $L:y = y(x)$ 上的任意一点，L 在点 P 处的切线与 y 轴相交于点 $(0,Y_P)$，法线与 x 轴相交于点 $(X_P,0)$，若 $X_P = Y_P$，求 L 上点的坐标 (x,y) 满足的方程. 　　P 197,18 题

(22)（**本题满分 11 分**）

设 3 阶矩阵 $\boldsymbol{A} = (\boldsymbol{\alpha}_1,\boldsymbol{\alpha}_2,\boldsymbol{\alpha}_3)$ 有 3 个不同的特征值，且 $\boldsymbol{\alpha}_3 = \boldsymbol{\alpha}_1 + 2\boldsymbol{\alpha}_2$.

（Ⅰ）证明 $\mathrm{r}(\boldsymbol{A}) = 2$；

（Ⅱ）若 $\boldsymbol{\beta} = \boldsymbol{\alpha}_1 + \boldsymbol{\alpha}_2 + \boldsymbol{\alpha}_3$，求方程组 $\boldsymbol{A}x = \boldsymbol{\beta}$ 的通解. 　　P 289,2 题

(23)（**本题满分 11 分**）

设二次型 $f(x_1,x_2,x_3) = 2x_1^2 - x_2^2 + ax_3^2 + 2x_1x_2 - 8x_1x_3 + 2x_2x_3$ 在正交变换 $x = Qy$ 下的标准形为 $\lambda_1 y_1^2 + \lambda_2 y_2^2$，求 a 的值及一个正交矩阵 Q. 　　P 317,3 题

▶2017 年考研数学（二）试题答案速查

一、选择题

(1)A　　(2)B　　(3)D　　(4)C　　(5)D　　(6)C　　(7)B　　(8)B

二、填空题

(9)$y = x + 2$. 　　(10)$-\dfrac{1}{8}$. 　　(11)1. 　　(12)xye^y. 　　(13)$-\ln(\cos 1)$. 　　(14)-1.

三、解答题

(15)$\dfrac{2}{3}$. 　　(16)$f'_u(1,1)$；$f''_{uu}(1,1) + f'_u(1,1) - f'_v(1,1)$. 　　(17)$\dfrac{1}{4}$.

(18)$y(1) = 1$；$y(-1) = 0$. 　　(19)略. 　　(20)$\dfrac{5}{4}\pi$. 　　(21)略.

(22)（Ⅰ）略；（Ⅱ）$(1,1,1)^{\mathrm{T}} + C(1,2,-1)$，$C$ 取任意常数. 　　(23)$a = 2$；$6y_1^2 - 3y_2^2$.

数学二　　— 35 —

2016 年全国硕士研究生入学统一考试
数学二试题

一、选择题：1 ~ 8 小题，每小题 4 分，共 32 分．下列每题给出的四个选项中，只有一个选项符合题目要求的，请将所选项前的字母填在答题纸指定位置上．

(1) 设 $a_1 = x(\cos\sqrt{x} - 1)$，$a_2 = \sqrt{x}\ln(1 + \sqrt[3]{x})$，$a_3 = \sqrt[3]{x+1} - 1$，当 $x \to 0^\circ$ 时，以上三个无穷小量按照从低阶到高阶的排序是

P 89, 30 题

   (A) a_1, a_2, a_3.　　(B) a_2, a_3, a_1.　　(C) a_2, a_1, a_3.　　(D) a_3, a_2, a_1.　【　】

(2) 已知函数 $f(x) = \begin{cases} 2(x-1), & x < 1, \\ \ln x, & x \geq 1 \end{cases}$，则 $f(x)$ 的一个原函数是

P 157, 15 题

   (A) $F(x) = \begin{cases} (x-1)^2, & x < 1, \\ x(\ln x - 1), & x \geq 1. \end{cases}$

   (B) $F(x) = \begin{cases} (x-1)^2, & x < 1, \\ x(\ln x + 1) - 1, & x \geq 1. \end{cases}$

   (C) $F(x) = \begin{cases} (x-1)^2, & x < 1, \\ x(\ln x + 1) + 1, & x \geq 1. \end{cases}$

   (D) $F(x) = \begin{cases} (x-1)^2, & x < 1, \\ x(\ln x - 1) + 1, & x \geq 1. \end{cases}$　【　】

(3) 反常积分 ① $\displaystyle\int_{-\infty}^{0} \frac{1}{x^2} e^{\frac{1}{x}} \, dx$，② $\displaystyle\int_{0}^{+\infty} \frac{1}{x^2} e^{\frac{1}{x}} \, dx$ 的敛散性为

P 164, 23 题

   (A) ① 收敛，② 收敛.　　　　　　(B) ① 收敛，② 发散.

   (C) ① 发散，② 收敛.　　　　　　(D) ① 发散，② 发散.　【　】

(4) 设函数 $f(x)$ 在 $(-\infty, +\infty)$ 内连续，其导函数的图形如图所示，则

P 119, 37 题

   (A) 函数 $f(x)$ 有 2 个极值点，曲线 $y = f(x)$ 有 2 个拐点.

   (B) 函数 $f(x)$ 有 2 个极值点，曲线 $y = f(x)$ 有 3 个拐点.

   (C) 函数 $f(x)$ 有 3 个极值点，曲线 $y = f(x)$ 有 1 个拐点.

   (D) 函数 $f(x)$ 有 3 个极值点，曲线 $y = f(x)$ 有 2 个拐点.　【　】

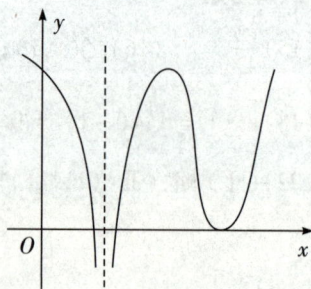

(5) 设函数 $f_i(x)(i = 1,2)$ 具有二阶连续导数，且 $f_i''(x_0) < 0 (i = 1, 2)$，若两条曲线 $y = f_i(x)(i = 1,2)$ 在点 (x_0, y_0) 处具有公切线 $y = g(x)$，且在该点处曲线 $y = f_1(x)$ 的曲率大于曲线 $y = f_2(x)$ 的曲率，则在 x_0 的某个邻域内，有

P 124, 47 题

   (A) $f_1(x) \leq f_2(x) \leq g(x)$.　　　　(B) $f_2(x) \leq f_1(x) \leq g(x)$.

   (C) $f_1(x) \leq g(x) \leq f_2(x)$.　　　　(D) $f_2(x) \leq g(x) \leq f_1(x)$.　【　】

(6) 已知函数 $f(x,y) = \dfrac{e^x}{x - y}$，则

P 213, 6 题

   (A) $f'_x - f'_y = 0$.　　　　　　　　(B) $f'_x + f'_y = 0$.

   (C) $f'_x - f'_y = f$.　　　　　　　　(D) $f'_x + f'_y = f$.　【　】

(7) 设 A, B 是可逆矩阵，且 A 与 B 相似，则下列结论错误的是

P 306, 10 题

   (A) A^T 与 B^T 相似.　　　　　　(B) A^{-1} 与 B^{-1} 相似.

(C)　$A + A^T$ 与 $B + B^T$ 相似.　　　　(D)　$A + A^{-1}$ 与 $B + B^{-1}$ 相似.　　　【　　】

(8)　设二次型 $f(x_1, x_2, x_3) = a(x_1^2 + x_2^2 + x_3^2) + 2x_1x_2 + 2x_2x_3 + 2x_1x_3$ 的正、负惯性指数分别为 1,2,
则　　　　　　　　　　　　　　　　　　　　　　　　　　　　　　　　　P 326,4 题

(A)　$a > 1$.　　　　　　　　　　　　　　(B)　$a < -2$.

(C)　$-2 < a < 1$.　　　　　　　　　　　(D)　$a = 1$ 或 $a = -2$.　　　　【　　】

二、填空题:9 ～ 14 小题,每小题 4 分,共 24 分. 请将答案写在答题纸指定位置上.

(9)　曲线 $y = \dfrac{x^3}{1 + x^2} + \arctan(1 + x^2)$ 的斜渐近线方程为_____.　　　　P 120,42 题

(10)　极限 $\lim\limits_{n \to \infty} \dfrac{1}{n^2}\left(\sin\dfrac{1}{n} + 2\sin\dfrac{2}{n} + \cdots + n\sin\dfrac{n}{n}\right) = $ _____.　　P 86,24 题

(11)　以 $y = x^2 - e^x$ 和 $y = x^2$ 为特解的一阶非齐次线性微分方程为_____.　　P 187,2 题

(12)　已知函数 $f(x)$ 在 $(-\infty, +\infty)$ 上连续,$f(x) = (x+1)^2 + 2\displaystyle\int_0^x f(t)\,dt$,则当 $n \geq 2$ 时,$f^{(n)}(0)$

= _____.　　　　　　　　　　　　　　　　　　　　　　　　　　　P 104,14 题

(13)　已知动点 P 在曲线 $y = x^3$ 上运动,记坐标原点与点 P 间的距离为 l. 若点 P 的横坐标对时间的
变化率为常数 v_0,则当点 P 运动到点 $(1,1)$ 时,l 对时间的变化率是_____.　　P 110,26 题

(14)　设矩阵 $\begin{pmatrix} a & -1 & -1 \\ -1 & a & -1 \\ -1 & -1 & a \end{pmatrix}$ 与 $\begin{pmatrix} 1 & 1 & 0 \\ 0 & -1 & 1 \\ 1 & 0 & 1 \end{pmatrix}$ 等价,则 $a = $ _____.　　P 286,10 题

三、解答题:15 ～ 23 小题,共 94 分. 请将解答写在答题纸指定位置上. 解答应写出文字说明、证明过
程或演算步骤.

(15)（**本题满分** 10 分）

求极限 $\lim\limits_{x \to 0}(\cos 2x + 2x\sin x)^{\frac{1}{x^4}}$.　　　　　　　　　　　　　　　　P 78,10 题

(16)（**本题满分** 10 分）

设函数 $f(x) = \displaystyle\int_0^1 |t^2 - x^2|\,dt\,(x > 0)$,求 $f'(x)$ 并求 $f(x)$ 的最小值.　　P 180,50 题

(17)（**本题满分** 10 分）

已知函数 $z = z(x,y)$ 由方程 $(x^2 + y^2)z + \ln z + 2(x + y + 1) = 0$ 确定求 $z = z(x,y)$ 的极值.

P 232,33 题

(18)（**本题满分** 10 分）

设 D 是由直线 $y = 1, y = x, y = -x$ 围成的有界区域,计算二重积分 $\displaystyle\iint_D \dfrac{x^2 - xy - y^2}{x^2 + y^2}\,dx\,dy$.

P 250,56 题

(19)（**本题满分** 10 分）

已知 $y_1(x) = e^x, y_2(x) = u(x)e^x$ 是二阶微分方程 $(2x-1)y'' - (2x+1)y' + 2y = 0$ 的两个解.
若 $u(-1) = e, u(0) = -1$,求 $u(x)$ 并写出微分方程的通解.　　P 193,11 题

(20)（**本题满分** 11 分）

设 D 是由曲线 $y = \sqrt{1 - x^2}\,(0 \leq x \leq 1)$ 与 $\begin{cases} x = \cos^3 t, \\ y = \sin^3 t. \end{cases}\left(0 \leq t \leq \dfrac{\pi}{2}\right)$ 围成的平面区域,求 D 绕

x 轴转一周所得旋转体的体积和表面积.　　　　　　　　　　　　　　　P 173,41 题

(21)（**本题满分 11 分**）

已知函数 $f(x)$ 在 $\left[0,\dfrac{3\pi}{2}\right]$ 上连续，在 $\left(0,\dfrac{3\pi}{2}\right)$ 内是函数 $\dfrac{\cos x}{2x-3\pi}$ 的一个原函数，且 $f(0)=0$，

（Ⅰ）求 $f(x)$ 在区间 $\left[0,\dfrac{3\pi}{2}\right]$ 上的平均值；

（Ⅱ）证明 $f(x)$ 在区间 $\left(0,\dfrac{3\pi}{2}\right)$ 内存在唯一零点. **P 181,51 题**

(22)（**本题满分 11 分**）

设矩阵 $\boldsymbol{A}=\begin{pmatrix} 1 & 1 & 1-a \\ 1 & 0 & a \\ a+1 & 1 & a+1 \end{pmatrix}$，$\boldsymbol{\beta}=\begin{pmatrix} 0 \\ 1 \\ 2a-2 \end{pmatrix}$ 且方程组 $\boldsymbol{Ax}=\boldsymbol{\beta}$ 无解，

（Ⅰ）求 a 的值；（Ⅱ）求方程组 $\boldsymbol{A}^{\mathrm{T}}\boldsymbol{Ax}=\boldsymbol{A}^{\mathrm{T}}\boldsymbol{\beta}$ 的通解. **P 295,11 题**

(23)（**本题满分 11 分**）

已知矩阵 $\boldsymbol{A}=\begin{pmatrix} 0 & -1 & 1 \\ 2 & -3 & 0 \\ 0 & 0 & 0 \end{pmatrix}$，

（Ⅰ）求 $\boldsymbol{A}^{99}$；

（Ⅱ）设 3 阶矩阵 $\boldsymbol{B}=(\boldsymbol{\alpha}_1,\boldsymbol{\alpha}_2,\boldsymbol{\alpha}_3)$ 满足 $\boldsymbol{B}^2=\boldsymbol{BA}$. 记 $\boldsymbol{B}^{100}=(\boldsymbol{\beta}_1,\boldsymbol{\beta}_2,\boldsymbol{\beta}_3)$，将 $\boldsymbol{\beta}_1,\boldsymbol{\beta}_2,\boldsymbol{\beta}_3$ 分别表示为 $\boldsymbol{\alpha}_1,\boldsymbol{\alpha}_2,\boldsymbol{\alpha}_3$ 的线性组合. **P 267,2 题**

▶ **2016 年考研数学（二）试题答案速查**

一、选择题

(1)B　　　(2)D　　　(3)B　　　(4)B　　　(5)A　　　(6)D　　　(7)C　　　(8)C

二、填空题

(9) $y=x+\dfrac{\pi}{2}$ $(x\to\pm\infty)$. 　　(10) $\sin 1-\cos 1$. 　　(11) $y'-y=2x-x^2$.

(12) $f^{(n)}(0)=2^{n-1}\times 5$. 　　(13) $\dfrac{\mathrm{d}l}{\mathrm{d}t}=\dfrac{8v_0}{2\sqrt{2}}=2\sqrt{2}v_0$. 　　(14) $a=2$.

三、解答题

(15) $I=\mathrm{e}^{+}$. 　　(16) $f\left(\dfrac{1}{2}\right)=\dfrac{1}{4}$. 　　(17) 极大值 $z(-1,-1)=1$. 　　(18) $\dfrac{\pi}{8}$.

(19) $y=c_1\mathrm{e}^x+c_2(2x+1)$，$c_1,c_2$ 为 $\forall$ 常数. 　　(20) $V=\dfrac{18}{35}\pi$　$S=\dfrac{16}{5}\pi$.

(21)（Ⅰ） $\dfrac{1}{3\pi}$　（Ⅱ）$f(x)$ 在 $\left(\dfrac{\pi}{2},x^*\right)\subset\left(\dfrac{\pi}{2},\dfrac{3}{2}\pi\right)$ $\exists$ 零点，由于 $f(x)$ 在 $\left[\dfrac{\pi}{2},\dfrac{3}{2}\pi\right]\nearrow$，故零点唯一.

(22)（Ⅰ） 当 $a=0$ 时，$r(A)=2$，$r(A,B)=3$，$Ax=\beta$ 无解. 　　（Ⅱ）$\begin{pmatrix} 1 \\ -2 \\ 0 \end{pmatrix}+c\begin{pmatrix} 0 \\ 1 \\ -1 \end{pmatrix}$，$c$ 任意.

(23)（Ⅰ）$\begin{pmatrix} 2^{99}-2 & 1-2^{99} & 2-2^{98} \\ 2^{100}-2 & 1-2^{100} & 2-2^{99} \\ 0 & 0 & 0 \end{pmatrix}$　（Ⅱ）$\beta_1=(2^{99}-2)\alpha_1+(2^{100}-2)\alpha_2$，$\beta_2=(1-2^{99})\alpha_1+(1-$

$2^{100})\alpha_2$，$\beta_3=(2-2^{98})\alpha_1+(2-2^{99})\alpha_2$.

2015 年全国硕士研究生入学统一考试
数学二试题

一、选择题:1 ~ 8 小题,每小题 4 分,共 32 分. 下列每题给出的四个选项中,只有一个选项符合题目要求的,请将所选项前的字母填在答题纸指定位置上.

(1) 下列反常积分收敛的是 P 154,22 题

（A） $\displaystyle\int_2^{+\infty}\frac{1}{\sqrt{x}}\mathrm{d}x$ 　（B） $\displaystyle\int_2^{+\infty}\frac{\ln x}{x}\mathrm{d}x$ 　（C） $\displaystyle\int_2^{+\infty}\frac{1}{x\ln x}\mathrm{d}x$ 　（D） $\displaystyle\int_2^{+\infty}\frac{x}{\mathrm{e}^x}\mathrm{d}x$ 　【　　】

(2) 函数 $f(x)=\displaystyle\lim_{t\to0}\left(1+\frac{\sin t}{x}\right)^{\frac{x^2}{t}}$ 在 $(-\infty,+\infty)$ 内 P 97,45 题

（A）　连续 　　　　　　　　　　（B）　有可去间断点

（C）　有跳跃间断点 　　　　　　　（D）　有无穷间断点 　　　【　　】

(3) 设函数 $f(x)=\begin{cases}x^{\alpha}\cos\dfrac{1}{x^{\beta}},&x>0\\0,&x\le0\end{cases}$ $(\alpha>0,\beta>0)$,若 $f'(x)$ 在 $x=0$ 处连续则: P 106,17 题

（A）　$\alpha-\beta>1$ 　　　　　　　（B）　$0<\alpha-\beta\le1$

（C）　$\alpha-\beta>2$ 　　　　　　　（D）　$0<\alpha-\beta\le2$ 　　【　　】

(4) 设函数 $f(x)$ 在 $(-\infty,+\infty)$ 内连续,其 2 阶导函数 $f''(x)$ 的图形如右图所示,则曲线 $y=f(x)$ 的拐点个数为 P 119,36 题

（A）　0

（B）　1

（C）　2

（D）　3 　　　　　　　　　　　　　　　【　　】

(5) 设函数 $f(u,v)$ 满足 $f\left(x+y,\dfrac{y}{x}\right)=x^2-y^2$,则 $\dfrac{\partial f}{\partial u}\bigg|_{\substack{u=1\\v=1}}$ 与 $\dfrac{\partial f}{\partial v}\bigg|_{\substack{u=1\\v=1}}$ 依次是 P 216,12 题

（A）　$\dfrac{1}{2},0$ 　　（B）　$0,\dfrac{1}{2}$ 　　（C）　$-\dfrac{1}{2},0$ 　　（D）　$0,-\dfrac{1}{2}$ 　【　　】

(6) 设 D 是第一象限由曲线 $2xy=1,4xy=1$ 与直线 $y=x,y=\sqrt{3}x$ 围成的平面区域,函数 $f(x,y)$ 在 D 上连续,则 $\displaystyle\iint\limits_D f(x,y)\mathrm{d}x\mathrm{d}y=$ P 250,54 题

（A） $\displaystyle\int_{\frac{\pi}{4}}^{\frac{\pi}{3}}\mathrm{d}\theta\int_{\frac{1}{2\sin2\theta}}^{\frac{1}{\sin2\theta}}f(r\cos\theta,r\sin\theta)r\mathrm{d}r$ 　　（B） $\displaystyle\int_{\frac{\pi}{4}}^{\frac{\pi}{3}}\mathrm{d}\theta\int_{\sqrt{\frac{1}{2\sin2\theta}}}^{\sqrt{\frac{1}{\sin2\theta}}}f(r\cos\theta,r\sin\theta)r\mathrm{d}r$

（C） $\displaystyle\int_{\frac{\pi}{4}}^{\frac{\pi}{3}}\mathrm{d}\theta\int_{\frac{1}{2\sin2\theta}}^{\frac{1}{\sin2\theta}}f(r\cos\theta,r\sin\theta)\mathrm{d}r$ 　　（D） $\displaystyle\int_{\frac{\pi}{4}}^{\frac{\pi}{3}}\mathrm{d}\theta\int_{\sqrt{\frac{1}{2\sin2\theta}}}^{\sqrt{\frac{1}{\sin2\theta}}}f(r\cos\theta,r\sin\theta)\mathrm{d}r$ 　【　　】

(7) 设矩阵 $A=\begin{bmatrix}1&1&1\\1&2&a\\1&4&a^2\end{bmatrix}$, $b=\begin{bmatrix}1\\d\\d^2\end{bmatrix}$,若集合 $\Omega=\{1,2\}$,则线性方程组 $Ax=b$ 有无穷多解的充分必要条件为 P 297,14 题

（A）　$a\notin\Omega,\mathrm{d}\notin\Omega$ 　　　　　　（B）　$a\notin\Omega,\mathrm{d}\in\Omega$

(C) $a \in \Omega, d \notin \Omega$　　　　　　　　(D) $a \in \Omega, d \in \Omega$　　　　　　　【　　】

(8) 设二次型 $f(x_1, x_2, x_3)$ 在正交变换为 $\boldsymbol{x} = \boldsymbol{P}\boldsymbol{y}$ 下的标准形为 $2y_1^2 + y_2^2 - y_3^2$，其中 $\boldsymbol{P} = (e_1, e_2, e_3)$，若 $\boldsymbol{Q} = (e_1, -e_3, e_2)$，则 $f(x_1, x_2, x_3)$ 在正交变换 $\boldsymbol{x} = \boldsymbol{Q}\boldsymbol{y}$ 下的标准形为　　`P 318,4 题`

(A) $2y_1^2 - y_2^2 + y_3^2$　　　　　　　　(B) $2y_1^2 + y_2^2 - y_3^2$

(C) $2y_1^2 - y_2^2 - y_3^2$　　　　　　　　(D) $2y_1^2 + y_2^2 + y_3^2$　　　　　　　【　　】

二、填空题:9 ～ 14 小题,每小题 4 分,共 24 分. 请将答案写在答题纸指定位置上.

(9) $\begin{cases} x = \arctan t \\ y = 3t + t^3 \end{cases}$ 则 $\left. \dfrac{\mathrm{d}^2 y}{\mathrm{d} x^2} \right|_{t=1} = $ _____.　　`P 102,7 题`

(10) 函数 $f(x) = x^2 2^x$ 在 $x = 0$ 处的 n 阶导数 $f^{(n)}(0) = $ _____　　`P 104,13 题`

(11) 设函数 $f(x)$ 连续, $\varphi(x) = \displaystyle\int_0^{x^2} x f(t) \mathrm{d}t$, 若 $\varphi(1) = 1, \varphi'(1) = 5$, 则 $f(1) = $ _____.

`P 156,13 题`

(12) 设函数 $y = y(x)$ 是微分方程 $y'' + y' - 2y = 0$ 的解, 且在 $x = 0$ 处 $y(x)$ 取得极值 3, 则 $y(x)$ = _____.　　`P 192,8 题`

(13) 若函数 $z = z(x, y)$ 由方程 $e^{x+2y+3z} + xyz = 1$ 确定, 则 $\mathrm{d}z \big|_{(0,0)} = $ _____.　　`P 222,19 题`

(14) 若 3 阶矩阵 $\boldsymbol{A}$ 的特征值为 $2, -2, 1$, $\boldsymbol{B} = \boldsymbol{A}^2 - \boldsymbol{A} + \boldsymbol{E}$, 其中 $\boldsymbol{E}$ 为 3 阶单位矩阵, 则行列式 $|\boldsymbol{B}|$ = _____.　　`P 264,5 题`

三、解答题:15 ～ 23 小题,共 94 分. 请将解答写在答题纸指定位置上. 解答应写出文字说明、证明过程或演算步骤.

(15)(本题满分 10 分)

设函数 $f(x) = x + a\ln(1 + x) + bx\sin x, g(x) = kx^3$. 若 $f(x)$ 与 $g(x)$ 在 $x \to 0$ 时是等价无穷小, 求 a, b, k 的值.　　`P 94,40 题`

(16)(本题满分 10 分)

设 $A > 0, D$ 是由曲线段 $y = A\sin x \left(0 \leqslant x \leqslant \dfrac{\pi}{2}\right)$ 及直线 $y = 0, x = \dfrac{\pi}{2}$ 所围成的平面区域, V_1, V_2 分别表示 D 绕 x 轴与绕 y 轴旋转成旋转体的体积, 若 $V_1 = V_2$, 求 A 的值.　　`P 167,33 题`

(17)(本题满分 11 分)

已知函数 $f(x, y)$ 满足 $f''_{xy}(x, y) = 2(y + 1)e^x, f'_x(x, 0) = (x + 1)e^x, f(0, y) = y^2 + 2y$, 求 $f(x, y)$ 的极值.　　`P 231,32 题`

(18)(本题满分 10 分)

计算二重积分 $\displaystyle\iint_D x(x + y) \mathrm{d}x\mathrm{d}y$, 其中 $D = \{(x, y) \mid x^2 + y^2 \leqslant 2, y \geqslant x^2\}$.　　`P 250,55 题`

(19)(本题满分 11 分)

已知函数 $f(x) = \displaystyle\int_x^1 \sqrt{1 + t^2} \mathrm{d}t + \int_1^{x^2} \sqrt{1 + t} \mathrm{d}t$, 求 $f(x)$ 零点的个数.　　`P 179,49 题`

(20)(本题满分 10 分)

已知高温物体置于低温介质中, 任一时刻该物体温度对时间的变化率与该时刻物体和介质的温差成正比, 现将一初始温度为 120℃ 的物体在 20℃ 的恒温介质中冷却, 30min 后该物体降至 30℃, 若要将该物体的温度继续降至 21℃, 还需冷却多长时间?　　`P 199,20 题`

(21)(本题满分 10 分)

已知函数 $f(x)$ 在区间 $[a, +\infty]$ 上具有 2 阶导数，$f(a) = 0$，$f'(x) > 0$，$f''(x) > 0$，设 $b > a$，曲线 $y = f(x)$ 在点 $(b, f(b))$ 处的切线与 x 轴的交点是 $(x_0, 0)$，证明 $a < x_0 < b$.

P 143,68 题

(22)（本题满分 11 分）

设矩阵 $\boldsymbol{A} = \begin{bmatrix} a & 1 & 0 \\ 1 & a & -1 \\ 0 & 1 & a \end{bmatrix}$ 且 $\boldsymbol{A}^3 = \boldsymbol{0}$.

（Ⅰ）求 a 的值；

（Ⅱ）若矩阵 $\boldsymbol{X}$ 满足 $\boldsymbol{X} - \boldsymbol{X}\boldsymbol{A}^2 - \boldsymbol{A}\boldsymbol{X} + \boldsymbol{A}\boldsymbol{X}\boldsymbol{A}^2 = \boldsymbol{E}$，其中 $\boldsymbol{E}$ 为 3 阶单位矩阵，求 $\boldsymbol{X}$.

P 275,10 题

(23)（本题满分 11 分）

设矩阵 $\boldsymbol{A} = \begin{bmatrix} 0 & 2 & -3 \\ -1 & 3 & -3 \\ 1 & -2 & a \end{bmatrix}$ 相似于矩阵 $\boldsymbol{B} = \begin{bmatrix} 1 & -2 & 0 \\ 0 & b & 0 \\ 0 & 3 & 1 \end{bmatrix}$.

（Ⅰ）求 a, b 的值；

（Ⅱ）求可逆矩阵 $\boldsymbol{P}$，使 $\boldsymbol{P}^{-1}\boldsymbol{A}\boldsymbol{P}$ 为对角矩阵.

P 306,11 题

▶**2015 年考研数学（二）试题答案速查**

一、选择题

(1) D (2) B (3) A (4) C (5) D (6) B (7) D (8) A

二、填空题

(9) 48. (10) $n(n-1)(\ln 2)^{n-2}$ $(n = 1, 2, 3, \cdots)$. (11) 2. (12) $e^{-2x} + 2e^x$.

(13) $-\dfrac{1}{3}dx - \dfrac{2}{3}dy$. (14) 21.

三、解答题

(15) $a = -1, b = -\dfrac{1}{2}, k = -\dfrac{1}{3}$.

(16) $A = \dfrac{8}{\pi}$.

(17) $f(0, -1) = -1$，是 $f(x, y)$ 的极小值.

(18) $I = \dfrac{\pi}{8} - \dfrac{2}{5}$

(19) $f(x)$ 在 $(-\infty, +\infty)$ 有且仅有两个零点.

(20) 还需继续冷却 30min 物体温度才降至 21℃.

(22)（Ⅰ）$a = 0$.

（Ⅱ）$\boldsymbol{X} = \boldsymbol{E} + \begin{bmatrix} 0 & 1 & 0 \\ 1 & 0 & -1 \\ 0 & 1 & 0 \end{bmatrix} + \begin{bmatrix} 2 & 0 & -2 \\ 0 & 0 & 0 \\ 2 & 0 & -2 \end{bmatrix} = \begin{bmatrix} 3 & 1 & -2 \\ 1 & 1 & -1 \\ 2 & 1 & -1 \end{bmatrix}$.

(23)（Ⅰ）$a = 4, b = 5$.

（Ⅱ）$\boldsymbol{P} = \begin{bmatrix} 2 & 3 & 1 \\ 1 & 0 & 1 \\ 0 & -1 & -1 \end{bmatrix}$，则 $\boldsymbol{P}^{-1}\boldsymbol{A}\boldsymbol{P} = \begin{bmatrix} 1 & 0 & 0 \\ 0 & 1 & 0 \\ 0 & 0 & 5 \end{bmatrix}$.

2014 年全国硕士研究生入学统一考试
数学二试题

一、选择题:1 ~ 8 小题,每小题 4 分,共 32 分. 下列每题给出的四个选项中,只有一个选项是符合题目要求的.

(1) 当 $x \to 0^+$ 时,若 $\ln^\alpha(1 + 2x)$,$(1 - \cos x)^{\frac{1}{\alpha}}$ 均是比 x 高阶的无穷小,则 α 的取值范围是

P 93,39 题

(A) $(2, + \infty)$.　　　　　　　(B) $(1,2)$.

(C) $\left(\dfrac{1}{2},1\right)$.　　　　　　(D) $\left(0,\dfrac{1}{2}\right)$.

【　　】

(2) 下列曲线中有渐近线的是

P 120,41 题

(A) $y = x + \sin x$.　　　　　(B) $y = x^2 + \sin x$.

(C) $y = x + \sin \dfrac{1}{x}$.　　　　(D) $y = x^2 + \sin \dfrac{1}{x}$.

【　　】

(3) 设函数 $f(x)$ 具有 2 阶导数,$g(x) = f(0)(1 - x) + f(1)x$,则在区间 $[0,1]$ 上

P 123,46 题

(A) 当 $f'(x) \geq 0$ 时,$f(x) \geq g(x)$.

(B) 当 $f'(x) \geq 0$ 时,$f(x) \leq g(x)$.

(C) 当 $f''(x) \geq 0$ 时,$f(x) \geq g(x)$.

(D) 当 $f''(x) \geq 0$ 时,$f(x) \leq g(x)$.

【　　】

(4) 曲线 $\begin{cases} x = t^2 + 7, \\ y = t^2 + 4t + 1 \end{cases}$ 上对应于 $t = 1$ 的点处的曲率半径是

P 111,29 题

(A) $\dfrac{\sqrt{10}}{50}$.　　　　　　　(B) $\dfrac{\sqrt{10}}{100}$.

(C) $10\sqrt{10}$.　　　　　　　(D) $5\sqrt{10}$.

【　　】

(5) 设函数 $f(x) = \arctan x$. 若 $f(x) = xf'(\xi)$,则 $\lim\limits_{x \to 0} \dfrac{\xi^2}{x^2} =$

P 77,8 题

(A) 1.　　　(B) $\dfrac{2}{3}$.　　　(C) $\dfrac{1}{2}$.　　　(D) $\dfrac{1}{3}$.

【　　】

(6) 设函数 $u(x,y)$ 在有界闭区域 D 上连续,在 D 的内部具有 2 阶连续偏导数,且满足 $\dfrac{\partial^2 u}{\partial x \partial y} \neq 0$ 及

$\dfrac{\partial^2 u}{\partial x^2} + \dfrac{\partial^2 u}{\partial y^2} = 0$,则

P 230,31 题

(A) $u(x,y)$ 的最大值和最小值都在 D 的边界上取得.

(B) $u(x,y)$ 的最大值和最小值都在 D 的内部取得.

(C) $u(x,y)$ 的最大值在 D 的内部取得,最小值在 D 的边界上取得.

(D) $u(x,y)$ 的最小值在 D 的内部取得,最大值在 D 的边界上取得.

(7) 行列式 $\begin{vmatrix} 0 & a & b & 0 \\ a & 0 & 0 & b \\ 0 & c & d & 0 \\ c & 0 & 0 & d \end{vmatrix} =$

 (A) $(ad - bc)^2$.   (B) $-(ad - bc)^2$.

 (C) $a^2d^2 - b^2c^2$.   (D) $b^2c^2 - a^2d^2$.

【 】

(8) 设 $\boldsymbol{\alpha}_1, \boldsymbol{\alpha}_2, \boldsymbol{\alpha}_3$ 均为 3 维向量,则对任意常数 k, l,向量组 $\boldsymbol{\alpha}_1 + k\boldsymbol{\alpha}_3, \boldsymbol{\alpha}_2 + l\boldsymbol{\alpha}_3$ 线性无关是向量组 $\boldsymbol{\alpha}_1$, $\boldsymbol{\alpha}_2, \boldsymbol{\alpha}_3$ 线性无关的

P 282,5 题

 (A) 必要非充分条件.   (B) 充分非必要条件.

 (C) 充分必要条件.   (D) 既非充分也非必要条件.

【 】

二、填空题:9 ~ 14 小题,每小题 4 分,共 24 分 .

(9) $\displaystyle\int_{-\infty}^{1} \dfrac{1}{x^2 + 2x + 5}\mathrm{d}x =$ _____.

P 163,21 题

(10) 设 $f(x)$ 是周期为 4 的可导奇函数,且 $f'(x) = 2(x - 1), x \in [0,2]$,则 $f(7) =$ _____.

P 148,4 题

(11) 设 $z = z(x,y)$ 是由方程 $\mathrm{e}^{2yz} + x + y^2 + z = \dfrac{7}{4}$ 确定的函数,则 $\mathrm{d}z \big|_{(\frac{1}{2},\frac{1}{2})} =$ _____.

P 221,18 题

(12) 曲线 L 的极坐标方程是 $r = \theta$,则 L 在点 $(r,\theta) = \left(\dfrac{\pi}{2}, \dfrac{\pi}{2}\right)$ 处的切线的直角坐标方程是

_____.

P 110,24 题

(13) 一根长度为 1 的细棒位于 x 轴的区间 $[0,1]$ 上,若其线密度 $\rho(x) = -x^2 + 2x + 1$,则该细棒的质心坐标 $\bar{x} =$ _____.

P 170,38 题

(14) 设二次型 $f(x_1,x_2,x_3) = x_1^2 - x_2^2 + 2ax_1x_3 + 4x_2x_3$ 的负惯性指数为 1,则 a 的取值范围是

_____.

P 326,5 题

三、解答题:15 ~ 23 小题,共 94 分 . 解答应写出文字说明、证明过程或演算步骤.

(15)(**本题满分 10 分**)

 求极限 $\displaystyle\lim_{x \to +\infty} \dfrac{\displaystyle\int_1^x \left[t^2\left(\mathrm{e}^{\frac{1}{t}} - 1\right) - t\right]\mathrm{d}t}{x^2\ln\left(1 + \dfrac{1}{x}\right)}$.

P 78,9 题

(16)(**本题满分 10 分**)

 已知函数 $y = y(x)$ 满足微分方程 $x^2 + y^2y' = 1 - y'$,且 $y(2) = 0$,求 $y(x)$ 的极大值与极小值.

P 205,26 题

(17)（本题满分 10 分）

设平面区域 $D = \{(x,y) \mid 1 \leqslant x^2 + y^2 \leqslant 4, x \geqslant 0, y \geqslant 0\}$，计算 $\iint\limits_{D} \dfrac{x\sin(\pi\sqrt{x^2+y^2})}{x+y}\mathrm{d}x\mathrm{d}y.$

P 249,53 题

(18)（本题满分 10 分）

设函数 $f(u)$ 具有 2 阶连续导数，$z = f(\mathrm{e}^x \cos y)$ 满足

$$\frac{\partial^2 z}{\partial x^2} + \frac{\partial^2 z}{\partial y^2} = (4z + \mathrm{e}^x \cos y)\mathrm{e}^{2x}.$$

若 $f(0) = 0, f'(0) = 0$，求 $f(u)$ 的表达式. P 226,24 题

(19)（本题满分 10 分）

设函数 $f(x), g(x)$ 在区间 $[a,b]$ 上连续，且 $f(x)$ 单调增加，$0 \leqslant g(x) \leqslant 1$. 证明：

（Ⅰ）$0 \leqslant \displaystyle\int_a^x g(t)\mathrm{d}t \leqslant x - a, x \in [a,b]$;

（Ⅱ）$\displaystyle\int_a^{a+\int_a^b g(t)\mathrm{d}t} f(x)\mathrm{d}x \leqslant \int_a^b f(x)g(x)\mathrm{d}x.$ P 174,43 题

(20)（本题满分 11 分）

设函数 $f(x) = \dfrac{x}{1+x}, x \in [0,1]$. 定义函数列：

$$f_1(x) = f(x), f_2(x) = f(f_1(x)), \cdots, f_n(x) = f(f_{n-1}(x)), \cdots$$

记 S_n 是由曲线 $y = f_n(x)$，直线 $x = 1$ 及 x 轴所围平面图形的面积，求极限 $\lim\limits_{n \to \infty} nS_n.$ P 179,48 题

(21)（本题满分 11 分）

已知函数 $f(x,y)$ 满足 $\dfrac{\partial f}{\partial y} = 2(y+1)$，且 $f(y,y) = (y+1)^2 - (2-y)\ln y$，求曲线 $f(x,y) = 0$ 所围图形绕直线 $y = -1$ 旋转所成旋转体的体积. P 257,63 题

(22)（本题满分 11 分）

设 $A = \begin{pmatrix} 1 & -2 & 3 & -4 \\ 0 & 1 & -1 & 1 \\ 1 & 2 & 0 & -3 \end{pmatrix}$，$E$ 为 3 阶单位矩阵.

（Ⅰ）求方程组 $Ax = 0$ 的一个基础解系；

（Ⅱ）求满足 $AB = E$ 的所有矩阵 B. P 290,4 题

(23)（本题满分 11 分）

证明 n 阶矩阵 $\begin{pmatrix} 1 & 1 & \cdots & 1 \\ 1 & 1 & \cdots & 1 \\ \vdots & \vdots & & \vdots \\ 1 & 1 & \cdots & 1 \end{pmatrix}$ 与 $\begin{pmatrix} 0 & \cdots & 0 & 1 \\ 0 & \cdots & 0 & 2 \\ \vdots & & \vdots & \vdots \\ 0 & \cdots & 0 & n \end{pmatrix}$ 相似. P 307,13 题

一、选择题

(1) B   (2) C   (3) D   (4) C   (5) D   (6) A   (7) B   (8) A

二、填空题

(9) $\dfrac{3}{8}\pi$.   (10) 1.   (11) $-\dfrac{1}{2}dx - \dfrac{1}{2}dy$.   (12) $y = \dfrac{\pi}{2} - \dfrac{2}{\pi}x$.   (13) $\dfrac{11}{20}$.

(14) $-2 \leqslant a \leqslant 2$.

三、解答题

(15) $\dfrac{1}{2}$.

(16) $y(x)$ 的极大值是 $y(1) = 1$,极小值是 $y(-1) = 0$.

(17) $I = \dfrac{\pi}{4}\left(-\dfrac{3}{\pi}\right) = -\dfrac{3}{4}$.

(18) $y = f(u) = \dfrac{1}{16}(e^{2u} - e^{-2u}) - \dfrac{u}{4}$.

(20) 1.

(21) $2\pi\ln2 - \dfrac{5}{4}\pi$.

(22)(Ⅰ) 非零解 $\boldsymbol{\alpha} = (-1,2,3,1)^{\mathrm{T}}$,它构成 $\boldsymbol{Ax} = \boldsymbol{0}$ 的基础解系.

    (Ⅱ) $\boldsymbol{B}_0 + (c_1\boldsymbol{\alpha}, c_2\boldsymbol{\alpha}, c_3\boldsymbol{\alpha})$, c_1, c_2, c_3 为任意常数.

2013 年全国硕士研究生入学统一考试
数学二试题

一、选择题:1 ~ 8 小题,每小题 4 分,共 32 分. 下列每题给出的四个选项中,只有一个选项是符合题目要求的.

(1) 设 $\cos x - 1 = x\sin\alpha(x)$,其中 $|\alpha(x)| < \dfrac{\pi}{2}$,则当 $x \to 0$ 时,$\alpha(x)$ 是   **P 89,29 题**

  (A)   比 x 高阶的无穷小.   (B)   比 x 低阶的无穷小.

  (C)   比 x 同阶但不等价的无穷小.   (D)   与 x 等价的无穷小.

                    【   】

(2) 设函数 $y = f(x)$ 由方程 $\cos(xy) + \ln y - x = 1$ 确定,则 $\lim\limits_{n \to \infty} n\left[f\left(\dfrac{2}{n}\right) - 1\right] =$ **P 81,17 题**

  (A)   2.   (B)   1.   (C) -1.   (D) -2.

                    【   】

(3) 设函数 $f(x) = \begin{cases} \sin x, & 0 \leqslant x < \pi, \\ 2, & \pi \leqslant x \leqslant 2\pi, \end{cases}$ $F(x) = \displaystyle\int_0^x f(t)\,\mathrm{d}t$,则   **P 106,16 题**

  (A) $x = \pi$ 是函数 $F(x)$ 的跳跃间断点.

  (B) $x = \pi$ 是函数 $F(x)$ 的可去间断点.

  (C) $F(x)$ 在 $x = \pi$ 处连续但不可导.

  (D) $F(x)$ 在 $x = \pi$ 处可导.

                    【   】

(4) 设函数 $f(x) = \begin{cases} \dfrac{1}{(x-1)^{\alpha-1}}, & 1 < x < e, \\ \dfrac{1}{x\ln^{\alpha+1}x}, & x \geqslant e. \end{cases}$ 若反常积分 $\displaystyle\int_1^{+\infty} f(x)\,\mathrm{d}x$ 收敛,则   **P 163,20 题**

  (A) $\alpha < -2$.   (B) $\alpha > 2$.

  (C) $-2 < \alpha < 0$.   (D) $0 < \alpha < 2$.

                    【   】

(5) 设 $z = \dfrac{y}{x}f(xy)$,其中函数 f 可微,则 $\dfrac{x}{y}\dfrac{\partial z}{\partial x} + \dfrac{\partial z}{\partial y} =$ **P 215,11 题**

  (A) $2yf'(xy)$.   (B) $-2yf'(xy)$.   (C) $\dfrac{2}{x}f(xy)$.   (D) $-\dfrac{2}{x}f(xy)$.

                    【   】

(6) 设 D_k 是圆域 $D = \{(x,y) \mid x^2 + y^2 \leqslant 1\}$ 在第 k 象限的部分,记 $I_k = \displaystyle\iint\limits_{D_k}(y-x)\,\mathrm{d}x\mathrm{d}y\,(k = 1,2,$

3,4),则   **P 237,36 题**

  (A) $I_1 > 0$.   (B) $I_2 > 0$.   (C) $I_3 > 0$.   (D) $I_4 > 0$.

                    【   】

(7) 设 A,B,C 均为 n 阶矩阵,若 $AB = C$,且 B 可逆,则   **P 279,3 题**

  (A)   矩阵 C 的行向量组与矩阵 A 的行向量组等价.

  (B)   矩阵 C 的列向量组与矩阵 A 的列向量组等价.

（C）　矩阵 C 的行向量组与矩阵 B 的行向量组等价.

（D）　矩阵 C 的列向量组与矩阵 B 的列向量组等价.

【　　】

(8) 矩阵 $\begin{bmatrix} 1 & a & 1 \\ a & b & a \\ 1 & a & 1 \end{bmatrix}$ 与 $\begin{bmatrix} 2 & 0 & 0 \\ 0 & b & 0 \\ 0 & 0 & 0 \end{bmatrix}$ 相似的充分必要条件为　　　`P 307,12 题`

（A）　$a = 0, b = 2$.　　　　　　　　　（B）　$a = 0, b$ 为任意常数.

（C）　$a = 2, b = 0$.　　　　　　　　　（D）　$a = 2, b$ 为任意常数.

【　　】

二、填空题： 9 ~ 14 小题，每小题 4 分，共 24 分.

(9) $\lim\limits_{x \to 0} \left[2 - \dfrac{\ln(1 + x)}{x} \right]^{\frac{1}{x}} = $ _____ .　　　`P 77,7 题`

(10) 设函数 $f(x) = \displaystyle\int_{-1}^{x} \sqrt{1 - e^t}\,dt$ ，则 $y = f(x)$ 的反函数 $x = f^{-1}(y)$ 在 $y = 0$ 处的导数 $\dfrac{dx}{dy}\Big|_{y=0} = $

_____ .　　　`P 103,11 题`

(11) 设封闭曲线 L 的极坐标方程为 $r = \cos 3\theta \left(-\dfrac{\pi}{6} \leq \theta \leq \dfrac{\pi}{6} \right)$ ，则 L 所围平面图形的面积是

_____ .　　　`P 166,30 题`

(12) 曲线 $\begin{cases} x = \arctan t, \\ y = \ln \sqrt{1 + t^2} \end{cases}$ 上对应于 $t = 1$ 的点处的法线方程为 _____ .　　　`P 109,21 题`

(13) 已知 $y_1 = e^{3x} - xe^{2x}, y_2 = e^x - xe^{2x}, y_3 = -xe^{2x}$ 是某二阶常系数非齐次线性微分方程的 3 个解，则该方程满足条件 $y\big|_{x=0} = 0, y'\big|_{x=0} = 1$ 的解为 $y = $ _____ .　　　`P 191,6 题`

(14) 设 $A = (a_{ij})$ 是 3 阶非零矩阵， $|A|$ 为 A 的行列式， A_{ij} 为 a_{ij} 的代数余子式. 若 $a_{ij} + A_{ij} = 0 (i, j = 1, 2, 3)$ ，则 $|A| = $ _____ .　　　`P 269,3 题`

三、解答题： 15 ~ 23 小题，共 94 分. 解答应写出文字说明、证明过程或演算步骤.

(15) （**本题满分 10 分**）

当 $x \to 0$ 时， $1 - \cos x \cdot \cos 2x \cdot \cos 3x$ 与 ax^n 为等价无穷小，求 n 与 a 的值.　　　`P 93,38 题`

(16) （**本题满分 10 分**）

设 D 是由曲线 $y = x^{\frac{1}{3}}$ ，直线 $x = a (a > 0)$ 及 x 轴所围成的平面图形， V_x, V_y 分别是 D 绕 x 轴， y 轴旋转一周所得旋转体的体积. 若 $V_y = 10 V_x$ ，求 a 的值.　　　`P 167,32 题`

(17) （**本题满分 10 分**）

设平面区域 D 由直线 $x = 3y, y = 3x$ 及 $x + y = 8$ 围成，计算 $\displaystyle\iint\limits_{D} x^2\,dx\,dy$.　　　`P 249,52 题`

(18) （**本题满分 10 分**）

设奇函数 $f(x)$ 在 $[-1, 1]$ 上具有 2 阶导数，且 $f(1) = 1$. 证明：

（Ⅰ）存在 $\xi \in (0, 1)$ ，使得 $f'(\xi) = 1$ ；

（Ⅱ）存在 $\eta \in (-1, 1)$ ，使得 $f''(\eta) + f'(\eta) = 1$.　　　`P 133,57 题`

(19)（本题满分 10 分）

求曲线 $x^3 - xy + y^3 = 1(x \geq 0, y \geq 0)$ 上的点到坐标原点的最长距离与最短距离.

P 230,30 题

(20)（本题满分 11 分）

设函数 $f(x) = \ln x + \dfrac{1}{x}$.

（Ⅰ）求 $f(x)$ 的最小值;

（Ⅱ）设数列 $\{x_n\}$ 满足 $\ln x_n + \dfrac{1}{x_{n+1}} < 1$. 证明 $\lim\limits_{n \to \infty} x_n$ 存在,并求此极限.

P 143,67 题

(21)（本题满分 11 分）

设曲线 L 的方程为 $y = \dfrac{1}{4}x^2 - \dfrac{1}{2}\ln x (1 \leq x \leq e)$.

（Ⅰ）求 L 的弧长;

（Ⅱ）设 D 是由曲线 L,直线 $x = 1, x = e$ 及 x 轴所围平面图形. 求 D 的形心的横坐标.

P 172,40 题

(22)（本题满分 11 分）

设 $A = \begin{bmatrix} 1 & a \\ 1 & 0 \end{bmatrix}, B = \begin{bmatrix} 0 & 1 \\ 1 & b \end{bmatrix}$. 当 a, b 为何值时,存在矩阵 C 使得 $AC - CA = B$,并求所有矩阵 C.

P 289,3 题

(23)（本题满分 11 分）

设二次型 $f(x_1, x_2, x_3) = 2(a_1x_1 + a_2x_2 + a_3x_3)^2 + (b_1x_1 + b_2x_2 + b_3x_3)^2$,记

$$\boldsymbol{\alpha} = \begin{bmatrix} a_1 \\ a_2 \\ a_3 \end{bmatrix}, \quad \boldsymbol{\beta} = \begin{bmatrix} b_1 \\ b_2 \\ b_3 \end{bmatrix}.$$

（Ⅰ）证明二次型 f 对应的矩阵为 $2\boldsymbol{\alpha\alpha}^{\mathrm{T}} + \boldsymbol{\beta\beta}^{\mathrm{T}}$;

（Ⅱ）若 $\boldsymbol{\alpha}, \boldsymbol{\beta}$ 正交且均为单位向量,证明 f 在正交变换下的标准形为 $2y_1^2 + y_2^2$.

P 318,5 题

► 2013 年考研数学（二）试题答案速查

一、选择题

(1)C　　(2)A　　(3)C　　(4)D　　(5)A　　(6)B　　(7)B　　(8)B

二、填空题

(9)e^{+}.　　(10)$\sqrt{\dfrac{\mathrm{e}}{\mathrm{e}-1}}$.　　(11)$\dfrac{\pi}{12}$.　　(12)$y + x - \dfrac{1}{2}\ln 2 - \dfrac{n}{4} = 0$.　　(13)$\mathrm{e}^{3x} - \mathrm{e}^x - x\mathrm{e}^{2x}$.

(14)-1^{*}.

三、解答题

(15)$n = 2, a = 7$.　　(16)$7\sqrt{7}$.　　(17)$\dfrac{416}{3}$.　　(18)（Ⅰ）$f'(\xi) = 1$. （Ⅱ）$f''(\eta) + f'(\eta) = 1$.

(19) 最长距离为 $\sqrt{2}$，最短距离为 1 .   (20)（Ⅰ）$f(1) = 1$. （Ⅱ）$\lim\limits_{n \to \infty} x_n = 1$.

(21)（Ⅰ）$\dfrac{1}{4}(e^2 + 1)$. （Ⅱ）$\bar{x} = \dfrac{3}{4} \cdot \dfrac{e^4 - 2e^2 - 3}{e^3 - 7}$.

(22) $\begin{bmatrix} 1 + k_1 + k_2 & -k_1 \\ k_1 & k_2 \end{bmatrix}$，其中 k_1, k_2 为任意常数.

(23)（Ⅰ）$2\boldsymbol{\alpha}\boldsymbol{\alpha}^{\mathrm{T}} + \boldsymbol{\beta}\boldsymbol{\beta}^{\mathrm{T}}$. （Ⅱ）$2y_1^2 + y_2^2$.

2012 年全国硕士研究生入学统一考试
数学二试题

一、选择题：1 ~ 8 小题，每小题 4 分，共 32 分．下列每题给出的四个选项中，只有一个选项是符合题目要求的．请将所选项前的字母填在答题纸指定位置上．

(1) 曲线 $y = \dfrac{x^2 + x}{x^2 - 1}$ 渐近线的条数为 ⋯⋯⋯⋯⋯⋯⋯⋯⋯⋯⋯⋯⋯⋯⋯⋯ **P 120,40 题**

   (A) 0.   (B) 1.   (C) 2.   (D) 3.

【　　】

(2) 设函数 $f(x) = (e^x - 1)(e^{2x} - 2)\cdots(e^{nx} - n)$，其中 n 为正整数，则 $f'(0) =$ **P 101,4 题**

   (A) $(-1)^{n-1}(n-1)!$.   (B) $(-1)^n(n-1)!$.

   (C) $(-1)^{n-1}n!$.   (D) $(-1)^n n!$.

【　　】

(3) 设 $a_n > 0\,(n = 1,2,\cdots)$，$S_n = a_1 + a_2 + \cdots + a_n$，则数列 $\{S_n\}$ 有界是数列 $\{a_n\}$ 收敛的

P 87,27 题

   (A) 充分必要条件．   (B) 充分非必要条件．

   (C) 必要非充分条件．   (D) 既非充分也非必要条件．

【　　】

(4) 设 $I_k = \displaystyle\int_0^{k\pi} e^{x^2}\sin x\,dx\,(k = 1,2,3)$，则有 **P 148,3 题**

   (A) $I_1 < I_2 < I_3$.   (B) $I_3 < I_2 < I_1$.

   (C) $I_2 < I_3 < I_1$.   (D) $I_2 < I_1 < I_3$.

【　　】

(5) 设函数 $f(x,y)$ 可微，且对任意 x,y 都有 $\dfrac{\partial f(x,y)}{\partial x} > 0$，$\dfrac{\partial f(x,y)}{\partial y} < 0$，则使不等式 $f(x_1,y_1) <$

$f(x_2,y_2)$ 成立的一个充分条件是 **P 209,1 题**

   (A) $x_1 > x_2, y_1 < y_2$.   (B) $x_1 > x_2, y_1 > y_2$.

   (C) $x_1 < x_2, y_1 < y_2$.   (D) $x_1 < x_2, y_1 > y_2$.

【　　】

(6) 设区域 D 由曲线 $y = \sin x, x = \pm\dfrac{\pi}{2}, y = 1$ 围成，则 $\displaystyle\iint\limits_{D}(xy^5 - 1)\,dxdy =$ **P 248,50 题**

   (A) π.   (B) 2.   (C) -2.   (D) $-\pi$.

【　　】

(7) 设 $\boldsymbol{\alpha}_1 = \begin{bmatrix} 0 \\ 0 \\ c_1 \end{bmatrix}, \boldsymbol{\alpha}_2 = \begin{bmatrix} 0 \\ 1 \\ c_2 \end{bmatrix}, \boldsymbol{\alpha}_3 = \begin{bmatrix} 1 \\ -1 \\ c_3 \end{bmatrix}, \boldsymbol{\alpha}_4 = \begin{bmatrix} -1 \\ 1 \\ c_4 \end{bmatrix}$，其中 c_1, c_2, c_3, c_4 为任意常数，则下列向量组

线性相关的为 **P 282,6 题**

   (A) $\boldsymbol{\alpha}_1, \boldsymbol{\alpha}_2, \boldsymbol{\alpha}_3$.   (B) $\boldsymbol{\alpha}_1, \boldsymbol{\alpha}_2, \boldsymbol{\alpha}_4$.

   (C) $\boldsymbol{\alpha}_1, \boldsymbol{\alpha}_3, \boldsymbol{\alpha}_4$.   (D) $\boldsymbol{\alpha}_2, \boldsymbol{\alpha}_3, \boldsymbol{\alpha}_4$.

【　　】

(8) 设 A 为 3 阶矩阵,P 为 3 阶可逆矩阵,且 $P^{-1}AP = \begin{bmatrix} 1 & 0 & 0 \\ 0 & 1 & 0 \\ 0 & 0 & 2 \end{bmatrix}$. 若 $P = (\boldsymbol{\alpha}_1, \boldsymbol{\alpha}_2, \boldsymbol{\alpha}_3)$,$Q = (\boldsymbol{\alpha}_1 +$

P 274,7 题

$\boldsymbol{\alpha}_2, \boldsymbol{\alpha}_2, \boldsymbol{\alpha}_3)$,则 $Q^{-1}AQ =$

(A) $\begin{bmatrix} 1 & 0 & 0 \\ 0 & 2 & 0 \\ 0 & 0 & 1 \end{bmatrix}$. (B) $\begin{bmatrix} 1 & 0 & 0 \\ 0 & 1 & 0 \\ 0 & 0 & 2 \end{bmatrix}$. (C) $\begin{bmatrix} 2 & 0 & 0 \\ 0 & 1 & 0 \\ 0 & 0 & 2 \end{bmatrix}$. (D) $\begin{bmatrix} 2 & 0 & 0 \\ 0 & 2 & 0 \\ 0 & 0 & 1 \end{bmatrix}$.

【　　】

二、填空题:9 ~ 14 小题,每小题 4 分,共 24 分. 请将答案写在答题纸指定位置上.

(9) 设 $y = y(x)$ 是由方程 $x^2 - y + 1 = e^y$ 所确定的隐函数,则 $\dfrac{d^2 y}{dx^2}\Big|_{x=0} = $ _____.

P 102,6 题

(10) $\lim\limits_{n \to \infty} n\left(\dfrac{1}{1 + n^2} + \dfrac{1}{2^2 + n^2} + \cdots + \dfrac{1}{n^2 + n^2} \right) = $ _____.

P 86,23 题

(11) 设 $z = f\left(\ln x + \dfrac{1}{y} \right)$,其中函数 $f(u)$ 可微,则 $x \dfrac{\partial z}{\partial x} + y^2 \dfrac{\partial z}{\partial y} = $ _____.

P 215,10 题

(12) 微分方程 $y dx + (x - 3y^2) dy = 0$ 满足条件 $y\big|_{x=1} = 1$ 的解为 $y = $ _____.

P 188,5 题

(13) 曲线 $y = x^2 + x (x < 0)$ 上曲率为 $\dfrac{\sqrt{2}}{2}$ 的点的坐标是_____.

P 111,28 题

(14) 设 A 为 3 阶矩阵,$|A| = 3$,A^* 为 A 的伴随矩阵. 若交换 A 的第 1 行与第 2 行得矩阵 B,则 $|BA^*| = $ _____.

P 264,6 题

三、解答题:15 ~ 23 小题,共 94 分. 请将解答写在答题纸指定位置上. 解答应写出文字说明、证明过程或演算步骤.

(15)(本题满分 10 分)

已知函数 $f(x) = \dfrac{1 + x}{\sin x} - \dfrac{1}{x}$,记 $a = \lim\limits_{x \to 0} f(x)$.

(Ⅰ) 求 a 的值;

(Ⅱ) 当 $x \to 0$ 时,$f(x) - a$ 与 x^k 是同阶无穷小,求常数 k 的值.

P 92,37 题

(16)(本题满分 10 分)

求函数 $f(x, y) = x e^{-\frac{x^2 + y^2}{2}}$ 的极值.

P 229,29 题

(17)(本题满分 12 分)

过点 $(0,1)$ 作曲线 $L: y = \ln x$ 的切线,切点为 A,又 L 与 x 轴交于 B 点,区域 D 由 L 与直线 AB 围成. 求区域 D 的面积及 D 绕 x 轴旋转一周所得旋转体的体积.

P 178,47 题

(18)(本题满分 10 分)

计算二重积分 $\iint\limits_{D} xy d\sigma$,其中区域 D 由曲线 $r = 1 + \cos\theta (0 \leqslant \theta \leqslant \pi)$ 与极轴围成.

P 248,51 题

(19)(**本题满分 10 分**)

已知函数 $f(x)$ 满足方程 $f''(x) + f'(x) - 2f(x) = 0$ 及 $f''(x) + f(x) = 2e^x$.

（Ⅰ）求 $f(x)$ 的表达式；

（Ⅱ）求曲线 $y = f(x^2) \int_0^x f(-t^2) \mathrm{d}t$ 的拐点.

P 204,25 题

(20)(**本题满分 10 分**)

证明：$x\ln\dfrac{1+x}{1-x} + \cos x \geq 1 + \dfrac{x^2}{2}\ (-1 < x < 1)$.

P 123,45 题

(21)(**本题满分 10 分**)

（Ⅰ）证明方程 $x^n + x^{n-1} + \cdots + x = 1$（$n$ 为大于 1 的整数）在区间 $\left(\dfrac{1}{2}, 1\right)$ 内有且仅有一个实根；

（Ⅱ）记（Ⅰ）中的实根为 x_n，证明 $\lim\limits_{n\to\infty} x_n$ 存在，并求此极限.

P 142,66 题

(22)(**本题满分 11 分**)

设 $\boldsymbol{A} = \begin{bmatrix} 1 & a & 0 & 0 \\ 0 & 1 & a & 0 \\ 0 & 0 & 1 & a \\ a & 0 & 0 & 1 \end{bmatrix}$, $\boldsymbol{\beta} = \begin{bmatrix} 1 \\ -1 \\ 0 \\ 0 \end{bmatrix}$.

（Ⅰ）计算行列式 $|\boldsymbol{A}|$；

（Ⅱ）当实数 a 为何值时，方程组 $\boldsymbol{Ax} = \boldsymbol{\beta}$ 有无穷多解，并求其通解.

P 291,5 题

(23)(**本题满分 11 分**)

已知 $\boldsymbol{A} = \begin{bmatrix} 1 & 0 & 1 \\ 0 & 1 & 1 \\ -1 & 0 & a \\ 0 & a & -1 \end{bmatrix}$，二次型 $f(x_1, x_2, x_3) = \boldsymbol{x}^{\mathrm{T}}(\boldsymbol{A}^{\mathrm{T}}\boldsymbol{A})\boldsymbol{x}$ 的秩为 2.

（Ⅰ）求实数 a 的值；

（Ⅱ）求正交变换 $\boldsymbol{x} = \boldsymbol{Qy}$ 将 f 化为标准形.

P 319,6 题

▶**2012 年考研数学（二）试题答案速查**

一、选择题

(1)C　　(2)C　　(3)B　　(4)D　　(5)D　　(6)D　　(7)C　　(8)B

二、填空题

(9)1.　　(10)$\dfrac{\pi}{4}$.　　(11)0.　　(12)$\sqrt{x}$.　　(13)$(-1,0)$.　　(14)-27.

三、解答题

(15)（Ⅰ）$a = 1$；（Ⅱ）$k = 1$.　　(16)极大值为 e^{+}，极小值为 $-e^{+}$.　　(17)$\dfrac{2}{3}\pi e^2 + 2\pi$.

(18) $\dfrac{16}{15}$.　(19)（Ⅰ）$f(x) = \mathrm{e}^x$；（Ⅱ）$(0,0)$.　(21)（Ⅱ）$\lim\limits_{n\to\infty} x_n = \dfrac{1}{2}$.

(22)（Ⅰ）$1 - a^4$；（Ⅱ）$a = -1$，通解为 $x = (0, -1, 0, 0)^{\mathrm{T}} + k(1,1,1,1)^{\mathrm{T}}$，其中 k 为任意常数.

(23)（Ⅰ）$a = -1$；（Ⅱ）$Q = \begin{bmatrix} -\dfrac{1}{\sqrt{3}} & -\dfrac{1}{\sqrt{2}} & \dfrac{1}{\sqrt{6}} \\[2mm] -\dfrac{1}{\sqrt{3}} & \dfrac{1}{\sqrt{2}} & \dfrac{1}{\sqrt{6}} \\[2mm] \dfrac{1}{\sqrt{3}} & 0 & \dfrac{2}{\sqrt{6}} \end{bmatrix}$，在正交变换 $x = Qy$ 下，二次型的标准形为

$f = 2y_2^2 + 6y_3^2$.

▶2012 年考研数学（二）试卷分析

2012 年考研数学（二）的平均分及平均难度值

1. 平均分为 82.82 分，平均难度值为 0.552. 其中，选择题、填空题、解答题的难度值分别为 0.676，0.587，0.501.

2. 2012 年考研数学（二）试卷 23 道试题中，难题是第 (3)，(20)，(21) 题（难度从大到小的顺序是：(3)，(21)，(20)）.

【注】　① 难度值越小，表示试题的难度越大. 难度值 < 0.3 的试题为难题.

② 三种题型体现不同的考查功能：选择题较填空题、解答题都容易. 选择题主要考查考生对数学概念、数学性质的理解，要求考生能进行简单的推理、判定、计算和比较；填空题主要考查"三基"及数学的重要性质，一般不考计算量大的题，以中、低难度的试题为主；解答题除了考查基本运算外，主要考查考生的逻辑推理能力和综合运用能力，且试题排列有一定的坡度，因而能力要求逐渐增高，试题难度相对较大.

2011 年全国硕士研究生入学统一考试
数学二试题

一、选择题：1 ~ 8 小题，每小题 4 分，共 32 分. 下列每题给出的四个选项中，只有一个选项是符合题目要求的. 请将所选项前的字母填在答题纸指定位置上.

(1) 已知当 $x \to 0$ 时，函数 $f(x) = 3\sin x - \sin 3x$ 与 cx^k 是等价无穷小，则 **P 92, 36 题**

    (A) $k = 1, c = 4$.　　　　　　　　(B) $k = 1, c = -4$.

    (C) $k = 3, c = 4$.　　　　　　　　(D) $k = 3, c = -4$.

【　　】

(2) 设函数 $f(x)$ 在 $x = 0$ 处可导，且 $f(0) = 0$，则 $\lim\limits_{x \to 0} \dfrac{x^2 f(x) - 2f(x^3)}{x^3} =$ **P 81, 16 题**

    (A) $-2f'(0)$.　　(B) $-f'(0)$.　　(C) $f'(0)$.　　(D) 0.

【　　】

(3) 函数 $f(x) = \ln|(x-1)(x-2)(x-3)|$ 的驻点个数为 **P 132, 56 题**

    (A) 0.　　　　(B) 1.　　　　(C) 2.　　　　(D) 3.

【　　】

(4) 微分方程 $y'' - \lambda^2 y = e^{\lambda x} + e^{-\lambda x}\ (\lambda > 0)$ 的特解形式为 **P 192, 9 题**

    (A) $a(e^{\lambda x} + e^{-\lambda x})$.　　　　　　(B) $ax(e^{\lambda x} + e^{-\lambda x})$.

    (C) $x(ae^{\lambda x} + be^{-\lambda x})$.　　　　(D) $x^2(ae^{\lambda x} + be^{-\lambda x})$.

【　　】

(5) 设函数 $f(x), g(x)$ 均有二阶连续导数，满足 $f(0) > 0, g(0) < 0$，且 $f'(0) = g'(0) = 0$，则函数 $z = f(x)g(y)$ 在点 $(0,0)$ 处取得极小值的一个充分条件是 **P 229, 28 题**

    (A) $f''(0) < 0, g''(0) > 0$.　　　　(B) $f''(0) < 0, g''(0) < 0$.

    (C) $f''(0) > 0, g''(0) > 0$.　　　　(D) $f''(0) > 0, g''(0) < 0$.

【　　】

(6) 设 $I = \int_0^{\frac{\pi}{4}} \ln\sin x\, \mathrm{d}x, J = \int_0^{\frac{\pi}{4}} \ln\cot x\, \mathrm{d}x, K = \int_0^{\frac{\pi}{4}} \ln\cos x\, \mathrm{d}x$，则 I, J, K 的大小关系为 **P 147, 2 题**

    (A) $I < J < K$.　　　　　　(B) $I < K < J$.

    (C) $J < I < K$.　　　　　　(D) $K < J < I$.

【　　】

(7) 设 A 为 3 阶矩阵，将 A 的第 2 列加到第 1 列得矩阵 B，再交换 B 的第 2 行与第 3 行得单位矩阵.

记 $P_1 = \begin{bmatrix} 1 & 0 & 0 \\ 1 & 1 & 0 \\ 0 & 0 & 1 \end{bmatrix}, P_2 = \begin{bmatrix} 1 & 0 & 0 \\ 0 & 0 & 1 \\ 0 & 1 & 0 \end{bmatrix}$，则 $A =$ **P 274, 8 题**

    (A) $P_1 P_2$.　　(B) $P_1^{-1} P_2$.　　(C) $P_2 P_1$.　　(D) $P_2 P_1^{-1}$.

【　　】

(8) 设 $A = (\alpha_1, \alpha_2, \alpha_3, \alpha_4)$ 是 4 阶矩阵，A^* 为 A 的伴随矩阵. 若 $(1,0,1,0)^{\mathrm{T}}$ 是方程组 $Ax = 0$ 的一个基础解系，则 $A^* x = 0$ 的基础解系可为 **P 296, 12 题**

    (A) α_1, α_3.　　(B) α_1, α_2.　　(C) $\alpha_1, \alpha_2, \alpha_3$.　　(D) $\alpha_2, \alpha_3, \alpha_4$.

【　　】

(9) $\lim\limits_{x \to 0}\left(\dfrac{1 + 2^x}{2}\right)^{\frac{1}{x}} = $ _____ . 　　**P 77,6 题**

(10) 微分方程 $y' + y = \mathrm{e}^{-x}\cos x$ 满足条件 $y(0) = 0$ 的解为 $y = $ _____ . 　　**P 188,4 题**

(11) 曲线 $y = \displaystyle\int_0^x \tan t\,\mathrm{d}t\left(0 \leqslant x \leqslant \dfrac{\pi}{4}\right)$ 的弧长 $s = $ _____ . 　　**P 168,35 题**

(12) 设函数 $f(x) = \begin{cases} \lambda \mathrm{e}^{-\lambda x}, & x > 0, \\ 0, & x \leqslant 0, \end{cases} \lambda > 0$,则 $\displaystyle\int_{-\infty}^{+\infty} x f(x)\,\mathrm{d}x = $ _____ . 　　**P 163,19 题**

(13) 设平面区域 D 由直线 $y = x$,圆 $x^2 + y^2 = 2y$ 及 y 轴所围成,则二重积分 $\displaystyle\iint\limits_{D} xy\,\mathrm{d}\sigma = $ _____ .

P 247,48 题

(14) 二次型 $f(x_1,x_2,x_3) = x_1^2 + 3x_2^2 + x_3^2 + 2x_1x_2 + 2x_1x_3 + 2x_2x_3$,则 f 的正惯性指数为 _____ .

P 326,6 题

(15)(**本题满分 10 分**)

已知函数 $F(x) = \dfrac{\displaystyle\int_0^x \ln(1 + t^2)\,\mathrm{d}t}{x^\alpha}$.设 $\lim\limits_{x \to +\infty} F(x) = \lim\limits_{x \to 0^+} F(x) = 0$,试求 α 的取值范围.

P 82,19 题

(16)(**本题满分 11 分**)

设函数 $y = y(x)$ 由参数方程 $\begin{cases} x = \dfrac{1}{3}t^3 + t + \dfrac{1}{3}, \\ y = \dfrac{1}{3}t^3 - t + \dfrac{1}{3} \end{cases}$ 确定,求 $y = y(x)$ 的极值和曲线 $y = y(x)$ 的

凹凸区间及拐点.　　**P 140,64 题**

(17)(**本题满分 9 分**)

设函数 $z = f(xy, yg(x))$,其中函数 f 具有二阶连续偏导数,函数 $g(x)$ 可导且在 $x = 1$ 处取得

极值 $g(1) = 1$.求 $\dfrac{\partial^2 z}{\partial x \partial y}\bigg|_{\substack{x=1 \\ y=1}}$.　　**P 215,9 题**

(18)(**本题满分 10 分**)

设函数 $y(x)$ 具有二阶导数,且曲线 $l: y = y(x)$ 与直线 $y = x$ 相切于原点.记 α 为曲线 l 在点

(x, y) 处切线的倾角,若 $\dfrac{\mathrm{d}\alpha}{\mathrm{d}x} = \dfrac{\mathrm{d}y}{\mathrm{d}x}$,求 $y(x)$ 的表达式.　　**P 196,17 题**

(19)(**本题满分 10 分**)

(Ⅰ) 证明:对任意的正整数 n,都有 $\dfrac{1}{n+1} < \ln\left(1 + \dfrac{1}{n}\right) < \dfrac{1}{n}$ 成立;

(Ⅱ) 设 $a_n = 1 + \dfrac{1}{2} + \cdots + \dfrac{1}{n} - \ln n\,(n = 1, 2, \cdots)$,证明数列 $\{a_n\}$ 收敛.　　**P 140,65 题**

(20)（**本题满分 11 分**）

一容器的内侧是由图中曲线绕 y 轴旋转一周而成的曲面,该曲线由 $x^2 + y^2 = 2y\left(y \geqslant \dfrac{1}{2}\right)$ 与 $x^2 + y^2 = 1\left(y \leqslant \dfrac{1}{2}\right)$ 连接而成.

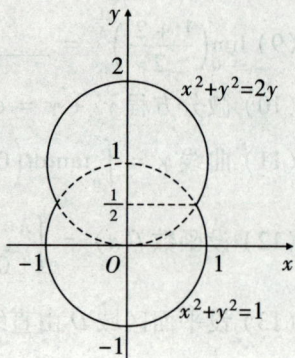

（Ⅰ）求容器的容积;

（Ⅱ）若将容器内盛满的水从容器顶部全部抽出,至少需要做多少功?

（长度单位:m,重力加速度为 $g\text{m}/\text{s}^2$,水的密度为 $10^3\text{kg}/\text{m}^3$）

P 177,46 题

(21)（**本题满分 11 分**）

已知函数 $f(x,y)$ 具有二阶连续偏导数,且 $f(1,y) = 0$, $f(x,1) = 0$, $\displaystyle\iint\limits_{D} f(x,y)\mathrm{d}x\mathrm{d}y = a$,其中 $D = \{(x,y) \mid 0 \leqslant x \leqslant 1, 0 \leqslant y \leqslant 1\}$,计算二重积分 $I = \displaystyle\iint\limits_{D} xy f''_{xy}(x,y)\mathrm{d}x\mathrm{d}y$.

P 247,49 题

(22)（**本题满分 11 分**）

设向量组 $\boldsymbol{\alpha}_1 = (1,0,1)^\mathrm{T}, \boldsymbol{\alpha}_2 = (0,1,1)^\mathrm{T}, \boldsymbol{\alpha}_3 = (1,3,5)^\mathrm{T}$ 不能由向量组 $\boldsymbol{\beta}_1 = (1,1,1)^\mathrm{T}, \boldsymbol{\beta}_2 = (1,2,3)^\mathrm{T}, \boldsymbol{\beta}_3 = (3,4,a)^\mathrm{T}$ 线性表示.

（Ⅰ）求 a 的值;

（Ⅱ）将 $\boldsymbol{\beta}_1, \boldsymbol{\beta}_2, \boldsymbol{\beta}_3$ 用 $\boldsymbol{\alpha}_1, \boldsymbol{\alpha}_2, \boldsymbol{\alpha}_3$ 线性表示.

P 279,4 题

(23)（**本题满分 11 分**）

设 A 为 3 阶实对称矩阵, A 的秩为 2,且

$$A\begin{bmatrix} 1 & 1 \\ 0 & 0 \\ -1 & 1 \end{bmatrix} = \begin{bmatrix} -1 & 1 \\ 0 & 0 \\ 1 & 1 \end{bmatrix}.$$

（Ⅰ）求 A 的所有特征值与特征向量;

（Ⅱ）求矩阵 A.

P 311,16 题

▶**2011 年考研数学(二)试题答案速查**

一、选择题

(1)C   (2)B   (3)C   (4)C   (5)A   (6)B   (7)D   (8)D

二、填空题

(9) $\sqrt{2}$.   (10) $\mathrm{e}^{-x}\sin x$.   (11) $\ln(1 + \sqrt{2})$.   (12) $\dfrac{1}{\lambda}$.   (13) $\dfrac{7}{12}$.   (14) $p = 2$.

三、解答题

(15) $1 < \alpha < 3$.

(16) 极小值为 $y = -\dfrac{1}{3}$,极大值为 $y = 1$;凸区间是 $\left(-\infty, \dfrac{1}{3}\right)$,凹区间是 $\left(\dfrac{1}{3}, +\infty\right)$;拐点是 $\left(\dfrac{1}{3}, \dfrac{1}{3}\right)$.

$(17) f'_1(1,1) + f''_{11}(1,1) + f''_{12}(1,1).$ $(18) y(x) = \arcsin \dfrac{e^x}{\sqrt{2}} - \dfrac{\pi}{4}.$

$(20)(\text{I}) \dfrac{9}{4}\pi(\text{m}^3);$ $(\text{II}) \dfrac{27 \times 10^3}{8}g\pi(\text{J}).$ $(21) a.$

$(22)(\text{I}) a = 5;$ $(\text{II}) \boldsymbol{\beta}_1 = 2\boldsymbol{\alpha}_1 + 4\boldsymbol{\alpha}_2 - \boldsymbol{\alpha}_3, \boldsymbol{\beta}_2 = \boldsymbol{\alpha}_1 + 2\boldsymbol{\alpha}_2, \boldsymbol{\beta}_3 = 5\boldsymbol{\alpha}_1 + 10\boldsymbol{\alpha}_2 - 2\boldsymbol{\alpha}_3.$

$(23)(\text{I})$ 矩阵 A 的特征值为 $1, -1, 0$;特征向量依次为 $k_1(1,0,1)^{\mathrm{T}}, k_2(1,0,-1)^{\mathrm{T}}, k_3(0,1,0)^{\mathrm{T}}$,其中

k_1, k_2, k_3 均是不为 0 的任意常数. $(\text{II}) \begin{bmatrix} 0 & 0 & 1 \\ 0 & 0 & 0 \\ 1 & 0 & 0 \end{bmatrix}.$

▶2011 年考研数学（二）试卷分析

一、2011 年考研数学（二）的平均分及平均难度值

1. 平均分为 80.66 分,平均难度值为 0.538. 其中,选择题、填空题、解答题的难度值分别为 0.693, 0.545, 0.483.

2. 2011 考研数学（二）试卷 23 道试题中,难题是第 (13),(18),(19),(20),(21) 题(难度从大到小的顺序是: (20),(21),(19),(13),(18)).

二、2011 年考研数学（二）试题特点

1. 试卷注重对基本知识、基本能力和基本方法的考查,考查的重点知识包括极限、导数、偏导数、积分、矩阵、线性方程组等内容,有利于引导考生在平时的学习中重视对课程主干知识、基本思想和基本方法的理解和掌握.

2. 试题突出了对基本方法和基本性质的考查,淡化了对特殊解题技巧的考核. 例如对高等数学中的几个重要定理:中值定理、泰勒定理等,注重对其适用条件和使用方法的考查. 这类问题体现了多想少算的思想,同时考查了考生对数学原理、方法掌握的程度和应用的灵活性.

3. 试题注重对能力的考查. 在试卷中着重考核考生的逻辑推理能力、抽象思维能力、几何直观能力、计算能力以及应用数学知识和方法解决问题的能力. 例如,第 (20) 题以简单的物理知识为背景,考查考生应用数学知识和方法解决问题的能力.

2010 年全国硕士研究生入学统一考试
数学二试题

一、选择题:1 ～ 8 小题,每小题 4 分,共 32 分. 下列每题给出的四个选项中,只有一个选项是符合题目要求的. 请将所选项前的字母填在答题纸指定位置上.

(1) 函数 $f(x) = \dfrac{x^2 - x}{x^2 - 1}\sqrt{1 + \dfrac{1}{x^2}}$ 的无穷间断点的个数为 $\qquad$ **P 96,43 题**

(A) 0.   (B) 1.   (C) 2.   (D) 3.

【   】

(2) 设 y_1, y_2 是一阶线性非齐次微分方程 $y' + p(x)y = q(x)$ 的两个特解,若常数 λ, μ 使 $\lambda y_1 + \mu y_2$ 是该方程的解,$\lambda y_1 - \mu y_2$ 是该方程对应的齐次方程的解,则   **P 187,1 题**

(A) $\lambda = \dfrac{1}{2}, \mu = \dfrac{1}{2}$.   (B) $\lambda = -\dfrac{1}{2}, \mu = -\dfrac{1}{2}$.

(C) $\lambda = \dfrac{2}{3}, \mu = \dfrac{1}{3}$.   (D) $\lambda = \dfrac{2}{3}, \mu = \dfrac{2}{3}$.

【   】

(3) 曲线 $y = x^2$ 与曲线 $y = a\ln x (a \neq 0)$ 相切,则 $a =$ $\qquad$ **P 108,18 题**

(A) 4e.   (B) 3e.   (C) 2e.   (D) e.

【   】

(4) 设 m, n 均是正整数,则反常积分 $\displaystyle\int_0^1 \dfrac{\sqrt[m]{\ln^2(1-x)}}{\sqrt[n]{x}} \mathrm{d}x$ 的收敛性   **P 162,18 题**

(A) 仅与 m 的取值有关.   (B) 仅与 n 的取值有关.
(C) 与 m, n 的取值都有关.   (D) 与 m, n 的取值都无关.

【   】

(5) 设函数 $z = z(x, y)$ 由方程 $F\left(\dfrac{y}{x}, \dfrac{z}{x}\right) = 0$ 确定,其中 F 为可微函数,且 $F'_2 \neq 0$,则 $x\dfrac{\partial z}{\partial x} + y\dfrac{\partial z}{\partial y}$

P 220,17 题

(A) x.   (B) z.   (C) $-x$.   (D) $-z$.

【   】

(6) $\displaystyle\lim_{n \to \infty} \sum_{i=1}^n \sum_{j=1}^n \dfrac{n}{(n+i)(n^2+j^2)} =$ **P 85,22 题**

(A) $\displaystyle\int_0^1 \mathrm{d}x \int_0^x \dfrac{1}{(1+x)(1+y^2)} \mathrm{d}y$.   (B) $\displaystyle\int_0^1 \mathrm{d}x \int_0^x \dfrac{1}{(1+x)(1+y)} \mathrm{d}y$.

(C) $\displaystyle\int_0^1 \mathrm{d}x \int_0^1 \dfrac{1}{(1+x)(1+y)} \mathrm{d}y$.   (D) $\displaystyle\int_0^1 \mathrm{d}x \int_0^1 \dfrac{1}{(1+x)(1+y^2)} \mathrm{d}y$.

【   】

(7) 设向量组 Ⅰ:$\alpha_1, \alpha_2, \cdots, \alpha_r$ 可由向量组 Ⅱ:$\beta_1, \beta_2, \cdots, \beta_s$ 线性表示. 下列命题正确的是

P 282,7 题

(A) 若向量组 Ⅰ 线性无关,则 $r \leqslant s$.   (B) 若向量组 Ⅰ 线性相关,则 $r > s$.
(C) 若向量组 Ⅱ 线性无关,则 $r \leqslant s$.   (D) 若向量组 Ⅱ 线性相关,则 $r > s$.

(8) 设 A 为 4 阶实对称矩阵,且 $A^2 + A = 0$. 若 A 的秩为 3,则 A 相似于 【　】　　　$P\,311,17\,题$

（A）$\begin{bmatrix} 1 & & & \\ & 1 & & \\ & & 1 & \\ & & & 0 \end{bmatrix}$.

（B）$\begin{bmatrix} 1 & & & \\ & 1 & & \\ & & -1 & \\ & & & 0 \end{bmatrix}$.

（C）$\begin{bmatrix} 1 & & & \\ & -1 & & \\ & & -1 & \\ & & & 0 \end{bmatrix}$.

（D）$\begin{bmatrix} -1 & & & \\ & -1 & & \\ & & -1 & \\ & & & 0 \end{bmatrix}$.

二、填空题:9 ~ 14 小题,每小题 4 分,共 24 分. 请将答案写在答题纸指定位置上.

(9) 3 阶常系数线性齐次微分方程 $y''' - 2y'' + y' - 2y = 0$ 的通解为 $y = $ _____. 　$P\,194,13\,题$

(10) 曲线 $y = \dfrac{2x^3}{x^2+1}$ 的渐近线方程为_____. 　$P\,120,39\,题$

(11) 函数 $y = \ln(1 - 2x)$ 在 $x = 0$ 处的 n 阶导数 $y^{(n)}(0) = $ _____. 　$P\,104,12\,题$

(12) 当 $0 \leqslant \theta \leqslant \pi$ 时,对数螺线 $r = e^\theta$ 的弧长为_____. 　$P\,168,34\,题$

(13) 已知一个长方形的长 l 以 2cm/s 的速率增加,宽 w 以 3cm/s 的速率增加. 则当 $l = 12\text{cm}$, $w = 5\text{cm}$ 时,它的对角线增加的速率为_____. 　$P\,110,25\,题$

(14) 设 A,B 为 3 阶矩阵,且 $|A| = 3$,$|B| = 2$,$|A^{-1} + B| = 2$,则 $|A + B^{-1}| = $ _____. 　$P\,264,7\,题$

三、解答题:15 ~ 23 小题,共 94 分. 请将解答写在答题纸指定位置上. 解答应写出文字说明、证明过程或演算步骤.

(15)（**本题满分 10 分**）

求函数 $f(x) = \displaystyle\int_1^{x^2} (x^2 - t) e^{-t^2} \mathrm{d}t$ 的单调区间与极值. 　$P\,114,32\,题$

(16)（**本题满分 10 分**）

（Ⅰ）比较 $\displaystyle\int_0^1 |\ln t| \, [\ln(1 + t)]^n \mathrm{d}t$ 与 $\displaystyle\int_0^1 t^n |\ln t| \, \mathrm{d}t \, (n = 1,2,\cdots)$ 的大小,说明理由;

（Ⅱ）记 $u_n = \displaystyle\int_0^1 |\ln t| \, [\ln(1 + t)]^n \mathrm{d}t \, (n = 1,2,\cdots)$,求极限 $\displaystyle\lim_{n\to\infty} u_n$. 　$P\,176,45\,题$

(17)（**本题满分 11 分**）

设函数 $y = f(x)$ 由参数方程 $\begin{cases} x = 2t + t^2, \\ y = \psi(t) \end{cases} (t > -1)$ 所确定,其中 $\psi(t)$ 具有 2 阶导数,且 $\psi(1) = \dfrac{5}{2}$,$\psi'(1) = 6$,已知 $\dfrac{\mathrm{d}^2 y}{\mathrm{d}x^2} = \dfrac{3}{4(1+t)}$,求函数 $\psi(t)$. 　$P\,204,24\,题$

(18)(**本题满分10分**)

一个高为 l 的柱体形贮油罐,底面是长轴为 $2a$,短轴为 $2b$ 的椭圆. 现将贮油罐平放,当油罐中油面高度为 $\dfrac{3}{2}b$ 时(如图),计算油的质量. (长度单位为 m,质量单位为 kg,油的密度为常数 $\rho\,\text{kg/m}^3$)

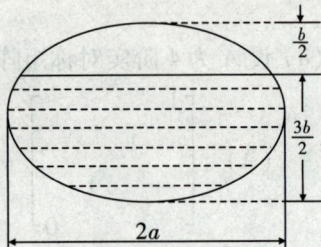

(19)(**本题满分11分**)

设函数 $u = f(x,y)$ 具有二阶连续偏导数,且满足等式 $4\dfrac{\partial^2 u}{\partial x^2} + 12\dfrac{\partial^2 u}{\partial x\partial y} + 5\dfrac{\partial^2 u}{\partial y^2} = 0$. 确定 a,b 的值,使等式在变换 $\xi = x + ay, \eta = x + by$ 下化简为 $\dfrac{\partial^2 u}{\partial \xi\partial \eta} = 0$.

P 225,23 题

(20)(**本题满分10分**)

计算二重积分 $I = \displaystyle\iint_D r^2\sin\theta\ \sqrt{1 - r^2\cos 2\theta}\,\mathrm{d}r\mathrm{d}\theta$,其中 $D = \left\{(r,\theta)\ \middle|\ 0 \leqslant r \leqslant \sec\theta, 0 \leqslant \theta \leqslant \dfrac{\pi}{4}\right\}$.

P 240,39 题

(21)(**本题满分10分**)

设函数 $f(x)$ 在闭区间 $[0,1]$ 上连续,在开区间 $(0,1)$ 内可导,且 $f(0) = 0, f(1) = \dfrac{1}{3}$. 证明:存在 $\xi \in \left(0,\dfrac{1}{2}\right), \eta \in \left(\dfrac{1}{2},1\right)$,使得 $f'(\xi) + f'(\eta) = \xi^2 + \eta^2$.

P 137,61 题

(22)(**本题满分11分**)

设 $A = \begin{bmatrix} \lambda & 1 & 1 \\ 0 & \lambda - 1 & 0 \\ 1 & 1 & \lambda \end{bmatrix}$, $b = \begin{bmatrix} a \\ 1 \\ 1 \end{bmatrix}$. 已知线性方程组 $Ax = b$ 存在 2 个不同的解,

P 291,6 题

(Ⅰ)求 λ, a;

(Ⅱ)求方程组 $Ax = b$ 的通解.

(23)(**本题满分11分**)

设 $A = \begin{bmatrix} 0 & -1 & 4 \\ -1 & 3 & a \\ 4 & a & 0 \end{bmatrix}$,正交矩阵 Q 使得 $Q^{\mathrm{T}}AQ$ 为对角矩阵. 若 Q 的第 1 列为 $\dfrac{1}{\sqrt{6}}(1,2,1)^{\mathrm{T}}$,求 a, Q.

P 312,18 题

▶2010 年考研数学(二)试题答案速查

一、选择题

(1)B	(2)A	(3)C	(4)D	(5)B	(6)D
(7)A	(8)D				

— 60 —

数学二

二、填空题

(9) $C_1 e^{2x} + C_2 \cos x + C_3 \sin x$.　　(10) $y = 2x$.　　(11) $-2^n(n-1)!$.　　(12) $\sqrt{2}(e^\pi - 1)$.

(13) 3cm/s.　　(14) 3.

三、解答题

(15) $f(x)$ 的单调增加区间为 $(-1,0)$ 和 $(1, +\infty)$; $f(x)$ 的单调减少区间为 $(-\infty, -1)$ 和 $(0,1)$. $f(x)$ 的极小值为 0; 极大值为 $\dfrac{1}{2}\left(1 - \dfrac{1}{e}\right)$.

(16) (Ⅱ) 0.　　(17) $\psi(t) = \dfrac{3}{2}t^2 + t^3 \ (t > -1)$.　　(18) $\left(\dfrac{2}{3}\pi + \dfrac{\sqrt{3}}{4}\right)abl\rho$.

(19) $a = -2, b = -\dfrac{2}{5}$ 或 $a = -\dfrac{2}{5}, b = -2$.　　(20) $\dfrac{1}{3} - \dfrac{\pi}{16}$.

(22) (Ⅰ) $\lambda = -1, a = -2$; (Ⅱ) $x = \dfrac{1}{2}\begin{bmatrix} 3 \\ -1 \\ 0 \end{bmatrix} + k\begin{bmatrix} 1 \\ 0 \\ 1 \end{bmatrix}$, 其中 k 为任意常数.

(23) $a = -1$; $Q = \begin{bmatrix} \dfrac{1}{\sqrt{6}} & \dfrac{1}{\sqrt{3}} & -\dfrac{1}{\sqrt{2}} \\ \dfrac{2}{\sqrt{6}} & -\dfrac{1}{\sqrt{3}} & 0 \\ \dfrac{1}{\sqrt{6}} & \dfrac{1}{\sqrt{3}} & \dfrac{1}{\sqrt{2}} \end{bmatrix}$ 或 $\begin{bmatrix} \dfrac{1}{\sqrt{6}} & -\dfrac{1}{\sqrt{2}} & \dfrac{1}{\sqrt{3}} \\ \dfrac{2}{\sqrt{6}} & 0 & -\dfrac{1}{\sqrt{3}} \\ \dfrac{1}{\sqrt{6}} & \dfrac{1}{\sqrt{2}} & \dfrac{1}{\sqrt{3}} \end{bmatrix}$.

▶ **2010 年考研数学(二)试卷分析**

一、2010 年考研数学(二)的平均分及平均难度值

1. 平均分为 64.74 分, 平均难度值为 0.432. 其中选择题、填空题、解答题的难度值分别为 0.625, 0.470, 0.356.

2. 2010 年考研数学(二)试卷 23 道试题中, 难题是第 (13)、(18)、(20)、(21)、(23) 题 (难度从大到小的顺序是: (20)、(21)、(18)、(23)、(13)).

二、2010 年考研数学(二)试题特点

1. 试题注重对基本知识、基本能力的考查. 例如, 第 (15)、(17)、(18)、(19)、(22)、(23) 题. 这有利于引导考生在平时的复习中重视对课程主干知识、基本思想和基本方法的理解和掌握.

2. 试题突出了对基本方法和基本性质的考查. 例如, 第 (2)、(7) 题. 这类问题体现了多想少算的思想, 有利于区分不同水平的考生.

3. 试题注意了对抽象思维能力与综合运用数学知识、分析和解决问题能力的考查. 例如, 第 (18) 题 (应用题)、第 (21) 题 (抽象证明题).

4. 试题稳中有变、稳中求新. 例如, 第 (13)、(18) 题等应用问题, 尤其是第 (18) 题这一类型的应用题已多年没考. 这些新颖的试题有效地考查了考生的创新意识和应用能力.

2009 年全国硕士研究生入学统一考试
数学二试题

一、选择题：1 ~ 8 小题，每小题 4 分，共 32 分. 下列每题给出的四个选项中，只有一个选项是符合题目要求的. 请将所选项前的字母填在答题纸指定位置上.

(1) 函数 $f(x) = \dfrac{x - x^3}{\sin \pi x}$ 的可去间断点的个数为

P 96,42 题

    (A) 1.   (B) 2.   (C) 3.   (D)   无穷多个.

【　　】

(2) 当 $x \to 0$ 时，$f(x) = x - \sin ax$ 与 $g(x) = x^2 \ln(1 - bx)$ 是等价无穷小，则

P 91,35 题

    (A) $a = 1, b = -\dfrac{1}{6}$.   (B) $a = 1, b = \dfrac{1}{6}$.

    (C) $a = -1, b = -\dfrac{1}{6}$.   (D) $a = -1, b = \dfrac{1}{6}$.

【　　】

(3) 设函数 $z = f(x,y)$ 的全微分为 $\mathrm{d}z = x\mathrm{d}x + y\mathrm{d}y$，则点 $(0,0)$

P 228,27 题

    (A) 不是 $f(x,y)$ 的连续点.   (B) 不是 $f(x,y)$ 的极值点.

    (C) 是 $f(x,y)$ 的极大值点.   (D) 是 $f(x,y)$ 的极小值点.

【　　】

(4) 设函数 $f(x,y)$ 连续，则 $\displaystyle\int_1^2 \mathrm{d}x \int_x^2 f(x,y)\,\mathrm{d}y + \int_1^2 \mathrm{d}y \int_y^{4-y} f(x,y)\,\mathrm{d}x =$

P 240,38 题

    (A) $\displaystyle\int_1^2 \mathrm{d}x \int_1^{4-x} f(x,y)\,\mathrm{d}y$.   (B) $\displaystyle\int_1^2 \mathrm{d}x \int_x^{4-x} f(x,y)\,\mathrm{d}y$.

    (C) $\displaystyle\int_1^2 \mathrm{d}y \int_1^{4-y} f(x,y)\,\mathrm{d}x$.   (D) $\displaystyle\int_1^2 \mathrm{d}y \int_y^2 f(x,y)\,\mathrm{d}x$.

【　　】

(5) 若 $f''(x)$ 不变号，且曲线 $y = f(x)$ 在点 $(1,1)$ 处的曲率圆为 $x^2 + y^2 = 2$，则函数 $f(x)$ 在区间 $(1,2)$ 内

P 176,44 题

    (A) 有极值点，无零点.   (B) 无极值点，有零点.

    (C) 有极值点，有零点.   (D) 无极值点，无零点.

【　　】

(6) 设函数 $y = f(x)$ 在区间 $[-1,3]$ 上的图形为

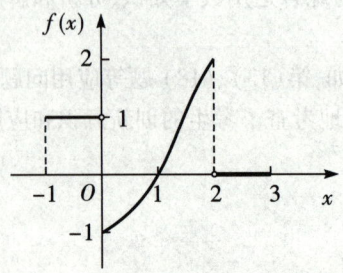

则函数 $F(x) = \int_0^x f(t)\,\mathrm{d}t$ 的图形为

P 159,16 题

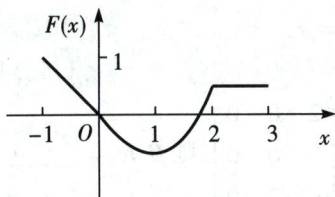

(A)

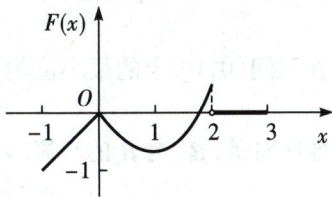

(B)

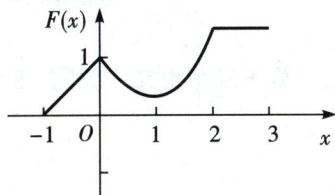

(C)

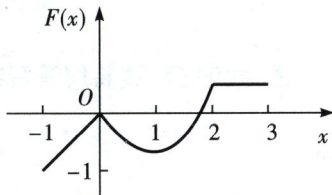

(D)

【　　】

(7) 设 A,B 均为 2 阶矩阵,A^*,B^* 分别为 A,B 的伴随矩阵. 若 $|A| = 2$,$|B| = 3$,则分块矩阵 $\begin{bmatrix} O & A \\ B & O \end{bmatrix}$ 的伴随矩阵为

P 270,4 题

(A) $\begin{bmatrix} O & 3B^* \\ 2A^* & O \end{bmatrix}$.

(B) $\begin{bmatrix} O & 2B^* \\ 3A^* & O \end{bmatrix}$.

(C) $\begin{bmatrix} O & 3A^* \\ 2B^* & O \end{bmatrix}$.

(D) $\begin{bmatrix} O & 2A^* \\ 3B^* & O \end{bmatrix}$.

【　　】

(8) 设 A,P 均为 3 阶矩阵,P^{T} 为 P 的转置矩阵,且 $P^{\mathrm{T}}AP = \begin{bmatrix} 1 & 0 & 0 \\ 0 & 1 & 0 \\ 0 & 0 & 2 \end{bmatrix}$. 若 $P = (\alpha_1,\alpha_2,\alpha_3)$,$Q = (\alpha_1 + \alpha_2,\alpha_2,\alpha_3)$,则 $Q^{\mathrm{T}}AQ$ 为

P 275,9 题

(A) $\begin{bmatrix} 2 & 1 & 0 \\ 1 & 1 & 0 \\ 0 & 0 & 2 \end{bmatrix}$.

(B) $\begin{bmatrix} 1 & 1 & 0 \\ 1 & 2 & 0 \\ 0 & 0 & 2 \end{bmatrix}$.

(C) $\begin{bmatrix} 2 & 0 & 0 \\ 0 & 1 & 0 \\ 0 & 0 & 2 \end{bmatrix}$.

(D) $\begin{bmatrix} 1 & 0 & 0 \\ 0 & 2 & 0 \\ 0 & 0 & 2 \end{bmatrix}$.

【　　】

二、填空题:9 ~ 14 小题,每小题 4 分,共 24 分. 请将答案写在答题纸指定位置上.

(9) 曲线 $\begin{cases} x = \int_0^{1-t} \mathrm{e}^{-u^2}\,\mathrm{d}u \\ y = t^2\ln(2 - t^2) \end{cases}$ 在点 $(0,0)$ 处的切线方程为 _____.

P 109,20 题

(10) 已知 $\int_{-\infty}^{+\infty} \mathrm{e}^{k|x|}\,\mathrm{d}x = 1$,则 $k = $ _____.

P 162,17 题

(11) $\lim\limits_{n\to\infty}\int_0^1 \mathrm{e}^{-x}\sin nx\,\mathrm{d}x = $ _____.

P 85,21 题

(12) 设 $y = y(x)$ 是由方程 $xy + e^y = x + 1$ 确定的隐函数,则 $\dfrac{d^2y}{dx^2}\bigg|_{x=0} = $ _____.

P 102,5 题

(13) 函数 $y = x^{2x}$ 在区间 $(0,1]$ 上的最小值为_____.

P 116,34 题

(14) 设 $\boldsymbol{\alpha}, \boldsymbol{\beta}$ 为 3 维列向量,$\boldsymbol{\beta}^T$ 为 $\boldsymbol{\beta}$ 的转置. 若矩阵 $\boldsymbol{\alpha}\boldsymbol{\beta}^T$ 相似于 $\begin{bmatrix} 2 & 0 & 0 \\ 0 & 0 & 0 \\ 0 & 0 & 0 \end{bmatrix}$,则 $\boldsymbol{\beta}^T\boldsymbol{\alpha} = $ _____.

P 307,14 题

三、解答题:15 ~ 23 小题,共 94 分. 请将解答写在答题纸指定位置上. 解答应写出文字说明、证明过程或演算步骤.

(15)(本题满分 9 分)

求极限 $\displaystyle\lim_{x\to 0} \dfrac{(1 - \cos x)[x - \ln(1 + \tan x)]}{\sin^4 x}$.

P 76,5 题

(16)(本题满分 10 分)

计算不定积分 $\displaystyle\int \ln\left(1 + \sqrt{\dfrac{1+x}{x}}\right) dx \ (x > 0)$.

P 152,8 题

(17)(本题满分 10 分)

设 $z = f(x + y, x - y, xy)$,其中 f 具有二阶连续偏导数,求 dz 与 $\dfrac{\partial^2 z}{\partial x \partial y}$.

P 214,8 题

(18)(本题满分 10 分)

设非负函数 $y = y(x) \ (x \geqslant 0)$ 满足微分方程 $xy'' - y' + 2 = 0$. 当曲线 $y = y(x)$ 过原点时,其与直线 $x = 1$ 及 $y = 0$ 围成的平面区域 D 的面积为 2,求 D 绕 y 轴旋转所得旋转体的体积.

P 202,22 题

(19)(本题满分 10 分)

计算二重积分 $\displaystyle\iint\limits_{D} (x - y)\,dxdy$,其中 $D = \{(x,y) \mid (x-1)^2 + (y-1)^2 \leqslant 2, y \geqslant x\}$.

P 246,47 题

(20)(本题满分 12 分)

设 $y = y(x)$ 是区间 $(-\pi, \pi)$ 内过点 $\left(-\dfrac{\pi}{\sqrt{2}}, \dfrac{\pi}{\sqrt{2}}\right)$ 的光滑曲线. 当 $-\pi < x < 0$ 时,曲线上任一点处的法线都过原点;当 $0 \leqslant x < \pi$ 时,函数 $y(x)$ 满足 $y'' + y + x = 0$. 求函数 $y(x)$ 的表达式.

P 203,23 题

(21)(本题满分 11 分)

（Ⅰ）证明拉格朗日中值定理:若函数 $f(x)$ 在 $[a,b]$ 上连续,在 (a,b) 内可导,则存在 $\xi \in (a,b)$,使得 $f(b) - f(a) = f'(\xi)(b - a)$.

（Ⅱ）证明:若函数 $f(x)$ 在 $x = 0$ 处连续,在 $(0,\delta)(\delta > 0)$ 内可导,且 $\lim\limits_{x \to 0^+} f'(x) = A$,则 $f'_+(0)$ 存在,且 $f'_+(0) = A$.

P 131,55 题

（22）（本题满分 11 分）

设

$$A = \begin{bmatrix} 1 & -1 & -1 \\ -1 & 1 & 1 \\ 0 & -4 & -2 \end{bmatrix}, \quad \boldsymbol{\xi}_1 = \begin{bmatrix} -1 \\ 1 \\ -2 \end{bmatrix}.$$

（Ⅰ）求满足 $A\boldsymbol{\xi}_2 = \boldsymbol{\xi}_1,\quad A^2\boldsymbol{\xi}_3 = \boldsymbol{\xi}_1$ 的所有向量 $\boldsymbol{\xi}_2,\boldsymbol{\xi}_3$;

（Ⅱ）对（Ⅰ）中的任意向量 $\boldsymbol{\xi}_2,\boldsymbol{\xi}_3$,证明 $\boldsymbol{\xi}_1,\boldsymbol{\xi}_2,\boldsymbol{\xi}_3$ 线性无关.

P 292,7 题

（23）（本题满分 11 分）

设二次型

$$f(x_1,x_2,x_3) = ax_1^2 + ax_2^2 + (a - 1)x_3^2 + 2x_1x_3 - 2x_2x_3.$$

（Ⅰ）求二次型 f 的矩阵的所有特征值;

（Ⅱ）若二次型 f 的规范形为 $y_1^2 + y_2^2$,求 a 的值.

P 320,7 题

▶ **2009 年考研数学（二）试题答案速查**

一、选择题

(1)C　　　(2)A　　　(3)D　　　(4)C　　　(5)B　　　(6)D

(7)B　　　(8)A

二、填空题

(9) $y = 2x$.　　(10) -2.　　(11) 0.　　(12) -3.　　(13) $e^{-\frac{1}{2}}$.　　(14) 2.

三、解答题

(15) $\dfrac{1}{4}$.　　(16) $x\ln\left(1 + \sqrt{\dfrac{1+x}{x}}\right) + \dfrac{1}{2}\ln\left(\sqrt{1+x} + \sqrt{x}\right) - \dfrac{\sqrt{x}}{2(\sqrt{1+x} + \sqrt{x})} + C$.

(17) $\mathrm{d}z = (f'_1 + f'_2 + yf'_3)\mathrm{d}x + (f'_1 - f'_2 + xf'_3)\mathrm{d}y$;

$\dfrac{\partial^2 z}{\partial x \partial y} = f'_3 + f''_{11} - f''_{22} + xyf''_{33} + (x + y)f''_{13} + (x - y)f''_{23}$.

(18) $V = \dfrac{17\pi}{6}$.　　(19) $-\dfrac{8}{3}$.　　(20) $y(x) = \begin{cases} \sqrt{\pi^2 - x^2}, & -\pi < x < 0, \\ \pi\cos x + \sin x - x, & 0 \leqslant x < \pi. \end{cases}$

(22)（Ⅰ）$\boldsymbol{\xi}_2 = \left(-\dfrac{1}{2}, \dfrac{1}{2}, 0\right)^{\mathrm{T}} + k_1(1, -1, 2)^{\mathrm{T}}$,其中 k_1 为任意常数;

$\boldsymbol{\xi}_3 = k_2(-1, 1, 0)^{\mathrm{T}} + k_3(0, 0, 1)^{\mathrm{T}} + \left(-\dfrac{1}{2}, 0, 0\right)^{\mathrm{T}}$,其中 k_2, k_3 为任意常数.

(23)（Ⅰ）$\lambda_1 = a, \lambda_2 = a + 1, \lambda_3 = a - 2$;（Ⅱ）$a = 2$.

2008年全国硕士研究生入学统一考试

数学二试题

一、选择题:1 ~ 8 小题,每小题4分,共32分. 下列每题给出的四个选项中,只有一个选项是符合题目要求的. 请将所选项前的字母填在答题纸指定位置上.

(1) 设函数 $f(x) = x^2(x-1)(x-2)$,则 $f'(x)$ 的零点个数为
P 131,54 题

(A) 0.   (B) 1.   (C) 2.   (D) 3.

【 　 】

(2) 如图,曲线段的方程为 $y = f(x)$,函数 $f(x)$ 在区间 $[0,a]$ 上有连续的导数,则定积分 $\int_0^a xf'(x)\mathrm{d}x$ 等于
P 147,1 题

(A) 曲边梯形 $ABOD$ 的面积.

(B) 梯形 $ABOD$ 的面积.

(C) 曲边三角形 ACD 的面积.

(D) 三角形 ACD 的面积.

【 　 】

(3) 在下列微分方程中,以 $y = C_1\mathrm{e}^x + C_2\cos 2x + C_3\sin 2x$($C_1, C_2, C_3$ 为任意常数)为通解的是
P 194,12 题

(A) $y''' + y'' - 4y' - 4y = 0$.   (B) $y''' + y'' + 4y' + 4y = 0$.

(C) $y''' - y'' - 4y' + 4y = 0$.   (D) $y''' - y'' + 4y' - 4y = 0$.

【 　 】

(4) 设函数 $f(x) = \dfrac{\ln|x|}{|x-1|}\sin x$,则 $f(x)$ 有
P 95,41 题

(A) 1 个可去间断点,1 个跳跃间断点.   (B) 1 个可去间断点,1 个无穷间断点.

(C) 2 个跳跃间断点.   (D) 2 个无穷间断点.

【 　 】

(5) 设函数 $f(x)$ 在 $(-\infty, +\infty)$ 内单调有界,$\{x_n\}$ 为数列,下列命题正确的是
P 87,26 题

(A) 若 $\{x_n\}$ 收敛,则 $\{f(x_n)\}$ 收敛.   (B) 若 $\{x_n\}$ 单调,则 $\{f(x_n)\}$ 收敛.

(C) 若 $\{f(x_n)\}$ 收敛,则 $\{x_n\}$ 收敛.   (D) 若 $\{f(x_n)\}$ 单调,则 $\{x_n\}$ 收敛.

【 　 】

(6) 设函数 f 连续. 若 $F(u,v) = \displaystyle\iint_{D_{uv}} \dfrac{f(x^2+y^2)}{\sqrt{x^2+y^2}}\mathrm{d}x\mathrm{d}y$,其中区域 D_{uv} 为图中阴影部分,则 $\dfrac{\partial F}{\partial u} =$
P 245,45 题

(A) $vf(u^2)$.   (B) $\dfrac{v}{u}f(u^2)$.

(C) $vf(u)$.   (D) $\dfrac{v}{u}f(u)$.

【 　 】

(7) 设 A 为 n 阶非零矩阵,E 为 n 阶单位矩阵. 若 $A^3 = O$,则
P 272,6 题

(A) $E - A$ 不可逆,$E + A$ 不可逆.   (B) $E - A$ 不可逆,$E + A$ 可逆.

(C)　$E - A$ 可逆,$E + A$ 可逆.　　　(D)　$E - A$ 可逆,$E + A$ 不可逆.

【　　】

(8)　设 $A = \begin{bmatrix} 1 & 2 \\ 2 & 1 \end{bmatrix}$,则在实数域上与 A 合同的矩阵为　　　　　P 326,7 题

(A)　$\begin{bmatrix} -2 & 1 \\ 1 & -2 \end{bmatrix}$.　　　　　　　　(B)　$\begin{bmatrix} 2 & -1 \\ -1 & 2 \end{bmatrix}$.

(C)　$\begin{bmatrix} 2 & 1 \\ 1 & 2 \end{bmatrix}$.　　　　　　　　(D)　$\begin{bmatrix} 1 & -2 \\ -2 & 1 \end{bmatrix}$.

【　　】

二、填空题:9 ~ 14 小题,每小题 4 分,共 24 分.请将答案写在答题纸指定位置上.

(9)　已知函数 $f(x)$ 连续,且 $\lim\limits_{x \to 0} \dfrac{1 - \cos[xf(x)]}{(e^{x^2} - 1)f(x)} = 1$,则 $f(0) = $ _____.　P 75,3 题

(10)　微分方程 $(y + x^2 e^{-x})dx - xdy = 0$ 的通解是 $y = $ _____.　P 188,3 题

(11)　曲线 $\sin(xy) + \ln(y - x) = x$ 在点 $(0,1)$ 处的切线方程是_____.　P 110,23 题

(12)　曲线 $y = (x - 5)x^{\frac{2}{3}}$ 的拐点坐标为_____.　P 118,35 题

(13)　设 $z = \left(\dfrac{y}{x}\right)^{\frac{x}{y}}$,则 $\dfrac{\partial z}{\partial x}\bigg|_{(1,2)} = $ _____.　P 213,5 题

(14)　设 3 阶矩阵 A 的特征值为 $2,3,\lambda$.若行列式 $|2A| = -48$,则 $\lambda = $ _____.　P 264,8 题

三、解答题:15 ~ 23 小题,共 94 分,请将解答写在答题纸指定位置上.解答应写出文字说明、证明过
　程或演算步骤.

(15)（**本题满分 9 分**）

　　求极限 $\lim\limits_{x \to 0} \dfrac{[\sin x - \sin(\sin x)]\sin x}{x^4}$.　P 75,4 题

(16)（**本题满分 10 分**）

　　设函数 $y = y(x)$ 由参数方程 $\begin{cases} x = x(t), \\ y = \int_0^{t^2} \ln(1 + u)du \end{cases}$ 确定,其中 $x(t)$ 是初值问题

$\begin{cases} \dfrac{dx}{dt} - 2te^{-x} = 0, \\ x\big|_{t=0} = 0 \end{cases}$ 的解. 求 $\dfrac{d^2 y}{dx^2}$.　P 202,21 题

(17)（**本题满分 9 分**）

　　计算 $\int_0^1 \dfrac{x^2 \arcsin x}{\sqrt{1 - x^2}}dx$.　P 154,11 题

(18)（**本题满分 11 分**）

　　计算 $\iint\limits_{D} \max\{xy,1\}dxdy$,其中 $D = \{(x,y) \mid 0 \le x \le 2, 0 \le y \le 2\}$.　P 245,46 题

(19)（**本题满分 11 分**）

设 $f(x)$ 是区间 $[0, +\infty)$ 上具有连续导数的单调增加函数,且 $f(0) = 1$. 对任意的 $t \in [0, +\infty)$,直线 $x = 0, x = t$,曲线 $y = f(x)$ 以及 x 轴所围成的曲边梯形绕 x 轴旋转一周生成一旋转体,若该旋转体的侧面面积在数值上等于其体积的 2 倍,求函数 $f(x)$ 的表达式.　　　P 198,19 题

(20)（**本题满分 11 分**）

（Ⅰ）证明积分中值定理:若函数 $f(x)$ 在闭区间 $[a, b]$ 上连续,则至少存在一点 $\eta \in [a, b]$,使得 $\int_a^b f(x)\,\mathrm{d}x = f(\eta)(b - a)$;

（Ⅱ）若函数 $\varphi(x)$ 具有二阶导数,且满足 $\varphi(2) > \varphi(1)$,$\varphi(2) > \int_2^3 \varphi(x)\,\mathrm{d}x$,则至少存在一点 $\xi \in (1, 3)$,使得 $\varphi''(\xi) < 0$.　　　P 136,60 题

(21)（**本题满分 11 分**）

求函数 $u = x^2 + y^2 + z^2$ 在约束条件 $z = x^2 + y^2$ 和 $x + y + z = 4$ 下的最大值与最小值.　　　P 228,26 题

(22)（**本题满分 12 分**）

设 n 元线性方程组 $Ax = b$,其中

$$A = \begin{bmatrix} 2a & 1 & & & & \\ a^2 & 2a & 1 & & & \\ & a^2 & 2a & 1 & & \\ & & \ddots & \ddots & \ddots & \\ & & & a^2 & 2a & 1 \\ & & & & a^2 & 2a \end{bmatrix}_{n \times n}, \quad x = \begin{bmatrix} x_1 \\ x_2 \\ \vdots \\ x_n \end{bmatrix}, \quad b = \begin{bmatrix} 1 \\ 0 \\ \vdots \\ 0 \end{bmatrix}.$$

（Ⅰ）证明行列式 $|A| = (n + 1)a^n$;　　　P 261,5 题
（Ⅱ）当 a 为何值时,该方程组有唯一解,并求 x_1;
（Ⅲ）当 a 为何值时,该方程组有无穷多解,并求通解.　　　P 292,8 题

(23)（**本题满分 10 分**）

设 A 为 3 阶矩阵,α_1, α_2 为 A 的分别属于特征值 $-1, 1$ 的特征向量,向量 α_3 满足 $A\alpha_3 = \alpha_2 + \alpha_3$.
（Ⅰ）证明 $\alpha_1, \alpha_2, \alpha_3$ 线性无关;
（Ⅱ）令 $P = (\alpha_1, \alpha_2, \alpha_3)$,求 $P^{-1}AP$.　　　P 283,8 题

▶**2008 年考研数学（二）试题答案速查**

一、选择题

(1)D　　　(2)C　　　(3)D　　　(4)A　　　(5)B　　　(6)A

(7)C　　　(8)D

二、填空题

(9)2.　　(10)$x(C - e^{-x})$.　　(11)$y = x + 1$.　　(12)$(-1, -6)$.　　(13)$\dfrac{\sqrt{2}}{2}(\ln 2 - 1)$.

(14)-1.

三、解答题

(15) $\dfrac{1}{6}$.　　　(16) $\dfrac{d^2y}{dx^2} = (1+t^2)[\ln(1+t^2)+1]$.　　　(17) $\dfrac{\pi^2}{16} + \dfrac{1}{4}$.　　　(18) $\dfrac{19}{4} + \ln 2$.

(19) $f(x) = \dfrac{1}{2}(e^x + e^{-x})$.　　　(21) 最大值为 72,最小值为 6.

(22) (II) $a \neq 0, x_1 = \dfrac{n}{(n+1)a}$; (III) $a = 0, \boldsymbol{x} = (0,1,0,\cdots,0)^{\mathrm{T}} + k(1,0,\cdots,0)^{\mathrm{T}}$,其中 k 为任意常数.

(23) (II) $\boldsymbol{P}^{-1}\boldsymbol{AP} = \begin{bmatrix} -1 & 0 & 0 \\ 0 & 1 & 1 \\ 0 & 0 & 1 \end{bmatrix}$.

▶ **2008 年考研数学(二)试卷分析**

一、2008 年考研数学(二)的平均分及平均难度值

1. 平均分为 85.86 分,平均难度值为 0.572.其中,选择题、填空题、解答题的难度值分别为 0.683,0.687,0.505.

2. 2008 年考研数学(二)试卷 23 道试题中,难题是第(20),(21),(22),(23)题(难度从大到小的顺序是:(22),(23),(20),(21)).

二、2008 年考研数学(二)试题特点

1. 试题注重对基本知识、基本能力和基本方法的考查,这类题目在试卷中占到 40% 左右.如第(21)题中条件极值的约束条件有两个,但基本方法与约束条件只有一个一样.这有利于引导考生在平时的复习中重视对课程主干知识、基本思想和基本方法的理解和掌握.

2. 试卷中出现了对重要结论与证明方法考查的试题,如第(20)题.这类题目的出现既可以考查考生的抽象思维和逻辑推理能力,又能引导考生重视对课程中重要内容的复习.

3. 试题注重对综合运用数学知识、分析和解决问题能力的考查.如第(6)题将变上限积分的导数、二元函数的偏导数的概念及二重积分在极坐标系下的计算法联系到一起.

第三篇 2008 ~ 2022 年考研数学二试题分类解析

■ 编者按

  本篇依据考试大纲的顺序和试题考查知识点把相关历年考研试题归纳在一起,并进行详细解答。这样便于考生复习该部分内容时能了解到:该章的哪些知识点是重点、难点,这些知识点考过什么样的题型,是从哪个角度来命制的,并常与哪些知识点联系起来命题等等,从而能让广大考生掌握考研数学试题命制的广度和深度,并在复习时明确目标,做到心中有数;同时把历年同一内容的试题放在一起,能让广大考生抓住近几年考题与往年考题的某种特殊联系(类似或雷同),并且能清楚地察出哪些知识点近些年还未命题考查。另外,为了帮助考数学二的考生更全更好地了解相关内容的命题情况,本书精选了数学一、三以及原数学四相关内容的典型考题(含解答),同时也精选了 1998 年(含)以前数学二相关内容的典型考题(含解答),供将要备考数学二的考生参考并复习之用。因此本书这种独特编排体例有助于广大考生科学备考。

  我们建议考生:

  1. 亲自动手做题,不要眼高手低。

  2. 仔细阅读本书中对每道题的分析、解答、评注和题型后的综述。我们对每道题尽量给出多种解法,其中有很多试题的解法是我们几位编者从事数学和考研辅导研究总结出来的,具有独到之处,其中有些试题的解法比标准答案的解法更简捷,更省时省力,考生应认真总结、归纳。

第一部分　高等数学

第一章　函数 极限 连续

编者按

> 　　函数是微积分的研究对象,极限是微积分的理论基础,而连续性是可导性与可积性的重要条件.它们是每年必考的内容之一,实际上几乎每个问题都离不开函数,极限与连续性常常包含在微积分的试题当中.
>
> 　　本章历年试题的题型大致可归纳为:
>
> 1. 函数的概念及其复合.　　　　　　2. 极限的概念与性质.
> 3. 简单的未定式极限.
> 4. 可用等价无穷小因子代换化简的未定式.
> 5. 需要用洛必达法则或泰勒公式求解的未定式.
> 6. 利用已知的导数求某些极限.
> 7. 确定极限式中的参数.　　　　　　8. 数列的极限.
> 9. 无穷小及其阶.　　　　　　　　　10. 函数的连续性.
>
> 　　函数、极限、连续的试题得分率一般都大于50%,说明广大考生对这一部分内容掌握得比较好.应该注意的是,在以后各章中仍然会涉及到极限、连续的概念,并且会在综合题中用到极限和闭区间上连续函数的性质.考生在复习时要前后贯通,灵活运用.

一、函数的概念及其复合

▶ 练习题

(01,2,3分)* 设 $f(x) = \begin{cases} 1, & |x| \leq 1, \\ 0, & |x| > 1, \end{cases}$ 则 $f\{f[f(x)]\}$ 等于

(A)　0.　　　　　　　　　　　　(B)　1.

(C)　$\begin{cases} 1, & |x| \leq 1, \\ 0, & |x| > 1. \end{cases}$　　　　　(D)　$\begin{cases} 0, & |x| \leq 1, \\ 1, & |x| > 1. \end{cases}$

【分析】　由于 $f(x) \leq 1$,故 $f[f(x)] = 1$,因而 $f\{f[f(x)]\} = 1$.故应选(B).

---

　　* "01,2,3分"表示该题是2001年数学二的试题,本题满分3分.下同.注:为了帮助考数学二的考生全面了解相关内容的命题情况,在本书中我们精选了数学一、三及原数学四、数学二(2004年及以前)中相关内容的典型考题(含解答),供考数学二的考生参考并复习之用.

综 述

1. "复合"是函数的一个基本运算,最常见的初等函数就是由基本初等函数经有限次的四则与复合运算得到的."复合"的问题是有关函数表达式的重要问题之一,主要题型为:

(1) 已知 $f(x)$, $g(x)$, 求 $f[g(x)]$.

特别要注意分段函数的复合:一般应按照由自变量开始,先内层后外层的自然顺序,逐次复合(如题1).

(2) 设 $f[g(x)] = \varphi(x)$,其中 $\varphi(x)$ 是已知函数,则有两类问题:一是已知 f 求 g,二是已知 g 求 f.

1° 若 f 已知,并存在反函数,则 $g(x) = f^{-1}[\varphi(x)]$.

2° 若 g 已知,并存在反函数,令 $u = g(x)$,则 $x = g^{-1}(u)$,代入 $f[g(x)] = \varphi(x)$ 得 $f(u) = \varphi[g^{-1}(u)]$.

因此,这两类问题均是求反函数问题.

2. 考生应该熟知几类常见的函数:单调、有界、奇偶与周期等函数以及它们的运算.

二、极限的概念、性质与简单运算

1. (17,4 分) *　设数列 $\{x_n\}$ 收敛,则

(A) 当 $\lim\limits_{n\to\infty} \sin x_n = 0$ 时, $\lim\limits_{n\to\infty} x_n = 0$.

(B) 当 $\lim\limits_{n\to\infty} (x_n + \sqrt{|x_n|}) = 0$ 时, $\lim\limits_{n\to\infty} x_n = 0$.

(C) 当 $\lim\limits_{n\to\infty} (x_n + x_n^2) = 0$, $\lim\limits_{n\to\infty} x_n = 0$.

(D) 当 $\lim\limits_{n\to\infty} (x_n + \sin x_n) = 0$ 时, $\lim\limits_{n\to\infty} x_n = 0$.

【分析一】　设 $\lim\limits_{n\to\infty} x_n = a$,则

$$\lim\limits_{n\to\infty} \sin x_n = \sin a = 0, \sin a = 0 \text{ 有无穷多个解.}$$

$$\lim\limits_{n\to\infty} (x_n + \sqrt{|x_n|}) = a + \sqrt{|a|} = 0 \Rightarrow a = 0 \text{ 或 } a = -1$$

$$\lim\limits_{n\to\infty} (x_n + x_n^2) = a + a^2 = 0 \Rightarrow a = 0 \text{ 或 } a = -1$$

于是(A),(B),(C)被排除.因此选(D).

【分析二】　设 $\lim\limits_{n\to\infty} x_n = a$,则

$$\lim\limits_{n\to\infty} (x_n + \sin x_n) = a + \sin a = 0$$

因 $x + \sin x$ 是单调上升的,故只有唯一零点即 $x = 0$,因此 $a = 0$.

选(D).

- -

2. (22,5 分) 已知数列 $\{x_n\}$,其中 $-\dfrac{\pi}{2} \leq x \leq \dfrac{\pi}{2}$,则

(A) 若 $\lim\limits_{n\to\infty} \cos(\sin x_n)$ 存在,则 $\lim\limits_{n\to\infty} x_n$ 存在.

(B) 若 $\lim\limits_{n\to\infty} \sin(\cos x_n)$ 存在,则 $\lim\limits_{n\to\infty} x_n$ 存在.

---

* 17,4 分　表示该题是 2017 年数学二(省略没标出)试题,本题满分 4 分.下同.

（C）　若$\lim\limits_{n\to\infty}\cos(\sin x_n)$存在且$\lim\limits_{n\to\infty}\sin x_n$存在，则$\lim\limits_{n\to\infty}x_n$不一定存在.

（D）　若$\lim\limits_{n\to\infty}\sin(\cos x_n)$存在且$\lim\limits_{n\to\infty}\cos x_n$存在，则$\lim\limits_{n\to\infty}x_n$不一定存在.

【分析一】考察（D），设$x_n=\dfrac{1}{n}$，$I_1=\lim\limits_{n\to\infty}\sin(\cos x_n)=\sin1(\exists)$，$\lim\limits_{n\to\infty}\cos x_n=1(\exists)$.

$\lim\limits_{n\to\infty}x_n=0$也$\exists$.

$$设\begin{cases}-1(n\text{ 为奇数})\\1(n\text{ 为偶数})\end{cases}\qquad①$$

$$\lim\limits_{n\to\infty}\sin(\cos x_n)=\sin(\cos1),\exists_i\ \lim\limits_{n\to\infty}\cos x_n=\cos1,\exists$$

但$\lim\limits_{n\to\infty}x_n$不$\exists$.因此（D）正确

【分析二】　同样取x_n为分析1中的①式，则（A），（B）不正确.

现考察（C），因$\sin x$在$\left[-\dfrac{\pi}{2},\dfrac{\pi}{2}\right]$单调上升且连续（$\exists$ 反函数且连续），由$\lim\limits_{n\to\infty}\sin x_n\ \exists$，则$x_n=\arcsin(\sin x_n)$，$\lim\limits_{n\to\infty}x_n$也一定$\exists$.故（C）不正确.

因此选（D）

▶练习题

(1)(99,2,3分)　"对任意给定的$\varepsilon\in(0,1)$，总存在正整数N，当$n>N$时，恒有$|x_n-a|\leqslant2\varepsilon$"是数列$\{x_n\}$收敛于a的

（A）　充分条件但非必要条件.　　　　（B）　必要条件但非充分条件.

（C）　充分必要条件.　　　　　　　　（D）　既非充分条件又非必要条件.

【分析】　本题考查考生对数列$\{x_n\}$收敛于a的定义的理解.其定义是"对任意给定的$\varepsilon_1>0$，总存在正整数N_1，当$n>N_1$时，恒有$|x_n-a|<\varepsilon_1$".两种说法相比较，似乎定义中的条件更强些，即由$\lim\limits_{n\to\infty}x_n=a$必能推出"对任意给定的$\varepsilon\in(0,1)$，总存在正整数N，当$n\geqslant N$时，恒有$|x_n-a|\leqslant2\varepsilon$".但其逆也是正确的.因为对任意给定的$\varepsilon_1>0$，取$\varepsilon=\min\left\{\dfrac{\varepsilon_1}{3},\dfrac{1}{3}\right\}$，则对此$\varepsilon$，存在$N$，当$n\geqslant N$时，恒有$|x_n-a|\leqslant2\varepsilon$，现取$N_1=N-1$，于是有当$n>N_1$时，$|x_n-a|\leqslant\dfrac{2}{3}\varepsilon_1<\varepsilon_1$.所以以上两种说法是等价的，即选项（C）是正确的.

(2)(03,2,4分)　设$\{a_n\}$，$\{b_n\}$，$\{c_n\}$均为非负数列，且$\lim\limits_{n\to\infty}a_n=0$，$\lim\limits_{n\to\infty}b_n=1$，$\lim\limits_{n\to\infty}c_n=\infty$，则必有

（A）　$a_n<b_n$对任意n成立.　　　　（B）　$b_n<c_n$对任意n成立.

（C）　极限$\lim\limits_{n\to\infty}a_nc_n$不存在.　　　　（D）　极限$\lim\limits_{n\to\infty}b_nc_n$不存在.

【分析一】　（A），（B）显然不对，因为由数列极限的不等式性质只能得出数列"当n充分大时"的情况，不可能得出"对任意n成立"的性质.

（C）也明显不对，因为"无穷小·无穷大"是未定型，极限可能存在也可能不存在.

故应选（D）.

【分析二】　（D）项成立也是明显的，因为极限$\lim\limits_{n\to\infty}b_nc_n$不是未定式，结论是确定的：$\lim\limits_{n\to\infty}b_nc_n=\infty$.应当知道，当$\lim\limits_{n\to\infty}b_n=b\neq0$，$\lim\limits_{n\to\infty}c_n=\infty$时，$\lim\limits_{n\to\infty}b_nc_n=\infty$.因此选（D）.

评注　①关于∞的确定型还有：$(\pm\infty)+(\pm\infty)=\pm\infty$，$\infty\cdot\infty=\infty$，$\infty\pm(\text{有界})=\infty$；但注意：$\infty\cdot(\text{有界})$不一定为$\infty$.

②关于（A）、（B）、（C）均可举出反例.（A）的反例可取$a_n=\dfrac{2}{n}$，$b_n=\dfrac{n-1}{n}$，当$n=1$时，$a_1=2>0$$=b_1$.（B）的反例可取$b_n=\dfrac{n+1}{n}$，$c_n=n$，当$n=1$时，$b_1=2>1=c_1$.（C）的反例可取$a_n=\dfrac{1}{n}$，$c_n=n$，$a_nc_n=1\to1$.

题1与练习题涉及函数与极限的几个基本性质:有界与无界,无穷小与无穷大,有极限与无极限(数列的收敛与发散),以及它们之间的关系,例如,有极限$\Rightarrow$(局部)有界,无穷大$\Rightarrow$无界,还有极限的不等式性质及极限的运算性质等.

三、简单的未定式极限

▶练习题

(00,1,5分)　求$\displaystyle\lim_{x\to 0}\left(\dfrac{2+e^{\frac{1}{x}}}{1+e^{\frac{4}{x}}}+\dfrac{\sin x}{|x|}\right)$.

【解】　由于式中有$e^{\frac{1}{x}}$与$|x|$,故应分别考虑左、右极限.记

$$f(x)=\frac{2+e^{\frac{1}{x}}}{1+e^{\frac{4}{x}}}+\frac{\sin x}{|x|},$$

由于

$$\lim_{x\to 0^+}f(x)=\lim_{x\to 0^+}\left(\frac{2+e^{1/x}}{1+e^{4/x}}+\frac{\sin x}{x}\right)=\lim_{x\to 0^+}\left(\frac{2e^{-4/x}+e^{-3/x}}{e^{-4/x}+1}+\frac{\sin x}{x}\right)=0+1=1,$$

$$\lim_{x\to 0^-}f(x)=\lim_{x\to 0^-}\left(\frac{2+e^{1/x}}{1+e^{4/x}}-\frac{\sin x}{x}\right)=\frac{2+0}{1+0}-1=1,$$

故原式$=1$.

> 评注　考生的典型错误是将$\displaystyle\lim_{x\to 0}\left(\dfrac{2+e^{\frac{1}{x}}}{1+e^{\frac{4}{x}}}+\dfrac{\sin x}{|x|}\right)$分成两个极限$\displaystyle\lim_{x\to 0}\dfrac{2+e^{\frac{1}{x}}}{1+e^{\frac{4}{x}}}$和$\displaystyle\lim_{x\to 0}\dfrac{\sin x}{|x|}$去讨论,而这两个极限都不存在,就答原题的极限不存在.要注意,$\displaystyle\lim_{x\to a}f(x),\lim_{x\to a}g(x)$均不存在,但$\displaystyle\lim_{x\to a}[f(x)+g(x)]$可能存在.

综　述

1. 求极限的问题,主要是求未定式的极限,而所有的未定式都可以化为$\dfrac{0}{0}$型或$\dfrac{\infty}{\infty}$型.最简单的$\dfrac{0}{0}$型与$\dfrac{\infty}{\infty}$型是只要通过代数运算就可以约去分子、分母中的无穷小或无穷大,从而化为确定型的类型.

第一个常用的代数处理方法是:提出最大项.如求

$$\lim_{x\to -\infty}\frac{\sqrt{4x^2+x-1}+x+1}{\sqrt{x^2+\sin x}},$$

其分子、分母都提出 $\sqrt{x^2} = -x$ 并约去它：

$$\sqrt{4x^2 + x - 1} = -x\sqrt{4 + x^{-1} - x^{-2}}, \quad \sqrt{x^2 + \sin x} = -x\sqrt{1 + x^{-2}\sin x}.$$

第二个常用的代数处理方法是：乘除共轭式.

2. 在某些情形需要通过分别求左、右极限而求得极限. 如求分段函数在连接点处的极限，又如函数中含有如 $e^{\frac{1}{x}}$，$\arctan\dfrac{1}{x}$ 的项当 $x \to 0^+$ 与 $x \to 0^-$ 时它们的左右极限不相等. 它们的基本根据是：

$$\lim_{x \to a} f(x) = A \Leftrightarrow \lim_{x \to a+0} f(x) = \lim_{x \to a-0} f(x) = A.$$

四、可用等价无穷小因子替换化简的未定式极限

3. (08,4 分) 已知函数 $f(x)$ 连续，且 $\lim\limits_{x \to 0} \dfrac{1 - \cos[xf(x)]}{(e^{x^2} - 1)f(x)} = 1$，则 $f(0) = $ _____.

【分析】 利用等价无穷小因子替换有

$$\lim_{x \to 0} \frac{1 - \cos[xf(x)]}{(e^{x^2} - 1)f(x)} = \lim_{x \to 0} \frac{\dfrac{1}{2}x^2 f^2(x)}{x^2 f(x)} = \lim_{x \to 0} \frac{1}{2}f(x) = \frac{1}{2}f(0) = 1.$$

$\Rightarrow \qquad f(0) = 2.$

综 述

通过等价无穷小因子替换化简 $\dfrac{0}{0}$ 型或 $0 \cdot \infty$ 型是一个十分重要的途径. 为此就要知道分子与分母各自的等价无穷小量.

当 $\alpha(x) \to 0$ 时，常用的等价无穷小关系如下：

$$\sin\alpha(x) \sim \alpha(x), \quad 1 - \cos\alpha(x) \sim \frac{1}{2}[\alpha(x)]^2, \quad \arcsin\alpha(x) \sim \alpha(x),$$

$$\tan\alpha(x) \sim \alpha(x), \quad \arctan\alpha(x) \sim \alpha(x),$$

$$\ln[1 + \alpha(x)] \sim \alpha(x), \quad e^{\alpha(x)} - 1 \sim \alpha(x), \quad \alpha(x)^{\alpha(x)} - 1 \sim \alpha(x)\ln\alpha(x),$$

$$[1 + \alpha(x)]^m - 1 \sim m\alpha(x).$$

还应注意：$\alpha(x) + o(\alpha(x)) \sim \alpha(x)$.

$\qquad \alpha(x) \sim \beta(x), \beta(x) \sim \gamma(x) \Rightarrow \alpha(x) \sim \gamma(x).$

更要注意：在乘除法中可用等价无穷小因子替换，在加减法中不要用等价无穷小替换.

五、需用洛必达法则或泰勒公式求解的未定式极限

4. (08,9 分) 求极限 $\lim\limits_{x \to 0} \dfrac{[\sin x - \sin(\sin x)]\sin x}{x^4}$.

【解法一】 $x \to 0$ 时 $x \sim \sin x$,用等价无穷小因子替换得

$$I = \lim_{x \to 0} \frac{\left[\sin x - \sin(\sin x)\right]\sin x}{x^4} = \lim_{x \to 0} \frac{\left[\sin x - \sin(\sin x)\right]\sin x}{\sin^4 x}.$$

作变量替换 $t = \sin x$ 后再用洛必达法则得

$$I = \lim_{t \to 0} \frac{t - \sin t}{t^3} = \lim_{t \to 0} \frac{1 - \cos t}{3t^2} = \frac{1}{6}.$$

【解法二】 $I = \lim_{x \to 0} \frac{\sin x - \sin(\sin x)}{x^3} \cdot \lim_{x \to 0} \frac{\sin x}{x} = \lim_{x \to 0} \frac{\cos x \left[1 - \cos(\sin x)\right]}{3x^2}$

$$= \lim_{x \to 0} \frac{1 - \cos(\sin x)}{3x^2} = \lim_{x \to 0} \frac{\sin(\sin x) \cdot \cos x}{6x} = \frac{1}{6}.$$

【解法三】 由于 $\lim_{x \to 0} \frac{\left[\sin x - \sin(\sin x)\right]\sin x}{x^4} = \lim_{x \to 0} \frac{\sin x - \sin(\sin x)}{x^3}$,且

$$\sin(\sin x) = \sin x - \frac{1}{6}\sin^3 x + o(x^3),$$

所以原极限 $= \lim_{x \to 0} \dfrac{\sin x - \left[\sin x - \dfrac{1}{6}\sin^3 x + o(x^3)\right]}{x^3} = \lim_{x \to 0} \dfrac{\dfrac{1}{6}\sin^3 x + o(x^3)}{x^3} = \dfrac{1}{6}.$

评注 有的考生这样做:

$$\lim_{x \to 0} \frac{\left[\sin x - \sin(\sin x)\right]\sin x}{x^4} = \lim_{x \to 0} \left[\frac{\sin^2 x}{x^4} - \frac{\sin(\sin x)\sin x}{x^4}\right]$$

$$= \lim_{x \to 0}\left(\frac{1}{x^2} - \frac{\sin x}{x^3}\right) = \lim_{x \to 0}\left(\frac{1}{x^2} - \frac{1}{x^2}\right) = 0.$$

这说明有的考生对最基本的极限运算法则和性质掌握不够.

还有的考生这样做:

$$\lim_{x \to 0} \frac{\left[\sin x - \sin(\sin x)\right]\sin x}{x^4} = \lim_{x \to 0} \frac{x - \sin x}{x^3} = \cdots = \frac{1}{6}.$$

这里用 $x - \sin x$ 代替 $\sin x - \sin(\sin x)$ 结论是正确的,但要计算出

$$\lim_{x \to 0} \frac{\sin x - \sin(\sin x)}{x - \sin x} = \lim_{x \to 0} \frac{\left[1 - \cos(\sin x)\right]\cos x}{1 - \cos x} = \lim_{x \to 0} \frac{\dfrac{1}{2}\sin^2 x}{\dfrac{1}{2}x^2} = 1 \text{ 才行};$$

如果因为当 $x \to 0$ 时 $\sin x \sim x$,$\sin(\sin x) \sim \sin x$,就说 $\sin x - \sin(\sin x) \sim x - \sin x$ 则是错误的.

---

5. (09,9分) 求极限 $\lim\limits_{x \to 0} \dfrac{(1 - \cos x)\left[x - \ln(1 + \tan x)\right]}{\sin^4 x}$.

【分析与求解一】 这是求 "$\dfrac{0}{0}$" 型极限. 由等价无穷小因子替换 $\sin^4 x \sim x^4$ $(x \to 0) \Rightarrow$

$$J = \lim_{x \to 0} \frac{(1 - \cos x)\left[x - \ln(1 + \tan x)\right]}{\sin^4 x} = \lim_{x \to 0}\left[\frac{1 - \cos x}{x^2} \cdot \frac{x - \ln(1 + \tan x)}{x^2}\right]$$

$$= \frac{1}{2}\lim_{x \to 0} \frac{1 - \dfrac{1}{1 + \tan x}\dfrac{1}{\cos^2 x}}{2x} = \frac{1}{2}\lim_{x \to 0} \frac{(1 + \tan x)\cos^2 x - 1}{2x(1 + \tan x)\cos^2 x}$$

$$= \frac{1}{4}\lim_{x \to 0} \frac{\tan x \cos^2 x - \sin^2 x}{x} = \frac{1}{4}(1 - 0) = \frac{1}{4}.$$

【分析与求解二】 由 $\sin^4 x \sim x^4$ $(x \to 0)$,$\ln(1 + \tan x) = \tan x - \dfrac{1}{2}\tan^2 x + o(x^2)$

$$\Rightarrow \qquad J = \lim_{x\to 0}\left[\frac{1-\cos x}{x^2}\cdot\frac{x-\ln(1+\tan x)}{x^2}\right] = \frac{1}{2}\lim_{x\to 0}\frac{x-\tan x+\frac{1}{2}\tan^2 x+o(x^2)}{x^2} = \frac{1}{4},$$

其中
$$\lim_{x\to 0}\frac{x-\tan x}{x^2} = \lim_{x\to 0}\frac{1-\frac{1}{\cos^2 x}}{2x} = \lim_{x\to 0}\frac{-\sin^2 x}{2x\cos^2 x} = 0,\qquad \lim_{x\to 0}\frac{o(x^2)}{x^2} = 0.$$

---

6. (11,4 分) $\displaystyle\lim_{x\to 0}\left(\frac{1+2^x}{2}\right)^{\frac{1}{x}} = $ _____.

【分析】 这是求 1^{∞} 型极限.

方法 1° $J \overset{\text{记}}{=\!=\!=} \lim_{x\to 0}\left(\frac{1+2^x}{2}\right)^{\frac{1}{x}} = \lim_{x\to 0}\left[1+\left(\frac{1+2^x}{2}-1\right)\right]^{\frac{1}{x}} = \lim_{x\to 0}\left(1+\frac{2^x-1}{2}\right)^{\frac{2}{2^x-1}\cdot\frac{2^x-1}{2}\cdot\frac{1}{x}} = e^A,$

其中
$$A = \lim_{x\to 0}\frac{2^x-1}{2x} = \lim_{x\to 0}\frac{2^x\ln 2}{2} = \frac{\ln 2}{2}.$$

因此 $J = e^{\frac{\ln 2}{2}} = 2^{\frac{1}{2}} = \sqrt{2}.$

方法 2° 求 $J = \lim_{x\to 0}e^{\frac{1}{x}\ln\left(\frac{1+2^x}{2}\right)}$ 转化为求

$$A = \lim_{x\to 0}\frac{1}{x}\ln\left(\frac{1+2^x}{2}\right) = \lim_{x\to 0}\frac{\ln(1+2^x)-\ln 2}{x} = \lim_{x\to 0}\frac{2^x\ln 2}{1+2^x} = \frac{\ln 2}{2},$$

因此 $J = e^{\frac{\ln 2}{2}} = 2^{\frac{1}{2}} = \sqrt{2}.$

---

7. (13,4 分) $\displaystyle\lim_{x\to 0}\left[2-\frac{\ln(1+x)}{x}\right]^{\frac{1}{x}} = $ _____.

【分析一】 这是求 1^{∞} 型极限.

$$I \overset{\text{记}}{=\!=\!=} \lim_{x\to 0}\left[2-\frac{\ln(1+x)}{x}\right]^{\frac{1}{x}} = \lim_{x\to 0}\left[1+\left(1-\frac{\ln(1+x)}{x}\right)\right]^{\frac{1}{1-\frac{\ln(1+x)}{x}}\cdot\frac{1-\frac{\ln(1+x)}{x}}{x}} = e^A,$$

其中
$$A = \lim_{x\to 0}\frac{x-\ln(1+x)}{x^2} = \lim_{x\to 0}\frac{1-\frac{1}{1+x}}{2x} = \lim_{x\to 0}\frac{x}{2x(1+x)} = \frac{1}{2}.$$

因此 $I = e^{\frac{1}{2}}.$

【分析二】 $I = \lim_{x\to 0}e^{\frac{1}{x}\ln\left[2-\frac{\ln(1+x)}{x}\right]} = e^A$, 其中

$$A = \lim_{x\to 0}\frac{1}{x}\ln\left[1+\left(1-\frac{\ln(1+x)}{x}\right)\right]$$

$$= \lim_{x\to 0}\frac{1}{x}\left[1-\frac{\ln(1+x)}{x}\right]（等价无穷小因子替换）$$

$$= \lim_{x\to 0}\frac{x-\ln(1+x)}{x^2} = \frac{1}{2}（同【分析一】）.$$

因此 $I = e^{\frac{1}{2}}.$

---

8. (14,4 分) 设函数 $f(x) = \arctan x.$ 若 $f(x) = xf'(\xi)$, 则 $\displaystyle\lim_{x\to 0}\frac{\xi^2}{x^2} = $

（A） 1. 　　　　（B） $\dfrac{2}{3}$. 　　　　（C） $\dfrac{1}{2}$. 　　　　（D） $\dfrac{1}{3}$.

【分析】 $f(x) = \arctan x, \Rightarrow f'(x) = \dfrac{1}{1+x^2},$

由 $f(x) = xf'(\xi) \Rightarrow$

$$\arctan x = \frac{x}{1+\xi^2},$$

$$\xi^2 = \frac{x}{\arctan x} - 1 = \frac{x - \arctan x}{\arctan x},$$

于是 $$\lim_{x \to 0} \frac{\xi^2}{x^2} = \lim_{x \to 0} \frac{x - \arctan x}{x^2 \arctan x} = \lim_{x \to 0} \frac{x - \arctan x}{x^3} = \lim_{x \to 0} \frac{1 - \dfrac{1}{1 + x^2}}{3x^2}$$

$$= \lim_{x \to 0} \frac{x^2}{3x^2(1 + x^2)} = \frac{1}{3}.$$

选(D).

----

9. (14,10 分) 求极限 $\displaystyle\lim_{x \to +\infty} \frac{\int_1^x [t^2(e^{\frac{1}{t}} - 1) - t]\,dt}{x^2 \ln\left(1 + \dfrac{1}{x}\right)}$.

【分析与求解】 $x \to +\infty$ 时,$\ln\left(1 + \dfrac{1}{x}\right) \sim \dfrac{1}{x}$,用等价无穷小因子替换与洛必达法则得

$$原极限 = \lim_{x \to +\infty} \frac{\int_1^x [t^2(e^{\frac{1}{t}} - 1) - t]\,dt}{x^2 \cdot \dfrac{1}{x}} = \lim_{x \to +\infty} [x^2(e^{\frac{1}{x}} - 1) - x]$$

$$= \lim_{x \to +\infty} \frac{e^{\frac{1}{x}} - 1 - \dfrac{1}{x}}{\dfrac{1}{x^2}} \xlongequal{t = \frac{1}{x}} \lim_{t \to 0^+} \frac{e^t - 1 - t}{t^2} = \lim_{t \to 0^+} \frac{e^t - 1}{2t} = \frac{1}{2}.$$

----

10. (16,10 分) 求极限 $\displaystyle\lim_{x \to 0} (\cos 2x + 2x \sin x)^{\frac{1}{x^4}}$.

【分析】 $I = \displaystyle\lim_{x \to 0} (\cos 2x + 2x \sin x)^{\frac{1}{x^4}}$

这是指数型的未定式极限,转化为

$$I = \lim_{x \to 0} e^{\frac{1}{x^4} \ln(\cos 2x + 2x \sin x)}$$

归结为求 $$J = \lim_{x \to 0} \frac{1}{x^4} \ln(\cos 2x + 2x \sin x)$$

$$= \lim_{x \to 0} \frac{1}{x^4} \ln[1 + (\cos 2x - 1 + 2x \sin x)]$$

$$= \lim_{x \to 0} \frac{1}{x^4} (\cos 2x - 1 + 2x \sin x)$$

【分析一】 用洛必达法则求 $\dfrac{0}{0}$ 型极限 J.

$$J = \lim_{x \to 0} \frac{1}{4x^3} (-2\sin 2x + 2\sin x + 2x\cos x)$$

$$= \lim_{x \to 0} \frac{1}{12x^2} (-4\cos 2x + 4\cos x - 2x\sin x)$$

$$= \lim_{x \to 0} \frac{1}{24x} (8\sin 2x - 4\sin x) - \lim_{x \to 0} \frac{\sin x}{6x}$$

$$= \frac{8}{12} - \frac{2}{12} - \frac{2}{12} = \frac{1}{3},$$

$$I = e^{\frac{1}{3}}$$

【分析二】 用泰勒公式

由 $$\cos x = 1 - \frac{1}{2!}x^2 + \frac{1}{4!}x^4 + o(x^4)$$

$$= 1 - \frac{1}{2}x^2 + \frac{1}{24}x^4 + o(x^4)$$

$$\sin x = x - \frac{1}{3!}x^3 + o(x^4) = x - \frac{1}{6}x^3 + o(x^4)$$

得

$$\cos 2x - 1 = -\frac{1}{2}(2x)^2 + \frac{1}{24}(2x)^4 = -2x^2 + \frac{2}{3}x^4 + o(x^4)$$

$$2x\sin x = 2x^2 - \frac{1}{3}x^4 + o(x^4)$$

于是

$$\cos 2x - 1 + 2x\sin x = \frac{1}{3}x^4 + o(x^4)$$

因此

$$J = \lim_{x\to 0}\frac{\frac{1}{3}x^4 + o(x^4)}{x^4} = \frac{1}{3},$$

$$I = e^{\frac{1}{3}}.$$

----

11. (17,10 分) 求 $\displaystyle\lim_{x\to 0^+}\frac{\int_0^x \sqrt{x - t}\, e^t \mathrm{d}t}{\sqrt{x^3}}$.

【分析与求解】 用洛必达法则求此 $\frac{0}{0}$ 型极限时,要将变限积分求导,但因被积函数含参变量 x,作变量替换转化为纯变限积分的情形,

$$\int_0^x \sqrt{x-t}\, e^t \mathrm{d}t \xrightarrow{x-t=u} -\int_x^0 \sqrt{u}\, e^{x-u}\mathrm{d}u = e^x \int_0^x \sqrt{u}\, e^{-u}\mathrm{d}u$$

代入得

$$\lim_{x\to 0^+}\frac{\int_0^x \sqrt{x-t}\, e^t \mathrm{d}t}{\sqrt{x^3}} = \lim_{x\to 0^+}\frac{e^x \int_0^x \sqrt{u}\, e^{-u}\mathrm{d}u}{\sqrt{x^3}}$$

$$= \lim_{x\to 0^+}\frac{\int_0^x \sqrt{u}\, e^{-u}\mathrm{d}u}{\sqrt{x^3}} = \lim_{x\to 0^+}\frac{\sqrt{x}\, e^{-x}}{\frac{3}{2}\sqrt{x}} = \frac{2}{3}$$

----

12. (18,4 分) $\displaystyle\lim_{x\to +\infty} x^2\big[\arctan(x+1) - \arctan x\big] = \underline{\qquad}$.

【分析一】 对 $f(t) = \arctan t$ 在 $[x, x+1]$ 用拉格朗日中值定理得

$$\arctan(x+1) - \arctan x = f(x+1) - f(x) = f'(\xi)$$

$$= \frac{1}{1+\xi^2}, \text{ 其中 } x < \xi < x+1$$

于是

$$\frac{x^2}{1+(x+1)^2} \leqslant x^2\big[\arctan(x+1) - \arctan x\big] \leqslant \frac{x^2}{1+x^2}$$

又

$$\lim_{x\to +\infty}\frac{x^2}{1+(x+1)^2} = \lim_{x\to +\infty}\frac{x^2}{1+x^2} = 1$$

因此由夹逼定理得

$$\lim_{x\to +\infty} x^2\big[\arctan(x+1) - \arctan x\big] = 1.$$

【分析二】 这是 $\infty \cdot 0$ 型极限,转化为 $\frac{0}{0}$ 型极限后用洛必达法则得

$$\lim_{x\to +\infty} x^2\big[\arctan(x+1) - \arctan x\big] = \lim_{x\to +\infty}\frac{\arctan(x+1) - \arctan x}{\frac{1}{x^2}}$$

$$= \lim_{x\to +\infty}\frac{\frac{1}{1+(x+1)^2} - \frac{1}{1+x^2}}{-2/x^3}$$

$$= \lim_{x \to +\infty} \frac{x^3 \left[x^2 - (x+1)^2 \right]}{-2 \left(1 + (x+1)^2 \right) \left(1 + x^2 \right)}$$

$$= \lim_{x \to +\infty} \frac{-x^3 (2x+1)}{-2 \left[1 + (x+1)^2 \right] \left(1 + x^2 \right)} = 1.$$

---

13. (19,4 分) $\quad \lim\limits_{x \to 0} (x + 2^x)^{\frac{2}{x}} = $ _____.

【分析】 这是求 1^∞ 型极限 $I = \lim\limits_{x \to 0} (x + 2^x)^{\frac{2}{x}}$.

方法一 用求幂指数型未定式极限的一般方法：

$$I = \lim_{x \to 0} e^{\frac{2}{x} \ln(x + 2^x)}$$

现用洛必达法则求出

$$\lim_{x \to 0} \frac{2}{x} \ln(x + 2^x) = 2 \lim_{x \to 0} \frac{1 + 2^x \ln 2}{x + 2^x} = 2(1 + \ln 2)$$

因此 $\quad I = e^{2 + 2\ln 2} = 4e^2$

方法二 用求 1^∞ 型极限的特殊方法：

$$I = \lim_{x \to 0} \left[1 + (x + 2^x - 1) \right]^{\frac{1}{x + 2^x - 1} \cdot \frac{2(x + 2^x - 1)}{x}} = e^A$$

其中 $\quad A = \lim\limits_{x \to 0} \dfrac{2(x + 2^x - 1)}{x} = \lim\limits_{x \to 0} 2(1 + 2^x \ln 2) = 2(1 + \ln 2)$

因此 $\quad I = e^A = e^{2(1 + \ln 2)} = 4e^2$

---

14. (21,10 分) 求极限 $\lim\limits_{x \to 0} \left(\dfrac{1 + \int_0^x e^{t^2} dt}{e^x - 1} - \dfrac{1}{\sin x} \right)$.

【分析与求解】

$$原式 = \lim_{x \to 0} \frac{\sin x \left(1 + \int_0^x e^{t^2} dt \right) - e^x + 1}{(e^x - 1) \sin x} = \lim_{x \to 0} \frac{\sin x \left(1 + \int_0^x e^{t^2} dt \right) - e^x + 1}{x^2}$$

$$= \lim_{x \to 0} \frac{\cos x + \cos x \int_0^x e^{t^2} dt + \sin x e^{x^2} - e^x}{2x}$$

$$= \lim_{x \to 0} \frac{\cos x - 1}{2x} - \lim_{x \to 0} \frac{e^x - 1}{2x} + \lim_{x \to 0} \frac{\sin x e^{x^2}}{2x} + \lim_{x \to 0} \cos x \lim_{x \to 0} \frac{\int_0^x e^{t^2} dt}{2x}$$

$$= 0 - \frac{1}{2} + \frac{1}{2} + \lim_{x \to 0} \frac{e^{x^2}}{2} = \frac{1}{2}$$

---

15. (22,5 分) $\quad \lim\limits_{x \to 0} \left(\dfrac{1 + e^x}{2} \right)^{\cot x} $ _____.

【分析】

$$\left(\frac{1 + e^x}{2} \right)^{\cot x} = e^{\cot x \ln \frac{1 + e^x}{2}}$$

$$\cot x \ln \left(\frac{1 + e^x}{2} \right) = \frac{\cos x}{\sin x} \ln \left(1 + \frac{e^x - 1}{2} \right) \sim \frac{e^x - 1}{2x} \ (x \to 0)$$

$$\lim_{x \to 0} \cot x \ln \left(\frac{1 + e^x}{2} \right) = \lim_{x \to 0} \frac{e^x - 1}{2x} = \frac{1}{2}$$

因此

$$\lim_{x \to 0} \left(\frac{1 + e^x}{2} \right)^{\cot x} = e^{\frac{1}{2}}$$

综　述

1. 洛必达法则是求 $\dfrac{0}{0}$ 或 $\dfrac{\infty}{\infty}$ 型极限的非常重要的方法,求其他未定式 $(0\cdot\infty,\infty-\infty,1^{\infty},0^{0},\infty^{0})$ 先转化成 $\dfrac{0}{0}$ 或 $\dfrac{\infty}{\infty}$ 后再用洛必达法则,如三种幂指数型:$\lim u^{v}$,先表成 $\lim e^{v\ln u}$,转化成求 $\lim v\ln u$,它是 $0\cdot\infty$ 型的,易再转化成 $\dfrac{0}{0}$ 型或 $\dfrac{\infty}{\infty}$ 型. 在用洛必达法则时,一定要注意验证条件. 用洛必达法则求极限在历年考试中出现频率较高.

2. 不要急于使用洛必达法则!应当尽量通过代数、三角的恒等变形,把那些既非无穷大也非无穷小的因子,利用极限四则运算分离出去;并且尽量利用等价无穷小因子替换化简分子与分母;或利用变量替换来简化. 然后,才对于"干净"的未定式使用洛必达法则.

3. 在求 $\dfrac{0}{0}$ 型极限时,也应注意使用带小 o 余项(皮亚诺余项)的泰勒公式(麦克劳林公式):只要 $f^{(n)}(0)$ 存在,便有

$$f(x)=f(0)+f'(0)x+\cdots+\frac{f^{(n)}(0)}{n!}x^{n}+o(x^{n}).$$

应该记住 $e^{x},\sin x,\cos x,\ln(1+x)$ 以及 $(1+x)^{\alpha}$ 的泰勒展开式. 例如,

$$e^{x}=1+x+\frac{x^{2}}{2!}+o(x^{2}),\quad e^{x}-1-x=\frac{x^{2}}{2}+o(x^{2}).$$

特别是导数计算复杂,而又容易用间接方法求得泰勒公式时,用泰勒公式代替洛必达法则来求极限会简化计算.

六、利用已知的导数求某些极限

16. (11,4 分) 设函数 $f(x)$ 在 $x=0$ 处可导,且 $f(0)=0$,则 $\lim\limits_{x\to 0}\dfrac{x^{2}f(x)-2f(x^{3})}{x^{3}}=$

(A) $-2f'(0)$.　　(B) $-f'(0)$.　　(C) $f'(0)$.　　(D) 0.

【分析】　$\lim\limits_{x\to 0}\dfrac{x^{2}f(x)-2f(x^{3})}{x^{3}}=\lim\limits_{x\to 0}\dfrac{f(x)-f(0)}{x}-2\lim\limits_{x\to 0}\dfrac{f(x^{3})-f(0)}{x^{3}}$

$\qquad\qquad\qquad\qquad =f'(0)-2f'(0)=-f'(0),$

故应选(B).

> **评注**　① 本题主要考查导数的定义和极限的运算法则.
> ② 有部分考生未认真阅读题设条件便使用洛必达法则,这是经常犯的错误. 这表明这些考生对用洛必达法则的条件不清楚.

17. (13,4 分) 设函数 $y=f(x)$ 由方程 $\cos(xy)+\ln y-x=1$ 确定,则 $\lim\limits_{n\to\infty}n\left[f\left(\dfrac{2}{n}\right)-1\right]=$

(A) 2.　　　　(B) 1.　　　　(C) -1.　　　　(D) -2.

【分析】　函数 $y=f(x)$ 由方程 $\cos(xy)+\ln y-x=1$ 确定,并满足 $f(0)=1$,将方程两边对 x 求导得

$$- \sin(xy) \cdot (y + xy') + \frac{1}{y}y' - 1 = 0 .$$

上式令 $x = 0, y = 1 \Rightarrow y'(0) = 1$. 于是

$$\lim_{n \to \infty} n\left[f\left(\frac{2}{n}\right) - 1 \right] = \lim_{n \to \infty} \frac{f\left(\frac{2}{n}\right) - f(0)}{\frac{2}{n}} \cdot 2 = 2f'(0) = 2 .$$

故选（A）.

18. (22,10 分)　已知函数 $f(x)$ 在 $x = 1$ 处可导且 $\lim\limits_{x \to 0} \dfrac{f(e^{x^2}) - 3f(1 + \sin^2 x)}{x^2} = 2$，求 $f'(1)$.

【分析与求解】　先求 $f(1)$, 分子的极限必须为 0, 由

$$\lim_{x \to 0}[f(e^{x^2}) - 3f(1 + \sin^2 x)] = f(1) - 3f(1) = -2f(1) = 0$$

得 $f(1) = 0$.

由已知极限转化为按定义求 $f'(1)$. 在求极限中利用等价无穷小因子替换：

$$x^2 \sim \sin^2 x, x^2 \sim e^{x^2} - 1 (x \to 0)$$

$$\lim_{x \to 0} \frac{f(e^{x^2}) - 3f(1 + \sin^2 x)}{x^2} = \lim_{x \to 0} \frac{f(e^{x^2}) - f(1)}{x^2} - 3\lim_{x \to 0} \frac{f(1 + \sin^2 x) - f(1)}{x^2}$$

$$= \lim_{x \to 0} \frac{f(e^{x^2}) - f(1)}{e^{x^2} - 1} - 3\lim_{x \to 0} \frac{f(1 + \sin^2 x) - f(1)}{\sin^2 x} = f'(1) - 3f'(1) = -2f'(1) = 2$$

因此

$$f'(1) = -1 .$$

七、确定极限式中的参数

19. (11,10 分)　已知函数 $F(x) = \dfrac{\int_0^x \ln(1 + t^2)\mathrm{d}t}{x^\alpha}$. 设 $\lim\limits_{x \to +\infty} F(x) = \lim\limits_{x \to 0^+} F(x) = 0$，试求 α 的取值范围.

【解】　$\alpha \leqslant 0$ 时 $\lim\limits_{x \to +\infty} F(x) = +\infty$；$\alpha > 0$ 时

$$\lim_{x \to +\infty} F(x) = \lim_{x \to +\infty} \frac{\ln(1 + x^2)}{\alpha x^{\alpha - 1}};$$

$0 < \alpha \leqslant 1$ 时, $\lim\limits_{x \to +\infty} F(x) = +\infty$；$\alpha > 1$ 时

$$\lim_{x \to +\infty} F(x) = \lim_{x \to +\infty}\left[\frac{1}{\alpha(\alpha - 1)x^{\alpha - 2}} \cdot \frac{2x}{1 + x^2}\right] = \lim_{x \to +\infty}\left[\frac{1}{\alpha(\alpha - 1)x^{\alpha - 1}} \cdot \frac{2x^2}{1 + x^2}\right] = 0 .$$

因此仅当 $\alpha > 1$ 时 $\lim\limits_{x \to +\infty} F(x) = 0$.

下面只需考察 $\alpha > 1$ 时 $\lim\limits_{x \to 0^+} F(x)$ 的值. 由于

$$\lim_{x \to 0^+} F(x) = \lim_{x \to 0^+} \frac{\ln(1 + x^2)}{\alpha x^{\alpha - 1}} = \lim_{x \to 0^+} \frac{x^2}{\alpha x^{\alpha - 1}} = \lim_{x \to 0^+} \frac{1}{\alpha x^{\alpha - 3}}$$

$$= \frac{1}{\alpha} \lim_{x \to 0^+} x^{3 - \alpha} = \begin{cases} 0, & \alpha < 3, \\ \dfrac{1}{3}, & \alpha = 3, \\ +\infty, & \alpha > 3, \end{cases}$$

因此,仅当 $1 < \alpha < 3$ 时 $\lim\limits_{x \to +\infty} F(x) = \lim\limits_{x \to 0+} F(x) = 0$.

评注 ① 当 $x > 1$ 时,$\int_0^x \ln(1 + t^2)\mathrm{d}t \geqslant \int_1^x \ln(1 + t^2)\mathrm{d}t \geqslant \int_1^x \ln(1 + 1)\mathrm{d}t = x\ln 2$,

于是由适当放大缩小法得到

$$\lim_{x \to +\infty} \int_0^x \ln(1 + t^2)\mathrm{d}t = +\infty.$$

② 若 $\alpha < 1$,当 $x > 1$ 时,$F(x) = \dfrac{\int_0^x \ln(1 + t^2)\mathrm{d}t}{x^\alpha} \geqslant \dfrac{x\ln 2}{x^\alpha} = x^{1-\alpha}\ln 2$,

于是由适当放大缩小法可得

$$\lim_{x \to +\infty} F(x) = +\infty.$$

③ 若 $0 < \alpha < 1$ 时 $F(x)$ 中的分母 x^α 当 $x \to +\infty$ 时为无穷大量,可以用洛必达法则求得 $\lim\limits_{x \to +\infty} F(x) = +\infty$. 当 $\alpha > 1$ 时可连续两次用洛必达法则求得 $\lim\limits_{x \to +\infty} F(x) = 0$.

20. (18,4 分) 若 $\lim\limits_{x \to 0}(\mathrm{e}^x + ax^2 + bx)^{\frac{1}{x}} = 1$,则

(A) $a = \dfrac{1}{2}, b = -1$.   (B) $a = -\dfrac{1}{2}, b = -1$.

(C) $a = \dfrac{1}{2}, b = 1$.   (D) $a = -\dfrac{1}{2}, b = 1$.

【分析】 $\lim\limits_{x \to 0}(\mathrm{e}^x + ax^2 + bx)^{\frac{1}{x}} = \lim\limits_{x \to 0} \mathrm{e}^{\frac{1}{x}\ln(1 + \mathrm{e}^x + ax^2 + bx - 1)} = \mathrm{e}^A.$

其中 $\quad A = \lim\limits_{x \to 0} \dfrac{1}{x^2}\ln(1 + ax^2 + \mathrm{e}^x + bx - 1) = \lim\limits_{x \to 0} \dfrac{1}{x^2}(ax^2 + \mathrm{e}^x + bx - 1)$

$$= a + \lim_{x \to 0} \frac{\mathrm{e}^x - 1 + bx}{x^2} = a + \lim_{x \to 0} \frac{\mathrm{e}^x + b}{2x}$$

$$\xlongequal{b = -1} a + \lim_{x \to 0} \frac{\mathrm{e}^x}{2} = a + \frac{1}{2}$$

由 $\mathrm{e}^A = 1 \Rightarrow A = 0 \Rightarrow a = -\dfrac{1}{2}$. 因此 $a = -\dfrac{1}{2}, b = -1$.

选(B).

评注 用泰勒公式 $\mathrm{e}^x = 1 + x + \dfrac{1}{2}x^2 + o(x^2)(x \to 0)$

$$A = \lim_{x \to 0} \frac{1}{x^2}(ax^2 + \mathrm{e}^x + bx - 1) = \lim_{x \to 0} \frac{1}{x^2}\left(ax^2 + 1 + x + \frac{1}{2}x^2 + o(x^2) + bx - 1\right)$$

$$= \lim_{x \to 0}\left(a + \frac{1}{2} + \frac{(b + 1)x}{x^2} + \frac{o(x^2)}{x^2}\right) = \begin{cases} a + \dfrac{1}{2} & (b = -1) \\ \infty & (b \neq -1) \end{cases}$$

因此得 $\quad b = -1, a = -\dfrac{1}{2}$.

▶ **练习题**

(94,2,3 分) 设 $\lim\limits_{x \to 0} \dfrac{\ln(1 + x) - (ax + bx^2)}{x^2} = 2$,则

(A) $a = 1, b = -5/2$.   (B) $a = 0, b = -2$.

(C) $a = 0, b = -5/2$.   (D) $a = 1, b = -2$.

【分析一】 用带皮亚诺余项泰勒公式.

$$\ln(1+x) - (ax+bx^2) = \left[x - \frac{x^2}{2} + o(x^2)\right] - (ax+bx^2)$$

$$= (1-a)x - \left(\frac{1}{2}+b\right)x^2 + o(x^2),$$

由假设,应有 $\begin{cases} 1-a = 0, \\ -\left(\dfrac{1}{2}+b\right) = 2, \end{cases}$ 解得 $a = 1, b = -\dfrac{5}{2}$. 故应选(A).

【分析二】 用洛必达法则.

$$\text{原式左边} = \lim_{x \to 0} \frac{\dfrac{1}{1+x} - a - 2bx}{2x}$$

$$= \lim_{x \to 0} \frac{(1-a) - (a+2b)x - 2bx^2}{2x(1+x)} \quad (\text{若 } 1-a \neq 0, \text{则原式极限为 } \infty.)$$

$$\xlongequal{\text{必有 } 1-a=0} -\frac{1+2b}{2} = 2 \Rightarrow a = 1, b = -5/2.$$

应选(A).

综 述

对于含有一个参数的极限问题,一般是先求出极限值(含有参数),然后解出参数.

对于含有多个参数的问题,一般是通过代数、三角的恒等变形,或通过等价代换,或通过洛必达法则,或通过带皮亚诺余项泰勒公式(如练习题)化简极限式,从而得到确定参数的方程组,解得参数值.

八、数列的极限

(一) 求数列极限转化为求函数极限

▶ 练习题

(94,2,5分) 计算 $\lim\limits_{n \to \infty} \tan^n\left(\dfrac{\pi}{4} + \dfrac{2}{n}\right)$.

【分析】 这是 1^∞ 型的未定式极限,可化为关于 e 的重要极限 $\lim(1+u)^{\frac{1}{u}}$ 的形式求极限,或者应用恒等式 $u^v = e^{v\ln u}$ 与等价无穷小因子替换求极限的方法.

【解法一】 $\lim\limits_{n \to \infty} \tan^n\left(\dfrac{\pi}{4} + \dfrac{2}{n}\right) = \lim\limits_{n \to \infty} \left[\dfrac{1 + \tan\dfrac{2}{n}}{1 - \tan\dfrac{2}{n}}\right]^n = \lim\limits_{n \to \infty} \left[1 + \dfrac{2\tan\dfrac{2}{n}}{1 - \tan\dfrac{2}{n}}\right]^n$

$$= \lim_{n \to \infty}\left[1 + \frac{2\tan\dfrac{2}{n}}{1 - \tan\dfrac{2}{n}}\right]^{\frac{1-\tan\frac{2}{n}}{2\tan\frac{2}{n}} \cdot \frac{4\tan\frac{2}{n}}{\frac{2}{n}} \cdot \frac{1}{1-\tan\frac{2}{n}}} = e^4.$$

【解法二】 因为

$$\lim_{n\to\infty}\operatorname{ln}\tan^{n}\left(\frac{\pi}{4}+\frac{2}{n}\right)=\lim_{n\to\infty}n\operatorname{ln}\frac{1+\tan\frac{2}{n}}{1-\tan\frac{2}{n}}=\lim_{n\to\infty}n\operatorname{ln}\left[1+\frac{2\tan\frac{2}{n}}{1-\tan\frac{2}{n}}\right]$$

$$=\lim_{n\to\infty}n\left[\frac{2\tan\frac{2}{n}}{1-\tan\frac{2}{n}}\right]=\lim_{n\to\infty}\frac{4}{1-\tan\frac{2}{n}}\frac{\tan\frac{2}{n}}{\frac{2}{n}}=4,$$

因此 $$\lim_{n\to\infty}\tan^{n}\left(\frac{\pi}{4}+\frac{2}{n}\right)=\lim_{n\to\infty}e^{\operatorname{ln}\tan^{n}\left(\frac{\pi}{4}+\frac{2}{n}\right)}=e^{4}.$$

> **评注** 已知：若 $\lim_{x\to+\infty}\varphi(x)=0,\quad\lim_{x\to+\infty}\psi(x)=A$，则 $\lim_{x\to+\infty}\left[1+\varphi(x)\right]^{\frac{\psi(x)}{\varphi(x)}}=e^{A}.$
>
> $\Rightarrow\forall x_{n},y_{n},\quad\lim_{n\to\infty}x_{n}=0,\quad\lim_{n\to\infty}y_{n}=A$，则 $\lim_{n\to\infty}(1+x_{n})^{\frac{y_{n}}{x_{n}}}=e^{A}.$

（二）利用夹逼定理（适当放大缩小法）或定积分定义求某些 n 项和式的极限

21.（09,4 分） $\lim_{n\to\infty}\int_{0}^{1}e^{-x}\sin nx\,dx=$ _____.

【分析】 $I_{n}\xlongequal{\text{记}}\int_{0}^{1}e^{-x}\sin nx\,dx=\frac{-1}{n}\int_{0}^{1}e^{-x}d(\cos nx)=-\frac{1}{n}e^{-x}\cos nx\bigg|_{0}^{1}-\frac{1}{n}\int_{0}^{1}e^{-x}\cos nx\,dx$

$$=\frac{1}{n}(1-e^{-1}\cos n)-\frac{1}{n}\int_{0}^{1}e^{-x}\cos nx\,dx,$$

$\Rightarrow$ $|I_{n}|\leqslant\frac{3}{n}$，其中 $|e^{-1}\cos n|\leqslant1$，$\left|\int_{0}^{1}e^{-x}\cos nx\,dx\right|\leqslant\int_{0}^{1}|e^{-x}\cos nx|\,dx\leqslant1$.

因此 $\lim_{n\to\infty}I_{n}=0.$

22.（10,4 分） $\lim_{n\to\infty}\sum_{i=1}^{n}\sum_{j=1}^{n}\frac{n}{(n+i)(n^{2}+j^{2})}=$

（A） $\int_{0}^{1}dx\int_{0}^{x}\frac{1}{(1+x)(1+y^{2})}dy$.　　　（B） $\int_{0}^{1}dx\int_{0}^{x}\frac{1}{(1+x)(1+y)}dy$.

（C） $\int_{0}^{1}dx\int_{0}^{1}\frac{1}{(1+x)(1+y)}dy$.　　　（D） $\int_{0}^{1}dx\int_{0}^{1}\frac{1}{(1+x)(1+y^{2})}dy$.

【分析】 将和式改写

$$\sigma_{n}\xlongequal{\text{记}}\sum_{i=1}^{n}\sum_{j=1}^{n}\frac{n}{(n+i)(n^{2}+j^{2})}=\sum_{i=1}^{n}\sum_{j=1}^{n}\frac{n}{n\left(1+\frac{i}{n}\right)n^{2}\left[1+\left(\frac{j}{n}\right)^{2}\right]}$$

$$=\sum_{i=1}^{n}\sum_{j=1}^{n}\frac{1}{\left(1+\frac{i}{n}\right)\left[1+\left(\frac{j}{n}\right)^{2}\right]}\cdot\frac{1}{n^{2}}.$$

方法 1° σ_{n} 看成两个定积分的积分和的乘积. 由

$$\sigma_{n}=\sum_{i=1}^{n}\frac{1}{\left(1+\frac{i}{n}\right)}\cdot\frac{1}{n}\cdot\sum_{j=1}^{n}\frac{1}{1+\left(\frac{j}{n}\right)^{2}}\cdot\frac{1}{n}$$

$\Rightarrow$ $$\lim_{n\to\infty}\sigma_{n}=\int_{0}^{1}\frac{dx}{1+x}\cdot\int_{0}^{1}\frac{dy}{1+y^{2}}=\int_{0}^{1}dx\int_{0}^{1}\frac{1}{(1+x)(1+y^{2})}dy.$$

因此选（D）.

方法2° σ_n 看成是二重积分的一个积分和. 记 D 是正方形区域(如图 1.1):

$$\{(x,y) \mid 0 \leqslant x \leqslant 1, 0 \leqslant y \leqslant 1\}, f(x,y) = \frac{1}{(1+x)(1+y^2)}.$$

将 D 的长与宽均 n 等分,分成 n^2 个小正方形,每个小正方形的面积是 $\frac{1}{n^2}$,于是 σ_n 是 $f(x,y)$ 在 D 上的一个积分和,

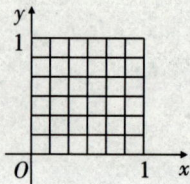

图 1.1

$$\lim_{n\to\infty}\sigma_n = \lim_{n\to\infty}\sum_{i=1}^{n}\sum_{j=1}^{n}\frac{1}{\left(1+\frac{i}{n}\right)\left[1+\left(\frac{j}{n}\right)^2\right]} \cdot \frac{1}{n^2} = \iint\limits_{D}f(x,y)\mathrm{d}x\mathrm{d}y$$

$$= \iint\limits_{D}\frac{\mathrm{d}x\mathrm{d}y}{(1+x)(1+y^2)} = \int_0^1\mathrm{d}x\int_0^1\frac{1}{(1+x)(1+y^2)}\mathrm{d}y.$$

因此选(D).

---

23. (12,4分) $\lim\limits_{n\to\infty}n\left(\dfrac{1}{1+n^2}+\dfrac{1}{2^2+n^2}+\cdots+\dfrac{1}{n^2+n^2}\right)=$ _____.

【分析】 这是 n 项和式的数列极限,按和式特点,确定它是哪个函数在哪个区间上的一个积分和.

$$\lim_{n\to\infty}n\left(\frac{1}{1+n^2}+\frac{1}{2^2+n^2}+\cdots+\frac{1}{n^2+n^2}\right)$$

$$= \lim_{n\to\infty}\frac{1}{n}\left(\frac{1}{1+\left(\frac{1}{n}\right)^2}+\frac{1}{1+\left(\frac{2}{n}\right)^2}+\cdots+\frac{1}{1+\left(\frac{n}{n}\right)^2}\right)$$

$$= \int_0^1\frac{1}{1+x^2}\mathrm{d}x = \arctan x\,\Big|_0^1 = \frac{\pi}{4}.$$

---

24. (16,4分) 极限 $\lim\limits_{n\to\infty}\dfrac{1}{n^2}\left(\sin\dfrac{1}{n}+2\sin\dfrac{2}{n}+\cdots+n\sin\dfrac{n}{n}\right)=$ _____.

【分析】 极限

$$I \xlongequal{\text{记}} \lim_{n\to\infty}\frac{1}{n^2}\left(\sin\frac{1}{n}+2\sin\frac{2}{n}+\cdots+n\sin\frac{n}{n}\right)$$

$$= \lim_{n\to\infty}\frac{1}{n}\left(\frac{1}{n}\sin\frac{1}{n}+\frac{2}{n}\sin\frac{2}{n}+\cdots+\frac{n}{n}\sin\frac{n}{n}\right)$$

$$= \lim_{n\to\infty}\sum_{i=1}^{n}\frac{1}{n}\left(\frac{i}{n}\sin\frac{i}{n}\right) \xlongequal{f(x)=x\sin x} \lim_{n\to\infty}\sum_{i=1}^{n}f\left(\frac{i}{n}\right)\frac{1}{n}$$

$\sum\limits_{i=1}^{n}f\left(\dfrac{i}{n}\right)\dfrac{1}{n}$ 是 $f(x)=x\sin x$ 在 $[0,1]$ 区间上的一个积分和,由于 $f(x)$ 在 $[0,1]$ 可积,于是

$$I = \int_0^1f(x)\mathrm{d}x = \int_0^1x\sin x\mathrm{d}x = -\int_0^1x\mathrm{d}\cos x$$

$$= -x\cos x\,\Big|_0^1 + \int_0^1\cos x\mathrm{d}x = -\cos 1 + \sin x\,\Big|_0^1$$

$$= \sin 1 - \cos 1.$$

---

25. (17,10分) 求 $\lim\limits_{n\to\infty}\sum\limits_{k=1}^{n}\dfrac{k}{n^2}\ln\left(1+\dfrac{k}{n}\right)$.

【分析与求解】 $I_n \xlongequal{\text{记}} \sum\limits_{k=1}^{n}\dfrac{k}{n^2}\ln\left(1+\dfrac{k}{n}\right) = \sum\limits_{k=1}^{n}\dfrac{k}{n}\ln\left(1+\dfrac{k}{n}\right)\cdot\dfrac{1}{n}$

这是 $f(x)=x\ln(1+x)$ 在 $[0,1]$ 区间上的一个积分和$\left(\text{区间 } n \text{ 等分,每个小区间长为 }\dfrac{1}{n}\right)$,于是

$$\lim_{n\to\infty}I_n = \lim_{n\to\infty}\sum_{k=1}^{n}f\left(\frac{k}{n}\right)\frac{1}{n} = \int_0^1 x\ln(1+x)\,dx$$

$$= \frac{1}{2}\int_0^1 \ln(1+x)\,dx^2 = \frac{x^2}{2}\ln(1+x)\bigg|_0^1 - \frac{1}{2}\int_0^1\frac{x^2-1+1}{1+x}\,dx$$

$$= \frac{1}{2}\ln2 - \frac{1}{2}\int_0^1\left(x-1+\frac{1}{x+1}\right)dx$$

$$= \frac{1}{2}\ln2 - \frac{1}{4}(x-1)^2\bigg|_0^1 - \frac{1}{2}\ln(1+x)\bigg|_0^1$$

$$= \frac{1}{2}\ln2 + \frac{1}{4} - \frac{1}{2}\ln2 = \frac{1}{4}.$$

▶练习题

(95,2,3分) $\lim\limits_{n\to\infty}\left(\dfrac{1}{n^2+n+1}+\dfrac{2}{n^2+n+2}+\cdots+\dfrac{n}{n^2+n+n}\right)=$ _____.

【分析】 记 $x_n = \sum\limits_{i=1}^{n}\dfrac{i}{n^2+n+i}$,

则
$$y_n \triangleq \sum_{i=1}^{n}\frac{i}{n^2+n+n} \leqslant x_n \leqslant \sum_{i=1}^{n}\frac{i}{n^2+n+1} \triangleq z_n.$$

又
$$\lim_{n\to\infty}y_n = \lim_{n\to\infty}\frac{1}{n^2+n+n}\sum_{i=1}^{n}i = \lim_{n\to\infty}\frac{\frac{1}{2}n(n+1)}{n^2+n+n} = \frac{1}{2},$$

$$\lim_{n\to\infty}z_n = \lim_{n\to\infty}\frac{\frac{1}{2}n(n+1)}{n^2+n+1} = \frac{1}{2},$$

由夹逼定理, $\lim\limits_{n\to\infty}x_n = \dfrac{1}{2}$.

（三）利用单调有界准则证明数列极限存在，并求递归数列的极限

26.(08,4分) 设函数 $f(x)$ 在 $(-\infty, +\infty)$ 内单调有界,$\{x_n\}$ 为数列,下列命题正确的是

（A） 若 $\{x_n\}$ 收敛,则 $\{f(x_n)\}$ 收敛.
（B） 若 $\{x_n\}$ 单调,则 $\{f(x_n)\}$ 收敛.
（C） 若 $\{f(x_n)\}$ 收敛,则 $\{x_n\}$ 收敛.
（D） 若 $\{f(x_n)\}$ 单调,则 $\{x_n\}$ 收敛.

【分析一】 因 $f(x)$ 在 $(-\infty, +\infty)$ 内单调有界,当 x_n 单调时 $\Rightarrow f(x_n)$ 单调有界 $\Rightarrow f(x_n)$ 收敛.选(B).

【分析二】 举特例用排除法.例如,取 $f(x) = \begin{cases} 1, & x\geqslant 0, \\ -1, & x<0 \end{cases}$ 和 $x_n = \dfrac{(-1)^n}{n}$,则 $\lim\limits_{n\to\infty}x_n = 0$,且

$f(x_n) = \begin{cases} 1, & n\text{ 为偶数}, \\ -1, & n\text{ 为奇数}, \end{cases}$ 这样就排除选项(A);若取 $f(x) = \arctan x, x_n = n$,则排除(C)和(D).

27.(12,4分) 设 $a_n > 0 (n=1,2,\cdots)$,$S_n = a_1+a_2+\cdots+a_n$,则数列 $\{S_n\}$ 有界是数列 $\{a_n\}$ 收敛的

（A） 充分必要条件.　　　　　　（B） 充分非必要条件.
（C） 必要非充分条件.　　　　　　（D） 既非充分也非必要条件.

【分析】 因 $a_n > 0(n=1,2,3,\cdots)$,所以数列 $\{S_n\}$ 单调上升.

若数列 $\{S_n\}$ 有界,则根据单调有界准则可知 $\lim\limits_{n\to\infty}S_n$ 存在,于是

$$\lim_{n\to\infty}a_n = \lim_{n\to\infty}(S_n - S_{n-1}) = \lim_{n\to\infty}S_n - \lim_{n\to\infty}S_{n-1} = 0.$$

反之,若数列 $\{a_n\}$ 收敛,则数列 $\{S_n\}$ 不一定有界. 例如,取 $a_n = 1(n = 1,2,\cdots)$,则 $S_n = n$ 是无界的. 因此,数列 $\{S_n\}$ 有界是数列 $\{a_n\}$ 收敛的充分非必要条件. 故选(B).

28.(18,11 分) 设数列 $\{x_n\}$ 满足:$x_1 > 0, x_n \mathrm{e}^{x_{n+1}} = \mathrm{e}^{x_n} - 1(n = 1,2,\cdots)$,证明 $\{x_n\}$ 收敛,并求 $\lim\limits_{n\to\infty}x_n$.

【分析与求解】 若 $\lim\limits_{n\to\infty}x_n = a \exists$,则 $a\mathrm{e}^a = \mathrm{e}^a - 1, a = 0$ 是解,我们猜想 $\lim\limits_{n\to\infty}x_n = 0$,由于 $x_1 > 0$,我们猜想应该证明:$x_n > 0(n = 1,2,3,\cdots)$ 且 x_n 单调下降.

先证 $x_n > 0$ $(n = 1,2,3,\cdots)$.

由 $x_1 > 0, x_{n+1} = \ln\left(\dfrac{\mathrm{e}^{x_n} - 1}{x_n}\right)$

当 $x_n > 0$ 时,$\mathrm{e}^{x_n} - 1 > x_n \Rightarrow \dfrac{\mathrm{e}^{x_n} - 1}{x_n} > 1 \Rightarrow x_{n+1} > 0$ 于是由归纳法得 $x_n > 0$ $(n = 1,2,3,\cdots)$.

再证 $x_n \downarrow$.

考察 $\qquad x_{n+1} - x_n = \ln\left(\dfrac{\mathrm{e}^{x_n} - 1}{x_n}\right) - \ln(\mathrm{e}^{x_n}) = \ln\left(\dfrac{\mathrm{e}^{x_n} - 1}{x_n\mathrm{e}^{x_n}}\right)$

令 $f(x) = x\mathrm{e}^x - \mathrm{e}^x + 1(x > 0) \Rightarrow f'(x) = x\mathrm{e}^x > 0(x > 0) \Rightarrow f(x) > f(0) = 0(x > 0)$,即 $x\mathrm{e}^x > \mathrm{e}^x - 1, \dfrac{\mathrm{e}^x - 1}{x\mathrm{e}^x} < 1(x > 0)$,于是 $\dfrac{\mathrm{e}^{x_n} - 1}{x_n\mathrm{e}^{x_n}} < 1, x_{n+1} - x_n < 0(n = 1,2,3,\cdots)$,因此 $x_n \downarrow$.

因此 x_n 单调下降有下界(零),$\Rightarrow \exists$ 极限

$$\lim_{n\to\infty}x_n \xlongequal{\text{记}} a.$$

最后求出 a.

在方程 $\qquad x_n\mathrm{e}^{x_{n+1}} = \mathrm{e}^{x_n} - 1$

中,令 $n \to \infty$ 取极限得

$$a\mathrm{e}^a = \mathrm{e}^a - 1.$$

前面已证:$f(a) = a\mathrm{e}^a - \mathrm{e}^a + 1$ 在 $[0, +\infty)$ 单调上,故只能有唯一零点,即 $a = 0$. 因此

$$\lim_{n\to\infty}x_n = 0.$$

综　述

解决数列极限问题的基本方法是:

1° 求数列极限转化为求函数极限,如题 24(Ⅱ).

2° 利用适当放大缩小法(夹逼定理),如题 19 及练习题.

3° 用单调有界准则求递归数列 $(x_{n+1} = f(x_n))$ 的极限(先证数列 $\{x_n\}$ 单调有界,从而 $\exists$ 极限 $\lim x_n = a$,再由 $a = f(a)$ 解出 a). 如题 24(Ⅰ),27.

4° 利用定积分定义求某些和式的极限(先将和式表成某函数在某区间上的一个积分和,它的极限就是一个定积分).

特别是对于 n 项和数列的极限,应该注意到:

$$\lim_{n \to \infty} \frac{1}{n} \sum_{i=1}^{n} f\left(\frac{i}{n}\right) = \int_0^1 f(x)\,\mathrm{d}x.$$

其中多几项或少几项并不影响结果,例如 $\sum\limits_{i=1}^{n}$ 改为 $\sum\limits_{i=2}^{n}$ 或 $\sum\limits_{i=1}^{n+1}$ 或 …,上式仍成立. 如题 20,21,22,23. 第 18 题还是两个积分和乘积的极限. n 项积数列的极限可以转化为 n 项和数列的极限.

九、无穷小及其阶

（一）无穷小的比较，阶的确定与单价无穷小的性质

29.(13,4 分) 设 $\cos x - 1 = x\sin\alpha(x)$,其中 $|\alpha(x)| < \dfrac{\pi}{2}$,则当 $x \to 0$ 时,$\alpha(x)$ 是

（A） 比 x 高阶的无穷小. （B） 比 x 低阶的无穷小.
（C） 比 x 同阶但不等价的无穷小. （D） 与 x 等价的无穷小.

【分析】 由题意知当 $x \to 0$ 时 $\alpha(x)$ 是无穷小,即 $\lim\limits_{x\to 0}\alpha(x) = 0$,于是

$$\lim_{x\to 0}\frac{\alpha(x)}{x} = \lim_{x\to 0}\frac{\sin\alpha(x)}{x} = \lim_{x\to 0}\frac{x\sin\alpha(x)}{x^2} = \lim_{x\to 0}\frac{\cos x - 1}{x^2} = -\frac{1}{2},$$

因此 $\alpha(x)$ 与 x 是同阶但不等价的无穷小. 故选（C）.

30.(16,4 分) 设 $a_1 = x(\cos\sqrt{x} - 1)$,$a_2 = \sqrt{x}\ln(1 + \sqrt[3]{x})$,$a_3 = \sqrt[3]{x+1} - 1$,当 $x \to 0^\circ$ 时,以上三个无穷小量按照从低阶到高阶的排序是

（A） a_1, a_2, a_3. （B） a_2, a_3, a_1. （C） a_2, a_1, a_3. （D） a_3, a_2, a_1.

【分析】 分别确定 $x \to 0^+$ 时 a_1, a_2, a_3 分别是 x 的几阶无穷小. $x \to 0^+$ 时

$$a_1 = x(\cos\sqrt{x} - 1) \sim -x \cdot \frac{1}{2}(\sqrt{x})^2 = -\frac{1}{2}x^2 \quad （2\text{ 阶}）$$

$$a_2 = \sqrt{x}\ln(1 + \sqrt[3]{x}) \sim \sqrt{x} \cdot \sqrt[3]{x} = x^{\frac{1}{2}}x^{\frac{1}{3}} = x^{\frac{5}{6}} \quad \left(\frac{5}{6}\text{ 阶}\right)$$

$$a_3 = \sqrt[3]{x+1} - 1 \sim \frac{1}{3}x \quad （1\text{ 阶}）$$

因此选（B）.

31.(19,4 分) 若 $x \to 0$ 时,若 $x - \tan x$ 与 x^k 是同阶无穷小,则 $k =$

（A） 1. （B） 2. （C） 3. （D） 4.

【分析一】 即求常数 $k > 0$ 使得极限 $\lim\limits_{x\to 0}\dfrac{x - \tan x}{x^k}$ 存在且不为零.

由洛必达法则得

$$\lim_{x\to 0}\frac{x - \tan x}{x^k} \underset{k > 0}{=\!=\!=} \lim_{x\to 0}\frac{1 - \dfrac{1}{\cos^2 x}}{kx^{k-1}} = \lim_{x\to 0}\frac{-\sin^2 x}{kx^{k-1}\cos^2 x} = \begin{cases} \infty & (k > 3) \\ -\dfrac{1}{3} & (k = 3) \\ 0 & (0 < k < 3) \end{cases}$$

因此 $k = 3$. 选（C）.

【分析二】 若熟知泰勒公式

$$\tan x = x + \frac{1}{3}x^3 + o(x^3) \quad (x \to 0)$$

则得 $\qquad x - \tan x = -\dfrac{1}{3}x^3 + o(x^3)\,(x \to 0)$

因此 $x \to 0$ 时 $x - \tan x$ 是 x 的 3 阶无穷小,即 $k = 3$. 选(C).

---

32. (20,4 分) 当 $x \to 0^+$ 时,下列无穷小量中最高阶的是

(A) $\displaystyle\int_0^x (\mathrm{e}^{t^2} - 1)\,\mathrm{d}t$.   (B) $\displaystyle\int_0^x \ln(1 + \sqrt{t^3})\,\mathrm{d}t$.

(C) $\displaystyle\int_0^{\sin x} \sin t^2\,\mathrm{d}t$.   (D) $\displaystyle\int_0^{1-\cos x} \sqrt{\sin^3 t}\,\mathrm{d}t$

【分析一】 已知:设 $x \to 0$ 时 $f'(x)$ 是 x 的 n 阶无穷小,则 $f(x)$ 是 x 的 $n + 1$ 阶无穷小.

(A) $\left(\displaystyle\int_0^x (\mathrm{e}^{t^2} - 1)\,\mathrm{d}t\right)' = \mathrm{e}^{x^2} - 1 \sim x^2$,所以 $\displaystyle\int_0^x (\mathrm{e}^{t^2} - 1)\,\mathrm{d}t$ 是 x 的 $2 + 1 = 3$ 阶无穷小 $(x \to 0^+)$.

(B) $\left(\displaystyle\int_0^x \ln(1 + \sqrt{t^3})\,\mathrm{d}t\right)' = \ln(1 + \sqrt{x^3}) \sim x^{\frac{3}{2}}$,所以 $\displaystyle\int_0^x \ln(1 + \sqrt{t^3})\,\mathrm{d}t$ 是 x 的 $\dfrac{3}{2} + 1 = \dfrac{5}{2}$ 阶无穷小 $(x \to 0^+)$.

(C) $\left(\displaystyle\int_0^{\sin x} \sin t^2\,\mathrm{d}t\right)' = \sin(\sin x)^2 \cdot \cos x \sim x^2$,所以 $\displaystyle\int_0^{\sin x} \sin t^2\,\mathrm{d}t$ 是 x 的 $2 + 1 = 3$ 阶无穷小 $(x \to 0^+)$.

(D) $\left(\displaystyle\int_0^{1-\cos x} \sqrt{\sin^3 t}\,\mathrm{d}t\right)' = \sqrt{\sin^3(1 - \cos x)}\,\sin x \sim \sqrt{\left(\dfrac{1}{2}x^2\right)^3} \cdot x$,所以 $\displaystyle\int_0^{\sin x} \sqrt{\sin^3 t}\,\mathrm{d}t$ 是 x 的 $4 + 1 = 5$ 阶无穷小 $(x \to 0^+)$. 故选(D).

【分析二】 已知:设 $f(t)$ 是 t 的 n 阶无穷小 $(t \to 0)$,$\varphi(x)$ 是 x 的 m 阶无穷小 $(x \to 0)$,则 $\displaystyle\int_0^{\varphi(x)} f(t)\,\mathrm{d}t$ 是 x 的 $m(n + 1)$ 阶无穷小 $(x \to 0)$.

(A) $\mathrm{e}^{t^2} - 1 \sim t^2\,(t \to 0)$,所以 $\displaystyle\int_0^x (\mathrm{e}^{t^2} - 1)\,\mathrm{d}t$ 是 x 的 $1 \times (2 + 1) = 3$ 阶无穷小 $(x \to 0^+)$.

(B) $\ln(1 + \sqrt{t^3}) \sim t^{\frac{3}{2}}\,(t \to 0^+)$,所以 $\displaystyle\int_0^x \ln(1 + \sqrt{t^3})\,\mathrm{d}t$ 是 x 的 $1 \times \left(\dfrac{3}{2} + 1\right) = \dfrac{5}{2}$ 阶无穷小 $(x \to 0^+)$.

(C) $\sin t^2 \sim t^2\,(t \to 0)$,$\sin x \sim x\,(x \to 0)$,所以 $\displaystyle\int_0^{\sin x} \sin t^2\,\mathrm{d}t$ 是 x 的 $1 \times (2 + 1) = 3$ 阶无穷小 $(x \to 0^+)$.

(D) $\sqrt{\sin^3 t} \sim t^{\frac{3}{2}}\,(t \to 0^+)$,$1 - \cos x \sim \dfrac{1}{2}x^2\,(x \to 0^+)$ 所以 $\displaystyle\int_0^{1-\cos x} \sqrt{\sin^3 t}\,\mathrm{d}t$ 是 x 的 $2 \times \left(\dfrac{3}{2} + 1\right) = 5$ 阶无穷小 $(x \to 0^+)$. 故选(D)

---

33. (21,4 分) 当 $x \to 0$ 时,$\displaystyle\int_0^{x^2} (\mathrm{e}^{t^3} - 1)\,\mathrm{d}t$ 是 x^7 的

(A) 低阶无穷小   (B) 等价无穷小

(C) 高阶无穷小   (D) 同阶但非等价无穷小

【分析一】 按无穷小阶的比较方法,我们只须求如下极限:

$$\lim_{x \to 0} \frac{\displaystyle\int_0^{x^2} (\mathrm{e}^{t^3} - 1)\,\mathrm{d}t}{x^7} = \lim_{x \to 0} \frac{(\mathrm{e}^{x^6} - 1)2x}{7x^6} = \lim_{x \to 0} \frac{2x^7}{7x^6} = 0$$

其中 $\mathrm{e}^{x^6} - 1 \sim x^6\,(x \to 0)$. 选(C).

【分析二】 若熟悉无穷小阶的运算性质,我们可确定当 $x \to 0$ 时 $\displaystyle\int_0^{x^2} (\mathrm{e}^{t^3} - 1)\,\mathrm{d}t$ 是 x 的 $2 \times (3 + 1) = 8$ 阶无穷小. 选(C)

> **评注** 分析二用如下结论:设 $f(t)$ 连续,$f(t)$ 是 t 的 n 阶无穷小 $(t \to 0)$,$\varphi(x)$ 是 x 的 m 阶无穷小 $(x \to 0)$,则 $\displaystyle\int_0^{\varphi(x)} f(t)\,\mathrm{d}t$ 是 x 的 $m(n + 1)$ 阶无穷小.
>
> 还可用如下方法:$\left(\displaystyle\int_0^{x^2} (\mathrm{e}^{t^3} - 1)\,\mathrm{d}t\right)' = (\mathrm{e}^{x^6} - 1) \cdot 2x \sim 2x^7\,(x \to 0)$,所以 $\displaystyle\int_0^{x^2} (\mathrm{e}^{t^3} - 1)\,\mathrm{d}t$ 是 x 的 $7 + 1 = 8$ 阶无穷小.

34. (22,5分)　当 $x \to 0$ 时，$\alpha(x)$，$\beta(x)$ 是非零无穷小量，给出以下四个命题

① 若 $\alpha(x) \sim \beta(x)$，则 $\alpha^2(x) \sim \beta^2(x)$

② 若 $\alpha^2(x) \sim \beta^2(x)$，则 $\alpha(x) \sim \beta(x)$

③ 若 $\alpha(x) \sim \beta(x)$，则 $\alpha(x) - \beta(x) = o(\alpha(x))$

④ 若 $\alpha(x) - \beta(x) = o(\alpha(x))$，则 $\alpha(x) \sim \beta(x)$

其中所有真命题的序号是(　　)

(A)　①②　　　　　(B)　①④　　　　　(C)　①③④　　　　　(D)　②③④

【分析】　① 若 $\alpha(x) \sim \beta(x)(x \to 0)$，即 $\lim\limits_{x \to 0}\dfrac{\alpha(x)}{\beta(x)} = 1$，则

$$\lim_{x \to 0}\frac{\alpha^2(x)}{\beta^2(x)} = \lim_{x \to 0}\frac{\alpha(x)}{\beta(x)}\lim_{x \to 0}\frac{\alpha(x)}{\beta(x)} = 1，即 \alpha^2(x) \sim \beta^2(x)$$

命题 ① 正确

③ 若 $\alpha(x) \sim \beta(x)(x \to 0)$，即 $\lim\limits_{x \to 0}\dfrac{\alpha(x)}{\beta(x)} = 1$，则

$$\lim_{x \to 0}\frac{\alpha(x) - \beta(x)}{\alpha(x)} = 1 - \lim_{x \to 0}\frac{\beta(x)}{\alpha(x)} = 0，即 \alpha(x) - \beta(x) = o(\alpha(x))(x \to 0)$$

命题 ③ 正确.

④ 若 $\alpha(x) - \beta(x) = o(\alpha(x))(x \to 0)$，则 $\lim\limits_{x \to 0}\dfrac{\alpha(x) - \beta(x)}{\alpha(x)} = \lim\limits_{x \to 0}\left(1 - \dfrac{\beta(x)}{\alpha(x)}\right) = 0$

于是 $\lim\limits_{x \to 0}\dfrac{\beta(x)}{\alpha(x)} = 1$，即 $\alpha(x) \sim \beta(x)(x \to 0)$

命题 ④ 正确.

选(C)

> **评注**　命题 ② 是错误的. $(-\sin x)^2 \sim x^2(x \to 0)$ 但 $x \to 0$ 时 $-\sin x$ 与 x 不是等价无穷小.

（二）确定无穷小比较中的待定参数

35. (09,4分)　当 $x \to 0$ 时，$f(x) = x - \sin ax$ 与 $g(x) = x^2\ln(1 - bx)$ 是等价无穷小，则

(A)　$a = 1, b = -\dfrac{1}{6}$.　　　　　　　(B)　$a = 1, b = \dfrac{1}{6}$.

(C)　$a = -1, b = -\dfrac{1}{6}$.　　　　　　(D)　$a = -1, b = \dfrac{1}{6}$.

【分析一】　由 $\ln(1 - bx) \sim -bx(x \to 0)$ 得

$$J \xlongequal{\text{记}} \lim_{x \to 0}\frac{f(x)}{g(x)} = \lim_{x \to 0}\frac{x - \sin ax}{-bx^3} \xlongequal[\text{洛必达法则}]{\frac{0}{0}} \lim_{x \to 0}\frac{1 - a\cos ax}{-3bx^2}$$

$\Rightarrow a = 1$（否则 $J = \infty$）$\Rightarrow$

$$J = \lim_{x \to 0}\frac{1 - \cos x}{-3bx^2} = -\frac{1}{6b} = 1 \quad \Rightarrow \quad b = -\frac{1}{6}.$$

因此选(A).

【分析二】　由泰勒公式

$$\sin ax = ax - \frac{1}{6}a^3x^3 + o(x^3) \quad (x \to 0)$$

$\Rightarrow$

$$J \xlongequal{\text{记}} \lim_{x \to 0}\frac{f(x)}{g(x)} = \lim_{x \to 0}\frac{(1 - a)x + \dfrac{1}{6}a^3x^3 + o(x^3)}{-bx^3} = 1$$

$$\Rightarrow \quad a = 1, \ -\frac{1}{6b} = 1 \quad \Rightarrow \quad a = 1, b = -\frac{1}{6}. \text{ 因此选(A)}.$$

---

36. (11,4分) 已知当 $x \to 0$ 时,函数 $f(x) = 3\sin x - \sin 3x$ 与 cx^k 是等价无穷小,则

(A) $k = 1, c = 4$. 　　　　(B) $k = 1, c = -4$.

(C) $k = 3, c = 4$. 　　　　(D) $k = 3, c = -4$.

【分析一】 用洛必达法则. 由

$$\lim_{x \to 0} \frac{f(x)}{cx^k} = \lim_{x \to 0} \frac{3\sin x - \sin 3x}{cx^k} = \lim_{x \to 0} \frac{3(\cos x - \cos 3x)}{ckx^{k-1}} = 3\lim_{x \to 0} \frac{-\sin x + 3\sin 3x}{ck(k-1)x^{k-2}}$$

$$\xlongequal{k = 3} -\lim_{x \to 0} \frac{3}{6c} \frac{\sin x}{x} + 9\lim_{x \to 0} \frac{\sin 3x}{6cx} = -\frac{1}{2c} + \frac{9}{2c} = 1$$

$$\Rightarrow \quad k = 3, c = 4. \text{ 选(C)}.$$

【分析二】 用泰勒公式. 由

$$\sin x = x - \frac{1}{6}x^3 + o(x^3), \quad \sin 3x = 3x - \frac{1}{6}(3x)^3 + o(x^3)$$

$$\Rightarrow f(x) = \left(-\frac{1}{2} + \frac{9}{2}\right)x^3 + o(x^3) \sim 4x^3. \text{ 因此}, k = 3, c = 4. \text{ 选(C)}.$$

---

37. (12,10分) 已知函数 $f(x) = \dfrac{1+x}{\sin x} - \dfrac{1}{x}$,记 $a = \lim\limits_{x \to 0} f(x)$.

(Ⅰ)求 a 的值;

(Ⅱ)若当 $x \to 0$ 时,$f(x) - a$ 与 x^k 是同阶无穷小,求常数 k 的值.

【分析与求解】 (Ⅰ)

$$a = \lim_{x \to 0} f(x) = \lim_{x \to 0} \frac{x^2 + x - \sin x}{x\sin x} = \lim_{x \to 0} \frac{x^2 + x - \sin x}{x^2}$$

$$= 1 + \lim_{x \to 0} \frac{x - \sin x}{x^2} = 1 + \lim_{x \to 0} \frac{1 - \cos x}{2x} = 1 + 0 = 1.$$

(Ⅱ)由 $a = 1$,得

$$f(x) - a = \frac{x^2 + x - \sin x}{x\sin x} - 1 = \frac{x^2 + x - \sin x - x\sin x}{x\sin x} \sim \frac{x^2 + x - \sin x - x\sin x}{x^2}$$

$$\xlongequal{\text{记}} g(x) \ (x \to 0).$$

只需确定 $x \to 0$ 时 $g(x)$ 是 x 的几阶无穷小.

方法 1° 用泰勒公式.

由 $\sin x = x - \dfrac{1}{6}x^3 + o(x^3)$ 得

$$g(x) = \frac{x^2 + x - \left(x - \frac{1}{6}x^3\right) - x^2 + o(x^3)}{x^2} = \frac{1}{6}x + o(x) \sim \frac{1}{6}x,$$

因此 $x \to 0$ 时 $g(x)$ 是 x 的一阶无穷小,故 $k = 1$.

方法 2° 用待定阶数法(用洛必达法则确定常数 $k > 0$,使得 $\lim\limits_{x \to 0} \dfrac{g(x)}{x^k}$ ∃ 且不为0).

$$\lim_{x \to 0} \frac{g(x)}{x^k} = \lim_{x \to 0} \frac{x^2 + x - \sin x - x\sin x}{x^{k+2}} = \lim_{x \to 0} \frac{(x+1)(x - \sin x)}{x^{k+2}} = \lim_{x \to 0} \frac{x - \sin x}{x^{k+2}}$$

$$= \lim_{x \to 0} \frac{1 - \cos x}{(k+2)x^{k+1}} \xlongequal{k=1} \frac{1}{3} \cdot \frac{1}{2} = \frac{1}{6},$$

因此 $x \to 0$ 时 $g(x)$ 是 x 的一阶无穷小,故 $k = 1$.

38.（13,10 分） 当 $x \to 0$ 时,$1 - \cos x \cdot \cos 2x \cdot \cos 3x$ 与 ax^n 为等价无穷小,求 n 与 a 的值.

（15）**【分析与求解一】** $I \xrightarrow{\text{记}} \lim\limits_{x \to 0} \dfrac{1 - \cos x \cos 2x \cos 3x}{ax^n}$

$$= \lim_{x \to 0} \frac{1 - \cos x + \cos x - \cos x \cos 2x + \cos x \cos 2x - \cos x \cos 2x \cos 3x}{ax^n}$$

$$= \lim_{x \to 0} \frac{1 - \cos x}{ax^n} + \lim_{x \to 0} \frac{\cos x(1 - \cos 2x)}{ax^n} + \lim_{x \to 0} \frac{\cos x \cos 2x(1 - \cos 3x)}{ax^n}$$

$$= \lim_{x \to 0} \frac{\frac{1}{2}x^2}{ax^n} + \lim_{x \to 0} \frac{\frac{1}{2}(2x)^2}{ax^n} + \lim_{x \to 0} \frac{\frac{1}{2}(3x)^2}{ax^n}$$

$$= \begin{cases} 0, & n < 2, \\ \infty, & n > 2, \\ \dfrac{1}{a}\left(\dfrac{1}{2} + 2 + \dfrac{9}{2}\right), & n = 2. \end{cases}$$

由题设,$I = 1 \Leftrightarrow n = 2, \dfrac{1}{a}\left(\dfrac{1}{2} + 2 + \dfrac{9}{2}\right) = 1$,即 $n = 2, a = 7$.

【分析与求解二】 用泰勒公式.

$$\cos x = 1 - \frac{1}{2}x^2 + o(x^2),$$

$$\cos 2x = 1 - \frac{1}{2}(2x)^2 + o(x^2) = 1 - 2x^2 + o(x^2),$$

$$\cos x \cos 2x = 1 - \frac{1}{2}x^2 - 2x^2 + o(x^2) = 1 - \frac{5}{2}x^2 + o(x^2);$$

$$\cos 3x = 1 - \frac{1}{2}(3x)^2 + o(x^2) = 1 - \frac{9}{2}x^2 + o(x^3),$$

$$\cos x \cos 2x \cos 3x = 1 - \frac{5}{2}x^2 - \frac{9}{2}x^2 + o(x^2) = 1 - 7x^2 + o(x^2),$$

于是 $\qquad I = \lim\limits_{x \to 0} \dfrac{1 - [1 - 7x^2 + o(x^2)]}{ax^n} = \lim\limits_{x \to 0} \dfrac{7x^2 + o(x^2)}{ax^n}$

$$= \lim_{x \to 0} \frac{x^2}{ax^n}[7 + o(1)] = \begin{cases} 0, & n < 2, \\ \infty, & n > 2, \\ \dfrac{7}{a}, & n = 2. \end{cases}$$

由题设,$I = 1 \Leftrightarrow n = 2, \dfrac{7}{a} = 1$,即 $n = 2, a = 7$.

39.（14,4 分） 当 $x \to 0^+$ 时,若 $\ln^{\alpha}(1 + 2x)$,$(1 - \cos x)^{\frac{1}{\alpha}}$ 均是比 x 高阶的无穷小,则 α 的取值范围是

（A） $(2, +\infty)$.　　　　　　（B） $(1,2)$.

（C） $\left(\dfrac{1}{2}, 1\right)$.　　　　　　（D） $\left(0, \dfrac{1}{2}\right)$.

【分析】 $\alpha > 0$ 时,

$$\ln^{\alpha}(1 + 2x) \sim (2x)^{\alpha} (x \to 0^+),$$

$$(1 - \cos x)^{\frac{1}{\alpha}} \sim \left(\frac{1}{2}x^2\right)^{\frac{1}{\alpha}} = \left(\frac{1}{2}\right)^{\frac{1}{\alpha}} x^{\frac{2}{\alpha}} (x \to 0^+),$$

它们均是比 x 高阶的无穷小,即

$$\alpha > 1 \text{ 且 } \frac{2}{\alpha} > 1 \Leftrightarrow 1 < \alpha < 2$$

因此 $\alpha \in (1,2)$，选(B).

40.（15,10 分） 设函数 $f(x) = x + a\ln(1+x) + bx\sin x, g(x) = kx^3$. 若 $f(x)$ 与 $g(x)$ 在 $x \to 0$ 时是等价无穷小，求 a,b,k 的值.

【分析与求解】 由 $\lim\limits_{x \to 0} \dfrac{f(x)}{g(x)} = \lim\limits_{x \to 0} \dfrac{x + a\ln(1+x) + bx\sin x}{kx^3} = 1$

求出参数 a,b 及 k.

【解法一】 用泰勒公式. 已知

$$\ln(1+x) = x - \frac{1}{2}x^2 + \frac{1}{3}x^3 + o(x^3) \quad (x \to 0)$$

$$x\sin x = x(x + o(x^2)) = x^2 + o(x^3) \quad (x \to 0)$$

$\Rightarrow \qquad f(x) = x + a\ln(1+x) + bx\sin x$

$$= x + ax - \frac{1}{2}ax^2 + \frac{1}{3}ax^3 + bx^2 + o(x^3)$$

$$= (a+1)x + \left(b - \frac{1}{2}a\right)x^2 + \frac{1}{3}ax^3 + o(x^3)$$

$\Rightarrow \quad a + 1 = 0, b - \dfrac{a}{2} = 0$，即 $a = -1, b = -\dfrac{1}{2}$，

$$\lim_{x \to 0} \frac{f(x)}{g(x)} = \lim_{x \to 0} \frac{-\frac{1}{3}x^3 + o(x^3)}{kx^3} = -\frac{1}{3k} = 1$$

$\Rightarrow \quad k = -\dfrac{1}{3}$

因此 $\quad a = -1, b = -\dfrac{1}{2}, k = -\dfrac{1}{3}$.

【解法二】 用洛必达法则（为简化计算注意某些技巧）.

$$I = \lim_{x \to 0} \frac{x + a\ln(1+x) + bx\sin x}{kx^3} = \lim_{x \to 0} \frac{1 + \dfrac{a}{1+x} + b\sin x + bx\cos x}{3kx^2}$$

由分子的极限必须为零（否则该极限 I 为 ∞）得 $a = -1$. 代入得

$$I = \lim_{x \to 0} \frac{1 - \dfrac{1}{1+x} + b\sin x + bx\cos x}{3kx^2}$$

$$= \lim_{x \to 0} \frac{1 - \dfrac{1}{1+x} + b\sin x + bx}{3kx^2} + \lim_{x \to 0} \frac{bx(\cos x - 1)}{3kx^2} = \lim_{x \to 0} \frac{\dfrac{1}{(1+x)^2} + b\cos x + b}{6kx} + 0$$

再由分子极限必须为零得 $b = -\dfrac{1}{2}$，代入得

$$I = \lim_{x \to 0} \frac{\dfrac{1}{(1+x)^2} - \dfrac{1}{2}(\cos x + 1)}{6kx} = \lim_{x \to 0} \frac{\dfrac{-2}{(1+x)^3} + \dfrac{1}{2}\sin x}{6k} = -\frac{1}{3k} = 1$$

$\Rightarrow \quad k = -\dfrac{1}{3}$.

因此 $\quad a = -1, b = -\dfrac{1}{2}, k = -\dfrac{1}{3}$.

综述

关于无穷小考查的主要是两个问题:

1. 比较无穷小量 $\alpha(x)$, $\beta(x)(x \to x_0)$, 谁比谁高阶, 或同阶或等价. 这就是求 $\frac{0}{0}$ 型极限:
$\lim\limits_{x \to x_0} \dfrac{\alpha(x)}{\beta(x)}$. 常用的方法是:洛必达法则或泰勒公式.

2. 确定无穷小量 $\alpha(x)(x \to x_0)$ 是 $x - x_0$ 的几阶无穷小. 常用的方法是用洛必达法则求极限

$$\lim_{x \to x_0} \frac{\alpha(x)}{(x - x_0)^k},$$

定出常数 $k > 0$ 使得此极限存在且不为零. 或者用它的等价无穷小或者用泰勒公式.

十、讨论函数的连续性与确定间断点的类型

（一）函数连续性的概念

▶ 练习题

(95,2,3分) 设 $f(x)$ 和 $\varphi(x)$ 在 $(-\infty, +\infty)$ 上有定义, $f(x)$ 为连续函数, 且 $f(x) \neq 0$, $\varphi(x)$ 有间断点, 则

（A） $\varphi[f(x)]$ 必有间断点.   （B） $[\varphi(x)]^2$ 必有间断点.

（C） $f[\varphi(x)]$ 必有间断点.   （D） $\dfrac{\varphi(x)}{f(x)}$ 必有间断点.

【分析一】 反证法. 因为 $f(x)$ 是连续函数, 若 $\dfrac{\varphi(x)}{f(x)}$ 无间断点, 则 $\varphi(x) = \dfrac{\varphi(x)}{f(x)} \cdot f(x)$ 必无间断点, 这与 $\varphi(x)$ 有间断点矛盾. 故应选(D).

【分析二】 排除法. 设 $f(x) \equiv 1$, $\varphi(x) = \begin{cases} -1, & x < 0 \\ 1, & x \geq 0 \end{cases}$, 则显然 $\varphi[f(x)] \equiv 1$, $f[\varphi(x)] \equiv 1$, $[\varphi(x)]^2 \equiv 1$ 都处处连续, 排除(A),(B),(C). 故应选(D).

> **评注** 有些考生认为 $\varphi[f(x)]$ 必有间断点, 表明这部分考生对复合函数的连续性问题认识不清.

（二）初等函数连续性与间断点类型

41. (08,4分) 设函数 $f(x) = \dfrac{\ln|x|}{|x-1|}\sin x$, 则 $f(x)$ 有

（A） 1个可去间断点, 1个跳跃间断点.   （B） 1个可去间断点, 1个无穷间断点.

（C） 2个跳跃间断点.   （D） 2个无穷间断点.

【分析】 只有间断点 $x = 0$, $x = 1$. 由于

$$\lim_{x \to 0} f(x) = \lim_{x \to 0} \frac{\ln|x|}{|x-1|}\sin x = \lim_{x \to 0} \frac{x\ln|x|}{|x-1|} = 0,$$

故 $x = 0$ 是可去间断点. 又

$$\lim_{x \to 1+0} f(x) = \lim_{x \to 1+0} \frac{\ln|x|}{|x-1|}\sin x = \lim_{x \to 1+0} \frac{\ln(x-1+1)}{x-1}\sin x = \sin 1,$$

$$\lim_{x \to 1-0} f(x) = \lim_{x \to 1-0} \frac{\ln|x|}{|x-1|}\sin x = \lim_{x \to 1-0} \frac{\ln(x-1+1)}{-(x-1)}\sin x = -\sin 1,$$

故 $x = 1$ 是跳跃间断点. 选(A).

> **评注** 少数考生只考虑 $x = 1$ 时分母为 0, $\lim\limits_{x \to 0}\ln|x| = \infty$, 而没仔细分析, 就选择(B), 或者(D).
> 判断间断点的类型一定要求极限后再下结论.

---

42. (09, 4 分) 函数 $f(x) = \dfrac{x - x^3}{\sin \pi x}$ 的可去间断点的个数为

(A) 1. (B) 2.

(C) 3. (D) 无穷多个.

【分析】 设 $n = 0, \pm 1, \pm 2, \pm 3, \cdots$, 由定义可知函数 $f(x) = \dfrac{x - x^3}{\sin \pi x}$ 在每个区间 $(n, n+1)$ 内连续.

又计算可得

$$\lim_{x \to 0} \frac{x - x^3}{\sin \pi x} = \lim_{x \to 0} \frac{x}{\sin \pi x} \lim_{x \to 0}(1 - x^2) = \frac{1}{\pi},$$

$$\lim_{x \to 1} \frac{x - x^3}{\sin \pi x} = \lim_{x \to 1} \frac{1 - 3x^2}{\pi \cos \pi x} = \frac{2}{\pi},$$

$$\lim_{x \to -1} \frac{x - x^3}{\sin \pi x} = \lim_{x \to -1} \frac{1 - 3x^2}{\pi \cos \pi x} = \frac{2}{\pi},$$

$$\lim_{x \to n} \frac{x - x^3}{\sin \pi x} = \infty \quad (n = \pm 2, \pm 3, \cdots),$$

故函数 $f(x) = \dfrac{x - x^3}{\sin \pi x}$ 恰有三个可去间断点, 应选(C).

> **评注** 此题有相当多的考生选择(D), 认为使 $\sin \pi x = 0$ 成立的点有无穷多个; 同时审题不细, 没有利用函数 $f(x)$ 的极限值以确定可去间断点的个数, 故错误率较高.

---

43. (10, 4 分) 函数 $f(x) = \dfrac{x^2 - x}{x^2 - 1}\sqrt{1 + \dfrac{1}{x^2}}$ 的无穷间断点的个数为

(A) 0. (B) 1. (C) 2. (D) 3.

【分析】 $f(x)$ 只有间断点 $x = 0, x = \pm 1$. 由于

$$f(x) = \frac{x(x-1)}{(x-1)(x+1)} \frac{\sqrt{x^2+1}}{|x|} = \frac{x}{(x+1)} \frac{\sqrt{x^2+1}}{|x|},$$

又 $\lim\limits_{x \to -1} f(x) = \infty$, 故 $x = -1$ 是无穷间断点.

而 $\lim\limits_{x \to 1} f(x) = \dfrac{\sqrt{2}}{2}$, $\lim\limits_{x \to 0\pm} f(x) = \pm 1$, 故 $x = 1, 0$ 不是无穷间断点.

因此选(B).

> **评注** $x = 1$ 为 $f(x)$ 的可去间断点, $x = 0$ 为 $f(x)$ 的跳跃间断点.

---

44. (20, 4 分) 函数 $f(x) = \dfrac{e^{\frac{1}{x}}\ln|1+x|}{(e^x - 1)(x - 2)}$ 的第二类间断点的个数为

(A) 1. (B) 2. (C) 3. (D) 4.

【分析】 全部间断点是: $x = 0, \pm 1, 2$. 考察每个间断点的类型:

$$x = 0, \lim_{x \to 0} f(x) = \lim_{x \to 0} \frac{x}{x} \lim_{x \to 0} \frac{e^{\frac{1}{x-1}}}{x-2} = -\frac{1}{2} e^{-1}$$

其中 $\ln |1 + x| = \ln(1 + x) \sim x(x \to 0), e^x - 1 \sim x(x \to 0)$.

$$x = 1, \lim_{x \to 1+0} f(x) = -\infty, 其中 \lim_{x \to 1+0} e^{\frac{1}{x-1}} = +\infty, \lim_{x \to 1+0} \frac{\ln |1 + x|}{(e^x - 1)(x - 2)} = -\frac{\ln 2}{e - 1}$$

$$x = -1, \lim_{x \to -1} f(x) = -\infty, 其中 \lim_{x \to -1} \ln |1 + x| = -\infty, \lim_{x \to -1} \frac{e^{\frac{1}{x-1}}}{(e^x - 1)(x - 2)} = \frac{e^{-\frac{1}{2}}}{3(1 - e^{-1})}$$

$$x = 2, \lim_{x \to 2} f(x) = \infty, 其中 \lim_{x \to 2} \frac{1}{x - 2} = \infty, \lim_{x \to 2} \frac{e^{\frac{1}{x-1}} \ln |1 + x|}{e^x - 1} = \frac{e \ln 3}{e^2 - 1} \text{ 故选(C)}.$$

（三）分段函数的连续性

45.（15，4 分） 函数 $f(x) = \lim_{t \to 0} \left(1 + \frac{\sin t}{x}\right)^{\frac{x}{t}}$ 在 $(-\infty, +\infty)$ 内

（A） 连续　　　　　　　　　　　　（B） 有可去间断点

（C） 有跳跃间断点　　　　　　　　（D） 有无穷间断点

【分析】 先求出

$$f(x) = \lim_{t \to 0} \left(1 + \frac{\sin t}{x}\right)^{\frac{x}{t}} = \lim_{t \to 0} \left(1 + \frac{\sin t}{x}\right)^{\frac{x}{\sin t} \cdot \frac{\sin t}{t} \cdot x}$$

$$= e^x (x \neq 0)$$

$f(x)$ 在 $x = 0$ 无定义，但

$$\lim_{x \to 0} f(x) = \lim_{x \to 0} e^x = 1$$

$x = 0$ 是 $f(x)$ 的可去间断点.

选（B）.

46.（17，4 分） 若函数 $f(x) = \begin{cases} \dfrac{1 - \cos \sqrt{x}}{ax}, & x > 0 \\ b, & x \leqslant 0 \end{cases}$ 在 $x = 0$ 处连续，则

（A） $ab = \dfrac{1}{2}$.　　　　　　　　（B） $ab = -\dfrac{1}{2}$.

（C） $ab = 0$.　　　　　　　　　　（D） $ab = 2$.

【分析】 按连续性的定义，归结为求 $\lim_{x \to 0} f(x)$.

方法一 用等价无穷小因子替换 $\left(x \to 0 + 时 1 - \cos \sqrt{x} \sim \dfrac{1}{2}(\sqrt{x})^2\right)$，得

$$\lim_{x \to 0+} f(x) = \lim_{x \to 0+} \frac{1 - \cos \sqrt{x}}{ax} = \lim_{x \to 0+} \frac{\frac{1}{2}(\sqrt{x})^2}{ax} = \frac{1}{2a}.$$

方法二 用洛必达法则，得

$$\lim_{x \to 0+} f(x) = \lim_{x \to 0+} \frac{1 - \cos \sqrt{x}}{ax} = \lim_{x \to 0+} \frac{(\sin \sqrt{x}) \frac{1}{2} \cdot \frac{1}{\sqrt{x}}}{a} = \frac{1}{2a}.$$

因 $f(x)$ 在 $x = 0$ 连续，得

$$\lim_{x \to 0+} f(x) = \lim_{x \to 0-} f(x) = f(0)$$

即

$$\frac{1}{2a} = b, \quad ab = \frac{1}{2}$$

因此选(A).

47.(18,4分) 设函数 $f(x) = \begin{cases} -1, & x < 0 \\ 1, & x \geq 0 \end{cases}$, $g(x) = \begin{cases} 2-ax, & x \leq -1 \\ x, & -1 < x < 0 \\ x-b, & x \geq 0 \end{cases}$, 若 $f(x) + g(x)$ 在

R 上连续, 则

(A) $a=3, b=1$. (B) $a=3, b=2$.

(C) $a=-3, b=1$. (D) $a=-3, b=2$.

【分析】 对 $\forall$ 的 a, b, $x \neq 0$, $x \neq -1$ 时 $f(x)$, $g(x)$ 均连续, 所以 $f(x) + g(x)$ 连续.

只须再注意 $x = 0$ 与 $x = -1$ 处.

$$\lim_{x \to -1-0}(f(x)+g(x)) = \lim_{x \to -1-0}(-1) + \lim_{x \to -1-0}(2-ax) = -1+2+a = a+1,$$

$$\lim_{x \to -1+0}(f(x)+g(x)) = \lim_{x \to -1+0}(-1) + \lim_{x \to -1+0}x = -1+(-1) = -2$$

由 $a+1 = -2 = f(-1) + g(-1) \Rightarrow a = -3$.

又

$$\lim_{x \to 0-}(f(x)+g(x)) = \lim_{x \to 0-}(-1) + \lim_{x \to 0-}x = -1$$

$$\lim_{x \to 0+}(f(x)+g(x)) = \lim_{x \to 0+}(1) + \lim_{x \to 0+}(x-b) = 1-b$$

由 $1-b = -1 = f(0) + g(0) \Rightarrow b = 2$

因此若 $f(x) + g(x)$ 处处连续, 则 $a = -3, b = 2$.

选(D).

综 述

1. 应注意分段函数的连续性, 特别是分段函数在分界点处的连续性问题.

2. 判断连续性的方法:1° 按定义, 就是求极限;2° 用连续性运算法则(四则、复合与反函数运算). 特别是复合运算, 连续函数与连续函数的复合函数是连续的, 而连续函数与不连续函数的复合, 不连续函数与不连续函数的复合是否连续必须对具体问题作具体分析才能得出正确结论;3° 初等函数在定义域区间内连续.

3. 判断间断点类型的基础是求函数在间断点处的左、右极限.

4. 分段函数的连续性问题关键是分界点处的连续性, 或按定义考察, 或分别考察左、右连续性. 如

$$f(x) = \begin{cases} \varphi(x), & x \leq x_0, \\ \psi(x), & x > x_0 \end{cases} (\varphi, \psi \text{ 为初等函数}),$$

因 $f(x)$ 在 $x \leq x_0$ 与 $x > x_0$ 上分别是初等函数, 因而连续, 即 $f(x)$ 在 $x < x_0$ 与 $x > x_0$ 连续, 而且在点 x_0 左连续. 至于 $f(x)$ 在点 x_0 是否连续, 还要看它在点 x_0 是否右连续, 即是否有

$$\lim_{x \to x_0^+}f(x) = \lim_{x \to x_0}\psi(x) = \varphi(x_0) = f(x_0).$$

第二章　一元函数微分学

编者按

导数与微分是微分学的基本概念,导数与微分的计算是微分学的基本计算,导数与微分的应用 —— 利用导数研究函数的性质是微分学的基本内容.

历年试题的题型大致可归纳为:

1. 导数与微分概念.　　　　　　　　2. 微分法与导数计算.
3. 切线问题与变化率问题.　　　　　4. 单调性与极值问题.
5. 最值问题.
6. 求函数在定义域上的单调区间与极值点,凹凸区间与拐点及渐近线.
7. 函数不等式问题.
8. 函数零点的存在性与个数问题.
9. 拉格朗日中值定理及带拉格朗日余项的泰勒公式及其应用.
10. 一元函数微分学的综合问题.

一、导数与微分的概念

1. (18,4 分)　　下列函数中,在 $x = 0$ 处不可导的是

(A)　$f(x) = |x| \sin |x|$.　　　　　　(B)　$f(x) = |x| \sin \sqrt{|x|}$.

(C)　$f(x) = \cos |x|$.　　　　　　　(D)　$f(x) = \cos \sqrt{|x|}$.

【分析】　按定义考察 $f(x)$ 在 $x = 0$ 的可导性,即考察 $\lim\limits_{x \to 0} \dfrac{f(x) - f(0)}{x}$ 是否存在.

方法一　考察(D).

$$\lim_{x \to 0} \frac{f(x) - f(0)}{x} = \lim_{x \to 0} \frac{\cos \sqrt{|x|} - 1}{x} = \lim_{x \to 0} \frac{-\dfrac{1}{2}|x|}{x} 不 \exists$$

因为 $\lim\limits_{x \to 0+} \dfrac{-\dfrac{1}{2}|x|}{x} = -\dfrac{1}{2}$, $\lim\limits_{x \to 0-} \dfrac{-\dfrac{1}{2}|x|}{x} = \dfrac{1}{2}$, $f'_+(0) \neq f'_-(0)$. $f'(0)$ 不 $\exists$.

因此选(D).

方法二　考察(A),(B),(C).

(A)：$f'(0) = \lim\limits_{x \to 0} \dfrac{f(x) - f(0)}{x} = \lim\limits_{x \to 0} \dfrac{|x| \sin |x|}{x} = \lim\limits_{x \to 0} \dfrac{x^2}{x} = 0$

(B)：$f'(0) = \lim\limits_{x \to 0} \dfrac{|x| \sin \sqrt{|x|}}{x} = \lim\limits_{x \to 0} \left(\dfrac{|x|}{x} \cdot \sin \sqrt{|x|} \right) = 0$

(C)：$f'(0) = \lim\limits_{x \to 0} \dfrac{\cos |x| - 1}{x} = \lim\limits_{x \to 0} \dfrac{-\dfrac{1}{2}x^2}{x} = 0$

因此选(D).

2. (21,5 分) 函数 $f(x) = \begin{cases} \dfrac{e^x - 1}{x}, & x \neq 0 \\ 1, & x = 0 \end{cases}$，在 $x = 0$ 处

(A) 连续且取得极大值   (B) 连续且取得极小值

(C) 可导且导数等于零   (D) 可导且导数不为零

【分析】 我们按导数定义求

$$f'(0) = \lim_{x \to 0} \frac{f(x) - f(0)}{x} = \lim_{x \to 0} \frac{\dfrac{e^x - 1}{x} - 1}{x} = \lim_{x \to 0} \frac{e^x - 1 - x}{x^2}$$

$$= \lim_{x \to 0} \frac{e^x - 1}{2x} = \frac{1}{2}.$$

所以 $f(x)$ 在 $x = 0$ 可导且 $f'(0) \neq 0$. 选(D)

----

3. (22,5 分) 设函数 $f(x)$ 在 $x = x_0$ 处有 2 阶导数，则

(A) 当 $f(x)$ 在 x_0 的某邻域内单调增加时，$f'(x_0) > 0$

(B) 当 $f'(x_0) > 0$ 时，$f(x)$ 在 $x = x_0$ 的某邻域内单调增加

(C) 当 $f(x)$ 在 x_0 的某邻域内是凹函数时，$f''(x_0) > 0$

(D) 当 $f''(x) > 0$ 时，$f(x)$ 在 x_0 的某邻域内是凹函数

【分析】 $f(x)$ 在 $x = x_0$ 处有 2 阶导数 $\Rightarrow f'(x)$ 在 $x = x_0$ 连续，

当 $f'(x_0) > 0$ 时，$\Rightarrow \exists \delta > 0$，当 $x \in (x_0 - \delta, x_0 + \delta)$ 时 $f'(x) > 0$，于是 $f(x)$ 在 $(x_0 - \delta, x_0 + \delta)$ 单调增加.

因此选(B)

▶ **练习题**

(04,2,4 分) 设函数 $f(x)$ 连续，且 $f'(0) > 0$，则存在 $\delta > 0$，使得

(A) $f(x)$ 在 $(0, \delta)$ 内单调增加.   (B) $f(x)$ 在 $(-\delta, 0)$ 内单调减少.

(C) 对任意的 $x \in (0, \delta)$ 有 $f(x) > f(0)$.   (D) 对任意的 $x \in (-\delta, 0)$ 有 $f(x) > f(0)$.

【分析】 由导数定义知 $f'(0) = \lim_{x \to 0} \dfrac{f(x) - f(0)}{x} > 0$.

再由极限的不等式性质 $\Rightarrow \exists \delta > 0$，当 $x \neq 0, x \in (-\delta, \delta)$ 时，$\dfrac{f(x) - f(0)}{x} > 0$.

$\Rightarrow$ 当 $x \in (0, \delta)$ $(x \in (-\delta, 0))$ 时，$f(x) - f(0) > 0$ (< 0). 因此应选(C).

> **评注** ① 由 $f'(a) > 0$，同上可证：$\exists \delta > 0$，当 $x \in (a, a + \delta)$ 时 $f(x) > f(a)$，当 $x \in (a - \delta, a)$ 时 $f(x) < f(a)$. 但不能得出存在 a 点的某邻域使得 $f(x)$ 在该邻域单调增加.
>
> ② 若 $f'(a) > 0$，又设 $f'(x)$ 在 $x = a$ 连续，则 $\exists \delta > 0$，$f'(x) > 0(x \in (a - \delta, a + \delta))$，从而 $f(x)$ 在 $(a - \delta, a + \delta)$ 单调上升.
>
> ③ 本题有不少考生选(A)，这显然是错用了导数符号与函数单调性之间的关系. 只有当导数在一个区间内不变号时，才能得到函数单调的结论，若只知道导数在一点的符号，是不能得到函数单调的结果的. 例如，设 $f(x) = \begin{cases} x + 2x^2 \sin \dfrac{1}{x}, & x \neq 0 \\ 0, & x = 0, \end{cases}$ 则
>
> $$f'(0) = \lim_{x \to 0} \frac{f(x) - f(0)}{x} = 1 + \lim_{x \to 0} 2x \sin \frac{1}{x} = 1 > 0,$$
>
> $$f'(x) = 1 + 4x \sin \frac{1}{x} - 2\cos \frac{1}{x}, x \neq 0,$$

于是 $\forall$ 整数 n，$f'\left(\dfrac{1}{n\pi}\right) = \left[1 - 2(-1)^n\right]\begin{cases} < 0, & |n| \text{ 为偶数}, \\ > 0, & |n| \text{ 为奇数}. \end{cases}$

$\forall \delta > 0, |n|$ 充分大后，$\dfrac{1}{n\pi} \in (0,\delta)(n > 0), \dfrac{1}{n\pi} \in (-\delta,0)(n < 0)$. 因此，$\forall \delta > 0$，在区间 $(0,\delta)$ 及 $(-\delta,0)$ 内 $f'(x)$ 总是变号无穷多次，从而 $f(x)$ 在这样的区间内不单调.

综　述

1. 在导数与微分概念中，首先对于它们的定义要给予足够的重视，不论在什么形式下，都能看出哪个是增量，哪点处的增量，是原增量比还是原增量比的极限. 如题 1 等. 按定义求导在分段函数求导中是特别重要的.

2. 对于可微性与微分，必须知道：
$$\Delta y = \mathrm{d}y + o(\Delta x)，\text{当} f'(x) \neq 0 \text{ 时 } \Delta y \sim \mathrm{d}y.$$

3. 应熟练掌握可导、可微与连续性的关系.

4. 应熟练掌握奇偶函数与周期函数的导数性质.

二、求各类一元函数的导数与微分 判断导函数的连续性

（一）带一般函数记号的复合函数的导数或微分

▶ 练习题

（06,4 分）　设函数 $g(x)$ 可微，$h(x) = \mathrm{e}^{1+g(x)}$，$h'(1) = 1$，$g'(1) = 2$，则 $g(1)$ 等于

（A）$\ln 3 - 1$. 　　（B）$-\ln 3 - 1$. 　　（C）$-\ln 2 - 1$. 　　（D）$\ln 2 - 1$.

【分析】　按题设　$h'(x) = \mathrm{e}^{1+g(x)} g'(x)$，令 $x = 1 \Rightarrow$
$$h'(1) = \mathrm{e}^{1+g(1)} g'(1)，\text{即} 1 = \mathrm{e}^{1+g(1)} \cdot 2,$$

亦即　　　$1 + g(1) = \ln\dfrac{1}{2}，\quad g(1) = -1 - \ln 2$. 选（C）.

（二）求初等函数的一、二阶导数或微分

4.（12,4 分）　设函数 $f(x) = (\mathrm{e}^x - 1)(\mathrm{e}^{2x} - 2) \cdots (\mathrm{e}^{nx} - n)$，其中 n 为正整数，则 $f'(0) =$

（A）$(-1)^{n-1}(n-1)!$. 　　　　　　（B）$(-1)^n(n-1)!$.

（C）$(-1)^{n-1}n!$. 　　　　　　　　　（D）$(-1)^n n!$.

【分析一】　按定义
$$f'(0) = \lim_{x \to 0} \frac{f(x) - f(0)}{x} = \lim_{x \to 0} \frac{(\mathrm{e}^x - 1)(\mathrm{e}^{2x} - 2) \cdot \cdots \cdot (\mathrm{e}^{nx} - n)}{x}$$
$$= (-1) \times (-2) \times \cdots \times [-(n-1)]$$
$$= (-1)^{n-1}(n-1)!,$$

故选（A）.

【分析二】　用乘积求导公式. 含因子 $\mathrm{e}^x - 1$ 项在 $x = 0$ 为 0，故只留下一项. 于是

$$f'(0) = \left[e^x (e^{2x} - 2) \cdot \cdots \cdot (e^{nx} - n) \right] \Big|_{x=0}$$
$$= (-1) \times (-2) \times \cdots \times \left[-(n-1) \right]$$
$$= (-1)^{n-1} (n-1)!.$$

故选(A).

■ （三）求隐函数的导数

5. (09,4分) 设 $y = y(x)$ 是由方程 $xy + e^y = x + 1$ 确定的隐函数，则 $\dfrac{dy^2}{dx^2}\Big|_{x=0} = $ _____.

【分析】 由 $xy + e^y = x + 1 \Rightarrow y(0) = 0$. 将方程两边对 x 求导得
$$y + xy' + e^y y' = 1 \Rightarrow y'(0) = 1.$$

再将上述方程两边对 x 求导得
$$2y' + xy'' + e^y y'^2 + e^y y'' = 0.$$

令 $x = 0 \Rightarrow$ $\quad 2 + 1 + y''(0) = 0$, 故 $y''(0) = -3$.

- -

6. (12,4分) 设 $y = y(x)$ 是由方程 $x^2 - y + 1 = e^y$ 所确定的隐函数，则 $\dfrac{d^2 y}{dx^2}\Big|_{x=0} = $ _____.

【分析】 在原方程中令 $x = 0$ 得 $y(0) = 0$. 再将原方程两边对 x 求导得
$$2x - y' = e^y y'. \tag{$*$}$$

令 $x = 0, y = 0$ 得 $-y'(0) = y'(0)$, 于是 $y'(0) = 0$. 再将 $(*)$ 式对 x 求导得
$$2 - y'' = e^y y'^2 + e^y y''.$$

令 $x = 0, y = 0, y' = 0$ 得 $2 - y''(0) = y''(0)$, 于是 $y''(0) = 1$.

> **评注** 方程 $x^2 - y + 1 = e^y$ 中，令 $x = 0$ 得 $e^y + y - 1 = 0$. 显然 $y = 0$ 是解，由 $(e^y + y - 1)'_y = e^y + 1 > 0, e^y + y - 1 \nearrow$, 故只有唯一零点. 因此 $y(0) = 0$.

■ （四）求由参数方程确定的函数的导数

7. (15,4分) $\begin{cases} x = \arctan t \\ y = 3t + t^3 \end{cases}$ 则 $\dfrac{d^2 y}{dx^2}\Big|_{t=1} = $ _____.

【分析】 由参数式求导法
$$\frac{dy}{dx} = \frac{y'_t}{x'_t} = \frac{3 + 3t^2}{\dfrac{1}{1+t^2}} = 3(1+t^2)^2$$

再由复合函数求导法得
$$\frac{d^2 y}{dx^2} = \frac{d}{dx}\left(3(1+t^2)^2\right) = \frac{d}{dt}\left(3(1+t^2)^2\right)\frac{dt}{dx} = 6(1+t^2) \cdot 2t \cdot \frac{1}{x'_t} = 12t(1+t^2)^2$$

$$\frac{d^2 y}{dx^2}\Big|_{t=1} = 48.$$

- -

8. (17,4分) 设函数 $y = y(x)$ 由参数方程 $\begin{cases} x = t + e^t \\ y = \sin t \end{cases}$ 确定，则 $\dfrac{d^2 y}{dx^2}\Big|_{t=0} = $ _____.

【分析】 这是参数式求导问题.
$$x'_t = 1 + e^t, \quad y'_t = \cos t$$

由参数求导法得

$$\frac{dy}{dx} = \frac{y_t'}{x_t'} = \frac{\cos t}{1 + e^t}$$

再求

$$\frac{d^2y}{dx^2} = \frac{d}{dx}\left(\frac{\cos t}{1 + e^t}\right) = \frac{d}{dt}\left(\frac{\cos t}{1 + e^t}\right)\frac{dt}{dx}$$

$$\left.\frac{d^2y}{dx^2}\right|_{t=0} = \left[0 + \cos t\frac{d}{dt}\left(\frac{1}{1 + e^t}\right)\right]\frac{1}{x_t'}\bigg|_{t=0}$$

$$= -\frac{e^t}{(1 + e^t)^3}\bigg|_{t=0} = -\frac{1}{8}$$

---

9. (20,4分) 设 $\begin{cases} x = \sqrt{t^2 + 1}, \\ y = \ln(t + \sqrt{t^2 + 1}), \end{cases}$ 则 $\left.\dfrac{d^2y}{dx^2}\right|_{t=1} = $ _____.

【分析】 由参数式求导法得

$$\frac{dx}{dt} = \frac{t}{\sqrt{t^2 + 1}}, \qquad \frac{dy}{dt} = \frac{1}{t + \sqrt{t^2 + 1}}\left(1 + \frac{t}{\sqrt{t^2 + 1}}\right) = \frac{1}{\sqrt{t^2 + 1}}$$

$$\frac{dy}{dx} = \frac{dy}{dt}\bigg/\frac{dx}{dt} = \frac{1}{\sqrt{1 + t^2}}\bigg/\frac{t}{\sqrt{1 + t^2}} = \frac{1}{t}$$

再由复合函数求导法及反函数求导法得

$$\frac{d^2y}{dx^2} = \frac{d}{dx}\left(\frac{dy}{dx}\right) = \frac{d}{dx}\left(\frac{1}{t}\right) = \left(\frac{1}{t}\right)'\frac{dt}{dx} = -\frac{1}{t^2}\bigg/\frac{dx}{dt}$$

$$= -\frac{\sqrt{t^2 + 1}}{t^3}$$

$$\left.\frac{d^2y}{dx^2}\right|_{t=1} = -\sqrt{2}$$

---

10. (21,5分) 设函数 $y = y(x)$ 由参数方程 $\begin{cases} x = 2e^t + t + 1 \\ y = 4(t - 1)e^t + t^2 \end{cases}$ 确定,则 $\left.\dfrac{d^2y}{dx^2}\right|_{t=0} = $ _____.

【分析】 由参数式求导法

$$\frac{dy}{dx} = \frac{y_t'}{x_t'} = \frac{4e^t + 4(t - 1)e^t + 2t}{2e^t + 1} = \frac{4te^t + 2t}{2e^t + 1} = 2t$$

再由复合函数求导法与反函数求导法

$$\frac{d^2y}{dx^2} = \frac{d}{dx}(2t) = \frac{d}{dt}(2t)\frac{dt}{dx} = \frac{2}{\dfrac{dx}{dt}} = \frac{2}{2e^t + 1}$$

$$\left.\frac{d^2y}{dx^2}\right|_{t=0} = \frac{2}{3}$$

（五）求反函数的导数

11. (13,4分) 设函数 $f(x) = \displaystyle\int_{-1}^{x}\sqrt{1 - e^t}\,dt$,则 $y = f(x)$ 的反函数 $x = f^{-1}(y)$ 在 $y = 0$ 处的导数 $\left.\dfrac{dx}{dy}\right|_{y=0} = $ _____.

【分析】 $y = \displaystyle\int_{-1}^{x}\sqrt{1 - e^t}\,dt = 0 \Leftrightarrow x = -1$,由

$$\frac{dy}{dx} = \sqrt{1 - e^x} \Rightarrow \frac{dx}{dy} = \frac{1}{\sqrt{1 - e^x}},$$

$$\Rightarrow \qquad \left.\frac{\mathrm{d}x}{\mathrm{d}y}\right|_{y=0} = \left.\frac{1}{\sqrt{1-\mathrm{e}^x}}\right|_{x=-1} = \frac{1}{\sqrt{1-\mathrm{e}^{-1}}} = \sqrt{\frac{\mathrm{e}}{\mathrm{e}-1}}.$$

（六）求 n 阶导数

12.（10,4 分） 函数 $y = \ln(1-2x)$ 在 $x=0$ 处的 n 阶导数 $y^{(n)}(0) =$ _____.

【分析一】 用麦克劳林公式.已知

$$\ln(1+t) = \sum_{k=1}^{n} \frac{(-1)^{k-1}t^k}{k} + o(t^n) \quad (t \to 0),$$

令 $t = -2x$ $\Rightarrow y = \ln(1-2x) = \sum_{k=1}^{n} \frac{(-1)^{k-1}(-2x)^k}{k} + o(x^n) = -\sum_{k=1}^{n} \frac{2^k x^k}{k} + o(x^n)\,(x \to 0),$

$$\Rightarrow \qquad y^{(n)}(0) = \frac{-2^n}{n} \cdot n! = -2^n(n-1)! \quad (n=1,2,3,\cdots),$$

其中 $0! = 1$.

【分析二】 用归纳法.由

$$y = \ln(1-2x) \quad \Rightarrow \quad y' = \frac{-2}{1-2x} = -2(1-2x)^{-1},$$

$$\Rightarrow \qquad y'' = -2(-1)(1-2x)^{-2}(-2) = -2^2(1-2x)^{-2},$$
$$y^{(3)} = -2^3 \cdot 2(1-2x)^{-3},$$
$$y^{(4)} = -2^4 \cdot 2 \cdot 3(1-2x)^{-4}, \cdots$$

易归纳证明 $\qquad y^{(n)} = -2^n(n-1)!(1-2x)^{-n}.$

$$\Rightarrow \qquad y^{(n)}(0) = -2^n(n-1)!.$$

13.（15,4 分） 函数 $f(x) = x^2 2^x$ 在 $x=0$ 处的 n 阶导数 $f^{(n)}(0) =$ _____.

【分析一】 用求乘积的 n 阶导数的莱布尼兹公式.

$$f^{(n)}(x) = \sum_{k=0}^{n} \mathrm{C}_n^k (x^2)^{(k)} (2^x)^{(n-k)}$$

其中 $\mathrm{C}_n^k = \dfrac{n!}{k!(n-k)!}$.注意 $(x^2)^{(k)}\big|_{x=0} = 0\,(k \neq 2)$, $\mathrm{C}_n^2 = \dfrac{n(n-1)}{2}$, 于是

$$f^{(n)}(0) = \mathrm{C}_n^2 \cdot 2 \cdot (2^x)^{(n-2)}\big|_{x=0} = n(n-1)(\ln 2)^{n-2} \,(n \geqslant 2)$$
$$f'(0) = 0$$

因此 $\quad f^{(n)}(0) = n(n-1)(\ln 2)^{n-2}\,(n=1,2,3,\cdots).$

【分析二】 用带皮亚诺余项的泰勒公式.

$$g(x) \xlongequal{\text{记}} 2^x, g^{(n)}(x) = 2^x(\ln 2)^n, g^{(n)}(0) = (\ln 2)^n$$

$$g(x) = \sum_{k=0}^{n-2} \frac{g^{(k)}(0)}{k!} x^k + o(x^{n-2})$$

$$f(x) = x^2 g(x) = \sum_{k=0}^{n-2} \frac{(\ln 2)^k}{k!} x^{k+2} + o(x^n) = \sum_{l=2}^{n} \frac{(\ln 2)^{l-2}}{(l-2)!} x^l + o(x^n)$$

$$\Rightarrow \qquad f^{(n)}(0) = n! \frac{(\ln 2)^{n-2}}{(n-2)!} = n(n-1)(\ln 2)^{n-2} \quad (n=2,3,\cdots).$$

因 $f'(0) = 0$, 上式 $n=1$ 时也成立.

14.（16,4 分） 已知函数 $f(x)$ 在 $(-\infty, +\infty)$ 上连续, $f(x) = (x+1)^2 + 2\displaystyle\int_0^x f(t)\,\mathrm{d}t$, 则当 $n \geqslant 2$

时, $f^{(n)}(0) =$ _____.

已知函数 $f(x)$ 在 $(-\infty, +\infty)$ 连续,于是 $\int_0^x f(t)\,dt$ 在 $(-\infty, +\infty)$ 可导,

$$f(x) = (x+1)^2 + 2\int_0^x f(t)\,dt \qquad ①$$

在 $(-\infty, +\infty)$ 可导,两边求导得

$$f'(x) = 2(x+1) + 2f(x) \qquad ②$$

因右端可导,两边再求导得

$$f''(x) = 2 + 2f'(x) \qquad ③$$

在 ① 式中令 $x = 0$ 得 $f(0) = 1$,在 ② 中令 $x = 0$ 得 $f'(0) = 2 + 2f(0) = 4$

因此 $\qquad f''(0) = 2 + 2f'(0) = 10.$ $\qquad ④$

再将 ③ 式逐阶求导得

$$f^{(3)}(x) = 2f^{(2)}(x),\ f^{(3)}(0) = 2f^{(2)}(0) = 2 \times 10$$

$$f^{(4)}(x) = 2f^{(3)}(x),\ f^{(4)}(0) = 2f^{(3)}(0) = 2^2 \times 10$$

可归纳证明

$$f^{(n)}(x) = 2f^{(n-1)}(x),\ f^{(n)}(0) = 2f^{(n-1)}(0) = 2^{n-2} \times 10\,(n \geq 2)$$

最后得 $\qquad f^{(n)}(0) = 2^{n-1} \times 5.$

> **评注** 从 ③ 及 $f(0) = 1$, $f'(0) = 4$ 也可解出 $f(x)$.
>
> 令 $p(x) = f'(x)$ 得
> $$p'(x) - 2p(x) = 2$$
>
> 解得通解 $\quad p(x) = c_1 e^{2x} - 1$
>
> 由 $p(0) = 4$ 得 $\quad f'(x) = p(x) = 5e^{2x} - 1$
>
> 再积分得 $\quad f(x) = \dfrac{5}{2}e^{2x} - x + c_2$
>
> 由 $f(0) = 1$ 得 $\quad f(x) = \dfrac{5}{2}e^{2x} - x - \dfrac{3}{2}$
>
> 于是 $\qquad f^{(n)}(x) = \dfrac{5}{2} \cdot 2^n e^{2x} \quad (n \geq 2)$
>
> $$f^{(n)}(0) = 5 \cdot 2^{n-1}$$

----

15. (20,4分) 已知函数 $f(x) = x^2 \ln(1-x)$. 当 $n \geq 3$ 时,$f^{(n)}(0) = $

(A) $-\dfrac{n!}{n-2}$. (B) $\dfrac{n!}{n-2}$. (C) $\dfrac{(n-2)!}{n}$. (D) $\dfrac{(n-2)!}{n}$.

【分析一】 用求泰勒公式法.

$$\ln(1+t) = \sum_{k=1}^{n} \frac{(-1)^{k-1}}{k} t^k + o(t^n) \ (t \to 0)$$

$$\ln(1-x) = -\sum_{k=1}^{n} \frac{1}{k} x^k + o(x^n)\,(x \to 0)$$

$$f(x) = x^2 \ln(1-x) = -\sum_{k=1}^{n} \frac{1}{k} x^{k+2} + o(x^{n+2})$$

$$= -\sum_{k=3}^{n+2} \frac{1}{k-2} x^k + o(x^{n+2}) = \sum_{k=1}^{n+2} \frac{f^{(k)}(0)}{k!} x^k + o(x^{n+2})$$

$\Rightarrow \qquad \dfrac{f^{(n)}(0)}{n!} = -\dfrac{1}{n-2},\ f^{(n)}(0) = -\dfrac{n!}{n-2}$

选 (A)

【分析二】 用求 n 阶导数的莱布尼兹公式及归纳法.

注意 $(x^2)^{(k)} = 0(k \geqslant 3)$，$(x^2)^{(k)}\big|_{x=0} = 0(k = 0,1)$，于是

$$f^{(n)}(0) = \left[\sum_{k=0}^{n} C_n^k (x^2)^{(k)} \ln^{(n-k)}(1-x)\right]\Bigg|_{x=0} = C_n^2 (x^2)^{(2)} \ln^{(n-2)}(1-x)\Bigg|_{x=0}$$

$$= n(n-1)\ln^{(n-2)}(1-x)\Bigg|_{x=0}$$

用归纳法易求得

$$\ln^{(n)}(1-x) = -\frac{(n-1)!}{(1-x)^n}, \qquad \ln^{(n-2)}(1-x)\Bigg|_{x=0} = -(n-3)!$$

代入得

$$f^{(n)}(0) = n(n-1)(-(n-3)!) = -\frac{n!}{n-2}$$

选(A)

（七）求分段函数的导数，导函数的连续性

16.（13,4 分） 设函数 $f(x) = \begin{cases} \sin x, & 0 \leqslant x < \pi, \\ 2, & \pi \leqslant x \leqslant 2\pi, \end{cases}$ $F(x) = \int_0^x f(t)\mathrm{d}t$，则

(A) $x = \pi$ 是函数 $F(x)$ 的跳跃间断点.　　　　(B) $x = \pi$ 是函数 $F(x)$ 的可去间断点.

(C) $F(x)$ 在 $x = \pi$ 处连续但不可导.　　　　(D) $F(x)$ 在 $x = \pi$ 处可导.

【分析一】　先求出 $F(x)$.

当 $0 \leqslant x < \pi$ 时，$F(x) = \int_0^x \sin t\,\mathrm{d}t = -\cos t\big|_0^x = 1 - \cos x$；

当 $\pi \leqslant x \leqslant 2\pi$ 时，$F(x) = \int_0^\pi \sin t\,\mathrm{d}t + \int_\pi^x 2\,\mathrm{d}t = 2 + 2(x - \pi)$，

于是　　　　$F(x) = \begin{cases} 1 - \cos x, & 0 \leqslant x \leqslant \pi, \\ 2x - 2(\pi - 1), & \pi \leqslant x \leqslant 2\pi. \end{cases}$

显然 $F(x)$ 在 $x = \pi$ 处连续，但

$$F'_-(\pi) = (1 - \cos x)'\big|_{x=\pi} = 0,$$

$$F'_+(\pi) = [2x - (2\pi - 1)]'\big|_{x=\pi} = 2,$$

由于 $F'_+(\pi) \neq F'_-(\pi)$，故 $F(x)$ 在 $x = \pi$ 处不可导. 因此选(C).

【分析二】　不必求出 $F(x)$. 因 $f(x)$ 在 $[0,2\pi]$ 上可积，故 $F(x) = \int_0^x f(t)\mathrm{d}t$ 在 $[0,2\pi]$ 上连续.

当 $0 \leqslant x \leqslant \pi$ 时，由

$$F(x) = \int_0^x f(t)\mathrm{d}t = \int_0^x \sin t\,\mathrm{d}t$$

$$\Rightarrow \qquad F'_-(\pi) = \left(\int_0^x \sin t\,\mathrm{d}t\right)'\Bigg|_{x=\pi} = \sin\pi = 0.$$

当 $\pi \leqslant x \leqslant 2\pi$ 时，由

$$F(x) = \int_0^x f(t)\mathrm{d}t = \int_0^\pi f(t)\mathrm{d}t + \int_\pi^x 2\,\mathrm{d}t$$

$$\Rightarrow \qquad F'_+(\pi) = \left(\int_0^\pi \sin t\,\mathrm{d}t + \int_\pi^x 2\,\mathrm{d}t\right)'\Bigg|_{x=\pi} = 2.$$

由于 $F'_+(\pi) \neq F'_-(\pi)$，故 $F(x)$ 在 $x = \pi$ 处不可导. 因此选(C).

17.（15,4 分） 设函数 $f(x) = \begin{cases} x^\alpha \cos\dfrac{1}{x^\beta}, & x > 0 \\ 0, & x \leqslant 0 \end{cases}$ $(\alpha > 0, \beta > 0)$，若 $f'(x)$ 在 $x = 0$ 处连续则：

(A) $\alpha - \beta > 1$　　(B) $0 < \alpha - \beta \leqslant 1$　　(C) $\alpha - \beta > 2$　　(D) $0 < \alpha - \beta \leqslant 2$

【分析】　易求出

$$f'(x) = \begin{cases} \alpha x^{\alpha-1}\cos\dfrac{1}{x^\beta} + \beta x^{\alpha-\beta-1}\sin\dfrac{1}{x^\beta}, & x > 0 \\ 0, & x < 0 \end{cases}$$

再求　　$f'_+(0) = \lim\limits_{x\to 0+}\dfrac{f(x) - f(0)}{x} = \lim\limits_{x\to 0+} x^{\alpha-1}\cos\dfrac{1}{x^\beta}\begin{cases} = 0 & (\alpha > 1) \\ \text{不} \exists & (\alpha \leqslant 1) \end{cases}, f'_-(0) = 0.$

于是 $f'(0)$ 存在 $\Leftrightarrow \alpha > 1.$

当 $\alpha > 1$ 时，

$$\lim\limits_{x\to 0}\alpha x^{\alpha-1}\cos\dfrac{1}{x^\beta} = 0$$

$$\lim\limits_{x\to 0}\beta x^{\alpha-\beta-1}\sin\dfrac{1}{x^\beta}\begin{cases} = 0 & (\alpha - \beta - 1 > 0) \\ \text{不} \exists & (\alpha - \beta - 1) \leqslant 0 \end{cases}$$

因此 $f'(x)$ 在 $x = 0$ 连续 $\Leftrightarrow \alpha - \beta > 1.$ 选(A).

▶ 练习题

(95,2,3分)　设 $f(x)$ 可导，$F(x) = f(x)(1 + |\sin x|)$. 若 $F(x)$ 在 $x = 0$ 处可导，则必有

(A) $f(0) = 0.$　　　　　　　　　　　(B) $f'(0) = 0.$

(C) $f(0) + f'(0) = 0.$　　　　　　　(D) $f(0) - f'(0) = 0.$

【分析一】　因利用观察法和排除法都很难对本题作出选择，故需分别验证充分条件和必要条件.

充分性：因为 $f(0) = 0$，所以

$$\lim\limits_{x\to 0}\dfrac{F(x) - F(0)}{x} = \lim\limits_{x\to 0}\dfrac{f(x)(1 + |\sin x|)}{x} = \lim\limits_{x\to 0}\dfrac{f(x)}{x} = \lim\limits_{x\to 0}\dfrac{f(x) - f(0)}{x} = f'(0).$$

$\Rightarrow$　$F(x)$ 在 $x = 0$ 处可导.

必要性：设 $F(x)$ 在 $x = 0$ 处可导，由于 $f'(0) \exists$，则 $f(x)|\sin x|$ 在 $x = 0$ 可导，必有 $f(0) = 0$. 若 $f(0)$ $\neq 0 \Rightarrow |\sin x| = \dfrac{f(x)|\sin x|}{f(x)}$ 在 $x = 0$ 可导，得矛盾.

因此应选(A).

【分析二】　由于 $F(x) = f(x) + f(x)|\sin x|$，而 $f(x)$ 可导，则 $F(x)$ 在 $x = 0$ 处可导等价于 $f(x)|\sin x|$ 在 $x = 0$ 可导，令 $\varphi(x) = f(x)|\sin x|$，则

$$\varphi'_+(0) = \lim\limits_{x\to 0^+}\dfrac{f(x)|\sin x|}{x} = \lim\limits_{x\to 0^+}\dfrac{f(x)\sin x}{x} = f(0),$$

$$\varphi'_-(0) = \lim\limits_{x\to 0^-}\dfrac{f(x)|\sin x|}{x} = -\lim\limits_{x\to 0^-}\dfrac{f(x)\sin x}{x} = -f(0).$$

于是要使 $F(x)$ 在 $x = 0$ 处可导，当且仅当 $f(0) = -f(0)$，即 $f(0) = 0$. 故应选(A).

评注　本题考查了导数在一点的定义，导数存在的充要条件以及重要极限 $\lim\limits_{x\to 0}\dfrac{\sin x}{x} = 1$ 等知识点. 有些考生选(D)，说明这些考生未验证充要条件，随意猜测的可能性较大.

（八）变限积分的求导

参见第三章题12,14及四(五)中的练习题(1),(3).

综 述

关于求导数与微分的问题,在多数微积分的题目中都会出现,几乎每年都会出现不只一个单纯求一、二阶导数的题目.

1. 一元函数微分法则中最重要的是复合函数求导法及相应的一阶微分形式的不变性.利用求导的四则运算法则与复合函数求导法可求初等函数的任意阶导数.幂指数函数 $f(x)^{g(x)}$ 求导法,隐函数求导法,参数式求导法,反函数求导法及变限积分求导法等都是复合函数求导法的应用.对以上各种类型的函数,不但要会求其导数与微分,而且应当做到快速正确.

2. 求分段函数的导数,关键是求分界点处的导数.求法有

方法1° 用导数定义.

方法2° 分别求分界点处的左、右导数.

方法3° 求 $\lim\limits_{x \to x_0} f'(x)$:若 $f(x)$ 在 x_0 连续,且 $\lim\limits_{x \to x_0} f'(x)$ 存在,则 $f'(x_0)$ 存在,且

$$f'(x_0) = \lim\limits_{x \to x_0} f'(x).$$

换言之,只要在所述条件下 $\lim\limits_{x \to x_0} f'(x)$ 存在,则 $f'(x)$ 不但在点 $x = x_0$ 存在而且在点 $x = x_0$ 连续.以上结论对单侧导数 $f'_+(x_0)$ 与 $f'_-(x_0)$ 也成立.

方法4° 有时可利用导数几何意义判断分界点处的可导性.

3. 求高阶导数与 n 阶导数.

给定函数 $f(x)$,可逐次求导数求得其指定阶数的高阶导数.但要得出任意 n 阶导数的表达式不一定都能办到.求 n 阶导数常用的方法:方法1° 归纳法.方法2° 分解法.方法3° 用莱布尼兹公式求乘积的 n 阶导数.方法4° 用泰勒公式的系数求某点的 n 阶导数.题16,题17的【分析二】及题19用的是归纳法.题17【分析一】与题18【分析二】用方法4°.题18【分析一】用方法3°.

三、切线问题,变化率问题与曲线的曲率

(一) 曲线 $y = f(x)$ 的切线与法线

18. (10,4分) 曲线 $y = x^2$ 与曲线 $y = a\ln x (a \neq 0)$ 相切,则 $a =$

(A) $4e$.   (B) $3e$.   (C) $2e$.   (D) e.

【分析】 设 $y = x^2$ 与 $y = a\ln x (a \neq 0)$ 相切的切点为 (x_0, y_0),则

$$\begin{cases} x_0^2 = a\ln x_0, \\ (x^2)'|_{x_0} = (a\ln x)'|_{x_0}, \end{cases} \quad 即 \begin{cases} x_0^2 = a\ln x_0, \\ 2x_0 = \dfrac{a}{x_0} \end{cases} \Rightarrow \quad x_0 = e^{\frac{1}{2}}, \quad a = 2e.$$

因此选(C).

---

19. (18,4分) 曲线 $y = x^2 + 2\ln x$ 的其拐点处的切线方程是_____.

【分析】 先求拐点.

$$y = x^2 + 2\ln x \ (x > 0)$$

$$y' = 2x + \frac{2}{x}, \quad y'' = 2 - \frac{2}{x^2} = \frac{2(x^2-1)}{x^2} \begin{cases} > 0 & (x > 1) \\ = 0 & (x = 1) \\ < 0 & (0 < x < 1) \end{cases}$$

由此得唯一拐点$(1,1)$.

当 $x = 1$ 时 $y'(1) = 4$,于是拐点处切线方程为
$$y = 1 + 4(x - 1)$$
即
$$y = 4x - 3.$$

（二）曲线 $\begin{cases} x = x(t), \\ y = y(t) \end{cases}$ 的切线与法线

20. (09,4分) 曲线 $\begin{cases} x = \int_0^{1-t} e^{-u^2} du, \\ y = t^2 \ln(2 - t^2) \end{cases}$ 在点$(0,0)$处的切线方程为_____.

【分析】 曲线上点$(0,0)$对应 $t = 1$. 先求切线的斜率

$$\left. \frac{dy}{dx} \right|_{t=1} = \left. \frac{y'_t}{x'_t} \right|_{t=1} = \left. \frac{2t\ln(2 - t^2) - \dfrac{t^2 \cdot 2t}{2 - t^2}}{-e^{-(1-t)^2}} \right|_{t=1} = 2,$$

因此曲线在点$(0,0)$处的切线方程为 $y = 2x$.

----

21. (13,4分) 曲线 $\begin{cases} x = \arctan t, \\ y = \ln \sqrt{1 + t^2} \end{cases}$ 上对应于 $t = 1$ 的点处的法线方程为_____.

【分析】 $t = 1$ 时对应曲线上的点 $M_0(\arctan 1, \ln \sqrt{1 + 1})$ 即 $M_0\left(\dfrac{\pi}{4}, \dfrac{1}{2}\ln 2\right)$. 先求出曲线在 M_0 处的切线的斜率

$$\left. \frac{dy}{dx} \right|_{M_0} = \left. \frac{y'_t}{x'_t} \right|_{t=1} = \left. \frac{\dfrac{1}{2} \dfrac{2t}{1 + t^2}}{\dfrac{1}{1 + t^2}} \right|_{t=1} = 1,$$

于是曲线在点 M_0 处的法线的斜率为 -1. 因此曲线在点 M_0 处的法线方程是

$$y = \frac{1}{2}\ln 2 - \left(x - \frac{\pi}{4}\right),$$

即 $y + x - \dfrac{\pi}{4} - \dfrac{1}{2}\ln 2 = 0$.

----

22. (19,4分) 曲线 $\begin{cases} x = t - \sin t, \\ y = 1 - \cos t \end{cases}$ 在 $t = \dfrac{3\pi}{2}$ 对应点处的切线在 y 轴上的截距为_____.

【分析】 先用参数求导法求出 $\dfrac{dy}{dx}$:

$$\frac{dy}{dx} = \frac{y'_t}{x'_t} = \frac{(1 - \cos t)'}{(t - \sin t)'} = \frac{\sin t}{1 - \cos t}$$

曲线在 $t = \dfrac{3\pi}{2}$ 处的对应点

$$(x_0, y_0) = (t - \sin t, 1 - \cos t) \left. \right|_{t = \frac{3}{2}\pi} = \left(\frac{3\pi}{2} + 1, 1\right)$$

该点处切线的斜率

$$k = \left. \frac{dy}{dx} \right|_{t = \frac{3}{2}\pi} = \left. \frac{\sin t}{1 - \cos t} \right|_{t = \frac{3}{2}\pi} = -1$$

于是曲线在点 (x_0, y_0) 处的切线方程为

$$y = 1 - \left(x - \frac{3}{2}\pi - 1\right), 即 y = -x + \frac{3}{2}\pi + 2$$

因此截距为 $\frac{3}{2}\pi + 2$.

（三）曲线 $F(x,y) = 0$ 的切线与法线

23.（08,4 分） 曲线 $\sin(xy) + \ln(y - x) = x$ 在点 $(0,1)$ 处的切线方程是_____.

【分析】 $(0,1)$ 在曲线上，先求 $y'(0)$. 方程两边对 x 求导得

$$\cos(xy) \cdot (y + xy') + \frac{1}{y - x}(y' - 1) = 1.$$

令 $x = 0, y = 1$ 得 $1 + y'(0) - 1 = 1$，即 $y'(0) = 1$.

于是曲线在 $(0,1)$ 点的切线方程是 $y = x + 1$.

（四）曲线 $r = r(\theta)$ 的切线与法线

24.（14,4 分） 曲线 L 的极坐标方程是 $r = \theta$，则 L 在点 $(r,\theta) = \left(\frac{\pi}{2}, \frac{\pi}{2}\right)$ 处的切线的直角坐标方程是_____.

【分析】 L 的参数方程是 $\begin{cases} x = r\cos\theta = \theta\cos\theta, \\ y = r\sin\theta = \theta\sin\theta \end{cases}$，点 $(r,\theta) = \left(\frac{\pi}{2}, \frac{\pi}{2}\right)$ 记为 M_0，直角坐标是 (x_0,y_0) $= \left(0, \frac{\pi}{2}\right)$，$L$ 在点 M_0 的斜率

$$\left.\frac{dy}{dx}\right|_{M_0} = \left.\frac{y'_\theta}{x'_\theta}\right|_{\frac{\pi}{2}} = \left.\frac{\sin\theta + \theta\cos\theta}{\cos\theta - \theta\sin\theta}\right|_{\frac{\pi}{2}} = \frac{1}{-\frac{\pi}{2}} = -\frac{2}{\pi}$$

L 在 M_0 的切线的直角坐标方程是 $y = \frac{\pi}{2} - \frac{2}{\pi}x$.

（五）变化率问题

25.（10,4 分） 已知一个长方形的长 l 以 2cm/s 的速率增加，宽 w 以 3cm/s 的速率增加，则当 $l = 12$cm，$w = 5$cm 时，它的对角线增加的速率为_____.

【分析】 长方形长为 l，宽为 w，它们随时间 t 而变化，依题设 l, w 的变化速率分别为

$$\frac{dl}{dt} = 2(\text{cm/s}), \quad \frac{dw}{dt} = 3(\text{cm/s}).$$

对角线长记为 $A, A = \sqrt{l^2 + w^2}$，即 $A^2 = l^2 + w^2$，两边分别对 t 求导得

$$2A\frac{dA}{dt} = 2l\frac{dl}{dt} + 2w\frac{dw}{dt}.$$

当 $l = 12(\text{cm})$，$w = 5(\text{cm})$ 时，$A = \sqrt{l^2 + w^2} = \sqrt{169} = 13(\text{cm})$，

$$\Rightarrow \quad \frac{dA}{dt} = (12 \times 2 + 5 \times 3)/13 = 3(\text{cm/s}).$$

因此对角线增加速率为 $3(\text{cm/s})$.

26.（16,4 分） 已知动点 P 在曲线 $y = x^3$ 上运动，记坐标原点与点 P 间的距离为 l. 若点 P 的横坐标对时间的变化率为常数 v_0，则当点 P 运动到点 $(1,1)$ 时，l 对时间的变化率是_____.

【分析】 点 $P(x,x^3)$, P 与原点的距离为 l, $l^2 = x^2 + (x^3)^2 = x^2 + x^6$

$x = 1$ 时 $l = \sqrt{2}$, 两边对时间 t 求导得

$$2l\frac{dl}{dt} = 2x\frac{dx}{dt} + 6x^5\frac{dx}{dt}$$

令 $x = 1$ 得 $2\sqrt{2}\dfrac{dl}{dt} = (2 + 6)\dfrac{dx}{dt} = 8v_0$

因此点 P 运动到点 $(1,1)$ 时 l 对时间的变化率

$$\frac{dl}{dt} = \frac{8v_0}{2\sqrt{2}} = 2\sqrt{2}v_0$$

---

27. (21,5 分) 有一圆柱底面半径与高随时间变化的速率分别为 2cm/s, -3cm/s, 当底面半径为 10cm, 高为 5cm 时, 圆柱的体积与表面积随时间变化的速率分别为

(A) $125\pi\text{cm}^3/\text{s}, 40\pi\text{cm}^2/\text{s}$　　　　(B) $125\pi\text{cm}^3/\text{s}, -40\pi\text{cm}^2/\text{s}$

(C) $-100\pi\text{cm}^3/\text{s}, 40\pi\text{cm}^2/\text{s}$　　　(D) $-100\pi\text{cm}^3/\text{s}, -40\pi\text{cm}^2/\text{s}$

【分析】 设圆柱底面半径为 $r(t)$, 高度为 $h(t)$, 则圆柱的体积为 $V(t) = \pi r^2(t)h(t)$, 表面积为 $S(t) = 2\pi r(t)h(t) + 2\pi r^2(t)$. 它们随时间的变化率为

$$\frac{dV}{dt} = 2\pi rh\frac{dr}{dt} + \pi r^2\frac{dh}{dt}, \quad \frac{dS}{dt} = 2\pi r\frac{dh}{dt} + 2\pi h\frac{dr}{dt} + 4\pi r\frac{dr}{dt}$$

现以 $r = 10(\text{cm}), h = 5(\text{cm}), \dfrac{dr}{dt} = 2(\text{cm/s}), \dfrac{dh}{dt} = -3(\text{cm/s})$ 代入得

$$\frac{dV}{dt} = 200\pi - 300\pi = -100(\text{cm}^3/\text{s}), \frac{dS}{dt} = -60\pi + 20\pi + 80\pi = 40(\text{cm}^2/\text{s})$$

选 (C)

（六）曲率及综合问题

28. (12,4 分) 曲线 $y = x^2 + x(x < 0)$ 上曲率为 $\dfrac{\sqrt{2}}{2}$ 的点的坐标是_____.

【分析】 先求 $y' = 2x + 1$, $y'' = 2$. 按曲率公式可知, $\forall$ 点处曲率

$$K = \frac{|y''|}{(1 + y'^2)^{3/2}} = \frac{2}{[1 + (2x + 1)^2]^{3/2}}.$$

现由 $K = \dfrac{\sqrt{2}}{2}$ 得 $\dfrac{2}{[1 + (2x + 1)^2]^{3/2}} = \dfrac{\sqrt{2}}{2}$, 即 $x(x + 1) = 0$.

由于 $x < 0$, 故取 $x = -1$, 相应地 $y = 0$. 因此所求点的坐标是 $(-1,0)$.

---

29. (14,4 分) 曲线 $\begin{cases} x = t^2 + 7, \\ y = t^2 + 4t + 1 \end{cases}$ 上对应于 $t = 1$ 的点处的曲率半径是

(A) $\dfrac{\sqrt{10}}{50}$.　　(B) $\dfrac{\sqrt{10}}{100}$.　　(C) $10\sqrt{10}$.　　(D) $5\sqrt{10}$.

【分析】 用参数求导法先求出

$$\frac{dy}{dx} = \frac{y_t'}{x_t'} = \frac{2t + 4}{2t} = 1 + \frac{2}{t}, \quad \frac{dy}{dx}\bigg|_{t=1} = 3,$$

$$\frac{d^2y}{dx^2} = \frac{d}{dx}\left(1 + \frac{2}{t}\right) = \frac{d}{dt}\left(1 + \frac{2}{t}\right)\frac{dt}{dx} = -\frac{2}{t^2} \cdot \frac{1}{x_t'} = -\frac{1}{t^3}, \quad \frac{d^2y}{dx^2}\bigg|_{t=1} = -1$$

对应 $t = 1$ 的曲线的曲率半径

$$R = \frac{\left(1 + \left(\dfrac{dy}{dx}\right)^2\right)^{3/2}}{\left|\dfrac{d^2 y}{dx^2}\right|}\Bigg|_{t=1} = (1+9)^{3/2} = 10^{\frac{3}{2}} = 10\sqrt{10}. \ \text{选}(C).$$

30.（18，4分） 曲线 $\begin{cases} x = \cos^3 t, \\ y = \sin^3 t \end{cases}$ 在 $t = \dfrac{\pi}{4}$ 对应点处的曲率为 _____.

【分析】 曲线表为 $y = y(x)$，先用参数求导法求出

$$\frac{dy}{dx} = \frac{y'_t}{x'_t} = \frac{3\sin^2 t \cos t}{-3\cos^2 t \sin t} = -\tan t,$$

$$\frac{dy}{dx}\bigg|_{t=\frac{\pi}{4}} = -1,$$

$$\frac{d^2 y}{dx^2} = (-\tan t)' \frac{dt}{dx} = -\frac{1}{\cos^2 t} \cdot \frac{1}{-3\cos^2 t \sin t},$$

$$\frac{d^2 y}{dx^2}\bigg|_{t=\frac{\pi}{4}} = \frac{1}{3}\sqrt{2}^5 = \frac{4}{3}\sqrt{2}.$$

按曲率公式，$t = \dfrac{\pi}{4}$ 对应点的曲率

$$K = \frac{\left|\dfrac{d^2 y}{dx^2}\right|}{\left[1 + \left(\dfrac{dy}{dx}\right)^2\right]^{3/2}}\Bigg|_{t=\frac{\pi}{4}} = \frac{\frac{4}{3}\sqrt{2}}{2^{3/2}} = \frac{2}{3}$$

31.（19，4分） 设函数 $f(x), g(x)$ 的2阶导函数在 $x = a$ 处连续，则 $\lim\limits_{x \to a} \dfrac{f(x) - g(x)}{(x-a)^2} = 0$ 是两条曲线 $y = f(x), y = g(x)$ 在 $x = a$ 对应的点处相切及曲率相等的

（A） 充分不必要条件.   （B） 充分必要条件.

（C） 必要不充分条件.   （D） 既不充分也不必要条件.

【分析一】 首先由

$$\lim_{x \to a} \frac{f(x) - g(x)}{(x-a)^2} = 0 \qquad\qquad (*)$$

证明 $f(a) = g(a), f'(a) = g'(a), f''(a) = g''(a)$.

由（*）式 $\Rightarrow$

$$\lim_{x \to a}[f(x) - g(x)] = f(a) - g(a) = 0, \text{即} f(a) = g(a)$$

现用洛必达法则

$$\lim_{x \to a} \frac{f(x) - g(x)}{(x-a)^2} = \lim_{x \to a} \frac{f'(x) - g'(x)}{2(x-a)} = \lim_{x \to a} \frac{1}{2}[f''(x) - g''(x)]$$

$$= \frac{1}{2}[f''(a) - g''(a)] = 0$$

在上式中必有

$$\lim_{x \to a}[f'(x) - g'(x)] = f'(a) - g'(a) = 0（\text{若不为} 0，\text{则极限为} \infty，\text{这不可能}）.$$

因此在 $f'(a) = g'(a), f''(a) = g''(a)$.

曲线 $y = f(x), y = g(x)$ 在 $x = a$ 对应点相切，再按曲率公式

$$K = \frac{|y''|}{(1 + y'^2)^{3/2}}$$

它们在对应点有相同的曲率. 充分性得证.

反之,当两曲线在 $x = a$ 对应点处相切且曲率相等时,我们可得

$$f(a) = g(a), f'(a) = g'(a), |f''(a)| = |g''(a)| \left(\begin{array}{l} f''(a) = g''(a) \\ \text{或} f''(a) = -g''(a) \end{array} \right)$$

于是

$$\lim_{x \to a} \frac{f(x) - g(x)}{(x-a)^2} \overset{\frac{0}{0}}{=\!=} \lim_{x \to a} \frac{f'(x) - g'(x)}{2(x-a)} \overset{\frac{0}{0}}{=\!=} \lim_{x \to a} \frac{1}{2}[f''(x) - g''(x)]$$

$$= \frac{1}{2}[f''(a) - g''(a)] = \begin{cases} 0 & (f''(a) = g''(a)) \\ f''(a) & (f''(a) = -g''(a)) \end{cases}$$

当 $f''(a) \neq 0$ 时,

$$\lim_{x \to a} \frac{f(x) - g(x)}{(x-a)^2} \neq 0.$$

必要性不成立. 选(A).

【分析二】 用 $o(1)$ 表示无穷小量$(x \to a)$,

$$\lim_{x \to a} \frac{f(x) - g(x)}{(x-a)^2} = 0$$

由极限与无穷小的关系 $\Rightarrow$

$$\frac{f(x) - g(x)}{(x-a)^2} = o(1) \ (x \to a)$$

$\Rightarrow$

$$f(x) - g(x) = o(x-a)^2 (x \to 0)$$

由泰勒公式的唯一性,上式等价于

$$f(a) - g(a) = 0, f'(a) - g'(a) = 0, f''(a) - g''(a) = 0.$$

由此式再加上曲率公式可知,若 $\lim\limits_{x \to a} \frac{f(x) - g(x)}{(x-a)^2} = 0$ 则曲线 $y = f(x), y = g(x)$ 在 $x = a$ 对应点相切且

有相同曲率. 反之只保证

$$f(a) - g(a) = 0, f'(a) - g'(a) = 0, \ |f''(a)| - |g''(a)| = 0$$

不能保证 $f''(a) - g''(a) = 0$.

因此选(A).

综　述

由函数 $y = f(x)$ 的导数的几何意义可求得曲线 $y = f(x)$ 的切线的斜率,也可得相应的法线的斜率,再根据各种表示形式的函数的求导法,就可求得相应形式的曲线的切线方程与法线方程.

1. 显式曲线 $y = y(x)$ 在点$(x, y(x))$ 处的切线斜率为 $k = y'(x)$,

切线方程为

$$Y - y(x) = y'(x)(X - x),$$

法线方程为

$$Y - y(x) = -\frac{1}{y'(x)}(X - x), (y'(x) \neq 0); X = x \ (y'(x) = 0).$$

2. 隐式曲线 $F(x, y) = 0$,由隐函数求导法可求得它的切线与法线的斜率.

3. 曲线 $\begin{cases} x = x(t), \\ y = y(t) \end{cases}$ 在 $t = t_0$ 对应的切线方程为 $\dfrac{x - x(t_0)}{x'(t_0)} = \dfrac{y - y(t_0)}{y'(t_0)}$.

4. 给定极坐标曲线 $r = r(\theta)$，相当于给定直角坐标下的参数方程 $\begin{cases} x = r(\theta)\cos\theta, \\ y = r(\theta)\sin\theta. \end{cases}$

点 $(r(\theta),\theta)$ 处的切线斜率为 $k = y'_x = \dfrac{y'_\theta}{x'_\theta}$.

曲率概念与弧长有关，但求曲线的曲率归结为求一阶与二阶导数. 设有显式曲线 $y = y(x)$，它在点 $(x, y(x))$ 处的曲率

$$K = \frac{|y''(x)|}{(1 + y'^2(x))^{3/2}}.$$

四、单调性与极值问题

（一）判断极值点与单调性

▶ 练习题

(03,2,4 分)　设函数 $f(x)$ 在 $(-\infty, +\infty)$ 内连续，其导函数的图形如图 2.2 所示，则 $f(x)$ 有

(A)　一个极小值点和两个极大值点.
(B)　两个极小值点和一个极大值点.
(C)　两个极小值点和两个极大值点.
(D)　三个极小值点和一个极大值点.

【分析】　由图 2.2，$f(x)$ 有三个驻点和一个不可导点 $x = 0$. $f'(x)$ 在三个驻点处，一个由正变负，两个由负变正，因而这三个驻点中一个是极大值点，两个是极小值点；而点 $x = 0$（$f(x)$ 的连续点）的左侧 $f'(x) > 0$，右侧 $f'(x) < 0$，$x = 0$ 是 $f(x)$ 由增变减的交界点，因而是极大值点.

故应选（C）.

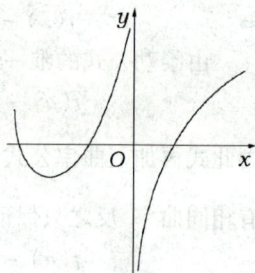
图 2.2

评注　求极值点时，除了考察驻点外还应注意考察不可导点. 若 $f(x)$ 在 $x = x_0$ 处连续，但 $f'(x_0)$ 不存在，极值的第一判别法对它仍适用.

（二）求单调性区间与极值点

32.（10,10 分）　求函数 $f(x) = \displaystyle\int_1^{x^2}(x^2 - t)\mathrm{e}^{-t^2}\mathrm{d}t$ 的单调区间与极值.

【分析与求解】　函数 $f(x)$ 的定义域为 $(-\infty, +\infty)$，$f(x) = x^2\displaystyle\int_1^{x^2}\mathrm{e}^{-t^2}\mathrm{d}t - \int_1^{x^2} t\mathrm{e}^{-t^2}\mathrm{d}t$.

先求出　$f'(x) = 2x\displaystyle\int_1^{x^2}\mathrm{e}^{-t^2}\mathrm{d}t + x^2\mathrm{e}^{-x^4}\cdot 2x - x^2\mathrm{e}^{-x^4}\cdot 2x = 2x\int_1^{x^2}\mathrm{e}^{-t^2}\mathrm{d}t$，

由 $f'(x) = 0$ 解得 $x = 0, x^2 = 1$，即 $x = 0, x = \pm 1$. 列表讨论如下：

x	$(-\infty, -1)$	-1	$(-1,0)$	0	$(0,1)$	1	$(1, +\infty)$
$f'(x)$	$-$	0	$+$	0	$-$	0	$+$
$f(x)$	↘	极小	↗	极大	↘	极小	↗

因此，$f(x)$ 的单调减区间是 $(-\infty, -1)$ 和 $(0,1)$，单调增区间是 $(-1,0)$ 和 $(1, +\infty)$.

极大值 $f(0) = \int_0^1 te^{-t^2}dt = -\frac{1}{2}e^{-t^2}\Big|_0^1 = \frac{1}{2}(1-e^{-1})$,极小值 $f(\pm 1) = 0$.

> **评注** ① 求 $f(x)$ 的单调性区间就是求 $f'(x)$ 的正负号区间.增减或减增区间的分界点就是极值
> 点.上述方法就是先求出 $f'(x)$,然后分出 $f'(x)$ 的正负号区间,从而得到 $f(x)$ 的增减区间,相应
> 地也得到 $f(x)$ 的极值点.这里就不必去求出驻点处的 $f''(x)$.
>
> ② 若题目只要求 $f(x)$ 的极值,我们也可求出
>
> $$f'(x) = 2x\int_1^{x^2}e^{-t^3}dt$$
>
> 后,解得驻点 $x = 0, x = \pm 1$,然后再求驻点处的二阶导数.
>
> $$f''(0) = 2\int_1^0 e^{-t^3}dt < 0 \Rightarrow f(0) = \frac{1}{2}(1-e^{-1}) \text{ 为极大值.}$$
>
> $$f''(\pm 1) = 4e^{-1} > 0 \Rightarrow f(\pm 1) = 0 \text{ 为极小值.}$$

33.(19,10分) 已知函数 $f(x) = \begin{cases} x^{2x}, & x > 0 \\ xe^x + 1, & x \leqslant 0 \end{cases}$,求 $f'(x)$,并求 $f(x)$ 的极值.

【分析与求解】 (1) 考察 $f(x)$ 在 $x = 0$ 的连续性.

$$\lim_{x\to 0+} f(x) = \lim_{x\to 0+} e^{2x\ln x} = e^0 = 1 = f(0)$$
$$\lim_{x\to 0-} f(x) = \lim_{x\to 0-} (xe^x + 1) = 1 = f(0)$$

$\Rightarrow f(x)$ 在 $x = 0$ 连续.

(2) 求 $f'(x)$.用求导法则分别求出 $x > 0$ 与 $x < 0$ 时的 $f'(x)$,在连续的条件下再考察 $\lim_{x\to 0} f'(x)$.

$x > 0$ 时,$f'(x) = (e^{2x\ln x})' = 2e^{2x\ln x}(1+\ln x)$

$x < 0$ 时,$f'(x) = (xe^x + 1)' = (x+1)e^x$

又 $$\lim_{x\to 0+} f'(x) = \lim_{x\to 0+} 2e^{2x\ln x}(1+\ln x) = -\infty$$

$\Rightarrow f(x)$ 在 $x = 0$ 不可导.

因此 $f'(x) = \begin{cases} 2x^{2x}(1+\ln x), & x > 0 \\ (x+1)e^x, & x < 0. \end{cases}$

(3) 求 $f(x)$ 的极值.

先求 $f(x)$ 的驻点.

$x > 0$ 时,$f'(x) = 0 \Leftrightarrow 1+\ln x = 0 \Leftrightarrow x = e^{-1}$

$x < 0$ 时,$f'(x) = 0 \Leftrightarrow x+1 = 0 \Leftrightarrow x = -1$.

$\Rightarrow$ 共有两个驻点 $x = e^{-1}$ 与 $x = -1$.

进一步考察这两个驻点是否极值点.

$$f'(x) = 2e^{2x\ln x}(1+\ln x) \begin{cases} < 0, & 0 < x < e^{-1} \\ = 0, & x = e^{-1}, \\ > 0, & x > e^{-1} \end{cases}$$

所以 $x = e^{-1}$ 是 $f(x)$ 的极小值点,取极小值 $f(e^{-1}) = \left(\frac{1}{e}\right)^{\frac{2}{e}}$.

$$f'(x) = (x+1)e^x \begin{cases} < 0, & x < -1 \\ = 0, & x = -1 \\ > 0, & -1 < x < 0 \end{cases}$$

所以 $x = -1$ 也是 $f(x)$ 的极小值点,取极小值 $f(-1) = 1 - \frac{1}{e}$.

还需考察 $f(x)$ 的唯一不可导点 $x = 0$($x = 0$ 是 $f(x)$ 的连续点),易知

$$f'(x)\begin{cases} >0, & -1<x<0 \\ <0, & 0<x<e^{-1} \end{cases}$$

$\Rightarrow x=0$ 是 $f(x)$ 的极大值点，取极大值 $f(0)=1$.

评注　①用极值第一判别法则判别 $x=x_0$ 是否是 $f(x)$ 的极值点时，要求 $f(x)$ 在 $x=x_0$ 连续，在 $x=x_0$ 两侧附近 $f'(x)$ 变号，但不要求 $f(x)$ 在 $x=x_0$ 可导.

②若 $f(x)$ 在 $x=x_0$ 连续，又

$$\lim_{x\to x_0} f'(x)=\begin{cases} A & \Rightarrow\ f'(x_0)=A \\ \infty & \Rightarrow\ f(x)\ \text{在}\ x=x_0\ \text{不可导}. \end{cases}$$

当 $\lim\limits_{x\to x_0} f'(x)$ 不 ∃，也不为 ∞ 时，由此不能判断 $f(x)$ 在 $x=x_0$ 的可导性，往往要按定义求

$$\lim_{x\to x_0}\frac{f(x)-f(x_0)}{x-x_0}.$$

③本题也可按定义证明 $f(x)$ 在 $x=0$ 不可导：

$$\lim_{x\to 0+}\frac{f(x)-f(0)}{x}=\lim_{x\to 0+}\frac{e^{2x\ln x}-1}{x}=\lim_{x\to 0+}\frac{2x\ln x}{x}=-\infty$$

$\Rightarrow\ f'_-(0)$ 不 ∃ $\Rightarrow\ f'(0)$ 不 ∃.

综　述

　　利用导数判断函数的单调性与极值点，是利用导数研究函数性态的一个基本结果，其他问题（最值问题、凹凸拐点等）都以此为基础.

　　应该明确：设 $f(x)$ 可导.

　　$f'(x)>0\Rightarrow f(x)$ 单调上升 $\Rightarrow f'(x)\geqslant 0\Leftrightarrow f(x)$ 单调不减. $f(x)$ 在区间 I 单调上升 $\Leftrightarrow f'(x)\geqslant 0(x\in I)$ 在 I 的任意子区间上 $f'(x)\not\equiv 0$.

　　$f'(x_0)\neq 0\Rightarrow x_0$ 不是 $f(x)$ 的极值点.

　　$\left.\begin{array}{l} f(x)\ \text{在}\ x_0\ \text{连续} \\ f'(x)\ \text{在}\ x_0\ \text{两侧变号} \end{array}\right\}\Rightarrow x_0$ 是 $f(x)$ 的极值点. $f'(x)$ 由正变负，x_0 是极大值点，$f'(x)$ 由负变正，x_0 是极小值点. $(f'(x_0)$ 可不存在$)$.

　　$\left.\begin{array}{l} f'(x_0)=0 \\ f''(x_0)\neq 0 \end{array}\right\}\Rightarrow x_0$ 是 $f(x)$ 的极值点. $f''(x_0)>0\Rightarrow x_0$ 是极小值点，$f''(x_0)<0\Rightarrow x_0$ 是极大值点.

　　要判断 $f'(x)$ 的单调性，自然要用 $f''(x)$. 有时也要按定义来判断极值点.

五、最值问题

（一）求给定函数在指定区间上的最值

34.（09,4 分）　函数 $y=x^{2x}$ 在区间 $(0,1]$ 上的最小值为 _____.

【分析】　先判断 $y=x^{2x}$ 在 $(0,1]$ 的单调性. 由于

$$y' = (e^{2x\ln x})' = x^{2x} \cdot 2(\ln x + 1) \begin{cases} < 0, & 0 < x < e^{-1}, \\ = 0, & x = e^{-1}, \\ > 0, & e^{-1} < x < 1, \end{cases}$$

因此 $y = x^{2x}$ 在 $(0,1]$ 的最小值为 $y(e^{-1}) = e^{-2e^{-1}}$.

▶ 练习题

(04,2,11 分)　设 $f(x) = \int_x^{x+\frac{\pi}{2}} |\sin t| \, dt$,

（Ⅰ）证明 $f(x)$ 是以 π 为周期的周期函数；（Ⅱ）求 $f(x)$ 的值域.

【分析与求解】（Ⅰ）只需证 $f(x + \pi) = f(x)$　$(\forall x \in (-\infty, +\infty))$.

$$f(x + \pi) = \int_{x+\pi}^{x+\frac{3}{2}\pi} |\sin t| \, dt \xmapsto{t = u + \pi} \int_x^{x+\frac{3}{2}\pi} |\sin(u + \pi)| \, du$$

$$= \int_x^{x+\frac{\pi}{2}} |\sin u| \, du = f(x)　(\forall x \in (-\infty, +\infty)),$$

故 $f(x)$ 是以 π 为周期的函数.

（Ⅱ）因为 $f(x)$ 以 π 为周期,故只需讨论 $f(x)$ 在 $[0, \pi]$ 上的值域.

设 $f(x)$ 在 $[0, \pi]$ 上的值域为 $[m, M]$,其中 m, M 分别是 $f(x)$ 在 $[0, \pi]$ 上的最小值与最大值.注意

$|\sin x|$ 在 $(-\infty, +\infty)$ 连续 $\Rightarrow f(x) = \int_x^{x+\frac{\pi}{2}} |\sin t| \, dt$ 可导.下面用微分学方法求 m 与 M:

$$f'(x) = \left| \sin\left(x + \frac{\pi}{2}\right) \right| - |\sin x| = |\cos x| - |\sin x|,$$

令 $f'(x) = 0$,则 $|\tan x| = 1$. 在 $[0, \pi]$ 中解得 $x = \frac{1}{4}\pi, \frac{3}{4}\pi$. 比较函数值

$$f\left(\frac{\pi}{4}\right) = \int_{\frac{\pi}{4}}^{\frac{3}{4}\pi} \sin t \, dt = -\cos t \Big|_{\frac{\pi}{4}}^{\frac{3}{4}\pi} = \sqrt{2},$$

$$f\left(\frac{3}{4}\pi\right) = \int_{\frac{3}{4}\pi}^{\frac{5}{4}\pi} |\sin t| \, dt = \int_{\frac{3}{4}\pi}^{\pi} \sin t \, dt - \int_{\pi}^{\frac{5}{4}\pi} \sin t \, dt$$

$$= -\cos t \Big|_{\frac{3}{4}\pi}^{\pi} + \cos t \Big|_{\pi}^{\frac{5}{4}\pi}$$

$$= 2 - \sqrt{2},$$

$$f(\pi) = f(0) = \int_0^{\frac{\pi}{2}} \sin t \, dt = 1,$$

可知 $f(x)$ 的最小值是 $2 - \sqrt{2}$,最大值是 $\sqrt{2}$. 因此 $f(x)$ 的值域是 $[2 - \sqrt{2}, \sqrt{2}]$.

> **评注**　该题有一定综合性:对于连续的以 T 为周期的函数 $f(x)$,求它的值域转化为求 $f(x)$ 在有界闭区间 $[0, T]$ 上的最大值与最小值.

（二）最值问题的应用题

▶ 练习题

(90,2,9 分)　在椭圆 $\frac{x^2}{a^2} + \frac{y^2}{b^2} = 1$ 的第一象限部分上求一点 P,使该点处的切线、椭圆及两坐标轴所围图形面积为最小（其中 $a > 0, b > 0$）.

【解】　不难求得椭圆上点 (x, y) 处的切线方程为

$$\frac{xX}{a^2} + \frac{yY}{b^2} = 1.$$

分别令 $Y = 0$ 与 $X = 0$,得切线在 x 轴与 y 轴上的截距为 $\dfrac{a^2}{x}$ 与 $\dfrac{b^2}{y}$;由此,所说图形的面积为

$$S = \frac{1}{2} \cdot \frac{a^2}{x} \cdot \frac{b^2}{y} - \frac{1}{4}\pi ab, \ x \in (0,a).$$

显然,S 最小相当于 $u \triangleq xy$ 最大. 问题化成求 $u = xy$(y 由椭圆方程所确定)当 $x \in (0,a)$ 时的最大值点.

由 $u' = xy' + y = 0$,得

$$y' = -\frac{y}{x};$$

由 $\dfrac{x^2}{a^2} + \dfrac{y^2}{b^2} = 1$ 两边求导,得

$$\frac{x}{a^2} + \frac{y}{b^2}y' = 0;$$

由此 $\dfrac{x^2}{a^2} = \dfrac{y^2}{b^2} = 1 - \dfrac{x^2}{a^2}$,解得 $x = \dfrac{a}{\sqrt{2}}$(唯一驻点).

因 $\lim\limits_{x \to 0^+} S(x) = \lim\limits_{x \to a-0} S(x) = +\infty$,故 $S(x)$ 在 $(0,a)$ 存在最小值,$x = \dfrac{a}{\sqrt{2}}$ 必为最小值点,所求 P 点为 $\left(\dfrac{a}{\sqrt{2}}, \dfrac{b}{\sqrt{2}} \right)$.

综 述

1. 哪些点可能取最值?

在函数定义区间的内部,导数存在而不为 0 的点一定不是极值点,因而函数只可能在驻点与不可导点处取最值;如果函数的定义域是闭区间,它也可能在闭区间的端点处取最值.

2. 求给定函数在区间 I 上的最值,常见以下情形:

(1)$f(x)$ 在 $[a,b]$ 上连续,在 (a,b) 内可导. 先求函数在 (a,b) 内的驻点,然后比较 $f(a)$,$f(b)$ 与驻点处的函数值.

(2)$f(x)$ 在 I 上可导,有唯一驻点,驻点两侧 $f'(x)$ 变号,驻点是最值点.

(3)$f(x)$ 在 I 上可导,有唯一驻点 x_0,且 $f''(x_0) < 0$,则 $f(x_0)$ 是最大值. 反之当 $f''(x_0) > 0$ 时,则 $f(x_0)$ 是最小值.

(4)$f(x)$ 在 (a,b) 可导,有唯一点 x_0,又 $\lim\limits_{x \to a^+} f(x) = \lim\limits_{x \to b^-} f(x) = +\infty \ (-\infty)$,则 $f(x_0)$ 是最小值(最大值).

3. 对于几何的或物理的最值应用问题,首先确定目标函数和它的定义域,并把实际问题提成最值问题;必要时为简化计算,可考察它的等价问题. 然后求解相应的最值问题.

六、求函数在定义域上的单调区间与极值点,凹凸区间与拐点及渐近线

(一)极值点,拐点与凹凸性

35. (08,4分) 曲线 $y = (x-5)x^{\frac{2}{3}}$ 的拐点坐标为_____.

【分析】 $y = x^{\frac{5}{3}} - 5x^{\frac{2}{3}}$ 处处连续,又

$$y' = \frac{5}{3}x^{\frac{2}{3}} - \frac{10}{3}x^{-\frac{1}{3}} \quad (x \neq 0), \quad y'' = \frac{10}{9}x^{-\frac{1}{3}} + \frac{10}{9}x^{-\frac{4}{3}} = \frac{10}{9}x^{-\frac{4}{3}}(1+x) \ (x \neq 0),$$

由于在 $x = -1$ 两侧 y'' 异号,故 $(-1, -6)$ 是曲线 y 的拐点.而 $x = 0$ 时 $(0,0)$ 不是曲线 y 的拐点.

因此,拐点的坐标为 $(-1, -6)$.

36.(15,4 分) 设函数 $f(x)$ 在 $(-\infty, +\infty)$ 内连续,其 2 阶导函数 $f''(x)$ 的图形如右图所示,则曲线 $y = f(x)$ 的拐点个数为

(A) 0   (B) 1

(C) 2   (D) 3

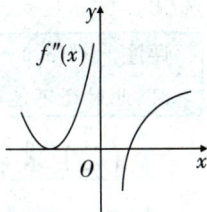

【分析】 $f(x)$ 在 $(-\infty, +\infty)$ 连续,除 $x = 0$ 外处处二阶可导.可能是 $y = f(x)$ 的拐点的是 $f''(x) = 0$ 的点及 $f''(x)$ 不存在的点.

$f''(x)$ 的零点有二个,其中一个它的两侧 $f''(x)$ 变号,对应于 $y = f(x)$ 的拐点.另一个它的两侧 $f''(x)$ 恒正,对应的点不是 $y = f(x)$ 的拐点.

$x = 0$,虽 $f''(0)$ 不存在,但 $x = 0$ 两侧 $f''(x)$ 变号,因而 $(0, f(0))$ 是 $y = f(x)$ 的拐点.

因此共有两个拐点.

选(C).

37.(16,4 分) 设函数 $f(x)$ 在 $(-\infty, +\infty)$ 内连续,其导函数的图形如图所示,则

(A) 函数 $f(x)$ 有 2 个极值点,曲线 $y = f(x)$ 有 2 个拐点.

(B) 函数 $f(x)$ 有 2 个极值点,曲线 $y = f(x)$ 有 3 个拐点.

(C) 函数 $f(x)$ 有 3 个极值点,曲线 $y = f(x)$ 有 1 个拐点.

(D) 函数 $f(x)$ 有 3 个极值点,曲线 $y = f(x)$ 有 2 个拐点.

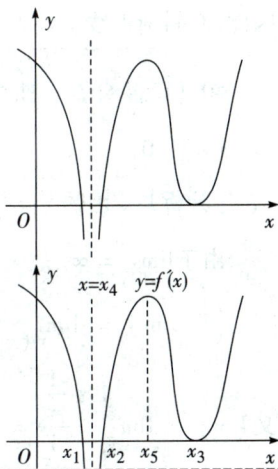

【分析】 导函数 $f'(x)$ 有三个零点 x_1, x_2, x_3,只有 x_1, x_2 两侧导数异号,x_1, x_2 是极值点.x_3 不是极值点.另还有一个导数不存在的点 $x = x_4$,它的两侧导数不变号,故不是极值点.总共只有 2 个极值点.

导函数 $f'(x)$ 的升降性分界点只有 x_4, x_5, x_3(其中 $x = x_4$ 处 $f'(x), f''(x)$ 不存在),它们是拐点,即有三个拐点.

因此选(B).

38.(19,4 分) 曲线 $y = x\sin x + 2\cos x \left(-\dfrac{\pi}{2} < x < 2\pi \right)$ 的拐点是

(A) $(0,2)$.   (B) $(\pi, -2)$.   (C) $\left(\dfrac{\pi}{2}, \dfrac{\pi}{2} \right)$.   (D) $\left(\dfrac{3\pi}{2}, -\dfrac{3\pi}{2} \right)$.

【分析】 先求出 y'':

$$y' = \sin x + x\cos x - 2\sin x = x\cos x - \sin x$$

$$y'' = \cos x - x\sin x - \cos x = -x\sin x$$

【分析一】 求出 $y'' = 0$ 的点,并考察该点两侧 y'' 是否变号.令 $y'' = 0$ 得 $x = 0, \pi \left(x \in \left(-\dfrac{\pi}{2}, 2\pi \right) \right)$

又

$$y'' \begin{cases} < 0 & \left(-\dfrac{\pi}{2} < x < 0 \right) \\ = 0 & (x = 0) \\ < 0 & (0 < x < \pi) \\ 0 & (x = \pi) \\ > 0 & (\pi < x < 2\pi) \end{cases}$$

由 y'' 的变号情况可知:$(\pi, -2)$ 是 $y(x)$ 的拐点而 $(0,2)$ 则不是.

【分析二】 求出 $y'' = 0$ 的点,并考察该点处的 $y^{(3)}(x)$.

现再求 $y^{(3)}(x) = -\sin x - x\cos x$.

由 $y'' = 0$ 得 $x = 0, \pi \left(x \in \left(-\dfrac{\pi}{2}, 2\pi \right) \right)$

又 $$y^{(3)}(0) = 0, \quad y^{(3)}(\pi) = \pi \neq 0$$

此时可以确定 $(\pi, -2)$ 是拐点. 还不能判定 $(0,2)$ 是否是拐点, 但由于选择题的四选一原则, 我们选 (B).

> **评注** $y''(x_0) = 0, y^{(3)}(x_0) \neq 0$, 则 $(x_0, y(x_0))$ 是 $y = y(x)$ 的拐点. 但 $y''(x_0) = 0, y^{(3)}(x_0) = 0$ 时, 此时还不能断定 $(x_0, y(x_0))$ 是否是 $y = y(x)$ 的拐点. 还须进一步判断.

（二）求渐近线

39.（10,4 分） 曲线 $y = \dfrac{2x^3}{x^2+1}$ 的渐近线方程为_____.

【分析】 由于

$$\lim_{x \to \infty} \frac{y}{x} = \lim_{x \to \infty} \frac{2x^2}{x^2+1} = 2,$$

$$\lim_{x \to \infty}(y - 2x) = \lim_{x \to \infty}\left(\frac{2x^3}{x^2+1} - 2x\right) = \lim_{x \to \infty}\frac{-2x}{x^2+1} = 0,$$

因此, 有斜渐近线 $y = 2x$, 无垂直渐近线. 渐近线方程为 $y = 2x$.

40.（12,4 分） 曲线 $y = \dfrac{x^2+x}{x^2-1}$ 渐近线的条数为

(A) 0.   (B) 1.   (C) 2.   (D) 3.

【分析】 函数 $y = \dfrac{x^2+x}{x^2-1}$ 的间断点只有 $x = \pm 1$.

由于 $\lim\limits_{x \to 1} y = \infty$, 故 $x = 1$ 是垂直渐近线, 且是唯一的一条垂直渐近线.

$\left(\text{而 } \lim\limits_{x \to -1} y = \lim\limits_{x \to -1}\dfrac{x(x+1)}{(x+1)(x-1)} = \dfrac{1}{2}, \text{ 故 } x = -1 \text{ 不是渐近线}\right)$.

又 $\lim\limits_{x \to \infty} y = \lim\limits_{x \to \infty}\dfrac{1+\dfrac{1}{x}}{1-\dfrac{1}{x^2}} = 1$, 故 $y = 1$ 是水平渐近线. 因 $\lim\limits_{x \to \infty}\dfrac{y}{x} = \lim\limits_{x \to \infty}\dfrac{x^2+x}{x(x^2-1)} = 0$, 故该曲线无斜渐近线.

综上可知, 渐近线的条数为 2. 故选 (C).

41.（14,4 分） 下列曲线中有渐近线的是

(A) $y = x + \sin x$.   (B) $y = x^2 + \sin x$.

(C) $y = x + \sin\dfrac{1}{x}$.   (D) $y = x^2 + \sin\dfrac{1}{x}$.

【分析】 显然这几条曲线均无垂直与水平渐近线, 就看哪条曲线有斜渐近线.

对于 (C).

$$\lim_{x \to \infty}\frac{y}{x} = \lim_{x \to \infty}\left(1 + \sin\frac{1}{x}\Big/x\right) = 1,$$

$$\lim_{x \to \infty}(y - x) = \lim_{x \to \infty}\sin\frac{1}{x} = 0.$$

故有斜渐近线 $y = x$. 选 (C).

42.（16,4 分） 曲线 $y = \dfrac{x^3}{1+x^2} + \arctan(1+x^2)$ 的斜渐近线方程为_____.

【分析】 先求斜率

$$k = \lim_{x \to \pm\infty}\frac{y}{x} = \lim_{x \to \pm\infty}\left(\frac{x^2}{1+x^2} + \frac{1}{x}\arctan(1+x^2)\right) = 1$$

再求截距

$$b = \lim_{x \to \pm\infty} (y - x) = \lim_{x \to \pm\infty} \left(\frac{x^3}{1+x^2} - x + \arctan(1+x^2) \right)$$

$$= \lim_{x \to \pm\infty} \left(\frac{-x}{1+x^2} + \arctan(1+x^2) \right) = \frac{\pi}{2}$$

斜渐近线方程为 $\quad y = x + \dfrac{\pi}{2} \quad (x \to \pm\infty)$

----

43. (17,4 分) 曲线 $y = x\left(1 + \arcsin\dfrac{2}{x}\right)$ 的斜渐近线方程为 ＝＿＿＿＿.

【分析】 先求斜率 k

$$k = \lim_{x \to \pm\infty} \frac{x\left(1 + \arcsin\dfrac{2}{x}\right)}{x} = 1$$

再求截距 b,

$$b = \lim_{x \to \pm\infty} \left[x\left(1 + \arcsin\frac{2}{x}\right) - x \right] = \lim_{x \to \pm\infty} \left[x\arcsin\frac{2}{x} \right] = 2$$

其中 $\arcsin\dfrac{2}{x} \sim \dfrac{2}{x} (x \to \pm\infty)$.

因此斜渐近线方程为 $y = x + 2$.

----

44. (20,10 分) 求曲线 $y = \dfrac{x^{1+x}}{(1+x)^x} (x > 0)$ 的斜渐近线方程.

【分析与求解】 先求斜率 k.

$$k = \lim_{x \to +\infty} \frac{y}{x} = \lim_{x \to +\infty} \frac{x^x}{(1+x)^x} = \lim_{x \to +\infty} \frac{1}{\left(1 + \dfrac{1}{x}\right)^x} = \frac{1}{e}.$$

再求截距 b.

$$b = \lim_{x \to +\infty} (y - kx) = \lim_{x \to +\infty} x \left[\frac{1}{\left(1 + \dfrac{1}{x}\right)^x} - \frac{1}{e} \right]$$

$$= \lim_{x \to +\infty} \frac{x}{e} \left[\frac{e}{\left(1 + \dfrac{1}{x}\right)^x} - 1 \right] = \lim_{x \to +\infty} \frac{x}{e} \ln \frac{e}{\left(1 + \dfrac{1}{x}\right)^x}$$

$$= \lim_{x \to +\infty} \frac{x}{e} \left[1 - x\ln\left(1 + \frac{1}{x}\right) \right] = \lim_{x \to +\infty} \frac{x}{e} \left[1 - x\left(\frac{1}{x} - \frac{1}{2} \cdot \frac{1}{x^2} + o\left(\frac{1}{x^2}\right) \right) \right]$$

$$= \lim_{x \to +\infty} \frac{x}{e} \left[\frac{1}{2x} + o\left(\frac{1}{x}\right) \right] = \frac{1}{2e}$$

因此求得斜渐近线 $y = \dfrac{1}{e}x + \dfrac{1}{2e}$.

评注 ①上述计算中用到了等价无穷小因子替换:

$$\frac{e}{\left(1 + \dfrac{1}{x}\right)^x} - 1 \xlongequal{\text{(记)}} t \sim \ln(1+t) = \ln \frac{e}{\left(1 + \dfrac{1}{x}\right)^x} = 1 - x\ln\left(1 + \frac{1}{x}\right)$$

$(x \to +\infty,$ 相应地 $t \to 0)$.

还用到泰勒公式: $\ln(1+t) = t - \dfrac{1}{2}t^2 + o(t^2) (t \to 0)$.

令 $t = \dfrac{1}{x}, \ln\left(1 + \dfrac{1}{x}\right) = \dfrac{1}{x} - \dfrac{1}{2} \dfrac{1}{x^2} + o\left(\dfrac{1}{x^2}\right)(x \to +\infty)$

② 若没用上述等价无穷小因子替换,可继续恒等变形

$$b = \lim_{x \to +\infty} \frac{x}{e}\left[\frac{e}{\left(1+\frac{1}{x}\right)^x} - 1\right] \xlongequal{t = \frac{1}{x}} \frac{1}{e}\lim_{t \to 0^+} \frac{e^{1-\frac{1}{t}ln(1+t)} - 1}{t}$$

然后用等价无穷小因子替换:

$$e^u - 1 \sim u\,(u \to 0)$$

$$u = 1 - \frac{1}{t}ln(t+t) \to 0\,(t \to 0), e^{1-\frac{1}{t}ln(1+t)} - 1 \sim 1 - \frac{1}{t}ln(1+t) = \frac{t - ln(1+t)}{t}$$

代入得

$$b = \frac{1}{e}\lim_{t \to 0^+}\frac{t - ln(1+t)}{t^2} = \frac{1}{e}\lim_{t \to 0^+}\frac{1 - \frac{1}{1+t}}{2t}(洛必达法则) = \frac{1}{2e}$$

③ 若都没用等价无穷小因子替换,也可恒等变形后直接用洛必达法则得

$$b = \frac{1}{e}\lim_{t \to 0^+}\frac{e^{1-\frac{1}{t}ln(1+t)} - 1}{t} = \frac{1}{e}\lim_{t \to 0^+} - \frac{\frac{t}{1+t} - ln(1+t)}{t^2}$$

$$= -\frac{1}{e}\lim_{t \to 0^+}\frac{t - (1+t)ln(1+t)}{t^2} = -\frac{1}{e}\lim_{t \to 0^+}\frac{1 - ln(1+t) - 1}{2t} = \frac{1}{2e}.$$

（四）函数变化的整体分析

▶ 练习题

(99,2,8分) 已知函数 $y = \dfrac{x^3}{(x-1)^2}$,求

(1) 函数的增减区间及极值;   (2) 函数图形的凹凸区间及拐点;

(3) 函数图形的渐近线.

【分析】 解这类问题有一般方法可循.通常先求出 y 的定义域;解出 $y' = 0$ 和 $y'' = 0$;将 y 没有定义的点、满足 $y' = 0$ 和 $y'' = 0$ 的点作为 $(-\infty, +\infty)$ 的分割点自 $-\infty$ 至 $+\infty$ 列出若干区间,并列出这些区间上 y' 和 y'' 的正负性,从而判定出函数的增减区间、凹凸区间、极值点和拐点.

【解】 $y' = \dfrac{x^2(x-3)}{(x-1)^3}$, $y'' = \dfrac{6x}{(x-1)^4}$. $x = 1$ 为间断点,$x = 0, 3$ 为驻点.

	$(-\infty, 0)$	0	$(0,1)$	1	$(1,3)$	3	$(3, +\infty)$
x	$-$		$+$		$+$		$+$
$x-1$	$-$		$-$		$+$		$+$
$x-3$	$-$		$-$		$-$		$+$
y'	$+$		$+$	无	$-$		$+$
y''	$-$		$+$	定	$+$		$+$
y	⌢	(拐)	⌣	义	↘	极小值	⌣

函数在 $(-\infty, 1) \cup (3, +\infty)$ 单增,在 $(1,3)$ 单减,在 $(-\infty, 0)$ 凸,在 $(0,1) \cup (1, +\infty)$ 凹;在 $x = 3$ 取极小值 $\dfrac{27}{4}$,$(0,0)$ 为拐点.

$$\lim_{x \to 1} y = \infty, x = 1 \text{是铅直渐近线}; \lim_{x \to \infty} \frac{y}{x} = 1, \lim_{x \to \infty}(y - x) = 2, y = x + 2 \text{是斜渐近线}.$$

综 述

1. 关于求曲线的凹凸区间、拐点和渐近线的问题,平均每年都会出现一个题目,而且大多是基本题.

应该看到,对于可微函数 $f(x)$ 来说,曲线 $y = f(x)$ 在 (a,b) 凹(凸)$\Leftrightarrow f'(x)$ 在 (a,b) 单调增(减)$\Leftrightarrow f(x) > (<) f(x_0) + f'(x_0)(x - x_0)(\forall x, x_0 \in (a,b), x \neq x_0)$.

点 $(x_0, f(x_0))$ 是 $f(x)$ 的拐点 $\Leftrightarrow x = x_0$ 是 $f'(x)$ 的增减区间的分界点. 由此可见曲线 $y = f(x)$ 的凹凸性与拐点对应于其导函数 $f'(x)$ 的单调增减区间及其分界点.

2. 求 $f(x)$ 的单调性区间就是求 $f'(x)$ 的变号区间,分界点即是极值点. 求 $f(x)$ 的凹凸性区间就是求 $f''(x)$ 的变号区间,分界点即是拐点. 因此,对 $y = f(x)$ 的变化作整体分析时,首先在定义域上计算 y', y'',并求出 $y' = 0, y'' = 0$ 的点,用这些点把定义域分成若干区间,在每个区间上标出 y', y'' 的符号,就可得相应的单调性区间与极值点,凹凸性区间与拐点.

3. 熟练掌握求渐近线的方法.

七、函数不等式的证明

45. (12,10 分) 证明:$x\ln\dfrac{1+x}{1-x} + \cos x \geq 1 + \dfrac{x^2}{2}(-1 < x < 1)$.

【分析与证明】 令 $f(x) = x\ln\dfrac{1+x}{1-x} + \cos x - 1 - \dfrac{x^2}{2}(-1 < x < 1)$,
则转化为证明 $f(x) \geq 0 (x \in (-1,1))$,
因 $f(x) = f(-x)$,即 $f(x)$ 为偶函数,故只需考察 $x \geq 0$ 的情形.
用单调性方法.

$$f'(x) = \ln\frac{1+x}{1-x} + x\left(\frac{1}{1+x} + \frac{1}{1-x}\right) - \sin x - x$$

$$= \ln\frac{1+x}{1-x} + \frac{1}{1-x} - \frac{1}{1+x} - \sin x - x,$$

$$f''(x) = \frac{1}{1+x} + \frac{1}{1-x} + \frac{1}{(1-x)^2} + \frac{1}{(1+x)^2} - \cos x - 1,$$

$$f'''(x) = -\frac{1}{(1+x)^2} + \frac{1}{(1-x)^2} + \frac{2}{(1-x)^3} - \frac{2}{(1+x)^3} + \sin x > 0 (x \in (0,1]),$$

其中 $\dfrac{1}{(1-x)^2} - \dfrac{1}{(1+x)^2} > 0$, $2\left[\dfrac{1}{(1-x)^3} - \dfrac{1}{(1+x)^3}\right] > 0$, $\sin x > 0 (x \in (0,1))$.

因 $x \in (0,1)$ 时 $f^{(3)}(x) > 0$,又 $f''(x)$ 在 $[0,1)$ 连续 $\Rightarrow f''(x)$ 在 $[0,1) \nearrow, f''(x) > f''(0) = 2 > 0 (x \in (0,1])$,同理 $f'(x)$ 在 $[0,1) \nearrow, f'(x) > f'(0) = 0 (x \in (0,1]) \Rightarrow f(x)$ 在 $[0,1) \nearrow, f(x) > f(0) = 0 (x \in (0,1])$. 又因 $f(x)$ 为偶函数 $\Rightarrow f(x) > 0 (x \in (-1,1), x \neq 0), f(0) = 0$. 即原不等式成立.

46. (14,4 分) 设函数 $f(x)$ 具有 2 阶导数,$g(x) = f(0)(1-x) + f(1)x$,则在区间 $[0,1]$ 上
(A) 当 $f'(x) \geq 0$ 时,$f(x) \geq g(x)$.

(B)　当 $f'(x) \geqslant 0$ 时，$f(x) \leqslant g(x)$.

(C)　当 $f''(x) \geqslant 0$ 时，$f(x) \geqslant g(x)$.

(D)　当 $f''(x) \geqslant 0$ 时，$f(x) \leqslant g(x)$.

【分析一】　$y = f(x)$ 在 $[0,1]$ 上是凹函数(设 $f(x)$ 在 $[0,1]$ 二阶可导，不妨 $f''(x) > 0$)，$y = g(x)$ 是连接 $(0, f(0))$ 与 $(1, f(1))$ 的线段. 由几何意义知 $f(x) \leqslant g(x)$($x \in [0,1]$). 选(D).

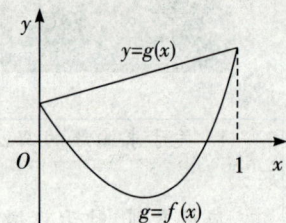

【分析二】　令 $w(x) = f(x) - g(x)$

$\Rightarrow w(0) = f(0) - f(0) = 0$,　$w(1) = f(1) - f(1) = 0$

在 $[0,1]$ 上，当 $f''(x) \geqslant 0$ 时，

$$w''(x) = f''(x) - g''(x) = f''(x) \geqslant 0$$

$\Rightarrow w(x) \leqslant 0$，即 $f(x) \leqslant g(x)$.

选(D).

> **评注**　由 $w(x)$ 的条件及罗尔定理，$\exists c \in (0,1), w'(c) = 0$，由 $w'(x)$ 在 $[0,1]$ 单调不减，
>
> $\Rightarrow w'(x) \begin{cases} \leqslant w(c) = 0 \ (x \in [0,c]) \\ \geqslant w(c) = 0 \ (x \in [c,1]) \end{cases} \Rightarrow w(x) \begin{cases} \leqslant w(0) = 0 \ (x \in [0,c]) \\ \leqslant w(1) = 0 \ (x \in [c,1]) \end{cases}$
>
> $\Rightarrow w(x) \leqslant 0 (x \in [0,1])$

----

47. (16,4 分)　设函数 $f_i(x)(i = 1,2)$ 具有二阶连续导数，且 $f_i''(x_0) < 0(i = 1,2)$，若两条曲线 $y = f_i(x)(i = 1,2)$ 在点 (x_0, y_0) 处具有公切线 $y = g(x)$，且在该点处曲线 $y = f_1(x)$ 的曲率大于曲线 $y = f_2(x)$ 的曲率，则在 x_0 的某个邻域内，有

(A)　$f_1(x) \leqslant f_2(x) \leqslant g(x)$.

(B)　$f_2(x) \leqslant f_1(x) \leqslant g(x)$.

(C)　$f_1(x) \leqslant g(x) \leqslant f_2(x)$.

(D)　$f_2(x) \leqslant g(x) \leqslant f_1(x)$.

【分析一】　借助于几何直观选择正确答案. $f_i''(x_0) < 0(i = 1,2)$，由于 $f''(x)$ 的连续性，在 $x = x_0$ 附近 $f_i''(x) < 0(i = 1,2)$，即 $y = f_i(x)(i = 1,2)$ 有 $x = x_0$ 附近均是凸的，曲线 $y = f_i(x)$ 在切线 $y = g(x)$ 的下方，即在 $x = x_0$ 附近

$$f_1(x) \leqslant g(x), \quad f_2(x) \leqslant g(x)$$

又曲线 $y = f_1(x)$ 在点 (x_0, y_0) 处的曲率大于曲线 $y = f_2(x)$ 的曲率，由曲率的几何意义，在 $x = x_0$ 附近

$$f_1(x) \leqslant f_2(x)$$

综合上述应选(A).

【分析二】　按曲率公式

$$\frac{|f_1''(x_0)|}{(1 + f_1'^2(x_0))^{3/2}} > \frac{|f_2''(x_0)|}{(1 + f_2'^2(x_0))^{3/2}}$$

由 $f_1'(x_0) = f_2'(x_0) \Rightarrow$

$$|f_1''(x_0)| > |f_2''(x_0)|$$

因 $f_i''(x_0) < 0(i = 1,2) \Rightarrow f_1''(x_0) < f_2''(x_0) < 0$

现考察　$F(x) = f_1(x) - f_2(x)$.

$\Rightarrow$　　　$F(x_0) = 0$,　$F'(x_0) = 0$,　$F''(x_0) < 0$

$\Rightarrow x = x_0$ 是 $F(x)$ 的极大值点，$\exists x_0$ 的邻域 $(x_0 - \delta, x_0 + \delta)$

$$F(x) \leqslant F(x_0) = 0 \quad (x \in (x_0 - \delta, x_0 + \delta))$$

即　　　　　$f_1(x) \leqslant f_2(x) \quad (x \in (x_0 - \delta, x_0 + \delta))$

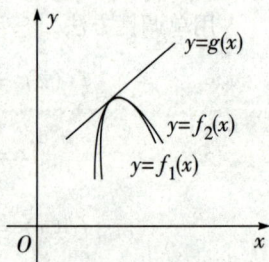

由 $f''_2(x)$ 的连续性, $f''_2(x_0) < 0 \Rightarrow \exists x_0$ 的邻域(不妨设为 $(x_0 - \delta, x_0 + \delta)$,

$$f''_2(x) < 0 \quad (x \in (x_0 - \delta, x_0 + \delta))$$

$y = f_2(x)$ 在 $(x_0 - \delta, x_0 + \delta)$ 是凸函数,由凸函数的定义

$$f_2(x) \leqslant g(x) \quad (x \in (x_0 - \delta, x_0 + \delta))$$

综上所述有

$$f_1(x) \leqslant f_2(x) \leqslant g(x) \quad (x \in (x_0 - \delta, x_0 + \delta)),故选(A).$$

------

48. (17,4 分) 设二阶可导函数 $f(x)$ 满足 $f(1) = f(-1) = 1, f(0) = -1$ 且 $f''(x) > 0$,则

(A) $\displaystyle\int_{-1}^{1} f(x) \mathrm{d}x > 0$.

(B) $\displaystyle\int_{-1}^{1} f(x) \mathrm{d}x < 0$.

(C) $\displaystyle\int_{-1}^{0} f(x) \mathrm{d}x > \int_{0}^{1} f(x) \mathrm{d}x$.

(D) $\displaystyle\int_{-1}^{0} f(x) \mathrm{d}x < \int_{0}^{1} f(x) \mathrm{d}x$.

【分析一】 由题设条件 $y = f(x)$ 在 $[-1,1]$ 为凹函数.

连接 $(0,-1),(1,1)$ 点的线段方程为

$$y = 2x - 1 (0 \leqslant x \leqslant 1)$$

连接 $(0,-1),(-1,1)$ 点的线段方程为

$$y = -2x - 1 (-1 \leqslant x \leqslant 0)$$

令 $\quad g(x) = \begin{cases} 2x - 1 & (0 \leqslant x \leqslant 1) \\ -2x - 1 & (-1 \leqslant x \leqslant 0) \end{cases}$

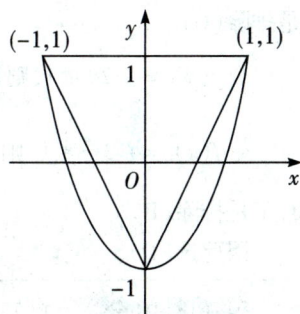

按凹函数的性质,

$$g(x) > f(x) (x \in [-1,1], x \neq -1,0,1)$$

$\Rightarrow \qquad 0 = \displaystyle\int_{-1}^{1} g(x) \mathrm{d}x > \int_{-1}^{1} f(x) \mathrm{d}x$

其中 $\displaystyle\int_{-1}^{1} g(x) \mathrm{d}x = \int_{-1}^{0} (-2x - 1) \mathrm{d}x + \int_{0}^{1} (2x - 1) \mathrm{d}x = 0$

选(B).

【分析二】 特殊选取法.

满足条件的 $[-1,1]$ 上凹函数的最简单情形是

$$f(x) = 2x^2 - 1$$

对此 $f(x)$.

$$\int_{-1}^{1} f(x) \mathrm{d}x = \int_{-1}^{1} (2x^2 - 1) \mathrm{d}x = 2 \int_{0}^{1} (2x^2 - 1) \mathrm{d}x$$

$$= 2\left(\frac{2}{3} - 1\right) = -\frac{2}{3} < 0$$

且 $\qquad \displaystyle\int_{-1}^{0} f(x) \mathrm{d}x = \int_{0}^{1} f(x) \mathrm{d}x$

因此,对此 $f(x)$,(A),(C),(D) 不正确,(B) 正确,故选(B).

------

49. (18,4 分) 设函数 $f(x)$ 在 $[0,1]$ 上二阶可导,且 $\displaystyle\int_{0}^{1} f(x) \mathrm{d}x = 0$,则

(A) 当 $f'(x) < 0$ 时,$f\left(\frac{1}{2}\right) < 0$.

(B) 当 $f''(x) < 0$ 时,$f\left(\frac{1}{2}\right) < 0$.

(C) 当 $f'(x) > 0$ 时,$f\left(\frac{1}{2}\right) < 0$.

(D) 当 $f''(x) > 0$ 时,$f\left(\frac{1}{2}\right) < 0$.

【分析一】 $f(x)$ 在 $[0,1]$ 二阶可导,有泰勒公式

$$f(x) = f\left(\frac{1}{2}\right) + f'\left(\frac{1}{2}\right)\left(x - \frac{1}{2}\right) + \frac{1}{2}f''(\xi)\left(x - \frac{1}{2}\right)^2 (x \in [0,1])$$

其中 ξ 在 x 与 $\frac{1}{2}$ 之间. 在 $[0,1]$ 上取积分得

$$\int_0^1 f(x)\,\mathrm{d}x = \int_0^1 f\left(\frac{1}{2}\right)\mathrm{d}x + \int_0^1 f'\left(\frac{1}{2}\right)\left(x-\frac{1}{2}\right)\mathrm{d}x + \frac{1}{2}\int_0^1 f''(\xi)\left(x-\frac{1}{2}\right)^2\mathrm{d}x$$

$$\Rightarrow \qquad 0 = f\left(\frac{1}{2}\right) + f'\left(\frac{1}{2}\right)\cdot\frac{1}{2}\left(x-\frac{1}{2}\right)^2\Big|_0^1 + \frac{1}{2}\int_0^1 f''(\xi)\left(x-\frac{1}{2}\right)^2\mathrm{d}x$$

$$\Rightarrow \qquad f\left(\frac{1}{2}\right) = -\frac{1}{2}\int_0^1 f''(\xi)\left(x-\frac{1}{2}\right)^2\mathrm{d}x$$

当 $f''(x) > 0\,(x \in [0,1]) \Rightarrow f''(\xi) > 0 \Rightarrow f\left(\frac{1}{2}\right) < 0$

因此选(D).

【分析二】 令 $f(x) = 2x - 1$, 则 $\int_0^1 f(x)\,\mathrm{d}x = \int_0^1 (2x-1)\,\mathrm{d}x = 0$, $f'(x) = 2 > 0$, 但 $f\left(\frac{1}{2}\right) = 0$, 于是排除(C).

令 $f(x) = -2x + 1$, 则 $\int_0^1 f(x)\,\mathrm{d}x = 0$, $f'(x) = -2 < 0$, 但 $f\left(\frac{1}{2}\right) = 0$, 于是排除(A).

令 $f(x) = -3x^2 + 1$, 则 $\int_0^1 f(x)\,\mathrm{d}x = -x^3\big|_0^1 + 1 = 0$, $f''(x) = -6 < 0$, 但 $f\left(\frac{1}{2}\right) = -\frac{3}{4} + 1 = \frac{1}{4} > 0$, 于是排除(B).

因此选(D).

---

50. (18,10分) 已知常数 $k \geq \ln 2 - 1$. 证明: $(x-1)(x - \ln^2 x + 2k\ln x - 1) \geq 0$.

【分析与证明】 令 $f(x) = x - \ln^2 x + 2k\ln x - 1$

只须证 $f(x) \begin{cases} \geq 0 & (x \geq 1) \\ \leq 0 & (0 < x \leq 1) \end{cases}$.

用单调性方法.

$$f'(x) = 1 - \frac{2\ln x}{x} + \frac{2k}{x} = \frac{x - 2\ln x + 2k}{x}$$

现只须考察

$$g(x) = x - 2\ln x + 2k$$

$$g'(x) = 1 - \frac{2}{x} = \frac{x-2}{x}\begin{cases} < 0 & (0 < x < 2) \\ = 0 & (x = 2) \\ > 0 & (x > 2) \end{cases}$$

$$\Rightarrow \qquad g(x) \geq g(2) = 2(1 - \ln 2 + k) \geq 0 \ (x > 0)$$

$\Rightarrow$ $f'(x) \geq 0\,(x > 0)$, $f(x)$ 在 $(0, +\infty)$ 单调不减.

由 $f(1) = 0 \Rightarrow f(x) \begin{cases} \leq 0 & (0 < x \leq 1) \\ \geq 0 & (x \geq 1) \end{cases}$

因此 $(x-1)f(x) = (x-1)(x - \ln^2 x + 2k\ln x - 1) \geq 0$.

---

51. (20,4分) 设函数 $f(x)$ 在区间 $[-2,2]$ 上可导,且 $f'(x) > f(x) > 0$, 则

(A) $\dfrac{f(-2)}{f(-1)} > 1.$ 　　　　　　　　　(B) $\dfrac{f(0)}{f(-1)} > \mathrm{e}.$

(C) $\dfrac{f(1)}{f(-1)} < \mathrm{e}^2.$ 　　　　　　　　(D) $\dfrac{f(2)}{f(-1)} < \mathrm{e}^3.$

【分析一】 由条件 $f'(x) > f(x) > 0\,(x\in[-2,2]) \Rightarrow f'(x) - f(x) > 0\,(x\in[-2,2]) \Rightarrow (\mathrm{e}^{-x}f(x))' > 0\,(x\in[-2,2]) \Rightarrow F(x) \xlongequal{\text{(记)}} \mathrm{e}^{-x}f(x)$ 在 $[-2,2]$ ↗, $\Rightarrow F(0) > F(-1)$,

即 $f(0) > ef(-1)$，即 $\dfrac{f(0)}{f(-1)} > e$. 故选(B).

【分析二】 由条件 $f'(x) > f(x) > 0$ $(x \in [-2,2]) \Rightarrow \dfrac{f'(x)}{f(x)} > 1$ 即 $(\ln f(x))' > 1(x \in [-2,2])$.

在 $[-1,0]$ 上积分得

$$\int_{-1}^{0} (\ln f(x))' \mathrm{d}x > \int_{-1}^{0} 1 \mathrm{d}x, \quad \ln f(0) - \ln f(-1) > 1$$

即

$$\ln \frac{f(0)}{f(-1)} > 1, \quad \frac{f(0)}{f(-1)} > e. \text{ 故选(B)}$$

> **评注** $(\ln f(x))' > 1$ $(x \in [-2,2])$.
>
> 分别在 $[-2,-1],[-1,1],[-1,2]$ 上积分，分别得
>
> $$\frac{f(-2)}{f(-1)} < \frac{1}{e} < 1, \quad \frac{f(1)}{f(-1)} > e^2, \quad \frac{f(2)}{f(-1)} > e^3.$$

52. (22,12 分) 设函数 $f(x)$ 在 $(-\infty, +\infty)$ 内具有 2 阶连续导数. 证明：$f''(x) \geqslant 0$ 的充分必要条件是：对不同的实数 $a,b,f\left(\dfrac{a+b}{2}\right) \leqslant \dfrac{1}{b-a}\int_a^b f(x)\mathrm{d}x$

【分析与证明一】 (1) 设 $f''(x) \geqslant 0 (x \in (-\infty, +\infty))$ 对 $\forall a,b$，不妨设 $a < b$

$$f\left(\frac{a+b}{2}\right) \leqslant \frac{1}{b-a}\int_a^b f(t)\mathrm{d}t \Leftrightarrow (b-a)f\left(\frac{a+b}{2}\right) \leqslant \int_a^b f(t)\mathrm{d}t$$

对 $\forall x \in [a,b]$，考察

$$F(x) = \int_a^x f(t)\mathrm{d}t - (x-a)f\left(\frac{a+x}{2}\right)$$

则

$$F'(x) = f(x) - f\left(\frac{a+x}{2}\right) - \frac{x-a}{2}f'\left(\frac{a+x}{2}\right)$$

$$= \frac{x-a}{2}f'(\xi) - \frac{x-a}{2}f'\left(\frac{a+x}{2}\right)$$

（其中对 $f(t)$ 在 $\left[\dfrac{a+x}{2},x\right]$ 用拉格朗日中值定理，$\dfrac{a+x}{2} < \xi < x$）

$$= \frac{x-a}{2}\left[f'(\xi) - f'\left(\frac{a+x}{2}\right)\right] \geqslant 0 \quad (x \in [a,b])$$

$$(f''(t) \geqslant 0, f'(t) \text{ 在 } \left[\frac{a+x}{2},x\right] \text{单调不减})$$

又 $F(a) = 0, F(x)$ 在 $[a,b]$ 单调不减，

所以 $F(x) \geqslant 0(x \in [a,b])$，

特别有

$$F(b) = \int_a^b f(t)\mathrm{d}t - (b-a)f\left(\frac{a+b}{2}\right) \geqslant 0$$

即

$$\frac{1}{b-a}\int_a^b f(t)\mathrm{d}t \geqslant f\left(\frac{a+b}{2}\right)$$

(2) 设对 $\forall$ 不同实数 a,b，

$$f\left(\frac{a+b}{2}\right) \leqslant \frac{1}{b-a}\int_a^b f(t)\mathrm{d}t$$

要证 $f''(x) \geqslant 0$ $(x \in (-\infty, +\infty))$

取 $b = x + h, a = x - h$，有

$$f(x) \leqslant \frac{1}{2h} \int_{x-h}^{x+h} f(t) \, dt \Leftrightarrow \frac{\int_{x-h}^{x+h} f(t) \, dt - 2hf(x)}{2h} \geqslant 0$$

若分子对 h 求导一次,两次后,令 $h \to 0$,极限均为零,为了用洛必达法则,将上式改写成

$$\frac{\int_{x-h}^{x+h} f(t) \, dt - 2hf(x)}{2h^3} \geqslant 0$$

$$\Rightarrow \lim_{h \to 0} \frac{\int_{x-h}^{x+h} f(t) \, dt - 2hf(x)}{2h^3} = \lim_{h \to 0} \frac{f(x+h) + f(x-h) - 2f(x)}{6h^2}$$

$$= \lim_{h \to 0} \frac{f'(x+h) - f'(x-h)}{12h} = \lim_{h \to 0} \frac{f''(x+h) + f''(x-h)}{12}$$

$$= \frac{1}{6} f''(x) \geqslant 0$$

【分析与证明二】

① 不妨设 $b > a$,若 $f''(x) \geqslant 0 (\forall x)$,要证的等同于

$$\int_a^b f(x) \, dx \geqslant f\left(\frac{a+b}{2}\right)(b-a)$$

用泰勒公式:对 $\forall x$ 在 $\frac{a+b}{2}$ 处作泰勒展开得

$$f(x) = f\left(\frac{a+b}{2}\right) + f'\left(\frac{a+b}{2}\right)\left(x - \frac{a+b}{2}\right) + \frac{1}{2} f''(\xi)\left(x - \frac{a+b}{2}\right)^2$$

其中 ξ 在 x 与 $\frac{a+b}{2}$ 之间,由于 $f''(\xi) \geqslant 0$,得

$$f(x) \geqslant f\left(\frac{a+b}{2}\right) + f'\left(\frac{a+b}{2}\right)\left(x - \frac{a+b}{2}\right)$$

两边积分得

$$\int_a^b f(x) \, dx \geqslant f\left(\frac{a+b}{2}\right)(b-a) + f'\left(\frac{a+b}{2}\right)\int_a^b \left(x - \frac{a+b}{2}\right) dx$$

$$= f\left(\frac{a+b}{2}\right)(b-a)$$

即

$$f\left(\frac{a+b}{2}\right) \leqslant \frac{1}{b-a} \int_a^b f(x) \, dx$$

得证.

注:若 $(-\infty, -\infty)$ 改为 (α, β) 区间,同样有对 (α, β) 内任意不同实数 a, b,当 $f''(x) \geqslant 0 (\forall x \in (\alpha, \beta))$ 时,有

$$f\left(\frac{a+b}{2}\right) \leqslant \frac{1}{b-a} \int_a^b f(x) \, dx \quad (\forall a, b \in (\alpha, \beta), a \neq b)$$

当 $f''(x) \leqslant 0 (\forall x \in (\alpha, \beta))$ 时,有

$$f\left(\frac{a+b}{2}\right) \geqslant \frac{1}{b-a} \int_a^b f(x) \, dx \quad (\forall a, b \in (\alpha, \beta), a \neq b)$$

当 $f''(x) < 0 (\forall x \in (\alpha, \beta))$ 时,有

$$f\left(\frac{a+b}{2}\right) > \frac{1}{b-a} \int_a^b f(x) \, dx \quad (\forall a, b \in (\alpha, \beta), a \neq b)$$

② 证明充分性,若

$$f\left(\frac{a+b}{2}\right) \leqslant \frac{1}{b-a}\int_a^b f(x)\,\mathrm{d}x \quad (\forall a,b,a\neq b)$$

要证 $f''(x) \geqslant 0 (\forall x \in (-\infty,+\infty))$

反证法。若不然,则 $\exists x_0$ 使得 $f''(x_0)<0$,由 $f''(x)$ 的连续性,$\exists x_0$ 的邻域记为 (α,β),使得

$$f''(x)<0 \quad (x\in(\alpha,\beta))$$

前面的注解已说明,此时必有对 $\forall a,b\in(\alpha,\beta),a\neq b$

$$f\left(\frac{a+b}{2}\right) > \frac{1}{b-a}\int_a^b f(x)\,\mathrm{d}x$$

与已知矛盾. 因此必有 $f''(x) \geqslant 0 (\forall x)$

> **评注** 若题目条件改为:设 $f(x)$ 在 $(-\infty,+\infty)$ 有二阶导数,证明 $f''(x) \geqslant 0$ 的充要条件为对不同实数 $a,b,f\left(\frac{a+b}{2}\right) \leqslant \frac{1}{b-a}\int_a^b f(x)\,\mathrm{d}x$
>
> 　此时分析求解一、二中必要性的证明仍可行,但充分性的证明,分析求解二的方法就不好用,因为没有 $f''(x)$ 的连续性,由 $f''(x_0)<0$,就得不到存在 x_0 的邻域使得 $f''(x)<0$. 但分析求解一中的证法仍可用,只要最后一步改为
>
> $$\lim_{h\to 0}\frac{f'(x+h)-f'(x-h)}{h} = \lim_{h\to 0}\left[\frac{f'(x+h)-f'(x)}{h} + \frac{f'(x-h)-f'(x)}{-h}\right]$$
>
> $$= f''(x) + f''(x) = 2f''(x) \quad (f''(x)\exists,f''(x) \text{ 的定义})$$

▶ **练习题**

(04,2,12分) 　设 $e<a<b<e^2$,证明 $\ln^2 b - \ln^2 a > \dfrac{4}{e^2}(b-a)$.

【分析与证明一】 　即证 $\dfrac{\ln^2 b - \ln^2 a}{b-a} > \dfrac{4}{e^2}$,这是适用于用拉格朗日中值定理的形式.

令 $f(x) = \ln^2 x$,在 $[a,b]$ 上用拉格朗日中值定理得

$$\frac{f(b)-f(a)}{b-a} = \frac{\ln^2 b - \ln^2 a}{b-a} = f'(\xi) = 2\frac{\ln\xi}{\xi},$$

其中 $\xi \in (a,b) \subset (e,e^2)$.注意 $\varphi(x)=\dfrac{\ln x}{x}$,则 $\varphi'(x) = \dfrac{1-\ln x}{x^2}<0 \quad (x>e)$

$\Rightarrow \varphi(x)$ 在 $(e,+\infty)$ 单调下降 $\Rightarrow \quad \varphi(\xi) = \dfrac{\ln\xi}{\xi} > \varphi(e^2) = \dfrac{\ln e^2}{e^2} = \dfrac{2}{e^2}$. 因此,$\dfrac{\ln^2 b - \ln^2 a}{b-a} > \dfrac{4}{e^2}$.

【分析与证明二】 　引进辅助函数转化为证明函数不等式. 令

$$F(x) = \ln^2 x - \ln^2 a - \frac{4}{e^2}(x-a),$$

利用单调性证明 $F(x)>0 \ (a<x\leqslant b)$. 由于

$$F'(x) = \frac{2\ln x}{x} - \frac{4}{e^2}, \quad F''(x) = \frac{2(1-\ln x)}{x^2}<0 \quad (x>e),$$

由此得 $F'(x)$ 在 $[e,+\infty)$ 单调下降. 当 $e<x<e^2$ 时,

$$F'(x) > F'(e^2) = \left(\frac{2\ln x}{x} - \frac{4}{e^2}\right)\Big|_{x=e^2} = 0$$

$\Rightarrow F(x)$ 在 $[e,e^2]$ 单调上升 $\Rightarrow e<a<x\leqslant b<e^2$ 时 $F(x)>F(a)=0$.

特别当 $x=b$ 时 $F(b)>0$,即 $\quad \ln^2 b - \ln^2 a > \dfrac{4}{e^2}(b-a)$.

综述

证明函数不等式的问题,可转化为判定函数的正负号问题: $f(x) > (<)0$. 所以它实质上也是利用导数研究函数的性态的问题. 常用的是下列几个方法:

方法1° 用单调性.

$$\left.\begin{array}{l} f(x_0) = 0 \\ f'(x) > 0 \ (x > x_0) \end{array}\right\} \Rightarrow f(x) > 0 \ (x > x_0).$$

如题 57,58,63,64【分析一】及练习题.

方法2° 用最值(实值上也是用单调性,有两个单调性区间).

$$f_{\min} = 0 \Rightarrow f(x) \geqslant 0, \quad f_{\max} = 0 \Rightarrow f(x) \leqslant 0.$$

方法3° 用微分中值定理或泰勒公式. 若 $f(x)$ 在 $[x_0, +\infty)$ 连续,在 $(x_0, +\infty)$ 可导,且当 $x > x_0$ 时成立

$$m \leqslant f'(x) \leqslant M,$$

则 $m(x - x_0) \leqslant f(x) - f(x_0) = f'(\xi)(x - x_0) \leqslant M(x - x_0) \ (x > x_0)$. 如练习题.

方法4° 把证明常值不等式转化为证明函数不等式. 如题57,练习题.

方法5° 对凹(凸)函数用凹(凸)函数的性质. 如题59,60,61,62.

八、函数零点的存在性与个数问题

(一) 用连续函数的零值定理证明函数存在零点,结合单调性证明零点的唯一性

▶ 练习题

(96,2,3分) 在区间 $(-\infty, +\infty)$ 内,方程 $|x|^{\frac{1}{4}} + |x|^{\frac{1}{2}} - \cos x = 0$

(A) 无实根. (B) 有且仅有一个实根.

(C) 有且仅有两个实根. (D) 有无穷多个实根.

【分析】 令 $f(x) = |x|^{\frac{1}{4}} + |x|^{\frac{1}{2}} - \cos x$,则 $f(x)$ 是偶函数,考察 $f(x)$ 在 $(0, +\infty)$ 内的实根个数:

$$f(x) = x^{1/4} + x^{1/2} - \cos x \ (x > 0),$$

首先注意到 $f(0) = -1 < 0, f\left(\dfrac{\pi}{2}\right) = \left(\dfrac{\pi}{2}\right)^{1/4} + \left(\dfrac{\pi}{2}\right)^{1/2} > 1 > 0$,当 $x \geqslant \dfrac{\pi}{2}$ 时, $f(x) \geqslant \left(\dfrac{\pi}{2}\right)^{1/4} + \left(\dfrac{\pi}{2}\right)^{1/2}$ $-1 > 0$,没有零点;当 $0 < x < \pi/2$ 时,由零值定理,必有零点,且由 $f'(x) = \dfrac{1}{4}x^{-3/4} + \dfrac{1}{2}x^{-\frac{1}{2}} + \sin x > 0$, $f(x)$ 在 $\left(0, \dfrac{\pi}{2}\right)$ 单调增, $f(x)$ 有唯一零点. 因此, $f(x)$ 在 $(-\infty, +\infty)$ 有且仅有两个零点. 应选(C).

(二) 利用函数的单调性与极值确定函数零点的个数

▶ 练习题

(03,2,12分) 讨论曲线 $y = 4\ln x + k$ 与 $y = 4x + \ln^4 x$ 的交点个数.

【解】 问题等价于讨论 $\varphi(x) = \ln^4 x - 4\ln x + 4x - k$ 在 $(0, +\infty)$ 有几个零点. 由

$$\varphi'(x) = \dfrac{4}{x}(\ln^3 x - 1 + x),$$

不难看出 $x = 1$ 是 $\varphi(x)$ 的驻点,而且,当 $0 < x < 1$ 时,$\varphi'(x) < 0$;当 $x > 1$ 时,$\varphi'(x) > 0$. 由此,$x = 1$ 是 $\varphi(x)$ 的最小值点,$\varphi(1) = 4 - k$ 是 $\varphi(x)$ 的最小值.

当 $\varphi(1) > 0$ 即当 $k < 4$ 时,$\varphi(x) \geq \varphi(1) > 0$,$\varphi(x)$ 没有零点;

当 $\varphi(1) = 0$ 即当 $k = 4$ 时,$\varphi(x) \geq \varphi(1) = 0$,$\varphi(x)$ 有唯一零点;

当 $\varphi(1) < 0$ 即当 $k > 4$ 时,由于
$$\lim_{x \to 0^+} \varphi(x) = \lim_{x \to 0^+} \left[\ln x(\ln^3 x - 4) + 4x - k \right] = +\infty,$$
$$\lim_{x \to +\infty} \varphi(x) = \lim_{x \to +\infty} \left[\ln x(\ln^3 x - 4) + 4x - k \right] = +\infty,$$
故 $\varphi(x)$ 有两个零点.

综上所述,当 $k < 4$ 时,两曲线没有交点;当 $k = 4$ 时,两曲线仅有一个交点;当 $k > 4$ 时,两曲线有两个交点.

---

53. (21,5 分) 设函数 $f(x) = ax - b\ln x (a > 0)$ 有 2 个零点,则 $\dfrac{b}{a}$ 的取值范围是

(A)$(e, +\infty)$ (B)$(0, e)$ (C)$\left(0, \dfrac{1}{e}\right)$ (D)$\left(\dfrac{1}{e}, +\infty\right)$

【分析】 $f(x)$ 的定义域是 $(0, +\infty)$. $f'(x) = a - \dfrac{b}{x}$. 当 $b \leq 0$ 时 $f'(x) \geq 0 (x \in (0, +\infty))$,$f(x)$ 不可能有两个零点. 下设 $b > 0$.

$$\lim_{x \to 0^+} f(x) = \lim_{x \to 0^+} ax - \lim_{x \to 0^+} b\ln x = +\infty, \quad \lim_{x \to +\infty} f(x) = \lim_{x \to +\infty} \left(a - \dfrac{b}{x}\ln x\right)x = +\infty,$$

$$f'(x) = \frac{a\left(x - \dfrac{b}{a}\right)}{x} \begin{cases} < 0 & \left(0 < x < \dfrac{b}{a}\right) \\[2mm] = 0 & \left(x = \dfrac{b}{a}\right) \\[2mm] > 0 & \left(x > \dfrac{b}{a}\right) \end{cases}$$

$f(x)$ 在 $\left(0, \dfrac{b}{a}\right) \searrow$,在 $\left(\dfrac{b}{a}, +\infty\right) \nearrow$,$f(x)$ 在 $x = \dfrac{b}{a}$ 取最小值。仅当

$$f\left(\frac{b}{a}\right) = b\left(1 - \ln\frac{b}{a}\right) < 0, \text{即} \frac{b}{a} > e$$

时 $f(x)$ 在 $(0, +\infty)$ 有两个零点。选(A)

(三) 用罗尔定理证明导数存在零点或对 $f(x)$ 的原函数 $F(x)$ 用罗尔定理证明 $F'(x) = f(x)$ 存在零点

54. (08,4 分) 设函数 $f(x) = x^2(x - 1)(x - 2)$,则 $f'(x)$ 的零点个数为

(A) 0.   (B) 1.   (C) 2.   (D) 3.

【分析】 $f(0) = f(1) = f(2) = 0$,由罗尔定理知,$f'(x)$ 在 $(0,1)$,$(1,2)$ 各有一个零点. 又
$$f'(0) = \left[2x(x-1)(x-2) + x^2((x-1)(x-2))' \right]\big|_{x=0} = 0,$$
$\Rightarrow f'(x)$ 有 3 个零点. 选(D).

---

55. (09,11 分) (Ⅰ)证明拉格朗日中值定理:若函数 $f(x)$ 在 $[a, b]$ 上连续,在 (a, b) 内可导,则存在 $\xi \in (a, b)$,使得 $f(b) - f(a) = f'(\xi)(b - a)$.

(Ⅱ)证明:若函数 $f(x)$ 在 $x = 0$ 处连续,在 $(0, \delta)(\delta > 0)$ 内可导,且 $\lim_{x \to 0^+} f'(x) = A$,则 $f'_+(0)$ 存在,且 $f'_+(0) = A$.

【分析与证明】（Ⅰ）即证

$$f'(x) - \frac{f(b) - f(a)}{b - a} \text{ 在 } (a,b) \text{ } \exists \text{ 零点}$$

$$\Leftrightarrow \left[f(x) - \frac{f(b) - f(a)}{b - a}(x - a) \right]' \text{ 在 } (a,b) \text{ } \exists \text{ 零点}.$$

引进辅助函数 $F(x) = f(x) - \dfrac{f(b) - f(a)}{b - a}(x - a)$，则 $F(x)$ 在 $[a,b]$ 连续，在 (a,b) 可导，又

$$F(a) = F(b)(= f(a)),$$

由罗尔定理得知，$\exists \xi \in (a,b)$ 使得 $F'(\xi) = 0$，即 $f'(\xi) = \dfrac{f(b) - f(a)}{b - a}$.

（Ⅱ）按右导数定义，只需考察 $\lim\limits_{x \to 0+} \dfrac{f(x) - f(0)}{x}$.

方法 1° $\forall x \in (0,\delta)$，在 $[0,x]$ 上由拉格朗日中值定理得，$\exists \xi \in (0,x)$，

$$\frac{f(x) - f(0)}{x} = f'(\xi).$$

当 $x \to 0+$ 时 $\xi \to 0+$，于是

$$f'_+(0) = \lim_{x \to 0+} \frac{f(x) - f(0)}{x} = \lim_{x \to 0+} f'(\xi) = \lim_{x \to 0+} f'(x) = A.$$

方法 2° 当 $x \to 0+$ 时，对 $\dfrac{f(x) - f(0)}{x}$ 可以用洛必达法则.

$$f'_+(0) = \lim_{x \to 0+} \frac{f(x) - f(0)}{x} \xlongequal[\text{洛必达法则}]{\frac{0}{0}} \lim_{x \to 0+} f'(x) = A.$$

评注 ① 题（Ⅱ）中 $f(x)$ 在 $x = 0$ 处连续改为 $f(x)$ 在 $x = 0$ 处右连续也可以.

② 用同样方法可以证明题（Ⅱ）的一般结论：

设 $f(x)$ 在 $x = a$ 处右连续，在 $(a, a+\delta)(\delta > 0)$ 可导，且

$$\lim_{x \to a+} f'(x) = A，则 f'_+(a) = A.$$

设 $f(x)$ 在 $x = a$ 处左连续，在 $(a-\delta, a)(\delta > 0)$ 可导，且

$$\lim_{x \to a-0} f'(x) = A，则 f'_-(a) = A.$$

③ 由②中的结论易知，可导函数的导函数的间断点只能是第二类间断点. 设 $f(x)$ 在 (a,b) 可导，$x_0 \in (a,b)$ 是 $f'(x)$ 的间断点，则 $x = x_0$ 是 $f'(x)$ 的第二类间断点，即 $\lim\limits_{x \to x_0 \pm 0} f'(x)$ 中至少一个不存在.

我们用反证法来证这个结论. 若 $\lim\limits_{x \to x_0 \pm 0} f'(x) = A_\pm$ 均 $\exists$，由 ② 的结论 $\Rightarrow f'_\pm(x_0) = A_\pm$. 因

$$f'(x_0)\exists \Rightarrow f'_+(x_0) = f'_-(x_0) = f'(x_0)$$

$$\Rightarrow A_+ = A_- = f'(x_0)$$

$$\Rightarrow \lim_{x \to x_0 \pm 0} f'(x) = f'(x_0)$$

$$\Rightarrow f'(x) \text{ 在 } x = x_0$$

连续，与已知矛盾. 因此 $\lim\limits_{x \to x_0 \pm 0} f'(x)$ 中至少一个不 $\exists$.

---

56. (11,4 分) 函数 $f(x) = \ln|(x-1)(x-2)(x-3)|$ 的驻点个数为

(A) 0.   (B) 1.   (C) 2.   (D) 3.

【分析】 即确定 $f'(x)$ 的零点个数.

方法 1°

$$f'(x) = \frac{\left[(x-1)(x-2)(x-3)\right]'}{(x-1)(x-2)(x-3)}$$

转化为讨论 $g'(x)$ 的零点个数,其中 $g(x) = (x-1)(x-2)(x-3)$.

因 $g(1) = g(2) = g(3) = 0$,由罗尔定理可知,$g'(x)$ 分别在 $(1,2),(2,3)$ 各有一个零点,因 $g'(x)$ 是二次多项式,故 $g'(x)$ 只有两个零点,即 $f'(x)$ 只有两个零点. 选(C).

方法 2° 求出 $f'(x)$:

$$f'(x) = \frac{(x-2)(x-3) + (x-1)(x-3) + (x-1)(x-2)}{(x-1)(x-2)(x-3)}$$

$$= \frac{3x^2 - 12x + 11}{(x-1)(x-2)(x-3)},$$

由判别式 $12^2 - 4 \times 3 \times 11 = 12 > 0 \Rightarrow 3x^2 - 12x + 11$ 有两个零点(不是 $x=1, x=2, x=3$). 因此 $f(x)$ 有两个驻点. 选(C).

57.（13,10 分） 设奇函数 $f(x)$ 在 $[-1,1]$ 上具有 2 阶导数,且 $f(1) = 1$. 证明:

（Ⅰ）存在 $\xi \in (0,1)$,使得 $f'(\xi) = 1$;

（Ⅱ）存在 $\eta \in (-1,1)$,使得 $f''(\eta) + f'(\eta) = 1$.

【分析与证明】 （Ⅰ）由 $f(x)$ 为奇函数 $\Rightarrow f(0) = 0$.

方法 1° 在 $[0,1]$ 上,由拉格朗日中值定理知,$\exists \xi \in (0,1)$ 使得

$$f'(\xi) = f(1) - f(0) = f(1) = 1.$$

方法 2° 转化为证明 $f'(x) - 1 = [f(x) - x]'$ 在 $(0,1)$ $\exists$ 零点.

令 $F(x) = f(x) - x \Rightarrow F(x)$ 在 $[0,1]$ 可导且

$$F(0) = f(0) = 0, \quad F(1) = f(1) - 1 = 0,$$

于是由罗尔定理知,$\exists \xi \in (0,1)$ 使得

$$F'(\xi) = f'(\xi) - 1 = 0,\ 即\ f'(\xi) = 1.$$

（Ⅱ）**方法 1°** 即证明

$$f''(x) + f'(x) - 1\ 在\ (-1,1)\ \exists\ 零点$$

$$\Leftrightarrow \quad [f'(x) + f(x) - x]'\ 在\ (-1,1)\ \exists\ 零点.$$

令 $F(x) = f'(x) + f(x) - x$,则 $F(x)$ 在 $[-1,1]$ 可导,又

$$F(1) = f'(1) + f(1) - 1 = f'(1),$$

$$F(-1) = f'(-1) + f(-1) + 1 = f'(-1),$$

这里 $f(x)$ 在 $[-1,1]$ 为奇函数,又 $f(1) = 1 \Rightarrow f(1) - 1 = 0, f(-1) + 1 = -f(1) + 1 = 0$. 又 $f'(x)$ 在 $[-1,1]$ 为偶函数,$f'(-1) = f'(1)$,于是 $F(1) = F(-1)$.

因此对 $F(x)$ 在 $[-1,1]$ 上用罗尔定理得,$\exists \eta \in (-1,1)$ 使得

$$F'(\eta) = f''(\eta) + f'(\eta) - 1 = 0,\ 即\ f''(\eta) + f'(\eta) = 1.$$

方法 2° 即证明

$$f''(x) + f'(x) - 1\ 在\ (-1,1)\ \exists\ 零点$$

$$\Leftrightarrow \quad e^x[f''(x) + f'(x) - 1]\ 在\ (-1,1)\ \exists\ 零点$$

$$\Leftrightarrow \quad [e^x(f'(x) - 1)]'\ 在\ (-1,1)\ \exists\ 零点.$$

令 $F(x) = e^x[f'(x) - 1]$,则 $F(x)$ 在 $[-1,1]$ 可导,由题（Ⅰ）,$\exists \xi \in (0,1), f'(\xi) = 1$,于是 $F(\xi) = 0$. 又因 $f'(x)$ 为偶函数,$f'(-\xi) = f'(\xi) = 1$,于是 $F(-\xi) = 0$.

$[-\xi, \xi] \subset (-1,1)$,由罗尔定理知,$\exists \eta \in (-\xi, \xi) \subset (-1,1)$ 使得

$$F'(\eta) = 0,\ 即\ f''(\eta) + f'(\eta) = 1.$$

58.（17,10 分） 设函数 $f(x)$ 在区间 $[0,1]$ 上具有 2 阶导数,且 $f(1) > 0$,$\lim\limits_{x \to 0^+} \frac{f(x)}{x} < 0$,证明:

（Ⅰ）方程 $f(x) = 0$ 在区间 $(0,1)$ 内至少存在一个实根；

（Ⅱ）方程 $f(x)f''(x) + (f'(x))^2 = 0$ 在区间 $(0,1)$ 内至少存在两个不同实根.

【分析与求解】 （Ⅰ）方程 $f(x) = 0$ 的根即函数 $f(x)$ 的零点.

为了用连续函数 $f(x)$ 在 $[0,1]$ 存在零点，只须找一点 $\delta \in (0,1)$，使 $f(\delta) < 0$.

由 $\lim\limits_{x \to 0+} \dfrac{f(x)}{x} < 0$ 及极限的保号性，$\exists \delta \in (0,1)$，使 $\dfrac{f(\delta)}{\delta} < 0$，即 $f(\delta) < 0$. 又 $f(x)$ 在 $[0,1]$ 连续，$f(1) > 0$，因此 $\exists c \in (\delta,1) \subset (0,1)$ 使得 $f(c) = 0$ 即 $f(x) = 0$ 在 $(0,1)$ 至少 $\exists$ 一个实根.

（Ⅱ）即证 $f(x)f''(x) + (f'(x))^2$ 在 $(0,1)$ 至少 $\exists$ 两个零. 注意
$$f(x)f''(x) + (f'(x))^2 = (f(x)f'(x))'$$
于是引入 $F(x) = f(x)f'(x)$，即证 $F'(x)$ 在 $(0,1)$ 至少 $\exists$ 两个零点.

为了对 $F(x)$ 用罗尔定理，只须对 $F(x) = f(x)f'(x)$ 在 $(0,1)$ 区间找三个函数值相等的点，特别是三个零点（$f(x)$ 与 $f'(x)$ 的零点均是 $F(x)$ 的零点.）

由于 $\lim\limits_{x \to 0+} \dfrac{f(x)}{x}$ $\exists$ 及 $f(x)$ 在 $[0,1]$ 连续 $\Rightarrow$
$$\lim\limits_{x \to 0+} f(x) = f(0) = 0,$$
又由题（Ⅰ），$c \in (0,1)$，$f(c) = 0$，再对 $f(x)$ 在 $[0,c]$ 上用罗尔定理，$\exists \xi \in (0,c)$，$f'(\xi) = 0$.

这样我们得到
$$F(0) = f(0)f'(0) = 0,$$
$$F(\xi) = f(\xi)f'(\xi) = 0,$$
$$F(c) = f(c)f'(c) = 0$$
现在对 $F(x)$ 分别在 $[0,\xi],[\xi,c]$ 上用罗尔定理，得 $\exists \xi_1 \in (0,\xi),\xi_2 \in (\xi,c)$ 使得
$$F'(\xi_1) = 0, F'(\xi_2) = 0$$
因此方程 $f(x)f''(x) + (f'(x))^2 = 0$ 在区间 $(0,1)$ 至少存在两个实根.

综 述

若 $f(\xi) = 0$，则称 $x = \xi$ 是函数 $f(x)$ 的零点，或称 $x = \xi$ 是方程 $f(x) = 0$ 的实根. 函数在某区间内有没有零点，有几个零点是个重要的问题.

1. 判断零点（实根）存在性的直接方法是用连续函数零值定理：
$$\left.\begin{array}{l} f(x) \text{ 在 } [a,b] \text{ 连续} \\ f(a)f(b) < 0 \end{array}\right\} \Rightarrow \exists \xi \in (a,b), \text{使} f(\xi) = 0.$$
如本节（一）中的练习题. 该定理可以推广到开区间或无穷区间的情形.

2. 用罗尔定理可以证明导函数存在零点（如题 54,55,56,57）. 当难以找到 $f(x)$ 的正、负值点时，可以转而对 $f(x)$ 的原函数 $F(x)$ 使用罗尔定理：
$$\left.\begin{array}{l} F'(x) = f(x) \\ F(a) = F(b) \end{array}\right\} \Rightarrow \exists \xi \in (a,b), \text{使} f(\xi) = F'(\xi) = 0. \text{如题 } 58,59.$$

3. 研究零点（实根）的个数，就是研究曲线与 x 轴的交点个数，而这只要搞清函数的单调区间，极值的正负号，以及函数在区间端点处的极限等情况就够了. 如本节（二）中的练习题.

九、拉格朗日中值定理与带拉格朗日余项的泰勒公式及其应用

（一）求带拉格朗日余项的泰勒公式或泰勒公式的系数

59.（21,5分） 设函数 $f(x) = \sec x$ 在 $x = 0$ 处的 2 次泰勒多项式为 $1 + ax + bx^2$，则

(A) $a = 1, b = -\dfrac{1}{2}$ (B) $a = 1, b = \dfrac{1}{2}$

(C) $a = 0, b = -\dfrac{1}{2}$ (D) $a = 0, b = \dfrac{1}{2}$

【分析一】 $f(x) = \dfrac{1}{\cos x}$ 在 $x = 0$ 处的二阶泰勒公式：

$$f(x) = 1 + ax + bx^2 + o(x^2) \quad (x \to 0)$$

已知 $\cos x = 1 - \dfrac{1}{2}x^2 + o(x^2)$，上式两边乘 $\cos x$ 得

$$1 = \left[1 + ax + bx^2 + o(x^2)\right]\left(1 - \dfrac{1}{2}x^2 + o(x^2)\right)$$

$$= 1 + ax + \left(b - \dfrac{1}{2}\right)x^2 + o(x^2)$$

$\Rightarrow a = 0, b = \dfrac{1}{2}$，于是 $f(x) = \sec x$ 在 $x = 0$ 处的 2 次泰勒多项式为 $1 + \dfrac{1}{2}x^2$.

选（D）

【分析二】 $f(x) = f(0) + f'(0)x + \dfrac{1}{2}f''(0)x^2 + o(x^2) \quad (x \to 0)$

$$f(0) = 1, \quad f'(x) = \dfrac{\sin x}{\cos^2 x}, \quad f'(0) = 0$$

$$f''(0) = \left(\dfrac{\sin x}{\cos^2 x}\right)' \bigg|_{x=0} = \dfrac{\cos x}{\cos^2 x}\bigg|_{x=0} + \sin x\left(\dfrac{1}{\cos^2 x}\right)'\bigg|_{x=0} = 1 + 0 = 1$$

于是 $a = f'(0) = 0, b = \dfrac{1}{2}f''(0) = \dfrac{1}{2}$，选（D）.

▶ **练习题**

(1)（03,2,4分） $y = 2^x$ 的麦克劳林公式中 x^n 项的系数是_____.

【分析】 由 $y = 2^x = e^{x\ln 2} = \displaystyle\sum_{k=0}^{n} \dfrac{(x\ln 2)^k}{k!} + o(x^n)$，即得 x^n 项的系数 $a_n = \dfrac{\ln^n 2}{n!}$.

(2)（96,2,5分） 求函数 $f(x) = \dfrac{1-x}{1+x}$ 在 $x = 0$ 点处带拉格朗日余项的 n 阶泰勒展开式.

【解】 $f(x)$ 在 $x = 0$ 处带拉格朗日余项的泰勒展开式为

$$f(x) = f(0) + f'(0)x + \cdots + \dfrac{f^{(n)}(0)}{n!}x^n + \dfrac{f^{(n+1)}(\theta x)}{(n+1)!}x^{n+1}, \quad 0 < \theta < 1.$$

由 $f(x) = \dfrac{2}{1+x} - 1 = 2(1+x)^{-1} - 1$, $f'(x) = 2 \cdot (-1)(1+x)^{-2}$,

$$f''(x) = 2 \cdot (-1)(-2)(1+x)^{-3},$$

不难看出 $f^{(n)}(x) = 2(-1)^n \cdot n!(1+x)^{-(n+1)}$,

$$f^{(n)}(0) = 2(-1)^n \cdot n! \ (n = 1, 2, \cdots),$$

$$\frac{1-x}{1+x} = 1 - 2x + 2x^2 + \cdots + (-1)^n 2x^n + (-1)^{n+1}\frac{2x^{n+1}}{(1+\theta x)^{n+1}} \quad (0 < \theta < 1).$$

（二）导函数的变化趋势与函数的变化趋势

▶ 练习题

〔02,1,3分〕 设函数 $y = f(x)$ 在 $(0, +\infty)$ 内有界且可导,则

(A) 当 $\lim\limits_{x\to +\infty} f(x) = 0$ 时,必有 $\lim\limits_{x\to +\infty} f'(x) = 0$.

(B) 当 $\lim\limits_{x\to +\infty} f'(x)$ 存在时,必有 $\lim\limits_{x\to +\infty} f'(x) = 0$.

(C) 当 $\lim\limits_{x\to 0^+} f(x) = 0$ 时,必有 $\lim\limits_{x\to 0^+} f'(x) = 0$.

(D) 当 $\lim\limits_{x\to 0^+} f'(x)$ 存在时,必有 $\lim\limits_{x\to 0^+} f'(x) = 0$.

【分析一】 排除法. 由于当 $x \to +\infty$ 时,$f(x) \to 0$ 可能是无穷振荡的,$f'(x)$ 可能没有极限,如 $f(x) = \frac{1}{x}\sin x^2$,$f'(x) = -\frac{1}{x^2}\sin x^2 + 2\cos x^2$,则 $\lim\limits_{x\to +\infty} f(x) = 0$,但 $\lim\limits_{x\to +\infty} f'(x)$ 不存在. 故(A)不对;例如 $f(x) = \sin x \to 0 (x \to 0^+)$,但 $f'(x) = \cos x \to 1 \neq 0$,故(C)、(D)不对. 应选(B).

【分析二】 证明(B)对. 反证法:假设 $\lim\limits_{x\to +\infty} f'(x) = a \neq 0$,则由拉格朗日中值定理,有

$$f(2x) - f(x) = f'(\xi)x \to \infty \quad (x \to +\infty)$$

(当 $x \to +\infty$ 时,$\xi \to +\infty$,因为 $x < \xi < 2x$);但这与 $|f(2x) - f(x)| \leq |f(2x)| + |f(x)| \leq 2M$ 矛盾 ($|f(x)| \leq M$).

> **评注** 用拉格朗日中值定理可以证明:设 $f(x)$ 在 $(0, +\infty)$ 可导,$\lim\limits_{x\to +\infty} f'(x) = A$. 若 $A > 0$,则 $\lim\limits_{x\to +\infty} f(x) = +\infty$;若 $A < 0$,则 $\lim\limits_{x\to +\infty} f(x) = -\infty$.

（三）用拉格朗日中值定理或泰勒公式证明某种特征点的存在性

60. 〔08,11分〕 （Ⅰ）证明积分中值定理:若函数 $f(x)$ 在闭区间 $[a,b]$ 上连续,则至少存在一点 $\eta \in [a,b]$,使得 $\int_a^b f(x)\mathrm{d}x = f(\eta)(b-a)$;

（Ⅱ）若函数 $\varphi(x)$ 具有二阶导数,且满足 $\varphi(2) > \varphi(1)$,$\varphi(2) > \int_2^3 \varphi(x)\mathrm{d}x$,则至少存在一点 $\xi \in (1,3)$,使得 $\varphi''(\xi) < 0$.

【分析与证明】 （Ⅰ）$f(x)$ 在 $[a,b]$ 上连续,于是其存在最大、最小值.

$$M = \max_{[a,b]} f(x),\ m = \min_{[a,b]} f(x),\ m \leq f(x) \leq M \quad (x \in [a,b]).$$

$\Rightarrow$

$$m(b-a) \leq \int_a^b f(x)\mathrm{d}x \leq M(b-a),\ \text{即}\ m \leq \frac{1}{b-a}\int_a^b f(x)\mathrm{d}x \leq M.$$

由 $[a,b]$ 上连续函数 $f(x)$ 达到最大值与最小值定理及取中间值定理 $\Rightarrow \exists \eta \in [a,b]$,使得

$$f(\eta) = \frac{1}{b-a}\int_a^b f(x)\mathrm{d}x,\ \text{即}\ \int_a^b f(x)\mathrm{d}x = f(\eta)(b-a).$$

（Ⅱ）先由积分中值定理可知,$\exists \eta \in [2,3]$,使得 $\int_2^3 \varphi(x)\mathrm{d}x = \varphi(\eta)$. 现条件变成

$$\varphi(2) > \varphi(1),\quad \varphi(2) > \varphi(\eta),\eta \in (2,3],$$

要证:$\exists \xi \in (1,3)$,使得 $\varphi''(\xi) < 0$.

方法1° 分别在 $[1,2]$,$[2,\eta]$ 上用拉格朗日中值定理 $\Rightarrow \exists \xi_1 \in (1,2)$,$\xi_2 \in (2,\eta)$,使得

$$\frac{\varphi(2)-\varphi(1)}{2-1}=\varphi'(\xi_1)>0, \qquad \frac{\varphi(\eta)-\varphi(2)}{\eta-2}=\varphi'(\xi_2)<0.$$

再在 $[\xi_1,\xi_2]$ 上对 $\varphi'(x)$ 用拉格朗日中值定理 $\Rightarrow \exists\,\xi\in(\xi_1,\xi_2)\subset(1,3)$,

$$\frac{\varphi'(\xi_2)-\varphi'(\xi_1)}{\xi_2-\xi_1}=\varphi''(\xi)<0.$$

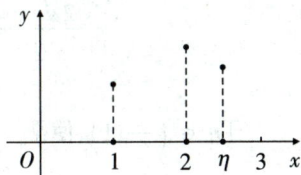

方法 2° 用反证法证明.

若不然 $\Rightarrow \forall\,x\in(1,3),\varphi''(x)\geqslant0\Rightarrow\varphi'(x)$ 在 $(1,3)$ 单调不减.

若 $\varphi'(x)$ 在 $(1,3)$ 恒正或恒负 $\Rightarrow\varphi(x)$ 在 $[1,3]$ 单调与 $\varphi(1)<\varphi(2)$,
$\varphi(2)>\varphi(\eta)$,矛盾.于是 $\exists\,\zeta\in(1,3)$,有 $\varphi'(\zeta)=0$.由 $\varphi'(x)$ 在 $(1,3)$ 单调不减 $\Rightarrow$

$$\varphi'(x)\begin{cases}\leqslant0, & x\in(1,\zeta),\\ \geqslant0, & x\in(\zeta,3).\end{cases}$$

$\Rightarrow\varphi(x)$ 在 $[1,\zeta]$ 单调不增,在 $[\zeta,3]$ 单调不减.

若 $2\in[1,\zeta]\Rightarrow\varphi(1)\geqslant\varphi(2)$ 与 $\varphi(2)>\varphi(1)$,矛盾.

若 $2\in[\zeta,\eta]\Rightarrow\varphi(2)\leqslant\varphi(\eta)$ 与 $\varphi(2)>\varphi(\eta)$,矛盾.

因此 $\varphi''(x)\geqslant0(x\in(1,3))$ 是不可能的,即 $\exists\,\xi\in(1,3)$,使得 $\varphi''(\xi)<0$.

方法 3° 用反证法证明.

已知结论:若 $\varphi''(x)\geqslant0(x\in(1,\eta))$,连接点 $(1,\varphi(1))$ 与 $(\eta,\varphi(\eta))$ 的直线段(如图 2.9)方程是

$$y=\varphi(1)+\frac{\varphi(\eta)-\varphi(1)}{\eta-1}(x-1)\overset{\text{记}}{=\!=\!=}g(x),\text{则 }\varphi(x)\leqslant g(x)(x\in[1,\eta]).$$

$\Big($证明如下:令 $F(x)=\varphi(x)-g(x)$,则 $F(1)=0,F(\eta)=0$.于是 $\exists\,\zeta\in$
$(1,\eta),F'(\zeta)=0$.又

$$F''(x)=\varphi''(x)\geqslant0(x\in(1,\eta),$$

$\Rightarrow\qquad F'(x)\begin{cases}\leqslant F'(\zeta)=0, & x\in(1,\zeta],\\ \geqslant F'(\zeta)=0, & x\in[\zeta,\eta).\end{cases}$

$\Rightarrow\qquad F(x)\leqslant F(1)=0\quad(x\in[(1,\zeta]),$
$$F(x)\leqslant F(\eta)=0\quad(x\in[\zeta,\eta).$$

因此 $\qquad F(x)\leqslant0\qquad(x\in[(1,\eta]).$

即 $\qquad \varphi(x)\leqslant g(x)\qquad(x\in[1,\eta]).\Big)$

但由 $\varphi(2)>\varphi(1),\varphi(2)>\varphi(\eta)\Rightarrow\varphi(2)>g(2)$,这便矛盾了.因此 $\exists\,\xi\in(1,3),\varphi''(\xi)<0$.

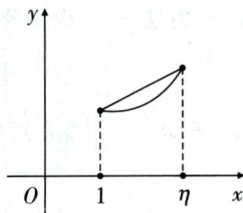

61.（10,10 分） 设函数 $f(x)$ 在闭区间 $[0,1]$ 上连续,在开区间 $(0,1)$ 内可导,且 $f(0)=0,f(1)$ $=\dfrac{1}{3}$.证明:存在 $\xi\in\left(0,\dfrac{1}{2}\right),\eta\in\left(\dfrac{1}{2},1\right)$,使得 $f'(\xi)+f'(\eta)=\xi^2+\eta^2$.

【分析与证明】 这是证明 $f(x)$ 的导函数存在某种特征点,要证:$\exists\,\xi\in\left(0,\dfrac{1}{2}\right),\eta\in\left(\dfrac{1}{2},1\right)$ 使得

$$f'(\xi)+f'(\eta)=\xi^2+\eta^2,$$

即 $\qquad [f'(\xi)-\xi^2]+[f'(\eta)-\eta^2]=0,$

即证 $\qquad \left[f(x)-\dfrac{1}{3}x^3\right]'\Big|_{x=\xi}+\left[f(x)-\dfrac{1}{3}x^3\right]'\Big|_{x=\eta}=0.$

依题设 ξ,η 分别位于 $\left(0,\dfrac{1}{2}\right)$ 与 $\left(\dfrac{1}{2},1\right)$ 区间,因此我们对 $F(x)\overset{\text{记}}{=\!=\!=}f(x)-\dfrac{1}{3}x^3$ 分别在 $\left[0,\dfrac{1}{2}\right]$ 与

$\left[\dfrac{1}{2},1\right]$ 上用拉格朗日中值定理,有

$\exists \xi \in \left(0, \frac{1}{2}\right)$，使得

$$\frac{F\left(\frac{1}{2}\right) - F(0)}{\frac{1}{2}} = F'(\xi)，即 \frac{f\left(\frac{1}{2}\right) - \frac{1}{3}\left(\frac{1}{2}\right)^3}{\frac{1}{2}} = f'(\xi) - \xi^2 \quad (f(0) = 0)；$$

$\exists \eta \in \left(\frac{1}{2}, 1\right)$，使得

$$\frac{F(1) - F\left(\frac{1}{2}\right)}{1 - \frac{1}{2}} = F'(\eta)，即 \frac{-\left[f\left(\frac{1}{2}\right) - \frac{1}{3}\left(\frac{1}{2}\right)^3\right]}{\frac{1}{2}} = f'(\eta) - \eta^2 \quad \left(f(1) = \frac{1}{3}\right).$$

两式相加即得

$$f'(\xi) - \xi^2 + f'(\eta) - \eta^2 = 0，即 \quad f'(\xi) + f'(\eta) = \xi^2 + \eta^2.$$

-----

62. (19,11 分) 已知函数 $f(x)$ 在 $[0,1]$ 上具有 2 阶导数，且 $f(0) = 0, f(1) = 1, \int_0^1 f(x)\,\mathrm{d}x = 1$，证明：

（Ⅰ）存在 $\xi \in (0,1)$，使得 $f'(\xi) = 0$；

（Ⅱ）存在 $\eta \in (0,1)$，使得 $f''(\eta) < -2$.

【分析与求解】 （Ⅰ）为了用罗尔定理证明 $f'(x)$ 在 $(0,1)$ $\exists$ 零点，按条件只须证 $f(x)$ 在 $(0,1)$ 区间某点处取值为 0 或 1.

方法一 由积分中值定理，$\exists \xi_0 \in (0,1)$ 使得

$$1 = \int_0^1 f(x)\,\mathrm{d}x = f(\xi_0)，又 f(1) = 1，$$

在 $[\xi_0, 1]$ 上用罗尔定理得，$\exists \xi \in (\xi_0, 1) \subset (0,1)$ 使得

$$f'(\xi) = 0$$

方法二 若在 $(0,1)$ 上 $f(x) < 1 \Rightarrow \int_0^1 f(x)\,\mathrm{d}x < \int_0^1 1\,\mathrm{d}x = 1$，与 $\int_0^1 f(x)\,\mathrm{d}x = 1$ 矛盾. 于是 $\exists \xi' \in (0, 1), f(\xi') \geqslant 1$.

若 $f(\xi') > 1$，由于 $f(0) < 1 < f(\xi')$，由连续函数的介值定理 $\Rightarrow \exists \xi_0 \in (0, \xi'), f(\xi_0) = 1$.

若 $f(\xi') = 1$，取 $\xi_0 = \xi'$.

现同样在 $[\xi_0, 1]$ 上用罗尔定理得，$\exists \xi \in (\xi_0, 1) \subset (0,1)$ 使得 $f'(\xi) = 0$.

（Ⅱ）要证：$\exists \eta \in (0,1)$ 使得 $f''(\eta) < -2 \Leftrightarrow f''(\eta) + 2 < 0 \Leftrightarrow (f(x) + x^2)''|_{x=\eta} < 0$. 令 $F(x) = f(x) + x^2$，即证 $F''(\eta) < 0$.

对 $F(x)$ 两次用拉格朗日中值定理.

先在 $[0, \xi_0], [\xi_0, 1]$ 上用拉格朗日中值定理，其中 ξ_0 出现在题（Ⅰ）中 $(f(\xi_0) = 1)$. $F(x)$ 满足

$$F(0) = 0, F(\xi_0) = 1 + \xi_0^2, F(1) = 2$$

$\exists \eta_1 \in (0, \xi_0)$，使得

$$\frac{F(\xi_0) - F(0)}{\xi_0} = F'(\eta_1) \quad 即 \quad F'(\eta_1) = \frac{1 + \xi_0^2}{\xi_0}$$

$\exists \eta_2 \in (\xi_0, 1)$ 使得

$$\frac{F(1) - F(\xi_0)}{1 - \xi_0} = F'(\eta_2) \quad 即 \quad F'(\eta_2) = \frac{1 - \xi_0^2}{1 - \xi_0} = 1 + \xi_0$$

再在 $[\eta_1, \eta_2]$ 上对 $F'(x)$ 用拉格朗日中值定理得，$\exists \eta \in (\eta_1, \eta_2) \subset (0,1)$ 使得

$$F''(\eta) = \frac{F'(\eta_2) - F'(\eta_1)}{\eta_2 - \eta_1} = \frac{1}{\eta_2 - \eta_1}\left(1 + \xi_0 - \frac{1 + \xi_0^2}{\xi_0}\right) = \frac{1}{\eta_2 - \eta_1} \frac{\xi_0 - 1}{\xi_0} < 0$$

即　$F''(\eta) = f''(\eta) + 2 < 0, f''(\eta) < -2.$

63.（20，11分）　设函数 $f(x) = \int_1^x e^{t^2}\mathrm{d}t.$

（1）证明：存在 $\xi \in (1,2)$，使得 $f(\xi) = (2-\xi)e^{\xi^2}$；

（2）证明：存在 $\eta \in (1,2)$，使得 $f(2) = \ln 2 \cdot \eta e^{\eta^2}.$

【分析与证明】　（Ⅰ）即证 $f(x) - (2-x)e^{x^2}$ 在 $(1,2)$ 存在零点. 令 $F(x) = f(x) - (2-x)e^{x^2}$，则 $F(x)$ 在 $[1,2]$ 连续.

$$F(1) = f(1) - e = -e < 0, F(2) = \int_1^2 e^{t^2}\mathrm{d}t > 0$$

由连续函数的零点存在性定理，$\Rightarrow \exists \xi \epsilon (1,2), F(\xi) = 0$，即 $f(\xi) = (2-\xi)e^{\xi^2}$

（Ⅱ）即证 $\exists \eta \epsilon (1,2)$，

$$\frac{\ln 2}{f(2)} = \frac{1}{\eta e^{\eta^2}} \text{ 即 } \frac{\ln 2 - \ln 1}{f(2) - f(1)} = \frac{1}{\eta e^{\eta^2}}$$

可以对 $\ln x$ 与 $f(x)$ 在 $[1,2]$ 用柯西中值定理 $\Rightarrow \exists \eta \epsilon (1,2)$ 使得

$$\frac{\ln 2 - \ln 1}{f(2) - f(1)} = \frac{(\ln x)'}{f'(x)}\bigg|_{x=\eta}$$

即

$$\frac{\ln 2}{f(2)} = \frac{\frac{1}{\eta}}{e^{\eta^2}}, f(2) = \eta e^{\eta^2} \ln 2.$$

综　述

1. 微分中值定理是用导数研究函数性态的基础.

微分中值定理的基本形式是罗尔定理：

$\left.\begin{array}{l} f(x) \text{ 在} [a,b] \text{ 连续，在} (a,b) \text{ 可导} \\ f(a) = f(b) \end{array}\right\} \Rightarrow \exists \xi \in (a,b)$ 使得 $f'(\xi) = 0.$

罗尔定理是由费马定理（可导的极值点必为驻点）导出的；而由罗尔定理又可以得到拉格朗日定理与柯西定理.

拉格朗日定理的常用形式是：$f(x) = f(x_0) + f'(\xi)(x - x_0)$ （ξ 在 x, x_0 之间）；

而微分中值定理的高阶形式是泰勒 - 拉格朗日定理：

$f(x) = f(x_0) + f'(x_0)(x - x_0) + \cdots + \dfrac{f^{(n)}(x_0)}{n!}(x - x_0)^n + \dfrac{f^{(n+1)}(\xi)}{(n+1)!}(x - x_0)^{n+1}$ （ξ 在 x, x_0 之间）.

应该注意的是，"中值 ξ" 依赖于 x，而我们对于它们的关系 $\xi(x)$ 一无所知，它不一定是单值的，更不一定是连续变化的；有时"中值"被表示成 $x_0 + \theta(x - x_0)$，特别是 $x_0 = 0$ 的情形，"中值"常写为 $\theta x (0 < \theta < 1)$，必须注意 θ 也依赖于 x，不能把 θ 看作常数！

2. 泰勒公式建立了函数改变量与自变量改变量及各阶导数的关系. 因此常用泰勒公式来讨论有关导数与函数之间的某种关系的一些问题. 用泰勒公式时，有两个关键点：一是在哪点展开？（即 x_0 =?）二是是否 x 要取某些特殊值（即选择被展开点）. 还要注意应展开到哪一阶的导数.

十、一元函数微分学的综合问题

64.（11,11 分） 设函数 $y = y(x)$ 由参数方程 $\begin{cases} x = \dfrac{1}{3}t^3 + t + \dfrac{1}{3}, \\ y = \dfrac{1}{3}t^3 - t + \dfrac{1}{3} \end{cases}$ 确定，求 $y = y(x)$ 的极值和曲线

$y = y(x)$ 的凹凸区间及拐点.

【解】 先求 $\dfrac{\mathrm{d}y}{\mathrm{d}x}$.

$$\frac{\mathrm{d}y}{\mathrm{d}x} = \frac{y'_t}{x'_t} = \frac{t^2 - 1}{t^2 + 1}.$$

再求

$$\frac{\mathrm{d}^2 y}{\mathrm{d}x^2} = \left(\frac{t^2-1}{t^2+1}\right)'_t \cdot \frac{\mathrm{d}t}{\mathrm{d}x} = \frac{2t(t^2+1) - 2t(t^2-1)}{(t^2+1)^2} \frac{1}{t^2+1} = \frac{4t}{(t^2+1)^3} \begin{cases} < 0, & t < 0, \\ = 0, & t = 0, \\ > 0, & t > 0. \end{cases}$$

$$\frac{\mathrm{d}y}{\mathrm{d}x} = 0 \Leftrightarrow t = \pm 1, \quad \frac{\mathrm{d}^2 y}{\mathrm{d}x^2}\bigg|_{t=1} > 0, \quad \frac{\mathrm{d}^2 y}{\mathrm{d}x^2}\bigg|_{t=-1} < 0.$$

$t = 1$ 对应 $y = -\dfrac{1}{3}$，它是极小值；$t = -1$ 对应 $y = 1$，它是极大值.

$t = 0$ 对应 $x = \dfrac{1}{3}$，$t > 0$ 对应 $x \in \left(\dfrac{1}{3}, +\infty\right)$，$\dfrac{\mathrm{d}^2 y}{\mathrm{d}x^2} > 0$；$t < 0$ 对应 $x \in \left(-\infty, \dfrac{1}{3}\right)$，$\dfrac{\mathrm{d}^2 y}{\mathrm{d}x^2} < 0$.

因此凸区间是 $\left(-\infty, \dfrac{1}{3}\right)$，凹区间是 $\left(\dfrac{1}{3}, +\infty\right)$，拐点是 $\left(\dfrac{1}{3}, \dfrac{1}{3}\right)$.

65.（11,10 分）（Ⅰ）证明：对任意的正整数 n，都有 $\dfrac{1}{n+1} < \ln\left(1 + \dfrac{1}{n}\right) < \dfrac{1}{n}$ 成立；

（Ⅱ）设 $a_n = 1 + \dfrac{1}{2} + \cdots + \dfrac{1}{n} - \ln n\,(n = 1, 2, \cdots)$，证明数列 $\{a_n\}$ 收敛.

【证明】（Ⅰ）这是证明数列不等式.

方法 1° 利用微分中值定理. 将要证的不等式改写成

$$\frac{1}{1 + \dfrac{1}{n}} < \frac{\ln\left(1 + \dfrac{1}{n}\right) - \ln 1}{\dfrac{1}{n}} < 1.$$

现对 $f(x) = \ln x$ 在 $\left[1, 1 + \dfrac{1}{n}\right]$ 上用拉格朗日中值定理得

$$\frac{f\left(1 + \dfrac{1}{n}\right) - f(1)}{\dfrac{1}{n}} = \frac{\ln\left(1 + \dfrac{1}{n}\right) - \ln 1}{\dfrac{1}{n}} = \frac{\ln\left(1 + \dfrac{1}{n}\right)}{\dfrac{1}{n}} = f'(\xi) = \frac{1}{\xi}, \text{其中 } 1 < \xi < 1 + \frac{1}{n}.$$

于是

$$\frac{1}{1 + \dfrac{1}{n}} < \frac{\ln\left(1 + \dfrac{1}{n}\right)}{\dfrac{1}{n}} < 1, \text{即} \quad \frac{1}{n+1} < \ln\left(1 + \frac{1}{n}\right) < \frac{1}{n}.$$

方法 2° 证明数列不等式转化为证明函数不等式，用单调性方法.

令 $f(x) = x - \ln(1 + x)\,(x \geqslant 0) \Rightarrow f'(x) = 1 - \dfrac{1}{1+x} > 0\,(x > 0)$，$f'(0) = 0 \Rightarrow f(x)$ 在 $[0,$

$+\infty)\nearrow\Rightarrow f(x)>f(0)=0(x>0)$. 因此, $f\left(\dfrac{1}{n}\right)>0$ 即 $\dfrac{1}{n}>\ln\left(1+\dfrac{1}{n}\right)$ ($\forall$ 正整数 n).

令 $g(x)=\ln\left(1+\dfrac{1}{x}\right)-\dfrac{1}{x+1}=\ln(x+1)-\ln x-\dfrac{1}{x+1}(x>0)\Rightarrow g'(x)=\dfrac{1}{x+1}-\dfrac{1}{x}+\dfrac{1}{(x+1)^2}$

$=\dfrac{-1}{x(x+1)}+\dfrac{1}{(x+1)^2}<0(x>0)\Rightarrow g(x)$ 在 $(0,+\infty)\searrow$, 又 $\lim\limits_{x\to+\infty}g(x)=0\Rightarrow g(x)>0(x>0)$.

因此, $g(n)>0$, 即 $\ln\left(1+\dfrac{1}{n}\right)>\dfrac{1}{n+1}$ ($\forall$ 正整数 n).

评注　可以用不同的方法引进辅助函数, 把证明常数不等式转化为证明函数不等式. 如证明 $\ln\left(1+\dfrac{1}{n}\right)-\dfrac{1}{n+1}>0(n=1,2,3,\cdots)$.

上述证明是把 n 改为 x, 引进 $g(x)=\ln\left(1+\dfrac{1}{x}\right)-\dfrac{1}{x+1}$, 转化为证明 $g(x)>0(x>0)$.

我们也可把 $\dfrac{1}{n}$ 改为 x, 引进

$$h(x)=\ln(1+x)-\dfrac{1}{\dfrac{1}{x}+1}=\ln(1+x)-\dfrac{x}{x+1}=\ln(1+x)-1+\dfrac{1}{x+1},$$

转化为证明 $h(x)>0$ ($x\in(0,1]$). 由

$$h'(x)=\dfrac{1}{1+x}-\dfrac{1}{(1+x)^2}=\dfrac{x}{(1+x)^2}>0(x>0)$$

$\Rightarrow h(x)\uparrow(x>0)$, 又 $h(0)=0\Rightarrow h(x)>0(x>0)$.

因此 $h\left(\dfrac{1}{n}\right)=\ln\left(1+\dfrac{1}{n}\right)-\dfrac{1}{n+1}>0$ ($n=1,2,3,\cdots$).

方法 $3°$ 证明不等式

$$\dfrac{1}{n+1}<\ln\left(1+\dfrac{1}{n}\right)=\ln(n+1)-\ln n<\dfrac{1}{n},$$

即估计函数改变量 $\ln(n+1)-\ln n$. 因

$$\ln(n+1)-\ln n=\int_n^{n+1}\dfrac{\mathrm{d}x}{x},$$

于是可转化为估计积分式 $\int_n^{n+1}\dfrac{\mathrm{d}x}{x}$.

由定积分的性质 $\Rightarrow$

$$\dfrac{1}{n+1}=\int_n^{n+1}\dfrac{\mathrm{d}x}{n+1}<\int_n^{n+1}\dfrac{\mathrm{d}x}{x}<\int_n^{n+1}\dfrac{\mathrm{d}x}{n}=\dfrac{1}{n},$$

因此　　　　$\dfrac{1}{n+1}<\ln\left(1+\dfrac{1}{n}\right)=\ln(n+1)-\ln n<\dfrac{1}{n}$.

(II) 证明 a_n 单调有界 (用题 (I)).

由　　$a_{n+1}=1+\dfrac{1}{2}+\cdots+\dfrac{1}{n}+\dfrac{1}{n+1}-\ln(n+1)$,

$\qquad a_n=1+\dfrac{1}{2}+\cdots+\dfrac{1}{n}-\ln n$,

$\Rightarrow\qquad a_{n+1}-a_n=\dfrac{1}{n+1}-\ln\dfrac{n+1}{n}=\dfrac{1}{n+1}-\ln\left(1+\dfrac{1}{n}\right)<0(n=1,2,3,\cdots)$

$\Rightarrow\qquad a_n\searrow$.

又由题 (I), $\ln\left(1+\dfrac{1}{n}\right)<\dfrac{1}{n}$ 　 ($n=1,2,3,\cdots$) $\Rightarrow$

$$a_n = 1 + \frac{1}{2} + \cdots + \frac{1}{n} - \ln n = \sum_{k=1}^{n} \frac{1}{k} - \ln n > \sum_{k=1}^{n} \ln\left(1 + \frac{1}{k}\right) - \ln n$$

$$= \sum_{k=1}^{n} \left[\ln(k+1) - \ln k\right] - \ln n = \ln(n+1) - \ln n = \ln\left(1 + \frac{1}{n}\right) > 0,$$

即 a_n 有下界.

因为 a_n 单调下降有下界, 所以 a_n 收敛.

> **评注**　本题的第（Ⅰ）问主要考查利用函数单调性或微分中值定理证明不等式的方法, 证明的关键步骤是设定辅助函数. 第（Ⅱ）问考查数列的单调有界收敛准则. 事实上, 第（Ⅰ）问为第（Ⅱ）问的证明作准备或搭"台阶"已是一个常规, 故考生应学会从第（Ⅰ）问的结论出发寻求第（Ⅱ）问的解题思路.

66. (12,10 分)　（Ⅰ）证明方程 $x^n + x^{n-1} + \cdots + x = 1$（$n$ 为大于 1 的整数）在区间 $\left(\frac{1}{2}, 1\right)$ 内有且仅有一个实根;

（Ⅱ）记（Ⅰ）中的实根为 x_n, 证明 $\lim\limits_{n\to\infty} x_n$ 存在, 并求此极限.

【分析与证明】　（Ⅰ）转化为证明 $f(x) = x^n + x^{n-1} + \cdots + x - 1$ 在 $\left(\frac{1}{2}, 1\right)$ 有唯一零点.

由于 $f(x)$ 在 $\left[\frac{1}{2}, 1\right]$ 连续, 又

$$f(1) = n - 1 > 0, \quad f\left(\frac{1}{2}\right) = \frac{1}{2} + \frac{1}{2^2} + \cdots + \frac{1}{2^n} - 1 < \frac{\frac{1}{2}}{1 - \frac{1}{2}} - 1 = 0,$$

由连续函数的零点存在性定理可知 $f(x)$ 在 $\left(\frac{1}{2}, 1\right)$ 至少 $\exists$ 一个零点. 又

$$f'(x) = nx^{n-1} + (n-1)x^{n-2} + \cdots + 2x + 1 > 0 \quad \left(\frac{1}{2} < x < 1\right),$$

所以 $f(x)$ 在 $\left[\frac{1}{2}, 1\right] \nearrow$, $f(x)$ 在 $\left(\frac{1}{2}, 1\right)$ 的零点唯一, 即 $x^n + x^{n-1} + \cdots + x = 1$ 在 $\left(\frac{1}{2}, 1\right)$ 内只有一个根.

（Ⅱ）**方法 1°**　考察 x_n 的单调性.

记 $f_n(x) = x^n + x^{n-1} + \cdots + x - 1$, 它的唯一零点记为 $x_n \left(x_n \in \left(\frac{1}{2}, 1\right)\right)$. 现证 $x_n \searrow$. 由于

$$f_{n+1}(x) = x^{n+1} + x^n + \cdots + x - 1 = x^{n+1} + f_n(x),$$

显然 $f_{n+1}\left(\frac{1}{2}\right) < 0$, $f_{n+1}(x_n) = x_n^{n+1} > 0 \Rightarrow f_{n+1}(x)$ 在 $\left(\frac{1}{2}, x_n\right)$ 有唯一零点, 此零点必然是 x_{n+1}, 且

$$\frac{1}{2} < x_{n+1} < x_n.$$

因此 x_n 单调下降且有界, 故必 $\exists$ 极限 $\lim\limits_{n\to\infty} x_n \stackrel{记}{=\!=\!=} a \left(a \in \left[\frac{1}{2}, 1\right]\right)$.

因 $x_n^n + x_n^{n-1} + \cdots + x_n = 1$, 即 $\dfrac{x_n - x_n^{n+1}}{1 - x_n} = 1$, 令 $n \to \infty \Rightarrow \dfrac{a - 0}{1 - a} = 1 \Rightarrow a = \dfrac{1}{2}$.

即

$$\lim_{n\to\infty} x_n = \frac{1}{2}.$$

方法 2°　估计 $\left| x_n - \dfrac{1}{2} \right|$.

由 $x_n^n + x_n^{n-1} + \cdots + x_n = 1$, 同前, 若 $\lim\limits_{n\to\infty} x_n = a$, 则 $a = \dfrac{1}{2}$. 现直接证明这个结论.

$$\left| f_n(x_n) - f_n\left(\frac{1}{2}\right) \right| = \left| f'_n(\xi_n)\left(x_n - \frac{1}{2}\right) \right| \quad \left(\frac{1}{2} < \xi_n < x_n\right),$$

显然 $f'_n(x) > 1 \left(x \in \left(\frac{1}{2}, 1\right)\right)$，$f_n(x_n) = 0$，$f_n\left(\frac{1}{2}\right) = \dfrac{\frac{1}{2} - \frac{1}{2^{n+1}}}{1 - \frac{1}{2}} - 1 = -\dfrac{1}{2^n}$，于是

$$\left| f_n(x_n) - f_n\left(\frac{1}{2}\right) \right| \geq \left| x_n - \frac{1}{2} \right|, \quad \left| x_n - \frac{1}{2} \right| \leq \frac{1}{2^n}.$$

因 $\lim\limits_{n \to \infty} \dfrac{1}{2^n} = 0$，由夹逼定理知 $\lim\limits_{n \to \infty} x_n = \dfrac{1}{2}$．

---

67. (13,11 分) 设函数 $f(x) = \ln x + \dfrac{1}{x}$．

（Ⅰ）求 $f(x)$ 的最小值；

（Ⅱ）设数列 $\{x_n\}$ 满足 $\ln x_n + \dfrac{1}{x_{n+1}} < 1$．证明 $\lim\limits_{n \to \infty} x_n$ 存在，并求此极限．

【分析与求解】 （Ⅰ）函数 $f(x) = \ln x + \dfrac{1}{x}$ 的定义域是 $(0, +\infty)$．考察 $f(x)$ 的单调性：

$$f'(x) = \frac{1}{x} - \frac{1}{x^2} = \frac{x-1}{x^2} \begin{cases} < 0, & 0 < x < 1, \\ = 0, & x = 1, \\ > 0, & x > 1 \end{cases}$$

$\Rightarrow f(x)$ 在 $(0,1] \searrow$，在 $[1, +\infty) \nearrow \Rightarrow f(x)$ 在 $(0, +\infty)$ 取最小值 $f(1) = 1$．

（Ⅱ）即证明 $\{x_n\}$ 单调有界．已知 $x_n > 0$，则有

$$\ln x_n < \ln x_n + \frac{1}{x_{n+1}} < 1$$

$\Rightarrow 0 < x_n < e$，从而 $\{x_n\}$ 有界．

由题（Ⅰ）知 $f(x) = \ln x + \dfrac{1}{x} \geq 1$，即 $1 - \ln x \leq \dfrac{1}{x}(x \in (0, +\infty)$，又 $\ln x_n + \dfrac{1}{x_{n+1}} < 1$，因此

$$\frac{1}{x_{n+1}} < 1 - \ln x_n \leq \frac{1}{x_n} \ (n = 1,2,3,\cdots)，从而 x_{n+1} > x_n (n = 1,2,3,\cdots).$$

可见 $\{x_n\}$ 是单调上升的．因为 $\{x_n\}$ 单调有界，所以存在极限 $\lim\limits_{n \to \infty} x_n \overset{记}{=\!=\!=} a$．因 $x_n > 0, \nearrow \Rightarrow a > 0$．由

$$\ln x_n + \frac{1}{x_{n+1}} < 1$$

令 $n \to \infty$ 取极限得 $\ln a + \dfrac{1}{a} \leq 1$．由题（Ⅰ）可知，当 $a > 0, a \neq 1$ 时

$$\ln a + \frac{1}{a} > 1，因此 a = 1，即 \lim\limits_{n \to \infty} x_n = 1.$$

---

68. (15,10 分) 已知函数 $f(x)$ 在区间 $[a, +\infty]$ 上具有 2 阶导数，$f(a) = 0, f'(x) > 0, f''(x) > 0$，设 $b > a$，曲线 $y = f(x)$ 在点 $(b, f(b))$ 处的切线与 x 轴的交点是 $(x_0, 0)$，证明 $a < x_0 < b$．

【分析与求解】 右图为示意图．

曲线 $y = f(x)$ 在点 $(b, f(b))$ 处的切线方程是

$$y = f(b) + f'(b)(x - b)$$

令 $y = 0$ 解得切线与 x 轴的交点 $(x_0, 0)$：

$$0 = f(b) + f'(b)(x_0 - b)$$

$$x_0 = b - \frac{f(b)}{f'(b)}$$

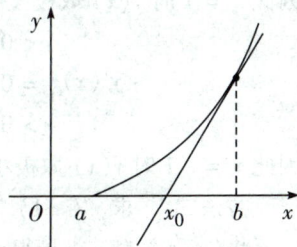

由 $f'(x) > 0(x \in [a, +\infty)) \Rightarrow f(x) \nearrow \Rightarrow f(b) > f(a) = 0$，又 $f'(b) > 0 \Rightarrow x_0 = b - \dfrac{f(b)}{f'(b)} < b$

由 $f''(x) > 0(x \in [a, +\infty)) \Rightarrow f(x)$ 在 $[a, +\infty)$ 是凹函数，由凹函数性质

$$f(x) > f(b) + f'(b)(x - b) \quad (x \in [a, +\infty), x \neq b)$$

令 $x = a \Rightarrow$

$$0 = f(a) > f(b) + f'(b)(a - b) \Rightarrow -\frac{f(b)}{f'(b)} > a - b$$

即 $\quad x_0 = b - \dfrac{f(b)}{f'(b)} > a$

因此 $\quad a < x_0 < b$.

> **评注** 不用凹函数的性质，我们可用如下方法证明 $b - \dfrac{f(b)}{f'(b)} > a$. 引入 $F(x) = x - \dfrac{f(x)}{f'(x)}(a \leqslant$
>
> $x \leqslant b), \Rightarrow F'(x) = 1 - \dfrac{f'^2(x) - f(x)f''(x)}{f'^2(x)} = \dfrac{f(x)f''(x)}{f'^2(x)} > 0$
>
> $\Rightarrow F(x)$ 在 $[a,b] \nearrow \Rightarrow$
>
> $$F(b) > F(a) \text{ 即 } b - \frac{f(b)}{f'(b)} > a - \frac{f(a)}{f'(a)} = a.$$

---

69. (17, 10 分) 已知函数 $y(x)$ 由方程 $x^3 + y^3 - 3x + 3y - 2 = 0$ 确定，求 $y(x)$ 的极值.

【分析与求解】 先求隐函数 $y(x)$ 的驻点.

将方程两边对 x 求导(注意 $y = y(x)$)，由复合函数求导法得

$$3x^2 + 3y^2 y' - 3 + 3y' = 0 \qquad\qquad (*)$$

解得 $\qquad y' = \dfrac{1 - x^2}{y^2 + 1} \qquad\qquad\qquad (**)$

由 $y' = 0$ 得 $x = \pm 1$，即 $y(x)$ 只有两个驻点 $x = \pm 1$.

在方程中分别令 $x = \pm 1$ 求 $y(\pm 1)$.

当 $x = 1$ 时得

$$y^3 + 3y - 4 = 0$$

解得 $y = 1((y^3 + 3y - 4)' = 3y^2 + 3 > 0, y^3 + 3y - 4$ 单调上升，只能有一个零点)，即 $y(1) = 1$.

当 $x = -1$ 时得

$$y^3 + 3y = 0$$

解得 $y = 0$，即 $y(-1) = 0$.

现判断这两驻点是否极值点.

方法一 由 $(**)$ 式易知

$$y'(x) \begin{cases} > 0 & (1 - \delta < x < 1) \\ = 0 & (x = 1) \qquad\qquad (0 < \delta < 1) \\ < 0 & (1 < x < 1 + \delta) \end{cases}$$

因此 $x = 1$ 时 $y(x)$ 取极大值 $y(1) = 1$.

$$y'(x) \begin{cases} < 0 & (-1 - \delta < x < -1) \\ = 0 & (x = 1) \qquad\qquad (0 < \delta < 1) \\ > 0 & (-1 < x < -1 + \delta) \end{cases}$$

因此 $x = -1$ 时 $y(x)$ 取极小值 $y(-1) = 0$

方法二 求 $y''(\pm 1)$.

将 $(**)$ 对 x 求导得

$$y'' = \frac{-2x(y^2+1) - 2yy'(1-x^2)}{(y^2+1)^2}$$

令 $x=1, y=1, y'=0$ 得

$$y''(1) = \frac{-4}{4} = -1 < 0$$

于是 $x=1$ 时 $y(x)$ 取极大值 $y(1) = 1$.

令 $x=-1, y=0, y'=0$ 得

$$y''(-1) = 2 > 0$$

于是 $x=-1$ 时 $y(x)$ 取极小值 $y(-1) = 0$.

评注 我们也可对 y' 满足的方程 $(*)$ 两边对 x 求导来求得 $y''(\pm 1)$.

---

70. (21,12 分) 已知函数 $f(x) = \dfrac{x|x|}{1+x}$,求曲线 $y = f(x)$ 的凹凸区间及渐近线.

【分析与求解】 $f(x)$ 的定义域是 $(-\infty, -1), (-1, +\infty)$. 只有间断点 $x = -1$.

为求曲线 $y = f(x)$ 的凹凸区间只需求 $f''(x)$.

$x > 0$ 时, $f(x) = \dfrac{x^2}{1+x} = \dfrac{x^2-1+1}{1+x} = x - 1 + \dfrac{1}{1+x}$

$$f'(x) = 1 - \frac{1}{(1+x)^2}, \quad f''(x) = \frac{2}{(1+x)^3} > 0$$

$x < 0$ 时, $f(x) = -\dfrac{x^2}{1+x}, \quad f''(x) = -\dfrac{2}{(1+x)^3} \begin{cases} < 0 & (-1 < x < 0) \\ > 0 & (x < -1) \end{cases}$

因此 $f(x)$ 在 $(-\infty, -1), (0, +\infty)$ 是凹的,在 $(-1, 0)$ 是凸的.

下面求渐近线.

$1°$ $\displaystyle\lim_{x \to -1} f(x) = \lim_{x \to -1} \frac{x|x|}{1+x} = \infty.$ $x = -1$ 为垂直渐近线

$2°$ $k = \displaystyle\lim_{x \to +\infty} \frac{f(x)}{x} = \lim_{x \to +\infty} \frac{x}{1+x} = 1.$

$$b = \lim_{x \to +\infty} [f(x) - kx] = \lim_{x \to +\infty} x\left[\frac{x}{1+x} - 1\right] = \lim_{x \to +\infty} \frac{-x}{1+x} = -1$$

$y = x - 1$ 为斜渐近线 $(x \to +\infty)$.

$3°$ $k = \displaystyle\lim_{x \to -\infty} \frac{f(x)}{x} = \lim_{x \to -\infty} \frac{-x}{1+x} = -1$

$$b = \lim_{x \to -\infty} [f(x) - kx] = \lim_{x \to -\infty} \left[\frac{-x^2}{1+x} + x\right] = \lim_{x \to -\infty} -x\left[\frac{x}{1+x} - 1\right] = 1$$

$y = -x + 1$ 为斜渐近线 $(x \to -\infty)$.

综上所述, $y = f(x)$ 共有三条渐近线:一条垂直渐近线 $x = -1$,两条斜渐近线, $y = x - 1(x \to +\infty), y = -x + 1(x \to -\infty)$.

▶ **练习题**

(95,2,8 分) 如图 2.12,设曲线 L 的方程为 $y = f(x)$,且 $y'' > 0$,又 MT、MP 分别为该曲线在点 $M(x_0, y_0)$ 处的切线和法线. 已知线段 MP 的长度为 $\dfrac{(1 + y_0'^2)^{3/2}}{y_0''}$(其中 $y_0' = f'(x_0), y_0'' = f''(x_0)$),试推导出点 $P(\xi, \eta)$ 的坐标表达式.

【解】 要求点 P 的坐标 ξ, η,就是说,要用 x_0, y_0, y_0', y_0'' 表出 ξ, η. 由 $|MP| = (1 + y_0'^2)^{3/2} / y_0''$,有

$$(\xi - x_0)^2 + (\eta - y_0)^2 = \frac{(1 + y_0'^2)^3}{y_0''^2}. \qquad\qquad ①$$

又由 $MP \perp MT$,有 $y_0' = -\dfrac{\xi - x_0}{\eta - y_0}$.

以 $\xi - x_0 = -y_0'(\eta - y_0)$ 代入 ① 消去 ξ ,得

$$(\eta - y_0)^2 = \left(\frac{1 + y_0'^2}{y_0''}\right)^2 , \quad \eta - y_0 = \frac{1 + y_0'^2}{y_0''} .$$

(由 $y'' > 0$,曲线 L 是凹的,容易看出 $\eta > y_0$). 又

$$\xi - x_0 = -y_0'(\eta - y_0) = -\frac{y_0'}{y_0''}(1 + y_0'^2) ,$$

于是得

$$\begin{cases} \xi = x_0 - \dfrac{y_0'}{y_0''}(1 + y_0'^2) , \\ \eta = y_0 + \dfrac{1}{y_0''}(1 + y_0'^2) . \end{cases}$$

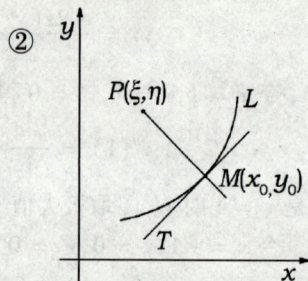

图 2.12

> **评注**　按曲率公式、曲率半径及曲率中心的定义, $\overline{MP}$ 为曲率半径, P 点为曲线 L 在点 M 的曲率中心. 该题实质上是推导出曲率中心 P 的公式.

第三章　　一元函数积分学

编者按

　　定积分与不定积分是积分学的基本概念,不定积分与定积分的计算是积分学的基本计算,利用定积分表示与计算一些几何、物理量是积分学的基本应用.

　　历年来涉及本章的试题大致归纳成如下题型:

1. 定积分与不定积分的概念与性质.　　　　2. 不定积分的计算.
3. 定积分计算.　　　　　　　　　　　　　4. 变限积分的计算及其应用.
5. 反常积分计算.　　　　　　　　　　　　6. 用积分计算几何、物理量.
7. 积分不等式的证明.　　　　　　　　　　8. 一元函数微积分的综合题.

一、定积分与不定积分的概念与性质

1. (08,4分)　　如图,曲线段的方程为 $y = f(x)$,函数 $f(x)$ 在区间 $[0,a]$ 上有连续的导数,则定积分 $\int_0^a xf'(x)\mathrm{d}x$ 等于

(A)　曲边梯形 $ABOD$ 的面积.

(B)　梯形 $ABOD$ 的面积.

(C)　曲边三角形 ACD 的面积.

(D)　三角形 ACD 的面积.

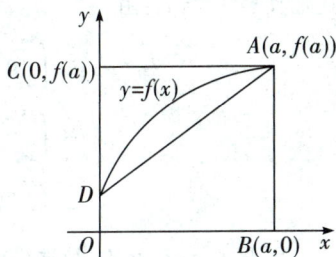

图 3.3

【分析】
$$\int_0^a xf'(x)\mathrm{d}x = \int_0^a x\mathrm{d}f(x) = xf(x)\Big|_0^a - \int_0^a f(x)\mathrm{d}x$$
$$= af(a) - \int_0^a f(x)\mathrm{d}x,$$

其中 $af(a)$ 是矩形 $ABOC$ 的面积,$\int_0^a f(x)\mathrm{d}x$ 是曲边梯形 $ABOD$ 的面积(见图3.3). 因此 $\int_0^a xf'(x)\mathrm{d}x$ 是曲边三角形 ACD 的面积. 选(C).

----

2. (11,4分)　　设 $I = \int_0^{\frac{\pi}{4}} \ln\sin x\mathrm{d}x$,$J = \int_0^{\frac{\pi}{4}} \ln\cot x\mathrm{d}x$,$K = \int_0^{\frac{\pi}{4}} \ln\cos x\mathrm{d}x$,则 I,J,K 的大小关系为

(A)　$I < J < K$.　　　　　　　　　　　(B)　$I < K < J$.

(C)　$J < I < K$.　　　　　　　　　　　(D)　$K < J < I$.

【分析】　按题意,此三个积分中的反常积分收敛,为比较它们的大小,只需比较被积函数的大小.

显然,当 $x \in \left(0, \dfrac{\pi}{4}\right)$ 时 $\sin x < \cos x < \cot x = \dfrac{\cos x}{\sin x}$,因为 $\ln t$ 在 $(0, +\infty)$ 单调上升,所以当 $x \in \left(0, \dfrac{\pi}{4}\right)$ 时又有

$$\ln\sin x < \ln\cos x < \ln\cot x.$$

从而　　　　$\int_0^{\frac{\pi}{4}} \ln\sin x\mathrm{d}x < \int_0^{\frac{\pi}{4}} \ln\cos x\mathrm{d}x < \int_0^{\frac{\pi}{4}} \ln\cot x\mathrm{d}x.$

即 $I < K < J$. 选(B).

评注 ① $\int_0^{\frac{\pi}{4}} \ln\sin x \, dx$ 与 $\int_0^{\frac{\pi}{4}} \ln\cot x \, dx$ 都是以 $x=0$ 为瑕点的反常积分,利用分部积分法不难证明它们都是收敛的.如:

$$I = \int_0^{\frac{\pi}{4}} \ln\sin x \, dx = x\ln\sin x \Big|_{0+}^{\frac{\pi}{4}} - \int_0^{\frac{\pi}{4}} \frac{x}{\sin x}\cos x \, dx = \frac{\pi}{4}\ln\frac{\sqrt{2}}{2} - \int_0^{\frac{\pi}{4}} \frac{x}{\sin x}\cos x \, dx,$$

其中 $\quad \lim\limits_{x\to 0+} x\ln\sin x = \lim\limits_{x\to 0+} \sin x\ln\sin x = \lim\limits_{t\to 0+} t\ln t = 0, \quad \int_0^{\frac{\pi}{4}} \frac{x}{\sin x}\cos x \, dx$ 是定积分.

因此积分 I 收敛.

② 对于收敛的反常积分,类似于定积分的比较性质也成立.

---

3. (12,4 分) 设 $I_k = \int_0^{k\pi} e^{x^2}\sin x \, dx \,(k=1,2,3)$,则有

(A) $I_1 < I_2 < I_3$.   (B) $I_3 < I_2 < I_1$.

(C) $I_2 < I_3 < I_1$.   (D) $I_2 < I_1 < I_3$.

【分析】 $I_1 = \int_0^{\pi} e^{x^2}\sin x \, dx, \quad I_2 = \int_0^{2\pi} e^{x^2}\sin x \, dx, \quad I_3 = \int_0^{3\pi} e^{x^2}\sin x \, dx.$

先比较 I_1 与 I_2:由 $I_2 - I_1 = \int_{\pi}^{2\pi} e^{x^2}\sin x \, dx < 0 \Rightarrow I_1 > I_2$.

再比较 I_2 与 I_3:由 $I_3 - I_2 = \int_{2\pi}^{3\pi} e^{x^2}\sin x \, dx > 0 \Rightarrow I_2 < I_3$.

还需比较 I_1 与 I_3:由

$$I_3 - I_1 = \int_{\pi}^{3\pi} e^{x^2}\sin x \, dx = \int_{\pi}^{2\pi} e^{x^2}\sin x \, dx + \int_{2\pi}^{3\pi} e^{x^2}\sin x \, dx$$

$$= \int_{2\pi}^{3\pi} e^{(t-\pi)^2}\sin(t-\pi) \, dt + \int_{2\pi}^{3\pi} e^{x^2}\sin x \, dx$$

$$= \int_{2\pi}^{3\pi} \big[e^{x^2} - e^{(x-\pi)^2}\big]\sin x \, dx > 0 \Rightarrow I_3 > I_1.$$

因此 $I_3 > I_1 > I_2$. 故选(D).

---

4. (14,4 分) 设 $f(x)$ 是周期为 4 的可导奇函数,且 $f'(x) = 2(x-1), x \in [0,2]$,则 $f(7) = $ _____.

【分析】 由 $f'(x) = 2(x-1), x \in [0,2]$,又 $f(0) = 0 \Rightarrow f(x) = x^2 - 2x \,(x \in [0,2])$ $\Rightarrow f(7) = f(3) = f(-1) = -f(1) = -[1^2 - 2] = 1.$

---

5. (18,4 分) 设 $M = \int_{-\frac{\pi}{2}}^{\frac{\pi}{2}} \frac{(1+x)^2}{1+x^2}dx, N = \int_{-\frac{\pi}{2}}^{\frac{\pi}{2}} \frac{1+x}{e^x}dx, K = \int_{-\frac{\pi}{2}}^{\frac{\pi}{2}} (1+\sqrt{\cos x})dx$,则

(A) $M > N > K$.   (B) $M > K > N$.

(C) $K > M > N$.   (D) $K > N > M$.

【分析】 这是同一区间 $\left[-\frac{\pi}{2}, \frac{\pi}{2}\right]$ 上比较三个定积分,其被积函数均连续,这只须比较被积函数.

先利用奇偶函数在对称区间上定积分性质,简化

$$M = \int_{-\frac{\pi}{2}}^{\frac{\pi}{2}} \frac{(1+x)^2}{1+x^2} = \int_{-\frac{\pi}{2}}^{\frac{\pi}{2}} 1 dx + \int_{-\frac{\pi}{2}}^{\frac{\pi}{2}} \frac{2x}{1+x^2}dx = \int_{-\frac{\pi}{2}}^{\frac{\pi}{2}} 1 dx$$

现只须在 $\left[-\frac{\pi}{2}, \frac{\pi}{2}\right]$ 上比较三个函数 $1, 1+\sqrt{\cos x}, \frac{1+x}{e^x}$

易知 $\quad 1 < 1 + \sqrt{\cos x} \left(x \in \left(-\frac{\pi}{2}, \frac{\pi}{2}\right)\right) \Rightarrow M = \int_{-\frac{\pi}{2}}^{\frac{\pi}{2}} 1 dx < \int_{-\frac{\pi}{2}}^{\frac{\pi}{2}} (1+\sqrt{\cos x}) dx = K$

下面证明：$\dfrac{1+x}{e^x} < 1$ $\left(x \in \left[-\dfrac{\pi}{2}, \dfrac{\pi}{2}\right], x \neq 0\right)$.

$\Leftrightarrow e^x > 1 + x \Leftrightarrow f(x) = e^x - x - 1 > 0$

方法一　令 $f(x) = e^x - x - 1 \Rightarrow f'(x) = e^x - 1 \Rightarrow f''(x) = e^x > 0 \Rightarrow f'(x) \begin{cases} < 0 & (x < 0) \\ = 0 & (x = 0) \\ > 0 & (x > 0) \end{cases}$

$\Rightarrow f(x) > f(0) = 0 \ (x \neq 0)$.

方法二　令 $f(x) = e^x - x - 1$，用泰勒公式

$\Rightarrow \qquad f(x) = f(0) + f'(0)x + \dfrac{1}{2}f''(\xi)x^2, (\xi \text{ 在 } 0 \text{ 与 } x \text{ 之间})$

$\qquad\qquad\quad = \dfrac{1}{2}e^{\xi} > 0$

方法三　直接考察 $g(x) = \dfrac{1+x}{e^x}$ 的单调性.

$$g'(x) = \dfrac{e^x - (1+x)e^x}{e^{2x}} = \dfrac{-x}{e^x} \begin{cases} > 0 & (x < 0) \\ = 0 & (x = 0) \\ < 0 & (x > 0) \end{cases}$$

$\Rightarrow \quad g(x) < g(0) = 1 \ (x \neq 0)$.

由于 $\dfrac{1+x}{e^x} < 1$ $\left(x \in \left[-\dfrac{\pi}{2}, \dfrac{\pi}{2}\right], x \neq 0\right)$.

$\Rightarrow \qquad N = \displaystyle\int_{-\frac{\pi}{2}}^{\frac{\pi}{2}} \dfrac{1+x}{e^x}\mathrm{d}x < \int_{-\frac{\pi}{2}}^{\frac{\pi}{2}} 1\,\mathrm{d}x = M$

因此　$K > M > N$

选（C）.

---

6. (21,5 分)　设函数 $f(x)$ 在区间 $[0,1]$ 上连续，则 $\displaystyle\int_0^1 f(x)\mathrm{d}x =$

（A）$\displaystyle\lim_{n \to \infty} \sum_{k=1}^{n} f\left(\dfrac{2k-1}{2n}\right)\dfrac{1}{2n}$

（B）$\displaystyle\lim_{n \to \infty} \sum_{k=1}^{n} f\left(\dfrac{2k-1}{2n}\right)\dfrac{1}{n}$

（C）$\displaystyle\lim_{n \to \infty} \sum_{k=1}^{2n} f\left(\dfrac{k-1}{2n}\right)\dfrac{1}{n}$

（D）$\displaystyle\lim_{n \to \infty} \sum_{k=1}^{2n} f\left(\dfrac{k}{2n}\right)\dfrac{2}{n}$

【分析】$f(x)$ 在 $[0,1]$ 可积，$\displaystyle\int_0^1 f(x)\mathrm{d}x$ 是任一积分和的极限. 常见的是将 $[0,1]$ 区间 n 等分：

$$\int_0^1 f(x)\mathrm{d}x = \lim_{n \to \infty} \sum_{k=1}^{n} f(\xi_k)\dfrac{1}{n}$$

其中 ξ_k 是区间 $\left[\dfrac{k-1}{n}, \dfrac{k}{n}\right](k = 1,2,\cdots,n)$ 的任意一点. 若 ξ_k 取其中点，即 $\xi_k = \dfrac{\dfrac{k-1}{n} + \dfrac{k}{n}}{2} = \dfrac{2k-1}{2n}$ 得

$$\int_0^1 f(x)\mathrm{d}x = \lim_{n \to \infty} \sum_{k=1}^{n} f\left(\dfrac{2k-1}{2n}\right)\dfrac{1}{n}. \qquad \text{选（B）}$$

评注 若将区间$[0,1]$2n等分,积分和中每小区间取其左端点的函数值,则

$$\int_0^1 f(x)\mathrm{d}x = \lim_{n\to\infty}\sum_{k=1}^{2n} f\left(\frac{k-1}{2n}\right)\frac{1}{2n}$$

积分和中每小区间取值右端点的函数值,则

$$\int_0^1 f(x)\mathrm{d}x = \lim_{n\to\infty}\sum_{k=1}^{2n} f\left(\frac{k}{2n}\right)\frac{1}{2n}$$

---

7. (22,5分) 已知 $I_1 = \int_0^1 \dfrac{x}{2(1+\cos x)}\mathrm{d}x, I_2 = \int_0^1 \dfrac{\ln(1+x)}{1+\cos x}\mathrm{d}x, I_3 = \int_0^1 \dfrac{2x}{1+\sin x}\mathrm{d}x$,则(　　)

(A) $I_1 < I_2 < I_3$ 　　　　　　　　　　(B) $I_2 < I_1 < I_3$

(C) $I_1 < I_3 < I_2$ 　　　　　　　　　　(D) $I_3 < I_2 < I_1$

【分析】 这是同一区间($[0,1]$)上三个定积分值的比较,通过比较被积函数的大小.
注意,由单调方法易知

$$\frac{x}{2} < \ln(1+x) < x\ (\in(0,1))$$

由此可得

$$\frac{x}{2(1+\cos x)} < \frac{\ln(1+x)}{1+\cos x} < \frac{x}{1+\cos x}(x\in(0,1))$$

又 $1+\sin x < 2(1+\cos x)$,所以

$$\frac{x}{1+\cos x} < \frac{2x}{1+\sin x}(x\in(0,1))$$

因此　　　　　　　　　　　　$I_1 < I_2 < I_3$
选(A)

▶ **练习题**

(1)(97,2,3分) 设在区间$[a,b]$上$f(x)>0,f'(x)<0,f''(x)>0$.令

$$S_1 = \int_a^b f(x)\mathrm{d}x,$$
$$S_2 = f(b)(b-a),$$
$$S_3 = \frac{1}{2}[f(a)+f(b)](b-a),$$

则

(A) $S_1 < S_2 < S_3$. 　　　　　　　　(B) $S_2 < S_1 < S_3$.

(C) $S_3 < S_1 < S_2$. 　　　　　　　　(D) $S_2 < S_3 < S_1$.

【分析一】 用几何意义.曲线 $y=f(x)$ 是上半平面的一段下降的凹弧,S_1 是曲边梯形$ABCD$的面积,S_3 是梯形$ABCD$的面积(图3.4),S_2 是矩形$ABCE$的面积,显然有 $S_2 < S_1 < S_3$. 应选(B).

【分析二】 用定积分的比较性质.曲线 $y=f(x)$ 是上半平面的一段连续的下降的凹弧,由单调下降与凹性可知(图3.4)

$$f(a)+\frac{f(b)-f(a)}{b-a}(x-a) > f(x) > f(b)\quad(x\in(a,b)),$$

其中 $y = f(a)+\dfrac{f(b)-f(a)}{b-a}(x-a)\quad(x\in[a,b])$ 是线段$\overline{DC}$的方程.将上式积分得

$$\int_a^b\left[f(a)+\frac{f(b)-f(a)}{b-a}(x-a)\right]\mathrm{d}x > \int_a^b f(x)\mathrm{d}x > \int_a^b f(b)\mathrm{d}x,$$

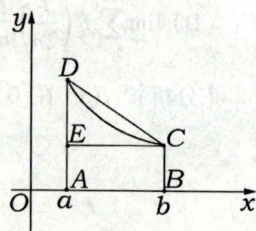

数学二

即
$$\frac{1}{2}[f(a)+f(b)](b-a) > \int_a^b f(x)\,\mathrm{d}x > f(b)(b-a),$$

于是 $S_3 > S_1 > S_2$. 应选(B).

【分析三】 因为是要选择对任何满足条件的 $f(x)$ 都成立的结果,故可以取满足条件的特定的 $f(x)$ 来观察结果是什么. 例如取 $f(x)=\dfrac{1}{x^2}$, $x\in[1,2]$, 则

$$S_1 = \int_1^2 \frac{\mathrm{d}x}{x^2} = \frac{1}{2}, \quad S_2 = \frac{1}{4}, \quad S_3 = \frac{5}{8} \Rightarrow S_2 < S_1 < S_3. \text{ 选(B)}.$$

(2)(02,$\frac{3}{4}$,6 分) 设函数 $f(x),g(x)$ 在 $[a,b]$ 上连续,且 $g(x)>0$,利用闭区间上连续函数性质,证明存在一点 $\xi\in(a,b)$,使 $\int_a^b f(x)g(x)\,\mathrm{d}x = f(\xi)\int_a^b g(x)\,\mathrm{d}x$.

【分析与证明一】 设 $f(x)$ 在 $[a,b]$ 不恒为常数. 因为 $f(x),g(x)$ 在 $[a,b]$ 上连续,且 $g(x)>0$,所以 $\int_a^b g(x)\,\mathrm{d}x>0$. 又由最值定理知 $f(x)$ 在 $[a,b]$ 上有最大值 M 和最小值 m,即 $m \lesseqgtr f(x) \lesseqgtr M$. 故

$$mg(x) \lesseqgtr f(x)g(x) \lesseqgtr Mg(x).$$

于是 $\displaystyle\int_a^b mg(x)\,\mathrm{d}x < \int_a^b f(x)g(x)\,\mathrm{d}x < \int_a^b Mg(x)\,\mathrm{d}x$, 即 $m < \dfrac{\displaystyle\int_a^b f(x)g(x)\,\mathrm{d}x}{\displaystyle\int_a^b g(x)\,\mathrm{d}x} < M$.

由连续函数的介值定理知,存在 $\xi\in(a,b)$,使

$$f(\xi) = \frac{\displaystyle\int_a^b f(x)g(x)\,\mathrm{d}x}{\displaystyle\int_a^b g(x)\,\mathrm{d}x}, \text{ 即 } \int_a^b f(x)g(x)\,\mathrm{d}x = f(\xi)\int_a^b g(x)\,\mathrm{d}x.$$

若 $f(x)$ 在 $[a,b]$ 恒为常数,结论显然成立.

【分析与证明二】 即证

$$F(x) = \int_a^b f(t)g(t)\,\mathrm{d}t - f(x)\int_a^b g(t)\,\mathrm{d}t$$

在 (a,b) 存在零点.

显然,$F(x)$ 在 $[a,b]$ 连续,只需找两点异号. 由连续函数的性质知,存在 $x_1,x_2\in[a,b]$,有

$$f(x_1) = \max_{[a,b]}f(x), \quad f(x_2) = \min_{[a,b]}f(x).$$

不妨设 $f(x)\not\equiv f(x_1)$, $f(x)\not\equiv f(x_2)$ $(x\in[a,b])\Rightarrow$

$$F(x_1) = \int_a^b [f(t)-f(x_1)]g(t)\,\mathrm{d}t < 0,$$

$$F(x_2) = \int_a^b [f(t)-f(x_2)]g(t)\,\mathrm{d}t > 0$$

$\Rightarrow \exists \xi\in(x_1,x_2)$ (或 $\xi\in(x_2,x_1)$) $\Rightarrow \xi\in(a,b)$,使 $F(\xi)=0$,即

$$\int_a^b f(t)g(t)\,\mathrm{d}t = f(\xi)\int_a^b g(t)\,\mathrm{d}t.$$

【注】 原题只要求存在的 $\xi\in[a,b]$.

评注 本题是积分中值定理的一种形式. 主要考查定积分的性质及闭区间上连续函数的重要性质.

综 述

1. 定积分是一种和式的极限,利用定积分求某种和式的极限正是定积分概念的一种应用(见第一章题 20,21,22,23). 定积分的几何意义是曲边梯形的面积. 练习题(1)正是通过比较面积的大小来比较定积分的. 有时利用定积分的几何意义可以简化定积分的计算.

2. 应该注意定积分的不等式性质:设 $f(x)$ 在 $[a,b]$ 可积,

$$f(x) \geqslant 0 \implies \int_a^b f(x)\,\mathrm{d}x \geqslant 0(a < b);$$

当积分区间相同时,设 $f(x), g(x)$ 在 $[a,b]$ 连续,则

$$f(x) \geqslant g(x) \text{ 且 } f(x) \not\equiv g(x) \ (x \in [a,b]) \implies \int_a^b f(x)\,\mathrm{d}x > \int_a^b g(x)\,\mathrm{d}x (a < b);$$

设 $f(x)$ 在 $[a,c]$ 可积,且 $a < b < c$,若 $f(x) \geqslant 0 \ (x \in [a,c])$,则

$$\int_a^b f(x)\,\mathrm{d}x \leqslant \int_a^c f(x)\,\mathrm{d}x; \quad \left| \int_a^c f(x)\,\mathrm{d}x \right| \leqslant \int_a^c |f(x)|\,\mathrm{d}x.$$

题 3 题 4 及练习题(1)正是用到了上述性质.

3. 在某些不等式的证明或论证题中常用到积分中值定理:$f(x)$ 在 $[a,b]$ 连续 $\implies \exists \xi \in (a,b)$ 使得 $\int_a^b f(x)\,\mathrm{d}x = f(\xi)(b-a)$. 也要注意它的推广形式,见该节练习题(2).

二、不定积分的计算

8. (09,10 分) 计算不定积分 $\int \ln\left(1 + \sqrt{\dfrac{1+x}{x}}\right)\mathrm{d}x \ (x > 0)$.

【分析与求解】 先作变量替换,然后分部积分. 令 $t = \sqrt{\dfrac{1+x}{x}}$,解得 $x = \dfrac{1}{t^2-1} \implies$

$$J = \int \ln\left(1 + \sqrt{\frac{1+x}{x}}\right)\mathrm{d}x = \int \ln(1+t)\,\mathrm{d}\left(\frac{1}{t^2-1}\right) = \frac{\ln(1+t)}{t^2-1} - \int \frac{1}{t^2-1} \cdot \frac{1}{1+t}\,\mathrm{d}t.$$

再用分解法求

$$\int \frac{\mathrm{d}t}{(t^2-1)(t+1)} = -\frac{1}{2}\int \frac{(t-1)-(t+1)}{(t-1)(t+1)^2}\,\mathrm{d}t = -\frac{1}{2}\int \frac{\mathrm{d}t}{(t+1)^2} + \frac{1}{4}\int\left(\frac{1}{t-1} - \frac{1}{t+1}\right)\mathrm{d}t$$

$$= \frac{1}{2}\frac{1}{t+1} + \frac{1}{4}\ln\left|\frac{t-1}{t+1}\right| + C,$$

代入上式得 $\quad J = \dfrac{\ln(1+t)}{t^2-1} - \dfrac{1}{4}\ln\left|\dfrac{t-1}{t+1}\right| - \dfrac{1}{2}\dfrac{1}{t+1} + C.$

变量还原 $\left(t = \sqrt{\dfrac{1+x}{x}}, t^2 - 1 = \dfrac{1}{x}, \dfrac{1}{t+1} = \dfrac{1}{\sqrt{\dfrac{1+x}{x}}+1} = x\left(\sqrt{\dfrac{1+x}{x}} - 1\right), \dfrac{t-1}{t+1} = \dfrac{\sqrt{\dfrac{x+1}{x}}-1}{\sqrt{\dfrac{x+1}{x}}+1} = \right.$

$$x\left(\sqrt{\frac{x+1}{x}} - 1\right)^2 = (\sqrt{x+1} - \sqrt{x})^2$$

$$\Rightarrow \quad J = x\ln\left(1 + \sqrt{\frac{x+1}{x}}\right) - \frac{1}{2}\ln(\sqrt{x+1} - \sqrt{x}) - \frac{1}{2}x\left(\sqrt{\frac{x+1}{x}} - 1\right) + C, C \text{ 为 } \forall \text{ 常数}.$$

评注　　本题是不定积分计算题,主要考查换元积分法、分部积分法和有理函数积分法等.本题既可以先换元后分部积分(如本题的解法),也可以先分部积分再换元(留给读者自己完成).

---

9. (18,10分)　　求不定积分 $\int e^{2x}\arctan\sqrt{e^x - 1}\,dx$.

【分析与求解一】　　用分部积分法

$$I = \int e^{2x}\arctan\sqrt{e^x - 1}\,dx = \frac{1}{2}\int \arctan\sqrt{e^x - 1}\,de^{2x}$$

$$= \frac{1}{2}e^{2x}\arctan\sqrt{e^x - 1} - \frac{1}{2}\int\frac{e^{2x}}{1 + (\sqrt{e^x - 1})^2}d\sqrt{e^x - 1}$$

$$= \frac{1}{2}e^{2x}\arctan\sqrt{e^x - 1} - \frac{1}{2}e^x\sqrt{e^x - 1} + \frac{1}{2}\int(e^x - 1)^{\frac{1}{2}}d(e^x - 1)$$

$$= \frac{1}{2}e^{2x}\arctan\sqrt{e^x - 1} - \frac{1}{2}e^x\sqrt{e^x - 1} + \frac{1}{3}\sqrt{e^x - 1}^3 + c$$

【分析与求解二】　　先作变量替换再分部积分.

令 $t = \sqrt{e^x - 1} \Rightarrow x = \ln(t^2 + 1)$

$$I = \int e^{2x}\arctan\sqrt{e^x - 1}\,dx = \int(t^2 + 1)^2\arctan t\frac{2t}{1 + t^2}dt$$

$$= \int(1 + t^2)2t\arctan t\,dt = \frac{1}{2}\int\arctan t\,d(1 + t^2)^2$$

$$= \frac{1}{2}(1 + t^2)^2\arctan t - \frac{1}{2}\int(1 + t^2)^2\frac{1}{1 + t^2}dt$$

$$= \frac{1}{2}(1 + t^2)^2\arctan t - \frac{1}{2}t - \frac{1}{6}t^3 + c$$

代入 $t = \sqrt{e^x - 1}$ 得 $\quad I = \frac{1}{2}e^{2x}\arctan\sqrt{e^x - 1} - \frac{1}{2}\sqrt{e^x - 1} - \frac{1}{6}(\sqrt{e^x - 1})^3 + c$

---

10. (19,10分)　　求不定积分 $\int\frac{3x + 6}{(x-1)^2(x^2 + 1 + x)}dx$.

【分析与求解】　　先用待定系数法将 $f(x) = \frac{3x + 6}{(x-1)^2(x^2 + x + 1)}$ 分解

$$f(x) = \frac{A}{x-1} + \frac{B}{(x-1)^2} + \frac{Mx + N}{x^2 + x + 1}$$

右端通分为 $\quad f(x) = \frac{A(x-1)(x^2 + x + 1) + B(x^2 + x + 1) + (x-1)^2(Mx + N)}{(x-1)^2(x^2 + x + 1)}$

于是 $\quad A(x-1)(x^2 + x + 1) + B(x^2 + x + 1) + (x-1)^2(Mx + N) = 3x + 6$ 　　　　(*)

令 $x = 1$ 得 $B = 3$,将上式两边除以$(x-1)$ 并取极限

$$\lim_{x \to 1}A(x^2 + x + 1) = \lim_{x \to 1}\left[\frac{3x + 6}{x - 1} - \frac{3(x^2 + x + 1)}{x - 1}\right]$$

$$\Rightarrow \quad A = \lim_{x \to 1}\frac{-(x-1)(x+1)}{x - 1} = -2.$$

将 $A = -2, B = 3$ 代入上面的(*)式,并令 $x = 0$ 得

$$2 + 3 + N = 6 \Rightarrow N = 1$$

在(*)式令 $x = 2$ 得

$$-14 + 21 + 2M + 1 = 12, \quad 2M = 4, \quad M = 2$$

最后求得 $f(x) = \dfrac{-2}{x-1} + \dfrac{3}{(x-1)^2} + \dfrac{2x+1}{x^2+x+1}$

于是
$$\int f(x)\,\mathrm{d}x = \int \dfrac{-2}{x-1}\mathrm{d}x + \int \dfrac{3}{(x-1)^2}\mathrm{d}x + \int \dfrac{2x+1}{x^2+x+1}\mathrm{d}x$$

$$= -2\ln|x-1| - \dfrac{3}{x-1} + \int \dfrac{\mathrm{d}(x^2+x+1)}{x^2+x+1}$$

$$= -2\ln|x-1| - \dfrac{3}{x-1} + \ln(x^2+x+1) + c$$

评注 若把(*)式展开,整理得

$$A(x^3-1) + Bx^2 + Bx + B + Mx^3 - 2Mx^2 + Mx + Nx^2 - 2Nx + N$$

$$= (A+M)x^3 + (B-2M+N)x^2 + (B+M-2N)x + (B+N-A)$$

$$= 3x + 6$$

$$\Rightarrow \begin{cases} A+M=0 \\ B-2M+N=0 \\ B+M-2N=3 \\ B+N-A=6 \end{cases}$$

由此可能得 $A=-2, B=3, M=2, N=1$.

综　述

对于不定积分的计算,主要是熟练运用基本积分法(分项、凑微分、换元、分部),而不应花工夫去计算难题与偏题.

常用的变量代换有:三角代换,幂函数代换,指数函数代换,倒代换等.应熟知某些常见情形变量代换.

三、定积分的计算

(一)选择适当方法计算定积分

11. (08,9分)   计算 $\displaystyle\int_0^1 \dfrac{x^2\arcsin x}{\sqrt{1-x^2}}\mathrm{d}x$.

【解】 $I = \displaystyle\int_0^1 \dfrac{x^2\arcsin x}{\sqrt{1-x^2}}\mathrm{d}x = \int_0^1 x^2\arcsin x\,\mathrm{d}(\arcsin x)$

$$\xlongequal[x=\sin t]{t=\arcsin x} \int_0^{\frac{\pi}{2}} t\sin^2 t\,\mathrm{d}t = \dfrac{1}{2}\int_0^{\frac{\pi}{2}} t(1-\cos 2t)\,\mathrm{d}t$$

$$= \dfrac{1}{4}t^2 \Big|_0^{\frac{\pi}{2}} - \dfrac{1}{4}\int_0^{\frac{\pi}{2}} t\,\mathrm{d}(\sin 2t) = \dfrac{\pi^2}{16} - \dfrac{1}{4}t\sin 2t \Big|_0^{\frac{\pi}{2}} + \dfrac{1}{4}\int_0^{\frac{\pi}{2}} \sin 2t\,\mathrm{d}t$$

$$= \dfrac{1}{16}\pi^2 - \dfrac{1}{8}\cos 2t \Big|_0^{\frac{\pi}{2}} = \dfrac{1}{16}\pi^2 + \dfrac{1}{4}.$$

（二）求分段函数的定积分

12.（22,5分） $\displaystyle\int_0^1 \frac{2x+3}{x^2-x+1}\mathrm{d}x = $ _____.

【分析】

$$\text{原式} = \int_0^1 \frac{d(x^2-x+1)}{x^2-x+1} + \int_0^1 \frac{4}{x^2-x+1}dx = \ln(x^2-x+1)\Big|_0^1 + \int_0^1 \frac{4dx}{\left(x-\frac{1}{2}\right)^2 + \left(\frac{\sqrt{3}}{2}\right)^2}$$

$$= \int_0^1 \frac{\frac{8}{\sqrt{3}}d\left(\frac{2x-1}{\sqrt{3}}\right)}{1+\left(\frac{2x-1}{\sqrt{3}}\right)^2} = \frac{8}{\sqrt{3}}\arctan\left(\frac{2x-1}{\sqrt{3}}\right)\Big|_0^1 = \frac{16}{\sqrt{3}}\cdot\arctan\frac{1}{\sqrt{3}}$$

$$= \frac{16}{\sqrt{3}} \times \frac{\pi}{6} = \frac{8\sqrt{3}}{9}\pi$$

► 练习题

(1)（92,2,5分） 设 $f(x) = \begin{cases} 1+x^2, & x \leqslant 0, \\ \mathrm{e}^{-x}, & x > 0, \end{cases}$ 求 $\displaystyle\int_1^3 f(x-2)\,\mathrm{d}x$.

【解】 $\displaystyle\int_1^3 f(x-2)\,\mathrm{d}x \xlongequal{x-2=t} \int_{-1}^1 f(t)\,\mathrm{d}t = \int_{-1}^0 (1+t^2)\,\mathrm{d}t + \int_0^1 \mathrm{e}^{-t}\,\mathrm{d}t = \frac{7}{3} - \frac{1}{\mathrm{e}}$.

(2)（92,2,5分） 求 $\displaystyle\int_0^\pi \sqrt{1-\sin x}\,\mathrm{d}x$.

【解】 $\displaystyle\text{原式} = \int_0^\pi \sqrt{\left(\sin\frac{x}{2}-\cos\frac{x}{2}\right)^2}\,\mathrm{d}x = \int_0^\pi \left|\sin\frac{x}{2}-\cos\frac{x}{2}\right|\,\mathrm{d}x$

$$= \int_0^{\pi/2}\left(\cos\frac{x}{2}-\sin\frac{x}{2}\right)\mathrm{d}x + \int_{\pi/2}^\pi\left(\sin\frac{x}{2}-\cos\frac{x}{2}\right)\mathrm{d}x$$

$$= 2\left(\sin\frac{x}{2}+\cos\frac{x}{2}\right)\Big|_0^{\pi/2} - 2\left(\cos\frac{x}{2}+\sin\frac{x}{2}\right)\Big|_{\pi/2}^\pi$$

$$= 4(\sqrt{2}-1).$$

评注 ① 注意 $\sqrt{f(x)^2} = |f(x)| \neq f(x)$，不要轻易丢掉绝对值符号；绝对值函数的积分实际上是分段函数的积分.

② $\displaystyle\text{原式} = 2\int_0^{\frac{\pi}{2}} |\sin t - \cos t|\,\mathrm{d}t = 2\sqrt{2}\int_0^{\frac{\pi}{2}} \left|\sin\left(t-\frac{\pi}{4}\right)\right|\,\mathrm{d}t$

$$= 2\sqrt{2}\int_{-\frac{\pi}{4}}^{\frac{\pi}{4}} |\sin s|\,\mathrm{d}s = 4\sqrt{2}\int_0^{\frac{\pi}{4}} \sin s\,\mathrm{d}s = 4\sqrt{2}\left(1-\frac{1}{\sqrt{2}}\right).$$

综 述

1. 对于定积分的计算也是要熟练运用基本方法（分项、凑微分、换元、分部积分等），这些与不定积分类似，只是作变量替换时相应地要换积分限，就不必变量还原了.

2. 当被积函数分段表示时，要用分段积分法，分界点是分段被积函数的分界点，要注意 $\sqrt{f^2(x)} = |f(x)|$ 是分段函数（练习题(1),(2)）. 当原函数分段表示时也要用分段积分法.

3. 要注意利用以下方法简化定积分的计算:

1° 利用对称区间上奇偶函数的积分性质

$$\int_{-a}^{a} f(x)\,\mathrm{d}x = \begin{cases} 0, & f(x) \text{ 为奇函数}, \\ 2\int_{0}^{a} f(x)\,\mathrm{d}x, & f(x) \text{ 为偶函数}. \end{cases}$$

2° 利用定积分的几何意义

$$\int_{a}^{b}\mathrm{d}x = b - a, \quad \int_{-a}^{a}\sqrt{a^2 - x^2}\,\mathrm{d}x = \frac{1}{2}\pi a^2 \quad (\text{半圆面积}).$$

3° 利用瓦里斯公式

$$\int_{0}^{\pi/2}\sin x\,\mathrm{d}x = \int_{0}^{\pi/2}\cos x\,\mathrm{d}x = 1,$$

$$\int_{0}^{\pi/2}\sin^n x\,\mathrm{d}x = \int_{0}^{\pi/2}\cos^n x\,\mathrm{d}x = \frac{(n-1)!!}{n!!}I^* \quad \left(I^* = \begin{cases} \dfrac{\pi}{2}, & n \text{ 为偶函数} \\ 1, & n \text{ 为奇数} \end{cases}\right)$$

$$= \frac{n-1}{n}\cdot\frac{n-3}{n-2}\cdot\cdots\cdot\begin{cases} \dfrac{1}{2}\cdot\dfrac{\pi}{2}, & n \text{ 为偶数}, \\ \dfrac{2}{3}\cdot 1, & n \text{ 为奇数}. \end{cases}$$

4° 利用周期函数的积分性质 $\quad \int_{a}^{a+T} f(x)\,\mathrm{d}x = \int_{0}^{T} f(x)\,\mathrm{d}x,$

其中 $f(x)$ 是连续的以 T 为周期的. 如第四节(五)的练习题(2).

四、变限定积分及其应用

(一)求变限积分的导数

13. (15,4 分) 设函数 $f(x)$ 连续, $\varphi(x) = \int_{0}^{x^2} xf(t)\,\mathrm{d}t$, 若 $\varphi(1) = 1, \varphi'(1) = 5$, 则 $f(1) = $ _____.

【分析】 改写 $\varphi(x) = x\int_{0}^{x^2} f(t)\,\mathrm{d}t$, 由变限积分求导法得

$$\varphi'(x) = \int_{0}^{x^2} f(t)\,\mathrm{d}t + xf(x^2)\cdot 2x = \int_{0}^{x^2} f(t)\,\mathrm{d}t + 2x^2 f(x^2)$$

由 $\qquad \varphi(1) = \int_{0}^{1} f(t)\,\mathrm{d}t = 1$

$$\varphi'(1) = \int_{0}^{1} f(t)\,\mathrm{d}t + 2f(1) = 1 + 2f(1) = 5$$

$\Rightarrow \ f(1) = 2.$

(二)求变限积分函数的定积分

14. (19,4 分) 已知函数 $f(x) = x\int_{1}^{x}\frac{\sin t^2}{t}\,\mathrm{d}t$, 则 $\int_{0}^{1} f(x)\,\mathrm{d}x = $ _____.

【分析】 这是求变限积分函数的定积分,也是求累次积分.

【分析一】 用分部积分法

$$\int_0^1 f(x)\,\mathrm{d}x = \int_0^1\left(x\int_1^x\frac{\sin t^2}{t}\mathrm{d}t\right)\mathrm{d}x = \frac{1}{2}\int_0^1\int_1^x\frac{\sin t^2}{t}\mathrm{d}t\mathrm{d}x^2$$

$$= \frac{1}{2}x^2\int_1^x\frac{\sin t^2}{t}\mathrm{d}t\,\Big|_0^1 - \frac{1}{2}\int_1^x x^2\mathrm{d}\left(\int_1^x\frac{\sin t^2}{t}\mathrm{d}t\right)$$

$$= 0 - \frac{1}{2}\int_0^1 x^2\frac{\sin x^2}{x}\mathrm{d}x = \frac{1}{4}\cos x^2\,\Big|_0^1 = \frac{1}{4}(\cos 1 - 1)$$

【分析二】 交换积分次序

$$\int_0^1 f(x)\,\mathrm{d}x = \int_0^1\left(x\int_1^x\frac{\sin t^2}{t}\mathrm{d}t\right)\mathrm{d}x$$

$$= -\int_0^1\left(x\int_x^1\frac{\sin t^2}{t}\mathrm{d}t\right)\mathrm{d}x$$

$$= -\iint_D x\frac{\sin t^2}{t}\mathrm{d}t\mathrm{d}x$$

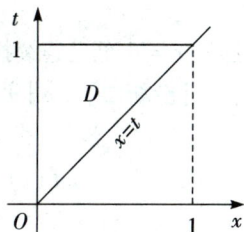

其中 $D = \{(x,t)\,|\,0 \le x \le 1, x \le t \le 1\}$,见右图. 现交换积分次序得

$$\int_0^1 f(x)\,\mathrm{d}x = -\int_0^1\mathrm{d}t\int_0^t x\frac{\sin t^2}{t}\mathrm{d}x = -\int_0^1\frac{\sin t^2}{t}\frac{1}{2}x^2\,\Big|_0^t\mathrm{d}t = -\frac{1}{2}\int_0^1 t\sin t^2\mathrm{d}t$$

$$= \frac{1}{4}\cos t^2\,\Big|_0^1 = \frac{1}{4}(\cos 1 - 1).$$

▶ 练习题

〔95,2,8 分〕 设 $f(x) = \int_0^x\frac{\sin t}{\pi - t}\mathrm{d}t$,计算 $\int_0^\pi f(x)\,\mathrm{d}x$.

【分析】 可直接利用分部积分公式以及 $f'(x) = \frac{\sin x}{\pi - x}$ 计算(即【解法一】);也可以将 $f(x)$ 代入 $\int_0^\pi f(x)\,\mathrm{d}x$ 中化为二重积分计算,此时只要确定了积分区域并交换积分次序即可(即【解法二】).

【解法一】 显然 $f'(x) = \frac{\sin x}{\pi - x}$. 因而由分部积分,有

$$\int_0^\pi f(x)\,\mathrm{d}x = \int_0^\pi f(x)\,\mathrm{d}(x - \pi) = f(x)(x - \pi)\,\Big|_0^\pi + \int_0^\pi(\pi - x)f'(x)\,\mathrm{d}x$$

$$= \int_0^\pi(\pi - x)\frac{\sin x}{\pi - x}\mathrm{d}x = 2.$$

【解法二】 用二次积分交换积分次序:

$$\int_0^\pi f(x)\,\mathrm{d}x = \int_0^\pi\left(\int_0^x\frac{\sin t}{\pi - t}\mathrm{d}t\right)\mathrm{d}x = \iint_D\frac{\sin t}{\pi - t}\mathrm{d}x\mathrm{d}t,$$

其中 $D = \{(x,t)\,|\,0 \le x \le \pi, 0 \le t \le x\} = \{(x,t)\,|\,0 \le t \le \pi, t \le x \le \pi\}$.

于是 $$\int_0^\pi f(x)\,\mathrm{d}x = \int_0^\pi\left(\int_t^\pi\frac{\sin t}{\pi - t}\mathrm{d}x\right)\mathrm{d}t = \int_0^\pi\frac{\sin t}{\pi - t}\mathrm{d}t\int_t^\pi\mathrm{d}x = \int_0^\pi\sin t\,\mathrm{d}t = 2.$$

(三) 求分段函数的变限积分或原函数

15. (16,4 分) 已知函数 $f(x) = \begin{cases} 2(x - 1), & x < 1, \\ \ln x, & x \ge 1, \end{cases}$ 则 $f(x)$ 的一个原函数是

(A) $F(x) = \begin{cases} (x - 1)^2, & x < 1, \\ x(\ln x - 1), & x \ge 1. \end{cases}$ (B) $F(x) = \begin{cases} (x - 1)^2, & x < 1, \\ x(\ln x + 1) - 1, & x \ge 1. \end{cases}$

(C) $F(x) = \begin{cases} (x - 1)^2, & x < 1, \\ x(\ln x + 1) + 1, & x \ge 1. \end{cases}$ (D) $F(x) = \begin{cases} (x - 1)^2, & x < 1, \\ x(\ln x - 1) + 1, & x \ge 1. \end{cases}$

【分析一】 $\int 2(x-1)\mathrm{d}x = (x-1)^2 + c_1,(x<1)$

$$\int \ln x\,\mathrm{d}x = x\ln x - \int x\cdot\frac{1}{x}\mathrm{d}x = x(\ln x - 1) + c_2\,(x\geqslant 1)$$

用连续拼接法,取 $f(x)$ 的一个原函数

$$F(x) = \begin{cases}(x-1)^2, & x\leqslant 1\\ x(\ln x - 1) + 1, & x\geqslant 1\end{cases}$$

这里 $x=1$ 处已连续拼接. 因此选(D).

【分析二】 用变限积分法求得 $f(x)$ 的一个原函数

$$F(x) = \int_1^x f(t)\mathrm{d}t = \begin{cases}\displaystyle\int_1^x 2(t-1)\mathrm{d}t\ (x\leqslant 1)\\ \displaystyle\int_1^x \ln t\,\mathrm{d}t\ (x\geqslant 1)\end{cases} = \begin{cases}(x-1)^2\ (x\leqslant 1)\\ x\ln x - x + 1\ (x\geqslant 1)\end{cases}$$

因此选(D).

【分析三】 原函数 $F(x)$ 必定是连续的. (A),(C)中 $F(x)$ 在 $x=1$ 均不连续,故被排除.(B),(D)中的 $F(x)$ 在 $x=1$ 均连续,故须直接验证:

$$(x(\ln x + 1))' = \ln x + 1 + 1 \neq \ln x, x\geqslant 1$$
$$(x(\ln x - 1))' = \ln x - 1 + 1 = \ln x, x\geqslant 1.$$

因此选(D).

▶ 练习题

(02,2,7分) 设 $f(x) = \begin{cases}2x + \dfrac{3}{2}x^2, & -1\leqslant x < 0,\\[2mm] \dfrac{x\mathrm{e}^x}{(\mathrm{e}^x+1)^2}, & 0\leqslant x\leqslant 1,\end{cases}$ 求函数 $F(x) = \displaystyle\int_{-1}^x f(t)\mathrm{d}t$ 的表达式.

【解法一】 用分段积分法直接求这个变限积分. 当 $-1\leqslant x < 0$ 时,

$$F(x) = \int_{-1}^x \left(2t + \frac{3}{2}t^2\right)\mathrm{d}t = \left(t^2 + \frac{1}{2}t^3\right)\Big|_{-1}^x = \frac{1}{2}x^3 + x^2 - \frac{1}{2};$$

当 $0\leqslant x\leqslant 1$ 时,

$$F(x) = \int_{-1}^0 f(t)\mathrm{d}t + \int_0^x f(t)\mathrm{d}t = \int_{-1}^0 \left(2t + \frac{3}{2}t^2\right)\mathrm{d}t + \int_0^x \frac{t\mathrm{e}^t}{(\mathrm{e}^t + 1)^2}\mathrm{d}t$$

$$= \left(\frac{1}{2}t^3 + t^2\right)\Big|_{-1}^0 - \int_0^x t\,\mathrm{d}\!\left(\frac{1}{\mathrm{e}^t + 1}\right)$$

$$= -\frac{1}{2} - \frac{t}{\mathrm{e}^t + 1}\Big|_0^x + \int_0^x \frac{1}{\mathrm{e}^t + 1}\mathrm{d}t = -\frac{1}{2} - \frac{x}{\mathrm{e}^x + 1} + \int_0^x \frac{\mathrm{d}(\mathrm{e}^t)}{\mathrm{e}^t(\mathrm{e}^t + 1)}$$

$$= -\frac{1}{2} - \frac{x}{\mathrm{e}^x + 1} + \ln\frac{\mathrm{e}^t}{\mathrm{e}^t + 1}\Big|_0^x = -\frac{1}{2} - \frac{x}{\mathrm{e}^x + 1} + \ln\frac{2\mathrm{e}^x}{\mathrm{e}^x + 1}.$$

所以

$$F(x) = \begin{cases}\dfrac{1}{2}x^3 + x^2 - \dfrac{1}{2}, & -1\leqslant x < 0,\\[3mm] \ln\dfrac{2\mathrm{e}^x}{\mathrm{e}^x + 1} - \dfrac{x}{\mathrm{e}^x + 1} - \dfrac{1}{2}, & 0\leqslant x\leqslant 1.\end{cases}$$

【解法二】 即求连续函数 $f(x)$ 的满足 $F(-1) = 0$ 的原函数 $F(x)$. 易分段求出原函数,然后在分界点 $x=0$ 处连续地接起来即可. 先求

$$\int \frac{x\mathrm{e}^x}{(\mathrm{e}^x + 1)^2}\mathrm{d}x = -\int x\,\mathrm{d}\!\left(\frac{1}{\mathrm{e}^x + 1}\right) = -\frac{x}{\mathrm{e}^x + 1} + \int \frac{\mathrm{d}x}{\mathrm{e}^x + 1} = -\frac{x}{\mathrm{e}^x + 1} - \int \frac{\mathrm{d}\mathrm{e}^{-x}}{1 + \mathrm{e}^{-x}}$$

$$= -\frac{x}{\mathrm{e}^x + 1} - \ln(1 + \mathrm{e}^{-x}) + C.$$

于是 $F(x) = \begin{cases} \dfrac{1}{2}x^3 + x^2 - \dfrac{1}{2}, & -1 \leqslant x \leqslant 0, \\ -\dfrac{x}{e^x + 1} - \ln(1 + e^{-x}) + C_0, & 0 \leqslant x \leqslant 1, \end{cases}$

其中 $\left.\left(\dfrac{1}{2}x^3 + x^2 - \dfrac{1}{2}\right)\right|_{x=0} = \left.\left[-\dfrac{x}{e^x + 1} - \ln(1 + e^{-x}) + C_0\right]\right|_{x=0}$，即 $C_0 = \ln 2 - \dfrac{1}{2}$.

（四）讨论变限积分函数的性质

16. (09,4 分) 设函数 $y = f(x)$ 在区间 $[-1,3]$ 上的图形为

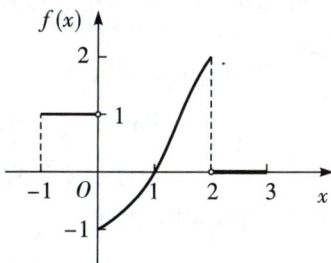

则函数 $F(x) = \displaystyle\int_0^x f(t)\,dt$ 的图形为

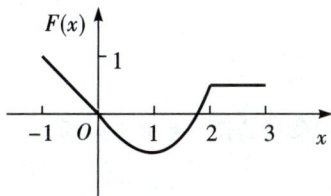

（A）

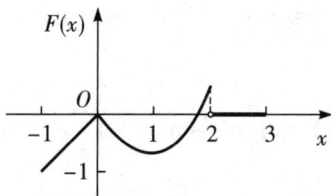

（B）

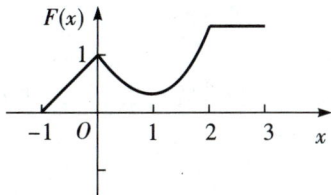

（C）

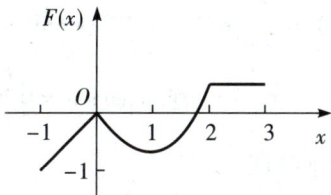

（D）

【分析】 $f(x)$ 在 $[-1,3]$ 有界，只有两个间断点（$x = 0,2$）$\Rightarrow f(x)$ 在 $[-1,3]$ 可积 $\Rightarrow F(x) = \displaystyle\int_0^x f(t)\,dt$ 在 $[-1,3]$ 连续，且 $F(0) = 0 \Rightarrow$（C）（$F(0) \neq 0$），（B）（$F(x)$ 在 $x = 2$ 处不连续）被排除；

（A）与（D）中的 $F(x)$ 在 $[-1,0)$ 上不相同，由 $F(x) = \displaystyle\int_0^x 1\,dt = x$（$x \in [-1,0]$）可知，

应选（D）.

> **评注** ① 本题考查对原函数的性质、定积分的几何意义和变上限积分 $\displaystyle\int_0^x f(t)\,dt$ 的理解.
>
> ② 有一部分考生选（B），原因是未考虑到 $F(x)$ 是连续的.
>
> ③ 注意掌握基本定理：若 $f(x)$ 在 $[a,b]$ 可积，$x_0 \in [a,b]$，则 $F(x) = \displaystyle\int_{x_0}^x f(t)\,dt$ 在 $[a,b]$ 连续. 若 $f(x)$ 在 $[a,b]$ 连续，$x_0 \in [a,b]$，则 $F(x) = \displaystyle\int_{x_0}^x f(t)\,dt$ 在 $[a,b]$ 可导且 $F'(x) = f(x)$ （$x \in [a,b]$）.

▶ 练习题

(1)（95,2,8 分）　求函数 $f(x) = \int_0^{x^2} (2 - t)\mathrm{e}^{-t}\mathrm{d}t$ 的最大值和最小值.

【解】　由 $f'(x) = 2x(2 - x^2)\mathrm{e}^{-x^2} = 0$ 求得驻点 $x = 0, x = \pm\sqrt{2}$.

由于 $f(0) = 0$,

$$f(\pm\sqrt{2}) = \int_0^2 (2 - t)\mathrm{e}^{-t}\mathrm{d}t = -(2 - t)\mathrm{e}^{-t}\Big|_0^2 - \int_0^2 \mathrm{e}^{-t}\mathrm{d}t = 1 + \mathrm{e}^{-2},$$

又 $\qquad \lim\limits_{x\to-\infty} f(x) = \lim\limits_{x\to+\infty} f(x) = \int_0^{+\infty} (2 - t)\mathrm{e}^{-t}\mathrm{d}t = -(2 - t)\mathrm{e}^{-t}\Big|_0^{+\infty} - \int_0^{+\infty} \mathrm{e}^{-t}\mathrm{d}t = 1,$

故 $\qquad \max\limits_{-\infty < x < +\infty} f(x) = f(\pm\sqrt{2}) = 1 + \mathrm{e}^{-2}, \quad \min\limits_{-\infty < x < +\infty} f(x) = f(0) = 0.$

(2)（97,2,3 分）　设 $F(x) = \int_x^{x+2\pi} \mathrm{e}^{\sin t}\sin t\,\mathrm{d}t$,则 $F(x)$

（A）　为正常数.　　　　　　　　　　　（B）　为负常数.

（C）　恒为零.　　　　　　　　　　　　（D）　不为常数.

【分析一】　由于函数 $\mathrm{e}^{\sin t}\sin t$ 是以 2π 为周期的,因此

$$F(x) = \int_x^{x+2\pi} \mathrm{e}^{\sin t}\sin t\,\mathrm{d}t = \int_0^{2\pi} \mathrm{e}^{\sin t}\sin t\,\mathrm{d}t \text{（为常数）}$$

$$= -\int_0^{2\pi} \mathrm{e}^{\sin t}\mathrm{d}(\cos t) = 0 + \int_0^{2\pi} \cos^2 t\,\mathrm{e}^{\sin t}\mathrm{d}t > 0.$$

故应选（A）.

【分析二】　$F(x) = \int_0^{\pi} \mathrm{e}^{\sin t}\sin t\,\mathrm{d}t + \int_\pi^{2\pi} \mathrm{e}^{\sin t}\sin t\,\mathrm{d}t$. 对第二个积分作变量替换 $t = \pi + u$,得

$$\int_\pi^{2\pi} \mathrm{e}^{\sin t}\sin t\,\mathrm{d}t = \int_0^{\pi} \mathrm{e}^{\sin(\pi+u)}\sin(\pi + u)\,\mathrm{d}u = -\int_0^{\pi} \mathrm{e}^{-\sin t}\sin t\,\mathrm{d}t.$$

于是 $\qquad F(x) = \int_0^{\pi} (\mathrm{e}^{\sin t} - \mathrm{e}^{-\sin t})\sin t\,\mathrm{d}t > 0.$ 故应选（A）.

(3)（97,2,8 分）　设 $f(x)$ 连续,$\varphi(x) = \int_0^1 f(xt)\mathrm{d}t$,且 $\lim\limits_{x\to 0}\dfrac{f(x)}{x} = A$（$A$ 为常数）,求 $\varphi'(x)$ 并讨论 $\varphi'(x)$ 在 $x = 0$ 处的连续性.

【分析】　通过变换将 $\varphi(x)$ 化为积分上限函数的形式,此时 $x \neq 0$,但根据 $\lim\limits_{x\to 0}\dfrac{f(x)}{x} = A$ 知 $f(0) = 0$,从而 $\varphi(0) = \int_0^1 f(0)\mathrm{d}t = 0$,由此,利用积分上限函数的求导法则、导数在一点处的定义以及函数连续的定义来判定 $\varphi'(x)$ 在 $x = 0$ 处的连续性.

【解】　由题设,知 $f(0) = 0, \varphi(0) = 0$. 令 $u = xt$,得

$$\varphi(x) = \frac{\int_0^x f(u)\mathrm{d}u}{x} \quad (x \neq 0) \Rightarrow \varphi'(x) = \frac{xf(x) - \int_0^x f(u)\mathrm{d}u}{x^2} \quad (x \neq 0).$$

由导数定义有 $\varphi'(0) = \lim\limits_{x\to 0}\dfrac{\int_0^x f(u)\mathrm{d}u}{x^2} = \lim\limits_{x\to 0}\dfrac{f(x)}{2x} = \dfrac{A}{2}$.

由于 $\qquad \lim\limits_{x\to 0}\varphi'(x) = \lim\limits_{x\to 0}\dfrac{xf(x) - \int_0^x f(u)\mathrm{d}u}{x^2} = \lim\limits_{x\to 0}\dfrac{f(x)}{x} - \lim\limits_{x\to 0}\dfrac{\int_0^x f(u)\mathrm{d}u}{x^2} = A - \dfrac{A}{2} = \dfrac{A}{2} = \varphi'(0),$

从而知 $\varphi'(x)$ 在 $x = 0$ 处连续.

评注 这是一道综合考查定积分换元法、对积分上限函数求导、按定义求导数,讨论函数在一点的连续性等知识点的综合题.考生典型错误有:

① 有的考生不会由 $\lim\limits_{x\to 0}\dfrac{f(x)}{x}=A$ 推出 $f(0)=0$,从而 $\varphi(0)=0$.

② 有的考生由 $\lim\limits_{x\to 0}\dfrac{f(x)}{x}=A$,推得 $f(x)=Ax+o(x)(x\to 0)$,再代入 $\varphi(x)$ 的定义式 $\int_0^1 f(xt)\,\mathrm{d}t$ 中去计算,这是错误的,因为 $f(x)=Ax+o(x)$ 仅 $x\to 0$ 时 $f(x)$ 的性质,而在区间 $[0,1]$ 上的积分就不能用这个式子去代替被积函数,还有的考生直接用 Ax 代替 $f(x)$ 就更错了.

③ 有相当一部分考生把对 x 求导,从积分号外不问条件地搬到积分号内,即

$$\varphi'(x)=\left[\int_0^1 f(xt)\,\mathrm{d}t\right]'=\int_0^1 f'(xt)\,\mathrm{d}t.$$

使用这个公式是要有条件的:$f(x)$ 具有连续的导数,而题中未给此条件.而且,这里积分号内外求导的意义不同:$\left[\int_0^1 f(xt)\,\mathrm{d}t\right]'$ 这是对 x 求导,而 $\int_0^1 f'(xt)\,\mathrm{d}t$ 中的 $f'(xt)$ 是对 $s=xt$ 求导,即

$$f'(xt)=f'(s)\big|_{s=xt}.$$

④ 不少考生只做出当 $x\neq 0$ 时,$\varphi'(x)=\dfrac{xf(x)-\int_0^x f(u)\,\mathrm{d}u}{x^2}$,

而没有按定义求 $\varphi'(0)$,有的考生甚至说 $\varphi'(0)$ 不存在或 $\varphi(0)$ 无定义等等.

⑤ 有的考生在求 $\lim\limits_{x\to 0}\varphi'(x)$ 时,不是去拆成两项求极限,而是立即用洛必达法则,从而导致

$$\lim_{x\to 0}\varphi'(x)=\frac{xf'(x)+f(x)-f(x)}{2x}=\frac{1}{2}\lim_{x\to 0}f'(x).$$

这样做是不对的,因为使用洛必达法则需要有条件:$f(x)$ 在 $x=0$ 的邻域内可导(题中并没给出这个条件).最后的 $\lim\limits_{x\to 0}f'(x)$ 更不知道是否存在了.

从本题考查情况看,考生乱用洛必达法则的现象相当普遍,应引起注意.

综 述

应该充分注意变限积分,它在考研试题中的出现频率非常高.连续函数的变限积分是被积函数的一个原函数,作为函数(初等或非初等)的一种表示方法,可以研究它的各种计算,各种性质(极限、微积分,增减,极值,等等),其中最基本的是变限积分的连续性、可导性及求导方法.

1. 若 $f(x)$ 在 $[a,b]$ 可积,则 $\int_a^x f(t)\,\mathrm{d}t$ 在 $[a,b]$ 连续.

若 $f(x)$ 在 $[a,b]$ 连续,又 $u(x),v(x)$ 在 $[\alpha,\beta]$ 可导且 $a\leqslant u(x),v(x)\leqslant b,x\in[\alpha,\beta]$,则

$$\left[\int_a^x f(t)\,\mathrm{d}t\right]'_x=f(x),\ x\in[a,b],\quad \mathrm{d}\left[\int_a^x f(t)\,\mathrm{d}t\right]=f(x)\,\mathrm{d}x,\ x\in[a,b],$$

$$\left[\int_{v(x)}^{u(x)} f(t)\,\mathrm{d}t\right]'_x=f[u(x)]u'(x)-f[v(x)]v'(x),\ x\in[\alpha,\beta].$$

另外,参变量 x 有时会在被积函数中出现,这时应该设法(例如通过换元等方法)把 x 从被积函数中弄到积分限中或积分号外面.

有关变限积分的许多题型中讨论的问题都与变限积分的求导有关.

2. 注意奇偶函数或周期函数 $f(x)$ 的变限积分 $\int_0^x f(t)\mathrm{d}t$ 的奇偶性与周期性问题：

设 $f(x)$ 在 $[-a,a]$ 上可积，则 $\int_0^x f(t)\mathrm{d}t$ $\begin{cases} \text{奇函数}, & \text{若}f(x)\text{为偶函数}, \\ \text{偶函数}, & \text{若}f(x)\text{为奇函数}. \end{cases}$

设 $f(x)$ 在 $[-a,a]$ 上连续，则

$$\int f(x)\mathrm{d}x = \int_0^x f(t)\mathrm{d}t + C \begin{cases} \text{全体原函数为偶函数}, & \text{若}f(x)\text{为奇函数}, \\ \text{唯一的一个原函数为奇函数}, & \text{若}f(x)\text{为偶函数}. \end{cases}$$

设 $f(x)$ 以 T 为周期，且 $f(x)$ 在 $[0,T]$ 可积，则

$1°$ $\int_x^{x+T} f(t)\mathrm{d}t = \int_0^T f(t)\mathrm{d}t(\forall x)$; $2°$ $\int_0^x f(t)\mathrm{d}t$ 以 T 为周期 $\Leftrightarrow \int_0^T f(t)\mathrm{d}t = 0$.

五、反常积分的计算及其敛散性的判别

17. (09,4 分) 已知 $\int_{-\infty}^{+\infty} \mathrm{e}^{k|x|}\mathrm{d}x = 1$，则 $k = $ _____.

【分析】 $\int_{-\infty}^{+\infty} \mathrm{e}^{k|x|}\mathrm{d}x = 2\int_0^{+\infty} \mathrm{e}^{kx}\mathrm{d}x = \dfrac{2}{k}\mathrm{e}^{kx}\Big|_0^{+\infty} \xrightarrow{k<0} -\dfrac{2}{k} \xrightarrow{\text{令}} 1$，则 $k = -2$.

注意，当 $k \geqslant 0$ 时 $\int_{-\infty}^{+\infty} \mathrm{e}^{k|x|}\mathrm{d}x$ 发散.

-----

18. (10,4 分) 设 m,n 均是正整数，则反常积分 $\int_0^1 \dfrac{\sqrt[m]{\ln^2(1-x)}}{\sqrt[n]{x}}\mathrm{d}x$ 的收敛性

(A) 仅与 m 的取值有关.　　　　　(B) 仅与 n 的取值有关.

(C) 与 m,n 的取值都有关.　　　　(D) 与 m,n 的取值都无关.

【分析】 这是以 $x = 0,x = 1$ 为瑕点的瑕积分.

$$I \xrightarrow{\text{记}} \int_0^1 \dfrac{\sqrt[m]{\ln^2(1-x)}}{\sqrt[n]{x}}\mathrm{d}x = \int_0^{\frac{1}{2}} \dfrac{\sqrt[m]{\ln^2(1-x)}}{\sqrt[n]{x}}\mathrm{d}x + \int_{\frac{1}{2}}^1 \dfrac{\sqrt[m]{\ln^2(1-x)}}{\sqrt[n]{x}}\mathrm{d}x \xrightarrow{\text{记}} I_1 + I_2,$$

仅当 I_1,I_2 均收敛时，瑕积分 I 才收敛，否则 I 就发散.

这里不能按反常积分敛散性概念，通过求原函数的极限的方法来判断敛散性，因而只能按反常积分敛散性判别法则来判断. 这里的被积函数是正值函数，有如下法则：

设 $f(x)$ 在 (a,b) 非负，$\forall [\alpha,\beta] \subset (a,b)$，$f(x)$ 在 $[\alpha,\beta]$ 可积，又设 $x = a$（或 $x = b$）是 $f(x)$ 的瑕点，且

$$\lim_{x \to a+0} (x-a)^p f(x) = l(\text{或} \lim_{x \to b-0} (b-x)^p f(x) = l),$$

则当 $p < 1$ 且 $0 \leqslant l < +\infty$ 时瑕积分 $\int_a^b f(x)\mathrm{d}x$ 收敛.

由 $f(x) \xrightarrow{\text{记}} \dfrac{\sqrt[m]{\ln^2(1-x)}}{\sqrt[n]{x}} \sim \dfrac{\left[(-x)^2\right]^{\frac{1}{m}}}{x^{\frac{1}{n}}} = x^{\frac{2}{m}-\frac{1}{n}} (x \to 0+)$

$\Rightarrow \lim_{x \to 0+} x^{\frac{1}{n}-\frac{2}{m}} f(x) = 1.$

又 m,n 为正整数 $\Rightarrow p \xrightarrow{\text{记}} \dfrac{1}{n} - \dfrac{2}{m} < 1 \Rightarrow \int_0^{\frac{1}{2}} f(x)\mathrm{d}x$ 收敛.

$\forall 0 < p < 1,$

$$\lim_{x \to 1-0}(1-x)^p f(x) = \lim_{x \to 1-0}(1-x)^p \frac{\ln^{\frac{2}{m}}(1-x)}{\sqrt[n]{x}} = 0 \ (\forall \ \text{正整数}\ n, m).$$

$$\Rightarrow \qquad \int_{\frac{1}{2}}^{1} f(x)\,\mathrm{d}x \ \text{收敛}.$$

因此，$\forall$ 正整数 $m, n, \int_0^1 \dfrac{\sqrt[m]{\ln^2(1-x)}}{\sqrt[n]{x}}\mathrm{d}x$ 均收敛. 故选（D）.

评注 ① 当 $\dfrac{2}{m} - \dfrac{1}{n} \geqslant 0$ 时，$\int_0^{\frac{1}{2}} \dfrac{\sqrt[m]{\ln^2(1-x)}}{\sqrt[n]{x}}\mathrm{d}x$ 是定积分.

② $\forall \alpha > 0, \beta > 0,$ 有 $\lim\limits_{x \to 0+} x^{\alpha}\,|\ln x|^{\beta} = 0.$

19.（11,4 分） 设函数 $f(x) = \begin{cases} \lambda e^{-\lambda x}, & x > 0, \\ 0, & x \leqslant 0, \end{cases} \lambda > 0,$ 则 $\int_{-\infty}^{+\infty} x f(x)\,\mathrm{d}x = \underline{\qquad\qquad}.$

【分析】 $\int_{-\infty}^{+\infty} x f(x)\,\mathrm{d}x = \int_{-\infty}^{0} 0\,\mathrm{d}x + \int_0^{+\infty} x \lambda e^{-\lambda x}\,\mathrm{d}x = -\int_0^{+\infty} x\,\mathrm{d}e^{-\lambda x} = \left. -x e^{-\lambda x} \right|_0^{+\infty} + \int_0^{+\infty} e^{-\lambda x}\,\mathrm{d}x$

$$= \left. -\frac{1}{\lambda}e^{-\lambda x} \right|_0^{+\infty} = \frac{1}{\lambda}.$$

评注 本题考查反常积分的计算及分部积分法.

20.（13,4 分） 设函数 $f(x) = \begin{cases} \dfrac{1}{(x-1)^{\alpha-1}}, & 1 < x < \mathrm{e}, \\ \dfrac{1}{x\ln^{\alpha+1}x}, & x \geqslant \mathrm{e}. \end{cases}$ 若反常积分 $\int_1^{+\infty} f(x)\,\mathrm{d}x$ 收敛,则

（A）$\alpha < -2.$ (B) $\alpha > 2.$

（C）$-2 < \alpha < 0.$ (D) $0 < \alpha < 2.$

【分析】 由于

$$\int_1^{+\infty} f(x)\,\mathrm{d}x = \int_1^{\mathrm{e}} f(x)\,\mathrm{d}x + \int_{\mathrm{e}}^{+\infty} f(x)\,\mathrm{d}x$$

$$= \int_1^{\mathrm{e}} \frac{1}{(x-1)^{\alpha-1}}\mathrm{d}x + \int_{\mathrm{e}}^{+\infty} \frac{\mathrm{d}x}{x\ln^{\alpha+1}x}$$

$$= \int_1^{\mathrm{e}} \frac{1}{(x-1)^{\alpha-1}}\mathrm{d}x + \int_{\mathrm{e}}^{+\infty} \frac{\mathrm{d}\ln x}{\ln^{\alpha+1}x},$$

而 $\int_1^{\mathrm{e}} \dfrac{1}{(x-1)^{\alpha-1}}\mathrm{d}x$ 收敛 $\Leftrightarrow \alpha - 1 < 1$ 即 $\alpha < 2$;$\int_{\mathrm{e}}^{+\infty} \dfrac{\mathrm{d}\ln x}{\ln^{\alpha+1}x}$ 收敛 $\Leftrightarrow \alpha + 1 > 1$ 即 $\alpha > 0.$

因此 $\int_1^{+\infty} f(x)\,\mathrm{d}x$ 收敛 $\Leftrightarrow 0 < \alpha < 2.$ 故选（D）.

21.（14,4 分） $\int_{-\infty}^{1} \dfrac{1}{x^2 + 2x + 5}\mathrm{d}x = \underline{\qquad\qquad}.$

【分析】 $\dfrac{1}{x^2 + 2x + 5} = \dfrac{1}{(x+1)^2 + 4} = \dfrac{1}{4}\dfrac{1}{1 + \left(\dfrac{x+1}{2}\right)^2}$

$$\int_{-\infty}^{1} \frac{1}{x^2 + 2x + 5}\mathrm{d}x = \frac{1}{4}\int_{-\infty}^{1} \frac{2\mathrm{d}\dfrac{x+1}{2}}{1 + \left(\dfrac{x+1}{2}\right)^2} = \left. \frac{1}{2}\arctan\frac{x+1}{2} \right|_{-\infty}^{1}$$

$$= \frac{1}{2}\left[\frac{\pi}{4} - \left(-\frac{\pi}{2} \right) \right] = \frac{3}{8}\pi.$$

22. (15,4分) 下列反常积分收敛的是

(A) $\displaystyle\int_2^{+\infty}\frac{1}{\sqrt{x}}\mathrm{d}x$ (B) $\displaystyle\int_2^{+\infty}\frac{\ln x}{x}\mathrm{d}x$ (C) $\displaystyle\int_2^{+\infty}\frac{1}{x\ln x}\mathrm{d}x$ (D) $\displaystyle\int_2^{+\infty}\frac{x}{\mathrm{e}^x}\mathrm{d}x$

【分析一】 易知(A),(B),(C)三个反常积分是发散的. 因为

$$\int_2^{+\infty}\frac{\mathrm{d}x}{\sqrt{x}}=2\sqrt{x}\,\Big|_2^{+\infty}=+\infty\,;$$

$$\int_2^{+\infty}\frac{\ln x}{x}\mathrm{d}x=\int_2^{+\infty}\ln x\,\mathrm{d}\ln x=\frac{1}{2}(\ln x)^2\,\Big|_2^{+\infty}=+\infty\,;$$

$$\int_2^{+\infty}\frac{1}{x\ln x}\mathrm{d}x=\int_2^{+\infty}\frac{1}{\ln x}\mathrm{d}\ln x=\ln\ln x\,\Big|_2^{+\infty}=+\infty$$

因此选(D).

【分析二】 直接考查(D).

$$\int_2^{+\infty}\frac{x}{\mathrm{e}^x}\mathrm{d}x=-\int_2^{+\infty}x\mathrm{d}\mathrm{e}^{-x}=-x\mathrm{e}^{-x}\,\Big|_2^{+\infty}+\int_2^{+\infty}\mathrm{e}^{-x}\mathrm{d}x=2\mathrm{e}^{-2}-\mathrm{e}^{-x}\,\Big|_2^{+\infty}=3\mathrm{e}^{-2}$$

因此(D)是收敛的.

---

23. (16,4分) 反常积分①$\displaystyle\int_{-\infty}^0\frac{1}{x^2}\mathrm{e}^{\frac{1}{x}}\mathrm{d}x$,②$\displaystyle\int_0^{+\infty}\frac{1}{x^2}\mathrm{e}^{\frac{1}{x}}\mathrm{d}x$ 的敛散性为

(A) ① 收敛,② 收敛.   (B) ① 收敛,② 发散.
(C) ① 发散,② 收敛.   (D) ① 发散,② 发散.

【分析】 ① $\displaystyle\int_{-\infty}^0\frac{1}{x^2}\mathrm{e}^{\frac{1}{x}}\mathrm{d}x=-\int_{-\infty}^0\mathrm{e}^{\frac{1}{x}}\mathrm{d}\frac{1}{x}\xlongequal{t=\frac{1}{x}}-\int_0^{-\infty}\mathrm{e}^t\mathrm{d}t$

$$=\int_{-\infty}^0\mathrm{e}^t\mathrm{d}t=\mathrm{e}^t\,\Big|_{-\infty}^0=1\quad(\text{收敛})$$

② $\displaystyle\int_0^{+\infty}\frac{1}{x^2}\mathrm{e}^{\frac{1}{x}}\mathrm{d}x=\int_0^{+\infty}\mathrm{e}^t\mathrm{d}t=+\infty\quad(\text{发散})$

因此选(B).

---

24. (17,4分) $\displaystyle\int_0^{+\infty}\frac{\ln(1+x)}{(1+x)^2}\mathrm{d}x=$ _____ .

【分析】 $\displaystyle\int_0^{+\infty}\frac{\ln(1+x)}{(1+x)^2}\mathrm{d}x=-\int_0^{+\infty}\ln(1+x)\mathrm{d}\frac{1}{1+x}$

$$=-\frac{\ln(1+x)}{1+x}\,\Big|_0^{+\infty}+\int_0^{+\infty}\frac{1}{(1+x)^2}\mathrm{d}x=-\frac{1}{1+x}\,\Big|_0^{+\infty}$$

$$=1$$

---

25. (18,4分) $\displaystyle\int_5^{+\infty}\frac{1}{x^2-4x+3}\mathrm{d}x=$ _____ .

【分析】 $\displaystyle\int_5^{+\infty}\frac{1}{x^2-4x+3}\mathrm{d}x=\int_5^{+\infty}\frac{\mathrm{d}x}{(x-1)(x-3)}=\frac{1}{2}\int_5^{+\infty}\Big(\frac{1}{x-3}-\frac{1}{x-1}\Big)\mathrm{d}x$

$$=\frac{1}{2}\ln\frac{x-3}{x-1}\,\Big|_5^{+\infty}=\frac{1}{2}\Big[\ln 1-\ln\frac{1}{2}\Big]=\frac{1}{2}\ln 2$$

---

26. (19,4分) 下列反常积分发散的是

(A) $\displaystyle\int_0^{+\infty}x\mathrm{e}^{-x}\mathrm{d}x$.   (B) $\displaystyle\int_0^{+\infty}x\mathrm{e}^{-x^2}\mathrm{d}x$.   (C) $\displaystyle\int_0^{+\infty}\frac{\arctan x}{1+x^2}\mathrm{d}x$.   (D) $\displaystyle\int_0^{+\infty}\frac{x}{1+x^2}\mathrm{d}x$.

$$\int_0^{+\infty} \frac{x}{1+x^2}\mathrm{d}x = \frac{1}{2}\int_0^{+\infty} \frac{\mathrm{d}(1+x^2)}{1+x^2} = \frac{1}{2}\ln(1+x^2)\bigg|_0^{+\infty} = +\infty,$$

该积分发散.

选(D).

【分析二】 $\displaystyle\int_0^{+\infty} xe^{-x}\mathrm{d}x = -\int_0^{+\infty} x\mathrm{d}\,e^{-x} = -xe^{-x}\bigg|_0^{+\infty} + \int_0^{+\infty} e^{-x}\mathrm{d}x$

$$= 0 - e^{-x}\bigg|_0^{+\infty} = 1,$$

(A) 收敛.

$$\int_0^{+\infty} xe^{-x^2}\mathrm{d}x = \frac{1}{2}\int_0^{+\infty} e^{-x^2}\mathrm{d}x^2 = -\frac{1}{2}e^{-x^2}\bigg|_0^{+\infty} = \frac{1}{2}$$

(B) 收敛.

$$\int_0^{+\infty} \frac{\arctan x}{1+x^2}\mathrm{d}x = \int_0^{+\infty} \arctan x\,\mathrm{d}\arctan x = \frac{1}{2}\arctan^2 x\bigg|_0^{+\infty} = \frac{\pi^2}{8},$$

(C) 收敛.

因此选(D).

---

27. (20,4 分) $\displaystyle\int_0^1 \frac{\arcsin\sqrt{x}}{\sqrt{x(1-x)}}\mathrm{d}x =$

(A) $\dfrac{\pi^2}{4}$. (B) $\dfrac{\pi^2}{8}$. (C) $\dfrac{\pi}{4}$. (D) $\dfrac{\pi}{8}$.

【分析一】 用凑微分法.

$$\int_0^1 \frac{\arcsin\sqrt{x}}{\sqrt{x(1-x)}}\mathrm{d}x = 2\int_0^1 \frac{\arcsin\sqrt{x}\,\mathrm{d}\sqrt{x}}{\sqrt{1-(\sqrt{x})^2}} = 2\int_0^1 \arcsin\sqrt{x}\,\mathrm{d}\arcsin\sqrt{x}$$

$$= (\arcsin\sqrt{x})^2\bigg|_0^1 = \left(\frac{\pi}{2}\right)^2 = \frac{\pi^2}{4}$$

【分析二】 作变量替换. 令 $\sqrt{x} = \sin t$,则 $\mathrm{d}x = 2\sin t\cos t\mathrm{d}t$

$$\int_0^1 \frac{\arcsin\sqrt{x}}{\sqrt{x(1-x)}}\mathrm{d}x = \int_0^{\frac{\pi}{2}} \frac{t}{\sqrt{\sin^2 t(1-\sin^2 t)}}2\sin t\cos t\mathrm{d}t$$

$$= \int_0^{\frac{\pi}{2}} 2t\mathrm{d}t = t^2\bigg|_0^{\frac{\pi}{2}} = \frac{\pi^2}{4}\ \text{故选(A)}.$$

---

28. (21,5 分) $\displaystyle\int_{-\infty}^{+\infty} |x|\,3^{-x^2}\mathrm{d}x$ _____.

【分析】 $|x|\,3^{-x^2}$ 在 $(-\infty,+\infty)$ 为偶函数且可积

$$\int_{-\infty}^{+\infty} |x|\,3^{-x^2}\mathrm{d}x = 2\int_0^{+\infty} x3^{-x^2}\mathrm{d}x = \int_0^{+\infty} 3^{-x^2}\mathrm{d}x^2 = -\frac{1}{\ln 3}\int_0^{+\infty} |\,\mathrm{d}(3^{-x^2})$$

$$= -\frac{1}{\ln 3}3^{-x^2}\bigg|_0^{+\infty} = \frac{1}{\ln 3}$$

---

29. (22,5 分) 设 p 为常数,若反常积分 $\displaystyle\int_0^1 \frac{\ln x}{x^p(1-x)^{1-p}}\mathrm{d}x$ 收敛,则 p 的取值范围是

(A) $(-1,1)$ (B) $(-1,2)$ (C) $(-\infty,1)$ (D) $(-\infty,2)$

【分析】 由选项的特点,我们考察 p 的特殊值((A) 的区间的边界值)$p = \pm 1$.

$p = 1$ 时,原积分 $= \displaystyle\int_0^1 \frac{\ln x}{x}\mathrm{d}x = \frac{1}{2}\ln^2 x\bigg|_0^1 = -\infty$,发散,排除(B),(D)。

$p = -1$ 时, 原积分 $= \int_0^1 \dfrac{x\ln x}{(1-x)^2}\mathrm{d}x$,

$$\frac{x\ln x}{(1-x)} = \frac{x\ln\left[1-(1-x)\right]}{(1-x)^2} \sim \frac{-(1-x)}{(1-x)^2} = -\frac{1}{1-x}(x \to 1)$$

而 $\int_0^1 \dfrac{-1}{1-x}\mathrm{d}x$ 发散, 所以 $\int_0^1 \dfrac{x\ln x}{(1-x)^2}\mathrm{d}x$ 发散, 排除(C).

故选(A)

综　述

　　反常积分是变限积分的极限. 因此求反常积分就是求定积分加上极限运算, 它们可以统一在一个算式中, 也就是说反常积分可以像普通定积分一样地计算, 而不必事先判定其收敛性. 例如, 若 $f(x)$ 在 $[a, +\infty)$ 连续, $F'(x) = f(x)$, 则

$$\int_a^{+\infty} f(x)\,\mathrm{d}x = F(x)\,\Big|_a^{+\infty} = F(+\infty) - F(a),$$

其中 $F(+\infty) = \lim_{x \to +\infty} F(x)$ 存在.

　　定积分的分项、换元与分部积分等方法对反常积分都适用!

　　应该注意, 当分项积分后各项都发散时则不应分项求反常积分, 而应求整个原函数的极限.

　　对于正值函数的反常积分敛散性, 可以用比较判别法.

六、用积分计算几何、物理量

（一）求平面图形的面积

30.（13,4分）　设封闭曲线 L 的极坐标方程为 $r = \cos 3\theta\left(-\dfrac{\pi}{6} \leqslant \theta \leqslant \dfrac{\pi}{6}\right)$, 则 L 所围平面图形的面积是_____.

【分析】　L 所围平面图形的面积是

$$\int_{-\frac{\pi}{6}}^{\frac{\pi}{6}} \frac{1}{2}r^2(\theta)\,\mathrm{d}\theta = \frac{1}{2}\int_{-\frac{\pi}{6}}^{\frac{\pi}{6}} \cos^2 3\theta\,\mathrm{d}\theta = 2 \cdot \frac{1}{2}\int_0^{\frac{\pi}{6}} \frac{1}{2}(1 + \cos 6\theta)\,\mathrm{d}\theta$$

$$= \frac{1}{2}\left(\frac{\pi}{6} + \frac{1}{6}\sin 6\theta\,\Big|_0^{\frac{\pi}{6}}\right) = \frac{\pi}{12}.$$

或　　　$$\int_{-\frac{\pi}{6}}^{\frac{\pi}{6}} \frac{1}{2}r^2(\theta)\,\mathrm{d}\theta = \frac{1}{2} \cdot 2\int_0^{\frac{\pi}{6}} \cos^2 3\theta\,\mathrm{d}\theta = \frac{1}{3}\int_0^{\frac{\pi}{2}} \cos^2 t\,\mathrm{d}t$$

$$= \frac{1}{3} \cdot \frac{1}{2} \cdot \frac{\pi}{2} = \frac{\pi}{12}.$$

31.（22,5分）　已知曲线 L 的极坐标方程为 $r = \sin 3\theta\left(0 \leqslant \theta \leqslant \dfrac{\pi}{3}\right)$, 则 L 围成有界区域的面积为

_____.

【分析】　曲线 L 是封闭曲线, 经过原点, 关于 $\theta = \dfrac{\pi}{6}$ 对称, 它围成的有界区域的极坐标表示是

$$0 \leqslant \theta \leqslant \frac{\pi}{3}, 0 \leqslant r \leqslant \sin 3\theta.$$

按极坐标系中,广义扇形的面积公式,此区域的面积

$$S = \frac{1}{2}\int_0^{\frac{\pi}{3}} \sin^2 3\theta \, d\theta = \frac{1}{6}\int_0^{\pi} \sin^2 t \, dt = \frac{1}{6} \times \frac{\pi}{2} = \frac{\pi}{12}.$$

(二)求旋转体的体积

32. (13,10 分)　设 D 是由曲线 $y = x^{\frac{1}{3}}$,直线 $x = a(a > 0)$ 及 x 轴所围成的平面图形,V_x,V_y 分别是 D 绕 x 轴,y 轴旋转一周所得旋转体的体积. 若 $V_y = 10V_x$,求 a 的值.

(16)【分析与求解】　D 如图所示,按旋转体体积公式有

$$V_x = \pi\int_0^a y^2 dx = \pi\int_0^a x^{\frac{2}{3}} dx = \pi \cdot \frac{3}{5} x^{\frac{5}{3}} \Big|_0^a = \frac{3}{5}\pi a^{\frac{5}{3}},$$

$$V_y = 2\pi\int_0^a xy(x) dx = 2\pi\int_0^a x x^{\frac{1}{3}} dx = 2\pi \cdot \frac{3}{7} x^{\frac{7}{3}} \Big|_0^a$$

$$= \frac{6}{7}\pi a^{\frac{7}{3}},$$

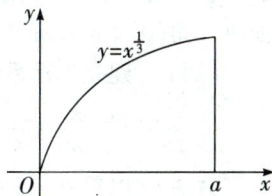

按题意　$\dfrac{6}{7}\pi a^{\frac{7}{3}} = 10 \cdot \dfrac{3}{5}\pi a^{\frac{5}{3}} \Rightarrow a^{\frac{2}{3}} = 7$,即 $a = 7^{\frac{3}{2}} = 7\sqrt{7}$.

33. (15,10 分)　设 $A > 0$,D 是由曲线段 $y = A\sin x\left(0 \leqslant x \leqslant \frac{\pi}{2}\right)$ 及直线 $y = 0$,$x = \frac{\pi}{2}$ 所围成的平面区域,V_1,V_2 分别表示 D 绕 x 轴与绕 y 轴旋转成旋转体的体积,若 $V_1 = V_2$,求 A 的值.

【分析与求解】　平面区域 D 如右图所示. 按旋转体的体积公式,绕 x 轴旋转一周所得旋转体体积为

$$V_1 = \pi\int_0^{\frac{\pi}{2}} y^2 dx = \pi\int_0^{\frac{\pi}{2}} A^2 \sin^2 x \, dx = \frac{\pi^2}{4} A^2$$

绕 y 轴旋转所得旋转体体积为

$$V_2 = 2\pi\int_0^{\frac{\pi}{2}} xy \, dx = 2\pi\int_0^{\frac{\pi}{2}} A x \sin x \, dx = 2\pi A\int_0^{\frac{\pi}{2}} x \, d(-\cos x) = 2\pi A\int_0^{\frac{\pi}{2}} \cos x \, dx = 2\pi A.$$

按题意,$V_1 = V_2$,即

$$\frac{\pi^2}{4} A^2 = 2\pi A \quad \Rightarrow \quad A = \frac{8}{\pi}.$$

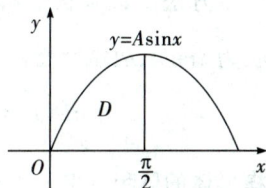

▶ 练习题

(96,2,3 分)　设 $f(x)$,$g(x)$ 在区间 $[a,b]$ 上连续,且 $g(x) < f(x) < m(m$ 为常数$)$,由曲线 $y = g(x)$,$y = f(x)$,$x = a$ 及 $x = b$ 所围平面图形绕直线 $y = m$ 旋转而成的旋转体的体积为

(A)　$\displaystyle\int_a^b \pi[2m - f(x) + g(x)][f(x) - g(x)]dx.$

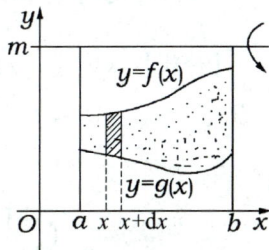

(B)　$\displaystyle\int_a^b \pi[2m - f(x) - g(x)][f(x) - g(x)]dx.$

(C)　$\displaystyle\int_a^b \pi[m - f(x) + g(x)][f(x) - g(x)]dx.$

(D)　$\displaystyle\int_a^b \pi[m - f(x) - g(x)][f(x) - g(x)]dx.$

图 3.8

【分析】　见图 3.8. 作垂直分割,相应于 $[x, x + dx]$ 小竖条的体积微元

$$dV = \pi(m - g(x))^2 dx - \pi(m - f(x))^2 dx$$

$$= \pi[(m - g(x)) + (m - f(x))] \cdot [(m - g(x)) - (m - f(x))]dx$$

$$= \pi[2m - f(x) - g(x)][f(x) - g(x)]dx,$$

于是 $V = \int_a^b \pi [2m - f(x) - g(x)][f(x) - g(x)] \mathrm{d}x$.

应选(B).

（三）求截面已知的立体的体积

► 练习题

(96,2,5分) 设有一正椭圆柱体,其底面的长、短轴分别为 $2a,2b$. 用过此柱体底面的短轴且与底面成 α 角 $(0 < \alpha < \pi/2)$ 的平面截此柱体,得一楔形体(如图3.9),求此楔形体的体积 V.

【解】 建立坐标系(如图3.9),底面椭圆的方程为

$$\frac{x^2}{a^2} + \frac{y^2}{b^2} = 1.$$

方法1° 以垂直于 y 轴的平面截此楔形体所得的截面为直角三角形,其一直角边长为 $x = \dfrac{a}{b}\sqrt{b^2 - y^2}$,另一直角边长为 $\dfrac{a}{b}\sqrt{b^2 - y^2}\cdot\tan\alpha$,故截面面积

$$S(y) = \frac{1}{2}\frac{a^2}{b^2}(b^2 - y^2)\tan\alpha.$$

图 3.9

楔形体体积 $\quad V = 2\int_0^b S(y)\mathrm{d}y = \dfrac{a^2}{b^2}\tan\alpha\int_0^b (b^2 - y^2)\mathrm{d}y = \dfrac{2}{3}a^2 b\tan\alpha$.

方法2° 以垂直于 x 轴的平面截此楔形体所得的截面为矩形,其一边长为 $2y = 2\dfrac{b}{a}\sqrt{a^2 - x^2}$,另一边长为 $x\tan\alpha$,故截面面积

$$S(x) = 2\frac{b}{a}x\sqrt{a^2 - x^2}\tan\alpha,$$

楔形体的体积 $\quad V = \int_0^a S(x)\mathrm{d}x = \dfrac{2b}{a}\tan\alpha\int_0^a x\sqrt{a^2 - x^2}\mathrm{d}x = \dfrac{2}{3}a^2 b\tan\alpha$.

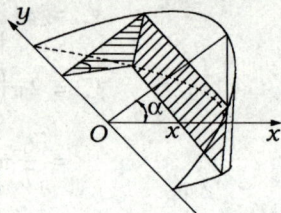

（四）求平面曲线的弧长

34. (10,4分) 当 $0 \leqslant \theta \leqslant \pi$ 时,对数螺线 $r = \mathrm{e}^\theta$ 的弧长为_____.

【分析】 按极坐标系下弧长计算公式,该对数螺线的弧长为

$$l = \int_0^\pi \sqrt{r^2(\theta) + r'^2(\theta)}\mathrm{d}\theta = \int_0^\pi \sqrt{\mathrm{e}^{2\theta} + \mathrm{e}^{2\theta}}\mathrm{d}\theta = \sqrt{2}\int_0^\pi \mathrm{e}^\theta \mathrm{d}\theta = \sqrt{2}(\mathrm{e}^\pi - 1).$$

---

35. (11,4分) 曲线 $y = \int_0^x \tan t\,\mathrm{d}t\left(0 \leqslant x \leqslant \dfrac{\pi}{4}\right)$ 的弧长 $s = $ _____.

【分析】
$$s = \int_0^{\frac{\pi}{4}} \sqrt{1 + y'^2}\mathrm{d}x = \int_0^{\frac{\pi}{4}} \sqrt{1 + \tan^2 x}\mathrm{d}x = \int_0^{\frac{\pi}{4}} \frac{\mathrm{d}x}{\cos x} = \int_0^{\frac{\pi}{4}} \frac{\mathrm{d}(\sin x)}{1 - \sin^2 x}$$

$$= \frac{1}{2}\int_0^{\frac{\pi}{4}} \left(\frac{1}{1 + \sin x} + \frac{1}{1 - \sin x}\right)\mathrm{d}(\sin x) = \frac{1}{2}\ln\frac{1 + \sin x}{1 - \sin x}\Big|_0^{\frac{\pi}{4}}$$

$$= \frac{1}{2}\ln\frac{1 + \dfrac{\sqrt{2}}{2}}{1 - \dfrac{\sqrt{2}}{2}} = \frac{1}{2}\ln\frac{2 + \sqrt{2}}{2 - \sqrt{2}} = \ln(1 + \sqrt{2}).$$

评注 本题主要考查平面曲线的弧长公式、变上限定积分函数的导数公式和简单定积分计算.

---

36. (19,4分) 曲线 $y = \ln\cos x\left(0 \leqslant x \leqslant \dfrac{\pi}{6}\right)$ 的弧长为_____.

【分析】　先求出

$$y' = \frac{-\sin x}{\cos x} = -\tan x.$$

按弧长公式得弧长 l

$$\begin{aligned}
l &= \int_0^{\frac{\pi}{6}} \sqrt{1 + y'^2}\,\mathrm{d}x = \int_0^{\frac{\pi}{6}} \sqrt{1 + \tan^2 x}\,\mathrm{d}x \\
&= \int_0^{\frac{\pi}{6}} \frac{1}{\cos x}\,\mathrm{d}x = \int_0^{\frac{\pi}{6}} \frac{\mathrm{d}\sin x}{1 - \sin^2 x} = \int_0^{\frac{\pi}{6}} \frac{1}{2}\left(\frac{1}{1 + \sin x} + \frac{1}{1 - \sin x}\right)\mathrm{d}x \\
&= \frac{1}{2}\ln \frac{1 + \sin x}{1 - \sin x}\bigg|_0^{\frac{\pi}{6}} = \frac{1}{2}\ln \frac{1 + \frac{1}{2}}{1 - \frac{1}{2}} = \frac{1}{2}\ln 3.
\end{aligned}$$

▶ 练习题

(95,2,5分)　求摆线 $\begin{cases} x = 1 - \cos t, \\ y = t - \sin t \end{cases}$，一拱$(0 \leqslant t \leqslant 2\pi)$ 的弧长.

【解】　$\mathrm{d}s = \sqrt{x'(t)^2 + y'(t)^2}\,\mathrm{d}t = \sqrt{\sin^2 t + (1 - \cos t)^2}\,\mathrm{d}t = \sqrt{2(1 - \cos t)}\,\mathrm{d}t$,

$s = \int_0^{2\pi} \mathrm{d}s(t) = \int_0^{2\pi} \sqrt{2(1 - \cos t)}\,\mathrm{d}t = 2\int_0^{2\pi} \left|\sin \frac{t}{2}\right|\mathrm{d}t = 2\int_0^{2\pi} \sin \frac{t}{2}\,\mathrm{d}t = 8$.

（五）求旋转面的表面积

▶ 练习题

(98,2,8分)　如图 3.10,设有曲线 $y = \sqrt{x - 1}$,过原点作其切线,求此曲线、切线及 x 轴围成的平面图形绕 x 轴旋转一周所得到的旋转体的表面积.

【解】　先求切线方程:曲线上任意点(x_0, y_0) 处的切线为

$$y - y_0 = \frac{1}{2y_0}(x - x_0),$$

以$(x, y) = (0, 0)$ 代入,解得 $x_0 = 2, y_0 = \sqrt{x_0 - 1} = 1$,

切线方程为 $y = \frac{1}{2}x$ （图 3.10）.

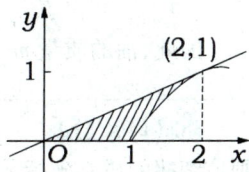

由曲线段 $y = \sqrt{x - 1}\,(1 \leqslant x \leqslant 2)$ 绕 x 轴的旋转面面积

$$S_1 = \int_1^2 2\pi y \sqrt{1 + y'^2}\,\mathrm{d}x = \pi \int_1^2 \sqrt{4x - 3}\,\mathrm{d}x = \frac{\pi}{6}(5\sqrt{5} - 1),$$

而由直线段 $y = \frac{1}{2}x\,(0 \leqslant x \leqslant 2)$ 绕 x 轴的旋转面面积

$$S_2 = \int_0^2 2\pi y \sqrt{1 + y'^2}\,\mathrm{d}x = \int_0^2 2\pi \cdot \frac{1}{2}x \cdot \frac{\sqrt{5}}{2}\,\mathrm{d}x = \sqrt{5}\pi.$$

由此,旋转体的表面积为 $S = S_1 + S_2 = \frac{\pi}{6}(11\sqrt{5} - 1)$.

> **评注**　本题是常规的定积分在几何上的应用题.只是求旋转体的表面积,因而要求考生应全面复习,不要忽略考试大纲要求的任何知识点.但本题也不是直接就能得结果的题,先要求出此曲线过原点的切线方程,这又涉及导数的几何意义.本题出错的地方是记不住旋转体表面积的公式,变成求旋转体体积.其次是只求了第一部分的面积.这些请考生引起重视.

37.（10,10分） 一个高为 l 的柱体形贮油罐,底面是长轴为 $2a$,短轴为 $2b$ 的椭圆. 现将贮油罐平放,当油罐中油面高度为 $\dfrac{3}{2}b$ 时(如图 3.11),计算油的质量.(长度单位为 m,质量单位为 kg,油的密度为常数 $\rho\,\mathrm{kg/m^3}$)

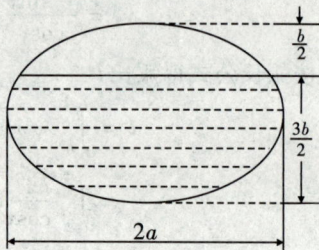

图 3.11

【分析与求解】 油的质量 $m=\rho V$,其中 ρ 是油的密度常数,V 是油的体积. 贮油罐平放后油的体积是一直柱体的体积,$V=S\cdot l$,其中 S 是该柱体的截面积,l 是圆柱体油罐的高,截面如图 3.12 所示,是整个椭圆除去

$$D=\left\{(x,y)\ \Big|\ \frac{b}{2}\le y\le b\sqrt{1-\frac{x^2}{a^2}},\ -\frac{\sqrt{3}}{2}a\le x\le\frac{\sqrt{3}}{2}a\right\}$$

部分,即 $S=\pi ab-S_1$,其中 S_1 是 D 的面积.

由于

$$S_1=2\int_0^{\frac{\sqrt{3}}{2}a}\left(b\sqrt{1-\frac{x^2}{a^2}}-\frac{b}{2}\right)\mathrm{d}x=2b\int_0^{\frac{\sqrt{3}}{2}a}\sqrt{1-\frac{x^2}{a^2}}\,\mathrm{d}x-2\cdot\frac{b}{2}\cdot\frac{\sqrt{3}}{2}a$$

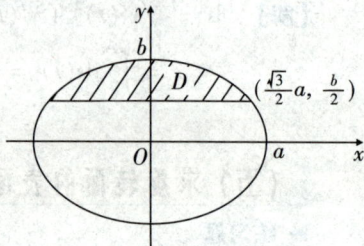

$$\xrightarrow{x=a\sin t}2ba\int_0^{\frac{\pi}{3}}\cos^2 t\,\mathrm{d}t-\frac{\sqrt{3}}{2}ab$$

$$=ab\int_0^{\frac{\pi}{3}}(1+\cos 2t)\,\mathrm{d}t-\frac{\sqrt{3}}{2}ab$$

$$=ab\left(\frac{\pi}{3}+\frac{1}{2}\sin 2t\ \Big|_0^{\frac{\pi}{3}}\right)-\frac{\sqrt{3}}{2}ab=ab\left(\frac{\pi}{3}-\frac{\sqrt{3}}{4}\right),$$

图 3.12

于是

$$S=\pi ab-ab\left(\frac{\pi}{3}-\frac{\sqrt{3}}{4}\right)=\left(\frac{2}{3}\pi+\frac{\sqrt{3}}{4}\right)ab.$$

因此,油的质量 $m=\left(\dfrac{2}{3}\pi+\dfrac{\sqrt{3}}{4}\right)abl\rho.$

38.（14,4分） 一根长度为 1 的细棒位于 x 轴的区间 $[0,1]$ 上,若其线密度 $\rho(x)=-x^2+2x+1$,则该细棒的质心坐标 $\bar{x}=$ _____.

【分析】
$$\int_0^1\rho(x)\mathrm{d}x=\int_0^1(-x^2+2x+1)\mathrm{d}x=\int_0^1[2-(x-1)^2]\mathrm{d}x$$

$$=2-\frac{1}{3}=\frac{5}{3}$$

$$\int_0^1 x\rho(x)\mathrm{d}x=\int_0^1(-x^3+2x^2+x)\mathrm{d}x=-\frac{1}{4}+\frac{2}{3}+\frac{1}{2}=\frac{11}{12}.$$

因此细棒的质心

$$\bar{x}=\frac{\displaystyle\int_0^1 x\rho(x)\mathrm{d}x}{\displaystyle\int_0^1\rho(x)\mathrm{d}x}=\frac{11/12}{5/3}=\frac{11}{20}.$$

39.（20,4分） 斜边长为 $2a$ 的等腰直角三角形平板铅直地沉没在水中,且斜边与水面相齐,记重力加速度为 g,水的密度为 ρ,则该平板一侧所受的水压力为 _____.

【分析】 建立直角坐标系:x 轴与水平面齐,向右为正(等腰直角三角形的斜边在 x 轴上),取斜边的中点为原点,y 轴垂直向上,(见右图).

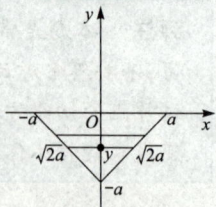

此时直角边所在直线的方程是 $y=x-a$. 在水面下平板内 y 轴上,任取 $[y,y+\mathrm{d}y]$,相应的小横条,边长是 $2(y+a)$,水深是 $-y$,压强是 $\rho g(-y)$,小横条所受的水压力为

$$\rho g(-y)2(y+a)\,dy = -2\rho gy(y+a)\,dy$$

整个三角形平板所受的压力为

$$F = \int_{-a}^{0} -2\rho gy(y+a)\,dy = -2\rho g\left[\frac{y^3}{3} + \frac{a}{2}y^2\right]\Big|_{-a}^{0}$$

$$= 2\rho g\left[\frac{(-a)^3}{3} + \frac{1}{2}a^3\right] = \frac{1}{3}\rho ga^3$$

▶ **练习题**

(1)(99,2,7分) 为清除井底的污泥,用缆绳将抓斗放入井底,抓起污泥后提出井口(见图3.13).已知井深30m,抓斗自重400N,缆绳每米重50N,抓斗抓起的污泥重2000N,提升速度为3m/s,在提升过程中,污泥以20N/s的速度从抓斗缝隙中漏掉.现将抓起污泥的抓斗提升至井口,问克服重力需作多少焦耳的功?(说明:①1N×1m = 1J;m,N,s,J分别表示米,牛顿,秒,焦耳.②抓斗的高度及位于井口上方的缆绳长度忽略不计.)

【解法一】 作 x 轴如图3.13所示,将抓起污泥的抓斗提升至井口需作功

$$w = w_1 + w_2 + w_3,$$

其中 w_1 是克服抓斗自重所作的功,w_2 是克服缆绳重力所作的功,w_3 为提出污泥所作的功.由题意知

$$w_1 = 400 \times 30 = 12000.$$

将抓斗由 x 处提升到 $x + dx$ 处,克服缆绳重力所作的功为

$$dw_2 = 50(30 - x)\,dx,$$

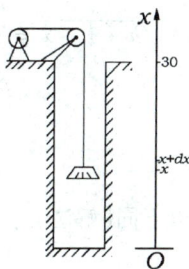

图 3.13

从而

$$w_2 = \int_0^{30} 50(30 - x)\,dx = 22500.$$

在时间间隔 $[t, t+dt]$ 内提升污泥需作功为 $dw_3 = 3(2000 - 20t)\,dt$,

将污泥从井底提升至井口共需时间 $\frac{30}{3} = 10$,所以

$$w_3 = \int_0^{10} 3(2000 - 20t)\,dt = 57000.$$

因此,共需作功 $w = 12000 + 22500 + 57000 = 91500(\text{J}).$

【解法二】 在时间段 $[t, t+\Delta t]$ 内的作功为

$$\Delta w \approx dw = [400 + (2000 - 20t) + 50(30 - 3t)] \cdot 3dt,$$

抓起污泥的抓斗提升至井口所需时间为 10(s).因此,克服重力需作功

$$w = \int_0^{10} [400 + (2000 - 20t) + 50(30 - 3t)] \cdot 3dt = 91500(\text{J}).$$

(2)(02,2,7分) 某闸门的形状与大小如图3.14所示,其中直线 l 为对称轴,闸门的上部为矩形 $ABCD$,下部由二次抛物线与线段 AB 所围成.当水面与闸门的上端相平时,欲使闸门矩形部分承受的水压力与闸门下部承受的水压力之比为5:4,闸门矩形部分的高 h 应为多少 m(米)?

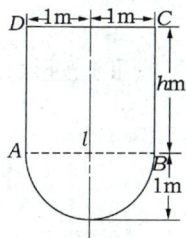

图 3.14

【解法一】 如图3.15建立坐标系,则抛物线的方程为 $y = x^2$.

闸门矩形部分承受的水压力

$$P_1 = 2\int_1^{h+1} \rho g(h + 1 - y)\,dy = 2\rho g\left[(h+1)y - \frac{y^2}{2}\right]_1^{h+1} = \rho gh^2,$$

其中 ρ 为水的密度,g 为重力加速度.

闸门下部承受的水压力

$$P_2 = 2\int_0^1 \rho g(h + 1 - y)\sqrt{y}\,dy = 2\rho g\left[\frac{2}{3}(h+1)y^{\frac{3}{2}} - \frac{2}{5}y^{\frac{5}{2}}\right]\Big|_0^1$$

$$= 4\rho g\left(\frac{1}{3}h + \frac{2}{15}\right).$$

由题意知 $\dfrac{P_1}{P_2} = \dfrac{5}{4}$，即 $\dfrac{h^2}{4\left(\dfrac{1}{3}h + \dfrac{2}{15}\right)} = \dfrac{5}{4}$，

解之得 $h = 2$，$h = -\dfrac{1}{3}$（舍去），故 $h = 2$．

即闸门矩形部分的高应为 $2\mathrm{m}$．

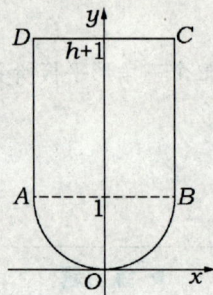
图 3.15

【解法二】 如图 3.16 建立坐标系，则抛物线方程为
$$x = h + 1 - y^2.$$

闸门矩形部分承受的水压力为 $P_1 = 2\displaystyle\int_0^h \rho gx\,\mathrm{d}x = \rho gh^2$．

闸门下部承受的水压力为 $P_2 = 2\displaystyle\int_h^{h+1} \rho gx\sqrt{h+1-x}\,\mathrm{d}x$，

设 $\sqrt{h+1-x} = t$，则

$$P_2 = 4\rho g\int_0^1 (h+1-t^2)t^2\,\mathrm{d}t$$
$$= 4\rho g\left[(h+1)\frac{t^3}{3} - \frac{t^5}{5}\right]\Bigg|_0^1 = 4\rho g\left(\frac{1}{3}h + \frac{2}{15}\right).$$

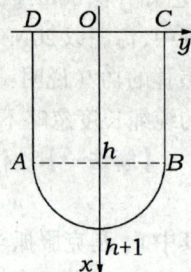
图 3.16

以下同【解法一】．

（七）综合应用

40. (13, 11 分) 设曲线 L 的方程为 $y = \dfrac{1}{4}x^2 - \dfrac{1}{2}\ln x\,(1 \le x \le \mathrm{e})$．

（Ⅰ）求 L 的弧长；

（Ⅱ）设 D 是由曲线 L，直线 $x = 1, x = \mathrm{e}$ 及 x 轴所围平面图形．求 D 的形心的横坐标．

【分析与求解】 （Ⅰ）由 $y = \dfrac{1}{4}x^2 - \dfrac{1}{2}\ln x\,(1 \le x \le \mathrm{e}) \Rightarrow$

$$y' = \frac{1}{2}\left(x - \frac{1}{x}\right), \qquad \sqrt{1 + y'^2} = \sqrt{1 + \frac{1}{4}\left(x - \frac{1}{x}\right)^2} = \frac{x^2 + 1}{2x}.$$

于是曲线 L 的弧长为

$$\int_1^{\mathrm{e}} \sqrt{1 + y'^2}\,\mathrm{d}x = \int_1^{\mathrm{e}} \frac{x^2 + 1}{2x}\,\mathrm{d}x = \frac{1}{4}x^2\bigg|_1^{\mathrm{e}} + \frac{1}{2}\ln x\bigg|_1^{\mathrm{e}} = \frac{1}{4}(\mathrm{e}^2 + 1).$$

（Ⅱ）按形心公式，D 的形心的横坐标为 $\bar{x} = \dfrac{\displaystyle\int_1^{\mathrm{e}} xy(x)\,\mathrm{d}x}{\displaystyle\int_1^{\mathrm{e}} y(x)\,\mathrm{d}x}$，其中

$$\int_1^{\mathrm{e}} xy(x)\,\mathrm{d}x = \int_1^{\mathrm{e}} x\left(\frac{1}{4}x^2 - \frac{1}{2}\ln x\right)\mathrm{d}x = \frac{1}{4^2}x^4\bigg|_1^{\mathrm{e}} - \frac{1}{4}\int_1^{\mathrm{e}} \ln x\,\mathrm{d}x^2$$

$$= \frac{1}{4^2}(\mathrm{e}^4 - 1) - \frac{1}{4}x^2\ln x\bigg|_1^{\mathrm{e}} + \frac{1}{4}\int_1^{\mathrm{e}} x^2 \cdot \frac{1}{x}\mathrm{d}x$$

$$= \frac{1}{4^2}(\mathrm{e}^4 - 1) - \frac{1}{4}\mathrm{e}^2 + \frac{1}{4} \cdot \frac{1}{2}x^2\bigg|_1^{\mathrm{e}} = \frac{\mathrm{e}^4 - 2\mathrm{e}^2 - 3}{4^2},$$

$$\int_1^{\mathrm{e}} y(x)\,\mathrm{d}x = \int_1^{\mathrm{e}} \left(\frac{1}{4}x^2 - \frac{1}{2}\ln x\right)\mathrm{d}x = \frac{1}{12}x^3\bigg|_1^{\mathrm{e}} - \frac{1}{2}x\ln x\bigg|_1^{\mathrm{e}} + \frac{1}{2}\int_1^{\mathrm{e}} x \cdot \frac{1}{x}\mathrm{d}x$$

$$= \frac{1}{12}(\mathrm{e}^3 - 1) - \frac{1}{2}\mathrm{e} + \frac{1}{2}(\mathrm{e} - 1) = \frac{1}{12}(\mathrm{e}^3 - 7),$$

因此 $\bar{x} = \dfrac{3}{4}\dfrac{e^4 - 2e^2 - 3}{e^3 - 7}$.

---

41. (16,11 分) 设 D 是由曲线 $y = \sqrt{1 - x^2}(0 \leqslant x \leqslant 1)$ 与 $\begin{cases} x = \cos^3 t, \\ y = \sin^3 t. \end{cases}\left(0 \leqslant t \leqslant \dfrac{\pi}{2}\right)$ 围成的平面区域,求 D 绕 x 轴转一周所得旋转体的体积和表面积.

【分析与求解】 曲线 $L_1: y = \sqrt{1 - x^2}(0 \leqslant x \leqslant 1)$ 是单位圆的第一象限部分,曲线 L_2: $\begin{cases} x = \cos^3 t, \\ y = \sin^3 t \end{cases}\left(0 \leqslant t \leqslant \dfrac{\pi}{2}\right)$ 是星形线的第一象限部分. L_1 与 L_2 围成区域 D,如右图.

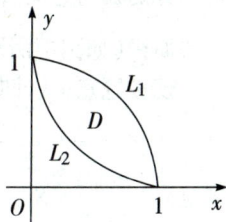

D 绕 x 轴转一周所得旋转体体积为 V,表面积为 S. $V = V_1 - V_2, S = S_1 + S_2, V_1$ 是 L_1 与 x 轴,y 轴所围部分绕 x 轴旋转而成的半单位球体的体积:$V_1 = \dfrac{2}{3}\pi$,V_2 是 L_2 与 x 轴,y 轴所围部分绕 x 轴旋转而成的旋转体的体积. 相应于 L_1 与 L_2 的旋转面的面积分别是 S_1 与 $S_2, S_1 = 2\pi$(半单位球面).

下面求 V_2 与 S_2.

$$V_2 = \pi\int_0^1 y^2 \mathrm{d}x \xrightarrow{x = \cos^3 t} \pi\int_{\frac{\pi}{2}}^0 (\sin^3 t)^2 \mathrm{d}\cos^3 t = 3\pi\int_0^{\frac{\pi}{2}} \sin^7 t\cos^2 t\mathrm{d}t$$

$$= 3\pi\int_0^{\frac{\pi}{2}} \sin^7 t(1 - \sin^2 t)\mathrm{d}t = 3\pi\left(\frac{6 \cdot 4 \cdot 2}{7 \cdot 5 \cdot 3 \cdot 1} - \frac{8 \cdot 6 \cdot 4 \cdot 2}{9 \cdot 7 \cdot 5 \cdot 3 \cdot 1}\right)$$

$$= 3\pi\frac{6 \cdot 4 \cdot 2}{9 \cdot 7 \cdot 5 \cdot 3 \cdot 1} = \frac{16}{105}\pi$$

$$V = V_1 - V_2 = \frac{2}{3}\pi - \frac{16}{105}\pi = \frac{18}{35}\pi$$

$$S_2 = 2\pi\int_0^{\frac{\pi}{2}} y(t)\sqrt{x'^2(t) + y'^2(t)}\mathrm{d}t$$

$$= 2\pi\int_0^{\frac{\pi}{2}} \sin^3 t\sqrt{(3\cos^2 t\sin t)^2 + (3\sin^2 t\cos t)^2}\mathrm{d}t$$

$$= 6\pi\int_0^{\frac{\pi}{2}} \sin^3 t\sin t\cos t\mathrm{d}t = 6\pi \cdot \frac{1}{5}\sin^5 t\Big|_0^{\frac{\pi}{2}} = \frac{6}{5}\pi$$

$$S = S_1 + S_2 = 2\pi + \frac{6}{5}\pi = \frac{16}{5}\pi.$$

评注 若把曲线表为 $y = y(x)$,则得
$$x^{\frac{2}{3}} + y^{\frac{2}{3}} = 1, \quad y(x) = (1 - x^{\frac{2}{3}})^{\frac{3}{2}}$$

再利用公式求
$$V_2 = \pi\int_0^1 y^2(x)\mathrm{d}x = \pi\int_0^1 (1 - x^{\frac{2}{3}})^3 \mathrm{d}x$$

此时也须用三角函数代换 $x = \cos^3 t$(或 $x = \sin^3 t$)得
$$V_2 = -\pi\int_{\frac{\pi}{2}}^0 \sin^6 t \cdot 3\cos^2 t\sin t\mathrm{d}t = 3\pi\int_0^{\frac{\pi}{2}} \sin^7 t\cos^2 t\mathrm{d}t.$$

---

42. (17,4 分) 甲、乙两人赛跑,计时开始时,甲在乙前方 10(单位:m)处,图中,实线表示甲的速度曲线 $v = v_1(t)$(单位:m/s),虚线表示乙的速度曲线 $v = v_2(t)$,三块阴影部分面积的数值依次为 10,20,3. 计时开始后乙追上甲的时刻记为 t_0(单位:s),则

(A) $t_0 = 10$.

(B) $15 < t_0 < 20$.

（C）　$t_0 = 25$.

（D）　$t_0 > 25$.

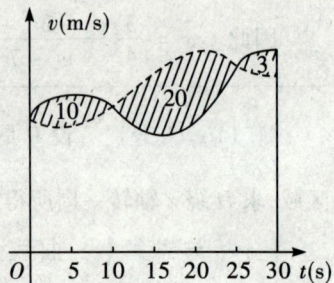

【分析】　某人行走速度 $v = v(t)$，则从 $t = t_1$ 到 $t = t_2(t_1 < t_2)$ 行

走的距离为 $S = \int_{t_1}^{t_2} v(t)\mathrm{d}t$.

若时间 t 轴为横轴，速度 v 为纵轴，在坐标系中画出曲线 $v = v(t)$，按

定积分的几何意义，$\int_{t_1}^{t_2} v(t)\mathrm{d}t$ 是曲线 $v = v(t)$ 在区间 $[t_1, t_2]$ 上的曲边梯

形的面积（如图中阴影部分）.

现按题意，从计时开始 $(t = 0)$ 到乙追上甲的时刻 $t = t_0$，乙与甲分别行走的距离

$$S_乙 = \int_0^{t_0} v_2(t)\mathrm{d}t, \quad S_甲 = \int_0^{t_0} v_1(t)\mathrm{d}t$$

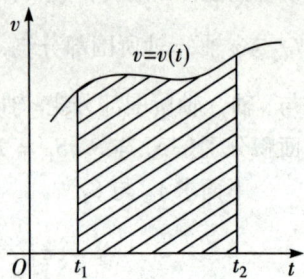

满足　　　　　$S_乙 - S_甲 = 10$.

从图中看到

$$\int_0^{10} v_1(t)\mathrm{d}t - \int_0^{10} v_2(t)\mathrm{d}t = 10$$

$$\int_{10}^{25} v_2(t)\mathrm{d}t - \int_{10}^{25} v_1(t)\mathrm{d}t = 20$$

后式减前式得

$$\int_0^{25} v_2(t)\mathrm{d}t - \int_0^{25} v_1(t)\mathrm{d}t = 10$$

即满足　　$S_乙 - S_甲 = 10$

因此选（C）.

综　述

　　每年的考研试题中必有"应用题"，用定积分计算几何、物理量是应用题的一个重要的方面.

　　定积分的几何应用包括：求平面图形的面积，平面曲线的弧长，曲率，旋转体的体积与表面积，截面已知的立体的体积等都考过，求旋转体的体积考得更多些. 微积分的几何应用与最值问题相结合构成的应用题是常见的题型（见八）.

　　定积分的物理应用包括求功，引力及侧压力等也都考过，比起几何应用来考得要少些.

　　基本方法是：

　　1° 代公式（利用各几何量或物理量的定积分表达式，明确被积函数与积分区间，余下的还是定积分的计算）.

　　2° 微元法. 特别是无现成公式可代时，就要用微元法. 对所要计算的几何或物理量 M 先写出微小区间上的改变量 ΔM 的近似值 $\mathrm{d}M = f(x)\mathrm{d}x$，它就是被积分式；为此，就要对整体量选定一种"分法"，分法是否合适的标准是：按你这种分法，部分量 ΔM 的近似值 $\mathrm{d}M$ 是否可以算得. 通常称这种方法为"微元法".

七、积分不等式的证明

43. (14,10 分)　设函数 $f(x), g(x)$ 在区间 $[a,b]$ 上连续，且 $f(x)$ 单调增加，$0 \leqslant g(x) \leqslant 1$. 证明：

$(I) \ 0 \le \int_a^x g(t)\,dt \le x - a, x \in [a,b]$;

$(II) \ \int_a^{a+\int_a^x g(t)\,dt} f(x)\,dx \le \int_a^b f(x)g(x)\,dx.$

【分析与求解】 (I) 因 $g(x)$ 在 $[a,b]$ 连续,$0 \le g(t) \le 1(t \in [a,b])$

$\Rightarrow \qquad 0 = \int_a^x 0\,dx \le \int_a^x g(t)\,dt \le \int_a^x 1\,dt = x - a \ (x \in [a,b])$

(II) 引进 $w(x) = \int_a^{a+\int_a^x g(t)\,dt} f(s)\,ds - \int_a^x f(s)g(s)\,ds, x \in [a,b]$

$\Rightarrow \quad w(a) = 0$

$$w'(x) = f\left(a + \int_a^x g(t)\,dt\right)\left(a + \int_a^x g(t)\,dt\right)' - f(x)g(x)$$
$$= f\left(a + \int_a^x g(t)\,dt\right)g(x) - f(x)g(x)$$

由于 $f(x)$ 单调增加,由题 $(I) \Rightarrow \quad w'(x) \le f(a + x - a)g(x) - f(x)g(x) = 0 \ (x \in [a,b])$

$\Rightarrow \quad w(x) \le w(a) = 0 \ (x \in [a,b])$

特别有 $w(b) \le 0$,即原不等式成立.

▶ **练习题**

(94,2,9分) 设 $f(x)$ 在 $[0,1]$ 上连续且递减,证明:当 $0 < \lambda < 1$ 时,
$$\int_0^\lambda f(x)\,dx \ge \lambda \int_0^1 f(x)\,dx.$$

【证法一】 用积分比较定理. 为此,首先需统一积分区间:
$$\int_0^\lambda f(x)\,dx \xequal{x = \lambda t} \lambda \int_0^1 f(\lambda t)\,dt,$$

由此, $\qquad \int_0^\lambda f(x)\,dx - \lambda \int_0^1 f(x)\,dx = \lambda \int_0^1 [f(\lambda x) - f(x)]\,dx$;

因 $f(x)$ 递减而 $\lambda x < x$,$f(\lambda x) \ge f(x)$,上式右端 ≥ 0,问题得证.

【证法二】 用积分中值定理. 为分清两中值的大小,需分别在 $[0,\lambda]$ 与 $[\lambda,1]$ 两区间内用积分中值定理:$\int_0^1 f(x)\,dx = \int_0^\lambda f(x)\,dx + \int_\lambda^1 f(x)\,dx$,由此

$$\int_0^\lambda f(x)\,dx - \lambda \int_0^1 f(x)\,dx = (1-\lambda)\int_0^\lambda f(x)\,dx - \lambda \int_\lambda^1 f(x)\,dx$$
$$= (1-\lambda) \cdot \lambda f(\xi_1) - \lambda \cdot (1-\lambda)f(\xi_2)$$
$$= \lambda(1-\lambda)[f(\xi_1) - f(\xi_2)],$$

其中,$0 < \xi_1 < \lambda < \xi_2 < 1$;又因 $f(x)$ 递减,$f(\xi_1) \ge f(\xi_2)$,上式右端 ≥ 0,问题得证.

【证法三】 作为函数不等式证明. 令

$$\varphi(\lambda) = \int_0^\lambda f(x)\,dx - \lambda \int_0^1 f(x)\,dx, \quad \lambda \in [0,1].$$

$$\varphi'(\lambda) = f(\lambda) - \int_0^1 f(x)\,dx \xequal{积分中值定理} f(\lambda) - f(\xi),$$

$\xi \in (0,1)$ 为常数. 由 $f(\lambda)$ 递减,$\lambda = \xi$ 是唯一驻点,且 $\varphi'(\lambda)$ 在 $\lambda = \xi$ 由正变负,$\lambda = \xi$ 是 $\varphi(\lambda)$ 的极大点也是最大点;由此,最小点必为端点 $\lambda = 0$ 或 1. 从而有

$$\varphi(\lambda) \ge \varphi(0) = \varphi(1) = 0, 0 < \lambda < 1.$$

综 述

证明积分不等式常常用:定积分的性质(如不等式性质,积分中值定理),分部积分法与变量替换法,泰勒公式或牛顿-莱布尼兹公式.有时引进辅助函数(相应的变限积分)把证明常值不等式转化为证明函数不等式.

还应注意,要由 $f'(x)$ 的不等式推导 $f(x)$ 的不等式,通常可经下列途径建立 $f(x)$ 与 $f'(x)$ 的关系:(1) 拉格朗日中值定理;(2) 牛顿-莱布尼兹公式;(3) 分部积分法.

八、一元函数微积分的综合题

44.(09,4 分) 若 $f''(x)$ 不变号,且曲线 $y = f(x)$ 在点 $(1,1)$ 处的曲率圆为 $x^2 + y^2 = 2$,则函数 $f(x)$ 在区间 $(1,2)$ 内

(A) 有极值点,无零点.　　　　(B) 无极值点,有零点.

(C) 有极值点,有零点.　　　　(D) 无极值点,无零点.

【分析】 $x^2 + y^2 = 2$ 是 $y = f(x)$ 在点 $(1,1)$ 处的曲率圆,按曲率圆概念,$y = f(x)$ 在点 $(1,1)$ 处与曲率圆相切($f'(1) = -1$)且曲率圆在曲线凹的一侧,如图 3.20.

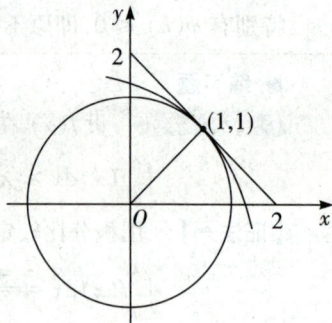

由于 $f''(x)$ 不变号,所以 $y = f(x)$ 在 $[1,2]$ 是凸函数($f''(x) < 0$) $\Rightarrow f'(x)$ 单调下降,$f'(x) < 0 \Rightarrow f(x)$ 在 $[1,2] \searrow$,在 $(1,2)$ 无极值点.又曲线 $y = f(x)$ 在切线的下方(除切点外),点 $(1,1)$ 处圆周 $x^2 + y^2 = 2$ 的切线($y = -x + 2$)与 x 轴交于点 $(0,2)$,因此 $y = f(x)$ 在 $(0,2)$ 有零点.

综上分析,应选(B).

图 3.20

评注 ① 本题是一道综合题,涉及曲率圆、极值点判定、单调性等概念以及零点定理,有一定的难度.首先,由曲率圆知曲线 $y = f(x)$ 在点 $(1,1)$ 处与 $x^2 + y^2 = 2$ 有相同的切线和曲率,从而可求出 $f'(1)$ 与 $f''(1)$;其次,由 $f''(x)$ 不变号既可知曲线 $y = f(x)$ 的凹凸性不改变,也可判断函数 $f(x)$ 在区间 $(1,2)$ 内的单调性;最后,利用零点定理即可得出正确的选项.

② 有相当多的考生选(A)或(C),主要原因是对曲率圆的概念不熟悉,不知道由它可得到什么结论;其次是对 $f''(x)$ 不变号这个条件理解不透彻.

③ 如上分析,由几何直观,易选出正确答案(B).

下面给出证明.$x^2 + y^2 = 2$ 是 $y = f(x)$ 在点 $(1,1)$ 处的曲率圆.

由 $x^2 + y^2 = 2 \Rightarrow x + yy' = 0, 1 + y'^2 + yy'' = 0 \Rightarrow$
$$y'(1) = -1, y''(1) = -2.$$

由曲率圆概念,$f'(1) = -1, f''(1) = -2$,又 $f''(x)$ 不变号 $\Rightarrow f''(x) < 0 (x \in [1,2]) \Rightarrow f'(x) \leq f'(1) < 0 (x \in [1,2]) \Rightarrow f(x)$ 在 $[1,2] \searrow$,无极值点.再由凸函数性质 $\Rightarrow$
$$f(x) < f(1) + f'(1)(x - 1) \quad (x \in (1,2)).$$

特别地,有 $f(2) < 1 - (2 - 1) = 0$,又 $f(1) = 1 > 0$,则 $\exists c \in (1,2), f(c) = 0$,即 $f(x)$ 在 $(1,2)$ 有零点.

45.(10,10 分) （Ⅰ）比较 $\int_0^1 |\ln t| [\ln(1+t)]^n dt$ 与 $\int_0^1 t^n |\ln t| dt (n = 1,2,\cdots)$ 的大小,说明理由;

（Ⅱ）记 $u_n = \int_0^1 |\ln t| \left[\ln(1+t)\right]^n \mathrm{d}t\,(n=1,2,\cdots)$，求极限 $\lim\limits_{n\to\infty} u_n$.

【分析与求解】（Ⅰ）先比较 $[0,1]$ 区间上的被积函数. 易知，
$$0 < \ln(1+t) < t,\ t \in (0,1].$$

$\forall n = 1,2,3,\cdots \Rightarrow$
$$\ln^n(1+t) < t^n,\ t \in (0,1]$$

$\Rightarrow \qquad |\ln t|\ln^n(1+t) < t^n|\ln t|,\ t \in (0,1).$

又 $\qquad \lim\limits_{t\to 0+} |\ln t|\ln^n(1+t) = \lim\limits_{t\to 0+} t^n|\ln t| = 0,$

若 $f(t) \overset{记}{=\!=\!=} |\ln t|\ln^n(1+t)$，$g(t) \overset{记}{=\!=\!=} t^n|\ln t|$，可补充定义 $f(0)=0$，$g(0)=0$，则 $f(t)$，$g(t)$ 在 $[0,1]$ 连续且 $f(t) \lneqq g(t)$，$t \in [0,1]$，因此

$$\int_0^1 f(t)\mathrm{d}t < \int_0^1 g(t)\mathrm{d}t,\ 即 \int_0^1 |\ln t|\ln^n(1+t)\mathrm{d}t < \int_0^1 t^n|\ln t|\mathrm{d}t.$$

（Ⅱ）易求得

$$\int_0^1 t^n|\ln t|\mathrm{d}t = -\int_0^1 t^n\ln t\,\mathrm{d}t = -\frac{1}{n+1}\int_0^1 \ln t\,\mathrm{d}t^{n+1}$$

$$= -\frac{1}{n+1}t^{n+1}\ln t\,\Big|_{0+}^1 + \frac{1}{n+1}\int_0^1 t^{n+1}\cdot\frac{1}{t}\mathrm{d}t = \frac{1}{(n+1)^2},$$

由题（Ⅰ）有 $\qquad 0 < u_n = \int_0^1 |\ln t|\ln^n(1+t)\mathrm{d}t < \int_0^1 t^n|\ln t|\mathrm{d}t = \frac{1}{(n+1)^2}.$

由夹逼定理 $\Rightarrow \quad \lim\limits_{n\to\infty} u_n = 0.$

46.（11,11 分） 一容器的内侧是由图 3.21 中曲线绕 y 轴旋转一周而成的曲面，该曲线由 $x^2+y^2 = 2y\left(y\geqslant\frac{1}{2}\right)$ 与 $x^2+y^2 = 1\left(y\leqslant\frac{1}{2}\right)$ 连接而成.

（Ⅰ）求容器的容积；

（Ⅱ）若将容器内盛满的水从容器顶部全部抽出，至少需要做多少功？

（长度单位：m，重力加速度为 $g\,\mathrm{m/s^2}$，水的密度为 $10^3\,\mathrm{kg/m^3}$）

【解】（Ⅰ）**方法 1°** 由对称性，只需考察 $-1 \leqslant y \leqslant \frac{1}{2}$ 部分，曲线表为

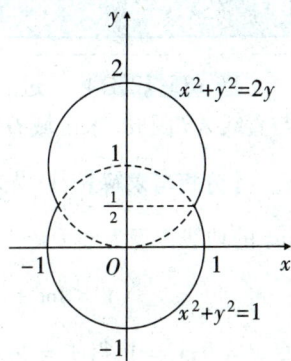

图 3.21

$x = f(y) = \sqrt{1-y^2}\left(-1\leqslant y\leqslant\frac{1}{2}\right)$，则容积

$$V = 2\int_{-1}^{\frac{1}{2}} \pi f^2(y)\mathrm{d}y = 2\pi\int_{-1}^{\frac{1}{2}} (1-y^2)\mathrm{d}y$$

$$= 2\pi\left(\frac{3}{2} - \frac{1}{3}y^3\,\Big|_{-1}^{\frac{1}{2}}\right)$$

$$= 2\pi\left[\frac{3}{2} - \frac{1}{3}\left(\frac{1}{8}+1\right)\right] = 2\pi\left(\frac{3}{2} - \frac{3}{8}\right) = \frac{9}{4}\pi.$$

方法 2° 曲线表为 $x = f(y) = \begin{cases} \sqrt{1-y^2}, & -1\leqslant y\leqslant\frac{1}{2}, \\[2mm] \sqrt{2y-y^2}, & \frac{1}{2}\leqslant y\leqslant 2, \end{cases}$ 则容积

$$V = \int_{-1}^2 \pi f^2(y)\mathrm{d}y = \pi\left[\int_{-1}^{\frac{1}{2}} (1-y^2)\mathrm{d}y + \int_{\frac{1}{2}}^2 (2y-y^2)\mathrm{d}y\right]$$

$$= \pi\left(\frac{3}{2} + \int_{\frac{1}{2}}^2 2y\,\mathrm{d}y - \int_{\frac{1}{2}}^2 y^2\mathrm{d}y\right) = \pi\left(\frac{3}{2} + y^2\,\Big|_{\frac{1}{2}}^2 - \frac{1}{3}y^3\,\Big|_{-1}^2\right)$$

$$= \pi \Big[\frac{3}{2} + 4 - \frac{1}{4} - \frac{1}{3}(8 + 1) \Big] = \frac{9}{4}\pi.$$

（Ⅱ）容器内侧曲线 $x = f(y)$ 如题（Ⅰ）所示. 在 y 轴上 $\forall$ 取 $[y, y + \mathrm{d}y]$, 对应容器的小薄片的水的重量为 $\rho g \pi f^2(y)\mathrm{d}y$（$\rho$ 为水的密度）, 它升高的距离 $\mathrm{d}(y) = 2 - y$. 将此薄片抽出所做的功为

$$\mathrm{d}W = \rho g \pi f^2(y)(2 - y)\mathrm{d}y,$$

于是全部抽出容器内的水所做的功为

$$W = \int_{-1}^{2} \rho g \pi f^2(y)(2 - y)\mathrm{d}y$$

$$= \rho g \pi \Big[\int_{-1}^{+} (1 - y^2)(2 - y)\mathrm{d}y + \int_{+}^{2}(2y - y^2)(2 - y)\mathrm{d}y \Big],$$

其中

$$\int_{+}^{2}(2y - y^2)(2 - y)\mathrm{d}y = \int_{+}^{2}[1 - (1 - y)^2][1 + (1 - y)]\mathrm{d}y$$

$$\xlongequal{t = 1 - y} \int_{-1}^{+}(1 - t^2)(1 + t)\mathrm{d}t$$

$$= \int_{-1}^{+}(1 - y^2)(1 + y)\mathrm{d}y.$$

再代入上式得

$$W = \rho g \pi \Big[\int_{-1}^{+}(1 - y^2)(2 - y)\mathrm{d}y + \int_{-1}^{+}(1 - y^2)(1 + y)\mathrm{d}y \Big]$$

$$= \rho g \pi \int_{-1}^{+} 3(1 - y^2)\mathrm{d}y = \rho g \pi \cdot 3 \Big(\frac{3}{2} - \frac{1}{3}y^3 \Big|_{-1}^{+} \Big)$$

$$= \rho g \pi \cdot 3 \Big[\frac{3}{2} - \frac{1}{3}\Big(\frac{1}{8} + 1 \Big) \Big] = \rho g \pi \frac{27}{8} = \frac{27 \times 10^3}{8} g \pi (\mathrm{J}).$$

> **评注** 本题考查定积分的应用：一是求旋转体的容积，求容积时利用对称性可以减少计算量. 二是求变力做功，其关键是利用微元法分段写出功的微元. 本题的得分率较低，考生要在应用题上加强训练.

---

47. (12, 12 分) 过点 $(0,1)$ 作曲线 $L: y = \ln x$ 的切线，切点为 A，又 L 与 x 轴交于 B 点，区域 D 由 L 与直线 AB 围成. 求区域 D 的面积及 D 绕 x 轴旋转一周所得旋转体的体积.

【分析与求解】 1° 先求切线与切点. 设切点为 $(t, \ln t)$, 切线的斜率 $k = \frac{1}{t}$, 于是点 $(t, \ln t)$ 处 $y = \ln x$ 的切线方程为

$$y = \ln t + \frac{1}{t}(x - t), \text{ 即 } y = \ln t - 1 + \frac{x}{t}.$$

令 $x = 0, y = 1$, 得 $1 = \ln t - 1$, 即 $t = \mathrm{e}^2$.

所以切线方程为 $y = 1 + \frac{x}{\mathrm{e}^2}$, 切点为 $A(\mathrm{e}^2, 2)$.

2° 求直线段 $\overline{AB}$ 的方程.

$y = \ln x$ 与 x 轴交于 $B(1, 0)$, 于是 $\overline{AB}$ 的方程为

$$y = \frac{2}{\mathrm{e}^2 - 1}(x - 1).$$

3° 求 D 的面积. 区域 D 如图 3.22 所示.

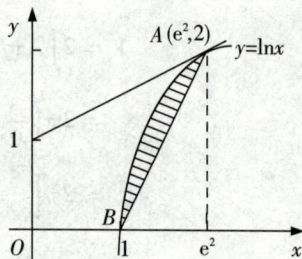

图 3.22

$$D \text{ 的面积} = \int_{1}^{\mathrm{e}^2} \ln x \mathrm{d}x - \frac{1}{2}(\mathrm{e}^2 - 1) \cdot 2$$

$$= x \ln x \Big|_{1}^{\mathrm{e}^2} - \int_{1}^{\mathrm{e}^2} x \frac{1}{x}\mathrm{d}x - (\mathrm{e}^2 - 1)$$

$$= 2e^2 - (e^2 - 1) - (e^2 - 1) = 2.$$

4° 求旋转体的体积.

D 绕 x 轴旋转一周所得旋转体的体积为

$$V = \pi \int_1^{e^2} \ln^2 x \, dx - \frac{1}{3}\pi \cdot 2^2 \cdot (e^2 - 1)$$

$$= \pi x \ln^2 x \Big|_1^{e^2} - \pi \int_1^{e^2} 2\ln x \, dx - \frac{4}{3}\pi(e^2 - 1)$$

$$= 4\pi e^2 - 2\pi x \ln x \Big|_1^{e^2} + 2\pi(e^2 - 1) - \frac{4}{3}\pi(e^2 - 1) = \frac{2}{3}\pi(e^2 - 1).$$

评注　上述解法中直接用了求直角三角形面积公式与正圆锥体的体积公式.

---

48. (14,11 分)　设函数 $f(x) = \dfrac{x}{1+x}, x \in [0,1]$. 定义函数列:

$$f_1(x) = f(x), \quad f_2(x) = f(f_1(x)), \cdots, f_n(x) = f(f_{n-1}(x)), \cdots$$

记 S_n 是由曲线 $y = f_n(x)$, 直线 $x = 1$ 及 x 轴所围平面图形的面积, 求极限 $\lim\limits_{n\to\infty} nS_n$.

【分析与求解】　先求出 $f_n(x)$:

$$f(x) = \frac{x}{1+x} \ (x \in [0,1]),$$

$$f_1(x) = f(x),$$

$$f_2(x) = f(f_1(x)) = \frac{\dfrac{x}{1+x}}{1 + \dfrac{x}{1+x}} = \frac{x}{1+2x}$$

$$f_3(x) = f(f_2(x)) = \frac{\dfrac{x}{1+2x}}{1 + \dfrac{x}{1+2x}} = \frac{x}{1+3x},$$

易归纳证明　$f_n(x) = \dfrac{x}{1+nx}, \ x \in [0,1]$.

再求由曲线 $y = f_n(x)$, 直线 $x = 1$ 及 x 轴所围平面图形的面积

$$S_n = \int_0^1 f_n(x) \, dx = \int_0^1 \frac{x}{1+nx} dx = \frac{1}{n} \int_0^1 \frac{nx}{1+nx} dx$$

$$= \frac{1}{n} \int_0^1 \left(1 - \frac{1}{1+nx}\right) dx = \frac{1}{n}\left[1 - \frac{1}{n}\ln(1+nx)\ \Big|_0^1\right]$$

$$= \frac{1}{n}\left[1 - \frac{1}{n}\ln(1+n)\right]$$

最后求极限　$\lim\limits_{n\to+\infty} nS_n = \lim\limits_{n\to+\infty}\left[1 - \frac{1}{n}\ln(1+n)\right] = 1 - \lim\limits_{x\to+\infty}\frac{\ln(1+x)}{x}$

$$= 1 - \lim\limits_{x\to+\infty}\frac{1}{1+x} = 1.$$

---

49. (15,11 分)　已知函数 $f(x) = \int_x^1 \sqrt{1+t^2}\,dt + \int_1^{x^2} \sqrt{1+t}\,dt$, 求 $f(x)$ 零点的个数.

【分析与求解】　用单调性分析法来确定

$$f(x) = \int_x^1 \sqrt{1+t^2}\,dt + \int_1^{x^2} \sqrt{1+t}\,dt \, (x \in (-\infty, +\infty))$$

的零点的个数.

(1) 先求单调性区间.

$$f'(x) = -\sqrt{1+x^2} + 2x\sqrt{1+x^2} = (2x-1)\sqrt{1+x^2}$$

$$\begin{cases} < 0 & \left(-\infty < x < \dfrac{1}{2}\right) \\[2mm] = 0 & \left(x = \dfrac{1}{2}\right) \\[2mm] > 0 & \left(\dfrac{1}{2} < x < +\infty\right) \end{cases}$$

$\Rightarrow$ $f(x)$ 在 $\left(-\infty, \dfrac{1}{2}\right]\searrow$，在 $\left[\dfrac{1}{2}, +\infty\right)\nearrow$.

$$f(x) > f\left(\dfrac{1}{2}\right) \left(x \neq \dfrac{1}{2}\right)$$

(2) 考查 $f\left(\dfrac{1}{2}\right)$

$$f\left(\dfrac{1}{2}\right) = \int_{\frac{1}{2}}^{1}\sqrt{1+t^2}\,dt - \int_{\frac{1}{2}}^{1}\sqrt{1+t}\,dt = \int_{\frac{1}{2}}^{1}\left(\sqrt{1+t^2}-\sqrt{1+t}\right)dt - \int_{\frac{1}{2}}^{\frac{1}{2}}\sqrt{1+t}\,dt < 0$$

(3) 考查每个单调性区间有无零点.

$f(x)$ 在 $\left(-\infty, \dfrac{1}{2}\right]$ 上连续，单调下降

$$f(-1) = \int_{-1}^{1}\sqrt{1+t^2}\,dt > 0, \quad f\left(\dfrac{1}{2}\right) < 0$$

$\Rightarrow f(x)$ 在 $\left(-\infty, \dfrac{1}{2}\right]$ 有唯一零点(位于区间 $\left(-1, \dfrac{1}{2}\right)$).

$f(x)$ 在 $\left[\dfrac{1}{2}, +\infty\right)$ 连续，单调上升，又 $f(1) = 0$

$\Rightarrow f(x)$ 在 $\left[\dfrac{1}{2}, +\infty\right)$ 有唯一零点(即 $x = 1$).

综上，$f(x)$ 在 $(-\infty, +\infty)$ 有且仅有两个零点.

----

50. (16, 10 分) 设函数 $f(x) = \int_0^1 |t^2 - x^2|\,dt\,(x>0)$，求 $f'(x)$ 并求 $f(x)$ 的最小值.

【分析与求解】 先求出 $f(x)$.

$0 < x \leqslant 1$ 时，

$$f(x) = \int_0^x (x^2 - t^2)\,dt + \int_x^1 (t^2 - x^2)\,dt$$

$$= x^3 - \dfrac{1}{3}x^3 + \dfrac{1}{3}t^3\Big|_x^1 - x^2(1-x) = \dfrac{4}{3}x^3 - x^2 + \dfrac{1}{3}$$

$x > 1$ 时，

$$f(x) = \int_0^1 (x^2 - t^2)\,dt = x^2 - \dfrac{1}{3}$$

于是

$$f(x) = \begin{cases} \dfrac{4}{3}x^3 - x^2 + \dfrac{1}{3} & (0 < x \leqslant 1) \\[3mm] x^2 - \dfrac{1}{3} & (x \geqslant 1) \end{cases}$$

$$f'(x) = \begin{cases} 2x(2x-1) & (0 < x \leqslant 1) \\ 2x & (x \geqslant 1) \end{cases} \begin{cases} < 0 & \left(0 < x < \dfrac{1}{2}\right) \\[2mm] = 0 & \left(x = \dfrac{1}{2}\right) \\[2mm] > 0 & \left(x > \dfrac{1}{2}\right) \end{cases}$$

因此，$f\left(\dfrac{1}{2}\right) = \dfrac{1}{4}$ 为 $f(x)$ 在 $(0, +\infty)$ 的最小值.

51.（16,11分） 已知函数 $f(x)$ 在 $\left[0,\dfrac{3\pi}{2}\right]$ 上连续，在 $\left(0,\dfrac{3\pi}{2}\right)$ 内是函数 $\dfrac{\cos x}{2x-3\pi}$ 的一个原函数，且 $f(0) = 0$，

（Ⅰ）求 $f(x)$ 在区间 $\left[0,\dfrac{3\pi}{2}\right]$ 上的平均值；

（Ⅱ）证明 $f(x)$ 在区间 $\left(0,\dfrac{3\pi}{2}\right)$ 内存在唯一零点.

【分析与求解】 按题设 $f(x) = \displaystyle\int_0^x \dfrac{\cos t}{2t-3\pi}\mathrm{d}t$.

（Ⅰ）$f(x)$ 在区间 $\left[0,\dfrac{3\pi}{2}\right]$ 的平均值为

$$H = \dfrac{2}{3\pi}\int_0^{\frac{3}{2}\pi}\left(\int_0^x \dfrac{\cos t}{2t-3\pi}\mathrm{d}t\right)\mathrm{d}x = \dfrac{2}{3\pi}\int_0^{\frac{3}{2}\pi}\left(\int_0^x \dfrac{\cos t}{2t-3\pi}\mathrm{d}t\right)\mathrm{d}\left(x-\dfrac{3}{2}\pi\right)$$

$$= -\dfrac{2}{3\pi}\int_0^{\frac{3}{2}\pi}\left(x-\dfrac{3}{2}\pi\right)\dfrac{\cos x}{2x-3\pi}\mathrm{d}x \quad (\text{分部积分})$$

$$= -\dfrac{2}{3\pi}\cdot\dfrac{1}{2}\int_0^{\frac{3}{2}\pi}\cos x\,\mathrm{d}x = -\dfrac{1}{3\pi}\sin x\,\Big|_0^{\frac{3}{2}\pi}$$

$$= \dfrac{1}{3\pi}$$

> **评注** 这是求变限积分函数的定积分，即累次积分，当不便直接计算时常用的是两种方法，一是分部积分法即上面的方法，另一是交换积分顺序，即如下方法：
>
> $$H_0 \xlongequal{\text{记}} \int_0^{\frac{3}{2}\pi}\left(\int_0^x \dfrac{\cos t}{2t-3\pi}\mathrm{d}t\right)\mathrm{d}x = \iint\limits_D \dfrac{\cos t}{2t-3\pi}\mathrm{d}t\mathrm{d}x$$
>
> 其中 $D: 0 \leqslant x \leqslant \dfrac{3}{2}\pi, 0 \leqslant t \leqslant x$，如右图所示.
>
>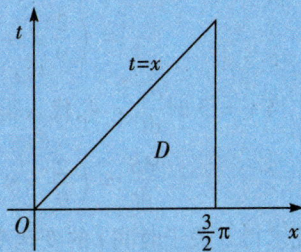
>
> 现改为先 x 后 t 的积分顺序得
>
> $$H_0 = \int_0^{\frac{3}{2}\pi}\mathrm{d}t\int_t^{\frac{3}{2}\pi}\dfrac{\cos t}{2t-3\pi}\mathrm{d}x$$
>
> $$= \int_0^{\frac{3}{2}\pi}\dfrac{\cos t}{2t-3\pi}\left(\dfrac{3}{2}\pi-t\right)\mathrm{d}t$$
>
> $$= -\dfrac{1}{2}\int_0^{\frac{3}{2}\pi}\cos t\,\mathrm{d}t = -\dfrac{1}{2}\sin t\,\Big|_0^{\frac{3}{2}\pi} = \dfrac{1}{2}$$

（Ⅱ）先在 $\left[0,\dfrac{3}{2}\pi\right]$ 区间上分析 $f(x)$ 的单调性：

$$f'(x) = \dfrac{\cos x}{2x-3\pi}\begin{cases} < 0, & 0 < x < \dfrac{\pi}{2} \\[2mm] = 0, & x = \dfrac{\pi}{2}, \\[2mm] > 0, & \dfrac{\pi}{2} < x < \dfrac{3}{2}\pi \end{cases}$$

$\Rightarrow f(x)$ 在 $\left[0,\dfrac{\pi}{2}\right]\searrow$，在 $\left[\dfrac{\pi}{2},\dfrac{3}{2}\pi\right]\nearrow$.

由 $f(0) = 0 \Rightarrow f(x) < 0\left(x \in \left(0,\dfrac{\pi}{2}\right)\right)$，$f(x)$ 在 $\left(0,\dfrac{\pi}{2}\right]$ 无零点. 由于 $\displaystyle\int_0^{\frac{3}{2}\pi}f(x)\mathrm{d}x > 0$（题（Ⅰ）结

论)$\Rightarrow$ 必 $\exists x^* \in \left(\dfrac{\pi}{2}, \dfrac{3}{2}\pi\right)$ 使得 $f(x^*) > 0$，又 $f\left(\dfrac{\pi}{2}\right) < 0 \Rightarrow f(x)$ 在 $\left(\dfrac{\pi}{2}, x^*\right) \subset \left(\dfrac{\pi}{2}, \dfrac{3}{2}\pi\right) \exists$ 零点，由于 $f(x)$ 在 $\left[\dfrac{\pi}{2}, \dfrac{3}{2}\pi\right] \nearrow$，故零点唯一.

综合上面讨论知，$f(x)$ 在 $\left(0, \dfrac{3}{2}\pi\right) \exists$ 唯一零点.

> **评注**　我们也可计算
> $$f(\pi) = \int_0^\pi \frac{\cos t}{2t - 3\pi}dt = \int_0^\pi \frac{d\sin t}{2t - 3\pi} = \frac{\sin t}{2t - 3\pi}\Bigg|_0^\pi + \int_0^\pi \frac{2\sin t}{(2t - 3\pi)^2}dt$$
> $$= 2\int_0^\pi \frac{\sin t}{(2t - 3\pi)^2}dt > 0$$
> 于是 $f(x)$ 在 $\left(\dfrac{\pi}{2}, \pi\right) \subset \left(\dfrac{\pi}{2}, \dfrac{3}{2}\pi\right) \exists$ 零点.

---

52. (18,11 分)　已知曲线 $L: y = \dfrac{4}{9}x^2 (x \geq 0)$，点 $O(0,0)$，点 $A(0,1)$. 设 P 是 L 上的动点，S 是直线 OA 与直线 AP 及曲线 L 所围成图形的面积，若 P 运动到点 $(3,4)$ 时沿 x 轴正向的速度是 4，求此时 S 关于时间 t 的变化率.

【分析与求解】　先求出 S. 如右图所示

$S =$ 梯形面积 $-$ 曲边三角形面积

$$= \frac{\left(\dfrac{4}{9}x^2 + 1\right)x}{2} - \int_0^x \frac{4}{9}t^2 dt$$

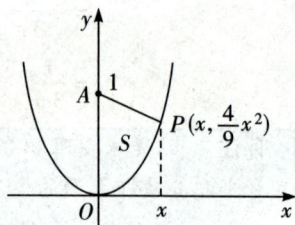

现求 S 关于时间 t 的变化率

$$\frac{dS}{dt} = \frac{dS}{dx}\frac{dx}{dt} = \left[\frac{1}{2}\left(\frac{4}{3}x^2 + 1\right) - \frac{4}{9}x^2\right]\frac{dx}{dt}$$

$$= \left(\frac{2}{9}x^2 + \frac{1}{2}\right)\frac{dx}{dt}$$

当 $x = 3$ 时 $\dfrac{dx}{dt} = 4$，代入得

$$\frac{dS}{dt} = \left(\frac{2}{9} \times 9 + \frac{1}{2}\right)4 = 10.$$

因此求得 S 关于时间 t 的变化率为 10.

---

53. (20,10 分)　已知函数 $f(x)$ 连续且 $\lim\limits_{x \to 0} \dfrac{f(x)}{x} = 1$，$g(x) = \int_0^1 f(xt)dt$，求 $g'(x)$ 并证明 $g'(x)$ 在 $x = 0$ 处连续.

【分析与求解】

$$g(x) = \int_0^1 f(xt)dt = \frac{1}{x}\int_0^1 f(xt)d(xt) = \frac{1}{x}\int_0^x f(s)ds (x \neq 0)$$

由 $\lim\limits_{x \to 0} \dfrac{f(x)}{x} = 1 \Rightarrow \lim\limits_{x \to 0} f(x) = f(0) = 0 \Rightarrow g(0) = f(0) = 0$

于是

$$g(x) = \begin{cases} \dfrac{1}{x}\displaystyle\int_0^x f(t)dt & (x \neq 0) \\ 0 & (x = 0) \end{cases} \qquad (*)$$

方法 1

$$\lim_{x \to 0} g(x) = \lim_{x \to 0} \frac{1}{x}\int_0^x f(t)dt = \lim_{x \to 0} f(x) = f(0) = 0$$

$$= g(0)$$

$g(x)$ 处处连续.

$$g'(x) = \frac{1}{x^2}\left[xf(x) - \int_0^x f(t)\,dt\right] = \frac{f(x)}{x} - \frac{1}{x^2}\int_0^x f(t)\,dt \,(x \neq 0)$$

$$\lim_{x \to 0} g'(x) = \lim_{x \to 0}\frac{f(x)}{x} - \lim_{x \to 0}\frac{\int_0^x f(t)\,dt}{x^2} = 1 - \lim_{x \to 0}\frac{f(x)}{2x} = \frac{1}{2}$$

$\Rightarrow g'(0) = \frac{1}{2}$ 且 $g'(x)$ 在 $x = 0$ 连续.

方法 2 求出 $g(x)$ 的表达式(*)后,同上求出

$$g'(x) = \frac{f(x)}{x} - \frac{\int_0^x f(t)\,dt}{x^2}(x \neq 0)$$

再按定义求出

$$g'(0) = \lim_{x \to 0}\frac{g(x) - g(0)}{x} = \lim_{x \to 0}\frac{\int_0^x f(t)\,dt}{x^2} = \lim_{x \to 0}\frac{f(x)}{2x} = \frac{1}{2}$$

最后同前求出

$$\lim_{x \to 0} g'(x) = \frac{1}{2} = g'(0)$$

$g'(x)$ 在 $x = 0$ 连续.

> **评注** 方法1中用到了如下结论:设 $f(x)$ 在 x_0 的空心邻域可导且 $f(x)$ 在 x_0 处连续. 若存在极限 $\lim_{x \to x_0} f'(x) = A$,则 $f'(x_0) = A$ ($f'(x)$ 在 x_0 自然就连续).

54.(20,10 分) 设函数 $f(x)$ 的定义域为 $(0, +\infty)$ 且满足 $2f(x) + x^2 f\left(\frac{1}{x}\right) = \frac{x^2 + 2x}{\sqrt{1 + x^2}}$. 求

$f(x)$,并求曲线 $y = f(x)$,$y = \frac{1}{2}$,$y = \frac{\sqrt{3}}{2}$ 及 y 轴所围图形绕 x 轴旋转所成旋转体的体积.

【分析与求解】 先求 $f(x)$

$$\begin{cases} 2f(x) + x^2 f\left(\frac{1}{x}\right) = \dfrac{x^2 + 2x}{\sqrt{1 + x^2}} \\[3mm] 2f\left(\frac{1}{x}\right) + \dfrac{1}{x^2}f(x) = \dfrac{\frac{1}{x^2} + \frac{2}{x}}{\sqrt{1 + \frac{1}{x^2}}} = \dfrac{\frac{1}{x} + 2}{\sqrt{1 + x^2}} \end{cases}$$

$$\begin{cases} 4f(x) + 2x^2 f\left(\frac{1}{x}\right) = \dfrac{2x^2 + 4x}{\sqrt{1 + x^2}} \\[3mm] 2x^2 f\left(\frac{1}{x}\right) + f(x) = \dfrac{2x^2 + x}{\sqrt{1 + x^2}} \end{cases}$$

两式相减得

$$3f(x) = \frac{3x}{\sqrt{1 + x^2}}, \quad f(x) = \frac{x}{\sqrt{1 + x^2}}$$

再求旋转体的体积.

$$y = \frac{x}{\sqrt{1+x^2}} \left(y^2 = \frac{x^2}{1+x^2} \right), \quad \text{反函数 } x = \frac{y}{\sqrt{1-y^2}},$$

现求曲线 $x = \dfrac{y}{\sqrt{1-y^2}}, y = \dfrac{1}{2}, y = \dfrac{\sqrt{3}}{2}$ 及 y 轴所围图形绕 x 轴旋转所成旋转体的体积 V. 套公式得

$$V = 2\pi \int_{\frac{1}{2}}^{\frac{\sqrt{3}}{2}} yx\,\mathrm{d}y = 2\pi \int_{\frac{1}{2}}^{\frac{\sqrt{3}}{2}} \frac{y^2}{\sqrt{1-y^2}}\,\mathrm{d}y$$

作变换 $y = \sin\theta$,

$$V = 2\pi \int_{\frac{\pi}{6}}^{\frac{\pi}{3}} \frac{\sin^2\theta}{\cos\theta} \cos\theta\,\mathrm{d}\theta = 2\pi \int_{\frac{\pi}{6}}^{\frac{\pi}{3}} \frac{1-\cos2\theta}{2}\,\mathrm{d}\theta$$

$$= \pi \left[\left(\frac{\pi}{3} - \frac{\pi}{6} \right) - \frac{1}{2}\sin2\theta \Big|_{\frac{\pi}{6}}^{\frac{\pi}{3}} \right] = \frac{\pi^2}{6}$$

或用分部积分法

$$V = 2\pi \int_{\frac{1}{2}}^{\frac{\sqrt{3}}{2}} -y\,\mathrm{d}\sqrt{1-y^2} = 2\pi \left(-y\sqrt{1-y^2} \Big|_{\frac{1}{2}}^{\frac{\sqrt{3}}{2}} + \int_{\frac{1}{2}}^{\frac{\sqrt{3}}{2}} \sqrt{1-y^2}\,\mathrm{d}y \right)$$

$$= 2\pi \left(0 + \frac{1}{12}\text{单位圆的面积} \right) = 2\pi \cdot \frac{\pi}{12} = \frac{\pi^2}{6}$$

或用分解法

$$V = 2\pi \int_{\frac{1}{2}}^{\frac{\sqrt{3}}{2}} \frac{1-(1-y^2)}{\sqrt{1-y^2}}\,\mathrm{d}y = 2\pi \left(\int_{\frac{1}{2}}^{\frac{\sqrt{3}}{2}} \frac{1}{\sqrt{1-y^2}}\,\mathrm{d}y - \int_{\frac{1}{2}}^{\frac{\sqrt{3}}{2}} \sqrt{1-y^2}\,\mathrm{d}y \right)$$

$$= 2\pi \left(\arcsin y \Big|_{\frac{1}{2}}^{\frac{\sqrt{3}}{2}} - \frac{1}{12}\text{单位圆面积} \right)$$

$$= 2\pi \left[\left(\frac{\pi}{3} - \frac{\pi}{6} \right) - \frac{\pi}{12} \right] = \frac{\pi^2}{6}$$

---

55. (20,11 分) 设函数 $f(x)$ 可导,且 $f'(x) > 0$. 曲线 $y = f(x) (x \geqslant 0)$ 经过坐标原点 O,其上的任意一点 M 处的切线与 x 轴交于 T,又 MP 垂直 x 轴于点 P. 已知由曲线 $y = f(x)$,直线 MP 以及 x 轴所围图形的面积与 $\triangle MTP$ 的面积之比恒为 $3:2$,求满足上述条件的曲线的方程.

【分析与求解】 过 M 点的切线方程是

$$Y - y = y'(x)(X - x),$$

其中 $y(x) = f(x)$,(X, Y) 是切线上动点的坐标. 令 $Y = 0$ 得 T 点的 x 坐标

$X = x - \dfrac{y}{y'}$,$\overline{TP}$ 的长度是 $x - X = \dfrac{y}{y'}$,$\triangle MTP$ 的面积 $= \dfrac{1}{2} \dfrac{y}{y'} y = \dfrac{y^2}{2y'}$,

$y = y(x)$,直线 MP 及 x 轴所围图形的面积是 $\int_0^x y(t)\,\mathrm{d}t$(见示意图).

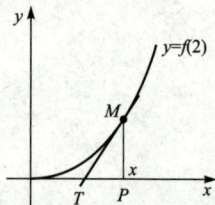

按题意

$$\int_0^x y(t)\,\mathrm{d}t = \frac{3}{2} \cdot \frac{1}{2} \frac{y^2}{y'} \underset{\substack{\text{求导} \\ x=0\text{等} \\ \text{式成立}}}{\Longleftrightarrow} y(x) = \frac{3}{4} \frac{2yy'^2 - y^2 y''}{y'^2}$$

$$\Leftrightarrow 2y'^2 - 3yy'' = 0$$

转化为求解可降阶(不显含 x)的二阶方程

$$3yy'' - 2y'^2 = 0$$

令 $p = y'(x)$,以 y 为自变量,$y''(x) = \dfrac{\mathrm{d}p}{\mathrm{d}x} = \dfrac{\mathrm{d}p}{\mathrm{d}y}y' = p\dfrac{\mathrm{d}p}{\mathrm{d}y}$

代入方程得

$$3yp\frac{\mathrm{d}p}{\mathrm{d}y} - 2p^2 = 0, \frac{\mathrm{d}p}{p} = \frac{2}{3}\frac{\mathrm{d}y}{y}$$

积分得

$$\ln|p| = \ln y^{\frac{2}{3}} + \ln c_1', \quad p = c_1' y^{\frac{2}{3}}$$

$$\frac{\mathrm{d}y}{\mathrm{d}x} = c_1' y^{\frac{2}{3}}, \quad y^{-\frac{2}{3}}\mathrm{d}y = c_1' \mathrm{d}x$$

再积分得

$$3y^{\frac{1}{3}} = c_1' x + c_2'$$

即

$$y^{\frac{1}{3}} = c_1 x + c_2 \left(\text{其中 } c_1 = \frac{1}{3}c_1', c_2 = \frac{1}{3}c_2'\right)$$

再由 $y(0) = 0$ 得 $c_2 = 0$,最后得 $y = c_1 x^3, c_1 > 0$ 为 $\forall$ 常数. ($p = 0$ 时不合题意)

---

56. (21,12 分) 设函数 $f(x)$ 满足 $\int \frac{f(x)}{\sqrt{x}}\mathrm{d}x = \frac{1}{6}x^2 - x + C$,$L$ 为曲线 $y = f(x)(4 \leqslant x \leqslant 9)$,记 L 的长度为 S,L 绕 x 轴旋转所成旋转曲面面积为 A,求 S 和 A.

【分析与求解】

先求曲线 L $\quad y = f(x)$ 的表达式.

由 $\int \frac{f(x)}{\sqrt{x}}\mathrm{d}x = \frac{1}{6}x^2 - x + c$,两边求导得 $\frac{f(x)}{\sqrt{x}} = \frac{1}{3}x - 1$,

$$f(x) = \frac{1}{3}x^{\frac{3}{2}} - x^{\frac{1}{2}} \quad (4 \leqslant x \leqslant 9)$$

再求 L 的长度 S. $f'(x) = \frac{1}{2}x^{\frac{1}{2}} - \frac{1}{2}x^{-\frac{1}{2}}$.

$$S = \int_4^9 \sqrt{1 + [f'(x)]^2}\mathrm{d}x = \int_4^9 \sqrt{\frac{1}{4}x + \frac{1}{4x} + \frac{1}{2}}\mathrm{d}x = \frac{1}{2}\int_4^9 (x^{\frac{1}{2}} + x^{-\frac{1}{2}})\mathrm{d}x$$

$$= \frac{1}{2}\left(\frac{2}{3}x^{\frac{3}{2}} + 2x^{\frac{1}{2}}\right)\Big|_4^9 = \frac{1}{2}\left[\frac{2}{3}(27 - 8) + 2(3 - 2)\right] = \frac{22}{3}$$

最后求 L 绕 x 轴旋转所成旋转面的面积 A.

$$A = 2\pi\int_4^9 f(x)\sqrt{1 + [f'(x)]^2}\mathrm{d}x = 2\pi\int_4^9 \left(\frac{1}{3}x^{\frac{3}{2}} - x^{\frac{1}{2}}\right)\frac{1}{2}(x^{\frac{1}{2}} + x^{-\frac{1}{2}})\mathrm{d}x$$

$$= \frac{\pi}{3}\int_4^9 (x^{\frac{3}{2}} - 3x^{\frac{1}{2}})(x^{\frac{1}{2}} + x^{-\frac{1}{2}})\mathrm{d}x = \frac{\pi}{3}\int_4^9 (x - 3)(x + 1)\mathrm{d}x$$

$$= \frac{\pi}{6}\int_4^9 (x + 1)\mathrm{d}(x - 3)^2 = \frac{\pi}{6}\left[(x + 1)(x - 3)^2\Big|_4^9 - \int_4^9 (x - 3)^2\mathrm{d}x\right]$$

$$= \frac{\pi}{6}\left[(x + 1)(x - 3)^2 - \frac{1}{3}(x - 3)^3\right]\Big|_4^9$$

$$= \frac{\pi}{9}(x - 3)(x^2 - 9)\Big|_4^9 = \frac{\pi}{9}[6 \times 72 - 7] = \frac{425}{9}\pi$$

▶ **练习题**

(00,2,6 分) 设函数 $S(x) = \int_0^x |\cos t|\mathrm{d}t$,

(1) 当 n 为正整数,且 $n\pi \leqslant x < (n+1)\pi$ 时,证明:$2n \leqslant S(x) < 2(n+1)$;

(2) 求 $\lim\limits_{x \to +\infty} \frac{S(x)}{x}$.

【证明与求解】 (1) 因为 $|\cos x| \geqslant 0$ 且 $n\pi \leqslant x < (n+1)\pi$,

$$\int_0^{n\pi} |\cos x| \, dx \leqslant S(x) < \int_0^{(n+1)\pi} |\cos x| \, dx,$$

又因为 $|\cos x|$ 以 π 为周期,在每个周期上积分值相等,所以

$$\int_0^{n\pi} |\cos x| \, dx = n \int_0^{\pi} |\cos x| \, dx = 2n \int_0^{\frac{\pi}{2}} \cos x \, dx = 2n, \quad \int_0^{(n+1)\pi} |\cos x| \, dx = 2(n+1).$$

从而有 $\qquad 2n \leqslant S(x) < 2(n+1).$

(2) 由 (1) 有,$n\pi \leqslant x < (n+1)\pi$ 时

$$\frac{2n}{(n+1)\pi} < \frac{S(x)}{x} < \frac{2(n+1)}{n\pi},$$

而 $\qquad \lim_{n \to \infty} \frac{2n}{(n+1)\pi} = \lim_{n \to \infty} \frac{2(n+1)}{n\pi} = \frac{2}{\pi},$

又 $\quad x \to +\infty \Leftrightarrow n \to \infty$,由夹逼定理,$\lim\limits_{x \to +\infty} \dfrac{S(x)}{x} = \dfrac{2}{\pi}$.

> **评注** ① 题(1)中利用了非负函数的积分性质与周期函数的积分性质.
> ② 题(2)用了求极限的适当放大缩小法,只不过是分段适当放大与缩小,且分了无限多段.

综 述

历届试题中十分重视考查综合运用数学知识的能力,因而试题中常见有综合性题目. 在一元函数微积分学中常见的有微分学的几何应用与积分学的几何应用相结合;微分学的几何应用或积分学的几何应用与最值问题相结合等.

第四章 常微分方程

编者按

微分方程问题是积分问题的延伸,有着极为广泛的应用.在历年的考研试题中必定出现.
微分方程部分要掌握三方面的内容:
(1) 要能识别并会解一阶方程的可解类型与二阶方程的可降阶型;
(2) 要知道高阶(主要是二阶)线性方程解的性质,并会解常系数的线性方程;
(3) 要注意微分方程的应用问题.
历年来常微分方程的试题可归纳成如下题型:
1. 常微分方程的概念与一阶线性微分方程解的性质.
2. 一阶微分方程的可解类型.   3. 二阶微分方程的可降阶类型.
4. 二阶线性微分方程(解的性质与结构,二阶常系数线性微分方程的求解).
5. 高于二阶的线性常系数齐次微分方程. 6. 求解含变限积分的方程.
7. 应用问题.   8. 综合题.

一、常微分方程的概念与一阶线性方程解的性质

1. (10,4 分)   设 y_1, y_2 是一阶线性非齐次微分方程 $y' + p(x)y = q(x)$ 的两个特解,若常数 λ, μ 使 $\lambda y_1 + \mu y_2$ 是该方程的解,$\lambda y_1 - \mu y_2$ 是该方程对应的齐次方程的解,则

(A) $\lambda = \dfrac{1}{2}, \mu = \dfrac{1}{2}$.

(B) $\lambda = -\dfrac{1}{2}, \mu = -\dfrac{1}{2}$.

(C) $\lambda = \dfrac{2}{3}, \mu = \dfrac{1}{3}$.

(D) $\lambda = \dfrac{2}{3}, \mu = \dfrac{2}{3}$.

【分析】   按题意

$$(\lambda y_1 + \mu y_2)' + p(x)(\lambda y_1 + \mu y_2) = q(x),$$

而

$$(\lambda y_1 + \mu y_2)' + p(x)(\lambda y_1 + \mu y_2) = \lambda[y_1' + p(x)y_1] + \mu[y_2' + p(x)y_2]$$
$$= \lambda q(x) + \mu q(x) = (\lambda + \mu)q(x),$$

$\Rightarrow \qquad \lambda + \mu = 1.$

又 $\qquad (\lambda y_1 - \mu y_2)' + p(x)(\lambda y_1 - \mu y_2) = 0,$

而 $\qquad (\lambda y_1 - \mu y_2)' + p(x)(\lambda y_1 - \mu y_2) = \lambda[y_1' + p(x)y_1] - \mu[y_2' + p(x)y_2]$
$$= \lambda q(x) - \mu q(x) = (\lambda - \mu)q(x)$$

$\Rightarrow \qquad \lambda - \mu = 0.$

由 $\qquad \begin{cases} \lambda + \mu = 1, \\ \lambda - \mu = 0 \end{cases} \Rightarrow \lambda = \mu = \dfrac{1}{2}.$

因此选(A).

----

2. (16,4 分)   以 $y = x^2 - e^x$ 和 $y = x^2$ 为特解的一阶非齐次线性微分方程为_____.

【分析】   所求一阶非齐次线性方程为

$$y' + p(x)y = q(x) \qquad\qquad (*)$$

要由这两个特解求出 $p(x)$ 与 $q(x)$.

【分析一】 记 $y_1 = x^2 - e^x, y_2 = x^2 \Rightarrow y_0 \xrightarrow{\text{记}} y_2 - y_1 = e^x$ 是相应的齐次方程

$$y' + p(x)y = 0$$

的一个特解. 代入得 $e^x + p(x)e^x = 0, \quad p(x) = -1$

于是所求的方程为 $y' - y = q(x)$

将特解 $y_2 = x^2$ 代入得

$$2x - x^2 = q(x)$$

因此所求方程为

$$y' - y = 2x - x^2$$

【分析二】 将 y_1, y_2 分别代入方程（＊）得

$$\begin{cases} (2x - e^x) + p(x)(x^2 - e^x) = q(x) & ① \\ 2x + p(x)x^2 = q(x) & ② \end{cases}$$

由此求出 $p(x)$ 与 $q(x)$.

将方程 ① 与 ② 相减得

$$e^x + p(x)e^x = 0 \implies p(x) = -1$$

将 $p(x) = -1$ 代入 ②$\Rightarrow q(x) = 2x - x^2$

因此所求方程为 $y' - y = 2x - x^2$.

二、一阶微分方程的可解类型

（一）可分离变量的方程与一阶线性微分方程

3. (08,4分) 微分方程 $(y + x^2 e^{-x})dx - x dy = 0$ 的通解是 $y = $ _____.

【分析】 将原方程改写成 $\dfrac{dy}{dx} - \dfrac{y}{x} = x e^{-x}$,这是一阶线性方程.

由 $\mu(x) = e^{-\int \frac{dx}{x}} \xrightarrow{\text{取}} \dfrac{1}{|x|}$,两边乘 $\dfrac{1}{x}$ 得 $\left(\dfrac{1}{x}y\right)' = e^{-x}$.

积分得 $\dfrac{1}{x}y = -e^{-x} + C$.

通解为 $y = Cx - x e^{-x}$,其中 C 为 $\forall$ 常数.

----

4. (11,4分) 微分方程 $y' + y = e^{-x}\cos x$ 满足条件 $y(0) = 0$ 的解为 $y = $ _____.

【分析】 这是求解一阶线性微分方程的初值问题.

方程两边乘 $\mu(x) = e^x$ 得 $(y e^x)' = \cos x$,两边积分

$$\int_0^x (y e^x)' dx = \int_0^x \cos x \, dx,$$

得 $y e^x = \sin x$,即 $y = e^{-x}\sin x$.

----

5. (12,4分) 微分方程 $y dx + (x - 3y^2)dy = 0$ 满足条件 $y \big|_{x=1} = 1$ 的解为 $y = $ _____.

【分析】 以 y 为自变量,x 为因变量,这是一阶线性微分方程,因为方程可改写为

$$\dfrac{dx}{dy} + \dfrac{x}{y} = 3y,$$

两边乘 $y\left(e^{\int \frac{dy}{y}} = e^{\ln|y|} = |y|\right)$,则有

$$\dfrac{d}{dy}(xy) = 3y^2 \xrightarrow{\text{积分}} xy = y^3 + C.$$

由 $y(1) = 1$ 得 $C = 0$，故特解为 $y = \sqrt{x}$.

（二）齐次方程

▶ 练习题

（99,2,7分） 求初值问题 $\begin{cases} (y + \sqrt{x^2 + y^2})dx - xdy = 0 \ (x > 0), \\ y\big|_{x=1} = 0 \end{cases}$ 的解.

【解】 所给方程是齐次方程（因 dx, dy 的系数 $(y + \sqrt{x^2 + y^2})$ 与 $(-x)$ 都是一次齐次函数）. 令 $y = xu$，则 $dy = xdu + udx$，代入得

$$x(u + \sqrt{1 + u^2})dx - x(xdu + udx) = 0,$$

即 $\quad \sqrt{1 + u^2}dx - xdu = 0$.

分离变量得 $\quad \dfrac{dx}{x} - \dfrac{du}{\sqrt{1 + u^2}} = 0$.

积分得 $\quad \ln x - \ln(u + \sqrt{1 + u^2}) = C_1$，即 $u + \sqrt{1 + u^2} = Cx$.

以 $u = \dfrac{y}{x}$ 代入得原方程通解为 $y + \sqrt{x^2 + y^2} = Cx^2$.

再代入初始条件 $y\big|_{x=1} = 0$，得 $C = 1$. 故所求特解为

$$y + \sqrt{x^2 + y^2} = x^2，\text{或写成} \quad y = \frac{1}{2}(x^2 - 1).$$

（三）由自变量改变量与因变量改变量之间的关系给出的一阶方程

▶ 练习题

（98,2,3分） 已知函数 $y = y(x)$ 在任意点 x 处的增量 $\Delta y = \dfrac{y}{1 + x^2}\Delta x + \alpha$，且当 $\Delta x \to 0$ 时，α 是 Δx 的高阶无穷小，$y(0) = \pi$，则 $y(1)$ 等于

（A） 2π. （B） π. （C） $e^{\frac{\pi}{4}}$. （D） $\pi e^{\frac{\pi}{4}}$.

【分析】 由可微定义，得微分方程 $y' = \dfrac{y}{1 + x^2}$. 分离变量，得 $\dfrac{dy}{y} = \dfrac{dx}{1 + x^2}$.

积分得 $\quad \ln|y| = \arctan x + C'$，即 $y = Ce^{\arctan x}$.

代入初始条件 $y(0) = \pi$，得 $C = \pi$，于是 $y(x) = \pi e^{\arctan x}$. 由此，$y(1) = \pi e^{\frac{\pi}{4}}$. 应选（D）.

综　述

一阶微分方程有三个基本的可解类型，要能够识别，从而能够求解.

1. 变量可分离的方程

$$y' = \varphi(x) \cdot \psi(y),$$

或 $\quad P_1(x)P_2(y)dx + Q_1(x)Q_2(y)dy = 0$

（每个系数都是两个一元函数的乘积）.

2. 一阶线性微分方程

（1） $y' + P(x)y = 0$ 的通解为 $y = Ce^{-\int P(x)\,\mathrm{d}x}$.

（2） $y' + P(x)y = f(x)$ 的通解为 $y = e^{-\int P(x)\,\mathrm{d}x}\left[C + \int f(x)e^{\int P(x)\,\mathrm{d}x}\,\mathrm{d}x\right]$.

或将方程两边同乘 $\mu(x) = e^{\int P(x)\,\mathrm{d}x}$ 得 $\left[ye^{\int P(x)\,\mathrm{d}x}\right]' = f(x)e^{\int P(x)\,\mathrm{d}x}$.

积分就得通解公式. 前一方法即代公式法, 后一方法即积分因子法.

注意: 判断是否线性方程时, 不仅要看 y 作为 x 的函数是否线性方程, 也要看 x 作为 y 的函数是否线性方程. 例如, 方程 $(x\cos y + \sin 2y)y' = 1$ 关于 y 与 y' 不是线性的, 但写成 $x\cos y + \sin 2y = \dfrac{\mathrm{d}x}{\mathrm{d}y}$, 可以看出它关于 x 与 $\dfrac{\mathrm{d}x}{\mathrm{d}y}$ 是线性方程!

3. 齐次微分方程

$$y' = g\left(\frac{y}{x}\right),$$

令 $\dfrac{y}{x} = u(x)$, 方程可化为关于 $u(x)$ 的变量可分离的微分方程.

求解一阶方程时, 首先判断类型, 然后用求解该类型方程的方法求得通解或特解.

三、二阶微分方程的可降阶类型

▶ **练习题**

(1) (07,10 分)　求微分方程 $y''(x + y'^2) = y'$ 满足初始条件 $y(1) = y'(1) = 1$ 的特解.

【分析与求解】　令 $P = y'$ 得 $\dfrac{\mathrm{d}P}{\mathrm{d}x}(x + P^2) = P$. 改写成

$$\frac{\mathrm{d}x}{\mathrm{d}P} - \frac{x}{P} = P.$$

这是一阶线性方程, 两边乘 $\dfrac{1}{P}\left(e^{-\int\frac{\mathrm{d}P}{P}} \xrightarrow{\text{取}} \dfrac{1}{|P|}\right)$ 得

$$\frac{\mathrm{d}}{\mathrm{d}P}\left(\frac{1}{P}\cdot x\right) = 1 \xRightarrow{\text{积分}} \frac{1}{P}x = P + C_1.$$

由初值 $x = 1$ 时 $P = 1$ $\Rightarrow C_1 = 0$ $\Rightarrow$ $x = P^2, P = \sqrt{x}$.

$$\Rightarrow \frac{\mathrm{d}y}{\mathrm{d}x} = \sqrt{x} \xRightarrow{\text{积分}} y = \frac{2}{3}x^{\frac{3}{2}} + C.$$

由 $y(1) = 1 \Rightarrow$ $C = \dfrac{1}{3}$ $\Rightarrow$ $y = \dfrac{2}{3}x^{\frac{3}{2}} + \dfrac{1}{3}$.

(2) (02,2,3 分)　微分方程 $yy'' + y'^2 = 0$ 满足初始条件 $y\big|_{x=0} = 1, y'\big|_{x=0} = \dfrac{1}{2}$ 的特解是_____.

【分析】　这是二阶的可降阶的方程.

方法 1° 令 $y' = P(y)$ (以 y 为自变量), 则 $y'' = P\dfrac{\mathrm{d}P}{\mathrm{d}y}$, 代入方程得

$$yP\frac{\mathrm{d}P}{\mathrm{d}y} + P^2 = 0, \text{ 即 } y\frac{\mathrm{d}P}{\mathrm{d}y} + P = 0(\text{或 } P = 0). \text{ 分离变量得} \frac{\mathrm{d}P}{P} + \frac{\mathrm{d}y}{y} = 0,$$

积分得 $\qquad \ln|P| + \ln|y| = C'$,即 $\quad P = \dfrac{C_1}{y}(P=0$ 对应 $C_1=0)$；

由 $x=0$ 时 $y=1,P=y'=\dfrac{1}{2}$,得 $C_1=\dfrac{1}{2}$. 于是 $y'=P=\dfrac{1}{2y}$, $\quad 2y\mathrm{d}y=\mathrm{d}x$,

解之,得 $\qquad y^2 = x + C_2$.

又由 $y\big|_{x=0}=1$ 得 $C_2=1$,所求特解为 $y = \sqrt{x+1}$.

方法 2° 不难看出方程可写成 $(yy')'=0$. 积分便得 $yy'=C_1$. 以下与方法 1° 相同.

综　述

> 对于二阶方程的两个可降阶型,首先应该能够识别,然后降为一阶方程求解.
> (1) $y''=f(x,y')$ (缺 y) 型:令 $y'=P(x)$,则 $y''=P'$,方程化为 $P'=f(x,P)$.
> (2) $y''=f(y,y')$ (缺 x) 型:令 $y'=P(y)$,则 $y''=P\dfrac{\mathrm{d}P}{\mathrm{d}y}$,方程化为 $P\dfrac{\mathrm{d}P}{\mathrm{d}y}=f(y,P)$.

四、二阶线性微分方程

（一）二阶线性方程解的性质与通解结构

6. (13,4 分) 已知 $y_1=\mathrm{e}^{3x}-x\mathrm{e}^{2x},y_2=\mathrm{e}^x-x\mathrm{e}^{2x},y_3=-x\mathrm{e}^{2x}$ 是某二阶常系数非齐次线性微分方程的 3 个解,则该方程满足条件 $y\big|_{x=0}=0,y'\big|_{x=0}=1$ 的解为 _____.

【分析】 由二阶线性微分方程解的性质知
$$y_1-y_3=\mathrm{e}^{3x}, \qquad y_2-y_3=\mathrm{e}^x$$
是该二阶常系数线性非齐次方程相应的齐次方程的两个解,显然它们线性无关.

再由二阶线性微分方程的通解的结构知,该方程的通解为
$$y=C_1\mathrm{e}^{3x}+C_2\mathrm{e}^x-x\mathrm{e}^{2x}, \text{其中 } C_1,C_2 \text{ 为两个任意常数}.$$
从而 $y'=3C_1\mathrm{e}^{3x}+C_2\mathrm{e}^x-(1+2x)\mathrm{e}^{2x}$,由 $y\big|_{x=0}=0,y'\big|_{x=0}=1$ 可定出 $C_1=1,C_2=-1$,于是
$$y=\mathrm{e}^{3x}-\mathrm{e}^x-x\mathrm{e}^{2x}.$$

---

7. (19,4 分) 已知微分方程 $y''+ay'+by=c\mathrm{e}^x$ 的通解为 $y=(C_1+C_2x)\mathrm{e}^{-x}+\mathrm{e}^x$,则 a,b,c 依次为

(A) 1,0,1. (B) 1,0,2. (C) 2,1,3. (D) 2,1,4.

【分析】 由二阶线性微分方程通解的结构知,$y=(C_1+C_2x)\mathrm{e}^{-x}$ 是原方程相应的齐次方程
$$y''+ay'+by=0 \qquad\qquad\qquad\qquad (*)$$
的通解,$\mathrm{e}^{-x},x\mathrm{e}^{-x}$ 是该方程的两个线性无关解,该方程的特征根是 $\lambda_1=\lambda_2=-1$(重根),特征方程是
$$(\lambda+1)^2=0,\text{即 } \lambda^2+2\lambda+1=0$$
而方程 $(*)$ 的特征方程是
$$\lambda^2+a\lambda+b=0$$
于是 $a=2,b=1$,原方程为
$$y''+2y'+y=c\mathrm{e}^x$$
再由通解的结构知,$y^*=\mathrm{e}^x$ 是它的特解,代入得
$$\mathrm{e}^x+2\mathrm{e}^x+\mathrm{e}^x=c\mathrm{e}^x,c=4.$$

原方程为 $\quad y'' + 2y' + y = 4\mathrm{e}^x$

因此选(D).

（二）求解二阶线性常系数齐次与非齐次方程

8. (15,4 分) 设函数 $y = y(x)$ 是微分方程 $y'' + y' - 2y = 0$ 的解,且在 $x = 0$ 处 $y(x)$ 取得极值3,则 $y(x) =$ _____.

【分析】 求 $y(x)$ 归结为求解二阶线性常系数齐次方程的初值问题.

$$\begin{cases} y'' + y' - 2y = 0 \\ y(0) = 3, y'(0) = 0 \end{cases}$$

由特征方程 $\lambda^2 + \lambda - 2 = 0$,即 $(\lambda + 2)(\lambda - 1) = 0$ 得特征根 $\lambda_1 = -2, \lambda_2 = 1$,于是得通解 $y = c_1 \mathrm{e}^{-2x} + c_2 \mathrm{e}^x$. 由初值条件得

$$\begin{cases} c_1 + c_2 = 3 \\ -2c_1 + c_2 = 0 \end{cases} \Rightarrow c_1 = 1, c_2 = 2.$$

因此 $y(x) = \mathrm{e}^{-2x} + 2\mathrm{e}^x$.

（三）确定二阶线性常系数非齐次方程特解的类型

9. (11,4 分) 微分方程 $y'' - \lambda^2 y = \mathrm{e}^{\lambda x} + \mathrm{e}^{-\lambda x} (\lambda > 0)$ 的特解形式为

(A) $a(\mathrm{e}^{\lambda x} + \mathrm{e}^{-\lambda x})$.
(B) $ax(\mathrm{e}^{\lambda x} + \mathrm{e}^{-\lambda x})$.
(C) $x(a\mathrm{e}^{\lambda x} + b\mathrm{e}^{-\lambda x})$.
(D) $x^2(a\mathrm{e}^{\lambda x} + b\mathrm{e}^{-\lambda x})$.

【分析】 $y'' - \lambda^2 y = 0$ 的特征方程有单特征根 $\pm\lambda$,于是

$$y'' - \lambda^2 y = \mathrm{e}^{\lambda x}, \quad y'' - \lambda^2 y = \mathrm{e}^{-\lambda x}$$

分别有特解 $\quad y = ax\mathrm{e}^{\lambda x}, \quad y = bx\mathrm{e}^{-\lambda x}$,

因此原非齐次方程有特解 $y = x(a\mathrm{e}^{\lambda x} + b\mathrm{e}^{-\lambda x})$. 选(C).

> **评注** 本题考查二阶常系数非齐次线性微分方程特解的结构和特解形式.

----

10. (17,4 分) 微分方程 $y'' - 4y' + 8y = \mathrm{e}^{2x}(1 + \cos 2x)$ 的特解可设为 $y^* =$

(A) $A\mathrm{e}^{2x} + \mathrm{e}^{2x}(B\cos 2x + C\sin 2x)$.
(B) $Ax\mathrm{e}^{2x} + \mathrm{e}^{2x}(B\cos 2x + C\sin 2x)$.
(C) $A\mathrm{e}^{2x} + x\mathrm{e}^{2x}(B\cos 2x + C\sin 2x)$.
(D) $Ax\mathrm{e}^{2x} + x\mathrm{e}^{2x}(B\cos 2x + C\sin 2x)$.

【分析】 考察特征方程 $\lambda^2 - 4\lambda + 8 = 0$,得特征根 $\lambda_{1,2} = 2 \pm 2i$.

现分别考察方程

$$y'' - 4y' + 8y = \mathrm{e}^{2x}$$
$$y'' - 4y' + 8y = \mathrm{e}^{2x}\cos 2x$$

前者, $\mathrm{e}^{\alpha x}, \alpha = 2$ 不是特征根,它有特解

$$y^* = A\mathrm{e}^{2x}$$

后者 $\alpha \pm i\beta = 2 \pm 2i$ 是特征根,它有特解

$$y^* = x\mathrm{e}^{2x}(B\cos 2x + C\sin 2x)$$

由解的叠加原理,原方程的特解可设为

$$y^* = A\mathrm{e}^{2x} + x\mathrm{e}^{2x}(B\cos 2x + C\sin 2x)$$

选(C).

（四）二阶线性变系数方程

11. (16,10分) 已知 $y_1(x) = e^x, y_2(x) = u(x)e^x$ 是二阶微分方程 $(2x-1)y'' - (2x+1)y' + 2y = 0$ 的两个解. 若 $u(-1) = e, u(0) = -1$, 求 $u(x)$ 并写出微分方程的通解.

【分析与求解】 将 $y_2 = u(x)e^x$ 代入方程.

$$y_2' = (u' + u)e^x, \quad y_2'' = (u'' + 2u' + u)e^x$$

代入方程得 $(2x-1)(u'' + 2u' + u)e^x - (2x+1)(u' + u)e^x + 2ue^x = 0$

整理后得 $(2x-1)u'' + (2x-3)u' = 0$

这是可降阶的. 令 $v = u'$ 得 $(2x-1)\dfrac{dv}{dx} + (2x-3)v = 0$

分离变量得 $\dfrac{dv}{v} = \dfrac{3-2x}{2x-1}dx$

$$\dfrac{dv}{v} = \left(\dfrac{2}{2x-1} - 1\right)dx$$

两边积分得 $\ln|v| = \ln|2x-1| - x + c_1'$

$$\dfrac{du}{dx} = v = c_1(2x-1)e^{-x}$$

再积分得 $u = c_1\displaystyle\int(2x-1)e^{-x}dx + c_2 = c_1\displaystyle\int(1-2x)de^{-x} + c_2$

$$= c_1\left[(1-2x)e^{-x} + 2\int e^{-x}dx\right] + c_2$$

$$u(x) = c_1(2x+1)e^{-x} + c_2$$

令 $x = -1, 0$ 得

$$\begin{cases} -c_1e + c_2 = e \\ c_1 + c_2 = -1 \end{cases} \implies c_1 = -1, c_2 = 0$$

因此 $u(x) = -(2x+1)e^{-x}$

原方程的通解为 $y = c_1e^x + c_2(2x+1)$

c_1, c_2 为 $\forall$ 常数.

评注 设有二阶线性齐次微分方程

$$y'' + p(x)y' + q(x)y = 0 \qquad\qquad (*)$$

若已知它的一个特解 $y = y_1(x)$, 可作因变量替换

$$y = y_1(x)u(x)$$

则 $y' = y_1'u + y_1u', \quad y'' = y_1''u + 2y_1'u' + y_1u''$

代入原方程 $(*)$ 得

$$y_1''u + 2y_1'u' + y_1u'' + p(x)(y_1'u + y_1u') + q(x)y_1u = 0$$

化简后得

$$y_1u'' + (2y_1' + p(x)y_1)u' + (y_1'' + p(x)y_1' + q(x)y_1)u = 0$$

即 $y_1u'' + (2y_1' + p(x)y_1)u' = 0 \qquad\qquad (**)$

因此, 若已知二阶线性微分方程 $(*)$ 的一个特解 $y = y_1(x)$, 总可以通过因变量替换 $y = y_1(x)u(x)$, 化为 $u(x)$ 的可降阶的二阶微分方程 $(**)$.

该试题就属于这种情形.

综　述

1. 对于线性方程要熟悉解的性质、叠加原理以及通解的结构:对于二阶线性齐次方程,由它的二个线性无关的解可求得它的通解;对于二阶线性非齐次方程,由它的一个特解及它的相应的齐次方程的两个线性无关的解可求得它的通解;由它的两个不同的解及它的相应齐次方程的非零解且它们线性无关则可求得它的通解.

2. 最重要的是对于常系数的线性方程

$$y'' + py' + qy = P_n(x) \cdot e^{\alpha x} \cdot \begin{cases} \cos \beta x \\ \sin \beta x \end{cases}$$

要会求解.首先容易由相应的齐次方程的特征根求得相应齐次方程的通解.余下的主要问题在于:对这种形式的自由项应该如何设定系数待定的非齐次特解?结论是应设

$$y^* = x^k \cdot Q_n(x) e^{\alpha x} \cos \beta x + x^k \cdot R_n(x) e^{\alpha x} \sin \beta x,$$

这里包含三层意思(例如自由项为 $P_n(x) e^{\alpha x} \cos \beta x$):

1° 与自由项同型: $Q_n(x) e^{\alpha x}(a \cos \beta x + b \sin \beta x)$ ($Q_n(x)$ 与 $P_n(x)$ 一样,也是 n 次多项式,系数待定).

2° 有时要提高多项式的次数: $x^k \cdot Q_n(x) e^{\alpha x}(a \cos \beta x + b \sin \beta x)$ (当 $r = \alpha \pm \beta i$ 是 k 重特征根时.当 r 不是特征根时 $k = 0$,当 r 是单特征根时 $k = 1$,当 $\beta = 0, r = \alpha$ 是重特征根时, $k = 2$).

3° 不论自由项中含 $\cos \beta x$ 还是 $\sin \beta x$,所设解中必须既要有含 $\cos \beta x$ 的项,又要有含 $\sin \beta x$ 的项.

线性微分方程的解有**叠加原理**:若 $y_1(x), y_2(x)$ 分别是方程

$$y'' + py' + qy = f_i(x) \quad (i = 1, 2)$$

的解,则 $y = Ay_1 + By_2$ 必是方程

$$y'' + py' + qy = Af_1(x) + Bf_2(x)$$

的解,其中 A, B 为常数.当二阶线性方程的非齐次项是不同类型的函数的线性组合时,常用叠加原理来求得特解.

五、高于二阶的线性常系数齐次微分方程

12.（08,4分）　在下列微分方程中,以 $y = C_1 e^x + C_2 \cos 2x + C_3 \sin 2x$ (C_1, C_2, C_3 为任意常数) 为通解的是

（A）　$y''' + y'' - 4y' - 4y = 0$.　　　　　　（B）　$y''' + y'' + 4y' + 4y = 0$.

（C）　$y''' - y'' - 4y' + 4y = 0$.　　　　　　（D）　$y''' - y'' + 4y' - 4y = 0$.

【分析】　从通解的结构知,三阶线性常系数齐次方程相应的三个特征根是:1, $\pm 2i$($i = \sqrt{-1}$),对应的特征方程是

$$(\lambda - 1)(\lambda + 2i)(\lambda - 2i) = (\lambda - 1)(\lambda^2 + 4) = \lambda^3 - \lambda^2 + 4\lambda - 4 = 0,$$

因此所求的微分方程是 $y''' - y'' + 4y' - 4y = 0$. 选(D).

13.（10,4分）　3 阶常系数线性齐次微分方程 $y''' - 2y'' + y' - 2y = 0$ 的通解为 $y = \underline{\qquad}$.

【分析】　特征方程为

$$\lambda^3 - 2\lambda^2 + \lambda - 2 = 0, 即 \quad (\lambda^2 + 1)(\lambda - 2) = 0,$$

于是得特征根为 $\lambda_1 = 2, \lambda_2 = i, \lambda_3 = -i$ （$i = \sqrt{-1}$）.

因此，通解为 $y = C_1 e^{2x} + C_2 \cos x + C_3 \sin x$，其中 C_1, C_2, C_3 为任意常数.

14.（21,5分） 微分方程 $y''' - y = 0$ 的通解为 y _____.

【分析】 这是三阶常系数线性齐次方程，相应的特征方程 $\lambda^3 - 1 = 0$，即 $(\lambda - 1)(\lambda^2 + \lambda + 1) = 0$，特征根是：

$$\lambda_1 = 1, \lambda_2 = -\frac{1}{2} + \frac{\sqrt{3}}{2}i, \lambda_3 = -\frac{1}{2} - \frac{\sqrt{3}}{2}i$$

于是得通解

$$y = c_1 e^x + c_2 e^{-\frac{x}{2}} \cos \frac{\sqrt{3}}{2}x + c_3 e^{-\frac{x}{2}} \sin \frac{\sqrt{3}}{2}x（其中 c_1, c_2, c_3 为任意常数）$$

15.（22,5分） 微分方程 $y''' - 2y'' + 5y' = 0$ 的通解 $y(x) =$ _____.

【分析】 这是三阶线性常系数微分方程，特征方程

$$\lambda^3 - 2\lambda^2 + 5\lambda = 0, \lambda[(\lambda - 1)^2 + 4] = 0$$

特征根

$$\lambda = 0, \lambda_{2,3} = 1 \pm 2i$$

通解是

$$y = C_1 + e^x [C_2 \cos 2x + C_3 \sin 2x]$$

六、求解含变限积分的方程

16.（18,10分） 已知连续函数 $f(x)$ 满足 $\int_0^x f(t)\,\mathrm{d}t + \int_0^x tf(x - t)\,\mathrm{d}t = ax^2$，

（Ⅰ）求 $f(x)$；

（Ⅱ）若 $f(x)$ 在区间 $[0,1]$ 上的平均值为 1，求 a 的值.

【分析与求解】 （Ⅰ）这是求解变限积分方程

$$\int_0^x f(t)\,\mathrm{d}t + \int_0^x tf(x - t)\,\mathrm{d}t = ax^2,$$

为了对变限积分求导，对第二个积分先作变量替换

$$\int_0^x tf(x - t)\,\mathrm{d}t \xlongequal{x - t = s} -\int_x^0 (x - s)f(s)\,\mathrm{d}s$$

$$= x\int_0^x f(t)\,\mathrm{d}t - \int_0^x tf(t)\,\mathrm{d}t$$

代入原方程转化为

$$\int_0^x f(t)\,\mathrm{d}t + x\int_0^x f(t)\,\mathrm{d}t - \int_0^x tf(t)\,\mathrm{d}t = ax^2 \tag{①}$$

两边求导得

$$f(x) + xf(x) + \int_0^x f(t)\,\mathrm{d}t - xf(x) = 2ax$$

即

$$f(x) + \int_0^x f(t)\,\mathrm{d}t = 2ax \tag{②}$$

（在 ① 中令 $x = 0$，得 $0 = 0$），① 与 ② 等价.

再对 ② 求导得

$$f'(x) + f(x) = 2a \tag{③}$$

② 中令 $x = 0$ 得
$$f(0) = 0 \qquad\qquad ④$$
② 与 ③ + ④ 等价.

现求解初值问题
$$\begin{cases} y' + y = 2a \\ y(0) = 0 \end{cases}$$

其中 $y = f(x)$. 两边乘 e^x 得
$$(ye^x)' = 2ae^x$$

积分得
$$ye^x = 2a\int_0^x e^t \mathrm{d}t = 2a(e^x - 1)$$

即
$$f(x) = y = 2a(1 - e^{-x})$$

（Ⅱ）$f(x)$ 在 $[0,1]$ 的平均值是
$$\frac{\int_0^1 f(x)\,\mathrm{d}x}{1 - 0} = \int_0^1 f(x)\,\mathrm{d}x = \int_0^1 2a(1 - e^{-x})\,\mathrm{d}x$$
$$= 2a\left(1 - \int_0^1 e^{-x}\mathrm{d}x\right) = 2a\left(1 + e^{-x}\Big|_0^1\right) = 2a/e = 1$$

因此 $a = \dfrac{e}{2}$.

综　述

    求解含变限积分的方程的基本方法是：将方程两边求导或变形后再求导，转化为求解常微分方程，并把变动的积分上（下）限的 x 取值为常数下限（或上限），得到未和函数满足的附加条件即初始条件.（若自然成立就不必加条件）. 求解过程中要注意变形的同解性.

七、应用问题

（一）按导数的几何应用列方程

17. (11,10 分) 　设函数 $y(x)$ 具有二阶导数，且曲线 $l: y = y(x)$ 与直线 $y = x$ 相切于原点. 记 α 为曲线 l 在点 (x,y) 处切线的倾角，若 $\dfrac{\mathrm{d}\alpha}{\mathrm{d}x} = \dfrac{\mathrm{d}y}{\mathrm{d}x}$，求 $y(x)$ 的表达式.

【解】 　由题设知：$y(0) = 0, y'(0) = 1, \alpha(0) = \dfrac{\pi}{4}$ 及
$$\frac{\mathrm{d}\alpha}{\mathrm{d}x} = \frac{\mathrm{d}y}{\mathrm{d}x}. \qquad\qquad ①$$

由导数的几何意义知
$$\tan\alpha = \frac{\mathrm{d}y}{\mathrm{d}x}. \qquad\qquad ②$$

方法 1° 由 ①,② 消去 α，导出 $y = y(x)$ 满足的微分方程.

将 ② 式两边对 x 求导得 $\dfrac{1}{\cos^2\alpha} \cdot \dfrac{\mathrm{d}\alpha}{\mathrm{d}x} = \dfrac{\mathrm{d}^2 y}{\mathrm{d}x^2}$，代入 $\dfrac{\mathrm{d}\alpha}{\mathrm{d}x} = \dfrac{\mathrm{d}y}{\mathrm{d}x}$ 得

$$\left[1 + \left(\frac{\mathrm{d}y}{\mathrm{d}x}\right)^2\right]\frac{\mathrm{d}y}{\mathrm{d}x} = \frac{\mathrm{d}^2 y}{\mathrm{d}x^2}.$$

这是可降阶的二阶方程,令 $P = \dfrac{\mathrm{d}y}{\mathrm{d}x}$,得 $(1 + P^2)P = \dfrac{\mathrm{d}P}{\mathrm{d}x}$.

分离变量得 $\qquad \mathrm{d}x = \dfrac{\mathrm{d}P}{P(1 + P^2)} = \left(\dfrac{1}{P} - \dfrac{P}{1 + P^2}\right)\mathrm{d}P.$

积分得 $\qquad x = \dfrac{1}{2}\ln\dfrac{P^2}{1 + P^2} + C.$

由 $P(0) = 1$ 得 $C = -\dfrac{1}{2}\ln\dfrac{1}{2}$,代入得

$$x = \frac{1}{2}\ln\frac{2P^2}{1 + P^2} \Rightarrow P = \frac{\mathrm{d}y}{\mathrm{d}x} = \frac{\mathrm{e}^x}{\sqrt{2 - \mathrm{e}^{2x}}}.$$

由 $y(0) = 0$,再积分得

$$y(x) = \int_0^x \frac{\mathrm{e}^t}{\sqrt{2 - \mathrm{e}^{2t}}}\mathrm{d}t = \int_0^x \frac{\mathrm{d}\left(\dfrac{\mathrm{e}^t}{\sqrt 2}\right)}{\sqrt{1 - \left(\dfrac{\mathrm{e}^t}{\sqrt 2}\right)^2}} = \arcsin\frac{\mathrm{e}^t}{\sqrt 2}\bigg|_0^x = \arcsin\frac{\mathrm{e}^x}{\sqrt 2} - \frac{\pi}{4}.$$

方法 $2°$ 以 α 为参数,导出曲线 L 的参数方程 $\begin{cases} x = \varphi(\alpha), \\ y = \psi(\alpha), \end{cases}$ 再消去 α 得 $y = y(x)$ 的表达式.

由 ① 式得 $\mathrm{d}y = \mathrm{d}\alpha \Rightarrow y = \alpha + C_1$,因 $y = 0$ 时 $\alpha = \dfrac{\pi}{4} \Rightarrow C_1 = -\dfrac{\pi}{4}$,于是

$$y = \alpha - \frac{\pi}{4}. \tag{③}$$

由 ② 式得 $\mathrm{d}x = \dfrac{\cos\alpha}{\sin\alpha}\mathrm{d}y = \dfrac{\cos\alpha}{\sin\alpha}\mathrm{d}\alpha = \dfrac{\mathrm{d}\sin\alpha}{\sin\alpha} = \mathrm{d}\ln|\sin\alpha| \Rightarrow x = \ln|\sin\alpha| + C_2'$ 即 $\sin\alpha = C_2\mathrm{e}^x$. 因

$x = 0$ 时 $\alpha = \dfrac{\pi}{4} \Rightarrow C_2 = \dfrac{1}{\sqrt 2}$,于是 $\sin\alpha = \dfrac{1}{\sqrt 2}\mathrm{e}^x$,$\alpha = \arcsin\dfrac{\mathrm{e}^x}{\sqrt 2}$,代入 ③ 式得

$$y = \arcsin\frac{\mathrm{e}^x}{\sqrt 2} - \frac{\pi}{4}.$$

---

18. (17,11 分) 设 $y(x)$ 是区间 $\left(0, \dfrac{3}{2}\right)$ 内的可导函数,且 $y(1) = 0$,点 P 是曲线 $L:y = y(x)$ 上的

任意一点,L 在点 P 处的切线与 y 轴相交于点 $(0, Y_P)$,法线与 x 轴相交于点 $(X_P, 0)$,若 $X_P = Y_P$,求 L 上点的坐标 (x, y) 满足的方程.

【分析与求解】 $y = y(x)$ 上 $\forall$ 点 $P(x, y)$ 处的切线方程是
$$Y = y(x) + y'(x)(X - x)$$

令 $X = 0$ 得 $\qquad Y_P = y(x) - xy'(x)$

法线方程是 $\qquad Y = y(x) - \dfrac{1}{y'(x)}(X - x).$

令 $Y = 0$ 得 $\qquad X_P = x + y(x)y'(x)$

按题意 $X_P = Y_P$ 得 $\qquad x + yy' = y - xy'$

即 $\quad y' = \dfrac{y - x}{y + x}.$ 又 $y(1) = 0.$

求 L 上点的坐标 (x, y) 满足的方程,即解初值问题 $\begin{cases} \dfrac{\mathrm{d}y}{\mathrm{d}x} = \dfrac{y - x}{y + x}. \\ y(1) = 0 \end{cases}$

这是齐次方程 $\dfrac{\mathrm{d}y}{\mathrm{d}x} = \dfrac{y - x}{y + x}, \dfrac{\mathrm{d}y}{\mathrm{d}x} = \dfrac{\dfrac{y}{x} - 1}{\dfrac{y}{x} + 1}$

令 $u = \dfrac{y}{x}$（即 $y = ux$）得 $u + x \dfrac{\mathrm{d}u}{\mathrm{d}x} = \dfrac{u - 1}{u + 1}, \quad x \dfrac{\mathrm{d}u}{\mathrm{d}x} = -\dfrac{u^2 + 1}{u + 1}$

分离变量得 $\dfrac{u + 1}{u^2 + 1}\mathrm{d}u = -\dfrac{\mathrm{d}x}{x}$

积分得 $\displaystyle\int \dfrac{u + 1}{u^2 + 1}\mathrm{d}u = -\int \dfrac{\mathrm{d}x}{x}$

$$\dfrac{1}{2}\int \dfrac{\mathrm{d}u^2}{u^2 + 1} + \int \dfrac{\mathrm{d}u}{u^2 + 1} = -\ln x + C$$

$$\dfrac{1}{2}\ln(1 + u^2) + \arctan u = -\ln x + C$$

由 $x = 1$ 时 $u = \dfrac{y}{x} = 0$ 得 $C = 0$，于是 L 的方程是

$$\ln \sqrt{1 + \dfrac{y^2}{x^2}} + \arctan \dfrac{y}{x} = -\ln x$$

即 $\ln \sqrt{x^2 + y^2} + \arctan \dfrac{y}{x} = 0 \left(x \in \left((0, \dfrac{3}{2}) \right) \right)$

（二）按定积分几何应用列方程

19.（08,11 分）   设 $f(x)$ 是区间 $[0, +\infty)$ 上具有连续导数的单调增加函数，且 $f(0) = 1$. 对任意的 $t \in [0, +\infty)$，直线 $x = 0, x = t$，曲线 $y = f(x)$ 以及 x 轴所围成的曲边梯形绕 x 轴旋转一周生成一旋转体，若该旋转体的侧面面积在数值上等于其体积的 2 倍，求函数 $f(x)$ 的表达式.

【分析与求解】   记 $f(x)$ 为 $y(x)$.

1）列方程. 由旋转体的侧面积公式与体积公式按题意得

$$2\pi \int_0^t y(x) \sqrt{1 + y'^2(x)}\,\mathrm{d}x = 2\pi \int_0^t y^2(x)\,\mathrm{d}x.$$

2）转化为微分方程.

上述方程中，令 $t = 0$，等式自然成立. 现两边对 t 求导得

$$y(t) \sqrt{1 + y'^2(t)} = y^2(t).$$

它与原问题等价，又可转化成

$$y'(t) = \sqrt{y^2(t) - 1} \ (\text{因 } y(t) \text{ 是单调增函数}, y'(t) \geqslant 0).$$

3）求解微分方程的初值问题.

将 t 改为 x，又题中要求 $y(0) = 1$，归结为求解初值问题

$$\begin{cases} \dfrac{\mathrm{d}y}{\mathrm{d}x} = \sqrt{y^2 - 1}, \\ y(0) = 1. \end{cases}$$

分离变量得 $\dfrac{\mathrm{d}y}{\sqrt{y^2 - 1}} = \mathrm{d}x$. 积分并由初值得

$$\ln(y + \sqrt{y^2 - 1}) = x, \quad y + \sqrt{y^2 - 1} = \mathrm{e}^x,$$

又可改写成 $\ln \dfrac{1}{y - \sqrt{y^2 - 1}} = x, \quad y - \sqrt{y^2 - 1} = \mathrm{e}^{-x}.$

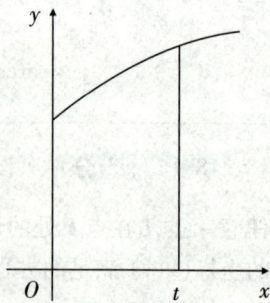

图 4.1

因此 $\qquad y = \dfrac{1}{2}(e^x + e^{-x})$.

（三）由变化率满足的规律列方程

20. (15,10 分) 已知高温物体置于低温介质中,任一时刻该物体温度对时间的变化率与该时刻物体和介质的温差成正比,现将一初始温度为 120℃ 的物体在 20℃ 的恒温介质中冷却,30min 后该物体降至 30℃,若要将该物体的温度继续降至 21℃,还需冷却多长时间?

【分析与求解】 这是微分方程的应用题,按变化率满足的规律列方程,求出通解后再由题中附加条件定出其中的参数.

设任一时刻 t 物体的温度为 $T(t)$,温度对时间的变化率即 $\dfrac{\mathrm{d}T}{\mathrm{d}t}$,按题意 $\dfrac{\mathrm{d}T}{\mathrm{d}t} = -k(T - 20)$

其中 $k > 0$ 为比例常数. 这是可分离变量的微分方程,分离变量得 $\dfrac{\mathrm{d}T}{T - 20} = -k\mathrm{d}t$

积分得 $\ln|T - 20| = -kt + c_1$

于是得通解 $\qquad T = 20 + ce^{-kt}$

再由题设 $\begin{cases} T(0) = 120 \\ T(30) = 30 \end{cases}$ 得 $\begin{cases} 120 = 20 + c \\ 30 = 20 + ce^{-30k} \end{cases}$

$\Rightarrow c = 100, e^{30k} = 10, k = \dfrac{\ln 10}{30}$

因此 $\qquad T(t) = 20 + 100e^{-\frac{\ln 10}{30}t}$.

当 $T(t) = 21$ 时求出 t,即由

$$21 = 20 + 100e^{\frac{-\ln 10}{30}t}$$

$$e^{\frac{\ln 10}{30}t} = 100, \qquad t\dfrac{\ln 10}{30} = 2\ln 10$$

解出 $t = 60(\min)$.

因此还需继续冷却 30min 物体温度才降至 21℃ .

（四）按牛顿第二定律列方程

▶ **练习题**

〔98,2,6 分〕 从船上向海中沉放某种探测仪器,按探测要求,需确定仪器的下沉深度 y(从海平面算起)与下沉速度 v 之间的函数关系. 设仪器在重力作用下,从海平面由静止开始铅直下沉,在下沉过程中还受到阻力和浮力的作用. 设仪器的质量为 m,体积为 B,海水比重为 ρ,仪器所受的阻力与下沉速度成正比,比例系数为 $k(k > 0)$. 试建立 y 与 v 所满足的微分方程,并求出函数关系式 $y = f(v)$.

【解】 取沉放点为原点 O,Oy 轴正向铅直向下,仪器受的力有:重力 mg,海水浮力 $-B\rho$,下沉的阻力 $-kv$,于是由牛顿第二定律得

$$m\dfrac{\mathrm{d}^2 y}{\mathrm{d}t^2} = mg - B\rho - kv. \qquad (*)$$

由 $\dfrac{\mathrm{d}y}{\mathrm{d}t} = v, \dfrac{\mathrm{d}^2 y}{\mathrm{d}t^2} = \dfrac{\mathrm{d}v}{\mathrm{d}t} = \dfrac{\mathrm{d}v}{\mathrm{d}y}\dfrac{\mathrm{d}y}{\mathrm{d}t} = \dfrac{\mathrm{d}v}{\mathrm{d}y}v = v \Big/ \dfrac{\mathrm{d}y}{\mathrm{d}v}$,代入 $(*)$ 得 y 与 v 之间的微分方程

$$mv\Big(\dfrac{\mathrm{d}y}{\mathrm{d}v}\Big)^{-1} = H - kv, \qquad H = mg - B\rho,$$

即 $\qquad \dfrac{\mathrm{d}y}{\mathrm{d}v} = \dfrac{mv}{H - kv} = -\dfrac{m}{k}\Big(1 - \dfrac{H}{H - kv}\Big).$

积分得 $\qquad y = -\dfrac{m}{k}v - \dfrac{m}{k^2}H\ln(H - kv) + C.$

代入初始条件 $v\big|_{y=0} = 0$ 得 $C = \dfrac{m}{k^2}H\ln H.$

故所求函数关系式为 $y = f(v) = -\dfrac{m}{k}v - \dfrac{mH}{k^2}\ln\dfrac{H - kv}{H}.$

（五）用微元法列方程

▶ 练习题

(1)（03,10 分） 有一平底容器,其内侧壁是由曲线 $x = \varphi(y)(y \geqslant 0)$ 绕 y 轴旋转而成的旋转曲面(如图 4.2),容器的底面圆的半径为 2m. 根据设计要求,当以 $3\text{m}^3/\text{min}$ 的速率向容器内注入液体时,液面的面积将以 $\pi\text{m}^2/\text{min}$ 的速率均匀扩大(假设注入液体前,容器内无液体).

（1）根据 t 时刻液面的面积,写出 t 与 $\varphi(y)$ 之间的关系式;

（2）求曲线 $x = \varphi(y)$ 的方程.

（注:m 表示长度单位米,min 表示时间单位分.）

【解】（1）设在时刻 t 液面的高度为 y,则由题设知此时液面的面积为 $\pi\varphi^2(y) = 4\pi + \pi t$,从而 $t = \varphi^2(y) - 4.$

（2）**方法** $1°$ 由液面高度为 y 时,液体的体积为 $\pi\displaystyle\int_0^y \varphi^2(u)\,\mathrm{d}u = 3t$,得 $\varphi(y)$ 满足的方程式

$$\pi\int_0^y \varphi^2(u)\,\mathrm{d}u = 3\left[\varphi^2(y) - 4\right].$$

恒等式两边对 y 求导,得

$$\pi\varphi^2(y) = 6\varphi(y)\varphi'(y),\text{即}\quad \varphi'(y) = \frac{\pi}{6}\varphi(y).$$

解此微分方程,得 $\varphi(y) = C\mathrm{e}^{\frac{\pi}{6}y}.$

又由 $\varphi(0) = 2$ 得 $C = 2$. 故所求曲线方程为 $x = 2\mathrm{e}^{\frac{\pi}{6}y}.$

方法 $2°$ 用微元法讨论这个问题. 任取 $[t, t + \Delta t]$ 小区间及相应的容器中液体薄片 $[y, y + \Delta y]$.

从 t 到 $t + \Delta t$: 液体体积的增加量 = 注入容器的液体体积.

由此得 $\pi\varphi^2(y)\Delta y \approx 3\Delta t$. 两边除 Δt,令 $\Delta t \to 0$ 得

$$\pi\varphi^2(y)\frac{\mathrm{d}y}{\mathrm{d}t} = 3.$$

由题（1）得

$$1 = 2\varphi(y)\varphi'(y)\frac{\mathrm{d}y}{\mathrm{d}t},$$

解出 $\dfrac{\mathrm{d}y}{\mathrm{d}t}$,代入上式得 $\varphi'(y) = \dfrac{\pi}{6}\varphi(y).$

下同方法 $1°$.

(2)（00,2,7 分） 某湖泊的水量为 V,每年排入湖泊内含污染物 A 的污水量为 $V/6$,流入湖泊内不含 A 的水量为 $V/6$,流出湖泊的水量为 $V/3$. 已知 1999 年底湖中 A 的含量为 $5m_0$,超过国家规定指标. 为了治理污染,从 2000 年初起,限定排入湖泊中含 A 污水的浓度不超过 m_0/V. 问至多需经过多少年,湖泊中污染物 A 的含量降至 m_0 以内?(注:设湖水中 A 的浓度是均匀的.)

【解】 设 2000 年初为 $t = 0$,第 t 年湖泊中污染物 A 的总量为 m,浓度为 m/V. 在时间段 $[t, t + \Delta t]$

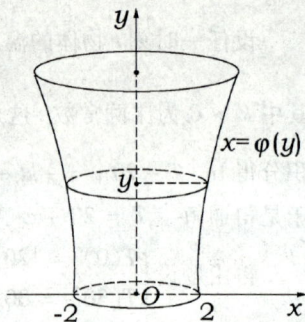

图 4.2

内,流进湖中 A 的量近似为 $\frac{m_0}{V} \cdot \frac{V}{6} \cdot \Delta t = \frac{m_0}{6}\Delta t$,流出湖的水中 A 的量近似为 $\frac{m}{V} \cdot \frac{V}{3} \cdot \Delta t = \frac{m}{3}\Delta t$,因而在此时间段内湖中污染物 A 的增量 Δm 的近似值为

$$\mathrm{d}m = \left(\frac{m_0}{6} - \frac{m}{3}\right)\mathrm{d}t \quad (\mathrm{d}t = \Delta t).$$

这是一阶线性方程,标准形式为 $\frac{\mathrm{d}m}{\mathrm{d}t} + \frac{1}{3}m = \frac{m_0}{6}$,通解为 $m = \frac{m_0}{2} - C\mathrm{e}^{-\frac{t}{3}}$.

代入初始条件 $m\big|_{t=0} = 5m_0$ 得 $C = -\frac{9}{2}m_0$,于是 $m = \frac{m_0}{2}(1 + 9\mathrm{e}^{-\frac{t}{3}})$.

令 $m = m_0$,得 $t = 6\ln 3$,即至多需经过 $6\ln 3$ 年湖中污染物 A 的含量就会降至 m_0 以内.

评注 一般称这类问题为"溶液问题":

如图 4.3,设流进容器的溶液流量为 q_1(升／分),浓度为 μ_1(克／升),流出容器的溶液流量为 q_2,浓度为 μ_2,而且假设容器内溶液的浓度始终保持均匀.如果开始时容器内含有 m_0(克)的溶质,问在任何时刻 t 溶质 $m(t)$ 有多少?

解决这类问题的方法是"微小元素法"简称"微元法".它的特点是先考虑微分 $\mathrm{d}m$ 而不是考虑导数 m',因为微分 $\mathrm{d}m$ 是增量 Δm 的近似值,容易考虑.在时间段 $[t, t + \Delta t]$ 内,溶质的增量 $\Delta m \approx \mu_1 q_1 \Delta t - \mu_2 q_2 \Delta t = \mathrm{d}m$,立即有

$$\frac{\mathrm{d}m}{\mathrm{d}t} = \mu_1 q_1 - \mu_2 q_2.$$

又由 $\mu_2 = \frac{m}{V}$(V(升) 是时刻 t 的溶液量),有

$$\frac{\mathrm{d}m}{\mathrm{d}t} + \frac{q_2}{V}m = \mu_1 q_1. \quad \text{(一阶线性微分方程)}$$

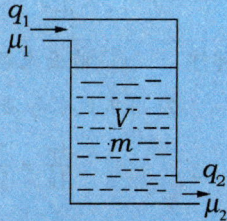

图 4.3

综 述

1. 微分方程的应用问题是考查应用能力的一个重要方面.

几何方面的应用常与切线斜率、曲率以及弧长、面积等有关;运动问题常用牛顿第二定律;有的直接给出变化率所满足关系,写出数学式子就是微分方程;一些传统的应用问题也大都出现过,例如溶液问题(练习题)等.

一般解决应用问题的程序是:列方程、解方程、讨论结果.通常关键是方程的建立,这主要是把问题的规律性用数学式子表示出来,也要注意常用的方法,如微元法等.

2. 导数的几何意义是曲线的切线的斜率(相应地得法线的斜率)由切线与法线方程可得切线与法线在 x, y 轴上的截距.若给这些截距所满足的某种关系就可得相应的微分方程.曲线的曲率由一阶与二阶导数表出,若给出曲线的曲率满足某种关系也可得相应的微分方程(二阶的,常是可降阶类型的).

3. 用牛顿定律列方程时关键是受力的分析,搞清所受的力,微分方程就自然地列出来.并注意按题意选择加速度的表示形式.

八、与微分方程有关的综合题

21. (08, 10 分) 设函数 $y = y(x)$ 由参数方程 $\begin{cases} x = x(t), \\ y = \int_0^{t^2} \ln(1+u)\,\mathrm{d}u \end{cases}$ 确定，其中 $x(t)$ 是初值问题

$\begin{cases} \dfrac{\mathrm{d}x}{\mathrm{d}t} - 2te^{-x} = 0, \\ x\big|_{t=0} = 0 \end{cases}$ 的解. 求 $\dfrac{\mathrm{d}^2 y}{\mathrm{d}x^2}$.

【分析与求解】 先求出 $x(t)$，它是可分离变量的一阶微分方程的解. 分离变量得

$$e^x \mathrm{d}x = 2t\mathrm{d}t \xLongrightarrow{\text{积分}} e^x = t^2 + C.$$

由初条件得 $C = 1$. 于是 $e^x = t^2 + 1$， 即 $x = \ln(t^2 + 1)$.

下求
$$\frac{\mathrm{d}y}{\mathrm{d}x} = \frac{y'_t}{x'_t} = \frac{2t\ln(1+t^2)}{2te^{-x}} = e^x\ln(1+t^2) = xe^x,$$

最后求
$$\frac{\mathrm{d}^2 y}{\mathrm{d}x^2} = (x+1)e^x.$$

> **评注** ① 前面求解中利用了方程 $x'_t = 2te^{-x}$ 及 $x = \ln(1+t^2)$.
>
> ② 用参数求导法求得
>
> $$\frac{\mathrm{d}y}{\mathrm{d}x} = \frac{y'_t}{x'_t} = \frac{2t\ln(1+t^2)}{\dfrac{2t}{1+t^2}} = (1+t^2)\ln(1+t^2).$$
>
> 最后用方程 $e^x = t^2 + 1, x = \ln(1+t^2)$，也可得 $\dfrac{\mathrm{d}y}{\mathrm{d}x} = xe^x$.
>
> ③ 若用参数求导法求得
>
> $$\frac{\mathrm{d}y}{\mathrm{d}x} = (1+t^2)\ln(1+t^2)$$
>
> 后未用方程简化它，也可进一步用参数求导法再求
>
> $$\frac{\mathrm{d}^2 y}{\mathrm{d}x^2} = [(1+t^2)\ln(1+t^2)]'_t \frac{\mathrm{d}t}{\mathrm{d}x} = 2t[1 + \ln(1+t^2)] \cdot \frac{1+t^2}{2t}$$
>
> $$= (1+t^2)[1 + \ln(1+t^2)],$$
>
> 最后用方程得 $\dfrac{\mathrm{d}^2 y}{\mathrm{d}x^2} = e^x(1+x)$.

---

22. (09, 10 分) 设非负函数 $y = y(x)\,(x \geq 0)$ 满足微分方程 $xy'' - y' + 2 = 0$. 当曲线 $y = y(x)$ 过原点时，其与直线 $x = 1$ 及 $y = 0$ 围成的平面区域 D 的面积为 2，求 D 绕 y 轴旋转所得旋转体的体积.

【分析与求解】 $y = y(x) \geq 0\,(x \geq 0)$ 满足 $xy'' - y' + 2 = 0$，

这是可降阶的微分方程. 令 $P = y'$，方程化为 $P' - \dfrac{1}{x}P = -\dfrac{2}{x}$，

这是一阶线性微分方程. 两边乘 $e^{-\int \frac{1}{x}\mathrm{d}x} = \dfrac{1}{|x|}$，取 $\dfrac{1}{x}$ 得 $\left(\dfrac{1}{x}P\right)' = -\dfrac{2}{x^2}$，

积分得 $\dfrac{1}{x}P = \dfrac{2}{x} + C'_1, P = 2 + C'_1 x$，

即 $y' = 2 + C'_1 x$.

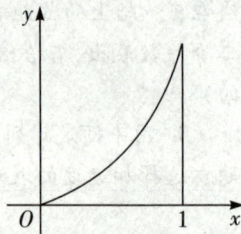

图 4.5

再积分得 $y = 2x + C_1 x^2 + C_2$.

由 $y = y(x)$ 过原点,可得 $C_2 = 0$. 于是 $y = C_1 x^2 + 2x$.

又由 $y = y(x)$ 与直线 $x = 1$ 及 $y = 0$ 围成平面区域 D 的面积

$$\int_0^1 y(x)\,\mathrm{d}x = \int_0^1 (C_1 x^2 + 2x)\,\mathrm{d}x = \left(\frac{1}{3}C_1 x^3 + x^2\right)\Big|_0^1 = \frac{1}{3}C_1 + 1 = 2$$

$\Rightarrow C_1 = 3$. 因此求得 $y = 3x^2 + 2x \ (x \geqslant 0)$.

于是 D 绕 y 轴旋转一周所得旋转体的体积

$$V = 2\pi \int_0^1 x(3x^2 + 2x)\,\mathrm{d}x = 2\pi\left(\frac{3}{4} + \frac{2}{3}\right) = \frac{17}{6}\pi .$$

> 评注   ① 本题属综合性较强的题型,考查的知识点有:可降阶的二阶微分方程及一阶线性微分方程的解法,平面图形的面积,旋转体的体积. 本题的解题方法是常规的.
>
> ② 用微元法易导出如下公式:设 $0 \leqslant a < b$, $f(x)$ 在 $[a,b]$ 上连续,且 $f(x) \geqslant 0 (x \in [a,b])$,则平面区域 $D = \{(x,y) \mid a \leqslant x \leqslant b, 0 \leqslant y \leqslant f(x)\}$ 绕 y 轴旋转一周所得旋转体的体积为
>
> $$V = 2\pi \int_a^b x f(x)\,\mathrm{d}x .$$
>
> 这里用了这一公式,计算上比较简单.

----

23. (09,12 分)   设 $y = y(x)$ 是区间 $(-\pi, \pi)$ 内过点 $\left(-\frac{\pi}{\sqrt{2}}, \frac{\pi}{\sqrt{2}}\right)$ 的光滑曲线. 当 $-\pi < x < 0$ 时,曲线上任一点处的法线都过原点;当 $0 \leqslant x < \pi$ 时,函数 $y(x)$ 满足 $y'' + y + x = 0$. 求函数 $y(x)$ 的表达式.

【分析与求解】   当 $-\pi < x < 0$ 时,曲线 $y = y(x)$ 上 $\forall$ 点 (x,y) 处的法线方程是

$$Y - y(x) = -\frac{1}{y'(x)}(X - x) ,$$

其中 (X, Y) 是法线上点的坐标. 由于法线均过原点,故 $(X, Y) = (0,0)$ 满足方程,得

$$-y(x) = \frac{x}{y'(x)} ,\text{即} y\mathrm{d}y + x\mathrm{d}x = 0, \mathrm{d}(x^2 + y^2) = 0 .$$

解得 $x^2 + y^2 = C$.

由初条件 $x = -\frac{\pi}{\sqrt{2}}, y = \frac{\pi}{\sqrt{2}}$,得 $C = \pi^2$. 因此得

$$y = \sqrt{\pi^2 - x^2} \quad (-\pi < x \leqslant 0),(由连续性在 x = 0 处也成立,另一支不合题意).$$

当 $0 \leqslant x < \pi$ 时, $y = y(x)$ 满足

$$y'' + y = -x .$$

相应齐次方程的特征方程与 $\lambda^2 + 1 = 0$,特征根 $\lambda = \pm i (i = \sqrt{-1})$,非齐次方程有特解 $y^* = -x$,因此该方程的通解是

$$y = C_1 \cos x + C_2 \sin x - x .$$

由曲线的光滑性得初值

$$y\Big|_{x=0} = \sqrt{\pi^2 - x^2}\Big|_{x=0} = \pi, \quad y'\Big|_{x=0} = (\sqrt{\pi^2 - x^2})'\Big|_{x=0} = 0 ,$$

由此定出 $C_1 = \pi, C_2 = 1$.

因此得 $y = \pi\cos x + \sin x - x$.

最后得 $y = \begin{cases} \sqrt{\pi^2 - x^2}, & -\pi < x < 0, \\ \pi\cos x + \sin x - x, & 0 \leqslant x < \pi. \end{cases}$

评注　① 本题是一道考查导数几何意义、微分方程求解及函数连续性的综合题目,但解题方法却是常规的.在区间 $(-\pi,0)$ 内,要根据给定的条件建立微分方程并求解;在区间 $[0,\pi)$ 上直接解二阶常系数线性非齐次微分方程;最后用曲线是光滑的条件知函数连续且可导,从而确定任意常数.

② 在求解过程中,相当多的考生不会利用曲线光滑来确定任意常数 C_1,C_2.

24. (10,11 分)　设函数 $y=f(x)$ 由参数方程 $\begin{cases} x=2t+t^2, \\ y=\psi(t) \end{cases}(t>-1)$ 所确定,其中 $\psi(t)$ 具有 2 阶导数,且 $\psi(1)=\dfrac{5}{2}$, $\psi'(1)=6$,已知 $\dfrac{\mathrm{d}^2 y}{\mathrm{d}x^2}=\dfrac{3}{4(1+t)}$,求函数 $\psi(t)$.

【分析与求解】　用参数求导法求出 $\dfrac{\mathrm{d}^2 y}{\mathrm{d}x^2}$ 的表达式,再由已知条件导出 $\psi(t)$ 的二阶微分方程的初值问题,最后解出 $\psi(t)$.

$$\frac{\mathrm{d}y}{\mathrm{d}x}=\frac{y'_t}{x'_t}=\frac{\psi'(t)}{2(t+1)},$$

$$\frac{\mathrm{d}^2 y}{\mathrm{d}x^2}=\frac{1}{2}\left[\frac{\psi'(t)}{t+1}\right]'_t\cdot\frac{\mathrm{d}t}{\mathrm{d}x}=\frac{1}{2}\cdot\frac{(t+1)\psi''(t)-\psi'(t)}{(t+1)^2}\cdot\frac{1}{2(t+1)}$$

$$=\frac{1}{4}\cdot\frac{(t+1)\psi''(t)-\psi'(t)}{(t+1)^3}.$$

由已知条件 $\Rightarrow$ $\dfrac{1}{4}\dfrac{(t+1)\psi''(t)-\psi'(t)}{(t+1)^3}=\dfrac{3}{4}\dfrac{1}{1+t}$,

即　　　　　$(t+1)\psi''(t)-\psi'(t)=3(t+1)^2$,

又　　　　　$\psi(1)=\dfrac{5}{2}$,　$\psi'(1)=6$.

这是可降阶类型的二阶微分方程的初值问题.令 $P=\psi'(t)$,得

$$(t+1)P'-P=3(t+1)^2,\quad 即\quad P'-\frac{1}{t+1}P=3(t+1).$$

两边乘 $\mu(t)=\mathrm{e}^{-\int\frac{\mathrm{d}t}{t+1}}\xrightarrow{\text{取}}\dfrac{1}{t+1}$ 得 $\left(\dfrac{1}{t+1}P\right)'=3$.两边积分,并用 $P(1)=6$ 得

$$\frac{1}{t+1}P=3t,\quad 即\quad \psi'(t)=3t(t+1).$$

再积分,并用 $\psi(1)=\dfrac{5}{2}$ 得 $\psi(t)=t^3+\dfrac{3}{2}t^2$.

---

25. (12,10 分)　已知函数 $f(x)$ 满足方程 $f''(x)+f'(x)-2f(x)=0$ 及 $f''(x)+f(x)=2\mathrm{e}^x$.

（Ⅰ）求 $f(x)$ 的表达式;

（Ⅱ）求曲线 $y=f(x^2)\displaystyle\int_0^x f(-t^2)\mathrm{d}t$ 的拐点.

【分析与求解】　（Ⅰ）因 $f(x)$ 满足

$$\begin{cases} f''(x)+f'(x)-2f(x)=0, & ① \\ f''(x)+f(x)=2\mathrm{e}^x, & ② \end{cases}$$

由②得 $f''(x)=2\mathrm{e}^x-f(x)$,代入①得

$$f'(x)-3f(x)=-2\mathrm{e}^x,$$

两边乘 e^{-3x} 得 $[\mathrm{e}^{-3x}f(x)]'=-2\mathrm{e}^{-2x}$.

积分得 　　　$\mathrm{e}^{-3x}f(x)=\mathrm{e}^{-2x}+C$,即 $f(x)=\mathrm{e}^x+C\mathrm{e}^{3x}$.

代入②式得 　　$\mathrm{e}^x+9C\mathrm{e}^{3x}+\mathrm{e}^x+C\mathrm{e}^{3x}=2\mathrm{e}^x$.

$\Rightarrow C=0$,于是 $f(x)=\mathrm{e}^x$.

代入①式自然成立. 因此求得 $f(x) = e^x$.

评注 或由①, 特征方程 $\lambda^2 + \lambda - 2 = 0$, 特征根 $\lambda_1 = -2, \lambda_2 = 1$, ①的通解为

$$f(x) = c_1 e^x + c_2 e^{-2x}$$

$$\Rightarrow \qquad f''(x) = c_1 e^x + 4c_2 e^{-2x}$$

代入②得 $\quad 2c_1 e^x + 5c_2 e^{-2x} = 2e^x$

$\Rightarrow c_2 = 0, c_1 = 1$, 即 $f(x) = e^x$.

（Ⅱ）曲线方程为 $y = e^{x^2} \int_0^x e^{-t^2} dt$. 为求拐点, 先求出 y''.

$$y' = 2x e^{x^2} \int_0^x e^{-t^2} dt + 1, \qquad y'' = 2e^{x^2} \int_0^x e^{-t^2} dt + 4x^2 e^{x^2} \int_0^x e^{-t^2} dt + 2x,$$

由于 $y''(x) \begin{cases} > 0, & x > 0, \\ = 0, & x = 0, \\ < 0, & x < 0, \end{cases}$ 因此 $(0, y(0)) = (0,0)$ 是曲线的唯一拐点.

---

26. (14, 10 分) 已知函数 $y = y(x)$ 满足微分方程 $x^2 + y^2 y' = 1 - y'$, 且 $y(2) = 0$, 求 $y(x)$ 的极大值与极小值.

【分析与求解】 这是可分离变量的微分方程

$$y'(1 + y^2) = 1 - x^2$$

分离变量得 $\quad (1 + y^2) dy = (1 - x^2) dx$

积分得通解 $\quad y + \dfrac{1}{3} y^3 = x - \dfrac{1}{3} x^3 + c$,

由 $y(2) = 0$ 得 $c = \dfrac{2}{3}$. 于是 y 满足 $y + \dfrac{1}{3} y^3 = x - \dfrac{1}{3} x^3 + \dfrac{2}{3}$.

由 $y' = 0$ 得 $x = \pm 1$.

$x = 1$ 时, $y + \dfrac{1}{3} y^3 = 1 - \dfrac{1}{3} + \dfrac{2}{3} = \dfrac{4}{3} \Rightarrow y(1) = 1$.

$x = -1$ 时, $y + \dfrac{1}{3} y^3 = -1 + \dfrac{1}{3} + \dfrac{2}{3} = 0 \Rightarrow y(-1) = 0$.

现在 $x = \pm 1$, 考察 y''. 注意: 在 $x = \pm 1$ 处 $y' = 0$, 将方程 $\quad y'(1 + y^2) = 1 - x^2$
两边对 x 求导在 $y' = 0$ 处得 $\quad (1 + y^2) y'' = -2x$
于是 $\quad y''(1) < 0, y''(-1) > 0$
因此 $y(x)$ 的极大值是 $y(1) = 1$, 极小值是 $y(-1) = 0$.

评注 ① 记 $f(y) = y + \dfrac{1}{3} y^3 - \dfrac{4}{3}$, $f'(y) = 1 + y^2 > 0$, $f(y)$ 单调上升, 有唯一零点 $y = 1$.

② 我们也可不求 $y''(\pm 1)$, 而考察

$$y'(x) = \dfrac{1 - x^2}{1 + y^2} \begin{cases} < 0 & (x < -1) \\ = 0 & (x = -1) \\ > 0 & (-1 < x < 1) \\ = 0 & (x = 1) \\ < 0 & (x > 1) \end{cases}$$

$\Rightarrow x = -1$ 是 $y(x)$ 的极小值点, $x = 1$ 是 $y(x)$ 的极大值点.

---

27. (19, 10 分) 设函数 $y(x)$ 是微分方程 $y' - xy = \dfrac{1}{2\sqrt{x}} e^{\frac{x^2}{2}}$ 满足条件 $y(1) = \sqrt{e}$ 的特解.

（Ⅰ）求 $y(x)$;

（Ⅱ）设平面区域 $D = \{(x,y) \mid 1 \leqslant x \leqslant 2, 0 \leqslant y \leqslant y(x)\}$，求 D 绕 x 轴旋转所得旋转体的体积.

【分析与求解】 （Ⅰ）这是一阶线性微分方程

$$y' - xy = \frac{1}{2\sqrt{x}} e^{\frac{1}{2}x^2}$$

两边乘 $\mu(x) = e^{\int -x dx} = e^{-\frac{1}{2}x^2}$ 得

$$\left(y e^{-\frac{1}{2}x^2}\right)' = \frac{1}{2\sqrt{x}}$$

积分得

$$y e^{-\frac{1}{2}x^2} = \sqrt{x} + c, \quad y = (\sqrt{x} + c) e^{\frac{1}{2}x^2}$$

由 $y(1) = \sqrt{e}$，得

$$\sqrt{e} = (1 + c)\sqrt{e}, \quad c = 0$$

因此 $y(x) = \sqrt{x} e^{\frac{1}{2}x^2}$.

（Ⅱ）按旋转体的体积公式，D 绕 x 轴旋转所得旋转体的体积

$$V = \pi \int_1^2 y^2(x) dx = \pi \int_1^2 x e^{x^2} dx = \frac{\pi}{2} \int_1^2 e^{x^2} dx^2$$

$$= \frac{\pi}{2} e^{x^2} \Big|_1^2 = \frac{\pi}{2}(e^4 - e)$$

----

28. (20,4 分) 设 $y = y(x)$ 满足 $y'' + 2y' + y = 0$，且 $y(0) = 0, y'(0) = 1$，则 $\int_0^{+\infty} y(x) dx =$

_____.

【分析】 特征方程：$\lambda^2 + 2\lambda + 1 = 0$，特征根 $\lambda_{1,2} = -1$（重根）. 通解为 $y = c_1 e^{-x} + c_2 x e^{-x}$.

方法一 任意解均有 $\lim_{x \to +\infty} y(x) = 0$，$\lim_{x \to +\infty} y'(x) = 0$.

将方程两边积分 $\left(\int_0^{+\infty}\right)$：

$$\int_0^{+\infty} y'' dx + 2\int_0^{+\infty} y' dx + \int_0^{+\infty} y dx = 0$$

$$y'(+\infty) - y'(0) + 2[y(+\infty) - y(0)] + \int_0^{+\infty} y(x) dx = 0$$

$$\int_0^{+\infty} y(x) dx = y'(0) + 2y(0) = 1$$

方法二 由初值条件 $\Rightarrow$

$$y(0) = c_1 = 0, y'(0) = c_2 = 1, y(x) = x e^{-x}$$

$$\int_0^{+\infty} y(x) dx = \int_0^{+\infty} x e^{-x} dx = -\int_0^{+\infty} x de^{-x}$$

$$= -x e^{-x} \Big|_0^{+\infty} + \int_0^{+\infty} e^{-x} = -e^{-x} \Big|_0^{+\infty} = 1$$

----

29. (21,12 分) 设 $y = y(x)(x > 0)$ 是微分方程 $xy' - 6y = -6$ 满足条件 $y(\sqrt{3}) = 10$ 的解：

（Ⅰ）求 $y(x)$.

（Ⅱ）设 P 为曲线 $y = y(x)$ 上一点，记曲线 $y = y(x)$ 在点 P 的法线在 y 轴上的截距为 I_P，当 I_P 最小时，求点 P 的坐标.

【分析与求解】

（Ⅰ）这是求一阶线性微分方程

$$y' - \frac{6}{x} y = -\frac{6}{x} \quad (x > 0)$$

两边乘 $\mu(x) = e^{-\int \frac{6}{x}dx} = \dfrac{1}{x^6}$,得

$$\left(\dfrac{1}{x^6}y\right)' = -\dfrac{6}{x^7}$$

积分得

$$\dfrac{1}{x^6}y = \dfrac{1}{x^6} + C,\, y = Cx^6 + 1$$

由 $y(\sqrt{3}) = 10$ 得 $C = \dfrac{1}{3}$, $y = \dfrac{1}{3}x^6 + 1$

（Ⅱ）曲线 $y = \dfrac{1}{3}x^6 + 1(x > 0)$ 上 $\forall$ 点 $P(x,y)$ 处的切线斜率为 $y' = 2x^5$,相应的法线斜率是 $-\dfrac{1}{2}x^{-5}$,于是 P 点处法线方程是

$$Y - y = -\dfrac{1}{2}x^{-5}(X - x) \quad ((X,Y) \text{ 是法线上动点的坐标})$$

令 $X = 0$,得法线在 y 轴上的截距

$$I_P = Y = y + \dfrac{1}{2}x^{-4} = \dfrac{1}{3}x^6 + 1 + \dfrac{1}{2}x^{-4} \quad (0 < x < +\infty)$$

I_P 在 $(0, +\infty)$ 可导,$\lim\limits_{x \to 0+} I_P = +\infty$,$\lim\limits_{x \to +\infty} I_P = +\infty$,$I_P$ 在 $(0, +\infty)$.
必有最小值且必在 I_P 的驻点处取到.

$$I'_P = 2x^5 - 2x^{-5} = 2x^{-5}(x^{10} - 1)$$

I_P 在 $(0, +\infty)$ 有唯一驻点 $x = 1$,因此 I_P 在 $x = 1$ 处取最小值. P 点的坐标是 $\left(1, \dfrac{4}{3}\right)$.

> **评注** 我们也可求出 I_P 的唯一驻点 $x = 1$ 后,再判断
> $$I''_P(1) = (10x^4 + 10x^{-6})\big|_{x=1} > 0$$
> $x = 1$ 是 I_P 的极小值点,它必定也是 I_P 在 $(0, +\infty)$ 的最小值点.

----

30. (22,12 分) 设函数 $y(x)$ 是微分方程 $2xy' - 4y = 2\ln x - 1$ 满足条件 $y(1) = \dfrac{1}{4}$ 的解,求曲线 $y = y(x)(1 \le x \le e)$ 的弧长.

【分析与求解】 先求解一阶线性微分方程

$$y' - \dfrac{2}{x}y = \dfrac{2\ln x - 1}{2x}$$

两边乘 $e^{-\int \frac{2}{x}dx} = \dfrac{1}{x^2}$,得

$$\left(\dfrac{1}{x^2}y\right)' = \dfrac{\ln x}{x^3} - \dfrac{1}{2x^3}$$

积分得

$$\dfrac{1}{x^2}y = \int \dfrac{\ln x}{x^3}dx - \int \dfrac{1}{2x^3}dx + c$$

$$= -\dfrac{1}{2}\int \ln x\,dx^{-2} - \int \dfrac{1}{2x^3}dx + c$$

$$= -\dfrac{1}{2}\dfrac{\ln x}{x^2} + \dfrac{1}{2}\int \dfrac{1}{x^3}dx - \int \dfrac{1}{2x^3}dx + c$$

$$= -\frac{1}{2}\frac{\ln x}{x^2} + c, y = -\frac{1}{2}\ln x + cx^2$$

由 $y(1) = \frac{1}{4}$，得 $c = \frac{1}{4}$，因此

$$y = -\frac{1}{2}\ln x + \frac{1}{4}x^2$$

为计算弧长，要计算

$$y' = -\frac{1}{2x} + \frac{1}{2}x$$

$$1 + y'^2 = 1 - \frac{1}{2} + \left(\frac{1}{2x}\right)^2 + \left(\frac{1}{2}x\right)^2 = \left(\frac{1}{2x} + \frac{1}{2}x\right)^2$$

于是曲线的弧长为

$$\int_1^e \sqrt{1 + y'^2}\,dx = \int_1^e \left(\frac{1}{2x} + \frac{1}{2}x\right)dx$$

$$= \frac{1}{2}\ln x\,\Big|_1^e + \frac{1}{4}x^2\,\Big|_1^e = \frac{1}{4}(e^2 + 1)$$

评注 $\displaystyle\int \frac{\ln x}{x^3}dx - \int \frac{dx}{2x^3} = \int \ln x\,d\left(-\frac{1}{2}x^{-2}\right) - \frac{1}{2}x^{-2}d\ln x$

$$= \int d\left(-\frac{1}{2x^2}\ln x\right) = -\frac{\ln x}{2x^2} + c$$

第五章　　多元函数微积分学

编者按

从 2004 年起数学二的考查内容增加了多元函数微积分学,可分为三大部分:

1. 多元函数微分学的若干基本概念,一、二阶偏导数与一阶全微分的计算,涉及函数的类型包括:给出表达式的二、三元初等函数,带抽象函数记号的多元复合函数,各种类型的方程式或方程组确定的隐函数以及变量替换下方程的变形等.

2. 极大值与极小值,最大值与最小值,条件极值以及它们的应用问题.

3. 二重积分,包括二重积分的概念与性质,直角坐标系和极坐标系中二重积分的计算,累次积分交换积分次序,直角坐标系和极坐标系中累次积分的相互转化等.

从近几年试题来看,该部分内容约占高等数学总分的 1/4.

一、多元函数微分学中的若干基本概念及其联系

1. (12,4 分)　设函数 $f(x,y)$ 可微,且对任意 x,y 都有 $\dfrac{\partial f(x,y)}{\partial x} > 0$,$\dfrac{\partial f(x,y)}{\partial y} < 0$,则使不等式 $f(x_1,y_1) < f(x_2,y_2)$ 成立的一个充分条件是

(A)　$x_1 > x_2, y_1 < y_2$.　　　　　　(B)　$x_1 > x_2, y_1 > y_2$.

(C)　$x_1 < x_2, y_1 < y_2$.　　　　　　(D)　$x_1 < x_2, y_1 > y_2$.

【分析】　因 $\dfrac{\partial f(x,y)}{\partial x} > 0$,当 y 固定时对 x 单调上升,故当 $x_1 < x_2$ 时 $f(x_1,y_1) < f(x_2,y_1)$.

又因 $\dfrac{\partial f(x,y)}{\partial y} < 0$,当 x 固定时对 y 单调下降,故当 $y_1 > y_2$ 时 $\quad f(x_2,y_1) < f(x_2,y_2)$.

因此,当 $x_1 < x_2, y_1 > y_2$ 时 $\quad f(x_1,y_1) < f(x_2,y_1) < f(x_2,y_2)$.故选(D).

---

2. (17,4 分)　设 $f(x,y)$ 具有一阶偏导数,且对任意的 (x,y),都有 $\dfrac{\partial f(x,y)}{\partial x} > 0$,$\dfrac{\partial f(x,y)}{\partial y} < 0$ 则

(A)　$f(0,0) > f(1,1)$.　　　　　　(B)　$f(0,0) < f(1,1)$.

(C)　$f(0,1) > f(1,0)$.　　　　　　(D)　$f(0,1) < f(1,0)$.

【分析】　偏导数实质上就是一元函数的导数.

$$\frac{\partial f(x,y)}{\partial x} = \frac{\mathrm{d}}{\mathrm{d}x} f(x,y) > 0 \Rightarrow f(x,y) \text{ 对 } x \text{ 单调上升.}$$

$$\frac{\partial f(x,y)}{\partial y} = \frac{\mathrm{d}}{\mathrm{d}y} f(x,y) < 0 \Rightarrow f(x,y) \text{ 对 } y \text{ 单调下降.}$$

于是　　　　　　$f(0,0) < f(1,0)$

　　　　　　　　$f(0,0) > f(0,1)$

因此　　　　　　$f(0,1) < f(1,0)$

　　选(D).

---

3. (17,4 分)　设函数 $f(x,y)$ 具有一阶连续偏导数,且 $\mathrm{d}f(x,y) = y\mathrm{e}^y\mathrm{d}x + x(1+y)\mathrm{e}^y\mathrm{d}y$,$f(0,0) =$

$0,$ 则 $f(x,y) = $ _____.

【分析一】 观察法(凑微分法)
$$\mathrm{d}f(x,y) = y\mathrm{e}^y\mathrm{d}x + x\mathrm{d}(y\mathrm{e}^y)$$
$$= \mathrm{d}(xy\mathrm{e}^y)$$

其中 $(1 + y)\mathrm{e}^y\mathrm{d}y = \mathrm{e}^y\mathrm{d}y + y\mathrm{d}\mathrm{e}^y = \mathrm{d}(y\mathrm{e}^y).$

于是 $f(x,y) = xy\mathrm{e}^y + C$

由 $f(0,0) = 0 \Rightarrow C = 0.$ 因此 $f(x,y) = xy\mathrm{e}^y.$

【分析二】 $\mathrm{d}f(x,y) = y\mathrm{e}^y\mathrm{d}x + x(1 + y)\mathrm{e}^y\mathrm{d}y$

$\Rightarrow \qquad \dfrac{\partial f}{\partial x} = y\mathrm{e}^y, \dfrac{\partial f}{\partial y} = x(1 + y)\mathrm{e}^y$

将第一式对 x 积分得
$$f(x,y) = xy\mathrm{e}^y + C(y)$$

$\Rightarrow \qquad \dfrac{\partial f}{\partial y} = x(1 + y)\mathrm{e}^y + C'(y) = x(1 + y)\mathrm{e}^y$

$\Rightarrow C'(y) = 0, C(y) = C \Rightarrow f(x,y) = xy\mathrm{e}^y + C$

由 $f(0,0) = 0 \Rightarrow C = 0.$ 因此 $f(x,y) = xy\mathrm{e}^y.$

4.(20,4 分) 关于函数 $f(x,y) = \begin{cases} xy, & xy \neq 0, \\ x, & y = 0, \\ y, & x = 0, \end{cases}$ 给出以下结论：

① $\left.\dfrac{\partial f}{\partial x}\right|_{(0,0)} = 1;$ ② $\left.\dfrac{\partial^2 f}{\partial x\partial y}\right|_{(0,0)} = 1;$ ③ $\lim\limits_{(x,y)\to(0,0)} f(x,y) = 0;$ ④ $\lim\limits_{y\to 0}\lim\limits_{x\to 0} f(x,y) = 0$

其中正确的个数为

(A)4.   (B)3.   (C)2.   (D)1.

【分析】 要逐一讨论.

① $f(x,0) = x,$ $\left.\dfrac{\partial f}{\partial x}\right|_{(0,0)} = \left.\dfrac{\mathrm{d}}{\mathrm{d}x}f(x,0)\right|_{x=0} = 1,$ 正确.

② $\left.\dfrac{\partial^2 f}{\partial x\partial y}\right|_{(0,0)} = \lim\limits_{y\to 0}\dfrac{\left.\dfrac{\partial f}{\partial x}\right|_{(0,y)} - \left.\dfrac{\partial f}{\partial x}\right|_{(0,0)}}{y},$

其中
$$\left.\dfrac{\partial f}{\partial x}\right|_{(0,y)} = \lim\limits_{x\to 0}\dfrac{f(x,y) - f(0,y)}{x} = \lim\limits_{x\to 0}\dfrac{xy - y}{x}(y \neq 0) \text{ 不存在}.$$

所以 $\left.\dfrac{\partial^2 f}{\partial x\partial y}\right|_{(0,0)}$ 不存在. 原结论不正确.

③ 因为 $|xy| \leq |x| + |y|, |x| \leq |x| + |y|, |y| \leq |x| + |y|$(当 $|x|, |y| \leq 1$ 时), 所以
$$\left|f(x,y)\right| \leq |x| + |y| \qquad (|x| \leq 1, |y| \leq 1).$$

因 $\lim\limits_{(x,y)\to(0,0)} (|x| + |y|) = 0 \Rightarrow \lim\limits_{(x,y)\to(0,0)} f(x,y) = 0.$ 原结论正确

④ $x \neq 0$ 时 $f(x,y) = \begin{cases} xy & (y \neq 0) \\ x & (y = 0) \end{cases}, x \neq 0, \lim\limits_{x\to 0} f(x,y) = 0$

$\Rightarrow \quad \lim\limits_{y\to 0}\lim\limits_{x\to 0} f(x,y) = 0.$ 原结论正确. 故选(B)

▶ 练习题

(1)(96,1,3 分) 已知 $\dfrac{(x + ay)\mathrm{d}x + y\mathrm{d}y}{(x + y)^2}$ 为某函数的全微分，则 a 等于

(A) -1.   (B) 0.   (C) 1.   (D) 2.

【分析】 由于存在 $u(x,y)$，使得 $\mathrm{d}u = \dfrac{(x+ay)\mathrm{d}x}{(x+y)^2} + \dfrac{y\mathrm{d}y}{(x+y)^2}$.

由可微与可偏导的关系 $\Rightarrow \dfrac{\partial u}{\partial x} = \dfrac{x+ay}{(x+y)^2}$，$\quad \dfrac{\partial u}{\partial y} = \dfrac{y}{(x+y)^2}$.

分别对 y,x 求偏导数 $\Rightarrow$

$$\frac{\partial^2 u}{\partial x \partial y} = \frac{a(x+y)^2 - (x+ay)\cdot 2(x+y)}{(x+y)^4} = \frac{(a-2)x - ay}{(x+y)^3}, \quad \frac{\partial^2 u}{\partial y \partial x} = \frac{-2y}{(x+y)^3}.$$

由于 $\dfrac{\partial^2 u}{\partial x \partial y}$ 与 $\dfrac{\partial^2 u}{\partial y \partial x}$ 连续 $\Rightarrow \dfrac{\partial^2 u}{\partial x \partial y} = \dfrac{\partial^2 u}{\partial y \partial x} \Rightarrow a = 2$. 应选 (D).

> **评注** ① 由全微分与偏导数的关系及混合偏导数连续时与求导次序无关的性质可导出 $P\mathrm{d}x + Q\mathrm{d}y$ 为某函数的全微分的必要条件.
>
> 设 $P(x,y), Q(x,y)$ 在区域 D 有连续偏导数. 若在 D 上存在 $u(x,y)$ 使得 $\mathrm{d}u = P\mathrm{d}x + Q\mathrm{d}y \Rightarrow \dfrac{\partial u}{\partial x} = P, \dfrac{\partial u}{\partial y} = Q \Rightarrow \dfrac{\partial^2 u}{\partial x \partial y} = \dfrac{\partial P}{\partial y}, \dfrac{\partial^2 u}{\partial y \partial x} = \dfrac{\partial Q}{\partial x} \Rightarrow \dfrac{\partial P}{\partial y} = \dfrac{\partial Q}{\partial x}$ $((x,y) \in D)$，但反过来不一定成立. 该题是已知 $P\mathrm{d}x + Q\mathrm{d}y$ 为某函数的全微分，只需利用这个必要条件去定出 P 中的参数 a，不必去求出原函数.
>
> ② 我们也可通过求 $u(x,y)$ 使得 $\mathrm{d}u = \dfrac{x+ay}{(x+y)^2}\mathrm{d}x + \dfrac{y}{(x+y)^2}\mathrm{d}y$ 来确定其中的 a.
>
> 由 $\dfrac{\partial u}{\partial x} = \dfrac{x+ay}{(x+y)^2} = \dfrac{1}{x+y} + \dfrac{(a-1)y}{(x+y)^2}$，对 x 积分得
>
> $$u = \ln|x+y| - \frac{(a-1)y}{x+y} + c(y).$$
>
> $\Rightarrow$
> $$\frac{\partial u}{\partial y} = \frac{1}{x+y} - \frac{a-1}{x+y} + \frac{(a-1)y}{(x+y)^2} + c'(y)$$
> $$= \frac{2-a}{x+y} + \frac{(a-1)y}{(x+y)^2} + c'(y) = \frac{y}{(x+y)^2}.$$
>
> $\Rightarrow$
> $$c'(y) = \frac{(2-a)y}{(x+y)^2} + \frac{a-2}{x+y}.$$
>
> $\Rightarrow$
> $$a = 2, \quad c'(y) = 0. \left(\text{此时实际上已求出 } u = \ln|x+y| - \frac{y}{x+y} + C.\right)$$

(2) (97,1,3 分) 二元函数 $f(x,y) = \begin{cases} \dfrac{xy}{x^2+y^2}, & (x,y) \neq (0,0), \\ 0, & (x,y) = (0,0) \end{cases}$ 在点 $(0,0)$ 处

(A) 连续，偏导数存在.   (B) 连续，偏导数不存在.

(C) 不连续，偏导数存在.   (D) 不连续，偏导数不存在.

【分析】 这是讨论 $f(x,y)$ 在 $(0,0)$ 点是否连续，是否存在偏导数的问题. 按定义

$$\frac{\partial f(0,0)}{\partial x} = \frac{\mathrm{d}}{\mathrm{d}x} f(x,0)\Big|_{x=0}, \quad \frac{\partial f(0,0)}{\partial y} = \frac{\mathrm{d}}{\mathrm{d}y} f(0,y)\Big|_{y=0}.$$

由 $\quad f(x,0) = 0 \ (\forall x), \quad f(0,y) = 0 \ (\forall y)$

$\Rightarrow \exists$ 偏导数且 $\quad \dfrac{\partial f(0,0)}{\partial x} = 0, \quad \dfrac{\partial f(0,0)}{\partial y} = 0$.

再看 $f(x,y)$ 在 $(0,0)$ 是否连续？由于 $\quad \lim\limits_{\substack{(x,y)\to(0,0) \\ y=x}} f(x,y) = \lim\limits_{x\to 0} \dfrac{x^2}{x^2+x^2} = \dfrac{1}{2} \neq f(0,0)$,

因此 $f(x,y)$ 在 $(0,0)$ 不连续. 应选 (C).

评注 ① 证明 $f(x,y)$ 在点 $M_0(x_0,y_0)$ 不连续的方法之一是:证明点 (x,y) 沿某曲线趋于 M_0 时 $f(x,y)$ 的极限不存在或不为 $f(x_0,y_0)$.

　　② 证明 $\lim\limits_{(x,y)\to(x_0,y_0)} f(x,y)$ 不存在的重要方法是证明点 (x,y) 沿两条不同曲线趋于 $M_0(x_0,y_0)$ 时 $f(x,y)$ 的极限不相等或沿某条曲线趋于 M_0 时 $f(x,y)$ 的极限不存在.

　　对于该题中的 $f(x,y)$,若再考察

$$\lim_{\substack{(x,y)\to(0,0)\\x=0}} f(x,y) = \lim_{y\to 0} 0 = 0 \neq \frac{1}{2} = \lim_{\substack{(x,y)\to(0,0)\\y=x}} f(x,y),$$

$\Rightarrow \lim\limits_{(x,y)\to(0,0)} f(x,y)$ 不存在.

(3) (02,1,3分)　考虑二元函数的下面 4 条性质:

① $f(x,y)$ 在点 (x_0,y_0) 处连续;

② $f(x,y)$ 在点 (x_0,y_0) 处的两个偏导数连续;

③ $f(x,y)$ 在点 (x_0,y_0) 处可微;

④ $f(x,y)$ 在点 (x_0,y_0) 处的两个偏导数存在.

若用"$P\Rightarrow Q$"表示可由性质 P 推出性质 Q,则有

(A) ②⇒③⇒①.　　　(B) ③⇒②⇒①.　　　(C) ③⇒④⇒①.　　　(D) ③⇒①⇒④.

【分析】　这是讨论函数 $f(x,y)$ 的连续性,可偏导性,可微性及偏导数的连续性之间的关系.

我们知道,$f(x,y)$ 的两个偏导数连续是可微的充分条件,若 $f(x,y)$ 可微则必连续,故选 (A).

评注　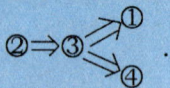　.

综　述

1. 多元函数微分学中最主要的概念有:连续,可偏导,可微与全微分等.它们之间的关系可由下表给出:

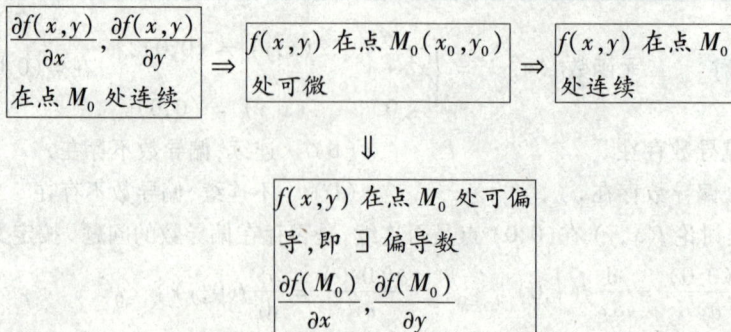

以上箭头的指向不能逆转.例如从 $f(x,y)$ 在点 M_0 连续 $\nRightarrow f(x,y)$ 在 M_0 可微等.

若掌握此表,那么本节练习题第 (3) 题就一定会做了.

2. 会按定义考察二元函数 $z=f(x,y)$ 在某点 $M_0(x_0,y_0)$ 处是否连续,是否可偏导,是否可微,第 1 题及练习题第 (2) 题也正是考查这些(没含可微性).

按定义考察 $f(x,y)$ 在 $M_0(x_0,y_0)$ 是否可微,即考察

$$\frac{f(x_0 + \Delta x, y_0 + \Delta y) - \left[f(x_0, y_0) + \frac{\partial f(x_0, y_0)}{\partial x}\Delta x + \frac{\partial f(x_0, y_0)}{\partial y}\Delta y \right]}{\rho} = o(1)$$

当 $\rho \to 0$ 时是否成立,其中 $\rho = \sqrt{\Delta x^2 + \Delta y^2}$,$o(1)$ 表示无穷小量.

3. 当混合偏导数连续时它与求导次序无关. 练习题第(1)题正是利用这一性质求解的. 在计算混合偏导数时,要注意利用这一性质简化计算.

二、求二元或三元初等函数的偏导数或全微分

5. (08,4 分) 设 $z = \left(\dfrac{y}{x} \right)^{\frac{1}{x}}$,则 $\dfrac{\partial z}{\partial x}\bigg|_{(1,2)} = $ _____.

【分析】 $\dfrac{\partial z}{\partial x}\bigg|_{(1,2)} = \dfrac{\mathrm{d}}{\mathrm{d}x}z(x,2)\bigg|_{x=1} = \dfrac{\mathrm{d}}{\mathrm{d}x}\left(\dfrac{2}{x} \right)^{\frac{1}{x}}\bigg|_{x=1} = \left(\mathrm{e}^{\frac{1}{x}\ln\frac{2}{x}} \right)'\bigg|_{x=1}$

$\qquad\qquad = \left(\dfrac{2}{x} \right)^{\frac{1}{x}}\left(\dfrac{1}{2}\ln\dfrac{2}{x} - \dfrac{x}{2}\cdot\dfrac{1}{x} \right)\bigg|_{x=1} = 2^{\frac{1}{2}}\left(\dfrac{1}{2}\ln 2 - \dfrac{1}{2} \right) = 2^{-\frac{1}{2}}(\ln 2 - 1).$

6. (16,4 分) 已知函数 $f(x,y) = \dfrac{\mathrm{e}^x}{x - y}$,则

(A) $f'_x - f'_y = 0.$ 　　　　　　　　　(B) $f'_x + f'_y = 0.$

(C) $f'_x - f'_y = f.$ 　　　　　　　　　(D) $f'_x + f'_y = f.$

【分析】 先求出

$$f'_x = \frac{\mathrm{e}^x(x - y) - \mathrm{e}^x}{(x - y)^2}, \quad f'_y = \frac{\mathrm{e}^x}{(x - y)^2}$$

于是 $\qquad\qquad f'_x + f'_y = \dfrac{\mathrm{e}^x(x - y)}{(x - y)^2} = \dfrac{\mathrm{e}^x}{x - y} = f$

选(D).

7. (20,4 分) 设 $z = \arctan[xy + \sin(x + y)]$,则 $\mathrm{d}z\big|_{(0,\pi)} = $ _____.

【分析一】 先求 $\dfrac{\partial z}{\partial x}, \dfrac{\partial z}{\partial y}.$

$$\frac{\partial z}{\partial x} = \frac{y + \cos(x + y)}{1 + [xy + \sin(x + y)]^2}, \qquad \frac{\partial z}{\partial y} = \frac{x + \cos(x + y)}{1 + [xy + \sin(x + y)]^2}$$

$$\frac{\partial z}{\partial x}\bigg|_{(0,\pi)} = \pi - 1, \qquad \frac{\partial z}{\partial y}\bigg|_{(0,\pi)} = -1$$

$$\mathrm{d}z\bigg|_{(0,\pi)} = \frac{\partial z}{\partial x}\bigg|_{(0,\pi)}\mathrm{d}x + \frac{\partial z}{\partial y}\bigg|_{(0,\pi)}\mathrm{d}y = (\pi - 1)\mathrm{d}x - \mathrm{d}y$$

【分析二】 直接求 $\mathrm{d}z$

$$\mathrm{d}z\bigg|_{(0,\pi)} = \frac{\mathrm{d}[xy + \sin(x + y)]}{1 + [xy + \sin(x + y)]^2}\bigg|_{(0,\pi)}$$

$$= [y\mathrm{d}x + x\mathrm{d}y + \cos(x + y)(\mathrm{d}x + \mathrm{d}y)]\bigg|_{(0,\pi)}$$

$$= (\pi - 1)\mathrm{d}x - \mathrm{d}y$$

▶ 练习题

(1) (94,1,3 分) 设 $u = \mathrm{e}^{-x}\sin\dfrac{x}{y}$,则 $\dfrac{\partial^2 u}{\partial x \partial y}$ 在点 $\left(2, \dfrac{1}{\pi} \right)$ 处的值为 _____.

【分析】 这是求二元初等函数在某点的二阶混合偏导数. 由于混合偏导数的连续性,它与求导次序无关. 为简化计算,先求

$$\frac{\partial u}{\partial y} = -\frac{x}{y^2}e^{-x}\cos\frac{x}{y}.$$

再求
$$\frac{\partial^2 u}{\partial x \partial y}\Big|_{(2,\frac{1}{\pi})} = \frac{\partial^2 u}{\partial y \partial x}\Big|_{(2,\frac{1}{\pi})} = \frac{\partial}{\partial x}\left(\frac{\partial u}{\partial y}\Big|_{y=\frac{1}{\pi}}\right)\Big|_{x=2} = \frac{\partial}{\partial x}(-\pi^2 x e^{-x}\cos\pi x)\Big|_{x=2}$$

$$= \left[-\pi^2 e^{-x}(1-x)\cos\pi x\right]\Big|_{x=2} + 0 = \frac{\pi^2}{e^2}.$$

评注 ① 求多元函数的偏导数实质上是求一元函数的导数. 若只求在某点的偏导数,如求 $\frac{\partial f(x_0, y_0)}{\partial y}$,先代入 $x = x_0$,再求 $\frac{\partial f(x_0, y_0)}{\partial y} = \frac{\mathrm{d}}{\mathrm{d}y}f(x_0, y)\Big|_{y=y_0}$,往往比先求 $\frac{\partial f(x,y)}{\partial y}$ 再代入 $x = x_0$, $y = y_0$ 会更简单些,但求 $\frac{\partial^2 f}{\partial x \partial y}\Big|_{(x_0, y_0)}$ 时,第一步需先求 $\frac{\partial f(x,y)}{\partial x}$,第二步可先代入 $x = x_0$,再求

$$\frac{\partial^2 f}{\partial x \partial y}\Big|_{(x_0, y_0)} = \frac{\mathrm{d}}{\mathrm{d}y}\frac{\partial f(x_0, y)}{\partial x}\Big|_{y=y_0}.$$

② 注意利用混合偏导数连续时与求导次序无关的性质,交换求导次序可能简化二阶混合偏导数的计算.

(2)(05,3,4分) 设二元函数 $z = xe^{x+y} + (x+1)\ln(1+y)$,则 $\mathrm{d}z\Big|_{(1,0)} = $ _____.

【分析一】 利用全微分的四则运算法则与一阶全微分形式不变性直接计算,得

$$\mathrm{d}z = e^{x+y}\mathrm{d}x + x\mathrm{d}(e^{x+y}) + \ln(1+y)\mathrm{d}(x+1) + (x+1)\mathrm{d}[\ln(1+y)]$$

$$= e^{x+y}\mathrm{d}x + xe^{x+y}\mathrm{d}(x+y) + \ln(1+y)\mathrm{d}x + (x+1)\frac{\mathrm{d}y}{1+y}$$

$$= e^{x+y}\mathrm{d}x + xe^{x+y}(\mathrm{d}x + \mathrm{d}y) + \ln(1+y)\mathrm{d}x + \frac{(x+1)\mathrm{d}y}{1+y},$$

于是
$$\mathrm{d}z\Big|_{(1,0)} = e\mathrm{d}x + e(\mathrm{d}x + \mathrm{d}y) + 2\mathrm{d}y = 2e\mathrm{d}x + (e+2)\mathrm{d}y.$$

【分析二】 先求偏导数.

$$\frac{\partial z}{\partial x}\Big|_{(1,0)} = \frac{\mathrm{d}}{\mathrm{d}x}(xe^x)\Big|_{x=1} = 2e, \quad \frac{\partial z}{\partial y}\Big|_{(1,0)} = \frac{\mathrm{d}}{\mathrm{d}y}\left[e^{1+y} + 2\ln(1+y)\right]\Big|_{y=0} = e+2,$$

于是
$$\mathrm{d}z\Big|_{(1,0)} = 2e\mathrm{d}x + (e+2)\mathrm{d}y.$$

三、复合函数求导法 —— 求带抽象函数记号的 复合函数的偏导数或全微分

8.(09,10分) 设 $z = f(x+y, x-y, xy)$,其中 f 具有二阶连续偏导数,求 $\mathrm{d}z$ 与 $\frac{\partial^2 z}{\partial x \partial y}$.

【分析与求解】 先求 $\mathrm{d}z$.

$$\mathrm{d}z = f_1' \cdot (\mathrm{d}x + \mathrm{d}y) + f_2' \cdot (\mathrm{d}x - \mathrm{d}y) + f_3' \cdot (y\mathrm{d}x + x\mathrm{d}y)$$

$$= (f_1' + f_2' + yf_3')\mathrm{d}x + (f_1' - f_2' + xf_3')\mathrm{d}y,$$

由此又可得
$$\frac{\partial z}{\partial x} = f_1' + f_2' + yf_3'.$$

进一步求得
$$\frac{\partial^2 z}{\partial x \partial y} = \frac{\partial}{\partial y}(f_1' + f_2' + yf_3')$$

$$= f_{11}'' + f_{12}'' \cdot (-1) + xf_{13}'' + f_{21}'' + f_{22}'' \cdot (-1) + xf_{23}''$$

$$+ y[f''_{31} + f''_{32} \cdot (-1) + xf''_{33}] + f'_3$$
$$= f''_{11} + (x+y)f''_{13} - f''_{22} + (x-y)f''_{23} + xyf''_{33} + f'_3,$$

其中,$f''_{12} = f''_{21}, f''_{13} = f''_{31}, f''_{23} = f''_{32}$.

---

9. (11,9 分) 设函数 $z = f(xy, yg(x))$,其中函数 f 具有二阶连续偏导数,函数 $g(x)$ 可导且在 $x = 1$ 处取得极值 $g(1) = 1$. 求 $\dfrac{\partial^2 z}{\partial x \partial y}\Big|_{\substack{x=1 \\ y=1}}$.

【解】 这是求带抽象函数记号的复合函数的二阶混合偏导数.

先求 $\dfrac{\partial z}{\partial x}$: $\dfrac{\partial z}{\partial x} = f'_1 \dfrac{\partial}{\partial x}(xy) + f'_2 \dfrac{\partial}{\partial x}[yg(x)] = f'_1 \cdot y + f'_2 \cdot yg'(x).$

因为 $g(x)$ 可导且在 $x = 1$ 取极值 $\Rightarrow g'(1) = 0$,又 $g(1) = 1 \Rightarrow$

$$\frac{\partial z}{\partial x}\Big|_{x=1} = f'_1[y, yg(1)]y = f'_1(y, y) \cdot y$$

$\Rightarrow \qquad \dfrac{\partial^2 z}{\partial x \partial y}\Big|_{\substack{x=1 \\ y=1}} = \dfrac{\mathrm{d}}{\mathrm{d}y}[f'_1(y,y) \cdot y]\Big|_{y=1} = f'_1(1,1) + f''_{11}(1,1) + f''_{12}(1,1).$

评注 求得
$$\frac{\partial z}{\partial x} = f'_1 \cdot y + f'_2 \cdot yg'(x)$$

后,若先求出任意点处的 $\dfrac{\partial^2 z}{\partial x \partial y}$ 可得

$$\frac{\partial^2 z}{\partial x \partial y} = \frac{\partial}{\partial y}[f'_1 \cdot y + f'_2 \cdot yg'(x)]$$
$$= [f''_{11} \cdot x + f''_{12} \cdot g(x)]y + f'_1 + [f''_{21} \cdot x + f''_{22} \cdot g(x)]yg'(x) + f'_2 \cdot g'(x).$$

再令 $x = 1, y = 1$,并由 $g(1) = 1, g'(1) = 0, xy = 1, yg(x) = 1$ 最后得

$$\frac{\partial^2 z}{\partial x \partial y}\Big|_{\substack{x=1 \\ y=1}} = f''_{11}(1,1) + f''_{12}(1,1) + f'_1(1,1).$$

这比前面的解法要复杂些.

由于偏导数实质上是一元函数的导数,因而求 $\dfrac{\partial^2 z}{\partial x \partial y}\Big|_{\substack{x=1 \\ y=1}}$ 时,可在求出 $\dfrac{\partial z}{\partial x}$ 后,先代入 $x = 1$,再

求 $\dfrac{\partial^2 z}{\partial x \partial y}\Big|_{\substack{x=1 \\ y=1}} = \dfrac{\mathrm{d}}{\mathrm{d}y}\Big(\dfrac{\partial z}{\partial x}\Big|_{x=1}\Big)\Big|_{y=1}$,这会简化计算.

---

10. (12,4 分) 设 $z = f\Big(\ln x + \dfrac{1}{y}\Big)$,其中函数 $f(u)$ 可微,则 $x\dfrac{\partial z}{\partial x} + y^2\dfrac{\partial z}{\partial y} = $ _____.

【分析】 $z = f\Big(\ln x + \dfrac{1}{y}\Big)$ 是一元函数与二元函数的复合函数,由复合函数求导法得

$$\frac{\partial z}{\partial x} = f' \cdot \frac{1}{x}, \qquad \frac{\partial z}{\partial y} = f' \cdot \Big(-\frac{1}{y^2}\Big),$$

于是 $\qquad x\dfrac{\partial z}{\partial x} + y^2\dfrac{\partial z}{\partial y} = f' - f' = 0.$

---

11. (13,4 分) 设 $z = \dfrac{y}{x}f(xy)$,其中函数 f 可微,则 $\dfrac{x}{y}\dfrac{\partial z}{\partial x} + \dfrac{\partial z}{\partial y} = $

(A) $2yf'(xy)$. (B) $-2yf'(xy)$.

(C) $\dfrac{2}{x}f(xy)$. (D) $-\dfrac{2}{x}f(xy)$.

【分析】 $\dfrac{\partial z}{\partial x} = \dfrac{y}{x}f'(xy)\cdot y - \dfrac{y}{x^2}f(xy) = \dfrac{y^2}{x}f'(xy) - \dfrac{y}{x^2}f(xy),$

$\dfrac{\partial z}{\partial y} = \dfrac{y}{x}f'(xy)\cdot x + \dfrac{1}{x}f(xy) = yf'(xy) + \dfrac{1}{x}f(xy),$

$\Rightarrow \qquad \dfrac{x}{y}\dfrac{\partial z}{\partial x} + \dfrac{\partial z}{\partial y} = \left[yf'(xy) - \dfrac{1}{x}f(xy) \right] + yf'(xy) + \dfrac{1}{x}f(xy) = 2yf'(xy).$

故选(A).

12.(15,4分) 设函数 $f(u,v)$ 满足 $f\left(x+y,\dfrac{y}{x}\right) = x^2 - y^2$，则 $\dfrac{\partial f}{\partial u}\bigg|_{\substack{u=1\\v=1}}$ 与 $\dfrac{\partial f}{\partial v}\bigg|_{\substack{u=1\\v=1}}$ 依次是

(A) $\dfrac{1}{2},0$ \qquad (B) $0,\dfrac{1}{2}$ \qquad (C) $-\dfrac{1}{2},0$ \qquad (D) $0,-\dfrac{1}{2}$

【分析一】 先求出 $f(u,v)$.

令 $\begin{cases} u = x+y \\ v = \dfrac{y}{x} \end{cases} \Rightarrow \begin{cases} x = \dfrac{u}{1+v} \\ y = \dfrac{uv}{1+v} \end{cases}$

于是 $\qquad f(u,v) = \dfrac{u^2}{(1+v)^2} - \dfrac{u^2 v^2}{(1+v)^2} = \dfrac{u^2(1-v)}{1+v} = u^2\left[\dfrac{2}{1+v} - 1\right]$

因此 $\qquad \dfrac{\partial f}{\partial u}\bigg|_{(1,1)} = 2u\left[\dfrac{2}{1+v}-1\right]\bigg|_{(1,1)} = 0$

$\qquad\qquad \dfrac{\partial f}{\partial v}\bigg|_{(1,1)} = -\dfrac{2u^2}{(1+v)^2} = -\dfrac{1}{2}$

选(D).

【分析二】 不必先求出 $f(u,v)$.

由 $\begin{cases} x+y = 1 \\ \dfrac{y}{x} = 1 \end{cases}$ 得 $\begin{cases} x = \dfrac{1}{2}, \\ y = \dfrac{1}{2}, \end{cases}$

即 $(u,v) = (1,1)$ 对应 $(x,y) = \left(\dfrac{1}{2},\dfrac{1}{2}\right)$

现对 $f\left(x+y,\dfrac{y}{x}\right) = x^2 - y^2$ 两边分别对 x,y 求偏导数得

$$\dfrac{\partial f\left(x+y,\frac{y}{x}\right)}{\partial u} + \dfrac{\partial f\left(x+y,\frac{y}{x}\right)}{\partial v}\left(-\dfrac{y}{x^2}\right) = 2x$$

$$\dfrac{\partial f}{\partial u} + \dfrac{\partial f}{\partial v}\left(\dfrac{1}{x}\right) = -2y$$

上两式中令 $x = \dfrac{1}{2}, y = \dfrac{1}{2}$ 得

$$\begin{cases} \dfrac{\partial f}{\partial u}\bigg|_{(1,1)} + \dfrac{\partial f}{\partial v}\bigg|_{(1,1)}\cdot(-2) = 1 \\ \dfrac{\partial f}{\partial u}\bigg|_{(1,1)} + \dfrac{\partial f}{\partial v}\bigg|_{(1,1)}\cdot 2 = -1 \end{cases}$$

由此解出 $\dfrac{\partial f}{\partial u}\bigg|_{(1,1)} = 0, \quad \dfrac{\partial f}{\partial v}\bigg|_{(1,1)} = -\dfrac{1}{2}.$

选(D).

13. (17,10分) 设函数 $f(u,v)$ 具有 2 阶连续偏导数，$y = f(e^x, \cos x)$，求 $\dfrac{\mathrm{d}y}{\mathrm{d}x}\Big|_{x=0}$，$\dfrac{\mathrm{d}^2 y}{\mathrm{d}x^2}\Big|_{x=0}$．

【分析与求解】 这是二元函数 $f(u,v)$ 与一元函数 $u = e^x$，$v = \cos x$ 的复合函数 $y = f(e^x, \cos x)$ 求 $x = 0$ 处的一阶与二阶的导数．

$$u(0) = 1, v(0) = 1.$$

先求 $\dfrac{\mathrm{d}y}{\mathrm{d}x}$：

$$\frac{\mathrm{d}y}{\mathrm{d}x} = f'_u \frac{\mathrm{d}u}{\mathrm{d}x} + f'_v \frac{\mathrm{d}v}{\mathrm{d}x} = f'_u e^x - f'_v \sin x$$

$\Rightarrow \qquad \dfrac{\mathrm{d}y}{\mathrm{d}x}\Big|_{x=0} = f'_u(1,1).$

再求 $\dfrac{\mathrm{d}^2 y}{\mathrm{d}x^2}\Big|_{x=0}$：

$$\frac{\mathrm{d}^2 y}{\mathrm{d}x^2}\Big|_{x=0} = \left[\frac{\mathrm{d}}{\mathrm{d}x}(f'_u) e^x + f'_u e^x\right]\Big|_{x=0} - \left[\frac{\mathrm{d}}{\mathrm{d}x}(f'_v) \sin x + f'_v \cos x\right]\Big|_{x=0}$$

$$= [f''_{uu} e^x - f''_{uv} \sin x]_{x=0} + f'_u(1,1) - f'_v(1,1)$$

$$= f''_{uu}(1,1) + f'_u(1,1) - f'_v(1,1).$$

----

14. (19,4分) 设函数 $f(u)$ 可导，$z = yf\left(\dfrac{y^2}{x}\right)$，则 $2x\dfrac{\partial z}{\partial x} + y\dfrac{\partial z}{\partial y} = $ _____．

【分析一】 先用复合函数求导法，分别求出

$$\frac{\partial z}{\partial x} = yf'\left(\frac{y^2}{x}\right)\left(-\frac{y^2}{x^2}\right) = -\frac{y^3}{x^2}f'\left(\frac{y^2}{x}\right)$$

$$\frac{\partial z}{\partial y} = f\left(\frac{y^2}{x}\right) + yf'\left(\frac{y^2}{x}\right)\frac{2y}{x} = f\left(\frac{y^2}{x}\right) + \frac{2y^2}{x}f'\left(\frac{y^2}{x}\right)$$

$\Rightarrow \quad 2x\dfrac{\partial z}{\partial x} + y\dfrac{\partial z}{\partial y} = -\dfrac{2y^3}{x}f'\left(\dfrac{y^2}{x}\right) + yf\left(\dfrac{y^2}{x}\right) + \dfrac{2y^3}{x}f'\left(\dfrac{y^2}{x}\right) = yf\left(\dfrac{y^2}{x}\right)$

【分析二】 先用复合函数微分法求 $\mathrm{d}z$，

$$\mathrm{d}z = f\left(\frac{y^2}{x}\right)\mathrm{d}y + y\mathrm{d}f\left(\frac{y^2}{x}\right) = f\left(\frac{y^2}{x}\right)\mathrm{d}y + yf'\left(\frac{y^2}{x}\right)\frac{2xy\mathrm{d}y - y^2\mathrm{d}x}{x^2}$$

$$= -\frac{y^3}{x^2}f'\left(\frac{y}{x}\right)\mathrm{d}x + \left[f\left(\frac{y^2}{x}\right) + \frac{2y^2}{x}f'\left(\frac{y^2}{x}\right)\right]\mathrm{d}y$$

分别由 $\mathrm{d}x$ 与 $\mathrm{d}y$ 的系数得

$$\frac{\partial z}{\partial x} = -\frac{y^3}{x^2}f'\left(\frac{y}{x}\right), \quad \frac{\partial z}{\partial y} = f\left(\frac{y^2}{x}\right) + \frac{2y^2}{x}f'\left(\frac{y^2}{x}\right)$$

其余同前．

----

15. (21,5分) 设函数 $f(x,y)$ 可微，且 $f(x+1, e^x) = x(x+1)^2$，$f(x, x^2) = 2x^2\ln x$，则 $\mathrm{d}f(1,1) = $
(A) $\mathrm{d}x + \mathrm{d}y$ (B) $\mathrm{d}x - \mathrm{d}y$
(C) $\mathrm{d}y$ (D) $-\mathrm{d}y$

【分析一】 将 $f(x+1, e^x) = x(x+1)^2$ 两边对 x 求导由复合函数求导法得

$$f'_u(u,v) + f'_v(u,v)e^x = (x+1)^2 + 2x(x+1)$$

令 $x = 0$（相应地 $u = v = 1$）得

$$f'_u(1,1) + f'_v(1,1) = 1 \qquad\qquad\qquad\qquad ①$$

在将 $f(x, x^2) = 2x^2\ln x$ 两边对 x 求导得

$$f'_u(u,v) + f'_v(u,v)2x = 4x\ln x + 2x$$

令 $x = 1$(相应地 $u = v = 1$)得

$$f_u'(1,1) + 2f_v'(1,1) = 2 \qquad ②$$

由 ①,② 得 $f_u'(1,1) = 0$, $f_v'(1,1) = 1$, 即 $f_x'(x,y)\Big|_{(1,1)} = 0$, $f_y'(x,y)\Big|_{(1,1)} = 1$

于是

$$df(x,y)\Big|_{(1,1)} = f_x'(1,1)dx + f_y'(1,1)dy = dy$$

选(C)

【分析二】 由 $f(x+1,e^x) = x(x+1)^2$, 令 $u = x+1$, $v = e^x$ 得 $f(u,v) = u^2\ln v$, 它满足 $f(x,x^2) = x^2\ln x^2 = 2x^2\ln x$.

现对 $f(x,y) = x^2\ln y$, 求

$$df(x,y) = (\ln y)dx^2 + x^2 d\ln y = 2x\ln y dx + \frac{x^2}{y}dy$$

令 $x = 1$, $y = 1$ 得

$$df(x,y)\Big|_{(1,1)} = dy \quad 选(C).$$

---

16. (22,5 分) 设函数 $f(t)$ 连续, 令 $F(x,y) = \int_0^{x-y}(x-y-t)f(t)dt$, 则(　　)

(A) $\dfrac{\partial F}{\partial x} = \dfrac{\partial F}{\partial y} = \dfrac{\partial^2 F}{\partial^2 x} = \dfrac{\partial^2 F}{\partial^2 y}$

(B) $\dfrac{\partial F}{\partial x} = \dfrac{\partial F}{\partial y}, \dfrac{\partial^2 F}{\partial^2 x} = -\dfrac{\partial^2 F}{\partial^2 y}$

(C) $\dfrac{\partial F}{\partial x} = -\dfrac{\partial F}{\partial y}, \dfrac{\partial^2 F}{\partial^2 x} = \dfrac{\partial^2 F}{\partial^2 y}$

(D) $\dfrac{\partial F}{\partial x} = -\dfrac{\partial F}{\partial y}, \dfrac{\partial^2 F}{\partial^2 x} = -\dfrac{\partial^2 F}{\partial^2 y}$

【分析】 先改写 $F(x,y) = (x-y)\int_0^{x-y}f(t)dt - \int_0^{x-y}tf(t)dt$

$$\frac{\partial F}{\partial x} = \int_0^{x-y}f(t)dt + (x-y)f(x-y) - (x-y)f(x-y) = \int_0^{x-y}f(t)dt$$

$$\frac{\partial F}{\partial y} = -\int_0^{x-y}f(t)dt - (x-y)f(x-y) + (x-y)f(x-y) = -\int_0^{x-y}f(t)dt$$

所以

$$\frac{\partial F}{\partial x} = -\frac{\partial F}{\partial y}$$

$$\frac{\partial^2 F}{\partial x^2} = f(x-y), \frac{\partial^2 F}{\partial y^2} = f(x-y)$$

所以

$$\frac{\partial^2 F}{\partial x^2} = \frac{\partial^2 F}{\partial y^2}.$$

选(C)

> **评注** $F(x,y)$ 只与 $x-y$ 有关, 令
> $$F(x,y) = G(x-y)$$
> 则 $\dfrac{\partial F}{\partial x} = G'(x-y)$, $\dfrac{\partial F}{\partial y} = -G'(x-y)$, $\dfrac{\partial^2 F}{\partial x^2} = G''(x-y)$, $\dfrac{\partial^2 F}{\partial y^2} = G''(x-y)$
>
> 这里是选择题, 不妨加条件, 假设 $G(u)$ 有二阶连续导数, 可以选得正确答: 若是解答题这种解法不妥。

▶练习题

(1)(98,1,3分) 设 $z = \dfrac{1}{x}f(xy) + y\varphi(x+y)$，$f,\varphi$ 具有二阶连续导数，则 $\dfrac{\partial^2 z}{\partial x \partial y} = $ _____.

【分析】 为简化计算，我们先求 $\dfrac{\partial z}{\partial y}$.

$$\frac{\partial z}{\partial y} = \frac{1}{x}f'(xy)x + \varphi(x+y) + y\varphi'(x+y) = f'(xy) + \varphi(x+y) + y\varphi'(x+y).$$

再求

$$\frac{\partial^2 z}{\partial x \partial y} = \frac{\partial^2 z}{\partial y \partial x} = f''(xy)y + \varphi'(x+y) + y\varphi''(x+y).$$

> **评注** ① 利用混合偏导数在连续的条件下与求导次序无关，先求 $\dfrac{\partial z}{\partial x}$ 或 $\dfrac{\partial z}{\partial y}$ 均可，但不同的选择可能影响计算的繁简. 如
>
> 先求 $\dfrac{\partial z}{\partial x}$. $\dfrac{\partial z}{\partial x} = -\dfrac{1}{x^2}f(xy) + \dfrac{1}{x}f'(xy)y + y\varphi'(x+y)$.
>
> 再求
> $$\frac{\partial^2 z}{\partial x \partial y} = -\frac{1}{x^2}f'(xy)x + \frac{1}{x}f''(xy)xy + \frac{1}{x}f'(xy) + \varphi'(x+y) + y\varphi''(x+y)$$
> $$= f''(xy)y + \varphi'(x+y) + y\varphi''(x+y).$$
>
> 对两项分别采取不同的顺序更简单些：
> $$\frac{\partial^2 z}{\partial x \partial y} = \frac{\partial}{\partial x}\Big[\frac{\partial}{\partial y}\Big(\frac{1}{x}f(xy)\Big)\Big] + \frac{\partial}{\partial y}\Big[\frac{\partial}{\partial x}\big(y\varphi(x+y)\big)\Big]$$
> $$= \frac{\partial}{\partial x}\Big[\frac{1}{x}f'(xy)x\Big] + \frac{\partial}{\partial y}\big[y\varphi'(x+y)\big] = f''(xy)y + \varphi'(x+y) + y\varphi''(x+y).$$
>
> ② 本题中，f 与 φ 中的中间变量均为一元，因此本题实质上是一元复合函数的求导，只要注意到对 x 求导时，y 视为常数；对 y 求导时，x 视为常数就可以了. 在有些考生的答卷中出现了 f'_x, f'_y 等记号，从而不能化简，这当然是错的. 究其原因，这些考生误认为 f,φ 中的中间变量是两个，从而出现了 f'_x, f'_y 等记号.

(2)(01,1,6分) 设函数 $z = f(x,y)$ 在点 $(1,1)$ 处可微，且 $f(1,1) = 1$，$\dfrac{\partial f}{\partial x}\Big|_{(1,1)} = 2$，$\dfrac{\partial f}{\partial y}\Big|_{(1,1)} = 3$，$\varphi(x) = f[x, f(x,x)]$，求 $\dfrac{d}{dx}\varphi^3(x)\Big|_{x=1}$.

【分析与求解】 先求 $\varphi(1) = f[1, f(1,1)] = f(1,1) = 1$.

求 $\dfrac{d}{dx}\varphi^3(x)\Big|_{x=1} = 3\varphi^2(1)\varphi'(1) = 3\varphi'(1)$，归结为求 $\varphi'(1)$. 由复合函数求导法

$$\varphi'(x) = f'_1[x, f(x,x)] + f'_2[x, f(x,x)]\frac{d}{dx}f(x,x),$$

$$\varphi'(1) = f'_1(1,1) + f'_2(1,1)[f'_1(1,1) + f'_2(1,1)].$$

注意 $\quad f'_1(1,1) = \dfrac{\partial f(1,1)}{\partial x} = 2$，$\quad f'_2(1,1) = \dfrac{\partial f(1,1)}{\partial y} = 3$.

因此 $\quad \varphi'(1) = 2 + 3(2+3) = 17$，$\quad \dfrac{d}{dx}\varphi^3(x)\Big|_{x=1} = 3 \times 17 = 51$.

> **评注** 此题是多层复合函数的求导问题. 在利用复合函数的求导时，要注意正确使用恰当的记号. 本题中 $z = f[x, f(x,x)]$ 是二元函数 $z = f(x,y)$，$y = f(x,u)$ 与一元函数 $u = x$ 的复合，于是由复合函数求导法
>
> $$\frac{dz}{dx} = \frac{\partial f(x,y)}{\partial x} + \frac{\partial f(x,y)}{\partial y}\frac{dy}{dx} = \frac{\partial f(x,y)}{\partial x} + \frac{\partial f(x,y)}{\partial y}\Big[\frac{\partial f(x,u)}{\partial x} + \frac{\partial f(x,u)}{\partial u}\Big].$$

当 $x = 1$ 时, $u = 1$, $y = f(1,1) = 1 \Rightarrow$

$$\frac{\mathrm{d}z}{\mathrm{d}x}\bigg|_{x=1} = \frac{\partial f(1,1)}{\partial x} + \frac{\partial f(1,1)}{\partial y}\left[\frac{\partial f(1,1)}{\partial x} + \frac{\partial f(1,1)}{\partial y}\right] = 2 + 3(2+3) = 17.$$

本题上面的解答本质上与此相同,只是采用记号 f_1' 表示对第一个变量求导, f_2' 表示对第二个变量求导,省去了引进中间变量的过程,显得更为方便些.

一定要注意,不可用如下记号 $f_x'[x, f(x,x)]$,它的含意是不清楚的,因为

$$\frac{\mathrm{d}}{\mathrm{d}x}[f(x, f(x,x))] \quad 与 \quad \frac{\partial f(x,y)}{\partial x}\bigg|_{y=f(x,x)} \quad 是不同的.$$

综　述

题 7 ~ 题 14 是复合函数求导方面的试题.就复合关系来看,其中有:一元函数 $z = f(u)$ 与二元函数 $u = u(x,y)$ 的复合;二元函数 $z = f(x,v)$ 与二元函数 $v = v(x,y)$ 的复合及二元函数 $z = f(u,v)$ 与二元函数 $u = u(x,y)$, $v = v(x,y)$ 的复合等.这里 f 均是抽象的函数关系,而 u,v 多是具体的初等函数,也有是抽象的函数关系.对这类复合函数求一、二阶偏导数是多元函数微分学试题中最常见的一类.

1. 尽管它们的复合关系各有不同,但共同点是:

$$复合函数对指定自变量的偏导数 = \sum_{i=1}^{m}\left\{\begin{array}{l}函数对第 i 个中间变量的偏导数 \times \\ 该中间变量对指定自变量的偏导数\end{array}\right\},$$

其中 m 是中间变量的个数.

原则上函数有几个中间变量,公式中就有几项,要分清中间变量与自变量,一定要注意对哪个自变量求导,对中间变量求导不要漏项.有时公式中右端项的项数比中间变量个数少,那是因为有的中间变量与求偏导的自变量无关,从而导数为零.有时一个变量既是中间变量又是自变量,这时该中间变量对这个自变量的导数为 1.

2. 求带抽象函数记号的复合函数的偏导数时,要特别注意不要漏项,特别是求二阶偏导数时.一是求乘积的偏导数时不要漏项,二是求复合函数的偏导数时不要漏项.最容易出错的是对复合函数 $f[u(x,y), v(x,y)]$ 的偏导数 $\frac{\partial f}{\partial u} = f_u'(u,v)$ 或 $\frac{\partial f}{\partial v} = f_v'(u,v)$ 再求偏导数时,忽视了 f_u' 与 f_v' 仍然是 u,v 的函数(即它们与 $f(u,v)$ 有相同的复合结构)而易错解为仅仅是 u 或 v 的函数,从而导致漏项的错误:

$$\frac{\partial}{\partial x}(f_u') = f_{uu}''\frac{\partial u}{\partial x} \quad 与 \quad \frac{\partial}{\partial x}(f_v') = f_{vv}''\frac{\partial v}{\partial x} \qquad \times$$

分别漏掉了 $f_{uv}''\frac{\partial v}{\partial x}$ 与 $f_{vu}''\frac{\partial u}{\partial x}$ 项.

3. 求复合函数的混合偏导数时,在它们连续的条件下,要注意利用交换次序,有时可简化计算.

四、复合函数求导法 —— 求隐函数的偏导数或全微分

17. (10,4 分) 设函数 $z = z(x,y)$ 由方程 $F\left(\frac{y}{x}, \frac{z}{x}\right) = 0$ 确定,其中 F 为可微函数,且 $F_2' \neq 0$,则 $x\frac{\partial z}{\partial x}$

$+ y\frac{\partial z}{\partial y} =$

(A)　x.　　　　(B)　z.　　　　(C)　$-x$.　　　　(D)　$-z$.

【分析一】 方程 $F\left(\dfrac{y}{x}, \dfrac{z}{x}\right) = 0$ 两边求全微分得

$$F_1' \mathrm{d}\left(\frac{y}{x}\right) + F_2' \mathrm{d}\left(\frac{z}{x}\right) = 0, \quad 即 \quad F_1' \cdot \frac{x\mathrm{d}y - y\mathrm{d}x}{x^2} + F_2' \cdot \frac{x\mathrm{d}z - z\mathrm{d}x}{x^2} = 0,$$

整理得

$$\mathrm{d}z = \frac{yF_1' + zF_2'}{xF_2'}\mathrm{d}x - \frac{F_1'}{F_2'}\mathrm{d}y.$$

$\Rightarrow$

$$x\frac{\partial z}{\partial x} + y\frac{\partial z}{\partial y} = x\frac{yF_1' + zF_2'}{xF_2'} - \frac{yF_1'}{F_2'} = z.$$

因此选（B）.

【分析二】 方程记为 $G(x,y,z) = 0, G(x,y,z) = F\left(\dfrac{y}{x}, \dfrac{z}{x}\right)$. 代公式分别求 $\dfrac{\partial z}{\partial x}, \dfrac{\partial z}{\partial y}$.

$$\frac{\partial z}{\partial x} = -\frac{\partial G}{\partial x}\bigg/\frac{\partial G}{\partial z} = -\frac{F_1' \cdot \left(-\dfrac{y}{x^2}\right) + F_2' \cdot \left(-\dfrac{z}{x^2}\right)}{F_2' \cdot \dfrac{1}{x}} = \frac{yF_1' + zF_2'}{xF_2'},$$

$$\frac{\partial z}{\partial y} = -\frac{\partial G}{\partial y}\bigg/\frac{\partial G}{\partial z} = -\frac{F_1' \cdot \dfrac{1}{x}}{F_2' \cdot \dfrac{1}{x}} = -\frac{F_1'}{F_2'},$$

$\Rightarrow$

$$x\frac{\partial z}{\partial x} + y\frac{\partial z}{\partial y} = \left(\frac{yF_1'}{F_2'} + z\right) + \left(-\frac{yF_1'}{F_2'}\right) = z.$$

因此选（B）.

【分析三】 方程 $F\left(\dfrac{y}{x}, \dfrac{z}{x}\right) = 0$ 两边分别对 x, y 求偏导数，注意 $z = z(x,y)$，由复合函数求导法得

$$F_1' \cdot \left(-\frac{y}{x^2}\right) + F_2' \cdot \left(-\frac{z}{x^2} + \frac{1}{x}\frac{\partial z}{\partial x}\right) = 0,$$

$$F_1' \cdot \frac{1}{x} + F_2' \cdot \frac{1}{x}\frac{\partial z}{\partial y} = 0,$$

解出 $\dfrac{\partial z}{\partial x}, \dfrac{\partial z}{\partial y}$ 得

$$\frac{\partial z}{\partial x} = \frac{yF_1' + zF_2'}{xF_2'}, \quad \frac{\partial z}{\partial y} = -\frac{F_1'}{F_2'}.$$

$\Rightarrow$

$$x\frac{\partial z}{\partial x} + y\frac{\partial z}{\partial y} = \left(\frac{yF_1'}{F_2'} + z\right) + \left(-\frac{yF_1'}{F_2'}\right) = z.$$

因此选（B）.

18.（14,4 分） 设 $z = z(x,y)$ 是由方程 $\mathrm{e}^{2yz} + x + y^2 + z = \dfrac{7}{4}$ 确定的函数，则 $\mathrm{d}z\Big|_{\left(\frac{1}{2}, \frac{1}{2}\right)} = $ _____.

【分析】 先求出 $z\left(\dfrac{1}{2}, \dfrac{1}{2}\right)$

由 $\quad \mathrm{e}^{2yz} + x + y^2 + z = \dfrac{7}{4}$, ①

令 $x = \dfrac{1}{2}, y = \dfrac{1}{2}$ 得 $\mathrm{e}^z + z = 1 \Rightarrow z\left(\dfrac{1}{2}, \dfrac{1}{2}\right) = 0$

下求 $\mathrm{d}z\Big|_{\left(\frac{1}{2}, \frac{1}{2}\right)}$

方法 1 将 ① 式两边求全微分得 $\quad 2\mathrm{e}^{2yz}(z\mathrm{d}y + y\mathrm{d}z) + \mathrm{d}x + 2y\mathrm{d}y + \mathrm{d}z = 0$

令 $x = y = \dfrac{1}{2}, z = 0$ 得 $2\mathrm{d}z + \mathrm{d}x + \mathrm{d}y = 0 \Rightarrow \quad \mathrm{d}z\Big|_{\left(\frac{1}{2}, \frac{1}{2}\right)} = -\dfrac{1}{2}\mathrm{d}x - \dfrac{1}{2}\mathrm{d}y.$

方法 2 将 ① 式两边对 x 求偏导数，得 $\quad \mathrm{e}^{2yz} \cdot 2y\dfrac{\partial z}{\partial x} + 1 + \dfrac{\partial z}{\partial x} = 0,$

令 $x = y = \dfrac{1}{2}, z = 0$ 得 $\dfrac{\partial z}{\partial x}\bigg|_{(\frac{1}{2},\frac{1}{2})} = -\dfrac{1}{2}$.

将①式两边对 y 求偏导数得

$$2e^{2yz}\left(z + y\dfrac{\partial z}{\partial y}\right) + 2y + \dfrac{\partial z}{\partial y} = 0,$$

令 $x = y = \dfrac{1}{2}, z = 0$，得 $\dfrac{\partial z}{\partial y}\bigg|_{(\frac{1}{2},\frac{1}{2})} = -\dfrac{1}{2}$，

因此 $\qquad \mathrm{d}z\big|_{(\frac{1}{2},\frac{1}{2})} = -\dfrac{1}{2}\mathrm{d}x - \dfrac{1}{2}\mathrm{d}y.$

---

19. (15,4分) 若函数 $z = z(x,y)$ 由方程 $e^{x+2y+3z} + xyz = 1$ 确定,则 $\mathrm{d}z\big|_{(0,0)} = $ _____.

【分析】 先求 $z(0,0)$. 在原方程中令 $x = 0, y = 0$ 得

$$e^{3z(0,0)} = 1 \quad \Rightarrow \quad z(0,0) = 0.$$

解法一 将原方程两边求全微分得

$$e^{x+2y+3z}\mathrm{d}(x + 2y + 3z) + \mathrm{d}(xyz) = 0$$

$$e^{x+2y+3z}(\mathrm{d}x + 2\mathrm{d}y + 3\mathrm{d}z) + yz\mathrm{d}x + xz\mathrm{d}y + xy\mathrm{d}z = 0.$$

令 $x = 0, y = 0, z = 0$ 得

$$\mathrm{d}x + 2\mathrm{d}y + 3\mathrm{d}z\big|_{(0,0)} = 0$$

$$\mathrm{d}z\big|_{(0,0)} = -\dfrac{1}{3}\mathrm{d}x - \dfrac{2}{3}\mathrm{d}y.$$

解法二 将方程两边对 x, y 求偏导数得

$$e^{x+2y+3z}\left(1 + 3\dfrac{\partial z}{\partial x}\right) + yz + xy\dfrac{\partial z}{\partial x} = 0$$

令 $x = 0, y = 0, z = 0 \Rightarrow 1 + 3\dfrac{\partial z}{\partial x}\bigg|_{(0,0)} = 0 \Rightarrow \dfrac{\partial z}{\partial x}\bigg|_{(0,0)} = -\dfrac{1}{3}$

$$e^{x+2y+3z}\left(2 + 3\dfrac{\partial z}{\partial y}\right) + xz + xy\dfrac{\partial z}{\partial y} = 0$$

令 $x = 0, y = 0, z = 0 \Rightarrow 2 + 3\dfrac{\partial z}{\partial y}\bigg|_{(0,0)} = 0 \Rightarrow \dfrac{\partial z}{\partial y}\bigg|_{(0,0)} = -\dfrac{2}{3}$

因此 $\quad \mathrm{d}z\big|_{(0,0)} = -\dfrac{1}{3}\mathrm{d}x - \dfrac{2}{3}\mathrm{d}y.$

---

20. (18,4分) 设函数 $z = z(x,y)$ 由方程 $\ln z + e^{z-1} = xy$ 确定,则 $\dfrac{\partial z}{\partial x}\bigg|_{(2,\frac{1}{2})} = $ _____.

【分析一】 由方程 $\quad \ln z + e^{z-1} = xy$

确定 $z = z(x,y)$. 先求 $z\left(2, \dfrac{1}{2}\right)$：由

$$\ln z + e^{z-1} = 2 \times \dfrac{1}{2} = 1,$$

得 $z = 1$（令 $f(z) = \ln z + e^{z-1} - 1 \Rightarrow f'(z) = \dfrac{1}{z} + e^{z-1} > 0 (z > 0) \Rightarrow f(z) (0, +\infty)$ 单调上升,有唯一零点 $z = 1$）.

因此 $z\left(2, \dfrac{1}{2}\right) = 1.$

将方程两边对 x 求导得

$$\dfrac{1}{z}\dfrac{\partial z}{\partial x} + e^{z-1}\dfrac{\partial z}{\partial x} = y$$

令 $x = 2, y = \dfrac{1}{2}, z = 1$ 得

$$\left.\dfrac{\partial z}{\partial x}\right|_{(2,\frac{1}{2})} = \dfrac{1}{4}.$$

【分析二】 记 $F(x,y,z) = \ln z + e^{z-1} - xy.\; z = z(x,y)$ 由方程 $F(x,y,z) = 0$ 确定. 同前求得 $z\left(2, \dfrac{1}{2}\right) = 1.$

代公式得 $\quad \dfrac{\partial z}{\partial x} = -\dfrac{F'_x}{F'_z} = -\dfrac{-y}{\dfrac{1}{z} + e^{z-1}}.$

$\Rightarrow \qquad \left.\dfrac{\partial z}{\partial x}\right|_{(2,\frac{1}{2})} = \dfrac{\dfrac{1}{2}}{1+1} = \dfrac{1}{4}.$

---

21. (21,4 分) 设函数 $z = z(x,y)$ 由方程 $(x+1)z + y\ln z - \arctan(2xy) = 1$ 确定,则 $\left.\dfrac{\partial z}{\partial x}\right|_{(0,2)} = $ _____.

【分析】 先求 $z(0,2)$. 在方程中令 $x = 0, y = 2$ 得 $z + 2\ln z = 1$,只有解

$z = 1 \left(\dfrac{\mathrm{d}(z+2\ln z)}{\mathrm{d}z} = 1 + \dfrac{2}{z} > 0, z + 2\ln z \text{ 在} (0, +\infty) \nearrow\right).$

方法 1 将方程两边函数对 x 求偏导

$$z + (x+1)\dfrac{\partial z}{\partial x} + \dfrac{y}{z}\dfrac{\partial z}{\partial x} - \dfrac{1}{1+4x^2y^2}2y = 0$$

代入 $x = 0, y = 2, z = 1$,得

$$1 + 3\left.\dfrac{\partial z}{\partial x}\right|_{(0,2)} - 4 = 0, \left.\dfrac{\partial z}{\partial x}\right|_{(0,2)} = 1.$$

方法 2 令 $F(x,y,z) = (x+1)z + y\ln z - \arctan(2xy) - 1.$
$z = z(x,y)$ 由方程 $F(x,y,z) = 0$ 确定. 套用公式

$$\dfrac{\partial z}{\partial x} = -\dfrac{F'_x}{F'_z} = -\dfrac{z - \dfrac{2y}{1+4x^2y^2}}{x+1+\dfrac{y}{z}}$$

令 $x = 0, y = 2, z = 1$ 得

$$\left.\dfrac{\partial z}{\partial x}\right|_{(0,2)} = -\dfrac{1-4}{1+2} = 1$$

---

22. (22,5 分) 已知函数 $y = y(x)$ 由方程 $x^2 + xy + y^3 = 3$ 确定,则 $y''(1) = 1$ _____.

【分析】 先由原方程求 $y(1)$。令 $x = 1$,得

$$1 + y(1) + y^3(1) = 3$$

易观察 $y(1) = 1.$ (无其它解)
现将原方程两边对 x 求导两次得

$$2x + y + xy' + 3y^2y' = 0 \qquad\qquad ①$$
$$2 + 2y' + xy'' + 6y(y')^2 + 3y^2y'' = 0 \qquad\qquad ②$$

由 ①,代入 $x = 1, y(1) = 1$,得 $y'(1) = -\dfrac{3}{4}$,由 ②,代入 $x = 1, y'(1) = -\dfrac{3}{4}, y(1) = 1$,得

$$y''(1) = -\dfrac{31}{32}$$

▶ 练习题

(1)(05,1,4分) 设有三元方程 $xy - z\ln y + e^{xz} = 1$,根据隐函数存在定理,存在点 $(0,1,1)$ 的一个邻域,在此邻域内该方程

（A） 只能确定一个具有连续偏导数的隐函数 $z = z(x,y)$.

（B） 可确定两个具有连续偏导数的隐函数 $y = y(x,z)$ 和 $z = z(x,y)$.

（C） 可确定两个具有连续偏导数的隐函数 $x = x(y,z)$ 和 $z = z(x,y)$.

（D） 可确定两个具有连续偏导数的隐函数 $x = x(y,z)$ 和 $y = y(x,z)$.

【分析】 把方程记为 $F(x,y,z) = 0$,其中 $F(x,y,z) = xy - z\ln y + e^{xz} - 1$. 显然,$F$ 对 x,y,z 均有连续偏导数,且

$$F(0,1,1) = 0. \tag{①}$$

下面考察三个偏导数:

$$\frac{\partial F}{\partial x}\Big|_{(0,1,1)} = (y + ze^{xz})\big|_{(0,1,1)} = 2 \neq 0, \tag{②}$$

$$\frac{\partial F}{\partial y}\Big|_{(0,1,1)} = \left(x - \frac{z}{y}\right)\Big|_{(0,1,1)} = -1 \neq 0, \tag{③}$$

$$\frac{\partial F}{\partial z}\Big|_{(0,1,1)} = (-\ln y + xe^{xz})\big|_{(0,1,1)} = 0.$$

由于 $F(x,y,z)$ 满足偏导数的连续性及条件①,②,③等,根据隐函数存在定理知,存在点 $(0,1,1)$ 的一个邻域,在此邻域该方程可确定有连续偏导数的隐函数 $x = x(y,z)$ 和 $y = y(x,z)$. 故应选（D）.

(2)(01,3,5分) 设 $u = f(x,y,z)$ 有连续的一阶偏导数,又函数 $y = y(x)$ 及 $z = z(x)$ 分别由下列两式确定:

$$e^{xy} - xy = 2 \text{ 和 } e^x = \int_0^{x-z} \frac{\sin t}{t}dt,$$

求 $\dfrac{du}{dx}$.

【解】
$$\frac{du}{dx} = \frac{\partial f}{\partial x} + \frac{\partial f}{\partial y}\frac{dy}{dx} + \frac{\partial f}{\partial z}\frac{dz}{dx}. \tag{$*$}$$

由 $e^{xy} - xy = 2$ 两边对 x 求导,得

$$e^{xy}\left(y + x\frac{dy}{dx}\right) - \left(y + x\frac{dy}{dx}\right) = 0 \quad \Rightarrow \quad \frac{dy}{dx} = -\frac{y}{x}. \tag{①}$$

又由 $e^x = \int_0^{x-z} \dfrac{\sin t}{t}dt$ 两边对 x 求导,得

$$e^x = \frac{\sin(x-z)}{x-z} \cdot \left(1 - \frac{dz}{dx}\right) \quad \Rightarrow \quad \frac{dz}{dx} = 1 - \frac{e^x(x-z)}{\sin(x-z)}. \tag{②}$$

将①、②两式代入（$*$）式,得

$$\frac{du}{dx} = \frac{\partial f}{\partial x} - \frac{y}{x}\frac{\partial f}{\partial y} + \left[1 - \frac{e^x(x-z)}{\sin(x-z)}\right]\frac{\partial f}{\partial z}.$$

综　述

> 1. 对由方程式或方程组确定的隐函数求导数或偏导数或全微分的问题是复合函数求导法的一个应用.
>
> 2. 按题意要确定所给问题中的自变量和因变量. 因变量的个数等于方程式的个数,自变量的个数等于变量的个数减去方程的个数.

3. 常用的方法:

方法 1° 利用复合函数求导法,将每个方程两边对指定的自变量求偏导数(或导数),此时一定要注意谁是自变量,谁是因变量,对中间变量的求导不要漏项. 然后求解相应的线性方程式或方程组,求得所要的隐函数的偏导数或导数.

方法 2° 利用一阶全微分形式的不变性,对每个方程两边求全微分,此时各变量的地位是平等的(可以暂不考虑谁是自变量,谁是因变量),然后求解相应的线性方程式或方程组,求得相应的隐函数的全微分.

对多元隐函数来说,若题目中求的是全部偏导数或全微分,往往是用方法 2° 简单些. 若只求某个偏导数,则方法 1° 与方法 2° 的繁简程度是差不多的.

对于一元隐函数来说,两种方法是差不多的.

五、复合函数求导法 —— 变量替换下方程的变形

23. (10,11 分) 设函数 $u = f(x,y)$ 具有二阶连续偏导数,且满足等式 $4\dfrac{\partial^2 u}{\partial x^2} + 12\dfrac{\partial^2 u}{\partial x \partial y} + 5\dfrac{\partial^2 u}{\partial y^2} = 0$. 确定 a,b 的值,使等式在变换 $\xi = x + ay, \eta = x + by$ 下化简为 $\dfrac{\partial^2 u}{\partial \xi \partial \eta} = 0$.

【分析与求解】 u 是 x,y 的函数,在变换 $\xi = x + ay, \eta = x + by$ 下,u 变成 ξ, η 的函数. 先由复合函数求导法,导出 u 对 x,y 的一、二阶偏导数与 u 对 ξ, η 的一、二阶偏导数间的关系,然后将方程

$$4\frac{\partial^2 u}{\partial x^2} + 12\frac{\partial^2 u}{\partial x \partial y} + 5\frac{\partial^2 u}{\partial y^2} = 0$$

变形,确定 a 与 b,化成 $\dfrac{\partial^2 u}{\partial \xi \partial \eta} = 0$.

由复合函数求导法可得

$$\frac{\partial u}{\partial x} = \frac{\partial u}{\partial \xi}\frac{\partial \xi}{\partial x} + \frac{\partial u}{\partial \eta}\frac{\partial \eta}{\partial x} = \frac{\partial u}{\partial \xi} + \frac{\partial u}{\partial \eta},$$

$$\frac{\partial u}{\partial y} = \frac{\partial u}{\partial \xi}\frac{\partial \xi}{\partial y} + \frac{\partial u}{\partial \eta}\frac{\partial \eta}{\partial y} = a\frac{\partial u}{\partial \xi} + b\frac{\partial u}{\partial \eta},$$

$$\frac{\partial^2 u}{\partial x^2} = \frac{\partial^2 u}{\partial \xi^2} + 2\frac{\partial^2 u}{\partial \xi \partial \eta} + \frac{\partial^2 u}{\partial \eta^2},$$

$$\frac{\partial^2 u}{\partial x \partial y} = \frac{\partial^2 u}{\partial \xi^2}\frac{\partial \xi}{\partial y} + \frac{\partial^2 u}{\partial \xi \partial \eta}\frac{\partial \eta}{\partial y} + \frac{\partial^2 u}{\partial \eta \partial \xi}\frac{\partial \xi}{\partial y} + \frac{\partial^2 u}{\partial \eta^2}\frac{\partial \eta}{\partial y} = a\frac{\partial^2 u}{\partial \xi^2} + (a+b)\frac{\partial^2 u}{\partial \xi \partial \eta}$$
$$+ b\frac{\partial^2 u}{\partial \eta^2},$$

$$\frac{\partial^2 u}{\partial y^2} = a\left(\frac{\partial^2 u}{\partial \xi^2}a + \frac{\partial^2 u}{\partial \xi \partial \eta}b\right) + b\left(\frac{\partial^2 u}{\partial \eta \partial \xi}a + \frac{\partial^2 u}{\partial \eta^2}b\right) = a^2\frac{\partial^2 u}{\partial \xi^2} + 2ab\frac{\partial^2 u}{\partial \xi \partial \eta} + b^2\frac{\partial^2 u}{\partial \eta^2},$$

代入原方程得

$$4\frac{\partial^2 u}{\partial x^2} + 12\frac{\partial^2 u}{\partial x \partial y} + 5\frac{\partial^2 u}{\partial y^2}$$

$$= (5a^2 + 12a + 4)\frac{\partial^2 u}{\partial \xi^2} + (5b^2 + 12b + 4)\frac{\partial^2 u}{\partial \eta^2} + \left[8 + 12(a+b) + 10ab\right]\frac{\partial^2 u}{\partial \xi \partial \eta} = 0.$$

选 a,b 使得

$$
\begin{cases}
5a^2 + 12a + 4 = 0, & \Rightarrow \quad a = -2, -\dfrac{2}{5}, \\
5b^2 + 12b + 4 = 0, & \Rightarrow \quad b = -2, -\dfrac{2}{5}. \\
8 + 12(a + b) + 10ab \neq 0,
\end{cases}
$$

当 $a = b = -2$,或 $a = b = -\dfrac{2}{5}$ 时,$8 + 12(a + b) + 10ab = 0$;

当 $a = -2, b = -\dfrac{2}{5}$,或 $a = -\dfrac{2}{5}, b = -2$ 时,$8 + 12(a + b) + 10ab \neq 0$.

因此　　　　$a = -2, b = -\dfrac{2}{5}$,或 $a = -\dfrac{2}{5}, b = -2$.

> **评注**　① 化简中用到了 $\dfrac{\partial^2 z}{\partial u \partial v}, \dfrac{\partial^2 z}{\partial v \partial u}$ 连续,所以 $\dfrac{\partial^2 z}{\partial u \partial v} = \dfrac{\partial^2 z}{\partial v \partial u}$.
>
> ② 本考题不要求求出 $u = f(x, y)$,但我们应该会求它. 由 $\dfrac{\partial^2 u}{\partial \xi \partial \eta} = 0$ 得
>
> $$\frac{\partial}{\partial \eta}\left(\frac{\partial u}{\partial \xi}\right) = 0 \Rightarrow \frac{\partial u}{\partial \xi} = f(\xi) \Rightarrow u = \varphi(\xi) + \psi(\eta),$$
>
> 其中 φ, ψ 是任意的有二阶连续导数的函数.
>
> 因此,满足原方程的 $u = f(x, y)$ 是　　$u = \varphi(x - 2y) + \psi\left(x - \dfrac{2}{5}y\right)$.
>
> 这也就是作变换 $\xi = x - 2y, \eta = x - \dfrac{2}{5}y$ 的作用,它将原方程变形,化简成 $\dfrac{\partial^2 u}{\partial \xi \partial \eta} = 0$ 便可求出解来.

24. (14,10 分)　　设函数 $f(u)$ 具有 2 阶连续导数,$z = f(\mathrm{e}^x \cos y)$ 满足

$$\frac{\partial^2 z}{\partial x^2} + \frac{\partial^2 z}{\partial y^2} = (4z + \mathrm{e}^x \cos y)\mathrm{e}^{2x}.$$

若 $f(0) = 0, f'(0) = 0$,求 $f(u)$ 的表达式.

【分析与求解】　$z = f(\mathrm{e}^x \cos y)$ 是 $z = f(u)$ 与 $u = \mathrm{e}^x \cos y$ 的复合函数. 先由复合函数求导法,将 z 对 x, y 的偏导数满足的方程转化为 z 对 u 的导数满足的方程.

$$z = f(u) = f(\mathrm{e}^x \cos y)$$

$\Rightarrow$

$$\frac{\partial z}{\partial x} = f'(u)\mathrm{e}^x \cos y,$$

$$\frac{\partial z}{\partial y} = f'(u)(-\mathrm{e}^x \sin y)$$

$$\frac{\partial^2 z}{\partial x^2} = f''(u)\mathrm{e}^{2x}\cos^2 y + f'(u)\mathrm{e}^x \cos y,$$

$$\frac{\partial^2 z}{\partial y^2} = f''(u)\mathrm{e}^{2x}\sin^2 y - f'(u)\mathrm{e}^x \cos y$$

两式相加得　　$\dfrac{\partial^2 z}{\partial x^2} + \dfrac{\partial^2 z}{\partial y^2} = f''(u)\mathrm{e}^{2x}$

代入原方程得

$$f''(u)\mathrm{e}^{2x} = (4f(u) + u)\mathrm{e}^{2x}$$

求 $f(u)$ 转化为求解初值问题

$$\begin{cases} y'' - 4y = u, \\ y(0) = 0, y'(0) = 0 \end{cases} \quad y = f(u).$$

相应的特征方程 $\lambda^2 - 4 = 0$,特征根 $\lambda = \pm 2$,方程有特解 $y^* = -\dfrac{1}{4}u$,于是通解为

$$y = c_1 \mathrm{e}^{2u} + c_2 \mathrm{e}^{-2u} - \frac{1}{4}u.$$

由初值得 $c_1 = \frac{1}{16}, c_2 = -\frac{1}{16}$,因此

$$y = f(u) = \frac{1}{16}(\mathrm{e}^{2u} - \mathrm{e}^{-2u}) - \frac{u}{4}.$$

25.(19,11 分) 已知函数 $u(x,y)$ 满足 $2\dfrac{\partial^2 u}{\partial x^2} - 2\dfrac{\partial^2 u}{\partial y^2} + 3\dfrac{\partial u}{\partial y} = 0$,求 a,b 的值,使得在变换 $u(x, y) = v(x,y)\mathrm{e}^{ax+by}$ 之下,上述等式可化为函数 $v(x,y)$ 的不含一阶偏导数的等式.

【分析与求解】 $u = v\mathrm{e}^{ax+by}$

求出
$$\frac{\partial u}{\partial x} = \left(\frac{\partial v}{\partial x} + av\right)\mathrm{e}^{ax+by},$$

$$\frac{\partial u}{\partial y} = \left(\frac{\partial v}{\partial y} + bv\right)\mathrm{e}^{ax+by},$$

$$\frac{\partial^2 u}{\partial x^2} = \left(\frac{\partial^2 v}{\partial x^2} + a\frac{\partial v}{\partial x}\right)\mathrm{e}^{ax+by} + \left(a\frac{\partial v}{\partial x} + a^2 v\right)\mathrm{e}^{ax+by}$$

$$= \left(\frac{\partial^2 v}{\partial x^2} + 2a\frac{\partial v}{\partial x} + a^2 v\right)\mathrm{e}^{ax+by},$$

$$\frac{\partial^2 u}{\partial y^2} = \left(\frac{\partial^2 v}{\partial y^2} + 2b\frac{\partial v}{\partial y} + b^2 v\right)\mathrm{e}^{ax+by}.$$

代入 $u(x,y)$ 满足的方程

$$2\frac{\partial^2 u}{\partial x^2} - 2\frac{\partial^2 u}{\partial y^2} + 3\frac{\partial u}{\partial y} = 0$$

约去因子 e^{ax+by} 得

$$2\left(\frac{\partial^2 v}{\partial x^2} + 2a\frac{\partial v}{\partial x} + a^2 v\right) - 2\left(\frac{\partial^2 v}{\partial y^2} + 2b\frac{\partial v}{\partial y} + b^2 v\right) + 3\left(\frac{\partial v}{\partial y} + bv\right) = 0$$

合并后又得

$$2\left(\frac{\partial^2 v}{\partial x^2} - \frac{\partial^2 v}{\partial y^2}\right) + 4a\frac{\partial v}{\partial x} + (3 - 4b)\frac{\partial v}{\partial y} + (2a^2 - 2b^2 + 3b)v = 0$$

为了不含 $v(x,y)$ 的一阶偏导数,取 a,b 满足

$$4a = 0, 3 - 4b = 0$$

即 $a = 0, b = \dfrac{3}{4}.$

综　述

　　复合函数求导法则的另一重要应用是,作变量替换后可将某些二元或三元函数的偏导数所满足的方程(偏微分方程)变形,使之在新的变量下方程变得简单,甚至可以解出,常有两种情形:

　　1. 二元函数 $z = f[u(x,y)]$(是一元函数 $f(u)$ 与二元函数 $u = u(x,y)$ 的复合函数)满足某偏微分方程,在变量替换 $u = u(x,y)$ 下可导出相应的 $f(u)$ 满足的常微分方程,在简单情形下可以求解得 $f(u)$.如本节题24,26.特别是 $u = u(r), r = \sqrt{x^2 + y^2}, u = u(\sqrt{x^2 + y^2})$ 作为 x,y 的函数满足:

$$\frac{\partial^2 u}{\partial x^2} + \frac{\partial^2 u}{\partial y^2} = 0.$$

在变量替换 $r = \sqrt{x^2 + y^2}$ 下可导出 $u = u(r)$ 所满足的常微分方程：

$$\frac{d^2 u}{dr^2} + \frac{1}{r}\frac{du}{dr} = 0.$$

于是可求得 $u(r) = C_1 \ln r + C_2$，其中 C_1, C_2 为 $\forall$ 常数. 如第 24 题.

2. $z = f[u(x,y), v(x,y)]$（是 $z = f(u,v)$ 与 $u = u(x,y), v = v(x,y)$ 的复合），作为 x, y 的函数，满足某偏微分方程，在变量替换 $u = u(x,y), v = v(x,y)$ 下，可导出相应的 $z = f(u,v)$ 作为 u, v 的函数所满足的偏微分方程（如题 25）. 以下最简情形应当会解. 如：设 $z = f(x,y)$，则

由　　　　　$\dfrac{\partial f}{\partial x} = 0 \Rightarrow f(x,y) = \varphi(y)$，又由 $\dfrac{\partial f}{\partial y} = 0 \Rightarrow f(x,y) = \psi(x)$，

其中 $\varphi(y), \psi(x)$ 均是任意函数.

由　　　　　$\dfrac{\partial f}{\partial x} = h(x) \Rightarrow f(x,y) = \displaystyle\int h(x)\,dx + c(y)$，

由　　　　　$\dfrac{\partial f}{\partial y} = h(y) \Rightarrow f(x,y) = \displaystyle\int h(y)\,dy + c(x)$，

其中 $h(x), h(y)$ 是连续函数，$c(y), c(x)$ 均是任意函数.

六、多元函数的极值与最值问题

26.（08,11 分）　求函数 $u = x^2 + y^2 + z^2$ 在约束条件 $z = x^2 + y^2$ 和 $x + y + z = 4$ 下的最大值与最小值.

【解】　令 $F(x,y,z,\lambda,\mu) = x^2 + y^2 + z^2 + \lambda(x^2 + y^2 - z) + \mu(x + y + z - 4)$，解方程组

$$\begin{cases} \dfrac{\partial F}{\partial x} = 2x + 2\lambda x + \mu = 0, & \text{①}\\[2mm] \dfrac{\partial F}{\partial y} = 2y + 2\lambda y + \mu = 0, & \text{②}\\[2mm] \dfrac{\partial F}{\partial z} = 2z - \lambda + \mu = 0, & \text{③}\\[2mm] \dfrac{\partial F}{\partial \lambda} = x^2 + y^2 - z = 0, & \text{④}\\[2mm] \dfrac{\partial F}{\partial \mu} = x + y + z - 4 = 0, & \text{⑤} \end{cases}$$

由①，②得 $x = y$（$\lambda = -1, \mu = 0$ 不是解），再由④，⑤得 $z = 2x^2, z = 4 - 2x$，解得

$$P_1(1,1,2), \qquad P_2(-2,-2,8).$$

相应地　　　　$u(P_1) = 6, \qquad u(P_2) = 72.$

因此，在所给条件下，u 的最大值为 72，最小值为 6.

27.（09,4 分）　设函数 $z = f(x,y)$ 的全微分为 $dz = x\,dx + y\,dy$，则点 $(0,0)$

（A）　不是 $f(x,y)$ 的连续点.　　　　　（B）　不是 $f(x,y)$ 的极值点.

（C）　是 $f(x,y)$ 的极大值点.　　　　　（D）　是 $f(x,y)$ 的极小值点.

【分析一】　由 $dz = x\,dx + y\,dy = \dfrac{1}{2}dx^2 + \dfrac{1}{2}dy^2 = d\left[\dfrac{1}{2}(x^2 + y^2)\right]$

$\Rightarrow \quad z = \dfrac{1}{2}(x^2 + y^2) + C$　（C 为 $\forall$ 常数）.

因此按极值点的定义可知，点 $(0,0)$ 是 $z = f(x,y)$ 的极小值点. 选（D）.

【分析二】 用极值判别法.

由 $dz = x\,dx + y\,dy$ 得 $\dfrac{\partial z}{\partial x} = x$, $\dfrac{\partial z}{\partial y} = y$. 因此,点 $(0,0)$ 是驻点.

又由
$$A = \frac{\partial^2 z}{\partial x^2} = 1, \quad B = \frac{\partial^2 z}{\partial x \partial y} = 0, \quad C = \frac{\partial^2 z}{\partial y^2} = 1,$$

且在点 $(0,0)$ 处,$AC - B^2 = 1 > 0, A > 0$,可知点 $(0,0)$ 是 $z = f(x,y)$ 的极小值点. 故选(D).

---

28. (11,4 分) 设函数 $f(x), g(x)$ 均有二阶连续导数,满足 $f(0) > 0, g(0) < 0$,且 $f'(0) = g'(0) = 0$,则函数 $z = f(x)g(y)$ 在点 $(0,0)$ 处取得极小值的一个充分条件是

(A) $f''(0) < 0, g''(0) > 0$.   (B) $f''(0) < 0, g''(0) < 0$.

(C) $f''(0) > 0, g''(0) > 0$.   (D) $f''(0) > 0, g''(0) < 0$.

【分析】 由 $z = f(x)g(y)$,得
$$\frac{\partial z}{\partial x} = f'(x)g(y), \quad \frac{\partial z}{\partial y} = f(x)g'(y),$$

$\Rightarrow$
$$\frac{\partial z}{\partial x}\bigg|_{(0,0)} = \frac{\partial z}{\partial y}\bigg|_{(0,0)} = 0.$$

$$\frac{\partial^2 z}{\partial x^2} = f''(x)g(y), \quad \frac{\partial^2 z}{\partial y^2} = f(x)g''(y), \quad \frac{\partial^2 z}{\partial x \partial y} = f'(x)g'(y),$$

$$A = \frac{\partial^2 z}{\partial x^2}\bigg|_{(0,0)} = f''(0)g(0), \quad C = \frac{\partial^2 z}{\partial y^2}\bigg|_{(0,0)} = f(0)g''(0),$$

$$B = \frac{\partial^2 z}{\partial x \partial y}\bigg|_{(0,0)} = f'(0)g'(0) = 0,$$

$$AC - B^2 = f''(0)g''(0)f(0)g(0).$$

当 $f(0) > 0, g(0) < 0, f''(0) < 0, g''(0) > 0$ 时 $A > 0, AC - B^2 > 0$. 故 $z = f(x)g(y)$ 在 $(0,0)$ 取极小值. 选(A).

> **评注** 本题主要考查二元函数取得极小值的充分条件,考查考生的推导能力.

---

29. (12,10 分) 求函数 $f(x,y) = xe^{-\frac{x^2+y^2}{2}}$ 的极值.

【分析与求解】 先求驻点.
$$\frac{\partial f}{\partial x} = e^{-\frac{x^2+y^2}{2}} + xe^{-\frac{x^2+y^2}{2}} \cdot (-x) = (1-x^2)e^{-\frac{x^2+y^2}{2}}, \quad \frac{\partial f}{\partial y} = -xye^{-\frac{x^2+y^2}{2}},$$

由 $\begin{cases} \dfrac{\partial f}{\partial x} = 0, \\[2mm] \dfrac{\partial f}{\partial y} = 0 \end{cases}$ 解得驻点 $(1,0), (-1,0)$.

再求驻点处的二阶偏导数.
$$\frac{\partial^2 f}{\partial x^2} = -2xe^{-\frac{x^2+y^2}{2}} + (1-x^2)(-x)e^{-\frac{x^2+y^2}{2}} = (x^3 - 3x)e^{-\frac{x^2+y^2}{2}},$$

$$\frac{\partial^2 f}{\partial x \partial y} = (1-x^2)e^{-\frac{x^2+y^2}{2}}(-y) = (x^2-1)ye^{-\frac{x^2+y^2}{2}},$$

$$\frac{\partial^2 f}{\partial y^2} = -xe^{-\frac{x^2+y^2}{2}} + xy^2 e^{-\frac{x^2+y^2}{2}} = x(y^2-1)e^{-\frac{x^2+y^2}{2}},$$

由于在点 $(1,0)$ 处,
$$A = \frac{\partial^2 f}{\partial x^2}\bigg|_{(1,0)} = -2e^{-\frac{1}{2}}, \quad B = \frac{\partial^2 f}{\partial x \partial y}\bigg|_{(1,0)} = 0, \quad C = \frac{\partial^2 f}{\partial y^2}\bigg|_{(1,0)} = -e^{-\frac{1}{2}}$$

$$\Rightarrow AC - B^2 = 2\mathrm{e}^{-1} > 0, \text{又} A < 0$$

$\Rightarrow$ 点 $(1,0)$ 为极大值点, $f(1,0) = \mathrm{e}^{-\frac{1}{2}}$ 为极大值.

同样在点 $(-1,0)$ 处,

$$A = \frac{\partial^2 f}{\partial x^2}\bigg|_{(-1,0)} = 2\mathrm{e}^{-\frac{1}{2}}, \quad B = \frac{\partial^2 f}{\partial x \partial y}\bigg|_{(-1,0)} = 0, \quad C = \frac{\partial^2 f}{\partial y^2}\bigg|_{(-1,0)} = \mathrm{e}^{-\frac{1}{2}}$$

$$\Rightarrow AC - B^2 = 2\mathrm{e}^{-1} > 0, \text{又} A > 0$$

$\Rightarrow$ 点 $(-1,0)$ 为极小值点, $f(-1,0) = -\mathrm{e}^{-\frac{1}{2}}$ 为极小值.

---

30. (13,10 分) 求曲线 $x^3 - xy + y^3 = 1 (x \geqslant 0, y \geqslant 0)$ 上的点到坐标原点的最长距离与最短距离.

【分析与求解一】 记曲线上点 (x,y) 到原点的距离的平方为 $f(x,y) = x^2 + y^2$, 则问题转化为求 $f(x,y)$ 在条件 $x^3 - xy + y^3 - 1 = 0$ 下的最大值与最小值.

用拉格朗日乘子法. 令 $F(x,y,\lambda) = x^2 + y^2 + \lambda(x^3 - xy + y^3 - 1)$.

求驻点:解方程组

$$\frac{\partial F}{\partial x} = 2x + \lambda(3x^2 - y) = 0, \qquad ①$$

$$\frac{\partial F}{\partial y} = 2y + \lambda(-x + 3y^2) = 0, \qquad ②$$

$$\frac{\partial F}{\partial \lambda} = x^3 - xy + y^3 - 1 = 0, \qquad ③$$

将 $① \times y^2 - ② \times x^2$ 得

$$2xy(y - x) + \lambda(x - y)(x^2 + xy + y^2) = 0.$$

由此得 $x = y$, 以 $y = x$ 代入 ③ 得

$$x^3 - x^2 + x^3 - 1 = 0,$$

改写成 $\quad x^2(x - 1) + (x - 1)(x^2 + x + 1) = 0,$ 即 $(x - 1)(2x^2 + x + 1) = 0,$

解得 $x = 1$, 得唯一驻点 $(1,1)$. 又曲线是含端点的曲线段, 端点为 $(0,1)$ 与 $(1,0)$. 现比较函数值

$$f(0,1) = 1, \quad f(1,0) = 1, \quad f(1,1) = 2.$$

因实际问题存在最长与最短距离, 故最长距离为 $\sqrt{2}$, 最短距离为 1.

【分析与求解二】 由于曲线 $x^3 - xy + y^3 = 1 (x \geqslant 0, y \geqslant 0)$ 关于直线 $y = x$ 对称, 故只需考察 $y = x$ 的上方部分. 曲线与 $y = x$ 的交点是 $(1,1)$, 现考察

$$f(x) = x^2 + y^2(x) \ (0 \leqslant x \leqslant 1),$$

其中 $y(x)$ 是由方程 $x^3 - xy + y^3 = 1$ 确定的隐函数.

$$f'(x) = 2x + 2yy', \qquad ①$$

将曲线方程两边对 x 求导得

$$3x^2 - y - xy' + 3y^2y' = 0, \text{解得} y' = \frac{y - 3x^2}{3y^2 - x}. \qquad ②$$

将 ② 式代入 ① 式得

$$f'(x) = 2\left[x + \frac{y(y - 3x^2)}{3y^2 - x}\right] = \frac{2(3y^2x - x^2 + y^2 - 3x^2y)}{3y^2 - x^2}$$

$$= \frac{2[3xy(y - x) + y^2 - x^2]}{3y^2 - x^2} > 0 \ (x > 0, y > x, \text{在} y = x \text{上方满足} y > x).$$

于是 $f(x)$ 在 $[0,1]$ 单调上升, 最小值为 $f(0) = 0 + y^2(0) = 1$, 最大值为 $f(1) = 1^2 + y^2(1) = 1 + 1 = 2$. 因此最短距离为 1, 最长距离为 $\sqrt{2}$.

---

31. (14,4 分) 设函数 $u(x,y)$ 在有界闭区域 D 上连续, 在 D 的内部具有 2 阶连续偏导数, 且满足

$\dfrac{\partial^2 u}{\partial x \partial y} \neq 0$ 及 $\dfrac{\partial^2 u}{\partial x^2} + \dfrac{\partial^2 u}{\partial y^2} = 0$,则

 （A） $u(x,y)$ 的最大值和最小值都在 D 的边界上取得.

 （B） $u(x,y)$ 的最大值和最小值都在 D 的内部取得.

 （C） $u(x,y)$ 的最大值在 D 的内部取得,最小值在 D 的边界上取得.

 （D） $u(x,y)$ 的最小值在 D 的内部取得,最大值在 D 的边界上取得.

【分析一】 若 $u(x,y)$ 在 D 内部某点 $M_0(x_0,y_0)$ 取最小值,则

$$\left.\dfrac{\partial u}{\partial x}\right|_{M_0} = 0,\quad \left.\dfrac{\partial u}{\partial y}\right|_{M_0} = 0,\quad \left.\dfrac{\partial^2 u}{\partial x^2}\right|_{M_0} \geqslant 0,\quad \left.\dfrac{\partial^2 u}{\partial y^2}\right|_{M_0} \geqslant 0,$$

由 $\left.\left(\dfrac{\partial^2 u}{\partial x^2} + \dfrac{\partial^2 u}{\partial y^2}\right)\right|_{M_0} = 0 \Rightarrow A = \left.\dfrac{\partial^2 u}{\partial x^2}\right|_{M_0} = 0, C = \left.\dfrac{\partial^2 u}{\partial y^2}\right|_{M_0} = 0,$

又 $B = \left.\dfrac{\partial^2 u}{\partial x \partial y}\right|_{M_0} \neq 0 \Rightarrow AC - B^2 = -B^2 < 0 \Rightarrow M_0$ 不是 $u(x,y)$ 的极值点,得矛盾.

因此 $u(x,y)$ 不能在 D 内部取到最小值. 同理 $u(x,y)$ 不能在 D 内部取最大值.

因此 $u(x,y)$ 的最大值和最小值都在 D 的边界取得. 选（A）.

【分析二】 用特殊选取法.

令 $u(x,y) = x + y + xy \Rightarrow$

$$\dfrac{\partial u}{\partial x} = 1 + y,\quad \dfrac{\partial u}{\partial y} = 1 + x,\quad \dfrac{\partial^2 u}{\partial x^2} = 0,\quad \dfrac{\partial^2 u}{\partial y^2} = 0,\quad \dfrac{\partial^2 u}{\partial x \partial y} = 1$$

$\Rightarrow u(x,y)$ 满足题中所有条件.

但 $u(x,y)$ 在 D 内或无驻点或有唯一驻点 $M_0(-1, -1)$.

在 M_0 处 $AC - B^2 = -1 < 0, M_0$ 不是 $u(x,y)$ 的极值点.

因此 $u(x,y)$ 在 D 的最大值与最小值都不能在 D 内部取得,只能在 D 的边界取得.

对此 $u(x,y)$ （A）正确,（B）、（C）、（D）均不正确. 因此选（A）.

32.（15,11 分） 已知函数 $f(x,y)$ 满足 $f''_{xy}(x,y) = 2(y+1)e^x, f'_x(x,0) = (x+1)e^x, f(0,y) = y^2 + 2y$,求 $f(x,y)$ 的极值.

【分析与求解】 先求出 $f(x,y)$.

由 $\dfrac{\partial}{\partial y}\left(\dfrac{\partial f}{\partial x}\right) = 2(y+1)e^x$

对 y 积分得

$$\dfrac{\partial f}{\partial x} = (y+1)^2 e^x + c(x)$$

令 $y = 0, \dfrac{\partial f(x,0)}{\partial x} = e^x + c(x) = (x+1)e^x \Rightarrow c(x) = xe^x$

$\Rightarrow \dfrac{\partial f}{\partial x} = (y+1)^2 e^x + xe^x$

再对 x 积分得

$$f(x,y) = (y+1)^2 e^x + \int xe^x \mathrm{d}x + c(y) = (y+1)^2 e^x + xe^x - e^x + c(y)$$

令 $x = 0$,

$$f(0,y) = (y+1)^2 - 1 + c(y) = y^2 + 2y \Rightarrow c(y) = 0.$$

因此 $f(x,y) = (y+1)^2 e^x + (x-1)e^x = (y^2 + 2y + x)e^x$

现考查 $f(x,y)$ 的极值. 先求 $f(x,y)$ 的驻点:由

$$\begin{cases} \dfrac{\partial f}{\partial x} = (y+1)^2 e^x + x e^x = 0 \\ \dfrac{\partial f}{\partial y} = 2(y+1)e^x = 0 \end{cases}$$

得唯一驻点 $(x,y) = (0,-1)$.

再考查驻点处的二阶导数

$$\dfrac{\partial^2 f}{\partial x^2} = (y+1)^2 e^x + (x+1)e^x, \quad \dfrac{\partial^2 f}{\partial x \partial y} = 2(y+1)e^x, \quad \dfrac{\partial^2 f}{\partial y^2} = 2e^x$$

$$\begin{pmatrix} A & B \\ B & C \end{pmatrix} = \begin{pmatrix} \dfrac{\partial^2 f}{\partial x^2} & \dfrac{\partial^2 f}{\partial x \partial y} \\ \dfrac{\partial^2 f}{\partial x \partial y} & \dfrac{\partial^2 f}{\partial y^2} \end{pmatrix} \Bigg|_{(0,-1)} = \begin{pmatrix} 1 & 0 \\ 0 & 2 \end{pmatrix}$$

于是 $AC - B^2 = 2 > 0, A = 1 > 0$

因此 $f(0,-1) = -1$, 是 $f(x,y)$ 的极小值.

----

33. (16,10 分) 已知函数 $z = z(x,y)$ 由方程 $(x^2 + y^2)z + \ln z + 2(x + y + 1) = 0$ 确定, 求 $z = z(x, y)$ 的极值.

【分析与求解】 先求隐函数 $z = z(x,y)$ 的一阶偏导数.

将方程两边求全微分得

$$(2x\mathrm{d}x + 2y\mathrm{d}y)z + (x^2 + y^2)\mathrm{d}z + \frac{1}{z}\mathrm{d}z + 2\mathrm{d}x + 2\mathrm{d}y = 0$$

$$\left[\frac{1}{z} + (x^2 + y^2)\right]\mathrm{d}z = -2(zx + 1)\mathrm{d}x - 2(zy + 1)\mathrm{d}y$$

$$\Rightarrow \qquad \frac{\partial z}{\partial x} = \frac{-2(zx+1)}{w}, \quad \frac{\partial z}{\partial y} = \frac{-2(zy+1)}{w}$$

其中 $w = \dfrac{1}{z} + x^2 + y^2 > 0$.

由 $\dfrac{\partial z}{\partial x} = \dfrac{\partial z}{\partial y} = 0$ 得

$$zx + 1 = 0, \quad zy + 1 = 0 \qquad\qquad ⊛$$

再由原方程得

$$(x^2 + y^2)z^2 + z\ln z + 2(zx + zy + z) = 0$$

将 ⊛ 式代得入

$$2z + z\ln z - 2 = 0 \quad \Rightarrow \quad z = 1.$$

再由 ⊛ 式得 $(x,y) = (-1,-1)$ 因此 $z = z(x,y)$ 有唯一驻点 $(x,y) = (-1,-1)$ 记为 p_0.

现考察驻点 p_0 处的二阶偏导数.

由 $w\dfrac{\partial z}{\partial x} = -2(zx + 1)$, 两边对 x 求偏导数并在 p_0 取值得

$$\frac{\partial w}{\partial x}\frac{\partial z}{\partial x}\Bigg|_{p_0} + w\frac{\partial^2 z}{\partial x^2}\Bigg|_{p_0} = -2, w\big|_{p_0} = 3$$

$$\Rightarrow \qquad A = \frac{\partial^2 z}{\partial x^2}\Bigg|_{p_0} = -\frac{2}{3}$$

两边对 y 求偏导得

$$\frac{\partial w}{\partial y}\frac{\partial z}{\partial x}\Bigg|_{p_0} + w\frac{\partial^2 z}{\partial x \partial y}\Bigg|_{p_0} = 0 \Rightarrow B = \frac{\partial^2 z}{\partial x \partial y}\Bigg|_{p_0} = 0$$

同理, 由 $w\dfrac{\partial z}{\partial y} = -2(zy + 1)$ 可得

$$c = \frac{\partial^2 z}{\partial y^2}\bigg|_{p_0} = -\frac{2}{3}$$

在 p_0 处

$$\begin{vmatrix} A & B \\ B & C \end{vmatrix} = \begin{vmatrix} -\dfrac{2}{3} & 0 \\ 0 & -\dfrac{2}{3} \end{vmatrix} > 0, A < 0.$$

因此 $p_0(-1, -1)$ 取 $z = z(x,y)$ 的极大值 $z(-1, -1) = 1$.

无其它极值点.

> **评注** ① $f(z) \xrightarrow{\text{记}} 2z + z\ln z - 2 \ (0 < z < +\infty)$
>
> $\Rightarrow \quad f'(z) = 3 + \ln z \begin{cases} < 0 \ (0 < z < e^{-3}) \\ = 0 \ (z = e^{-3}) \\ > 0 \ (e^{-3} < z < +\infty) \end{cases}$
>
> $\Rightarrow \quad f(z)$ 在 $(0, e^{-3}]\searrow$ 在 $[e^{-3}, +\infty)\nearrow$,
>
> 又 $\lim\limits_{z \to 0+} f(z) = -2, f(e^{-3}) = -e^{-3} - 2 < 0, \lim\limits_{z \to +\infty} f(z) = +\infty \Rightarrow f(z)$ 在 $(0, e^{-3}]$ 无零点,在 $[e^{-3}, +\infty)$ 有唯一零点,即 $z = 1$.
>
> ② 对方程两边求全微分可同时求出 $\dfrac{\partial z}{\partial x}$ 与 $\dfrac{\partial z}{\partial y}$,这样会简便些. 当然也可将方程两边分别对 x 与 y 求偏导数,分别求出 $\dfrac{\partial z}{\partial x}$ 与 $\dfrac{\partial z}{\partial y}$.

34. (18, 10 分) ·将长为 2m 的铁丝分成三段,依次围成圆、正方形与正三角形,三个图形的面积之和是否存在最小值?若存在,求出最小值.

【分析与求解】 设圆的半径为 x,正方形边长为 y,正三角形边长为 $z\left(\text{高为} \frac{\sqrt{3}}{2}z\right)$. 按题意,

$$2\pi x + 4y + 3z = 2 (\text{m})$$

这三个图形的面积和为 $\pi x^2 + y^2 + \dfrac{\sqrt{3}}{4}z^2$.

问题变成了:求 $f(x,y,z) = \pi x^2 + y^2 + \dfrac{\sqrt{3}}{4}z^2$ 在 $2\pi x + 4y + 3z = 2$ 条件下的最小值.

用拉格朗日乘子法,令

$$F(x,y,z,\lambda) = \pi x^2 + y^2 + \frac{\sqrt{3}}{4}z^2 + \lambda(2\pi x + 4y + 3z - 2)$$

解方程组

$$\begin{cases} \dfrac{\partial F}{\partial x} = 2\pi x + 2\pi\lambda = 0 & ① \\[2mm] \dfrac{\partial F}{\partial y} = 2y + 4\lambda = 0 & ② \\[2mm] \dfrac{\partial F}{\partial z} = \dfrac{\sqrt{3}}{2}z + 3\lambda = 0 & ③ \\[2mm] \dfrac{\partial F}{\partial \lambda} = 2\pi x + 4y + 3z - 2 = 0 & ④ \end{cases}$$

② 式乘 $\dfrac{\pi}{2}$ 与 ① 比较得 $2x = y$,③ 式乘 $\dfrac{2}{3}\pi$ 与 ① 比较得 $2\sqrt{3}x = z$,代入 ④ 式得

$$2\pi x + 8x + 6\sqrt{3}x = 2, \quad x = \frac{1}{\pi + 4 + 3\sqrt{3}}$$

$$y = \frac{2}{\pi + 4 + 3\sqrt{3}}, \quad z = \frac{2\sqrt{3}}{\pi + 4 + 3\sqrt{3}}$$

相应的
$$f(x,y,z) = \frac{\pi}{(\pi + 4 + 3\sqrt{3})^2} + \frac{4}{(\pi + 4 + 3\sqrt{3})^2} + \frac{\sqrt{3}}{4} \cdot \frac{4 \times 3}{(\pi + 4 + 3\sqrt{3})^2}$$

$$= \frac{1}{\pi + 4 + 3\sqrt{3}}$$

由实际问题可知,最小值一定存在,且最小值为 $\dfrac{1}{\pi + 4 + 3\sqrt{3}}$.

> **评注** 若只围成圆,则圆半径为 $\dfrac{1}{\pi}$,面积为 $\dfrac{1}{\pi}$,若只围成正方形,边长为 $\dfrac{1}{2}$,面积为 $\dfrac{1}{4}$,若只围成三角形,边长为 $\dfrac{2}{3}$,面积为 $\dfrac{1}{3\sqrt{3}}$.
>
> $$\frac{1}{\pi} > \frac{1}{4} > \frac{1}{3\sqrt{3}} > \frac{1}{\pi + 4 + 3\sqrt{3}}.$$

35. (20,10 分) 求函数 $f(x,y) = x^3 + 8y^3 - xy$ 的极值.

【分析与求解】 先求驻点:由

$$\begin{cases} \dfrac{\partial f}{\partial x} = 3x^2 - y = 0 \\ \dfrac{\partial f}{\partial y} = 24y^2 - x = 0 \end{cases} \Rightarrow \begin{cases} x = 24y^2 \\ 3(24y^2)^2 - y = 0 \end{cases}$$

$\Rightarrow$ 驻点
$$\begin{cases} x = 0 \\ y = 0 \end{cases}, \quad \begin{cases} x = \dfrac{1}{6} \\ y = \dfrac{1}{12} \end{cases}$$

再求驻点处的二阶偏导数后利用判别法则:

$$\frac{\partial^2 f}{\partial x^2} = 6x, \quad \frac{\partial^2 f}{\partial x \partial y} = -1, \quad \frac{\partial^2 f}{\partial y^2} = 48y$$

$(0,0)$ 处
$$A = \frac{\partial^2 f}{\partial x^2}\bigg|_{(0,0)} = 0, \quad B = \frac{\partial^2 f}{\partial x \partial y}\bigg|_{(0,0)} = -1, \quad C = \frac{\partial^2 f}{\partial y^2}\bigg|_{(0,0)} = 0$$

$$AC - B^2 = -1 < 0$$

$(0,0)$ 不是极值点.

$\left(\dfrac{1}{6}, \dfrac{1}{12}\right)$ 处

$$A = \frac{\partial^2 f}{\partial x^2}\bigg|_{(\frac{1}{6},\frac{1}{12})} = 1, \quad B = \frac{\partial^2 f}{\partial x \partial y}\bigg|_{(\frac{1}{6},\frac{1}{12})} = -1, \quad C = \frac{\partial^2 f}{\partial y^2}\bigg|_{(\frac{1}{6},\frac{1}{12})} = 4$$

$$AC - B^2 = 4 - 1 = 3 > 0, A > 0$$

$\left(\dfrac{1}{6}, \dfrac{1}{12}\right)$ 是极小值点,极小值为

$$f\left(\frac{1}{6}, \frac{1}{12}\right) = \left(\frac{1}{6}\right)^3 + 8\left(\frac{1}{12}\right)^3 - \frac{1}{6} \cdot \frac{1}{12}$$

$$= \left(\frac{1}{6}\right)^3 + \left(\frac{1}{6}\right)^3 - 3\left(\frac{1}{6}\right)^3 = -\left(\frac{1}{6}\right)^3 = -\frac{1}{216}$$

(1)（03,1,4分） 已知函数 $f(x,y)$ 在点 $(0,0)$ 某邻域内连续，且 $\lim\limits_{\substack{x\to 0\\y\to 0}}\dfrac{f(x,y)-xy}{(x^2+y^2)^2}=1$，则

（A）　点 $(0,0)$ 不是 $f(x,y)$ 的极值点．

（B）　点 $(0,0)$ 是 $f(x,y)$ 的极大值点．

（C）　点 $(0,0)$ 是 $f(x,y)$ 的极小值点．

（D）　根据所给条件无法判断点 $(0,0)$ 是否为 $f(x,y)$ 的极值点．

【分析】　由条件 $\Rightarrow \lim\limits_{\substack{x\to 0\\y\to 0}}[f(x,y)-xy]=0 \Rightarrow \lim\limits_{\substack{x\to 0\\y\to 0}}f(x,y)=f(0,0)=0$．由极限与无穷小的关系 $\Rightarrow$

$$\frac{f(x,y)-xy}{(x^2+y^2)^2}=1+o(1) \quad (\rho=\sqrt{x^2+y^2}\to 0).$$

$\Rightarrow$ $\qquad f(x,y)=xy+(x^2+y^2)^2+o((x^2+y^2)^2)=xy+o(\rho^2) \quad (\rho\to 0).$ $\qquad$ （＊）

当 $y=x$ 时，$f(x,y)-f(0,0)=x^2[1+o(1)]>0 \quad (0<\rho<\delta\text{ 时})$，

当 $y=-x$ 时，$f(x,y)-f(0,0)=-x^2[1+o(1)]<0 \quad (0<\rho<\delta\text{ 时})$，

其中 δ 是充分小的正数．因此，$(0,0)$ 不是 $f(x,y)$ 的极值点．应选（A）．

评注　① 由极限与无穷小的关系得到（＊）式，这是关键的一步．上述由（＊）式，按极值点的定义判断 $f(x,y)$ 在点 $(0,0)$ 不取极值．

② 直观上看，在点 $(0,0)$ 附近 $f(x,y)$ 与 xy 很接近，函数 xy 在 $(0,0)$ 不取极值，可猜测 $f(x,y)$ 在点 $(0,0)$ 也不取极值．

③ 特取 $f(x,y)-xy=(x^2+y^2)^2$，即 $f(x,y)=xy+(x^2+y^2)^2$，对此函数，或按定义证明点 $(0,0)$ 不是它的极值点，或直接计算：$\dfrac{\partial f(0,0)}{\partial x}$，$\dfrac{\partial f(0,0)}{\partial y}$，$\dfrac{\partial^2 f(0,0)}{\partial x^2}$，$\dfrac{\partial^2 f(0,0)}{\partial x\partial y}$，$\dfrac{\partial^2 f(0,0)}{\partial y^2}$，按极值的充分判别法证明点 $(0,0)$ 不是它的极值点．于是（B）与（C）被否定．在（A）与（D）中可猜测（A）成立．

特殊选取的方法也是选择题中特有的方法．

(2)（03,3,4分） 设可微函数 $f(x,y)$ 在点 (x_0,y_0) 取得极小值，则下列结论正确的是

（A）　$f(x_0,y)$ 在 $y=y_0$ 处的导数等于零．

（B）　$f(x_0,y)$ 在 $y=y_0$ 处的导数大于零．

（C）　$f(x_0,y)$ 在 $y=y_0$ 处的导数小于零．

（D）　$f(x_0,y)$ 在 $y=y_0$ 处的导数不存在．

【分析】　由函数 $f(x,y)$ 在点 (x_0,y_0) 处可微，知函数 $f(x,y)$ 在点 (x_0,y_0) 处的两个偏导数都存在，又由二元函数极值的必要条件即得 $f(x,y)$ 在点 (x_0,y_0) 处的两个偏导数都等于零．从而有

$$\left.\frac{\mathrm{d}f(x_0,y)}{\mathrm{d}y}\right|_{y=y_0}=\left.\frac{\partial f}{\partial y}\right|_{(x,y)=(x_0,y_0)}=0.$$

故应选（A）．

综　述

1. 多元函数的最值问题包括：简单最值问题（即无约束条件的最值问题）和条件最值问题（对三元函数来说，约束条件可以只有一个，也可以含两个．）

2. 求 $z=f(x,y)$ 在有界闭区域 D 上的最值．其解题基本步骤是：

设 $f(x,y)$ 在 D 上连续，在 D 内可偏导．

1° 求 $f(x,y)$ 在 D 内的驻点（满足 $\dfrac{\partial f}{\partial x} = \dfrac{\partial f}{\partial y} = 0$ 的点）；

2° 求 $f(x,y)$ 在 D 的边界上的最值（化为一元最值问题或条件最值问题）；

3° 比较驻点的函数值与边界上的最值，最大者即为最大值，最小者即为最小值. 见第 28 题.

3. 求条件最值问题的基本方法是，或化为简单最值问题或用拉格朗日乘子法（引进拉格朗日函数，求相应的驻点得可能的条件最值点，多个时加以比较，由于实际问题有最值，其中之一必是最值点.）见第 30,34,32 题.

4. 求解多元函数最值问题的应用题的基本步骤：

1° 将实际问题提成最值问题：确定目标函数和它的定义域，确定约束条件；

2° 必要时将提成的最值问题转化成等价的最值问题（为了简化计算）；

3° 用上述方法求解最值问题.

5. 必须注意，一元函数的单峰（或单谷）性质（即 x_0 是连续函数 $f(x)$ 在区间 I 上的唯一极值点，若 x_0 是 $f(x)$ 的极大（小）值点，则 x_0 是 $f(x)$ 在区间 I 上的最大（小）值点），对多元函数不再成立，即若 $f(x,y)$ 在 D 上连续，在 D 内有且仅有一个极值点 $P_0(x_0,y_0)$，并不能推出 $f(x,y)$ 就在 P_0 点取得 D 上的最值. 例如，$f(x,y) = x^3 - 4x^2 + 2xy - y^2$ 在区域 $D = \{(x,y) \mid -1 \leqslant x \leqslant 4, -1 \leqslant y \leqslant 1\}$ 有一驻点 $(0,0)$ 且为极大值点，但 $f(0,0) = 0 < f(4,1) = 7$，可见，$f(0,0)$ 不是 $f(x,y)$ 在 D 上的最大值.

在求解最大（或最小）值应用问题时，若目标函数的定义域是开区域且只有唯一的驻点，而且从问题的实际意义已知该函数必在定义域内达到最大（或最小）值，则可断言该驻点就是所求函数相应的最大（或最小）值点，不必再作其他的判断.

6. 怎样求二元函数 $z = f(x,y)$ 的极值点，常用以下方法：

方法 1° 按定义判断.

若 $\exists \delta > 0$，当 $\sqrt{(x-x_0)^2 + (y-y_0)^2} < \delta$ 时有 $f(x,y) \geqslant f(x_0,y_0)$（或 $f(x,y) \leqslant f(x_0,y_0)$），则 (x_0,y_0) 是 $f(x,y)$ 的极小（或极大）值点.

按定义判断 $P_0(x_0,y_0)$ 不是 $f(x,y)$ 的极值点的一个常用方法是：取两条过 P_0 的曲线 Γ_1,Γ_2，沿 Γ_1 在 P_0 附近 $f(x,y) > f(x_0,y_0)$，沿 Γ_2 在 P_0 附近 $f(x,y) < f(x_0,y_0)$，则可知 P_0 不是 $f(x,y)$ 的极值点. 练习题 (1) 正是用这一方法判断 $(0,0)$ 点不是 $f(x,y)$ 的极值点.

方法 2° 对可偏导函数 $z = f(x,y)$，先求 $f(x,y)$ 的驻点，然后再求 $z = f(x,y)$ 在驻点处的二阶偏导数，用极值的充分判别法来判断，如第 31,32,33,34,35,36 题.

取极值的必要条件：设 $f(x,y)$ 在 $P_0(x_0,y_0)$ 取极值且 $f(x,y)$ 在 P_0 可偏导，则

$$\left. \frac{\partial f}{\partial x} \right|_{P_0} = \left. \frac{\partial f}{\partial y} \right|_{P_0} = 0.$$

取极值的充分条件：设 $P_0(x_0,y_0)$ 是 $z = f(x,y)$ 的驻点（即 $\left. \dfrac{\partial f}{\partial x} \right|_{P_0} = \left. \dfrac{\partial f}{\partial y} \right|_{P_0} = 0$），且 $f(x,y)$ 在 P_0 点的某邻域有二阶连续偏导数，记 $A = \left. \dfrac{\partial^2 f}{\partial x^2} \right|_{P_0}$，$B = \left. \dfrac{\partial^2 f}{\partial x \partial y} \right|_{P_0}$，$C = \left. \dfrac{\partial^2 f}{\partial y^2} \right|_{P_0}$，则

(1) 当 $AC - B^2 > 0$，$\begin{cases} A > 0（或 C > 0）时 f(x_0,y_0) 为极小值, \\ A < 0（或 C < 0）时 f(x_0,y_0) 为极大值; \end{cases}$

(2) 当 $AC - B^2 < 0$ 时 $f(x_0,y_0)$ 不是极值.

7. 怎样求由方程式确定的隐函数 $z = z(x,y)$ 求极值.

首先要用隐函数求导法求出隐函数的一、二阶偏导数，然后用上述方法. 如 37 题.

36. (13,4 分)　设 D_k 是圆域 $D = \{(x,y) \mid x^2 + y^2 \leqslant 1\}$ 在第 k 象限的部分,记 $I_k = \iint\limits_{D_k}(y-x)\mathrm{d}x\mathrm{d}y(k$

$= 1,2,3,4)$,则

(A)　$I_1 > 0$.　　　　　　　　　　　　(B)　$I_2 > 0$.

(C)　$I_3 > 0$.　　　　　　　　　　　　(D)　$I_4 > 0$.

【分析】　被积函数 $f(x,y) = y - x$ 在每个 $D_k(k = 1,2,3,4)$ 均连续. 当 $(x,y) \in D_2 = \{(x,y) \mid x$

$\leqslant 0, y \geqslant 0, x^2 + y^2 \leqslant 1\}$ 时 $f(x,y) \geqslant 0, \not\equiv 0$,于是 $\iint\limits_{D_2}(y-x)\mathrm{d}x\mathrm{d}y > 0$. 故选(B).

> **评注**　D_1 与 D_3 均关于直线 $y = x$ 对称,于是
>
> $$\iint\limits_{D_k}y\mathrm{d}\sigma = \iint\limits_{D_k}x\mathrm{d}\sigma(k = 1,3) \Rightarrow \iint\limits_{D_k}(y-x)\mathrm{d}\sigma = 0(k = 1,3).$$
>
> 在 D_4 时 $f(x,y) \leqslant 0, \not\equiv 0 \Rightarrow \iint\limits_{D_4}(y-x)\mathrm{d}\sigma < 0$.

37. (19,4 分)　已知平面区域 $D = \left\{(x,y) \mid |x| + |y| \leqslant \dfrac{\pi}{2}\right\}$,记 $I_1 = \iint\limits_{D}\sqrt{x^2 + y^2}\mathrm{d}x\mathrm{d}y, I_2 = \iint\limits_{D}\sin$

$\sqrt{x^2 + y^2}\mathrm{d}x\mathrm{d}y, I_3 = \iint\limits_{D}(1 - \cos\sqrt{x^2 + y^2})\mathrm{d}x\mathrm{d}y$ 则

(A)　$I_3 < I_2 < I_1$.　　　　　　　　　(B)　$I_2 < I_1 < I_3$.

(C)　$I_1 < I_2 < I_3$.　　　　　　　　　(D)　$I_2 < I_3 < I_1$.

【分析】　由二重积分的性质知,二元连续函数在同一区域 D 上的二重积分值的比较大小可归结为比较被积函数的大小.

由于 $\sqrt{x^2 + y^2} \leqslant |x| + |y| \leqslant \dfrac{\pi}{2}$,我们考察三个一元函数 $t, \sin t, 1 - \cos t$ 当 $t \in \left[0, \dfrac{\pi}{2}\right]$ 时的大小

关系.

已知 $\sin t < t\left(t \in \left(0, \dfrac{\pi}{2}\right]\right)$,现考察 $f(t) \xlongequal{\text{记}} \sin t - (1 - \cos t) \Rightarrow$

$$f'(t) = \cos t - \sin t = \sqrt{2}\sin\left(\dfrac{\pi}{4} - t\right)\begin{cases} > 0 & \left(0 < t < \dfrac{\pi}{4}\right) \\ = 0 & \left(t = \dfrac{\pi}{4}\right) \\ < 0 & \left(\dfrac{\pi}{4} < t < \dfrac{\pi}{2}\right) \end{cases}$$

$\Rightarrow f(t)$ 在 $\left[0, \dfrac{\pi}{4}\right]\nearrow$,在 $\left[\dfrac{\pi}{4}, \dfrac{\pi}{2}\right]\searrow$,又 $f(0) = f\left(\dfrac{\pi}{2}\right) = 0 \Rightarrow f(t) > 0\left(t \in \left(0, \dfrac{\pi}{2}\right)\right)$ 即 $\sin t > 1 - \cos t, t \in$

$\left(0, \dfrac{\pi}{2}\right)$

于是我们有

$$1 - \cos t < \sin t < t \left(0 < t < \dfrac{\pi}{2}\right)$$

$\Rightarrow$　　　　$1 - \cos\sqrt{x^2 + y^2} < \sin\sqrt{x^2 + y^2} < \sqrt{x^2 + y^2} \ ((x,y) \in D, (x,y) \neq (0,0))$

$$\Rightarrow \quad \iint\limits_{D}(1-\cos\sqrt{x^2+y^2})\mathrm{d}x\mathrm{d}y < \iint\limits_{D}\sin\sqrt{x^2+y^2}\,\mathrm{d}x\mathrm{d}y < \iint\limits_{D}\sqrt{x^2+y^2}\mathrm{d}x\mathrm{d}y$$

$$I_3 < I_2 < I_1$$

选(A).

► 练习题

(1)(09,1,4分) 如图,正方形 $\{(x,y)\mid |x|\leqslant 1,|y|\leqslant 1\}$ 被其对

角线划分为四个区域 $D_k(k=1,2,3,4)$,$I_k = \iint\limits_{D_k}y\cos x\mathrm{d}x\mathrm{d}y$,则 $\max\limits_{1\leqslant k\leqslant 4}\{I_k\} =$

(A) I_1.   (B) I_2.

(C) I_3.   (D) I_4.

【分析】 D_2 与 D_4 关于 x 轴对称,且被积函数 $y\cos x$ 对 y 为奇函数 $\Rightarrow$

$$\iint\limits_{D_k}y\cos x\mathrm{d}x\mathrm{d}y = 0\ (k=2,4).$$

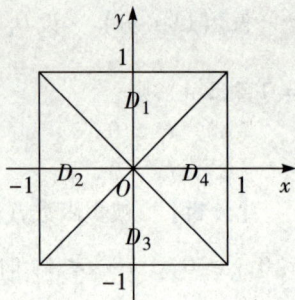

图 5.1

又 $(x,y)\in D_k(k=1,3)$ 时 $y\cos x$ 连续,且 $y\cos x\gneqq 0\ ((x,y)\in D_1)$, $y\cos x\lneqq 0\ ((x,y)\in D_3)$,

$$\Rightarrow \quad \iint\limits_{D_1}y\cos x\mathrm{d}x\mathrm{d}y > 0,\quad \iint\limits_{D_3}y\cos x\mathrm{d}x\mathrm{d}y < 0,$$

$$\Rightarrow \quad \max\limits_{1\leqslant k\leqslant 4}\iint\limits_{D_k}y\cos x\mathrm{d}x\mathrm{d}y = \iint\limits_{D_1}y\cos x\mathrm{d}x\mathrm{d}y = I_1.$$

因此选(A).

(2)(05,3,4分) 设 $I_1 = \iint\limits_{D}\cos\sqrt{x^2+y^2}\mathrm{d}\sigma$, $I_2 = \iint\limits_{D}\cos(x^2+y^2)\mathrm{d}\sigma$, $I_3 = \iint\limits_{D}\cos(x^2+y^2)^2\mathrm{d}\sigma$,

其中 $D = \{(x,y)\mid x^2+y^2\leqslant 1\}$,则

(A) $I_3 > I_2 > I_1$.   (B) $I_1 > I_2 > I_3$.   (C) $I_2 > I_1 > I_3$.   (D) $I_3 > I_1 > I_2$.

【分析】 在积分区域 $D = \{(x,y)\mid x^2+y^2\leqslant 1\}$ 上有

$$(x^2+y^2)^2 \leqslant x^2+y^2 \leqslant \sqrt{x^2+y^2},$$

且等号仅在区域 D 的边界 $\{(x,y)\mid x^2+y^2=1\}$ 上成立. 从而在积分区域 D 上有

$$\cos(x^2+y^2)^2 \geqslant \cos(x^2+y^2) \geqslant \cos\sqrt{x^2+y^2},$$

且等号也仅仅在区域 D 的边界 $\{(x,y)\mid x^2+y^2=1\}$ 上成立. 此外,三个被积函数又都在区域 D 上连续,按二重积分的性质即得 $I_3 > I_2 > I_1$,故应选(A).

综 述

1. 二重积分 $\iint\limits_{D}f(x,y)\mathrm{d}\sigma$ 是对积分区域 D 作任意分割后所得到的二重积分和式的极限,因而也可利

用二重积分求某些二重和式的极限,如第一章题18.

2. 比较二重积分值的大小的方法:

(1) 积分区域相同,被积函数不同的情形.

设 $f(x,y),g(x,y)$ 在有界闭区域 D 连续,若 $f(x,y)\lneqq g(x,y)\ ((x,y)\in D)$,则

$$\iint\limits_{D} f(x,y)\mathrm{d}x\mathrm{d}y < \iint\limits_{D} g(x,y)\mathrm{d}x\mathrm{d}y.$$

（2）积分区域不同，被积函数相同非负情形.

设 $f(x,y)$ 在有界闭区域 D 连续，又区域 $D_0 \subset D$，则 $\quad\iint\limits_{D_0} f(x,y)\mathrm{d}x\mathrm{d}y < \iint\limits_{D} f(x,y)\mathrm{d}x\mathrm{d}y.$

八、利用区域的对称性与被积函数的奇偶性简化二重积分

▶ **数学一是这样考的**

(91,1,3分) 设 D 是平面上以 $(1,1),(-1,1)$ 和 $(-1,-1)$ 为顶点的三角形，D_1 是它的第一象限部分，则 $\iint\limits_{D}(xy + \cos x\sin y)\mathrm{d}x\mathrm{d}y$ 等于

（A） $2\iint\limits_{D_1} \cos x\sin y\mathrm{d}x\mathrm{d}y.$ （B） $2\iint\limits_{D_1} xy\mathrm{d}x\mathrm{d}y.$

（C） $4\iint\limits_{D_1}(xy + \cos x\sin y)\mathrm{d}x\mathrm{d}y.$ （D） $0.$

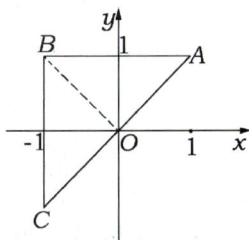

图 5.2

【分析】 看起来，这是一道考查被积函数的奇偶性与积分区域的对称性在计算二重积分中的应用的题目.

D 关于 x,y 轴不对称，但添加辅助线可变成分块有对称性的情形. 见图 5.2，连 BO，把 D 分成 $D_1' \cup D_2$，D_1' 即三角形 AOB，D_2 即三角形 $COB \Rightarrow$

$$\iint\limits_{D} xy\mathrm{d}\sigma = \iint\limits_{D_1'} xy\mathrm{d}\sigma + \iint\limits_{D_2} xy\mathrm{d}\sigma = 0$$

（因为 D_1' 关于 y 轴对称，被积函数 xy 对 x 为奇函数，D_2 关于 x 轴对称，xy 对 y 为奇函数）.
类似地

$$\iint\limits_{D} \cos x\sin y\mathrm{d}\sigma = \iint\limits_{D_1'} \cos x\sin y\mathrm{d}\sigma + \iint\limits_{D_2} \cos x\sin y\mathrm{d}\sigma = 2\iint\limits_{D_1} \cos x\sin y\mathrm{d}\sigma.$$

故选（A）.

综 述

　　当积分区域有对称性，被积函数有相应的奇偶性时，要利用它简化积分的计算，上题专门考查这一问题.

　　设平面上区域 D 关于 y 轴对称，$f(x,y)$ 在 D 可积，则

$$\iint\limits_{D} f(x,y)\mathrm{d}\sigma = \begin{cases} 0, & \text{若 } f(x,y) \text{ 对 } x \text{ 为奇函数}, \\ 2\iint\limits_{D_1} f(x,y)\mathrm{d}\sigma, & \text{若 } f(x,y) \text{ 对 } x \text{ 为偶函数}, \end{cases}$$

其中 $D_1 = D \cap \{x \geqslant 0\}$.

　　设平面上区域 D 关于 x 轴对称，$f(x,y)$ 在 D 可积，则

$$\iint\limits_{D} f(x,y)\,\mathrm{d}\sigma = \begin{cases} 0, & \text{若 } f(x,y) \text{ 对 } y \text{ 为奇函数,} \\ 2\iint\limits_{D_1} f(x,y)\,\mathrm{d}\sigma, & \text{若 } f(x,y) \text{ 对 } y \text{ 为偶函数,} \end{cases}$$

其中 $D_1 = D \cap \{y \geqslant 0\}$.

九、将二重积分化为累次积分,累次积分的转换与交换,累次积分的计算

38. (09, 4 分) 设函数 $f(x,y)$ 连续,则 $\displaystyle\int_1^2 \mathrm{d}x \int_x^2 f(x,y)\,\mathrm{d}y + \int_1^2 \mathrm{d}y \int_y^{4-y} f(x,y)\,\mathrm{d}x =$

(A) $\displaystyle\int_1^2 \mathrm{d}x \int_1^{4-x} f(x,y)\,\mathrm{d}y$. (B) $\displaystyle\int_1^2 \mathrm{d}x \int_x^{4-x} f(x,y)\,\mathrm{d}y$.

(C) $\displaystyle\int_1^2 \mathrm{d}y \int_1^{4-y} f(x,y)\,\mathrm{d}x$. (D) $\displaystyle\int_1^2 \mathrm{d}y \int_y^2 f(x,y)\,\mathrm{d}x$.

【分析】 这是两个重积分的累次积分之和,即

$$\int_1^2 \mathrm{d}x \int_x^2 f(x,y)\,\mathrm{d}y + \int_1^2 \mathrm{d}y \int_y^{4-y} f(x,y)\,\mathrm{d}x$$

$$= \iint\limits_{D_1} f(x,y)\,\mathrm{d}\sigma + \iint\limits_{D_2} f(x,y)\,\mathrm{d}\sigma.$$

由累次积分限确定积分区域 D_1, D_2 分别为

$$D_1: 1 \leqslant x \leqslant 2, x \leqslant y \leqslant 2; \quad D_2: 1 \leqslant y \leqslant 2, y \leqslant x \leqslant 4 - y,$$

如图 5.6. 记 $D = D_1 \cup D_2$,则

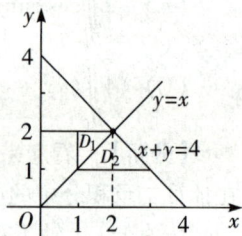

图 5.6

$$\int_1^2 \mathrm{d}x \int_x^2 f(x,y)\,\mathrm{d}y + \int_1^2 \mathrm{d}y \int_y^{4-y} f(x,y)\,\mathrm{d}x = \iint\limits_{D} f(x,y)\,\mathrm{d}x\mathrm{d}y.$$

按先 x 后 y 的积分顺序, $D: 1 \leqslant y \leqslant 2, 1 \leqslant x \leqslant 4 - y$,

于是 $$\iint\limits_{D} f(x,y)\,\mathrm{d}x\mathrm{d}y = \int_1^2 \mathrm{d}y \int_1^{4-y} f(x,y)\,\mathrm{d}x.$$

因此选 (C).

评注 本题考查多元函数累次积分交换积分次序的方法,重点是写出积分区域. 应该注意题干中的两项积分次序是不同的.

39. (10, 10 分) 计算二重积分 $I = \displaystyle\iint\limits_{D} r^2 \sin\theta \sqrt{1 - r^2\cos 2\theta}\,\mathrm{d}r\mathrm{d}\theta$,其中

$$D = \left\{ (r,\theta) \,\middle|\, 0 \leqslant r \leqslant \sec\theta, 0 \leqslant \theta \leqslant \frac{\pi}{4} \right\}.$$

【分析与求解】 这是某二重积分 $\displaystyle\iint\limits_{D} f(x,y)\,\mathrm{d}\sigma$ 的极坐标表示,从表达式来看,在极坐标系中计算不方便,现先把它变回 Oxy 直角坐标系中,这就要确定 $f(x,y)$ 与积分区域 D. 由 $x = r\cos\theta, y = r\sin\theta \Rightarrow$

$$I = \iint\limits_{D} r\sin\theta \sqrt{1 - r^2(\cos^2\theta - \sin^2\theta)}\,r\mathrm{d}r\mathrm{d}\theta = \iint\limits_{D} y \sqrt{1 - x^2 + y^2}\,\mathrm{d}x\mathrm{d}y.$$

由 D 的极坐标表示: $0 \leqslant \theta \leqslant \dfrac{\pi}{4}, 0 \leqslant r \leqslant \dfrac{1}{\cos\theta}$,可知 D 的边界线是: $y = 0, y = x, x = 1$, D 如图 5.7 所示

现改为先对 y 积分,再对 x 积分的顺序来配置积分限,有

$$I = \int_0^1 dx \int_0^x y \sqrt{1 - x^2 + y^2} \, dy = \frac{1}{2} \int_0^1 dx \int_0^x (1 - x^2 + y^2)^{\frac{1}{2}} \, dy^2$$

$$= \frac{1}{2} \int_0^1 \frac{2}{3} (1 - x^2 + y^2)^{\frac{3}{2}} \Big|_0^x \, dx = \frac{1}{3} \int_0^1 [1 - (1 - x^2)^{\frac{3}{2}}] \, dx$$

$$\xrightarrow{x = \sin\theta} \frac{1}{3} - \frac{1}{3} \int_0^{\frac{\pi}{2}} \cos^4\theta \, d\theta = \frac{1}{3} - \frac{1}{3} \cdot \frac{3 \cdot 1}{4 \cdot 2} \cdot \frac{\pi}{2} = \frac{1}{3} - \frac{\pi}{16}.$$

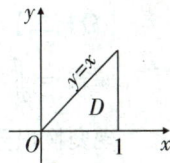

图 5.7

---

40. (17,4 分) $\int_0^1 dy \int_y^1 \dfrac{\tan x}{x} \, dx = $ _____ .

【分析一】 用分部积分法.

$$I \xlongequal{记} \int_0^1 \left(\int_y^1 \frac{\tan x}{x} \, dx \right) dy = \left(y \int_y^1 \frac{\tan x}{x} \, dx \right) \Big|_0^1 - \int_0^1 y \, d\left(\int_y^1 \frac{\tan x}{x} \, dx \right)$$

$$= \int_0^1 y \cdot \frac{\tan y}{y} \, dy = -\int_0^1 \frac{d\cos y}{\cos y} = -\ln\cos y \Big|_0^1$$

$$= -\ln(\cos 1)$$

【分析二】 交换积分次序.

$$I = \int_0^1 dy \int_y^1 \frac{\tan x}{x} \, dx = \iint_D \frac{\tan x}{x} \, dx \, dy$$

$D: 0 \leq y \leq 1, y \leq x \leq 1$

现交换积分次序得

$$I = \int_0^1 dx \int_0^x \frac{\tan x}{x} \, dy = \int_0^1 \frac{\tan x}{x} \cdot x \, dx$$

$$= -\ln(\cos 1)$$

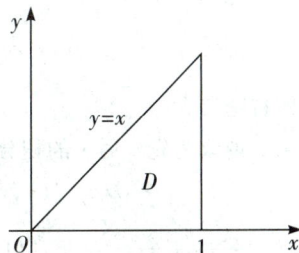

图 5.8

---

41. (18,4 分) $\int_{-1}^0 dx \int_{-x}^{2-x^2} (1 - xy) \, dy + \int_0^1 dx \int_x^{2-x^2} (1 - xy) \, dy = $

(A) $\dfrac{5}{3}$. (B) $\dfrac{5}{6}$. (C) $\dfrac{7}{3}$. (D) $\dfrac{7}{6}$.

【分析】 原式 $= \displaystyle\iint_D (1 - xy) \, dx \, dy$, D 如右图. 由 D 关于 y 轴对称

$$\iint_D xy \, dx \, dy = 0$$

原式 $= 2 \displaystyle\iint_{D_1} dx \, dy = 2 \int_0^1 dx \int_x^{2-x^2} 1 \, dy$ (D_1 是 D 的右半平面部分)

$$= 2 \int_0^1 (2 - x - x^2) \, dx = 2\left(2 - \frac{1}{2} - \frac{1}{3}\right) = \frac{7}{3}.$$

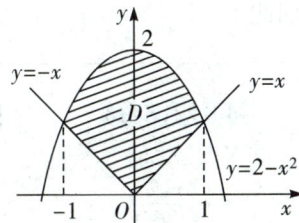

选(C).

---

42. (20,4 分) $\int_0^1 dy \int_{\sqrt{y}}^1 \sqrt{x^3 + 1} \, dx = $ _____ .

【分析一】 分部积分法.

$$原式 = \int_0^1 \left(\int_{\sqrt{y}}^1 \sqrt{x^3 + 1} \, dx \right) dy = y \int_{\sqrt{y}}^1 \sqrt{x^3 + 1} \, dx \Big|_{y=0}^1 + \int_0^1 y \sqrt{y^{3/2} + 1} \cdot \frac{1}{2} y^{-\frac{1}{2}} \, dy$$

$$= \frac{1}{2} \int_0^1 y^{\frac{1}{2}} (1 + y^{\frac{3}{2}})^{\frac{1}{2}} \, dy = \frac{1}{3} \int_0^1 (1 + y^{\frac{3}{2}})^{\frac{1}{2}} \, dy^{\frac{3}{2}}$$

$$= \frac{1}{3} \cdot \frac{2}{3} (1 + y^{\frac{3}{2}})^{\frac{3}{2}} \Big|_0^1 = \frac{2}{9} (2\sqrt{2} - 1)$$

【分析二】 交换积分顺序.

原式 $= \iint\limits_{D} \sqrt{x^3+1}\,\mathrm{d}x\mathrm{d}y$,其中 $D:0 \leqslant y \leqslant 1, \sqrt{y} \leqslant x \leqslant 1$,如右图所示.

现交换积分顺序,改为先 y 后 x,D 可表为
$$D:0 \leqslant x \leqslant 1, \quad 0 \leqslant y \leqslant x^2$$

于是

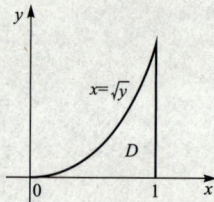

$$原式 = \int_0^1 \mathrm{d}x \int_0^{x^2} \sqrt{x^3+1}\,\mathrm{d}y = \int_0^1 x^2 \sqrt{x^3+1}\,\mathrm{d}x = \frac{1}{3}\int_0^1 (x^3+1)^{\frac{1}{2}}\mathrm{d}x^3$$

$$= \frac{1}{3} \cdot \frac{2}{3}(x^3+1)^{\frac{3}{2}}\Big|_0^1 = \frac{2}{9}(2\sqrt{2}-1)$$

---

43. (21,4 分) 已知函数 $f(t) = \int_1^{t^2} \mathrm{d}x \int_{\sqrt{x}}^{t} \sin\frac{x}{y}\mathrm{d}y$,则 $f'\left(\frac{\pi}{2}\right) = $ _____.

【分析】 $f(t) = \int_1^{t^2}\left(\int_{\sqrt{x}}^{t}\sin\frac{x}{y}\mathrm{d}y\right)\mathrm{d}x$,因被积函数含参变量 t,不能直接用变限积分求导法.解决的方法是交换积分次序.

$$f(t) = \iint\limits_{D}\sin\frac{x}{y}\mathrm{d}\sigma,\text{其中 } D = \{(x,y) \mid 1 \leqslant x \leqslant t^2, \sqrt{x} \leqslant y \leqslant t\}$$

如右图.

现改为先 x 后 y 的积分次序,
$$D = \{(x,y) \mid 1 \leqslant y \leqslant t, 1 \leqslant x \leqslant y^2\}$$
$$f(t) = \int_1^{t}\left(\int_1^{y^2}\sin\frac{x}{y}\mathrm{d}x\right)\mathrm{d}y$$

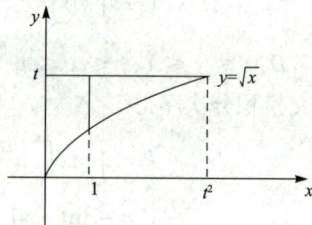

$$f'(t) = \int_1^{t^2}\sin\frac{x}{t}\mathrm{d}x = \int_1^{t^2}t\sin\frac{x}{t}\mathrm{d}\left(\frac{x}{t}\right) = -t\cos\frac{x}{t}\Big|_{x=1}^{x=t^2}$$

$$= -t\cos t + t\cos\frac{1}{t}$$

因此
$$f'\left(\frac{\pi}{2}\right) = \frac{\pi}{2}\cos\frac{2}{\pi}$$

---

44. (22,5 分) $\int_0^2 \mathrm{d}y \int_y^2 \frac{y}{\sqrt{1+x^3}}\mathrm{d}x = ($)

(A) $\dfrac{\sqrt{2}}{6}$ 　　　　　　　　　(B) $\dfrac{1}{3}$

(C) $\dfrac{\sqrt{2}}{3}$ 　　　　　　　　　(D) $\dfrac{2}{3}$

【分析】 1. 分部积分法

$$原式 = \int_0^2\left(\int_y^2 \frac{\mathrm{d}x}{\sqrt{1+x^3}}\right)\mathrm{d}\left(\frac{1}{2}y^2\right) = \frac{1}{2}y^2\int_y^2\frac{\mathrm{d}x}{\sqrt{1+x^3}}\Big|_0^2 + \frac{1}{2}\int_0^2\frac{y^2}{\sqrt{1+y^3}}\mathrm{d}y$$

$$= \frac{1}{6}\int_0^2 (1+y^3)^{-\frac{1}{2}}\mathrm{d}y^3 = \frac{1}{3}(1+y^3)^{\frac{1}{2}}\Big|_0^2 = \frac{2}{3}$$

【分析】 2. 分部积分法

原式 $= \iint\limits_{D}\frac{y}{\sqrt{1+x^3}}\mathrm{d}x\mathrm{d}y$,其 $D = \{(x,y) \mid 0 \leqslant y \leqslant 2, y \leqslant x \leqslant 2\}$ 如图。

现交换积分顺序,D 表为 $0 \leqslant x \leqslant 2, 0 \leqslant y \leqslant x$

原式 $= \int_0^2 \mathrm{d}x \int_0^x \dfrac{y}{\sqrt{1+x^3}}\mathrm{d}y = \dfrac{1}{2}\int_0^2 \dfrac{y^2}{\sqrt{1+x^3}}\Big|_{y=0}^{y=x}\mathrm{d}x$

$\qquad = \dfrac{1}{2}\int_0^2 \dfrac{x^2}{\sqrt{1+x^3}}\mathrm{d}x = \dfrac{1}{6}\int_0^2(1+x^3)^{-\frac{1}{2}}\mathrm{d}x^3$

$\qquad = \dfrac{1}{3}(1+x^3)^{\frac{1}{2}}\Big|_0^2 = \dfrac{2}{3}$

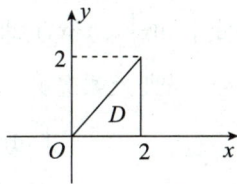

▶ **练习题**

(1)(95,1,5分) 设函数 $f(x)$ 在 $[0,1]$ 上连续且 $\int_0^1 f(x)\mathrm{d}x = A$，求 $\int_0^1 \mathrm{d}x\int_x^1 f(x)f(y)\mathrm{d}y$.

【分析与求解一】 用重积分的方法.

将累次积分 $I = \int_0^1 \mathrm{d}x\int_x^1 f(x)f(y)\mathrm{d}y$ 表成二重积分

$$I = \iint\limits_{D} f(x)f(y)\mathrm{d}x\mathrm{d}y,$$

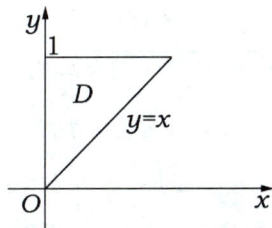

其中 D 如图 5.9 所示. 交换积分次序

$$I = \int_0^1 \mathrm{d}y\int_0^y f(x)f(y)\mathrm{d}x.$$

图 5.9

定积分与积分变量无关，改写成 $I = \int_0^1 \mathrm{d}x\int_0^x f(y)f(x)\mathrm{d}y$.

$\Rightarrow \qquad 2I = \int_0^1 \mathrm{d}x\int_x^1 f(x)f(y)\mathrm{d}y + \int_0^1 \mathrm{d}x\int_0^x f(x)f(y)\mathrm{d}y$

$\qquad = \int_0^1 \mathrm{d}x\int_0^1 f(x)f(y)\mathrm{d}y = \int_0^1 f(x)\mathrm{d}x\int_0^1 f(y)\mathrm{d}y = A^2.$

$\Rightarrow \qquad I = \dfrac{1}{2}A^2.$

【分析与求解二】 用分部积分法.

注意 $\mathrm{d}\Big[\int_x^1 f(y)\mathrm{d}y\Big] = -f(x)\mathrm{d}x$，将累次积分 I 改写成

$$I = \int_0^1 \Big[f(x)\int_x^1 f(y)\mathrm{d}y\Big]\mathrm{d}x = -\int_0^1 \int_x^1 f(y)\mathrm{d}y\,\mathrm{d}\Big[\int_x^1 f(y)\mathrm{d}y\Big]$$

$$\qquad = -\dfrac{1}{2}\Big[\int_x^1 f(y)\mathrm{d}y\Big]^2 \Big|_{x=0}^{x=1} = \dfrac{1}{2}A^2.$$

> **评注** 在【分析与求解一】中，若直接利用对称性可更简单些. 因为 D 关于 $y = x$ 的对称区域为 D'，见图 5.10，又 x 与 y 互换时 $f(x)f(y)$ 不变，于是
> $$I = \iint\limits_{D} f(x)f(y)\mathrm{d}x\mathrm{d}y = \iint\limits_{D'} f(x)f(y)\mathrm{d}x\mathrm{d}y.$$
> $\Rightarrow \qquad 2I = \iint\limits_{D\cup D'} f(x)f(y)\mathrm{d}x\mathrm{d}y = \int_0^1 \Big[f(x)\int_0^1 f(y)\mathrm{d}y\Big]\mathrm{d}x$
> $\qquad = \int_0^1 f(x)\mathrm{d}x \cdot \int_0^1 f(y)\mathrm{d}y = A^2.$
> $\Rightarrow \qquad I = \dfrac{1}{2}A^2.$
>
>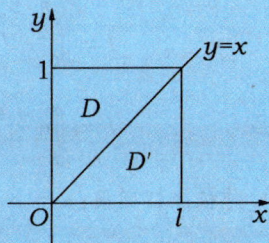
>
> 图 5.10

(2)(01,1,3分) 交换二次积分的积分次序：$\int_{-1}^0 \mathrm{d}y\int_2^{1-y} f(x,y)\mathrm{d}x = \underline{\qquad\qquad}$.

【分析】 这个二次积分不是二重积分的累次积分，因为 $-1 \leqslant y \leqslant 0$ 时 $1-y \leqslant 2$. 由此看出二次积

分 $\int_{-1}^{0}\mathrm{d}y\int_{1-y}^{2}f(x,y)\mathrm{d}x$ 是二重积分的一个累次积分,它与原式只差一个符号. 先把此累次积分表为

$$\int_{-1}^{0}\mathrm{d}y\int_{1-y}^{2}f(x,y)\mathrm{d}x = \iint\limits_{D}f(x,y)\mathrm{d}x\mathrm{d}y.$$

由累次积分的内外层积分限可确定积分区域 D:

$$-1 \leqslant y \leqslant 0, 1-y \leqslant x \leqslant 2.$$

见图 5.11. 现可交换积分次序

$$\text{原式} = -\int_{-1}^{0}\mathrm{d}y\int_{1-y}^{2}f(x,y)\mathrm{d}x = -\int_{1}^{2}\mathrm{d}x\int_{1-x}^{0}f(x,y)\mathrm{d}y = \int_{1}^{2}\mathrm{d}x\int_{0}^{1-x}f(x,y)\mathrm{d}y.$$

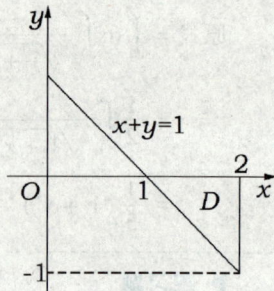

图 5.11

> **评注** ① 交换二次积分是常考题. 有的像本题那样,指定要交换次序,有的并未指定要交换次序,但若不交换次序,就做不出来. 本题的新意是,积分 $\int_{2}^{1-y}f(x,y)\mathrm{d}y$ 的限是从大到小!众所周知,定积分(二次积分为二个定积分)的积分限,可以下限 $\leqslant$ 上限,也可以下限 $\geqslant$ 上限. 但如果将二次积分转化为二重积分时,必须将积分限写成下限 $\leqslant$ 上限,然后再更换次序.
>
> ② 本题典型错误是,将答案写成 $\int_{1}^{2}\mathrm{d}x\int_{1-x}^{0}f(x,y)\mathrm{d}y$,没有注意到原题积分 $\int_{2}^{1-y}f(x,y)\mathrm{d}y$ 的限是从大到小!

综　述

计算累次积分 $\int_{a}^{b}\left(\int_{\varphi_1(x)}^{\varphi_2(x)}f(x,y)\mathrm{d}y\right)\mathrm{d}x$ 或 $\int_{\alpha}^{\beta}\left(\int_{\psi_1(y)}^{\psi_2(y)}f(x,y)\mathrm{d}x\right)\mathrm{d}y$.

基本特点:外层积分限为常数,积分上限 $\geqslant$ 积分下限. 直接计算很复杂,甚至不可能.

常用以下方法:

方法 1° 重积分的方法——表为二重积分 $\iint\limits_{D}f(x,y)\mathrm{d}x\mathrm{d}y$,确定积分区域(根据内外层积分限,在 xy 平面上画出 D 的图形,这是关键步骤),然后交换积分次序. 如题 43,44,46,47 及练习题第(1)题. 当下限大于上限的情形,只要上、下限互换并变号就转化为上述情形. 如练习题第(2)题.

有时交换积分次序无济于事,可考虑改换作极坐标变换. 此类问题还未考过. 如求

$$I = \int_{0}^{\frac{R}{\sqrt{2}}}\mathrm{e}^{-y^2}\mathrm{d}y\int_{0}^{y}\mathrm{e}^{-x^2}\mathrm{d}x + \int_{\frac{R}{\sqrt{2}}}^{R}\mathrm{e}^{-y^2}\mathrm{d}y\int_{0}^{\sqrt{R^2-y^2}}\mathrm{e}^{-x^2}\mathrm{d}x.$$

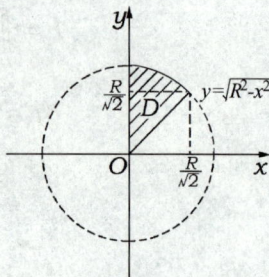

表成 $\quad I = \iint\limits_{D}\mathrm{e}^{-(x^2+y^2)}\mathrm{d}x\mathrm{d}y$,其中 D 如图 5.12 所示.

作极坐标变换:$x = r\cos\theta, y = r\sin\theta$,

$$D = \left\{(x,y)\,\middle|\,0 \leqslant r \leqslant R, \frac{\pi}{4} \leqslant \theta \leqslant \frac{\pi}{2}\right\}.$$

图 5.12

于是 $\quad I = \int_{\frac{\pi}{4}}^{\frac{\pi}{2}}\mathrm{d}\theta\int_{0}^{R}\mathrm{e}^{-r^2}r\mathrm{d}r = \frac{\pi}{4}\cdot\left.\left(-\frac{1}{2}\mathrm{e}^{-r^2}\right)\right|_{0}^{R} = \frac{\pi}{8}(1-\mathrm{e}^{-R^2}).$

数学二

方法 2° 分部积分法. 参见题 46 的【分析一】及练习题第(1)题的【解法二】.

关于交换积分次序还可有在极坐标下累次积分交换积分次序的题型.

设 $x = r\cos\theta, y = r\sin\theta$, 极坐标系下累次积分 $\int_\alpha^\beta d\theta \int_{r_1(\theta)}^{r_2(\theta)} f(r\cos\theta, r\sin\theta) r\, dr$ 转换为直角坐标系 Oxy 中的累次积分(或相反), 其方法是: 先表成 $\iint\limits_D f(x,y)\mathrm{d}\sigma$, 其中积分区域 D 的极坐标表示为 $D = \{(r,\theta)\,|\,\alpha \leqslant \theta \leqslant \beta, r_1(\theta) \leqslant r \leqslant r_2(\theta)\}$, 然后确定 D 在 Oxy 中的不等式表示, 并据此写出在直角坐标系中的累次积分. 如题 34, 37.

十、选择适当方法计算二重积分 或化二重积分为累次积分

45. (08, 4 分) 设函数 f 连续. 若 $F(u,v) = \iint\limits_{D_{uv}} \dfrac{f(x^2 + y^2)}{\sqrt{x^2 + y^2}}\mathrm{d}x\mathrm{d}y$, 其中区域 D_{uv} 为图中阴影部分, 则 $\dfrac{\partial F}{\partial u} =$

(A) $vf(u^2)$. (B) $\dfrac{v}{u}f(u^2)$. (C) $vf(u)$. (D) $\dfrac{v}{u}f(u)$.

【分析】 用极坐标变换将二重积分 $F(u,v)$ 表为定积分. D_{uv} 的极坐标表示为 $0 \leqslant \theta \leqslant v, \quad 1 \leqslant r \leqslant u,$

$\Rightarrow \qquad F(u,v) = \int_0^v d\theta \int_1^u \dfrac{f(r^2) r}{r}\mathrm{d}r = v\int_1^u f(r^2)\,\mathrm{d}r.$

再由变限积分求导法得 $\dfrac{\partial F}{\partial u} = vf(u^2)$. 选(A).

---

46. (08, 11 分) 计算 $\iint\limits_D \max\{xy, 1\}\mathrm{d}x\mathrm{d}y$, 其中 $D = \{(x,y)\,|\,0 \leqslant x \leqslant 2, 0 \leqslant y \leqslant 2\}$.

【分析与求解一】 被积函数是分块表示的, 用曲线 $xy = 1$ (即 $y = \dfrac{1}{x}$) 将

D 分成两块(如图 5.18): $D = D_1 \cup D_2$,
其中, $D_1: xy \leqslant 1, (x,y) \in D; D_2: xy \geqslant 1, (x,y) \in D.$

D_1 边界分段表示, 又将 D_1 分成两块

$$D_1 = D_{11} \cup D_{12},$$

如图 5.19. 于是

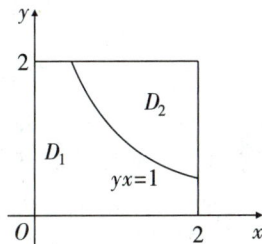

图 5.18

$$I = \iint\limits_D \max\{xy, 1\}\mathrm{d}x\mathrm{d}y = \iint\limits_{D_{11}} 1\mathrm{d}\sigma + \iint\limits_{D_{12}} 1\mathrm{d}\sigma + \iint\limits_{D_2} xy\mathrm{d}\sigma$$

$$= \frac{1}{2} \cdot 2 + \int_{\frac{1}{2}}^2 \mathrm{d}x \int_0^{\frac{1}{x}} 1\mathrm{d}y + \int_{\frac{1}{2}}^2 \mathrm{d}x \int_{\frac{1}{x}}^2 xy\mathrm{d}y = 1 + \int_{\frac{1}{2}}^2 \frac{1}{x}\mathrm{d}x + \int_{\frac{1}{2}}^2 \frac{1}{2}xy^2 \Big|_{\frac{1}{x}}^2 \mathrm{d}x$$

$$= 1 + \int_{\frac{1}{2}}^2 \frac{1}{x}\mathrm{d}x + \int_{\frac{1}{2}}^2 \left(2x - \frac{1}{2}\frac{1}{x}\right)\mathrm{d}x$$

$$= 1 + \frac{1}{2}\ln x \Big|_{\frac{1}{2}}^2 + x^2 \Big|_{\frac{1}{2}}^2 = 1 + \ln 2 + \left(4 - \frac{1}{4}\right) = \frac{19}{4} + \ln 2.$$

【分析与求解二】 D_1, D_2 如上所述, 则

$$I = \iint_{D_1} 1\mathrm{d}\sigma + \iint_{D_2} xy\mathrm{d}\sigma.$$

将第一个积分作如下分解

$$\iint_{D_1} 1\mathrm{d}\sigma = \iint_{D} 1\mathrm{d}\sigma - \iint_{D_2} 1\mathrm{d}\sigma,$$

$\Rightarrow$
$$I = 4 - \int_{\frac{1}{2}}^{2}\mathrm{d}x\int_{\frac{1}{x}}^{2}\mathrm{d}y + \int_{\frac{1}{2}}^{2}\mathrm{d}x\int_{\frac{1}{x}}^{2}xy\mathrm{d}y = 4 - \int_{\frac{1}{2}}^{2}\left(2 - \frac{1}{x}\right)\mathrm{d}x + \int_{\frac{1}{2}}^{2}$$

$$\frac{1}{2}xy^2\Big|_{\frac{1}{x}}^{2}\mathrm{d}x$$

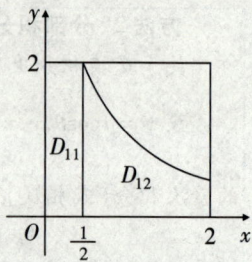

图 5.19

$$= 4 - 2\cdot\frac{3}{2} + \int_{\frac{1}{2}}^{x}\frac{1}{x}\mathrm{d}x + 2\int_{\frac{1}{2}}^{2}x\mathrm{d}x - \frac{1}{2}\int_{\frac{1}{2}}^{2}\frac{1}{x}\mathrm{d}x$$

$$= 1 + \frac{1}{2}\ln x\Big|_{\frac{1}{2}}^{2} + x^2\Big|_{\frac{1}{2}}^{2} = \frac{19}{4} + \ln 2.$$

---

47. (09,10分) 计算二重积分 $\displaystyle\iint_{D}(x - y)\mathrm{d}x\mathrm{d}y$,其中 $D = \{(x,y)\mid (x-1)^2 + (y-1)^2 \leqslant 2, y \geqslant x\}$.

【分析与求解】 积分区域 D 是如图 5.20 所示的半圆: $(x-1)^2 + (y-1)^2 \leqslant 2, y \geqslant x$.

方法 $1°$ 作极坐标变换 $x = r\cos\theta, y = r\sin\theta$,则 D 的极坐标表示是

$$0 \leqslant r \leqslant 2(\cos\theta + \sin\theta), \frac{\pi}{4} \leqslant \theta \leqslant \frac{3}{4}\pi.$$

于是
$$I = \iint_{D}(x - y)\mathrm{d}\sigma = \int_{\frac{\pi}{4}}^{\frac{3}{4}\pi}\mathrm{d}\theta\int_{0}^{2(\cos\theta+\sin\theta)}r(\cos\theta - \sin\theta)r\mathrm{d}r$$

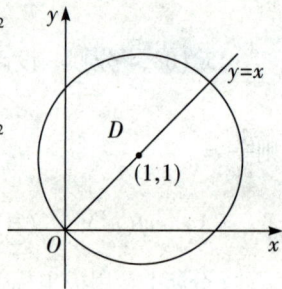

图 5.20

$$= \int_{\frac{\pi}{4}}^{\frac{3}{4}\pi}(\cos\theta - \sin\theta)\cdot\frac{1}{3}r^3\Big|_{0}^{2(\cos\theta+\sin\theta)}\mathrm{d}\theta$$

$$= \frac{8}{3}\int_{\frac{\pi}{4}}^{\frac{3}{4}\pi}(\cos\theta - \sin\theta)(\cos\theta + \sin\theta)^3\mathrm{d}\theta$$

$$= \frac{8}{3}\int_{\frac{\pi}{4}}^{\frac{3}{4}\pi}(1 + \sin 2\theta)\cos 2\theta\mathrm{d}\theta = \frac{8}{3}\left(\frac{1}{2}\sin 2\theta + \frac{1}{4}\sin^2 2\theta\right)\Big|_{\frac{\pi}{4}}^{\frac{3}{4}\pi}$$

$$= \frac{8}{3}\left[\frac{1}{2}(-2) + 0\right] = -\frac{8}{3}.$$

或
$$I = \frac{8}{3}\int_{\frac{\pi}{4}}^{\frac{3}{4}\pi}(\cos\theta - \sin\theta)(\cos\theta + \sin\theta)^3\mathrm{d}\theta = \frac{8}{3}\int_{\frac{\pi}{4}}^{\frac{3}{4}\pi}(\cos\theta + \sin\theta)^3\mathrm{d}(\cos\theta + \sin\theta)$$

$$= \frac{8}{3}\cdot\frac{1}{4}(\cos\theta + \sin\theta)^4\Big|_{\frac{\pi}{4}}^{\frac{3}{4}\pi} = \frac{8}{3}\cdot\frac{1}{4}(-4) = -\frac{8}{3}.$$

方法 $2°$ 先作平移变换:令 $u = x - 1, v = y - 1$,则 D 变成

$$D': u^2 + v^2 \leqslant 2, v \geqslant u,\text{如图 5.21}.$$

于是
$$I = \iint_{D}(x - y)\mathrm{d}x\mathrm{d}y = \iint_{D'}(u - v)\mathrm{d}u\mathrm{d}v.$$

现再作极坐标变换: $u = r\cos\theta, v = r\sin\theta$,则 D' 的极坐标表示为

$$0 \leqslant r \leqslant \sqrt{2}, \quad \frac{\pi}{4} \leqslant \theta \leqslant \frac{5}{4}\pi.$$

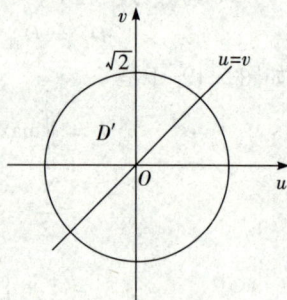

图 5.21

$\Rightarrow$
$$I = \int_{\frac{\pi}{4}}^{\frac{5}{4}\pi}\mathrm{d}\theta\int_{0}^{\sqrt{2}}r(\cos\theta - \sin\theta)r\mathrm{d}r$$

$$= \int_{\frac{1}{4}}^{\frac{1}{4}\pi} (\cos\theta - \sin\theta)\mathrm{d}\theta \cdot \int_0^{\sqrt{2}} r^2 \mathrm{d}r$$

$$= (\sin\theta + \cos\theta)\Big|_{\frac{1}{4}}^{\frac{1}{4}\pi} \cdot \frac{1}{3}r^3\Big|_0^{\sqrt{2}}$$

$$= -2\sqrt{2} \cdot \frac{1}{3}2 \cdot \sqrt{2} = -\frac{8}{3}.$$

> **评注** （1）本题主要考查二重积分的计算,是比较基础的题型,考查的知识点是利用极坐标计算圆域上的二重积分,要求考生正确掌握直角坐标与极坐标系下二重积分的转换.本题用直角坐标也能求出结果,只是工作量稍大.
>
> （2）本题出现的错误主要体现在:
> ① 误将极坐标系下的面积元素写成 $\mathrm{d}r\mathrm{d}\theta$;
> ② 没有根据积分区域的形状选用极坐标进行计算,造成计算的困难;
> ③ 不会将圆域的边界方程转化为极坐标系下的方程,造成定限的错误.

48. (11,4 分) 设平面区域 D 由直线 $y = x$,圆 $x^2 + y^2 = 2y$ 及 y 轴所围成,则二重积分 $\iint\limits_D xy\mathrm{d}\sigma = $ _____.

【分析】 圆 $x^2 + y^2 = 2y$ 即 $x^2 + (y-1)^2 = 1$,D 如图 5.22 所示.

方法 1° 用极坐标变换. $D: \dfrac{\pi}{4} \leqslant \theta \leqslant \dfrac{\pi}{2}, 0 \leqslant r \leqslant 2\sin\theta$,于是

$$\iint\limits_D xy\mathrm{d}\sigma = \int_{\frac{1}{4}}^{\frac{1}{2}}\mathrm{d}\theta\int_0^{2\sin\theta} r^2\cos\theta\sin\theta r\mathrm{d}r$$

$$= \int_{\frac{1}{4}}^{\frac{1}{2}}\cos\theta\sin\theta \cdot \frac{1}{4}r^4\Big|_0^{2\sin\theta}\mathrm{d}\theta$$

$$= 4\int_{\frac{1}{4}}^{\frac{1}{2}}\sin^5\theta\mathrm{d}(\sin\theta) = \frac{4}{6}\sin^6\theta\Big|_{\frac{1}{4}}^{\frac{1}{2}} = \frac{7}{12}.$$

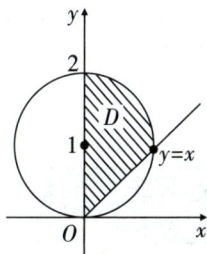

图 5.22

方法 2° 在直角坐标系 Oxy 中选择先 y 后 x 的积分次序化为定积分.

直线 $y = x$ 与圆周 $x^2 + y^2 = 2y(x^2 + (y-1)^2 = 1)$ 的交点是 $(1,1)$,上半圆周方程为 $y = 1 + \sqrt{1 - x^2}$,从而 $D: 0 \leqslant x \leqslant 1, x \leqslant y \leqslant 1 + \sqrt{1 - x^2}$,于是

$$\iint\limits_D xy\mathrm{d}\sigma = \int_0^1\mathrm{d}x\int_x^{1+\sqrt{1-x^2}} xy\mathrm{d}y = \frac{1}{2}\int_0^1 xy^2\Big|_x^{1+\sqrt{1-x^2}}\mathrm{d}x$$

$$= \frac{1}{2}\int_0^1 x\big[(1 + \sqrt{1-x^2})^2 - x^2\big]\mathrm{d}x = \int_0^1 (x + x\sqrt{1-x^2} - x^3)\mathrm{d}x$$

$$= \frac{1}{2} - \frac{1}{3}(1-x^2)^{\frac{3}{2}}\Big|_0^1 - \frac{1}{4} = \frac{7}{12}.$$

49. (11,11 分) 已知函数 $f(x,y)$ 具有二阶连续偏导数,且 $f(1,y) = 0, f(x,1) = 0, \iint\limits_D f(x,y)\mathrm{d}x\mathrm{d}y = a$,其中 $D = \{(x,y) | 0 \leqslant x \leqslant 1, 0 \leqslant y \leqslant 1\}$,计算二重积分 $I = \iint\limits_D xyf''_{xy}(x,y)\mathrm{d}x\mathrm{d}y$.

【解】 在条件 $f(1,y) = 0(\Rightarrow f'_y(1,y) = 0), f(x,1) = 0(\Rightarrow f'_x(x,1) = 0)$ 下考察 $\iint\limits_D f(x,y)\mathrm{d}x\mathrm{d}y$ 与

$\iint\limits_D xyf''_{xy}(x,y)\mathrm{d}x\mathrm{d}y$ 的关系,D 是矩形区域 $\{(x,y) | 0 \leqslant x \leqslant 1, 0 \leqslant y \leqslant 1\}$.

方法 1° $a = \iint\limits_D f(x,y)\mathrm{d}x\mathrm{d}y = \int_0^1\mathrm{d}y\int_0^1 f(x,y)\mathrm{d}x$

$$\xrightarrow[\text{积分}]{\text{对 } x \text{ 分部}} \int_0^1 \left[xf(x,y) \Big|_{x=0}^{x=1} - \int_0^1 xf'_x(x,y)\,dx \right] dy$$

$$= -\int_0^1 \left[\int_0^1 xf'_x(x,y)\,dx \right] dy \xrightarrow[\text{分次序}]{\text{交换积}} -\int_0^1 x \left[\int_0^1 f'_x(x,y)\,dy \right] dx$$

$$\xrightarrow[\text{积分}]{\text{对 } y \text{ 分部}} -\int_0^1 x \left[yf'_x(x,y) \Big|_{y=0}^{y=1} - \int_0^1 yf''_{xy}(x,y)\,dy \right] dx$$

$$= \int_0^1 \left[\int_0^1 xyf''_{xy}(x,y)\,dy \right] dx = \iint_D xyf''_{xy}(x,y)\,dxdy.$$

方法 2° $\iint_D xyf''_{xy}(x,y)\,dxdy = \int_0^1 \left[x\int_0^1 yf''_{xy}(x,y)\,dy \right] dx$

$$\xrightarrow[\text{作分部积分}]{\text{对内层积分}} \int_0^1 x \left[yf'_x(x,y) \Big|_{y=0}^{y=1} - \int_0^1 f'_x(x,y)\,dy \right] dx$$

$$= -\int_0^1 \left[x\int_0^1 f'_x(x,y)\,dy \right] dx \xrightarrow[\text{分次序}]{\text{交换积}} -\int_0^1 \left[\int_0^1 xf'_x(x,y)\,dx \right] dy$$

$$\xrightarrow[\text{作分部积分}]{\text{对内层积分}} -\int_0^1 \left[xf(x,y) \Big|_{x=0}^{x=1} - \int_0^1 f(x,y)\,dx \right] dy$$

$$= \int_0^1 \left[\int_0^1 f(x,y)\,dx \right] dy = \iint_D f(x,y)\,dxdy = a.$$

评注　本题主要考查化二重积分为累次积分和交换累次积分次序的方法,考查定积分的分部积分和牛顿 - 莱布尼茨公式.

50.（12,4 分）　设区域 D 由曲线 $y = \sin x, x = \pm\dfrac{\pi}{2}, y = 1$ 围成,则 $\iint_D (xy^5 - 1)\,dxdy =$

（A）　π.　　　　　（B）　2.　　　　　（C）　-2.　　　　　（D）　$-\pi$.

【分析一】　添加辅助线 $y = -\sin x$,将 D 分成 $D_1, D_2, D = D_1 \cup D_2$.
由于 D_1 关于 y 轴对称,D_2 关于 x 轴对称（如图 5.23）,于是

$$\iint_D xy^5\,dxdy = \iint_{D_1} xy^5\,d\sigma + \iint_{D_2} xy^5\,d\sigma = 0 + 0 = 0.$$

因此　　　$I = \iint_D (xy^5 - 1)\,dxdy = \iint_D -1\,dxdy = -\int_{-\frac{\pi}{2}}^{\frac{\pi}{2}} dx \int_{\sin x}^1 1\,dy$

$$= -\int_{-\frac{\pi}{2}}^{\frac{\pi}{2}} (1 - \sin x)\,dx = -\pi.$$

故选（D）.

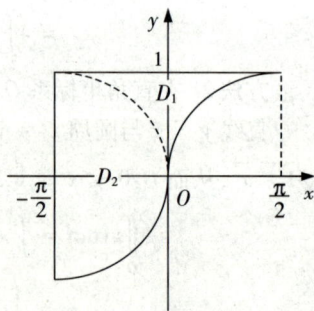

图 5.23

【分析二】　直接化为累次积分.

$$I = \int_{-\frac{\pi}{2}}^{\frac{\pi}{2}} dx \int_{\sin x}^1 (x^5 y - 1)\,dy = \int_{-\frac{\pi}{2}}^{\frac{\pi}{2}} \left(\frac{1}{2}x^5 y^2 - y \right) \Big|_{\sin x}^1 dx$$

$$= \int_{-\frac{\pi}{2}}^{\frac{\pi}{2}} \frac{1}{2}x^5 (1 - \sin^2 x)\,dx - \int_{-\frac{\pi}{2}}^{\frac{\pi}{2}} (1 - \sin x)\,dx = -\pi,$$

其中 $\dfrac{1}{2}x^5 (1 - \sin^2 x), \sin x$ 均为奇函数,所以

$$\int_{-\frac{\pi}{2}}^{\frac{\pi}{2}} \frac{1}{2}x^5 (1 - \sin^2 x)\,dx = 0, \qquad \int_{-\frac{\pi}{2}}^{\frac{\pi}{2}} \sin x\,dx = 0.$$

故选（D）.

51.（12,10 分）　计算二重积分 $\iint_D xy\,d\sigma$,其中区域 D 由曲线 $r = 1 + \cos\theta(0 \leqslant \theta \leqslant \pi)$ 与极轴围成.

作极坐标变换 $x = r\cos\theta, y = r\sin\theta$，则 D 的极坐标表示是

$$0 \leq \theta \leq \pi, \quad 0 \leq r \leq 1 + \cos\theta,$$

于是
$$I = \iint\limits_{D} xy\mathrm{d}\sigma = \int_0^{\pi}\mathrm{d}\theta\int_0^{1+\cos\theta} r^2\cos\theta\sin\theta \cdot r\mathrm{d}r = \int_0^{\pi}\cos\theta\sin\theta \cdot \frac{1}{4}r^4\Big|_0^{1+\cos\theta}\mathrm{d}\theta$$

$$= -\frac{1}{4}\int_0^{\pi}\cos\theta(1+\cos\theta)^4\mathrm{d}\cos\theta \xrightarrow{t=\cos\theta} -\frac{1}{4}\int_1^{-1} t(1+t)^4\mathrm{d}t$$

$$= \frac{1}{4}\int_{-1}^1 t(1+t)^4\mathrm{d}t = \frac{1}{4} \cdot \frac{1}{5}\int_{-1}^1 t\mathrm{d}(1+t)^5$$

$$= \frac{1}{20}\left[t(1+t)^5\Big|_{-1}^1 - \int_{-1}^1 (1+t)^5\mathrm{d}t\right] = \frac{1}{20}\left[32 - \frac{1}{6}(1+t)^6\Big|_{-1}^1\right]$$

$$= \frac{1}{20}\left(32 - \frac{32}{3}\right) = \frac{16}{15}.$$

---

52. (13,10 分) 设平面区域 D 由直线 $x = 3y, y = 3x$ 及 $x + y = 8$ 围成，计算 $\iint\limits_{D} x^2\mathrm{d}x\mathrm{d}y$.

【分析与求解】 这些直线的交点除点 $(0,0)$ 外还有 $(2,6),(6,2)$，平面区域 D 如图 5.24 所示.
D 的边界是分段表示的，要用分块积分法. 将 D 分为 $D = D_1 \cup D_2$，其中

$$D_1 : 0 \leq x \leq 2, \frac{1}{3}x \leq y \leq 3x; \quad D_2 : 2 \leq x \leq 6, \frac{1}{3}x \leq y \leq 8-x.$$

于是
$$I \xlongequal{\text{记}} \iint\limits_{D} x^2\mathrm{d}x\mathrm{d}y = \iint\limits_{D_1} x^2\mathrm{d}x\mathrm{d}y + \iint\limits_{D_2} x^2\mathrm{d}x\mathrm{d}y$$

$$= \int_0^2\mathrm{d}x\int_{\frac{1}{3}x}^{3x} x^2\mathrm{d}y + \int_2^6\mathrm{d}x\int_{\frac{1}{3}x}^{8-x} x^2\mathrm{d}y$$

$$= \int_0^2 \frac{8}{3}x^3\mathrm{d}x + \int_2^6 x^2\left(8 - \frac{4}{3}x\right)\mathrm{d}x$$

$$= \frac{8}{3} \cdot \frac{1}{4}x^4\Big|_0^2 + \frac{8}{3}x^3\Big|_2^6 - \frac{4}{3}\frac{1}{4}x^4\Big|_2^6$$

$$= \frac{8 \cdot 4}{3} + \frac{8 \cdot 6^3}{3} - \frac{8 \cdot 8}{3} - \frac{8 \cdot 2 \cdot 3^4}{3} + \frac{8 \cdot 2}{3} = \frac{416}{3}.$$

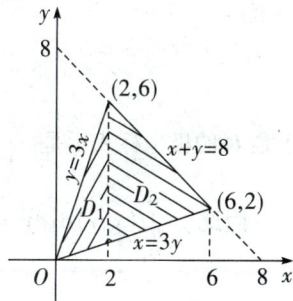

图 5.24

---

53. (14,10 分) 设平面区域 $D = \{(x,y) \mid 1 \leq x^2 + y^2 \leq 4, x \geq 0, y \geq 0\}$，计算 $\iint\limits_{D} \dfrac{x\sin(\pi\sqrt{x^2+y^2})}{x+y}\mathrm{d}x\mathrm{d}y$.

【分析与求解】 D 如图 5.25，用极坐标变换 $D : 0 \leq \theta \leq \dfrac{\pi}{2}, 1 \leq r \leq 2$，

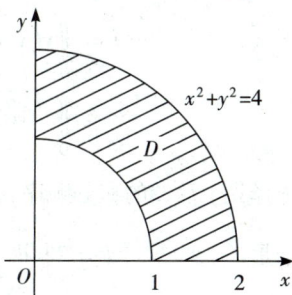

图 5.25

于是
$$I \xlongequal{\text{记}} \iint\limits_{D} \frac{x\sin(\pi\sqrt{x^2+y^2})}{x+y}\mathrm{d}x\mathrm{d}y$$

$$= \int_0^{\frac{\pi}{2}}\mathrm{d}\theta\int_1^2 \frac{r\cos\theta\sin\pi r}{r(\cos\theta + \sin\theta)}r\mathrm{d}r = \int_0^{\frac{\pi}{2}} \frac{\cos\theta}{\cos\theta + \sin\theta}\mathrm{d}\theta\int_1^2 r\sin\pi r\mathrm{d}r.$$

$$\int_1^2 r\sin\pi r\mathrm{d}r = \frac{-1}{\pi}\int_1^2 r\mathrm{d}\cos\pi r = -\frac{1}{\pi}r\cos\pi r\Big|_1^2 + \frac{1}{\pi}\int_1^2 \cos\pi r\mathrm{d}r = -\frac{3}{\pi}.$$

$$J \xlongequal{\text{记}} \int_0^{\frac{\pi}{2}} \frac{\cos\theta}{\cos\theta + \sin\theta}\mathrm{d}\theta \xlongequal{\theta = \frac{\pi}{2} - t} -\int_{\frac{\pi}{2}}^0 \frac{\cos\left(\frac{\pi}{2} - t\right)}{\cos\left(\frac{\pi}{2} - t\right) + \sin\left(\frac{\pi}{2} - t\right)}\mathrm{d}t$$

$$= \int_0^{\frac{\pi}{2}} \frac{\sin\theta}{\sin\theta + \cos\theta}\mathrm{d}\theta$$

$$\Rightarrow \quad 2J = \int_0^{\frac{\pi}{4}} \frac{\cos\theta + \sin\theta}{\cos\theta + \sin\theta} d\theta = \frac{\pi}{2}, J = \frac{\pi}{4}$$

因此 $\quad I = \frac{\pi}{4}\left(-\frac{3}{\pi}\right) = -\frac{3}{4}$.

---

54. (15,4分) 设 D 是第一象限由曲线 $2xy = 1, 4xy = 1$ 与直线 $y = x, y = \sqrt{3}x$ 围成的平面区域,函数 $f(x,y)$ 在 D 上连续,则 $\iint\limits_D f(x,y)dxdy = $

(A) $\int_{\frac{\pi}{4}}^{\frac{\pi}{3}} d\theta \int_{\frac{1}{\sqrt{\sin2\theta}}}^{\frac{1}{\sqrt{2\sin2\theta}}} f(r\cos\theta, r\sin\theta)rdr$

(B) $\int_{\frac{\pi}{4}}^{\frac{\pi}{3}} d\theta \int_{\frac{1}{\sqrt{2\sin2\theta}}}^{\frac{1}{\sqrt{\sin2\theta}}} f(r\cos\theta, r\sin\theta)rdr$

(C) $\int_{\frac{\pi}{4}}^{\frac{\pi}{3}} d\theta \int_{\frac{1}{\sqrt{2\sin2\theta}}}^{\frac{1}{\sqrt{\sin2\theta}}} f(r\cos\theta, r\sin\theta)dr$

(D) $\int_{\frac{\pi}{4}}^{\frac{\pi}{3}} d\theta \int_{\frac{1}{\sqrt{2\sin2\theta}}}^{\frac{1}{\sqrt{\sin2\theta}}} f(r\cos\theta, r\sin\theta)dr$

【分析】 区域 D 如图 5.26. 作极坐标变换,将 $\iint\limits_D f(x,y)dxdy$ 化为累次积分

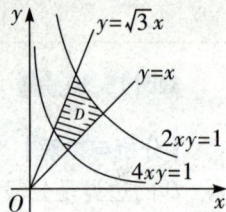

图 5.26

(先 r 后 θ 的积分顺序).

D 的边界线的极坐标方程

$$2xy = 1 \text{ 是 } 2r^2\cos\theta\sin\theta = 1, r = \frac{1}{\sqrt{\sin2\theta}}$$

$$4xy = 1 \text{ 是 } 4r^2\cos\theta\sin\theta = 1, r = \frac{1}{\sqrt{2\sin2\theta}}$$

$$y = x \text{ 是 } \theta = \frac{\pi}{4}, \quad y = \sqrt{3}x \text{ 是 } \theta = \frac{\pi}{3}$$

于是 D 的极坐标表示是 $\quad \frac{\pi}{4} \leqslant \theta \leqslant \frac{\pi}{3}, \frac{1}{\sqrt{2\sin2\theta}} \leqslant r \leqslant \frac{1}{\sqrt{\sin2\theta}}$

因此 $\quad \iint\limits_D f(x,y)dxdy = \int_{\frac{\pi}{4}}^{\frac{\pi}{3}} d\theta \int_{\frac{1}{\sqrt{2\sin2\theta}}}^{\frac{1}{\sqrt{\sin2\theta}}} f(r\cos\theta, r\sin\theta)rdr$. 选(B).

---

55. (15,10分) 计算二重积分 $\iint\limits_D x(x+y)dxdy$,其中 $D = \{(x,y) \mid x^2 + y^2 \leqslant 2, y \geqslant x^2\}$.

【分析与求解】 区域 D 如图 5.27 所示. D 关于 y 轴对称,于是

$$I = \iint\limits_D x(x+y)dxdy = \iint\limits_D x^2 dxdy + \iint\limits_D xy dxdy$$

$$= \iint\limits_D x^2 dxdy = 2\iint\limits_{D_1} x^2 dxdy \,(D_1 = D \cap \{x \geqslant 0\})$$

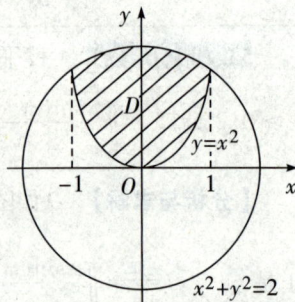

图 5.27

选择先 y 后 x 的积分顺序,D_1 表为 $0 \leqslant x \leqslant 1, x^2 \leqslant y \leqslant \sqrt{2-x^2}$

于是 $\quad I = 2\int_0^1 dx \int_{x^2}^{\sqrt{2-x^2}} x^2 dy = 2\int_0^1 x^2 \left(\sqrt{2-x^2} - x^2\right)dx$

$$= 2\int_0^1 x^2\sqrt{2-x^2}dx - 2\int_0^1 x^4 dx - \frac{2}{5}$$

$$\xrightarrow{x = \sqrt{2}\sin t} 2\int_0^{\frac{\pi}{4}} (\sqrt{2}\sin t)^2 \sqrt{2(1-\sin^2 t)}\sqrt{2}\cos t dt - \frac{2}{5}$$

$$= 8\int_0^{\frac{\pi}{4}} \sin^2 t\cos^2 t dt - \frac{2}{5} = 2\int_0^{\frac{\pi}{4}} \sin^2 2t dt - \frac{2}{5} = \int_0^{\frac{\pi}{2}} \sin^2 u du - \frac{2}{5} = \frac{\pi}{4} - \frac{2}{5}$$

---

56. (16,10分) 设 D 是由直线 $y = 1, y = x, y = -x$ 围成的有界区域,计算二重积分

$$\iint\limits_D \frac{x^2 - xy - y^2}{x^2 + y^2}dxdy.$$

【分析与求解】 区域 D 如图 5.28. D 关于 y 轴对称, $\dfrac{xy}{x^2+y^2}$ 对 x 是奇函数, $\dfrac{y^2}{x^2+y^2}$ 对 x 是偶函数, 所以

$$\iint_D \frac{xy}{x^2+y^2}\mathrm{d}\sigma = 0, \qquad \iint_D \frac{y^2}{x^2+y^2}\mathrm{d}\sigma = 2\iint_{D_1} \frac{y^2}{x^2+y^2}\mathrm{d}\sigma$$

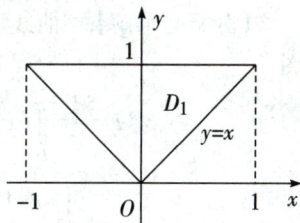

图 5.28

D_1 是 D 的第一象限部分. 于是

$$I = \iint_D \frac{x^2-xy-y^2}{x^2+y^2}\mathrm{d}\sigma = \iint_D \frac{x^2-y^2}{x^2+y^2}\mathrm{d}\sigma = \iint_D \left(1 - \frac{2y^2}{x^2+y^2}\right)\mathrm{d}\sigma$$

$$= D\text{ 的面积} - 4\iint_{D_1}\frac{y^2}{x^2+y^2}\mathrm{d}\sigma$$

D 的面积 $= \dfrac{1}{2}\cdot 2\cdot 1 = 1$

$$\iint_{D_1}\frac{y^2}{x^2+y^2}\mathrm{d}\sigma = \int_0^1\mathrm{d}y\int_0^y \frac{y^2}{x^2+y^2}\mathrm{d}x = \int_0^1\mathrm{d}y\int_0^y \frac{1}{1+\left(\frac{x}{y}\right)^2}\mathrm{d}x$$

$$= \int_0^1 y\arctan\frac{x}{y}\bigg|_{x=0}^{x=y}\mathrm{d}y = \frac{\pi}{4}\int_0^1 y\mathrm{d}y = \frac{\pi}{8}$$

因此 $\quad I = 1 - \dfrac{\pi}{2}$

也可用极坐标变换 $x = r\cos\theta, y = r\sin\theta$ 来计算

$$\iint_{D_1}\frac{y^2}{x^2+y^2}\mathrm{d}\sigma = \int_{\frac{\pi}{4}}^{\frac{\pi}{2}}\mathrm{d}\theta\int_0^{\frac{1}{\sin\theta}}\frac{r^2\sin^2\theta}{r^2}r\mathrm{d}r = \int_{\frac{\pi}{4}}^{\frac{\pi}{2}}\sin^2\theta\cdot\frac{1}{2}r^2\bigg|_0^{\frac{1}{\sin\theta}}\mathrm{d}\theta = \frac{\pi}{8}$$

---

57. (17,11 分) 已知平面区域 $D = \{(x,y)\mid x^2+y^2\leqslant 2y\}$, 计算二重积分 $\displaystyle\iint_D (x+1)^2\mathrm{d}x\mathrm{d}y$.

【分析与求解】 积分区域 D 是圆域, 关于 y 轴对称, D 的右半部分记为 D_1.

$D: x^2+y^2\leqslant 2y$, 即 $x^2+(y-1)^2\leqslant 1$.

$$I \overset{\text{记}}{=\!=\!=} \iint_D (x+1)^2\mathrm{d}\sigma = \iint_D x^2\mathrm{d}\sigma + 2\iint_D x\mathrm{d}\sigma + \iint_D 1\mathrm{d}\sigma = 2\iint_{D_1} x^2\mathrm{d}\sigma + \pi$$

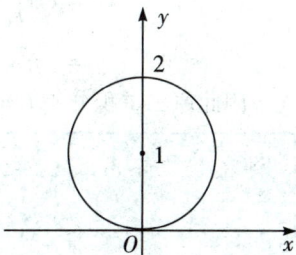

图 5.29

其中 $\displaystyle\iint_D x\mathrm{d}\sigma = 0, \iint_D 1\mathrm{d}\sigma = \pi$ (圆 D 的面积).

作极坐标变换 $x = r\cos\theta, y = r\sin\theta$, 则 $D_1: 0\leqslant\theta\leqslant\dfrac{\pi}{2}, 0\leqslant r\leqslant 2\sin\theta$

$$\iint_{D_1} x^2\mathrm{d}\sigma = \int_0^{\frac{\pi}{2}}\mathrm{d}\theta\int_0^{2\sin\theta} r^2\cos^2\theta\cdot r\mathrm{d}r = \int_0^{\frac{\pi}{2}}\cos^2\theta\cdot\frac{1}{4}r^4\bigg|_0^{2\sin\theta}\mathrm{d}\theta$$

$$= 4\int_0^{\frac{\pi}{2}}(1-\sin^2\theta)\sin^4\theta\mathrm{d}\theta = 4\int_0^{\frac{\pi}{2}}(\sin^4\theta - \sin^6\theta)\mathrm{d}\theta$$

$$= 4\left[\frac{3\cdot 1}{4\cdot 2}\cdot\frac{\pi}{2} - \frac{5\cdot 3\cdot 1}{6\cdot 4\cdot 2}\cdot\frac{\pi}{2}\right] = \frac{\pi}{8}$$

因此 $\quad I = 2\times\dfrac{\pi}{8} + \pi = \dfrac{5}{4}\pi$.

---

58. (18,10 分) 设平面区域 D 由曲线 $\begin{cases} x = t - \sin t, \\ y = 1 - \cos t \end{cases} (0\leqslant t\leqslant 2\pi)$ 与 x 轴围成, 计算二重分 $\displaystyle\iint_D (x+$

$2y)\mathrm{d}\sigma$.

【分析与求解】 曲线可以表为 y 是 x 的函数 $y = y(x)$. D 的草图如右图.

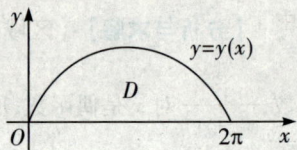

$$I \xlongequal{\text{记}} \iint\limits_{D} (x + 2y)\,d\sigma$$

$$= \int_0^{2\pi} dx \int_0^{y(x)} (x + 2y)\,dy = \int_0^{2\pi} \left(xy(x) + y^2(x) \right) dx$$

作变量替换 $x = t - \sin t$,相应地 $y(x) = 1 - \cos t$, $dx = (1 - \cos t)\,dt$, $x \in [0, 2\pi]$ 对应 $t \in [0, 2\pi]$,于是

$$I = \int_0^{2\pi} \left[(t - \sin t)(1 - \cos t) + (1 - \cos t)^2 \right] (1 - \cos t)\,dt$$

$$= \int_0^{2\pi} (t - \sin t)(1 - \cos t)^2\,dt + \int_0^{2\pi} (1 - \cos t)^3\,dt$$

$$\xlongequal{\text{记}} I_1 + I_2.$$

$$I_2 = \int_0^{2\pi} (1 - \cos t)^3\,dt = \int_0^{2\pi} 8\sin^6 \frac{t}{2}\,dt = 16 \int_0^{\pi} \sin^6 s\,ds$$

$$= 32 \int_0^{\frac{\pi}{2}} \sin^6 t\,dt = 32 \cdot \frac{5 \times 3 \times 1}{6 \times 4 \times 2} \cdot \frac{\pi}{2} = 5\pi$$

$$I_1 = \int_0^{2\pi} (t - \sin t)(1 - \cos t)^2\,dt = \int_0^{2\pi} t(1 - \cos t)^2\,dt - \int_{-\pi}^{\pi} \sin t(1 - \cos t)^2\,dt$$

$$= \int_0^{2\pi} t(1 - \cos t)^2\,dt \quad (\text{周期函数与奇偶函数的积分性质})$$

$$\int_0^{2\pi} t(1 - \cos t)^2\,dt \xlongequal{t = 2\pi - s} \int_{2\pi}^{0} (s - 2\pi)(1 - \cos s)^2\,ds$$

$$= -\int_0^{2\pi} t(1 - \cos t)^2\,dt + 2\pi \int_0^{2\pi} (1 - \cos t)^2\,dt$$

$$\Rightarrow \quad I_1 = \pi \int_0^{2\pi} (1 - \cos t)^2\,dt = 4\pi \int_0^{2\pi} \sin^4 \frac{t}{2}\,dt$$

$$= 8\pi \int_0^{\pi} \sin^4 t\,dt = 16\pi \int_0^{\frac{\pi}{2}} \sin^4 t\,dt = 16\pi \cdot \frac{3 \times 1}{4 \times 2} \cdot \frac{\pi}{2}$$

$$= 3\pi^2$$

因此原二重积分 $I = 3\pi^2 + 5\pi$.

> **评注** 若不用上述技巧求出 $I_1 = \int_0^{2\pi} t(1 - \cos t)^2\,dt$,我们可将被积函数展开得
>
> $$I_1 = \int_0^{2\pi} t(1 - 2\cos t + \cos^2 t)\,dt = \int_0^{2\pi} t\left(1 - 2\cos t + \frac{1 + \cos 2t}{2} \right) dt$$
>
> $$= \int_0^{2\pi} \frac{3}{2} t\,dt - 2 \int_0^{2\pi} t\,d\sin t + \frac{1}{4} \int_0^{2\pi} t\,d\sin 2t$$
>
> $$= \frac{3}{2} \cdot \frac{1}{2} t^2 \Big|_0^{2\pi} + 2 \int_0^{2\pi} \sin t\,dt - \frac{1}{4} \int_0^{2\pi} \sin 2t\,dt = 3\pi^2$$

---

59. (19, 10 分) 已知平面区域 $D = \left\{ (x, y) \mid |x| \leqslant y,\ (x^2 + y^2)^3 \leqslant y^4 \right\}$,计算二重积分 $\iint\limits_{D}$

$\dfrac{x + y}{\sqrt{x^2 + y^2}}\,dx\,dy$.

【分析与求解】 由平面区域 D 与被积函数的特点,选用极坐标变换. D 是广义扇形,边界曲线的极坐标方程是

$$r^6 = r^4 \sin^4 \theta, \quad \text{即 } r = \sin^2 \theta$$

由于 D 关于 y 轴对称,D 的右半平面部分记为 D_1

$$D_1 = \left\{ (r,\theta) \,\middle|\, \frac{\pi}{4} \leqslant \theta \leqslant \frac{\pi}{2}, 0 \leqslant r \leqslant \sin^2\theta \right\}$$

再由被积函数的奇偶性得

$$I \stackrel{记}{=\!=\!=} \iint_D \frac{x+y}{\sqrt{x^2+y^2}}\mathrm{d}x\mathrm{d}y = \iint_D \frac{y}{\sqrt{x^2+y^2}}\mathrm{d}x\mathrm{d}y = 2\iint_{D_1} \frac{y}{\sqrt{x^2+y^2}}\mathrm{d}x\mathrm{d}y$$

$$= 2\int_{\frac{\pi}{4}}^{\frac{\pi}{2}}\mathrm{d}\theta\int_0^{\sin^2\theta} \frac{r\sin\theta}{r}\cdot r\,\mathrm{d}r = 2\int_{\frac{\pi}{4}}^{\frac{\pi}{2}}\sin\theta\cdot\frac{1}{2}r^2\,\Big|_0^{\sin^2\theta}\mathrm{d}\theta$$

$$= \int_{\frac{\pi}{4}}^{\frac{\pi}{2}}\sin^5\theta\,\mathrm{d}\theta = -\int_{\frac{\pi}{4}}^{\frac{\pi}{2}}(1-\cos^2\theta)^2\mathrm{d}\cos\theta$$

$$\stackrel{t=\cos\theta}{=\!=\!=\!=\!=} \int_0^{\frac{1}{\sqrt{2}}}(1-t^2)^2\mathrm{d}t = \int_0^{\frac{1}{\sqrt{2}}}(1-2t^2+t^4)\mathrm{d}t$$

$$= \left(t - \frac{2}{3}t^3 + \frac{1}{5}t^5\right)\Big|_0^{\frac{1}{\sqrt{2}}} = \left(1 - \frac{1}{3} + \frac{1}{20}\right)\frac{\sqrt{2}}{2} = \frac{43}{120}\sqrt{2}$$

----

60. (20,10 分) 设平面区域 D 由直线 $x=1, x=2, y=x$ 与 x 轴围成,计算 $\displaystyle\iint_D \frac{\sqrt{x^2+y^2}}{x}\mathrm{d}x\mathrm{d}y$.

【分析与求解一】 选用极坐标变换 $x = r\cos\theta, y = r\sin\theta$

$$x = 1 \ 即 \ r = \frac{1}{\cos\theta}, \quad x = 2 \ 即 \ r = \frac{2}{\cos\theta},$$

D 的极坐标表示:

$$0 \leqslant \theta \leqslant \frac{\pi}{4}, \frac{1}{\cos\theta} \leqslant r \leqslant \frac{2}{\cos\theta}$$

$$原式 = \int_0^{\frac{\pi}{4}}\mathrm{d}\theta\int_{\frac{1}{\cos\theta}}^{\frac{2}{\cos\theta}} \frac{r}{r\cos\theta}r\mathrm{d}r = \int_0^{\frac{\pi}{4}} \frac{1}{\cos\theta}\cdot\frac{1}{2}r^2\,\Big|_{\frac{1}{\cos\theta}}^{\frac{2}{\cos\theta}}\mathrm{d}\theta$$

$$= \frac{3}{2}\int_0^{\frac{\pi}{4}} \frac{1}{\cos^3\theta}\mathrm{d}\theta$$

下面先求 $\displaystyle\int\frac{\mathrm{d}\theta}{\cos^3\theta}$.

$$\int\frac{\mathrm{d}\theta}{\cos^3\theta} = \int\frac{1}{\cos\theta}\mathrm{d}\tan\theta = \frac{\tan\theta}{\cos\theta} - \int\tan\theta\frac{\sin\theta}{\cos^2\theta}\mathrm{d}\theta$$

$$= \frac{\tan\theta}{\cos\theta} - \int\frac{1-\cos^2\theta}{\cos^3\theta}\mathrm{d}\theta$$

$$\int\frac{\mathrm{d}\theta}{\cos^3\theta} = \frac{1}{2}\frac{\tan\theta}{\cos\theta} + \frac{1}{2}\int\frac{\mathrm{d}\theta}{\cos\theta}$$

其中 $\displaystyle\int\frac{1}{\cos\theta}\mathrm{d}\theta = \int\frac{1}{1-\sin^2\theta}\mathrm{d}\sin\theta = \frac{1}{2}\ln\frac{1+\sin\theta}{1-\sin\theta} + C$

代入得

$$原式 = \frac{3}{4}\left[\frac{\tan\theta}{\cos\theta} + \frac{1}{2}\ln\frac{1+\sin\theta}{1-\sin\theta}\right]\Big|_0^{\frac{\pi}{4}} = \frac{3}{4}\left[\sqrt{2} + \ln(\sqrt{2}+1)\right]$$

【分析与求解二】 直接化为累次积分

$$原式 = \iint_D \sqrt{1+\left(\frac{y}{x}\right)^2}\mathrm{d}x\mathrm{d}y = \int_1^2\mathrm{d}x\int_0^x\sqrt{1+\left(\frac{y}{x}\right)^2}\mathrm{d}y$$

内层积分作变量替换 $y = x\tan\theta(x \ 为常量)$,

$$原式 = \int_1^2\mathrm{d}x\int_0^{\frac{\pi}{4}}\sqrt{1+\tan^2\theta}\cdot x\frac{1}{\cos^2\theta}\mathrm{d}\theta$$

$$= \int_1^2 x\mathrm{d}x\int_0^{\frac{\pi}{4}} \frac{1}{\cos^3\theta}\mathrm{d}\theta = \frac{3}{2}\int_0^{\frac{\pi}{4}} \frac{\mathrm{d}\theta}{\cos^3\theta}$$

其余同前.

------

61. (21,12 分) 设平面区域 D 由曲线 $(x^2 + y^2)^2 = x^2 - y^2 (x \geqslant 0, y \geqslant 0)$ 与 x 轴围成,计算二重积分 $\iint\limits_D xy\mathrm{d}x\mathrm{d}y$.

【分析与求解】 易写出该曲线的极坐标方程

$$r^2 = \cos2\theta \quad \left(0 \leqslant \theta \leqslant \frac{\pi}{4}\right)$$

$$(r^4 = r^2(\cos^2\theta - \sin^2\theta) = r^2\cos2\theta)$$

它是双纽线在第一象限部分. 该曲线与 x 轴在第一象限所围成的区域 D 如右图,它的极坐标表示是

$$D: 0 \leqslant \theta \leqslant \frac{\pi}{4}, \quad 0 \leqslant r \leqslant \sqrt{\cos2\theta}$$

选用极坐标变换:

$$\iint\limits_D xy\mathrm{d}x\mathrm{d}y = \int_0^{\frac{\pi}{4}} \mathrm{d}\theta\int_0^{\sqrt{\cos2\theta}} r\cos\theta \cdot r\sin\theta \cdot r\mathrm{d}r$$

$$= \int_0^{\frac{\pi}{4}} \cos\theta\sin\theta \frac{1}{4}r^4 \Big|_0^{\sqrt{\cos2\theta}} \mathrm{d}\theta = \frac{1}{8}\int_0^{\frac{\pi}{4}} \sin 2\theta\cos^2 2\theta\mathrm{d}\theta = \frac{-1}{16}\int_0^{\frac{\pi}{4}} \cos^2 2\theta\mathrm{d}\cos2\theta$$

$$= -\frac{1}{48}\cos^3 2\theta\Big|_0^{\frac{\pi}{4}} = \frac{1}{48}.$$

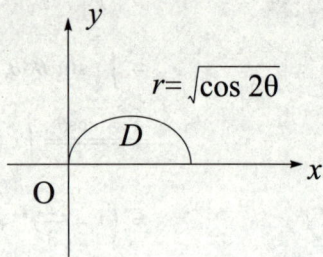

62. (22,12 分) 已知平面区域 $D = \{(x,y) \mid y - 2 \leqslant x \leqslant \sqrt{4 - y^2}, 0 \leqslant y \leqslant 2\}$,

计算 $I = \iint\limits_D \frac{(x - y)^2}{x^2 + y^2}dxdy$.

【分析与求解一】 积分区域 D 如右图,

D 的面积为 $\pi + 2$.

$$I = \iint\limits_D \frac{x^2 + y^2 - 2xy}{x^2 + y^2}dxdy$$

$$= \pi + 2 - 2\iint\limits_D -\frac{xy}{x^2 + y^2}dxdy$$

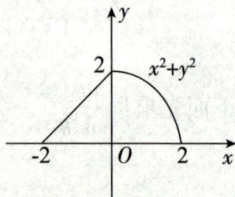

被积函数对 x, y 都奇函数,所以将 D 分成 $D = D_1 \cup D_2$,其中 D_1 关于 y 轴对称,如右图.
现作极坐标变换,$x = Qy$ 的极坐标表示:

$$I = \pi + 2 - 2\left(\iint\limits_{D_1} \frac{xy}{x^2 + y^2}dxdy + \iint\limits_{D_2} \frac{xy}{x^2 + y^2}dxdy\right)$$

$$= \pi + 2 - 2\iint\limits_{D_2} \frac{xy}{x^2 + y^2}dxdy$$

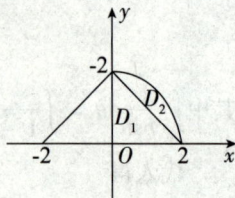

现作极坐标变换,D_2 的极坐标表示:

$$0 \leqslant \theta \leqslant \frac{\pi}{2}, \frac{2}{\cos\theta + \sin\theta} \leqslant r \leqslant 2$$

(D_2 的边界线段是 $x + y = 2, r(\cos\theta + \sin\theta) = 2$)
于是

$$\iint\limits_{D_2} \frac{xy}{x^2 + y^2}dxdy = \int_0^{\frac{\pi}{2}} d\theta\int_{\frac{2}{\cos\theta+\sin\theta}}^2 \frac{r^2\sin\theta\cos\theta}{r^2}rdr = \int_0^{\frac{\pi}{2}} \cos\theta\sin\theta\left[2 - \frac{2}{(\cos\theta + \sin\theta)^2}\right]d\theta$$

$$= \sin^2\theta \Big|_0^{\frac{\pi}{4}} - \int_0^{\frac{\pi}{4}} \frac{2\tan\theta}{(1+\tan\theta)^2} d\theta \overset{t=\tan\theta}{=\!=\!=} 1 - \int_0^{+\infty} \frac{2tdt}{(1+t)^2(1+t^2)} = 1 - \int_0^{+\infty}\left(\frac{1}{1+t^2} - \frac{1}{(1+t)^2}\right)dt$$

$$= 1 - \arctan t \Big|_0^{+\infty} - \frac{1}{1+t}\Big|_0^{+\infty} = 1 - \frac{\pi}{2} + 1 = 2 - \frac{\pi}{2}$$

$$I = \pi + 2 - 2\left(2 - \frac{\pi}{2}\right) = 2\pi - 2.$$

【分析与求解二】

直接用极坐标变换,D 的极坐标表示:

$$0 \le \theta \le \frac{\pi}{2}, 0 \le r \le 2; \frac{\pi}{2} \le \theta \le \pi, 0 \le r \le \frac{2}{\sin\theta - \cos\theta}$$

(其中 D 的直边界线段:$y - x = 2$,即 $r(\sin\theta - \cos\theta) = 2$

于是

$$I = \int_0^{\frac{\pi}{2}} d\theta \int_0^2 \frac{r^2(\cos\theta - \sin\theta)^2}{r^2} r dr + \int_{\frac{\pi}{2}}^{\pi} d\theta \int_0^{\frac{2}{\sin\theta - \cos\theta}} \frac{r^2(\cos\theta - \sin\theta)^2}{r^2} r dr$$

$$= \int_0^{\frac{\pi}{2}} 2(1 - \sin 2\theta) d\theta + \int_{\frac{\pi}{2}}^{\pi} 2 d\theta = \pi - 2 + \pi = 2\pi - 2.$$

- -

▶ 练习题

(1) (02, 1, 7分)　计算二重积分 $\iint\limits_D e^{\max\{x^2,y^2\}} dxdy$,其中 $D = \{(x,y) \mid 0 \le x \le 1, 0 \le y \le 1\}$.

【分析与求解】　D 是正方形区域如图 5.30. 因在 D 上被积函数分块表示

$$\max\{x^2, y^2\} = \begin{cases} x^2, & x \ge y, \\ y^2, & x \le y, \end{cases} \quad (x, y) \in D.$$

于是要用分块积分法,用 $y = x$ 将 D 分成两块:

$$D = D_1 \cup D_2, D_1 = D \cap \{y \le x\}, D_2 = D \cap \{y \ge x\}.$$

$$\Rightarrow \qquad I = \iint\limits_{D_1} e^{\max\{x^2,y^2\}} dxdy + \iint\limits_{D_2} e^{\max\{x^2,y^2\}} dxdy$$

$$= \iint\limits_{D_1} e^{x^2} dxdy + \iint\limits_{D_2} e^{y^2} dxdy = 2\iint\limits_{D_1} e^{x^2} dxdy \quad (D \text{ 关于 } y = x \text{ 对称})$$

$$= 2\int_0^1 dx \int_0^x e^{x^2} dy \quad (\text{选择积分顺序}) = 2\int_0^1 x e^{x^2} dx = e^{x^2}\Big|_0^1 = e - 1.$$

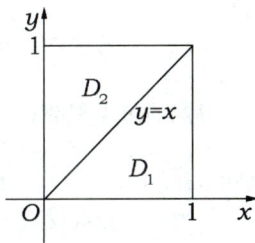

图 5.30

评注　① 本题考查:$\max\{x^2, y^2\}$ 的处理,如何将 D 按 $\max\{x^2, y^2\}$ 的要求划分,从而将 $\iint\limits_D e^{\max\{x^2,y^2\}} dxdy$ 分成两个二重积分的和并计算之.

② 有些考生不知道如何处理 $\max\{x^2, y^2\}$,或虽知道如何处理 $\max\{x^2, y^2\}$,但却将二重积分分成两块之和错误地做成将该二重积分分别按两种情形计算:

当 $x^2 \ge y^2$ 时,$\iint\limits_D e^{\max\{x^2,y^2\}} dxdy = \iint\limits_D e^{x^2} dxdy = \int_0^1 dx \int_0^1 e^{x^2} dy = \int_0^1 e^{x^2} dx$,

无法往下做. 类似地当 $y^2 \ge x^2$ 时也无法做下去. 也有的考生做成:

当 $x^2 \ge y^2$ 时,$\iint\limits_D e^{\max\{x^2,y^2\}} dxdy = \iint\limits_{D_1} e^{x^2} dxdy = \int_0^1 dx \int_0^x e^{x^2} dy = \frac{1}{2}(e - 1)$;

当 $y^2 \ge x^2$ 时,$\iint\limits_D e^{\max\{x^2,y^2\}} dxdy = \cdots = \frac{1}{2}(e - 1)$,也是错误的.

(2) (05,1,11分) 设 $D = \{(x,y) \mid x^2 + y^2 \leqslant \sqrt{2}, x \geqslant 0, y \geqslant 0\}$，$[1 + x^2 + y^2]$ 表示不超过 $1 + x^2 + y^2$ 的最大整数，计算二重积分 $\iint\limits_{D} xy[1 + x^2 + y^2]\mathrm{d}x\mathrm{d}y$.

【分析与求解一】 因被积函数分块表示，要用分块积分法.

在 D 上：$xy[1 + x^2 + y^2] = \begin{cases} xy, & x^2 + y^2 < 1, x \geqslant 0, y \geqslant 0, \\ 2xy, & 1 \leqslant x^2 + y^2 \leqslant \sqrt{2}, x \geqslant 0, y \geqslant 0. \end{cases}$

将 D 分成两块，$D = D_1 \cup D_2$，其中

$$D_1 : x^2 + y^2 < 1, x \geqslant 0, y \geqslant 0; \quad D_2 : 1 \leqslant x^2 + y^2 \leqslant \sqrt{2}, x \geqslant 0, y \geqslant 0.$$

于是 $\quad I = \iint\limits_{D_1} xy\mathrm{d}x\mathrm{d}y + \iint\limits_{D_2} 2xy\mathrm{d}x\mathrm{d}y = 2\iint\limits_{D} xy\mathrm{d}x\mathrm{d}y - \iint\limits_{D_1} xy\mathrm{d}x\mathrm{d}y.$

作极坐标变换，有 $\quad D_1 : 0 \leqslant \theta \leqslant \dfrac{\pi}{2}, 0 \leqslant r \leqslant 1; \quad D : 0 \leqslant \theta \leqslant \dfrac{\pi}{2}, 0 \leqslant r \leqslant 2^{\frac{1}{4}}.$

$$\Rightarrow \quad I = 2\int_0^{\frac{\pi}{2}}\mathrm{d}\theta \int_0^{2^{\frac{1}{4}}} r^2\cos\theta\sin\theta \cdot r\mathrm{d}r - \int_0^{\frac{\pi}{2}}\mathrm{d}\theta\int_0^1 r^2\cos\theta\sin\theta \cdot r\mathrm{d}r$$

$$= \frac{1}{2}\sin^2\theta\Big|_0^{\frac{\pi}{2}} \left(2 \cdot \frac{1}{4}r^4\Big|_0^{2^{\frac{1}{4}}} - \frac{1}{4}r^4\Big|_0^1\right) = \frac{1}{2}\left(1 - \frac{1}{4}\right) = \frac{3}{8}.$$

【分析与求解二】 $\iint\limits_{D} xy[1 + x^2 + y^2]\mathrm{d}x\mathrm{d}y = \int_0^{\frac{\pi}{2}}\mathrm{d}\theta\int_0^{\sqrt[4]{2}} r^3\sin\theta\cos\theta[1 + r^2]\mathrm{d}r$

$$= \int_0^{\frac{\pi}{2}}\sin\theta\cos\theta\mathrm{d}\theta\int_0^{\sqrt[4]{2}} r^3[1 + r^2]\mathrm{d}r = \frac{1}{2}\left(\int_0^1 r^3\mathrm{d}r + \int_1^{\sqrt[4]{2}} 2r^3\mathrm{d}r\right) = \frac{3}{8}.$$

(3) (01,3,6分) 求二重积分 $\iint\limits_{D} y\left[1 + x\mathrm{e}^{\frac{1}{2}(x^2+y^2)}\right]\mathrm{d}x\mathrm{d}y$ 的值，其中 D

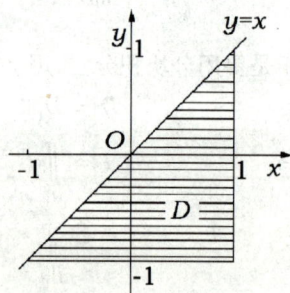

是由直线 $y = x, y = -1$ 及 $x = 1$ 围成的平面区域.

【解】 积分区域 D 如图 5.31.

$$\iint\limits_{D} y\left[1 + x\mathrm{e}^{\frac{1}{2}(x^2+y^2)}\right]\mathrm{d}x\mathrm{d}y = \iint\limits_{D} y\mathrm{d}x\mathrm{d}y + \iint\limits_{D} xy\mathrm{e}^{\frac{1}{2}(x^2+y^2)}\mathrm{d}x\mathrm{d}y,$$

其中 $\quad\iint\limits_{D} y\mathrm{d}x\mathrm{d}y = \int_{-1}^1 \mathrm{d}y\int_y^1 y\mathrm{d}x = \int_{-1}^1 y(1 - y)\mathrm{d}y = -\dfrac{2}{3}$,

图 5.31

下计算 $\iint\limits_{D} xy\mathrm{e}^{\frac{1}{2}(x^2+y^2)}\mathrm{d}x\mathrm{d}y$

方法一 $\iint\limits_{D} xy\mathrm{e}^{\frac{1}{2}(x^2+y^2)}\mathrm{d}x\mathrm{d}y = \int_{-1}^1 y\mathrm{d}y\int_y^1 x\mathrm{e}^{\frac{1}{2}(x^2+y^2)}\mathrm{d}x = \int_{-1}^1 y\left[\mathrm{e}^{\frac{1}{2}(1+y^2)} - \mathrm{e}^{y^2}\right]\mathrm{d}y = 0.$

方法二 用直线 $y = -x$，把区域 D 分成两块，分别记为 D_1, D_2，如图 5.32.

由于被积函数 $xy\mathrm{e}^{\frac{1}{2}(x^2+y^2)}$ 关于 x, y 均是奇函数，D_1 与 D_2 分别关于 x 轴与 y 轴对称，从而

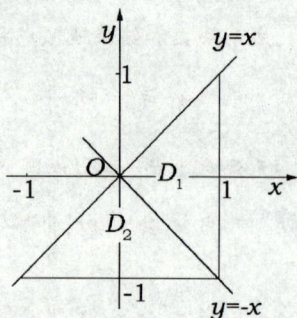

$$\iint\limits_{D_1+D_2} xy\mathrm{e}^{\frac{1}{2}(x^2+y^2)}\mathrm{d}x\mathrm{d}y = \left(\iint\limits_{D_1} + \iint\limits_{D_2}\right) xy\mathrm{e}^{\frac{1}{2}(x^2+y^2)}\mathrm{d}x\mathrm{d}y$$

$$= 0 + 0 = 0.$$

于是 $\quad\iint\limits_{D} y\left[1 + x\mathrm{e}^{\frac{1}{2}(x^2+y^2)}\right]\mathrm{d}x\mathrm{d}y = -\dfrac{2}{3}.$

图 5.32

综　述

　　将二重积分化为累次积分这是计算二重积分的基础,为了配置积分限,要画出积分区域 D 的图形并得到 D 的相应的不等式表示.

　　要掌握在直角坐标系中两个化二重积分为累次积分计算公式及极坐标系中将二重积分化累次积分计算公式.要注意选择积分次序,利用积分区域的对称性与被积函数的奇偶性简化计算及必要时要用分块积分法.

十一、多元函数微积分与一元函数微积分的综合题

63. (14,11 分)　　已知函数 $f(x,y)$ 满足 $\dfrac{\partial f}{\partial y} = 2(y+1)$,且 $f(y,y) = (y+1)^2 - (2-y)\ln y$,求曲线 $f(x,y) = 0$ 所围图形绕直线 $y = -1$ 旋转所成旋转体的体积.

【分析与求解】　由 $\dfrac{\partial f}{\partial y} = 2(y+1) \Rightarrow f(x,y) = y^2 + 2y + c(x)$,

　　再由 $f(y,y) = y^2 + 2y + c(y) = (y+1)^2 - (2-y)\ln y \Rightarrow$
$$c(y) = 1 - (2-y)\ln y$$
于是　　$f(x,y) = y^2 + 2y + 1 - (2-x)\ln x$

曲线 $f(x,y) = 0$ 即 $(y+1)^2 = (2-x)\ln x, x \in [1,2]$,它是关于直线 $y = -1$ 对称的闭曲线.该闭曲线所围图形绕直线 $y = -1$ 旋转成旋转体的体积为 V.任取 $[x, x+\mathrm{d}x] \subset [1,2]$,对应的旋转体小薄片的体积微元
$$\mathrm{d}V = \pi(y+1)^2 \mathrm{d}x$$
于是旋转体的体积

$$V = \int_1^2 \pi(y+1)^2 \mathrm{d}x = \pi\int_1^2 (2-x)\ln x \mathrm{d}x = \pi\int_1^2 2\ln x \mathrm{d}x - \frac{\pi}{2}\int_1^2 \ln x \mathrm{d}x^2$$

$$= 2\pi\Big[x\ln x \Big|_1^2 - \int_1^2 x \cdot \frac{1}{x}\mathrm{d}x \Big] - \frac{\pi}{2}\Big[x^2\ln x \Big|_1^2 - \int_1^2 x^2 \cdot \frac{1}{x}\mathrm{d}x \Big]$$

$$= 2\pi(2\ln 2 - 1) - \frac{\pi}{2}\Big(4\ln 2 - \frac{3}{2}\Big) = 2\pi\ln 2 - \frac{5}{4}\pi.$$

----

64. (19,10 分)　　设 n 是正整数,记 S_n 为曲线 $y = \mathrm{e}^{-x}\sin x (0 \le x \le n\pi)$ 与 x 轴所围图形的面积.求 S_n,并求 $\lim\limits_{n \to \infty} S_n$.

【分析与求解】　　因 $\sin x$ 是变号的,所以该图形的面积

$$S_n = \int_0^{n\pi} \mathrm{e}^{-x} \mid \sin x \mid \mathrm{d}x$$

$\sin x > 0 (2n\pi < x < (2n+1)\pi)$, $\sin x < 0 ((2n+1)\pi < x < (2n+2)\pi)$
现分别求 S_{2n} 与 S_{2n+1}:

$$S_{2n} = \int_0^{2n\pi} \mathrm{e}^{-x} \mid \sin x \mid \mathrm{d}x = \sum_{k=0}^{n-1}\Big[\int_{2k\pi}^{(2k+1)\pi} \mathrm{e}^{-x}\sin x \mathrm{d}x - \int_{(2k+1)\pi}^{(2k+2)\pi} \mathrm{e}^{-x}\sin x \mathrm{d}x \Big]$$

先算出　　$\displaystyle\int \mathrm{e}^{-x}\sin x \mathrm{d}x = -\int \sin x \mathrm{d}\mathrm{e}^{-x} = -\mathrm{e}^{-x}\sin x + \int \mathrm{e}^{-x}\cos x \mathrm{d}x$

$$= -e^{-x}\sin x - \int \cos x\, de^{-x}$$

$$= -e^{-x}\sin x - e^{-x}\cos x - \int e^{-x}\sin x\, dx$$

$$\Rightarrow \qquad \int e^{-x}\sin x\, dx = \frac{-1}{2}e^{-x}(\sin x + \cos x) + c$$

$$\int_{k\pi}^{(k+1)\pi} e^{-x}\sin x\, dx = -\frac{1}{2}e^{-x}(\sin x + \cos x)\Big|_{k\pi}^{(k+1)\pi}$$

$$= -\frac{1}{2}\left[e^{-(k+1)\pi}(-1)^{k+1} - e^{-k\pi}(-1)^{k}\right]$$

$$= \frac{1}{2}(-1)^{k}e^{-k\pi}(1 + e^{-\pi})$$

代入 S_{2n}
$$S_{2n} = \sum_{k=0}^{n-1}\frac{1}{2}(-1)^{2k}e^{-2k\pi}(1 + e^{-\pi}) - \sum_{k=0}^{n-1}\frac{1}{2}(-1)^{2k+1}e^{-(2k+1)\pi}(1 + e^{-\pi})$$

$$= \frac{1}{2}\Big[\sum_{k=0}^{n-1}e^{-2k\pi} + \sum_{k=0}^{n-1}e^{-(2k+1)\pi}\Big](1 + e^{-\pi})$$

$$= \frac{1}{2}\Big[\frac{1 - e^{-2n\pi}}{1 - e^{-2\pi}} + \frac{1 - e^{-2n\pi}}{1 - e^{-2\pi}}e^{-\pi}\Big](1 + e^{-\pi})$$

$$= \frac{1}{2}\frac{(1 - e^{-2n\pi})(1 + e^{-\pi})}{1 - e^{-\pi}}$$

同样有
$$S_{2n+1} = S_{2n} + \int_{2n\pi}^{(2n+1)\pi} e^{-x}|\sin x|\, dx$$

$$= S_{2n} + \int_{2n\pi}^{(2n+1)\pi} e^{-x}\sin x\, dx = S_{2n} + \frac{1}{2}(-1)^{2n}e^{-2n\pi}(1 + e^{-\pi})$$

$$= S_{2n} + \frac{1}{2}e^{-2n\pi}(1 + e^{-\pi})$$

最后得
$$\lim_{n\to+\infty} S_n = \lim_{n\to+\infty} S_{2n} = \lim_{n\to+\infty} S_{2n+1} = \frac{1}{2}\frac{1 + e^{-\pi}}{1 - e^{-\pi}}$$

---

65. (22,12分)　已知可微函数 $f(u,v)$ 满足 $\dfrac{\partial f(u,v)}{\partial u} - \dfrac{\partial f(u,v)}{\partial v} = 2(u - v)e^{-(u+v)}$ 且 $f(u,0) = u^2 e^{-u}$.

(1) 记 $g(x,y) = f(x, y-x)$,求 $\dfrac{\partial g(x,y)}{\partial x}$;

(2) 求 $f(u,v)$ 的表达式和极值.

【分析与求解】

(1) 令 $u = x, v = y - x$,则 $u - v = 2x - y, u + v = y$

$$g(x,y) = f(u,v), \frac{\partial g(x,y)}{\partial x} = \frac{\partial f(u,v)}{\partial u} - \frac{\partial f(u,v)}{\partial v} = 2(u - v)e^{-(u+v)}$$

$$= 2(2x - y)e^{-y} = (4x - 2y)e^{-y}$$

(2) 为求 $f(u,v)$,先求 $g(u,v)$

由 $\dfrac{\partial g(x,y)}{\partial x} = (4x - 2y)e^{-y}$,对 x 积分得

$$g(x,y) = (2x^2 - 2xy)e^{-y} + c(y)$$

由 $f(u,0) = u^2 e^{-u}, g(x,y) = f(u,v), u = x, v = y - x$,得

$$f(u,0) = g(x,x) = x^2 e^{-x}$$

又

$$c(x) = g(x,x) = x^2 e^{-x}$$

所以

$$g(x,y) = (2x^2 - 2xy)e^{-y} + y^2 e^{-y}, x = u, y = u + v$$

$$\begin{aligned}f(u,v) &= g(x,y) = [2x(x-y) + y^2]e^{-y}\\ &= [-2uv + (u+v)^2]e^{-(u+v)}\\ &= (u^2 + v^2)e^{-(u+v)}\end{aligned}$$

下求 $f(u,v)$ 的极小值.

求驻点. 解方程组.

$$\begin{cases}\dfrac{\partial f}{\partial u} = [2u - (u^2 + v^2)]e^{-(u+v)} = 0\\[3mm] \dfrac{\partial f}{\partial v} = [2v - (u^2 + v^2)]e^{-(u+v)} = 0\end{cases}$$

易求得驻点

$$(u,v) = (0,0), \quad (u,v) = (1,1)$$

求驻点处二阶偏导数

$$\frac{\partial^2 f}{\partial u^2} = (2 - 4u + u^2 + v^2)e^{-(u+v)}$$

$$\frac{\partial^2 f}{\partial u \partial v} = (-2v - 2u + u^2 + v^2)e^{-(u+v)}$$

$$\frac{\partial^2 f}{\partial v^2} = (2 - 4v + u^2 + v^2)e^{-(u+v)}$$

$(0,0)$ 处

$$A = \left.\frac{\partial^2 f}{\partial u^2}\right|_{(0,0)} = 2 > 0, B = \left.\frac{\partial^2 f}{\partial u \partial v}\right|_{(0,0)} = 0, C = \left.\frac{\partial^2 f}{\partial v^2}\right|_{(0,0)} = 2$$

$AC - B^2 = 4 > 0.$ $(0,0)$ 取极小值 $f(0,0) = 0$

$(1,1)$ 处　$A = 0, B = -2e^{-2}, C = 0$

$AC - B^2 < 0.$ $(1,1)$ 不是极值点.

因此,只有极小值 $f(0,0) = 0$

第二部分　线性代数

第一章　行列式

编者按

从 1997 年全国统考以来,行列式的题以填空、选择题为主,题量不多.

有关行列式的考题,大致为三种类型:一是具体行列式的计算,一是抽象型行列式的计算,还有就是行列式值的判定(特别是行列式是否为零).

在这些考题中不仅考查行列式的概念、性质及计算,还涉及到矩阵、向量、方程组、特征值、二次型等知识点.

一、具体行列式的计算

1. (21,5 分) 多项式 $f(x) = \begin{vmatrix} x & x & 1 & 2x \\ 1 & x & 2 & -1 \\ 2 & 1 & x & 1 \\ 2 & -1 & 1 & x \end{vmatrix}$ 中 x^3 项的系数为 _____.

【分析】

$$f(x) = \begin{vmatrix} x & x & 1 & 2x \\ 1 & x & 2 & -1 \\ 2 & 1 & x & 1 \\ 2 & -1 & 1 & x \end{vmatrix} = \begin{vmatrix} x-5 & 2 & -3 & 1 \\ 1 & x & 2 & -1 \\ 2 & 1 & x & 1 \\ 2 & -1 & 1 & x \end{vmatrix}.$$

右侧这个行列式的完全展开式的 24 项中,只有对角线元素乘积 $(x-5)x^3$ 这一项含 x^3,其系数为 -5.

【答案】-5

2. (20,4 分) 行列式 $\begin{vmatrix} a & 0 & -1 & 1 \\ 0 & a & 1 & -1 \\ -1 & 1 & a & 0 \\ 1 & -1 & 0 & a \end{vmatrix} = $ _____.

【分析】

$$\begin{vmatrix} a & 0 & -1 & 1 \\ 0 & a & 1 & -1 \\ -1 & 1 & a & 0 \\ 1 & -1 & 0 & a \end{vmatrix} = \begin{vmatrix} a & a & 0 & 0 \\ 0 & a & 1 & -1 \\ 0 & 0 & a & a \\ 1 & -1 & 0 & a \end{vmatrix} = \begin{vmatrix} a & 0 & 0 & 0 \\ 0 & a & 1 & -2 \\ 0 & 0 & a & a \\ 1 & -2 & 0 & a \end{vmatrix}$$

$$= a \begin{vmatrix} a & 1 & -2 \\ 0 & a & 0 \\ -2 & 0 & a \end{vmatrix} = a^2 \begin{vmatrix} a & -2 \\ -2 & a \end{vmatrix} = a^2(a^2 - 4).$$

---

3. (19,4分) 已知矩阵 $A = \begin{bmatrix} 1 & -1 & 0 & 0 \\ -2 & 1 & -1 & 1 \\ 3 & -2 & 2 & -1 \\ 0 & 0 & 3 & 4 \end{bmatrix}$, A_{ij} 表示 $|A|$ 中 (i,j) 元的代数余子式,则 A_{11}

$- A_{12} =$ _____.

【分析】 A 的行列式对第 1 行展开,得 $|A| = A_{11} - A_{12}$.

$$|A| = \begin{vmatrix} 1 & -1 & 0 & 0 \\ -2 & 1 & -1 & 1 \\ 3 & -2 & 2 & -1 \\ 0 & 0 & 3 & 4 \end{vmatrix} = \begin{vmatrix} 1 & 0 & 0 & 0 \\ -2 & -1 & -1 & 1 \\ 3 & 1 & 2 & -1 \\ 0 & 0 & 3 & 4 \end{vmatrix} = \begin{vmatrix} -1 & -1 & 1 \\ 0 & 1 & 0 \\ 0 & 3 & 4 \end{vmatrix} = -4.$$

---

4. (14,4分) 行列式 $\begin{vmatrix} 0 & a & b & 0 \\ a & 0 & 0 & b \\ 0 & c & d & 0 \\ c & 0 & 0 & d \end{vmatrix} =$

(A) $(ad - bc)^2$. (B) $-(ad - bc)^2$.

(C) $a^2 d^2 - b^2 c^2$. (D) $b^2 c^2 - a^2 d^2$.

【分析】 直接计算值. 比较简单的方法为先交换 2,3 两行,再把第 1 列和第 3 列交换:

$$\begin{vmatrix} 0 & a & b & 0 \\ a & 0 & 0 & b \\ 0 & c & d & 0 \\ c & 0 & 0 & d \end{vmatrix} = - \begin{vmatrix} 0 & a & b & 0 \\ 0 & c & d & 0 \\ a & 0 & 0 & b \\ c & 0 & 0 & d \end{vmatrix} = \begin{vmatrix} b & a & 0 & 0 \\ d & c & 0 & 0 \\ 0 & 0 & a & b \\ 0 & 0 & c & a \end{vmatrix} = -(ad - bc)^2.$$

因此选(B).

评注 对第一行展开也可以:

$$\begin{vmatrix} 0 & a & b & 0 \\ a & 0 & 0 & b \\ 0 & c & d & 0 \\ c & 0 & 0 & d \end{vmatrix} = -a \begin{vmatrix} a & 0 & b \\ 0 & d & 0 \\ c & 0 & d \end{vmatrix} + b \begin{vmatrix} a & 0 & b \\ 0 & c & 0 \\ c & 0 & d \end{vmatrix}$$

$$= -ad(ad - bc) + bc(ad - bc) = -(ad - bc)^2.$$

也可用排除法做:4 个选项都有 $a^2 d^2, b^2 c^2$,但前面的符号不同?(A) 都是 $+$,(B) 都是 $-$,(C),(D) 都是 $+$,$-$ 各一. 观察完全展开式,它们的系数都是 $-$. 因此可排除(A),(C),(D),选(B).

---

5. (08,6分) 设 n 元线性方程组 $Ax = b$,其中

$$A = \begin{bmatrix} 2a & 1 & & & & \\ a^2 & 2a & 1 & & & \\ & a^2 & 2a & 1 & & \\ & & \ddots & \ddots & \ddots & \\ & & & a^2 & 2a & 1 \\ & & & & a^2 & 2a \end{bmatrix}_{n \times n}, \quad x = \begin{bmatrix} x_1 \\ x_2 \\ \vdots \\ x_n \end{bmatrix}, \quad b = \begin{bmatrix} 1 \\ 0 \\ \vdots \\ 0 \end{bmatrix}.$$

证明行列式 $|\boldsymbol{A}| = (n+1)a^n$.

【证明】 **方法一** 用数学归纳法. 记 n 阶行列式 $|\boldsymbol{A}|$ 的值为 D_n.

当 $n = 1$ 时, $D_1 = 2a$, 命题正确; 当 $n = 2$ 时, $D_2 = \begin{vmatrix} 2a & 1 \\ a^2 & 2a \end{vmatrix} = 3a^2$, 命题正确. 设 $n < k$ 时, 命题也

正确, 即 $D_n = (n+1)a^n$. 当 $n = k$ 时, 按第一列展开, 则有

$$D_k = 2a \begin{vmatrix} 2a & 1 & & & \\ a^2 & 2a & 1 & & \\ & a^2 & 2a & \ddots & \\ & & \ddots & \ddots & 1 \\ & & & a^2 & 2a \end{vmatrix}_{k-1} + a^2(-1)^{2+1} \begin{vmatrix} 1 & 0 & & & \\ a^2 & 2a & 1 & & \\ & a^2 & 2a & \ddots & \\ & & \ddots & \ddots & 1 \\ & & & a^2 & 2a \end{vmatrix}_{k-1}$$

$$= 2aD_{k-1} - a^2 D_{k-2} = 2a(ka^{k-1}) - a^2[(k-1)a^{k-2}] = (k+1)a^k,$$

所以 $\qquad\qquad |\boldsymbol{A}| = (n+1)a^n.$

方法二 用数列的技巧

对第一行展开得 $\quad D_n = 2aD_{n-1} - a^2 D_{n-2}$.

化为 $\quad D_n - aD_{n-1} = a(D_{n-1} - aD_{n-2})$

于是数列 $\{a_n - aD_{n-1}\}(n \geqslant 2)$ 是公比为 a 的等比数列. 又 $D_2 - aD_1 = a^2$, 得 $D_n - aD_{n-1} = a^n$,

即 $\quad \dfrac{D_n}{a^n} = \dfrac{D_{n-1}}{a^{n-1}} + 1$

于是数列 $\left\{\dfrac{D_n}{a^n}\right\}$ 是公差为 1 的等差数列. $\dfrac{D_1}{a} = 2$, 则

$$\frac{D_n}{a^n} = n+1,$$

得 $\quad D_n = (n+1)a_n.$

> **评注** 本题是一个所谓"三斜线行列式". "三斜线行列式"是许多教材中作为用数学归纳法证明值的结论的一类典型例题. 但本题的方法二不仅不用归纳法, 还不须给出值来证明, 而直接计算值. 许多"三斜线行列式"都有类似的技巧来直接计算. 不过不论哪一种方法, 都不是线性代数的主体思想. 不值得在这类题上耗费精力.

▶ **练习题**

(1) (15,1,4分) n 阶行列式 $\begin{vmatrix} 2 & 0 & \cdots & 0 & 2 \\ -1 & 2 & \cdots & 0 & 2 \\ \vdots & \ddots & \ddots & \vdots & \vdots \\ 0 & 0 & \ddots & 2 & 2 \\ 0 & 0 & \cdots & -1 & 2 \end{vmatrix} = \underline{\qquad\qquad}$.

【分析】 **方法一** 思路: 用递推法. 将此行列式记为 D_n. 对第 n 行展开

$$D_n = (-1)A_{nn-1} + 2A_{nn} = M_{nn-1} + 2^n,$$

而 $M_{nn-1} = D_{n-1}$, 得到递推公式

$$D_n = D_{n-1} + 2^n. \text{(对任何大于 1 的 } n \text{ 都成立)}$$

于是

$$D_n = D_{n-1} + 2^n = D_{n-2} + 2^{n-1} + 2^n = \cdots$$
$$= D_1 + 2^2 + 2^3 + \cdots + 2^n = 2 + 2^2 + 2^3 + \cdots + 2^n$$
$$= 2^{n+1} - 2.$$

方法二 思路:用第 3 类初等行变换,把第 1 行消到只剩最右边一个非零元素:做法如下:第 1 行加第 2 行的 2 倍,加第 3 行的 4 倍,$\cdots$,加第 n 行的 2^{n-1} 倍,使得第 1 行成为 $0,0,0,\cdots,0,a$,其中 $a = 2 + 4 + 8 + \cdots + 2^n = 2^{n+1} - 2$. 再对第 1 行展开,得 $D = 2^{n+1} - 2$.

方法三 思路:对第 n 列展开,得行列式的值为

$$D = \sum_{i=1}^{n} 2A_{in} = \sum_{i=1}^{n} (-1)^{i+n} 2M_{in},$$

容易看出 $M_{in} = 2^{i-1}(-1)^{n-i}$,

代入上式得 $D = \sum_{i=1}^{n} 2^i = 2^{n+1} - 2$.

> **评注** 还有多种思路,如对第 1 行展开得递推公式 $D_n = 2D_{n-1} + 2$;用第 3 类初等行变换,化原行列式为上三角行列式(做法为自上而下,把各行的 $1/2$ 倍加到下一行上. 于是消去了所有对角线下的 -1);用第 3 类初等行变换,消去第 1 行到第 $n-1$ 行上的对角线元素 2(做法为自下而上,把各行的 2 倍加到上一行上)等. 这些方法都涉及到一个比较复杂的数列的求值问题,不如上面 3 个方法好.

(2)(00,4,3 分) 设 $\boldsymbol{\alpha} = (1,0,-1)^{\mathrm{T}}$,矩阵 $\boldsymbol{A} = \boldsymbol{\alpha}\boldsymbol{\alpha}^{\mathrm{T}}$,$n$ 为正整数,则 $|a\boldsymbol{E} - \boldsymbol{A}^n| = $ _____.

【分析】 因为

$$\boldsymbol{A} = \boldsymbol{\alpha}\boldsymbol{\alpha}^{\mathrm{T}} = \begin{bmatrix} 1 \\ 0 \\ -1 \end{bmatrix}(1,0,-1) = \begin{bmatrix} 1 & 0 & -1 \\ 0 & 0 & 0 \\ -1 & 0 & 1 \end{bmatrix},$$

而

$$\boldsymbol{\alpha}^{\mathrm{T}}\boldsymbol{\alpha} = (1,0,-1)\begin{bmatrix} 1 \\ 0 \\ -1 \end{bmatrix} = 2,$$

则

$$\boldsymbol{A}^2 = (\boldsymbol{\alpha}\boldsymbol{\alpha}^{\mathrm{T}})(\boldsymbol{\alpha}\boldsymbol{\alpha}^{\mathrm{T}}) = \boldsymbol{\alpha}(\boldsymbol{\alpha}^{\mathrm{T}}\boldsymbol{\alpha})\boldsymbol{\alpha}^{\mathrm{T}} = 2\boldsymbol{\alpha}\boldsymbol{\alpha}^{\mathrm{T}} = 2\boldsymbol{A}.$$

于是

$$\boldsymbol{A}^n = 2^{n-1}\boldsymbol{A}.$$

那么

$$|a\boldsymbol{E} - \boldsymbol{A}^n| = |a\boldsymbol{E} - 2^{n-1}\boldsymbol{A}| = \begin{vmatrix} a - 2^{n-1} & 0 & 2^{n-1} \\ 0 & a & 0 \\ 2^{n-1} & 0 & a - 2^{n-1} \end{vmatrix}$$

$$= a^2(a - 2^n).$$

> **评注** 若特征值熟练,由 $\mathrm{r}(\boldsymbol{A}) = 1$,知 $\boldsymbol{A}$ 的特征值为 $2,0,0$. 那么,$\boldsymbol{A}^n$ 的特征值是 $2^n,0,0$. 从而 $a\boldsymbol{E} - \boldsymbol{A}^n$ 的特征值是 $a - 2^n, a, a$.
> 故 $|a\boldsymbol{E} - \boldsymbol{A}^n| = (a - 2^n)a^2$.

综 述

对于具体行列式的计算主要是用按行、按列展开公式,但在展开之前往往先运用行列式性质对其作恒等变形,以期某行或某列有较多的零元素,这时再展开可减轻计算量. 同时,也要注意一些特殊公式,如上(下)三角、范德蒙行列式、拉普拉斯展开式(性质 9)的运用.

虽然单独命的计算题并不多,但在特征值问题中有较多 $|\lambda\boldsymbol{E} - \boldsymbol{A}|$ 型行列式的计算,在 n 个 n 维向量线性相关、矩阵可逆、n 个未知数 n 个方程的齐次方程组是否有非零解等问题中都会涉及到行列式的计算,因此,对行列式的计算要重视,不要因小失大.

二、抽象型行列式的计算

5. (15,4分) 若 3 阶矩阵 A 的特征值为 $2,-2,1$，$B=A^2-A+E$，其中 E 为 3 阶单位矩阵，则行列式 $|B|=$ _____.

【分析】 A 的特征值为 $2,-2,1$，则 B 的特征值为 $3,7,1$，$|B|=21$.

> **评注** 也可设 A 是对角线元素为 $2,-2,1$ 的对角矩阵，则 B 是对角线元素为 $3,7,1$ 的对角矩阵，$|B|=21$.

----

6. (12,4分) 设 A 为 3 阶矩阵，$|A|=3$，A^* 为 A 的伴随矩阵. 若交换 A 的第 1 行与第 2 行得矩阵 B，则 $|BA^*|=$ _____.

【分析一】 A 两行互换得到 B，由行列式性质 $|A|=-|B|$，故
$$|BA^*|=|B||A^*|=-|A|\cdot|A|^2=-27.$$

【分析二】 由于 $\begin{bmatrix}0&1&0\\1&0&0\\0&0&1\end{bmatrix}A=B$，而

$$BA^*=\begin{bmatrix}0&1&0\\1&0&0\\0&0&1\end{bmatrix}AA^*$$

$$=\begin{bmatrix}0&1&0\\1&0&0\\0&0&1\end{bmatrix}|A|E=3E_{12},$$

故 $\qquad |BA^*|=|3E_{12}|=-27.$

----

7. (10,4分) 设 A,B 为 3 阶矩阵，且 $|A|=3$，$|B|=2$，$|A^{-1}+B|=2$，则 $|A+B^{-1}|=$ _____.

【分析】 利用单位矩阵恒等变形，有
$$A+B^{-1}=(B^{-1}B)A+B^{-1}(A^{-1}A)=B^{-1}(B+A^{-1})A=B^{-1}(A^{-1}+B)A.$$

可见 $\qquad |A+B^{-1}|=|B^{-1}|\cdot|A^{-1}+B|\cdot|A|=\dfrac{1}{2}\cdot2\cdot3=3.$

----

8. (08,4分) 设 3 阶矩阵 A 的特征值为 $2,3,\lambda$. 若行列式 $|2A|=-48$，则 $\lambda=$ _____.

【分析】 本题考查行列式的两个基本公式：$|kA|=k^n|A|$，$|A|=\prod\lambda_i$.

$$|2A|=2^3|A|=-48\implies|A|=-6.$$

又由 $\qquad |A|=2\cdot3\cdot\lambda\xhookrightarrow{\text{令}}-6\implies\lambda=-1.$

▶ 练习题

(1)(05,4分) 设 $\alpha_1,\alpha_2,\alpha_3$ 均为 3 维列向量，记矩阵
$$A=(\alpha_1,\alpha_2,\alpha_3),\quad B=(\alpha_1+\alpha_2+\alpha_3,\alpha_1+2\alpha_2+4\alpha_3,\alpha_1+3\alpha_2+9\alpha_3).$$
如果 $|A|=1$，那么 $|B|=$ _____.

【分析】 对矩阵 B 用矩阵分解技巧，有 $B=(\alpha_1,\alpha_2,\alpha_3)\begin{bmatrix}1&1&1\\1&2&3\\1&4&9\end{bmatrix}$.

两边取行列式,并用行列式乘法公式,得 $|B| = |A| \begin{vmatrix} 1 & 1 & 1 \\ 1 & 2 & 3 \\ 1 & 4 & 9 \end{vmatrix} = 2|A|$,

所以 $|B| = 2$.

> **评注** 本题还涉及到范德蒙行列式.另外,本题用行列式性质也是可行的,例如
>
> $$|B| = |\boldsymbol{\alpha}_1 + \boldsymbol{\alpha}_2 + \boldsymbol{\alpha}_3, \quad \boldsymbol{\alpha}_1 + 2\boldsymbol{\alpha}_2 + 4\boldsymbol{\alpha}_3, \quad \boldsymbol{\alpha}_1 + 3\boldsymbol{\alpha}_2 + 9\boldsymbol{\alpha}_3|$$
>
> $$= |\boldsymbol{\alpha}_1 + \boldsymbol{\alpha}_2 + \boldsymbol{\alpha}_3, \quad \boldsymbol{\alpha}_2 + 3\boldsymbol{\alpha}_3, \quad \boldsymbol{\alpha}_2 + 5\boldsymbol{\alpha}_3|$$
>
> $$= |\boldsymbol{\alpha}_1 + \boldsymbol{\alpha}_2 + \boldsymbol{\alpha}_3, \quad \boldsymbol{\alpha}_2 + 3\boldsymbol{\alpha}_3, \quad 2\boldsymbol{\alpha}_3| = 2|\boldsymbol{\alpha}_1 + \boldsymbol{\alpha}_2 + \boldsymbol{\alpha}_3, \quad \boldsymbol{\alpha}_2 + 3\boldsymbol{\alpha}_3, \quad \boldsymbol{\alpha}_3|$$
>
> $$= 2|\boldsymbol{\alpha}_1 + \boldsymbol{\alpha}_2, \quad \boldsymbol{\alpha}_2, \quad \boldsymbol{\alpha}_3| = 2|\boldsymbol{\alpha}_1, \boldsymbol{\alpha}_2, \boldsymbol{\alpha}_3| = 2|A| = 2.$$

(2) (03,2,4分) 设三阶方阵 A, B 满足 $A^2B - A - B = E$,其中 E 为三阶单位矩阵,若

$$A = \begin{bmatrix} 1 & 0 & 1 \\ 0 & 2 & 0 \\ -2 & 0 & 1 \end{bmatrix}, 则 |B| = \underline{\qquad}.$$

【分析】 由已知条件有 $(A^2 - E)B = A + E$,即 $(A + E)(A - E)B = A + E$.

因为 $A + E = \begin{bmatrix} 2 & 0 & 1 \\ 0 & 3 & 0 \\ -2 & 0 & 2 \end{bmatrix}$,知 $A + E$ 可逆.故 $B = (A - E)^{-1}$.

而 $|A - E| = \begin{vmatrix} 0 & 0 & 1 \\ 0 & 1 & 0 \\ -2 & 0 & 0 \end{vmatrix} = 2$,又因 $|A^{-1}| = \frac{1}{|A|}$,

故 $|B| = |(A - E)^{-1}| = \frac{1}{|A - E|} = \frac{1}{2}$.

> **评注** 本题考查矩阵运算及行列式的性质与计算,把矩阵方程综合进来,请参看第二章有关内容.

综 述

> 对于抽象型行列式的计算,可能考查行列式性质的理解、运用,可能涉及矩阵的运算,也可能用特征值、相似等处理.这一类题目往往综合性强,涉及知识点多.因此,考生复习时要注意知识的衔接与转换,如果内在联系把握得好,解题时的思路就灵活.这一类题目计算量一般不会太大.

三、行列式 $|A|$ 是否为零的判定

▶ **数学二还没有考过这类题目,数学一、数学三是这样考的**

(1) (99,1,3分) 设 A 是 $m \times n$ 矩阵, B 是 $n \times m$ 矩阵,则

(A) 当 $m > n$ 时,必有行列式 $|AB| \neq 0$.

(B) 当 $m > n$ 时,必有行列式 $|AB| = 0$.

(C) 当 $n > m$ 时,必有行列式 $|AB| \neq 0$.

（D）　当 $n > m$ 时，必有行列式 $|AB| = 0$.

【分析】　因为 AB 是 m 阶矩阵，$|AB| = 0$ 的充分必要条件是秩 $\mathrm{r}(AB) < m$. 由于

$$\mathrm{r}(AB) \leqslant \mathrm{r}(B) \leqslant \min(m,n),$$

可见当 $m > n$ 时，必有 $\mathrm{r}(AB) \leqslant n < m$. 因此选（B）.

另外，由于方程组 $Bx = 0$ 的解必是方程组 $ABx = 0$ 的解，而 $Bx = 0$ 是 n 个方程 m 个未知数的齐次线性方程组，因此当 $m > n$ 时，$Bx = 0$ 必有非零解，从而 $ABx = 0$ 有非零解，故 $|AB| = 0$.

(2)(94,1,6 分)　设 A 为 n 阶非零实矩阵，A^* 是 A 的伴随矩阵，A^{T} 是 A 的转置矩阵，当 $A^* = A^{\mathrm{T}}$ 时，证明 $|A| \neq 0$.

【证法一】　由于 $A^* = A^{\mathrm{T}}$，根据 A^* 的定义有

$$A_{ij} = a_{ij} \quad (\forall i,j = 1,2,\cdots,n),\text{其中 } A_{ij} \text{ 是行列式 } |A| \text{ 中 } a_{ij} \text{ 的代数余子式}.$$

因为 $A \neq 0$，不妨设 $a_{kl} \neq 0$，那么

$$|A| = a_{k1}A_{k1} + a_{k2}A_{k2} + \cdots + a_{kn}A_{kn} = a_{k1}^2 + a_{k2}^2 + \cdots + a_{kn}^2 > 0.$$

故　　　　　　$|A| \neq 0$.

【证法二】（反证法）　若 $|A| = 0$，则 $AA^{\mathrm{T}} = AA^* = |A|E = 0$.

设 A 的行向量为 $\boldsymbol{\alpha}_i (i = 1,2,\cdots,n)$，则 $\boldsymbol{\alpha}_i\boldsymbol{\alpha}_i^{\mathrm{T}} = a_{i1}^2 + a_{i2}^2 + \cdots + a_{in}^2 = 0 (i = 1,2,\cdots,n)$.

于是 $\boldsymbol{\alpha}_i = (a_{i1},a_{i2},\cdots,a_{in}) = \boldsymbol{0} (i = 1,2,\cdots,n)$.

进而有 $A = \boldsymbol{0}$，这与 A 是非零矩阵相矛盾. 故 $|A| \neq 0$.

评注　本题要求 A 是实矩阵，是保证 $a_{i1}^2 + a_{i2}^2 + \cdots + a_{in}^2 > 0$.

如果没有"实"的条件，改为 $n \geqslant 3$ 也可证结论. 证法如下：

由 $A^* = A^{\mathrm{T}}$，得 $\mathrm{r}(A^*) = \mathrm{r}(A)$，则由 $\mathrm{r}(A^*)$ 与 $\mathrm{r}(A)$ 的关系：

$$\mathrm{r}(A^*) = \begin{cases} n, & \mathrm{r}(A) = n, \\ 1, & \mathrm{r}(A) = n - 1,\text{和 } n \geqslant 3 \\ 0, & \mathrm{r}(A) < n - 1 \end{cases}$$

知 $\mathrm{r}(A) = n$ 或 0. 因为 $A \neq 0$，所以 $\mathrm{r}(A) \neq 0$，则 $\mathrm{r}(A) = n$，$|A| \neq 0$.

综　述

"行列式 $|A|$ 是否为零的判定"这一题型，数学二没考过，请考生注意其判定思路或方法.

若 $A = (\boldsymbol{\alpha}_1,\boldsymbol{\alpha}_2,\cdots,\boldsymbol{\alpha}_n)$ 是 n 阶矩阵，那么行列式

$|A| = 0 \Leftrightarrow$ 　矩阵 A 不可逆

　　　　$\Leftrightarrow$ 　秩 $\mathrm{r}(A) < n$

　　　　$\Leftrightarrow$ 　$Ax = 0$ 有非零解

　　　　$\Leftrightarrow$ 　0 是矩阵 A 的特征值

　　　　$\Leftrightarrow$ 　A 的列（行）向量线性相关.

因此，判断行列式是否为零的问题，常用的思路有：① 用秩；② 用齐次方程组是否有非零解；③ 用特征值能否为零；④ 反证法也是重要的；…

因为行列式是一个数，若 $|A| = -|A|$，也能得出 $|A| = 0$ 的结论.

这里所涉及的思路与方法可以平行地转移到矩阵 A 是否可逆的判定中去.

第二章 矩 阵

编者按

　　矩阵是线性代数的核心,矩阵的概念、运算及理论贯穿线性代数的始终.考研题中矩阵的题目约占线性代数总题量的28%.

　　矩阵的运算、伴随矩阵、可逆矩阵、矩阵的秩(难点)及初等矩阵等知识点都应当认真仔细地复习.

一、矩阵运算

1. (21,5 分) 已知矩阵 $A = \begin{pmatrix} 1 & 0 & -1 \\ 2 & -1 & 1 \\ -1 & 2 & -5 \end{pmatrix}$,若下三角可逆矩阵 P 和上三角可逆矩阵 Q 使 PAQ

为对角矩阵,则 P,Q 可以分别取

(A) $\begin{pmatrix} 1 & 0 & 0 \\ 0 & 1 & 0 \\ 0 & 0 & 1 \end{pmatrix}, \begin{pmatrix} 1 & 0 & 1 \\ 0 & 1 & 3 \\ 0 & 0 & 1 \end{pmatrix}$ (B) $\begin{pmatrix} 1 & 0 & 0 \\ 2 & -1 & 0 \\ -3 & 2 & 1 \end{pmatrix}, \begin{pmatrix} 1 & 0 & 0 \\ 0 & 1 & 0 \\ 0 & 0 & 1 \end{pmatrix}$

(C) $\begin{pmatrix} 1 & 0 & 0 \\ 2 & -1 & 0 \\ -3 & 2 & 1 \end{pmatrix}, \begin{pmatrix} 1 & 0 & 1 \\ 0 & 1 & 3 \\ 0 & 0 & 1 \end{pmatrix}$ (D) $\begin{pmatrix} 1 & 0 & 0 \\ 0 & 1 & 0 \\ 1 & 3 & 1 \end{pmatrix}, \begin{pmatrix} 1 & 2 & -3 \\ 0 & -1 & 2 \\ 0 & 0 & 1 \end{pmatrix}$

【分析】 用排除法.先排除(A),(B).容易检验

$$EA\begin{pmatrix} 1 & 0 & 1 \\ 0 & 1 & 3 \\ 0 & 0 & 1 \end{pmatrix}, \begin{pmatrix} 1 & 0 & 0 \\ 2 & -1 & 0 \\ -3 & 2 & 1 \end{pmatrix}AE$$

都不是对角矩阵,因此(A),(B)都不对.

只用再对(C),(D)中的一个检验就可决定选项.下面检验(C)

$$\begin{pmatrix} 1 & 0 & 0 \\ 2 & -1 & 0 \\ -3 & 2 & 1 \end{pmatrix}A\begin{pmatrix} 1 & 0 & 1 \\ 0 & 1 & 3 \\ 0 & 0 & 1 \end{pmatrix} = \begin{pmatrix} 1 & 0 & 0 \\ 2 & -1 & 0 \\ -3 & 2 & 1 \end{pmatrix}\begin{pmatrix} 1 & 0 & 1 \\ 2 & -1 & 0 \\ -1 & 2 & 0 \end{pmatrix} = \begin{pmatrix} 1 & 0 & 0 \\ 0 & 1 & 0 \\ 0 & 0 & 0 \end{pmatrix}.$$

(C) 正确.

选(C)

---

2. (16,11 分) 已知矩阵 $A = \begin{pmatrix} 0 & -1 & 1 \\ 2 & -3 & 0 \\ 0 & 0 & 0 \end{pmatrix}$,

（Ⅰ）求 A^{99};

（Ⅱ）设 3 阶矩阵 $B = (\alpha_1, \alpha_2, \alpha_3)$ 满足 $B^2 = BA$.记 $B^{100} = (\beta_1, \beta_2, \beta_3)$,将 $\beta_1, \beta_2, \beta_3$ 分别表示为 α_1,

α_2, α_3 的线性组合.

【解】 （Ⅰ）先把 A 相似对角化,再用来求 A^{99}.

$$|\lambda E - A| = \begin{vmatrix} \lambda & 1 & -1 \\ -2 & \lambda+3 & 0 \\ 0 & 0 & \lambda \end{vmatrix} = \lambda(\lambda^2 + 3\lambda + 2) = \lambda(\lambda+1)(\lambda+2)$$

得 A 的特征值为 $0, -1, -2$.

求出 A 的以 0 为特征值的一个特征向量 $\eta_1 = \begin{pmatrix} 3 \\ 2 \\ 2 \end{pmatrix}$

以 -1 为特征值的一个特征向量 $\eta_2 = \begin{pmatrix} 1 \\ 1 \\ 0 \end{pmatrix}$

以 -2 为特征值的一个特征向量 $\eta_3 = \begin{pmatrix} 1 \\ 2 \\ 0 \end{pmatrix}$.

令 $P = (\eta_1, \eta_2, \eta_3)$,则 $P^{-1}AP = \begin{pmatrix} 0 & 0 & 0 \\ 0 & -1 & 0 \\ 0 & 0 & -2 \end{pmatrix}$

$$P^{-1}A^{99}P = \begin{pmatrix} 0 & 0 & 0 \\ 0 & -1 & 0 \\ 0 & 0 & -2 \end{pmatrix}^{99} = \begin{pmatrix} 0 & 0 & 0 \\ 0 & -1 & 0 \\ 0 & 0 & -2^{99} \end{pmatrix}$$

$$A^{99} = P\begin{pmatrix} 0 & 0 & 0 \\ 0 & -1 & 0 \\ 0 & 0 & -2^{99} \end{pmatrix}P^{-1}$$

求 P^{-1} : $(P, E) = \begin{pmatrix} 3 & 1 & 1 & 1 & 0 & 0 \\ 2 & 1 & 2 & 0 & 1 & 0 \\ 2 & 0 & 0 & 0 & 0 & 1 \end{pmatrix} \rightarrow \begin{pmatrix} 1 & 0 & 0 & 0 & 0 & \frac{1}{2} \\ 0 & 1 & 0 & 2 & -1 & -2 \\ 0 & 0 & 1 & -1 & 1 & \frac{1}{2} \end{pmatrix}$

$$P^{-1} = \begin{pmatrix} 0 & 0 & \frac{1}{2} \\ 2 & -1 & -2 \\ -1 & 1 & \frac{1}{2} \end{pmatrix}$$

$$A^{99} = \begin{pmatrix} 3 & 1 & 1 \\ 2 & 1 & 2 \\ 2 & 0 & 0 \end{pmatrix}\begin{pmatrix} 0 & 0 & 0 \\ 0 & -1 & 0 \\ 0 & 0 & -2^{99} \end{pmatrix}\begin{pmatrix} 0 & 0 & \frac{1}{2} \\ 2 & -1 & -2 \\ -1 & 1 & \frac{1}{2} \end{pmatrix}$$

$$= \begin{pmatrix} 3 & 1 & 1 \\ 2 & 1 & 2 \\ 2 & 0 & 0 \end{pmatrix}\begin{pmatrix} 0 & 0 & 0 \\ -2 & 1 & 2 \\ 2^{99} & -2^{99} & -2^{98} \end{pmatrix} = \begin{pmatrix} 2^{99}-2 & 1-2^{99} & 2-2^{98} \\ 2^{100}-2 & 1-2^{100} & 2-2^{99} \\ 0 & 0 & 0 \end{pmatrix}$$

（Ⅱ）因为 $B^2 = BA, B^{100} = B^{99}A = \cdots = BA^{99}$

$$(\beta_1, \beta_2, \beta_3) = (\alpha_1, \alpha_2, \alpha_3)A^{99}.$$

则
$$\beta_1 = (2^{99} - 2)\alpha_1 + (2^{100} - 2)\alpha_2,$$
$$\beta_2 = (1 - 2^{99})\alpha_1 + (1 - 2^{100})\alpha_2,$$
$$\beta_3 = (2 - 2^{98})\alpha_1 + (2 - 2^{99})\alpha_2.$$

▶ **可以借鉴的练习题**

(99, $\frac{3}{4}$, 3 分)　设 $A = \begin{bmatrix} 1 & 0 & 1 \\ 0 & 2 & 0 \\ 1 & 0 & 1 \end{bmatrix}$, 而 $n \geq 2$ 为正整数, 则 $A^n - 2A^{n-1} =$ _____.

【分析】　由于 $A^n - 2A^{n-1} = (A - 2E)A^{n-1}$, 而

$$A - 2E = \begin{bmatrix} -1 & 0 & 1 \\ 0 & 0 & 0 \\ 1 & 0 & -1 \end{bmatrix}, 易见 (A - 2E)A = 0, 从而 A^n - 2A^{n-1} = 0.$$

> **评注**　由于 $A^2 = \begin{bmatrix} 1 & 0 & 1 \\ 0 & 2 & 0 \\ 1 & 0 & 1 \end{bmatrix}\begin{bmatrix} 1 & 0 & 1 \\ 0 & 2 & 0 \\ 1 & 0 & 1 \end{bmatrix} = \begin{bmatrix} 2 & 0 & 2 \\ 0 & 4 & 0 \\ 2 & 0 & 2 \end{bmatrix} = 2A$, 于是 $A^n - 2A^{n-1} = A^{n-2}(A^2 - 2A) = 0.$

▶ **练习题**

(03, 2, 4 分)　设 α 为 3 维列向量, α^{T} 是 α 的转置, 若 $\alpha\alpha^{\mathrm{T}} = \begin{bmatrix} 1 & -1 & 1 \\ -1 & 1 & -1 \\ 1 & -1 & 1 \end{bmatrix}$, 则 $\alpha^{\mathrm{T}}\alpha =$ _____.

【分析】　$\alpha\alpha^{\mathrm{T}}$ 是秩为 1 的矩阵, $\alpha^{\mathrm{T}}\alpha$ 是一个数, 这两个符号不要混淆.

注意, 若 $r(A) = 1$, 则 $A = \alpha\beta^{\mathrm{T}}$, 其中 α, β 均为 n 维列向量, 而 $\alpha^{\mathrm{T}}\beta = \beta^{\mathrm{T}}\alpha = \sum a_{ii}$.

故应填:3.

若不熟悉上述关系式, 本题亦可先求出 α:

$$\begin{bmatrix} 1 & -1 & 1 \\ -1 & 1 & -1 \\ 1 & -1 & 1 \end{bmatrix} = \begin{bmatrix} 1 \\ -1 \\ 1 \end{bmatrix}(1, -1, 1) = \alpha\alpha^{\mathrm{T}}, 故 \alpha^{\mathrm{T}}\alpha = (1, -1, 1)\begin{bmatrix} 1 \\ -1 \\ 1 \end{bmatrix} = 3.$$

综 述

对于矩阵要掌握矩阵的基本运算. 例如, 2000 年数学二的考题涉及矩阵 $A = \begin{bmatrix} 1 \\ 2 \\ 1 \end{bmatrix}(1, \frac{1}{2}, 0)$ 与 $B = (1, \frac{1}{2}, 0)\begin{bmatrix} 1 \\ 2 \\ 1 \end{bmatrix}$ 以及 A^4, B^4 等运算, 由于这些基本运算不过关, 导致许多考生方程组的求解不能正常进行(请参看第四章第 1 题). 还要注意它与数字运算的区别, 不要混淆. 特别地, 如何处理 $AB = 0$? 在概念与方法上都要搞清楚. 当 $r(A) = 1$ 时, 如何求 A^n? 要会分解 A 为 $\alpha\beta^{\mathrm{T}}$ 的形式等.

二、伴随矩阵

3. (13, 4 分)　设 $A = (a_{ij})$ 是 3 阶非零矩阵, $|A|$ 为 A 的行列式, A_{ij} 为 a_{ij} 的代数余子式. 若 $a_{ij} +$

$A_{ij} = 0(i,j = 1,2,3)$，则 $|A|$ = _____．

【分析】 题设条件"$a_{ij} + A_{ij} = 0$"即 $A^\mathrm{T} = -A^*$，于是 $|A| = -|A|^2$，可见 $|A|$ 只可能是 0 或 -1．又 $\mathrm{r}(A) = \mathrm{r}(A^\mathrm{T}) = \mathrm{r}(-A^*) = \mathrm{r}(A^*)$，则 $\mathrm{r}(A)$ 只可能为 3 或 0．而 A 为非零矩阵，因此 $\mathrm{r}(A)$ 不能为 0，从而 $\mathrm{r}(A) = 3$，$|A| \neq 0$，$|A| = -1$．

或，用特例法．取一个行列式为 -1 的正交矩阵满足 $A^\mathrm{T} = -A^*$．

---

4. (09,4 分) 设 A,B 均为 2 阶矩阵，A^*,B^* 分别为 A,B 的伴随矩阵．若 $|A| = 2$，$|B| = 3$，则分块矩阵 $\begin{bmatrix} O & A \\ B & O \end{bmatrix}$ 的伴随矩阵为

(A) $\begin{bmatrix} O & 3B^* \\ 2A^* & O \end{bmatrix}$． (B) $\begin{bmatrix} O & 2B^* \\ 3A^* & O \end{bmatrix}$． (C) $\begin{bmatrix} O & 3A^* \\ 2B^* & O \end{bmatrix}$． (D) $\begin{bmatrix} O & 2A^* \\ 3B^* & O \end{bmatrix}$．

【分析】 由 $\begin{vmatrix} O & A \\ B & O \end{vmatrix} = (-1)^{2\times2}|A||B| = 6$，知矩阵 $\begin{bmatrix} O & A \\ B & O \end{bmatrix}$ 可逆，那么

$$\begin{bmatrix} O & A \\ B & O \end{bmatrix}^* = \begin{vmatrix} O & A \\ B & O \end{vmatrix} \begin{bmatrix} O & A \\ B & O \end{bmatrix}^{-1} = 6\begin{bmatrix} O & B^{-1} \\ A^{-1} & O \end{bmatrix} = \begin{bmatrix} O & 2B^* \\ 3A^* & O \end{bmatrix}.$$

故选(B)．

> **评注** 本题考查的知识点有 3 个：$A^* = |A|A^{-1}$；行列式的拉普拉斯展开式；分块矩阵求逆公式．这些都是线性代数中的基本内容吧！

▶ **伴随矩阵还可以这样考**

(1) (03,3,4 分) 设三阶矩阵 $A = \begin{bmatrix} a & b & b \\ b & a & b \\ b & b & a \end{bmatrix}$，若 A 的伴随矩阵的秩等于 1，则必有

(A) $a = b$ 或 $a + 2b = 0$． (B) $a = b$ 或 $a + 2b \neq 0$．

(C) $a \neq b$ 且 $a + 2b = 0$． (D) $a \neq b$ 且 $a + 2b \neq 0$．

【分析】 **方法一** 根据伴随矩阵 A^* 秩的关系式

$$\mathrm{r}(A^*) = \begin{cases} n, & \text{若 } \mathrm{r}(A) = n, \\ 1, & \text{若 } \mathrm{r}(A) = n - 1, \\ 0, & \text{若 } \mathrm{r}(A) < n - 1 \end{cases} \quad \text{知 } \mathrm{r}(A^*) = 1 \Leftrightarrow \mathrm{r}(A) = 2.$$

若 $a = b$，易见 $\mathrm{r}(A) \leq 1$，故可排除(A),(B)．

当 $a \neq b$ 时，A 中有 2 阶子式 $\begin{vmatrix} a & b \\ b & a \end{vmatrix} \neq 0$，若 $\mathrm{r}(A) = 2$，按定义只需 $|A| = 0$．由于

$$|A| = \begin{vmatrix} a + 2b & a + 2b & a + 2b \\ b & a & b \\ b & b & a \end{vmatrix} = (a + 2b)(a - b)^2,$$

所以应选(C)．

方法二 直接计算 $\mathrm{r}(A)$

$$A \to \begin{bmatrix} a + 2b & b & b \\ a + 2b & a & b \\ a + 2b & b & a \end{bmatrix} \to \begin{bmatrix} a + 2b & b & b \\ 0 & a - b & 0 \\ 0 & 0 & a - b \end{bmatrix}$$

可看出 $\mathrm{r}(A) = 2 \Leftrightarrow \begin{cases} a \neq b \\ a + 2b = 0 \end{cases}$

(2) (98,1,3 分) 设 A 为 n 阶矩阵，$|A| \neq 0$，A^* 为 A 的伴随矩阵，E 为 n 阶单位矩阵．若 A 有特

征值 λ,则 $(A^*)^2 + E$ 必有特征值_____.

【分析】 本题考查相关矩阵特征值之间的关系.

A 有特征值 λ $\Rightarrow$ A^* 有特征值 $\dfrac{|A|}{\lambda}$ $\Rightarrow$ $(A^*)^2$ 有特征值 $\left(\dfrac{|A|}{\lambda}\right)^2$

$\Rightarrow$ $(A^*)^2 + E$ 有特征值 $\left(\dfrac{|A|}{\lambda}\right)^2 + 1$.

(3) $(95,\frac{3}{4},3\ 分)$ 设 $A = \begin{bmatrix} 1 & 0 & 0 \\ 2 & 2 & 0 \\ 3 & 4 & 5 \end{bmatrix}$, A^* 是 A 的伴随矩阵,则 $(A^*)^{-1} =$ _____.

【分析】 由 $AA^* = |A|E$ 有 $\dfrac{A}{|A|}A^* = E$,故 $(A^*)^{-1} = \dfrac{A}{|A|}$.

现 $|A| = 10$,所以

$$(A^*)^{-1} = \frac{1}{10}\begin{bmatrix} 1 & 0 & 0 \\ 2 & 2 & 0 \\ 3 & 4 & 5 \end{bmatrix}.$$

评注 要知道关系式 $(A^*)^{-1} = (A^{-1})^* = \dfrac{A}{|A|}$ 在已知矩阵 A 的情况下,只要求出行列式 $|A|$ 的值,也就可求出 $(A^*)^{-1}$ 或 $(A^{-1})^*$.

综　述

伴随矩阵是常考题目之一,首先应理解伴随矩阵的概念,要掌握基本关系式: $AA^* = A^*A = |A|E$,并能将其作各种恒等变形推导出伴随矩阵的各种关系式.诸如:

(1) $|A^*| = |A|^{n-1}$.

(2) 若 A 可逆,则 $A^* = |A|A^{-1}$, $(A^*)^{-1} = (A^{-1})^* = \dfrac{1}{|A|}A$.

(3) $\mathrm{r}(A^*) = \begin{cases} n, & \text{如果 } \mathrm{r}(A) = n, \\ 1, & \text{如果 } \mathrm{r}(A) = n-1, \\ 0, & \text{如果 } \mathrm{r}(A) < n-1. \end{cases}$

(4) 若 A 可逆,且 $A\alpha = \lambda\alpha, \alpha \neq 0$,则 $A^*\alpha = \dfrac{|A|}{\lambda}\alpha$.

(5) $(kA)^* = k^{n-1}A^*$, $(A^*)^* = |A|^{n-2}A$, $(A^*)^\mathrm{T} = (A^\mathrm{T})^*$.

另外,若 A 是 2 阶矩阵,则 $\begin{bmatrix} a & b \\ c & d \end{bmatrix}^* = \begin{bmatrix} d & -b \\ -c & a \end{bmatrix}$.

了解此关系式对于 2 阶矩阵求逆是简便的.

三、可逆矩阵

5. $(22,5\ 分)$ 设 A 为 3 阶矩阵,交换 A 的第 2,3 两行,再将第 2 列的 -1 倍加到第 1 列上,得到矩阵 $\begin{pmatrix} -2 & 1 & -1 \\ 1 & -1 & 0 \\ -1 & 0 & 0 \end{pmatrix}$,则 A^{-1} 的迹 $tr(A^{-1}) =$ _____。

【分析】 由条件知,矩阵

$$\begin{pmatrix} -2 & 1 & -1 \\ 1 & -1 & 0 \\ -1 & 0 & 0 \end{pmatrix}$$

的第 2 列加到第 1 列上,再交换 2,3 两行就得到 A,

$$A = \begin{pmatrix} -1 & 1 & -1 \\ -1 & 0 & 0 \\ 0 & -1 & 0 \end{pmatrix},\text{用初等交换法求出}$$

$$A^{-1} = \begin{pmatrix} 0 & -1 & 0 \\ 0 & 0 & -1 \\ -1 & 1 & -1 \end{pmatrix},\text{tr}(A^{-1}) = -1.$$

(附注:也可不求 A^{-1},由 $A^{-1} = \dfrac{1}{|A|}A^*$,$\text{tr}(A^{-1}) = \dfrac{1}{|A|}(A_{11} + A_{22} + A_{33}) = \dfrac{1}{-1}(0 + 0 + 1) = -1.$)

---

6. (08,4 分) 设 A 为 n 阶非零矩阵,E 为 n 阶单位矩阵. 若 $A^3 = \mathbf{0}$,则

(A) $E - A$ 不可逆,$E + A$ 不可逆. (B) $E - A$ 不可逆,$E + A$ 可逆.

(C) $E - A$ 可逆,$E + A$ 可逆. (D) $E - A$ 可逆,$E + A$ 不可逆.

【分析】 因为 $(E - A)(E + A + A^2) = E - A^3 = E$,

$$(E + A)(E - A + A^2) = E + A^3 = E,$$

所以,由定义知 $E - A,E + A$ 均可逆. 故选(C).

> **评注** 本题用特征值也是简捷的,由 $A^3 = \mathbf{0} \Rightarrow A$ 的特征值 $\lambda = 0 \Rightarrow E - A$(或 $E + A$)的特征值均不为 $0 \Rightarrow E - A$(或 $E + A$)可逆.

▶ 练习题

(00,2,3 分) 设 $A = \begin{bmatrix} 1 & 0 & 0 & 0 \\ -2 & 3 & 0 & 0 \\ 0 & -4 & 5 & 0 \\ 0 & 0 & -6 & 7 \end{bmatrix}$,$E$ 为 4 阶单位矩阵,且 $B = (E + A)^{-1}(E - A)$,则

$(E + B)^{-1} = $ _____ .

【分析】 虽可以由 A 先求出 $(E + A)^{-1}$,再作矩阵乘法求出 B,最后通过求逆得到 $(E + B)^{-1}$. 但这种方法计算量太大.

若用单位矩阵恒等变形的技巧,我们有

$$\begin{aligned} B + E &= (E + A)^{-1}(E - A) + E \\ &= (E + A)^{-1}[(E - A) + (E + A)] = 2(E + A)^{-1}, \end{aligned}$$

所以 $(E + B)^{-1} = [2(E + A)^{-1}]^{-1} = \dfrac{1}{2}(E + A) = \begin{bmatrix} 1 & 0 & 0 & 0 \\ -1 & 2 & 0 & 0 \\ 0 & -2 & 3 & 0 \\ 0 & 0 & -3 & 4 \end{bmatrix}.$

或者,由 $B = (E + A)^{-1}(E - A)$,左乘 $E + A$ 得 $(E + A)B = E - A$.

$\Rightarrow \qquad (E + A)B + (E + A) = E - A + E + A = 2E.$

即有 $\qquad (E + A)(E + B) = 2E.$

> **评注** 本题既综合又灵活,这是考生失误较多的一道考题,其解题思路方法值得很好体会.

(1)(01,1,3分)　设矩阵 A 满足 $A^2 + A - 4E = 0$,其中 E 为单位矩阵,则 $(A - E)^{-1}=$ _____.

【分析】　矩阵 A 的元素没有给出,因此用初等变换法、伴随矩阵法求逆的路均堵塞.应当考虑用定义法.因为

$$(A - E)(A + 2E) - 2E = A^2 + A - 4E = 0,$$

故　　　　　$(A - E)(A + 2E) = 2E$,即　$(A - E) \cdot \dfrac{A + 2E}{2} = E.$

按定义知　　$(A - E)^{-1} = \dfrac{1}{2}(A + 2E).$

(2)(03,4,4分)　设 A,B 均为三阶矩阵,E 是三阶单位矩阵.已知 $AB = 2A + B$,

$B = \begin{bmatrix} 2 & 0 & 2 \\ 0 & 4 & 0 \\ 2 & 0 & 2 \end{bmatrix}$,则 $(A - E)^{-1}=$ _____.

【分析】　由已知,有 $AB - B - 2A + 2E = 2E$,即　$(A - E)(B - 2E) = 2E.$

按可逆定义,知 $(A - E)^{-1} = \dfrac{1}{2}(B - 2E).$

故应填:$\begin{bmatrix} 0 & 0 & 1 \\ 0 & 1 & 0 \\ 1 & 0 & 0 \end{bmatrix}.$

(3)(96,1,6分)　设 $A = E - \boldsymbol{\xi}\boldsymbol{\xi}^{\mathrm{T}}$,其中 E 为 n 阶单位矩阵,$\boldsymbol{\xi}$ 是 n 维非零列向量,$\boldsymbol{\xi}^{\mathrm{T}}$ 是 $\boldsymbol{\xi}$ 的转置.证明:(1)$A^2 = A$ 的充要条件是 $\boldsymbol{\xi}^{\mathrm{T}}\boldsymbol{\xi} = 1$;　(2)当 $\boldsymbol{\xi}^{\mathrm{T}}\boldsymbol{\xi} = 1$ 时,A 是不可逆矩阵.

【证明】　(1)$A^2 = (E - \boldsymbol{\xi}\boldsymbol{\xi}^{\mathrm{T}})(E - \boldsymbol{\xi}\boldsymbol{\xi}^{\mathrm{T}}) = E - 2\boldsymbol{\xi}\boldsymbol{\xi}^{\mathrm{T}} + \boldsymbol{\xi}\boldsymbol{\xi}^{\mathrm{T}}\boldsymbol{\xi}\boldsymbol{\xi}^{\mathrm{T}}$

$$= E - \boldsymbol{\xi}\boldsymbol{\xi}^{\mathrm{T}} + \boldsymbol{\xi}(\boldsymbol{\xi}^{\mathrm{T}}\boldsymbol{\xi})\boldsymbol{\xi}^{\mathrm{T}} - \boldsymbol{\xi}\boldsymbol{\xi}^{\mathrm{T}} = A + (\boldsymbol{\xi}^{\mathrm{T}}\boldsymbol{\xi})\boldsymbol{\xi}\boldsymbol{\xi}^{\mathrm{T}} - \boldsymbol{\xi}\boldsymbol{\xi}^{\mathrm{T}},$$

那么 $A^2 = A \iff (\boldsymbol{\xi}^{\mathrm{T}}\boldsymbol{\xi} - 1)\boldsymbol{\xi}\boldsymbol{\xi}^{\mathrm{T}} = 0.$

因为 $\boldsymbol{\xi}$ 是非零列向量,$\boldsymbol{\xi}\boldsymbol{\xi}^{\mathrm{T}} \neq 0$,故 $A^2 = A \iff \boldsymbol{\xi}^{\mathrm{T}}\boldsymbol{\xi} - 1 = 0$ 即 $\boldsymbol{\xi}^{\mathrm{T}}\boldsymbol{\xi} = 1.$

(2)反证法.当 $\boldsymbol{\xi}^{\mathrm{T}}\boldsymbol{\xi} = 1$ 时,由(1)知 $A^2 = A$,若 A 可逆,则

$$A = A^{-1}A^2 = A^{-1}A = E.$$

与已知 $A = E - \boldsymbol{\xi}\boldsymbol{\xi}^{\mathrm{T}} \neq E$ 矛盾.

> 评注　$\boldsymbol{\xi}$ 是 n 维列向量,则 $\boldsymbol{\xi}\boldsymbol{\xi}^{\mathrm{T}}$ 是 n 阶矩阵且秩为1,而 $\boldsymbol{\xi}^{\mathrm{T}}\boldsymbol{\xi}$ 是一个数,数学符号的含义要搞清,不要混淆.本题考查矩阵乘法的分配律、结合律.对(2),由 $A = E - \boldsymbol{\xi}\boldsymbol{\xi}^{\mathrm{T}}$,有
>
> $$A\boldsymbol{\xi} = \boldsymbol{\xi} - \boldsymbol{\xi}(\boldsymbol{\xi}^{\mathrm{T}}\boldsymbol{\xi}) = \boldsymbol{\xi} - \boldsymbol{\xi} = 0.$$
>
> 可见 $\boldsymbol{\xi}$ 是 $A\boldsymbol{x} = 0$ 的非零解,故 $|A| = 0$,亦知 A 不可逆.本题证法很多,你还有别的方法吗?

综　述

　　可逆是矩阵中的一个重要知识点,在考研中出现频率较高,在矩阵方程的求解中也会涉及到求逆问题.

　　首先,应理解逆矩阵的概念,掌握逆矩阵的性质;其次,要正确熟练地求出逆矩阵;还要掌握可逆的充分必要条件,会证可逆.要熟悉:

$$(A^{-1})^{-1} = A, \quad (kA)^{-1} = \frac{1}{k}A^{-1}, \quad (AB)^{-1} = B^{-1}A^{-1},$$

等基本性质.

证明矩阵 A 可逆的方法很多,核心问题是行列式 $|A| \neq 0$,还可用定义法,可用反证法.当然也可用特征值或齐次方程组等,方法是灵活的.

求逆矩阵的基本方法:初等变换法:$(A \mid E) \rightarrow (E \mid A^{-1})$;$n = 2$ 时用伴随矩阵法;有时也可用定义.

特殊情况可用分块矩阵的技巧.两个公式是:

$$\begin{bmatrix} A & 0 \\ 0 & B \end{bmatrix}^{-1} = \begin{bmatrix} A^{-1} & 0 \\ 0 & B^{-1} \end{bmatrix}, \quad \begin{bmatrix} 0 & A \\ B & 0 \end{bmatrix}^{-1} = \begin{bmatrix} 0 & B^{-1} \\ A^{-1} & 0 \end{bmatrix}.$$

四、初等矩阵

7. (12,4 分) 设 A 为 3 阶矩阵,P 为 3 阶可逆矩阵,且 $P^{-1}AP = \begin{bmatrix} 1 & 0 & 0 \\ 0 & 1 & 0 \\ 0 & 0 & 2 \end{bmatrix}$. 若 $P = (\boldsymbol{\alpha}_1, \boldsymbol{\alpha}_2, \boldsymbol{\alpha}_3)$,

$Q = (\boldsymbol{\alpha}_1 + \boldsymbol{\alpha}_2, \boldsymbol{\alpha}_2, \boldsymbol{\alpha}_3)$,则 $Q^{-1}AQ =$

(A) $\begin{bmatrix} 1 & 0 & 0 \\ 0 & 2 & 0 \\ 0 & 0 & 1 \end{bmatrix}$. (B) $\begin{bmatrix} 1 & 0 & 0 \\ 0 & 1 & 0 \\ 0 & 0 & 2 \end{bmatrix}$. (C) $\begin{bmatrix} 2 & 0 & 0 \\ 0 & 1 & 0 \\ 0 & 0 & 2 \end{bmatrix}$. (D) $\begin{bmatrix} 2 & 0 & 0 \\ 0 & 2 & 0 \\ 0 & 0 & 1 \end{bmatrix}$.

【分析一】 本题考查初等变换与初等矩阵.由于 P 经列变换为 Q,有

$$Q = P \begin{bmatrix} 1 & 0 & 0 \\ 1 & 1 & 0 \\ 0 & 0 & 1 \end{bmatrix} = PE(2,1(1)),$$

那么 $Q^{-1}AQ = [PE(2,1(1))]^{-1}A[PE(2,1(1))] = E(2,1(1))^{-1}(P^{-1}AP)E(2,1(1))$

$$= \begin{bmatrix} 1 & 0 & 0 \\ -1 & 1 & 0 \\ 0 & 0 & 1 \end{bmatrix} \begin{bmatrix} 1 & & \\ & 1 & \\ & & 2 \end{bmatrix} \begin{bmatrix} 1 & 0 & 0 \\ 1 & 1 & 0 \\ 0 & 0 & 1 \end{bmatrix} = \begin{bmatrix} 1 & & \\ & 1 & \\ & & 2 \end{bmatrix}.$$

故选(B).

【分析二】 由题设 $P^{-1}AP = \begin{bmatrix} 1 & 0 & 0 \\ 0 & 1 & 0 \\ 0 & 0 & 2 \end{bmatrix}$ 知,矩阵 A 是可相似对角化的矩阵,因而其相似变换矩阵

P 的列向量 $\boldsymbol{\alpha}_1, \boldsymbol{\alpha}_2, \boldsymbol{\alpha}_3$ 是 A 的分别属于特征值 $\lambda_1 = 1, \lambda_2 = 1, \lambda_3 = 2$ 的特征向量. 由于 $\lambda_1 = \lambda_2 = 1$ 是 A 的 2 重特征值,所以 $\boldsymbol{\alpha}_1 + \boldsymbol{\alpha}_2$ 仍是 A 的属于特征值 1 的特征向量,即 $A(\boldsymbol{\alpha}_1 + \boldsymbol{\alpha}_2) = 1 \cdot (\boldsymbol{\alpha}_1 + \boldsymbol{\alpha}_2)$,从而有

$$Q^{-1}AQ = \begin{bmatrix} 1 & 0 & 0 \\ 0 & 1 & 0 \\ 0 & 0 & 2 \end{bmatrix}.$$

故选(B).

8. (11,4 分) 设 A 为 3 阶矩阵,将 A 的第 2 列加到第 1 列得矩阵 B,再交换 B 的第 2 行与第 3 行

得单位矩阵. 记 $P_1 = \begin{bmatrix} 1 & 0 & 0 \\ 1 & 1 & 0 \\ 0 & 0 & 1 \end{bmatrix}, P_2 = \begin{bmatrix} 1 & 0 & 0 \\ 0 & 0 & 1 \\ 0 & 1 & 0 \end{bmatrix}$, 则 $A =$

(A) $P_1 P_2$. (B) $P_1^{-1} P_2$. (C) $P_2 P_1$. (D) $P_2 P_1^{-1}$.

【分析一】 本题考查初等矩阵与初等变换. 按题意

$$A \begin{bmatrix} 1 & 0 & 0 \\ 1 & 1 & 0 \\ 0 & 0 & 1 \end{bmatrix} = B, \quad \begin{bmatrix} 1 & 0 & 0 \\ 0 & 0 & 1 \\ 0 & 1 & 0 \end{bmatrix} B = E,$$

即 $AP_1 = B, P_2 B = E \Rightarrow P_2(AP_1) = E.$

所以 $A = P_2^{-1} E P_1^{-1} = P_2 P_1^{-1}$. 故应选 (D).

【分析二】 用排除法. 由于对矩阵 A 作一次初等行(列)变换, 相当于用对应的初等矩阵左(右)乘矩阵 A, 所以由题意知选项(A), (B)是错的; 而 $P_1^{-1} \neq P_1$, 故选项(C)也是错的. 由此可知, 应选(D).

> 评注 有相当多的考生选(B), 其原因是对"左乘"与"右乘"的作用未能分清.

9. (09, 4分) 设 A, P 均为3阶矩阵, P^T 为 P 的转置矩阵, 且 $P^T A P = \begin{bmatrix} 1 & 0 & 0 \\ 0 & 1 & 0 \\ 0 & 0 & 2 \end{bmatrix}$. 若 $P = (\alpha_1, \alpha_2, \alpha_3)$, $Q = (\alpha_1 + \alpha_2, \alpha_2, \alpha_3)$, 则 $Q^T A Q$ 为

(A) $\begin{bmatrix} 2 & 1 & 0 \\ 1 & 1 & 0 \\ 0 & 0 & 2 \end{bmatrix}$. (B) $\begin{bmatrix} 1 & 1 & 0 \\ 1 & 2 & 0 \\ 0 & 0 & 2 \end{bmatrix}$.

(C) $\begin{bmatrix} 2 & 0 & 0 \\ 0 & 1 & 0 \\ 0 & 0 & 2 \end{bmatrix}$. (D) $\begin{bmatrix} 1 & 0 & 0 \\ 0 & 2 & 0 \\ 0 & 0 & 2 \end{bmatrix}$.

【分析】 因为 $(\alpha_1 + \alpha_2, \alpha_2, \alpha_3) = (\alpha_1, \alpha_2, \alpha_3) \begin{bmatrix} 1 & 0 & 0 \\ 1 & 1 & 0 \\ 0 & 0 & 1 \end{bmatrix}$, 即 $Q = P \begin{bmatrix} 1 & 0 & 0 \\ 1 & 1 & 0 \\ 0 & 0 & 1 \end{bmatrix}$,

于是 $Q^T A Q = \left[P \begin{bmatrix} 1 & 0 & 0 \\ 1 & 1 & 0 \\ 0 & 0 & 1 \end{bmatrix} \right]^T A \left[P \begin{bmatrix} 1 & 0 & 0 \\ 1 & 1 & 0 \\ 0 & 0 & 1 \end{bmatrix} \right] = \begin{bmatrix} 1 & 1 & 0 \\ 0 & 1 & 0 \\ 0 & 0 & 1 \end{bmatrix} (P^T A P) \begin{bmatrix} 1 & 0 & 0 \\ 1 & 1 & 0 \\ 0 & 0 & 1 \end{bmatrix}$

$= \begin{bmatrix} 1 & 1 & 0 \\ 0 & 1 & 0 \\ 0 & 0 & 1 \end{bmatrix} \begin{bmatrix} 1 & & \\ & 1 & \\ & & 2 \end{bmatrix} \begin{bmatrix} 1 & 0 & 0 \\ 1 & 1 & 0 \\ 0 & 0 & 1 \end{bmatrix} = \begin{bmatrix} 2 & 1 & 0 \\ 1 & 1 & 0 \\ 0 & 0 & 2 \end{bmatrix}$.

故应选(A).

> 评注 本题考查矩阵的基本运算. 关键是对于矩阵 Q 要能熟练地反应出它是乘积, 本题还涉及初等矩阵, 转置等知识点.

五、矩阵方程

10. (15, 11分) 设矩阵 $A = \begin{bmatrix} a & 1 & 0 \\ 1 & a & -1 \\ 0 & 1 & a \end{bmatrix}$ 且 $A^3 = \mathbf{0}$.

（Ⅰ）求 a 的值;（Ⅱ）若矩阵 X 满足 $X - XA^2 - AX + AXA^2 = E$,其中 E 为 3 阶单位矩阵,求 X.

【解】 （Ⅰ）因为 $A^3 = 0$,所以 A 的特征值 λ 都满足 $\lambda^3 = 0$,因此 A 的特征值全为 0,于是 $\mathrm{tr}(A) = 0$,即 $3a = 0$,得 $a = 0$.

（Ⅱ）化简等式 $X - XA^2 - AX + AXA^2 = E \Leftrightarrow (E - A)X(E - A^2) = E$.

得 $X = (E - A)^{-1}(E - A^2)^{-1}$.

又由 $A^3 = 0$,得

$$(E - A^2)(E + A^2) = E - A^4 = E,$$
$$(E - A)(E + A + A^2) = E - A^3 = E,$$

于是 $(E - A^2)^{-1} = (E + A^2)$, $(E - A)^{-1} = (E + A + A^2)$,代入上式得

$$X = (E + A^2)(E + A + A^2) = E + A + A^2 + A^2 = E + A + 2A^2$$

$$= E + \begin{bmatrix} 0 & 1 & 0 \\ 1 & 0 & -1 \\ 0 & 1 & 0 \end{bmatrix} + \begin{bmatrix} 2 & 0 & -2 \\ 0 & 0 & 0 \\ 2 & 0 & -2 \end{bmatrix} = \begin{bmatrix} 3 & 1 & -2 \\ 1 & 1 & -1 \\ 2 & 1 & -1 \end{bmatrix}.$$

> 评注 （Ⅰ）也可从 $A^3 = 0$ 推出 $|A| = 0$,求出 $|A| = a^3$,得到 $a = 0$. $|A| = 0$ 是 $A^3 = 0$ 的必要条件,不是充分条件. 如果本题条件中将 A 的对角线元素改为 $a,0,a$（其他条件不变）,用 $|A| = 0$ 就不能求得 $a = 0$ 了.
>
> （Ⅱ）也可用初等变换法求出 $(E - A)^{-1}$ 和 $(E - A^2)^{-1}$ 再相乘,计算量大些.

▶ 要会解矩阵方程组

(1)(99,2,6分) 已知 $A = \begin{bmatrix} 1 & 1 & -1 \\ -1 & 1 & 1 \\ 1 & -1 & 1 \end{bmatrix}$,矩阵 X 满足 $A^* X = A^{-1} + 2X$,其中 A^* 是 A 的伴随矩阵,求矩阵 X.

【分析】 若先由 A 来求 A^*,A^{-1},再代入求解 X,工作量大且有重复. 对此类矩阵方程以先恒等变形,化简后再求解为好.

【解】 由 $AA^* = |A|E$,用矩阵 A 左乘方程的两端,有

$$|A|X = E + 2AX,\quad 即 \quad (|A|E - 2A)X = E.$$

据可逆定义,知 $X = (|A|E - 2A)^{-1}$.

由于 $|A| = \begin{vmatrix} 1 & 1 & -1 \\ -1 & 1 & 1 \\ 1 & -1 & 1 \end{vmatrix} = 4$, $|A|E - 2A = 2\begin{bmatrix} 1 & -1 & 1 \\ 1 & 1 & -1 \\ -1 & 1 & 1 \end{bmatrix}$,

故 $X = \dfrac{1}{2}\begin{bmatrix} 1 & -1 & 1 \\ 1 & 1 & -1 \\ -1 & 1 & 1 \end{bmatrix}^{-1} = \dfrac{1}{4}\begin{bmatrix} 1 & 1 & 0 \\ 0 & 1 & 1 \\ 1 & 0 & 1 \end{bmatrix}.$

(2)(02,2,6分) 已知 A,B 为 3 阶矩阵,且满足 $2A^{-1}B = B - 4E$,其中 E 是 3 阶单位矩阵.

（1）证明:矩阵 $A - 2E$ 可逆; （2）若 $B = \begin{bmatrix} 1 & -2 & 0 \\ 1 & 2 & 0 \\ 0 & 0 & 2 \end{bmatrix}$,求矩阵 A.

【解】 （1）由 $2A^{-1}B = B - 4E$ 左乘 A 知 $AB - 2B - 4A = 0$.

从而 $(A - 2E)(B - 4E) = 8E.$ 或 $(A - 2E) \cdot \dfrac{1}{8}(B - 4E) = E.$

故 $A - 2E$ 可逆,且 $(A - 2E)^{-1} = \dfrac{1}{8}(B - 4E).$

(2) 由(1)知 $A = 2E + 8(B - 4E)^{-1}$.

而

$$(B - 4E)^{-1} = \begin{bmatrix} -3 & -2 & 0 \\ 1 & -2 & 0 \\ 0 & 0 & -2 \end{bmatrix}^{-1} = \begin{bmatrix} -\dfrac{1}{4} & \dfrac{1}{4} & 0 \\ -\dfrac{1}{8} & -\dfrac{3}{8} & 0 \\ 0 & 0 & -\dfrac{1}{2} \end{bmatrix},$$

故

$$A = \begin{bmatrix} 0 & 2 & 0 \\ -1 & -1 & 0 \\ 0 & 0 & -2 \end{bmatrix}.$$

> **评注**　如果只是要证明 $A - 2E$ 可逆,那么由
> $$AB - 2B - 4A = 0 \implies (A - 2E)B = 4A.$$
> 因为 A 可逆,知 $|4A| = 4^3 |A| \neq 0$. 故 $|A - 2E| \cdot |B| \neq 0$. 就可证出 $A - 2E$ 可逆.

综　述

矩阵方程是真题中常常出现的题型. 解矩阵方程首先要利用矩阵运算法则和性质化原方程为下面两种简单形式

$$AX = B, XA = B.$$

一般考题中 A 是一个可逆矩阵. 于是有两个解法.

一、逆矩阵法. $AX = B$ 的解为 $X = A^{-1}B$. $XA = B$ 的解为 $X = BA^{-1}$.

二、初等变换法.

$$AX = B : (A \mid B) \xrightarrow{\text{行变换}} (E \mid X).$$

$$XA = B : (A^{\mathrm{T}} \mid B^{\mathrm{T}}) \xrightarrow{\text{行变换}} (E \mid X^{\mathrm{T}}).$$

比较起来(Ⅱ)的计算量小得多. 编者在此建议考生平时训练中都用这种方法,以便能熟练掌握它.

矩阵方程还可用来解由特征向量求矩阵的题. 如已知 3 阶矩阵 A 有 3 个线性无关特征向量 $\boldsymbol{\eta}_1$, $\boldsymbol{\eta}_2, \boldsymbol{\eta}_3$ 及它们的特征值 $\lambda_1, \lambda_2, \lambda_3$,要求 A. 可建立矩阵方程:$A(\boldsymbol{\eta}_1, \boldsymbol{\eta}_2, \boldsymbol{\eta}_3) = (\lambda_1\boldsymbol{\eta}_1, \lambda_2\boldsymbol{\eta}_2, \lambda_3\boldsymbol{\eta}_3)$. 用初等变换法求 A.

第三章　向　　量

编者按

　　向量既是重点又是难点,由于 n 维向量的抽象性以及在逻辑推理上的较高要求,导致同学们在学习理解上会有一定困难.

　　从以往考试来看,首先应理解向量的线性组合,掌握求线性表出的方法;其次(也是重点)要理解线性相关、线性无关等概念,要掌握向量组线性相关、线性无关的有关性质及判别法,这一类考题出现频率较高;第三,要理解向量组的极大线性无关组的概念,掌握其求法,要理解向量组秩的概念,会求向量组的秩.更重要的是理解和掌握利用秩判断线性相关性和线性表示的方法;第四,要了解内积的概念,掌握施密特正交化方法.

一、向量的线性表出

1. (22,5 分) 设 $\alpha_1 = \begin{pmatrix} \lambda \\ 1 \\ 1 \end{pmatrix}, \alpha_2 = \begin{pmatrix} 1 \\ \lambda \\ 1 \end{pmatrix}, \alpha_3 = \begin{pmatrix} 1 \\ 1 \\ \lambda \end{pmatrix}, \alpha_4 = \begin{pmatrix} 1 \\ \lambda \\ \lambda^2 \end{pmatrix}$,要使得向量组 $\alpha_1, \alpha_2, \alpha_3$ 与 $\alpha_1, \alpha_2,$

α_4 等价,则 λ 的取值范围是(　　)。

(A)　$\{0,1\}$.

(B)　$\{\lambda \mid \lambda \in R, \lambda \neq -2\}$

(C)　$\{\lambda \mid \lambda \in R, \lambda \neq -1, \lambda \neq -2\}$

(D)　$\{\lambda \mid \lambda \in R, \lambda \neq -1\}$

【分析】　向量组 $\alpha_1, \alpha_2, \alpha_3$ 与 $\alpha_1, \alpha_2, \alpha_4$ 等价 $\Leftrightarrow r(\alpha_1, \alpha_2, \alpha_3) = r(\alpha_1, \alpha_2, \alpha_4) = r(\alpha_1, \alpha_2, \alpha_3, \alpha_4)$.
于是可通过计算秩来判断。因为当 $\lambda = 1$ 时,$\alpha_1 = \alpha_2 = \alpha_3 = \alpha_4$,两个向量组是一样的,下面设 $\lambda \neq 1$。

$$(\alpha_1, \alpha_2, \alpha_3, \alpha_4) = \begin{pmatrix} \lambda & 1 & 1 & 1 \\ 1 & \lambda & 1 & \lambda \\ 1 & 1 & \lambda & \lambda^2 \end{pmatrix} \xrightarrow{\text{初等行变换}} \begin{pmatrix} 1 & 1 & \lambda & \lambda^2 \\ 0 & \lambda-1 & 1-\lambda & \lambda-\lambda^2 \\ 0 & 1-\lambda & 1-\lambda^2 & 1-\lambda^3 \end{pmatrix}$$

$$\rightarrow \begin{pmatrix} 1 & 1 & \lambda & \lambda^2 \\ 0 & -1 & 1 & \lambda \\ 0 & 1 & 1+\lambda & 1+\lambda+\lambda^2 \end{pmatrix} \rightarrow \begin{pmatrix} 1 & 1 & \lambda & \lambda^2 \\ 0 & -1 & 1 & \lambda \\ 0 & 0 & 2+\lambda & (1+\lambda)^2 \end{pmatrix}$$

当 $\lambda = -2$ 时,$r(\alpha_1, \alpha_2, \alpha_3) = 2, r(\alpha_1, \alpha_2, \alpha_4) = 3$,两个向量组不等价;

当 $\lambda = -1$ 时,$r(\alpha_1, \alpha_2, \alpha_3) = 3, r(\alpha_1, \alpha_2, \alpha_4) = 2$,两个向量组也不等价;

当 $\lambda \neq -1$ 和 -2 时,$r(\alpha_1, \alpha_2, \alpha_3) = r(\alpha_1, \alpha_2, \alpha_4) = r(\alpha_1, \alpha_2, \alpha_3, \alpha_4) = 3$,另个向量组等价。
于是,要使得两个向量组等价,λ 的取值范围为 $\{\lambda \in R \mid \lambda \neq -1$ 和 $-2\}$.

---

2. (19,11 分)　已知向量组

$$\text{I}: \boldsymbol{\alpha}_1 = (1,1,4)^T, \boldsymbol{\alpha}_2 = (1,0,4)^T, \boldsymbol{\alpha}_3 = (1,2,a^2+3)^T$$

$$\text{II}: \boldsymbol{\beta}_1 = (1,1,a+3)^T, \boldsymbol{\beta}_2 = (0,2,1-a)^T, \boldsymbol{\beta}_3 = (1,3,a^2+3)^T$$

若向量组 I 与向量组 II 等价,求 a 的取值,并将 $\boldsymbol{\beta}_3$ 用 $\boldsymbol{\alpha}_1, \boldsymbol{\alpha}_2, \boldsymbol{\alpha}_3$ 线性表示.

【分析与求解】　I 和 II 等价的充分必要条件是 $r(\text{I}) = r(\text{II}) = r(\text{I},\text{II})$.

$$(\boldsymbol{\alpha}_1,\boldsymbol{\alpha}_2,\boldsymbol{\alpha}_3;\boldsymbol{\beta}_1,\boldsymbol{\beta}_2,\boldsymbol{\beta}_3) = \begin{bmatrix} 1 & 1 & 1 & 1 & 0 & 1 \\ 1 & 0 & 2 & 1 & 2 & 3 \\ 4 & 4 & a^2+3 & a+3 & 1-a & a^2+3 \end{bmatrix}$$

$$\rightarrow \begin{bmatrix} 1 & 1 & 1 & 1 & 0 & 1 \\ 0 & -1 & 1 & 0 & 2 & 2 \\ 0 & 0 & a^2-1 & a-1 & 1-a & a^2-1 \end{bmatrix}.$$

$$(\boldsymbol{\beta}_1,\boldsymbol{\beta}_2,\boldsymbol{\beta}_3) = \begin{bmatrix} 1 & 0 & 1 \\ 1 & 2 & 3 \\ a+3 & 1-a & a^2+3 \end{bmatrix} \rightarrow \begin{bmatrix} 1 & 0 & 1 \\ 0 & 2 & 2 \\ 0 & 1-a & a^2-a \end{bmatrix} \rightarrow \begin{bmatrix} 1 & 0 & 1 \\ 0 & 1 & 1 \\ 0 & 0 & a^2-1 \end{bmatrix}$$

于是,只要 $a \neq -1$,Ⅰ和Ⅱ都等价:如果还有 $a \neq 1$,就有 $a^2 \neq 1$,则 r(Ⅰ) = r(Ⅱ) = r(Ⅰ,Ⅱ) = 3;
如果 $a = 1$,则 r(Ⅰ) = r(Ⅱ) = r(Ⅰ,Ⅱ) = 2.

$\boldsymbol{\beta}_3$ 用 $\boldsymbol{\alpha}_1,\boldsymbol{\alpha}_2,\boldsymbol{\alpha}_3$ 线性表示的表示系数就是方程组 $x_1\boldsymbol{\alpha}_1 + x_2\boldsymbol{\alpha}_2 + x_3\boldsymbol{\alpha}_3 = \boldsymbol{\beta}_3$ 的解.

$a^2 \neq 1$ 时 r(Ⅰ) = 3,这个方程组唯一解,$\boldsymbol{\beta}_3$ 用 $\boldsymbol{\alpha}_1,\boldsymbol{\alpha}_2,\boldsymbol{\alpha}_3$ 线性表示的方式唯一,$\boldsymbol{\beta}_3 = \boldsymbol{\alpha}_1 - \boldsymbol{\alpha}_2 + \boldsymbol{\alpha}_3$.

$a = 1$ 时,r(Ⅰ) = 2,这个方程组无穷多解,$\boldsymbol{\beta}_3$ 用 $\boldsymbol{\alpha}_1,\boldsymbol{\alpha}_2,\boldsymbol{\alpha}_3$ 线性表示的形式也是无穷多.

$$(\boldsymbol{\alpha}_1,\boldsymbol{\alpha}_2,\boldsymbol{\alpha}_3;\boldsymbol{\beta}_3) = \begin{bmatrix} 1 & 1 & 1 & 1 \\ 1 & 0 & 2 & 3 \\ 4 & 4 & 4 & 4 \end{bmatrix} \rightarrow \begin{bmatrix} 1 & 0 & 2 & 3 \\ 0 & 1 & -1 & -2 \\ 0 & 0 & 0 & 0 \end{bmatrix}.$$

$x_1\boldsymbol{\alpha}_1 + x_2\boldsymbol{\alpha}_2 + x_3\boldsymbol{\alpha}_3 = \boldsymbol{\beta}_3$ 的通解为

$$(3,-2,0)^{\mathrm{T}} + c(-2,1,1)^{\mathrm{T}}, c \text{ 任意}.$$

则 $\boldsymbol{\beta}_3$ 用 $\boldsymbol{\alpha}_1,\boldsymbol{\alpha}_2,\boldsymbol{\alpha}_3$ 线性表示的一般形式为

$$\boldsymbol{\beta}_3 = (3-2c)\boldsymbol{\alpha}_1 + (c-2)\boldsymbol{\alpha}_2 + c\boldsymbol{\alpha}_3, c \text{ 任意}.$$

---

3. (13,4 分) 设 A,B,C 均为 n 阶矩阵,若 $AB = C$,且 B 可逆,则

(A) 矩阵 C 的行向量组与矩阵 A 的行向量组等价.

(B) 矩阵 C 的列向量组与矩阵 A 的列向量组等价.

(C) 矩阵 C 的行向量组与矩阵 B 的行向量组等价.

(D) 矩阵 C 的列向量组与矩阵 B 的列向量组等价.

【分析】 由于 $AB = C$,那么对矩阵 A,C 按列分块,有

$$(\boldsymbol{\alpha}_1,\boldsymbol{\alpha}_2,\cdots,\boldsymbol{\alpha}_n) \begin{bmatrix} b_{11} & b_{12} & \cdots & b_{1n} \\ b_{21} & b_{22} & \cdots & b_{2n} \\ \vdots & \vdots & \vdots & \vdots \\ b_{n1} & b_{n2} & \cdots & b_{nn} \end{bmatrix} = (\boldsymbol{\gamma}_1,\boldsymbol{\gamma}_2,\cdots,\boldsymbol{\gamma}_n),$$

即

$$\begin{cases} \boldsymbol{\gamma}_1 = b_{11}\boldsymbol{\alpha}_1 + b_{21}\boldsymbol{\alpha}_2 + \cdots + b_{n1}\boldsymbol{\alpha}_n, \\ \boldsymbol{\gamma}_2 = b_{12}\boldsymbol{\alpha}_1 + b_{22}\boldsymbol{\alpha}_2 + \cdots + b_{n2}\boldsymbol{\alpha}_n, \\ \cdots\cdots \\ \boldsymbol{\gamma}_n = b_{1n}\boldsymbol{\alpha}_1 + b_{2n}\boldsymbol{\alpha}_2 + \cdots + b_{nn}\boldsymbol{\alpha}_n. \end{cases}$$

这说明矩阵 C 的列向量组 $\boldsymbol{\gamma}_1,\boldsymbol{\gamma}_2,\cdots,\boldsymbol{\gamma}_n$ 可由矩阵 A 的列向量组 $\boldsymbol{\alpha}_1,\boldsymbol{\alpha}_2,\cdots,\boldsymbol{\alpha}_n$ 线性表出.

又矩阵 B 可逆,从而 $A = CB^{-1}$,那么矩阵 A 的列向量组也可由矩阵 C 的列向量组线性表出.

由向量组等价的定义可知,应选(B).

或者,可逆矩阵可表示成若干个初等矩阵的乘积,于是 A 经过有限次初等列变换化为 C,而初等列变换保持矩阵列向量组的等价关系.故选(B).

---

4. (11,11 分) 设向量组 $\boldsymbol{\alpha}_1 = (1,0,1)^{\mathrm{T}},\boldsymbol{\alpha}_2 = (0,1,1)^{\mathrm{T}},\boldsymbol{\alpha}_3 = (1,3,5)^{\mathrm{T}}$ 不能由向量组 $\boldsymbol{\beta}_1 = (1,$

$1,1)^{\mathrm{T}}$，$\boldsymbol{\beta}_2 = (1,2,3)^{\mathrm{T}}$，$\boldsymbol{\beta}_3 = (3,4,a)^{\mathrm{T}}$ 线性表示.

（Ⅰ）求 a 的值；（Ⅱ）将 $\boldsymbol{\beta}_1,\boldsymbol{\beta}_2,\boldsymbol{\beta}_3$ 用 $\boldsymbol{\alpha}_1,\boldsymbol{\alpha}_2,\boldsymbol{\alpha}_3$ 线性表示.

【解】 （Ⅰ）因为 $|\boldsymbol{\alpha}_1,\boldsymbol{\alpha}_2,\boldsymbol{\alpha}_3| = \begin{vmatrix} 1 & 0 & 1 \\ 0 & 1 & 3 \\ 1 & 1 & 5 \end{vmatrix} = 1 \neq 0$，所以 $\boldsymbol{\alpha}_1,\boldsymbol{\alpha}_2,\boldsymbol{\alpha}_3$ 线性无关.

那么 $\boldsymbol{\alpha}_1,\boldsymbol{\alpha}_2,\boldsymbol{\alpha}_3$ 不能由 $\boldsymbol{\beta}_1,\boldsymbol{\beta}_2,\boldsymbol{\beta}_3$ 线性表示 $\Leftrightarrow \boldsymbol{\beta}_1,\boldsymbol{\beta}_2,\boldsymbol{\beta}_3$ 线性相关. 即

$$|\boldsymbol{\beta}_1,\boldsymbol{\beta}_2,\boldsymbol{\beta}_3| = \begin{vmatrix} 1 & 1 & 3 \\ 1 & 2 & 4 \\ 1 & 3 & a \end{vmatrix} = \begin{vmatrix} 1 & 1 & 3 \\ 0 & 1 & 1 \\ 0 & 2 & a-3 \end{vmatrix} = a - 5 = 0,$$

所以 $a = 5$.

（Ⅱ）方程组 $x_1\boldsymbol{\alpha}_1 + x_2\boldsymbol{\alpha}_2 + x_3\boldsymbol{\alpha}_3 = \boldsymbol{\beta}_j$ 的解的分量，即 $\boldsymbol{\beta}_j$ 由 $\boldsymbol{\alpha}_1,\boldsymbol{\alpha}_2,\boldsymbol{\alpha}_3$ 线性表示的表示系数. 对 $(\boldsymbol{\alpha}_1,$ $\boldsymbol{\alpha}_2,\boldsymbol{\alpha}_3 \vdots \boldsymbol{\beta}_1,\boldsymbol{\beta}_2,\boldsymbol{\beta}_3)$ 作初等行变换，有

$$\begin{bmatrix} 1 & 0 & 1 & 1 & 1 & 3 \\ 0 & 1 & 3 & 1 & 2 & 4 \\ 1 & 1 & 5 & 1 & 3 & 5 \end{bmatrix} \rightarrow \begin{bmatrix} 1 & 0 & 1 & 1 & 1 & 3 \\ 0 & 1 & 3 & 1 & 2 & 4 \\ 0 & 1 & 4 & 0 & 2 & 2 \end{bmatrix} \rightarrow \begin{bmatrix} 1 & 0 & 1 & 1 & 1 & 3 \\ 0 & 1 & 3 & 1 & 2 & 4 \\ 0 & 0 & 1 & -1 & 0 & -2 \end{bmatrix}$$

$$\rightarrow \begin{bmatrix} 1 & & & 2 & 1 & 5 \\ & 1 & & 4 & 2 & 10 \\ & & 1 & -1 & 0 & -2 \end{bmatrix},$$

所以 $\boldsymbol{\beta}_1 = 2\boldsymbol{\alpha}_1 + 4\boldsymbol{\alpha}_2 - \boldsymbol{\alpha}_3$， $\boldsymbol{\beta}_2 = \boldsymbol{\alpha}_1 + 2\boldsymbol{\alpha}_2$， $\boldsymbol{\beta}_3 = 5\boldsymbol{\alpha}_1 + 10\boldsymbol{\alpha}_2 - 2\boldsymbol{\alpha}_3$.

▶ 练习题

(00,2,7分) 已知向量组

$$\boldsymbol{\beta}_1 = \begin{bmatrix} 0 \\ 1 \\ -1 \end{bmatrix}, \quad \boldsymbol{\beta}_2 = \begin{bmatrix} a \\ 2 \\ 1 \end{bmatrix}, \quad \boldsymbol{\beta}_3 = \begin{bmatrix} b \\ 1 \\ 0 \end{bmatrix}$$

与向量组 $\boldsymbol{\alpha}_1 = \begin{bmatrix} 1 \\ 2 \\ -3 \end{bmatrix}, \quad \boldsymbol{\alpha}_2 = \begin{bmatrix} 3 \\ 0 \\ 1 \end{bmatrix}, \quad \boldsymbol{\alpha}_3 = \begin{bmatrix} 9 \\ 6 \\ -7 \end{bmatrix}$

具有相同的秩，且 $\boldsymbol{\beta}_3$ 可由 $\boldsymbol{\alpha}_1,\boldsymbol{\alpha}_2,\boldsymbol{\alpha}_3$ 线性表示，求 a,b 的值.

【解】 方法一 因 $\boldsymbol{\beta}_3$ 可由 $\boldsymbol{\alpha}_1,\boldsymbol{\alpha}_2,\boldsymbol{\alpha}_3$ 线性表示，故线性方程组

$$\begin{bmatrix} 1 & 3 & 9 \\ 2 & 0 & 6 \\ -3 & 1 & -7 \end{bmatrix} \begin{bmatrix} x_1 \\ x_2 \\ x_3 \end{bmatrix} = \begin{bmatrix} b \\ 1 \\ 0 \end{bmatrix} \quad 有解.$$

对增广矩阵施行初等行变换，有

$$\begin{bmatrix} 1 & 3 & 9 & b \\ 2 & 0 & 6 & 1 \\ -3 & 1 & -7 & 0 \end{bmatrix} \rightarrow \begin{bmatrix} 1 & 3 & 9 & b \\ 0 & -6 & -12 & 1-2b \\ 0 & 10 & 20 & 3b \end{bmatrix} \rightarrow \begin{bmatrix} 1 & 3 & 9 & b \\ 0 & 1 & 2 & \dfrac{2b-1}{6} \\ 0 & 1 & 2 & \dfrac{3b}{10} \end{bmatrix} \rightarrow \begin{bmatrix} 1 & 3 & 9 & b \\ 0 & 1 & 2 & \dfrac{2b-1}{6} \\ 0 & 0 & 0 & \dfrac{3b}{10} - \dfrac{2b-1}{6} \end{bmatrix}.$$

由非齐次线性方程组有解的条件知 $\dfrac{3b}{10} - \dfrac{2b-1}{6} = 0$，得 $b = 5$.

又 $\boldsymbol{\alpha}_1$ 和 $\boldsymbol{\alpha}_2$ 线性无关，$\boldsymbol{\alpha}_3 = 3\boldsymbol{\alpha}_1 + 2\boldsymbol{\alpha}_2$，所以向量组 $\boldsymbol{\alpha}_1,\boldsymbol{\alpha}_2,\boldsymbol{\alpha}_3$ 的秩为 2.

由题设知向量组 $\boldsymbol{\beta}_1,\boldsymbol{\beta}_2,\boldsymbol{\beta}_3$ 的秩也是 2，从而 $\begin{vmatrix} 0 & a & 5 \\ 1 & 2 & 1 \\ -1 & 1 & 0 \end{vmatrix} = 0$，解之得 $a = 15$.

方法二 $\boldsymbol{\beta}_3$ 可用 $\boldsymbol{\alpha}_1,\boldsymbol{\alpha}_2,\boldsymbol{\alpha}_3$ 表示，则 $r(\boldsymbol{\alpha}_1,\boldsymbol{\alpha}_2,\boldsymbol{\alpha}_3,\boldsymbol{\beta}_3)=r(\boldsymbol{\alpha}_1,\boldsymbol{\alpha}_2,\boldsymbol{\alpha}_3)$

$$(\boldsymbol{\alpha}_1,\boldsymbol{\alpha}_2,\boldsymbol{\alpha}_3\mid\boldsymbol{\beta})=\begin{bmatrix}1 & 3 & 9 & b\\ 2 & 0 & b & 1\\ -3 & 1 & -7 & 0\end{bmatrix}\rightarrow\begin{bmatrix}1 & 3 & 9 & b\\ 0 & -b & -12 & 1-2b\\ 0 & 10 & 20 & 3b\end{bmatrix}$$

$$\rightarrow\begin{bmatrix}1 & 3 & 9 & b\\ 0 & -b & -12 & 1-2b\\ 0 & 0 & 0 & 5-b\end{bmatrix}$$

得 $b=5,r(\boldsymbol{\alpha}_1,\boldsymbol{\alpha}_2,\boldsymbol{\alpha}_3)=2$.（下同方法一）．

> **评注** 本题亦可由秩相等 $r(\boldsymbol{\beta}_1,\boldsymbol{\beta}_2,\boldsymbol{\beta}_3)=r(\boldsymbol{\alpha}_1,\boldsymbol{\alpha}_2,\boldsymbol{\alpha}_3)$ 及 $r(\boldsymbol{\alpha}_1,\boldsymbol{\alpha}_2,\boldsymbol{\alpha}_3)=2$ 入手知
>
> $$|\boldsymbol{\beta}_1,\boldsymbol{\beta}_2,\boldsymbol{\beta}_3|=\begin{vmatrix}0 & a & b\\ 1 & 2 & 1\\ -1 & 1 & 0\end{vmatrix}=0\Rightarrow a=3b.$$
>
> 又 $\boldsymbol{\beta}_3$ 可由 $\boldsymbol{\alpha}_1,\boldsymbol{\alpha}_2,\boldsymbol{\alpha}_3$ 线性表示，从而可用 $\boldsymbol{\alpha}_1,\boldsymbol{\alpha}_2$ 线性表示，故 $\boldsymbol{\alpha}_1,\boldsymbol{\alpha}_2,\boldsymbol{\beta}_3$ 线性相关．于是由
>
> $$\begin{vmatrix}1 & 3 & b\\ 2 & 0 & 1\\ -3 & 1 & 0\end{vmatrix}=0$$ 求出 b，再由 $a=3b$ 求出 a．

▶ **要会判断抽象的向量线性表出问题**

(99,$\frac{3}{4}$,3分) 设向量 $\boldsymbol{\beta}$ 可由向量组 $\boldsymbol{\alpha}_1,\boldsymbol{\alpha}_2,\cdots,\boldsymbol{\alpha}_m$ 线性表示，但不能由向量组（Ⅰ）：$\boldsymbol{\alpha}_1,\boldsymbol{\alpha}_2,\cdots,$ $\boldsymbol{\alpha}_{m-1}$ 线性表示，记向量组（Ⅱ）：$\boldsymbol{\alpha}_1,\boldsymbol{\alpha}_2,\cdots,\boldsymbol{\alpha}_{m-1},\boldsymbol{\beta}$，则

(A) $\boldsymbol{\alpha}_m$ 不能由（Ⅰ）线性表示，也不能由（Ⅱ）线性表示．

(B) $\boldsymbol{\alpha}_m$ 不能由（Ⅰ）线性表示，但可由（Ⅱ）线性表示．

(C) $\boldsymbol{\alpha}_m$ 可由（Ⅰ）线性表示，也可由（Ⅱ）线性表示．

(D) $\boldsymbol{\alpha}_m$ 可由（Ⅰ）线性表示，但不可由（Ⅱ）线性表示．

【分析】 因为 $\boldsymbol{\beta}$ 可由 $\boldsymbol{\alpha}_1,\boldsymbol{\alpha}_2,\cdots,\boldsymbol{\alpha}_m$ 线性表示，故可设

$$\boldsymbol{\beta}=k_1\boldsymbol{\alpha}_1+k_2\boldsymbol{\alpha}_2+\cdots+k_m\boldsymbol{\alpha}_m.$$

由于 $\boldsymbol{\beta}$ 不能由 $\boldsymbol{\alpha}_1,\boldsymbol{\alpha}_2,\cdots,\boldsymbol{\alpha}_{m-1}$ 线性表示，故上述表达式中必有 $k_m\neq0$．因此

$$\boldsymbol{\alpha}_m=\frac{1}{k_m}(\boldsymbol{\beta}-k_1\boldsymbol{\alpha}_1-k_2\boldsymbol{\alpha}_2-\cdots-k_{m-1}\boldsymbol{\alpha}_{m-1}).$$

即 $\boldsymbol{\alpha}_m$ 可由（Ⅱ）线性表示，可排除 (A)、(D)．

若 $\boldsymbol{\alpha}_m$ 可由（Ⅰ）线性表示，设 $\boldsymbol{\alpha}_m=l_1\boldsymbol{\alpha}_1+\cdots+l_{m-1}\boldsymbol{\alpha}_{m-1}$，则

$$\boldsymbol{\beta}=(k_1+k_ml_1)\boldsymbol{\alpha}_1+(k_2+k_ml_2)\boldsymbol{\alpha}_2+\cdots+(k_{m-1}+k_ml_{m-1})\boldsymbol{\alpha}_{m-1}.$$

与题设矛盾，故应选 (B)．

综 述

> 若已知向量 $\boldsymbol{\alpha}_1,\boldsymbol{\alpha}_2,\cdots,\boldsymbol{\alpha}_s,\boldsymbol{\beta}$ 的分量，而判断 $\boldsymbol{\beta}$ 能否由 $\boldsymbol{\alpha}_1,\boldsymbol{\alpha}_2,\cdots,\boldsymbol{\alpha}_s$ 线性表出，可转换为 $r(\boldsymbol{\alpha}_1,\boldsymbol{\alpha}_2,\cdots,\boldsymbol{\alpha}_s,\boldsymbol{\beta})$ 与 $r(\boldsymbol{\alpha}_1,\boldsymbol{\alpha}_2,\cdots,\boldsymbol{\alpha}_s)$ 是否相等；如果向量的分量没有给出，应从逻辑推理开始讨论．

二、向量组的线性相关问题

5.（14,4分） $\alpha_1, \alpha_2, \alpha_3$ 均为 3 维向量,则对任意常数 k, l,向量 $\alpha_1 + k\alpha_3, \alpha_2 + l\alpha_3$ 都线性无关量 $\alpha_1, \alpha_2, \alpha_3$ 线性无关的

(A) 必要非充分条件.　　　　　　　(B) 充分非必要条件.

(C) 充分必要条件.　　　　　　　　(D) 即非充分又非必要条件.

【分析】 是必要条件,即如果 $\alpha_1, \alpha_2, \alpha_3$ 线性无关,则 $\alpha_1 + k\alpha_3, \alpha_2 + l\alpha_3$ 一定线性无关.

方法一 用秩看(用 C 矩阵法求 $\mathrm{r}(\alpha_1 + k\alpha_3, \alpha_2 + l\alpha_3)$)

$$(\alpha_1 + k\alpha_3, \alpha_2 + l\alpha_3) = (\alpha_1, \alpha_2, \alpha_3)\begin{bmatrix} 1 & 0 \\ 0 & 1 \\ k & l \end{bmatrix}.$$

则 $\mathrm{r}(\alpha_1 + k\alpha_3, \alpha_2 + l\alpha_3) = \mathrm{r}\begin{bmatrix} 1 & 0 \\ 0 & 1 \\ k & l \end{bmatrix} = 2.$

因此 $\alpha_1 + k\alpha_3, \alpha_2 + l\alpha_3$ 线性无关.

方法二 用定义法.设 $c_1(\alpha_1 + k\alpha_3) + c_2(\alpha_2 + l\alpha_3) = 0$

则 $c_1\alpha_1 + c_2\alpha + (c_1 k + c_2 l)\alpha_3 = \mathbf{0}$.

再由 $\alpha_1, \alpha_2, \alpha_3$ 线性无关,得 $c_1 = c_2 = 0$.

不是充分条件.举一反例说明.设 α_1, α_2 线性无关,$\alpha_3 = \mathbf{0}$,此时 $\alpha_1 + k\alpha_3, \alpha_2 + l\alpha_3$(就是 α_1, α_2)无关,但 $\alpha_1, \alpha_2, \alpha_3$ 相关.

选(A).

6.（12,4分） 设 $\alpha_1 = \begin{bmatrix} 0 \\ 0 \\ c_1 \end{bmatrix}, \alpha_2 = \begin{bmatrix} 0 \\ 1 \\ c_2 \end{bmatrix}, \alpha_3 = \begin{bmatrix} 1 \\ -1 \\ c_3 \end{bmatrix}, \alpha_4 = \begin{bmatrix} -1 \\ 1 \\ c_4 \end{bmatrix}$,其中 c_1, c_2, c_3, c_4 为任意常数,

则下列向量组线性相关的为

(A) $\alpha_1, \alpha_2, \alpha_3$.　　(B) $\alpha_1, \alpha_2, \alpha_4$.　　(C) $\alpha_1, \alpha_3, \alpha_4$.　　(D) $\alpha_2, \alpha_3, \alpha_4$.

【分析】 n 个 n 维向量相关 $\Leftrightarrow |\alpha_1, \alpha_2, \cdots, \alpha_n| = 0$,显然

$$|\alpha_1, \alpha_3, \alpha_4| = \begin{vmatrix} 0 & 1 & -1 \\ 0 & -1 & 1 \\ c_1 & c_2 & c_3 \end{vmatrix} = 0,$$

所以 $\alpha_1, \alpha_3, \alpha_4$ 必线性相关.故选(C).

7.（10,4分） 设向量组 I:$\alpha_1, \alpha_2, \cdots, \alpha_r$ 可由向量组 II:$\beta_1, \beta_2, \cdots, \beta_s$ 线性表示.下列命题正确的是

(A) 若向量组 I 线性无关,则 $r \leqslant s$.　　(B) 若向量组 I 线性相关,则 $r > s$.

(C) 若向量组 II 线性无关,则 $r \leqslant s$.　　(D) 若向量组 II 线性相关,则 $r > s$.

【分析】 因为向量组 I 可由 II 线性表出,所以

$$\mathrm{r}(\alpha_1, \alpha_2, \cdots, \alpha_r) \leqslant \mathrm{r}(\beta_1, \beta_2, \cdots, \beta_s) \leqslant s.$$

如果向量组 I 线性无关,则 $\mathrm{r}(\alpha_1, \alpha_2, \cdots, \alpha_r) = r$.可见(A)正确.

若 $\alpha_1 = (1,0,0)^\mathrm{T}, \alpha_2 = (0,0,0)^\mathrm{T}, \beta_1 = (1,0,0)^\mathrm{T}, \beta_2 = (0,1,0)^\mathrm{T}, \beta_3 = (0,1,0)^\mathrm{T}$,可知(B)不正确.

若 $\boldsymbol{\alpha}_1 = (1,0,0)^T, \boldsymbol{\alpha}_2 = (2,0,0)^T, \boldsymbol{\alpha}_3 = (3,0,0)^T, \boldsymbol{\beta}_1 = (1,0,0)^T, \boldsymbol{\beta}_2 = (0,1,0)^T$,可知(C)不正确.

关于(D),请同学举一个简单的反例说明其不正确.

---

8. (08,10分)　设 A 为 3 阶矩阵,$\boldsymbol{\alpha}_1, \boldsymbol{\alpha}_2$ 为 A 的分别属于特征值 $-1, 1$ 的特征向量,向量 $\boldsymbol{\alpha}_3$ 满足 $A\boldsymbol{\alpha}_3 = \boldsymbol{\alpha}_2 + \boldsymbol{\alpha}_3$.

（Ⅰ）证明 $\boldsymbol{\alpha}_1, \boldsymbol{\alpha}_2, \boldsymbol{\alpha}_3$ 线性无关；　（Ⅱ）令 $P = (\boldsymbol{\alpha}_1, \boldsymbol{\alpha}_2, \boldsymbol{\alpha}_3)$,求 $P^{-1}AP$.

【证明】　（Ⅰ）由特征值、特征向量定义有:$A\boldsymbol{\alpha}_1 = -\boldsymbol{\alpha}_1, A\boldsymbol{\alpha}_2 = \boldsymbol{\alpha}_2$.

设 $k_1\boldsymbol{\alpha}_1 + k_2\boldsymbol{\alpha}_2 + k_3\boldsymbol{\alpha}_3 = \mathbf{0}$,　　　　　　　　　　　　　　　　①

用 A 乘①得:$-k_1\boldsymbol{\alpha}_1 + k_2\boldsymbol{\alpha}_2 + k_3(\boldsymbol{\alpha}_2 + \boldsymbol{\alpha}_3) = \mathbf{0}$.　　　　　　②

①$-$②得:$2k_1\boldsymbol{\alpha}_1 - k_3\boldsymbol{\alpha}_2 = \mathbf{0}$.　　　　　　　　　　　　　　③

因为 $\boldsymbol{\alpha}_1, \boldsymbol{\alpha}_2$ 是矩阵 A 不同特征值的特征向量,$\boldsymbol{\alpha}_1, \boldsymbol{\alpha}_2$ 线性无关,所以 $k_1 = 0, k_3 = 0$.代入①有 $k_2\boldsymbol{\alpha}_2 = \mathbf{0}$.因为 $\boldsymbol{\alpha}_2$ 是特征向量,$\boldsymbol{\alpha}_2 \neq \mathbf{0}$,故 $k_2 = 0$.从而 $\boldsymbol{\alpha}_1, \boldsymbol{\alpha}_2, \boldsymbol{\alpha}_3$ 线性无关.

（Ⅱ）由 $A\boldsymbol{\alpha}_1 = -\boldsymbol{\alpha}_1, A\boldsymbol{\alpha}_2 = \boldsymbol{\alpha}_2, A\boldsymbol{\alpha}_3 = \boldsymbol{\alpha}_2 + \boldsymbol{\alpha}_3$ 有

$$A(\boldsymbol{\alpha}_1, \boldsymbol{\alpha}_2, \boldsymbol{\alpha}_3) = (-\boldsymbol{\alpha}_1, \boldsymbol{\alpha}_2, \boldsymbol{\alpha}_2 + \boldsymbol{\alpha}_3) = (\boldsymbol{\alpha}_1, \boldsymbol{\alpha}_2, \boldsymbol{\alpha}_3)\begin{bmatrix} -1 & 0 & 0 \\ 0 & 1 & 1 \\ 0 & 0 & 1 \end{bmatrix}.$$

所以 $P^{-1}AP = \begin{bmatrix} -1 & 0 & 0 \\ 0 & 1 & 1 \\ 0 & 0 & 1 \end{bmatrix}.$

▶ 练习题

(1) (06,4分)　设 $\boldsymbol{\alpha}_1, \boldsymbol{\alpha}_2, \cdots, \boldsymbol{\alpha}_s$ 均为 n 维列向量,A 是 $m \times n$ 矩阵,下列选项正确的是

(A)　若 $\boldsymbol{\alpha}_1, \boldsymbol{\alpha}_2, \cdots, \boldsymbol{\alpha}_s$ 线性相关,则 $A\boldsymbol{\alpha}_1, A\boldsymbol{\alpha}_2, \cdots, A\boldsymbol{\alpha}_s$ 线性相关.

(B)　若 $\boldsymbol{\alpha}_1, \boldsymbol{\alpha}_2, \cdots, \boldsymbol{\alpha}_s$ 线性相关,则 $A\boldsymbol{\alpha}_1, A\boldsymbol{\alpha}_2, \cdots, A\boldsymbol{\alpha}_s$ 线性无关.

(C)　若 $\boldsymbol{\alpha}_1, \boldsymbol{\alpha}_2, \cdots, \boldsymbol{\alpha}_s$ 线性无关,则 $A\boldsymbol{\alpha}_1, A\boldsymbol{\alpha}_2, \cdots, A\boldsymbol{\alpha}_s$ 线性相关.

(D)　若 $\boldsymbol{\alpha}_1, \boldsymbol{\alpha}_2, \cdots, \boldsymbol{\alpha}_s$ 线性无关,则 $A\boldsymbol{\alpha}_1, A\boldsymbol{\alpha}_2, \cdots, A\boldsymbol{\alpha}_s$ 线性无关.

【分析】　因为 $(A\boldsymbol{\alpha}_1, A\boldsymbol{\alpha}_2, \cdots, A\boldsymbol{\alpha}_s) = A(\boldsymbol{\alpha}_1, \boldsymbol{\alpha}_2, \cdots, \boldsymbol{\alpha}_s)$,所以

$$\mathrm{r}(A\boldsymbol{\alpha}_1, A\boldsymbol{\alpha}_2, \cdots, A\boldsymbol{\alpha}_s) \leqslant \mathrm{r}(\boldsymbol{\alpha}_1, \boldsymbol{\alpha}_2, \cdots, \boldsymbol{\alpha}_s).$$

因为 $\boldsymbol{\alpha}_1, \boldsymbol{\alpha}_2, \cdots, \boldsymbol{\alpha}_s$ 线性相关,有 $\mathrm{r}(\boldsymbol{\alpha}_1, \boldsymbol{\alpha}_2, \cdots, \boldsymbol{\alpha}_s) < s$,从而

$$\mathrm{r}(A\boldsymbol{\alpha}_1, A\boldsymbol{\alpha}_2, \cdots, A\boldsymbol{\alpha}_s) < s.$$

所以 $A\boldsymbol{\alpha}_1, A\boldsymbol{\alpha}_2, \cdots, A\boldsymbol{\alpha}_s$ 线性相关,故应选(A).

注意,当 $\boldsymbol{\alpha}_1, \boldsymbol{\alpha}_2, \cdots, \boldsymbol{\alpha}_s$ 线性无关时,若秩 $\mathrm{r}(A) = n$,则 $A\boldsymbol{\alpha}_1, A\boldsymbol{\alpha}_2, \cdots, A\boldsymbol{\alpha}_s$ 线性无关,否则 $A\boldsymbol{\alpha}_1, A\boldsymbol{\alpha}_2, \cdots, A\boldsymbol{\alpha}_s$ 可以线性相关.因此,(C),(D)均不正确.你能举简单例子吗?

> **评注**　要会用秩的方法判断线性相关性.

(2) (07,4分)　设向量组 $\boldsymbol{\alpha}_1, \boldsymbol{\alpha}_2, \boldsymbol{\alpha}_3$ 线性无关,则下列向量组线性相关的是

(A)　$\boldsymbol{\alpha}_1 - \boldsymbol{\alpha}_2, \boldsymbol{\alpha}_2 - \boldsymbol{\alpha}_3, \boldsymbol{\alpha}_3 - \boldsymbol{\alpha}_1$.　　　　(B)　$\boldsymbol{\alpha}_1 + \boldsymbol{\alpha}_2, \boldsymbol{\alpha}_2 + \boldsymbol{\alpha}_3, \boldsymbol{\alpha}_3 + \boldsymbol{\alpha}_1$.

(C)　$\boldsymbol{\alpha}_1 - 2\boldsymbol{\alpha}_2, \boldsymbol{\alpha}_2 - 2\boldsymbol{\alpha}_3, \boldsymbol{\alpha}_3 - 2\boldsymbol{\alpha}_1$.　　(D)　$\boldsymbol{\alpha}_1 + 2\boldsymbol{\alpha}_2, \boldsymbol{\alpha}_2 + 2\boldsymbol{\alpha}_3, \boldsymbol{\alpha}_3 + 2\boldsymbol{\alpha}_1$.

【分析】　这一类题目,最好把观察法与 $(\boldsymbol{\beta}_1, \boldsymbol{\beta}_2, \boldsymbol{\beta}_3) = (\boldsymbol{\alpha}_1, \boldsymbol{\alpha}_2, \boldsymbol{\alpha}_3)C$ 法相结合.

对于(A):由 $(\boldsymbol{\alpha}_1 - \boldsymbol{\alpha}_2) + (\boldsymbol{\alpha}_2 - \boldsymbol{\alpha}_3) + (\boldsymbol{\alpha}_3 - \boldsymbol{\alpha}_1) = \mathbf{0}$,可知(A)线性相关.故应选(A).

至于(B)、(C)、(D)的线性无关性可以用 $(\boldsymbol{\beta}_1, \boldsymbol{\beta}_2, \boldsymbol{\beta}_3) = (\boldsymbol{\alpha}_1, \boldsymbol{\alpha}_2, \boldsymbol{\alpha}_3)C$ 的方法来处理.例如,

$$(\boldsymbol{\alpha}_1 + \boldsymbol{\alpha}_2, \boldsymbol{\alpha}_2 + \boldsymbol{\alpha}_3, \boldsymbol{\alpha}_3 + \boldsymbol{\alpha}_1) = (\boldsymbol{\alpha}_1, \boldsymbol{\alpha}_2, \boldsymbol{\alpha}_3)\begin{bmatrix} 1 & 0 & 1 \\ 1 & 1 & 0 \\ 0 & 1 & 1 \end{bmatrix},$$

由于 $\begin{vmatrix} 1 & 0 & 1 \\ 1 & 1 & 0 \\ 0 & 1 & 1 \end{vmatrix} = 2 \neq 0$，故知 $\boldsymbol{\alpha}_1 + \boldsymbol{\alpha}_2, \boldsymbol{\alpha}_2 + \boldsymbol{\alpha}_3, \boldsymbol{\alpha}_3 + \boldsymbol{\alpha}_1$ 线性无关.

(3)(04,2,4分)　设 A, B 为满足 $AB = 0$ 的任意两个非零矩阵，则必有

(A)　A 的列向量组线性相关，B 的行向量组线性相关.

(B)　A 的列向量组线性相关，B 的列向量组线性相关.

(C)　A 的行向量组线性相关，B 的行向量组线性相关.

(D)　A 的行向量组线性相关，B 的列向量组线性相关.

【分析】　设 A 是 $m \times n$，B 是 $n \times s$ 矩阵，且 $AB = 0$，那么 $\mathrm{r}(A) + \mathrm{r}(B) \leqslant n$.
由于 A, B 均非 0，故 $0 < \mathrm{r}(A) < n, 0 < \mathrm{r}(B) < n$.

由 $\mathrm{r}(A) = A$ 的列秩，知 A 的列向量组线性相关.

由 $\mathrm{r}(B) = B$ 的行秩，知 B 的行向量组线性相关. 故应选(A).

▶ 应当会的题型

(1)(02,3,3分)　设三阶矩阵 $A = \begin{bmatrix} 1 & 2 & -2 \\ 2 & 1 & 2 \\ 3 & 0 & 4 \end{bmatrix}$，三维列向量 $\boldsymbol{\alpha} = (a, 1, 1)^{\mathrm{T}}$. 已知 $A\boldsymbol{\alpha}$ 与 $\boldsymbol{\alpha}$ 线性

相关，则 $a =$ _____.

【分析】　因为　$A\boldsymbol{\alpha} = \begin{bmatrix} 1 & 2 & -2 \\ 2 & 1 & 2 \\ 3 & 0 & 4 \end{bmatrix} \begin{bmatrix} a \\ 1 \\ 1 \end{bmatrix} = \begin{bmatrix} a \\ 2a+3 \\ 3a+4 \end{bmatrix}$,

那么由 $A\boldsymbol{\alpha}, \boldsymbol{\alpha}$ 线性相关，有　$\dfrac{a}{a} = \dfrac{2a+3}{1} = \dfrac{3a+4}{1} \implies a = -1$.

> 评注　两个向量 $\boldsymbol{\alpha}, \boldsymbol{\beta}$ 线性相关 $\Leftrightarrow \boldsymbol{\alpha}, \boldsymbol{\beta}$ 的分量成比例.
>
> 　　　三个向量 $\boldsymbol{\alpha}, \boldsymbol{\beta}, \boldsymbol{\gamma}$ 线性相关 $\Leftrightarrow \boldsymbol{\alpha}, \boldsymbol{\beta}, \boldsymbol{\gamma}$ 共面.
>
> 　　　知道线性相关、线性无关的几何意义在相关概念的理解上是会有帮助的.

(2)(02,2,3分)　设向量组 $\boldsymbol{\alpha}_1, \boldsymbol{\alpha}_2, \boldsymbol{\alpha}_3$ 线性无关，向量 $\boldsymbol{\beta}_1$ 可由 $\boldsymbol{\alpha}_1, \boldsymbol{\alpha}_2, \boldsymbol{\alpha}_3$ 线性表示，而向量 $\boldsymbol{\beta}_2$ 不能由 $\boldsymbol{\alpha}_1, \boldsymbol{\alpha}_2, \boldsymbol{\alpha}_3$ 线性表示，则对于任意常数 k，必有

(A)　$\boldsymbol{\alpha}_1, \boldsymbol{\alpha}_2, \boldsymbol{\alpha}_3, k\boldsymbol{\beta}_1 + \boldsymbol{\beta}_2$ 线性无关.　　(B)　$\boldsymbol{\alpha}_1, \boldsymbol{\alpha}_2, \boldsymbol{\alpha}_3, k\boldsymbol{\beta}_1 + \boldsymbol{\beta}_2$ 线性相关.

(C)　$\boldsymbol{\alpha}_1, \boldsymbol{\alpha}_2, \boldsymbol{\alpha}_3, \boldsymbol{\beta}_1 + k\boldsymbol{\beta}_2$ 线性无关.　　(D)　$\boldsymbol{\alpha}_1, \boldsymbol{\alpha}_2, \boldsymbol{\alpha}_3, \boldsymbol{\beta}_1 + k\boldsymbol{\beta}_2$ 线性相关.

【分析】　如果 $\boldsymbol{\alpha}_1, \boldsymbol{\alpha}_2, \cdots, \boldsymbol{\alpha}_s$ 线性无关，$\boldsymbol{\beta}$ 不能由 $\boldsymbol{\alpha}_1, \boldsymbol{\alpha}_2, \cdots, \boldsymbol{\alpha}_s$ 线性表出，则 $\boldsymbol{\alpha}_1, \boldsymbol{\alpha}_2, \cdots, \boldsymbol{\alpha}_s, \boldsymbol{\beta}$ 线性无关. 这是因为 $\boldsymbol{\beta}$ 不能由 $\boldsymbol{\alpha}_1, \boldsymbol{\alpha}_2, \cdots, \boldsymbol{\alpha}_s$ 线性表出等同于方程组

$$x_1 \boldsymbol{\alpha}_1 + x_2 \boldsymbol{\alpha}_2 + \cdots + x_s \boldsymbol{\alpha}_s = \boldsymbol{\beta}$$

无解. 故 $\mathrm{r}(\boldsymbol{\alpha}_1, \cdots, \boldsymbol{\alpha}_s) \neq \mathrm{r}(\boldsymbol{\alpha}_1, \cdots \boldsymbol{\alpha}_s, \boldsymbol{\beta})$. 由 $\boldsymbol{\alpha}_1, \cdots, \boldsymbol{\alpha}_s$ 线性无关，知 $\mathrm{r}(\boldsymbol{\alpha}_1, \cdots, \boldsymbol{\alpha}_s) = s$. 从而

$$\mathrm{r}(\boldsymbol{\alpha}_1, \cdots, \boldsymbol{\alpha}_s, \boldsymbol{\beta}) = s + 1,\ 即 \boldsymbol{\alpha}_1, \cdots, \boldsymbol{\alpha}_s, \boldsymbol{\beta} \ 线性无关.$$

因为 $\boldsymbol{\beta}_2$ 不能由 $\boldsymbol{\alpha}_1, \boldsymbol{\alpha}_2, \boldsymbol{\alpha}_3$ 线性表出，$\boldsymbol{\alpha}_1, \boldsymbol{\alpha}_2, \boldsymbol{\alpha}_3$ 线性无关，不论 k 取何值 $k\boldsymbol{\beta}_1$ 总能由 $\boldsymbol{\alpha}_1, \boldsymbol{\alpha}_2, \boldsymbol{\alpha}_3$ 线性表示，所以 $\boldsymbol{\alpha}_1, \boldsymbol{\alpha}_2, \boldsymbol{\alpha}_3, k\boldsymbol{\beta}_1 + \boldsymbol{\beta}_2$ 必线性无关. 故(B)不正确，即应选(A).

而 $\boldsymbol{\alpha}_1, \boldsymbol{\alpha}_2, \boldsymbol{\alpha}_3, \boldsymbol{\beta}_1 + k\boldsymbol{\beta}_2$ 当 $k = 0$ 时线性相关，当 $k \neq 0$ 时线性无关. 即(C)，(D)均不正确.

综　述

> 要掌握用定义法来证明向量组的线性无关的思路方法. 有时用秩是简捷的. 对于选择题要会用 C 矩阵法求秩 $(\boldsymbol{\beta}_1, \boldsymbol{\beta}_2, \boldsymbol{\beta}_3) = (\boldsymbol{\alpha}_1, \boldsymbol{\alpha}_2, \boldsymbol{\alpha}_3)C$ (如第9题)，n 个 n 维向量相关 $\Leftrightarrow |\boldsymbol{\alpha}_1, \boldsymbol{\alpha}_2, \cdots, \boldsymbol{\alpha}_n| = 0$ (如第12题). 当然，对概念的理解是更重要的. 究竟是"有一组"还是"任一组"要弄清楚.

三、向量组的极大线性无关组与秩

▶练习题

(1)(06,$\frac{3}{4}$,13 分) 设 4 维向量组 $\boldsymbol{\alpha}_1 = (1+a,1,1,1)^T, \boldsymbol{\alpha}_2 = (2,2+a,2,2)^T, \boldsymbol{\alpha}_3 = (3,3,3+a, 3)^T, \boldsymbol{\alpha}_4 = (4,4,4,4+a)^T$,问 a 为何值时,$\boldsymbol{\alpha}_1, \boldsymbol{\alpha}_2, \boldsymbol{\alpha}_3, \boldsymbol{\alpha}_4$ 线性相关?当 $\boldsymbol{\alpha}_1, \boldsymbol{\alpha}_2, \boldsymbol{\alpha}_3, \boldsymbol{\alpha}_4$ 线性相关时,求其一个极大线性无关组,并将其余向量用该极大线性无关组线性表出.

【解】 对 $(\boldsymbol{\alpha}_1, \boldsymbol{\alpha}_2, \boldsymbol{\alpha}_3, \boldsymbol{\alpha}_4)$ 作初等行变换,有

$$(\boldsymbol{\alpha}_1, \boldsymbol{\alpha}_2, \boldsymbol{\alpha}_3, \boldsymbol{\alpha}_4) = \begin{bmatrix} 1+a & 2 & 3 & 4 \\ 1 & 2+a & 3 & 4 \\ 1 & 2 & 3+a & 4 \\ 1 & 2 & 3 & 4+a \end{bmatrix} \rightarrow \begin{bmatrix} 1+a & 2 & 3 & 4 \\ -a & a & 0 & 0 \\ -a & 0 & a & 0 \\ -a & 0 & 0 & a \end{bmatrix}.$$

若 $a = 0$,则秩 $r(\boldsymbol{\alpha}_1, \boldsymbol{\alpha}_2, \boldsymbol{\alpha}_3, \boldsymbol{\alpha}_4) = 1$,$\boldsymbol{\alpha}_1, \boldsymbol{\alpha}_2, \boldsymbol{\alpha}_3, \boldsymbol{\alpha}_4$ 线性相关. 极大线性无关组 $\boldsymbol{\alpha}_1$,且 $\boldsymbol{\alpha}_2 = 2\boldsymbol{\alpha}_1$, $\boldsymbol{\alpha}_3 = 3\boldsymbol{\alpha}_1, \boldsymbol{\alpha}_4 = 4\boldsymbol{\alpha}_1$.

若 $a \neq 0$,则有

$$(\boldsymbol{\alpha}_1, \boldsymbol{\alpha}_2, \boldsymbol{\alpha}_3, \boldsymbol{\alpha}_4) \rightarrow \begin{bmatrix} 1+a & 2 & 3 & 4 \\ -1 & 1 & 0 & 0 \\ -1 & 0 & 1 & 0 \\ -1 & 0 & 0 & 1 \end{bmatrix} \rightarrow \begin{bmatrix} a+10 & 0 & 0 & 0 \\ -1 & 1 & 0 & 0 \\ -1 & 0 & 1 & 0 \\ -1 & 0 & 0 & 1 \end{bmatrix}.$$

当 $a = -10$ 时,$\boldsymbol{\alpha}_1, \boldsymbol{\alpha}_2, \boldsymbol{\alpha}_3, \boldsymbol{\alpha}_4$ 线性相关,极大线性无关组 $\boldsymbol{\alpha}_2, \boldsymbol{\alpha}_3, \boldsymbol{\alpha}_4$,且 $\boldsymbol{\alpha}_1 = -\boldsymbol{\alpha}_2 - \boldsymbol{\alpha}_3 - \boldsymbol{\alpha}_4$.

评注 这是数二 1999 年与 2004 年两个考题的综合变形.

(2)(95,3,9 分) 已知向量组(Ⅰ):$\boldsymbol{\alpha}_1, \boldsymbol{\alpha}_2, \boldsymbol{\alpha}_3$;(Ⅱ):$\boldsymbol{\alpha}_1, \boldsymbol{\alpha}_2, \boldsymbol{\alpha}_3, \boldsymbol{\alpha}_4$;(Ⅲ):$\boldsymbol{\alpha}_1, \boldsymbol{\alpha}_2, \boldsymbol{\alpha}_3, \boldsymbol{\alpha}_5$. 如果各向量组的秩分别为 $r(Ⅰ) = r(Ⅱ) = 3, r(Ⅲ) = 4$. 证明向量组 $\boldsymbol{\alpha}_1, \boldsymbol{\alpha}_2, \boldsymbol{\alpha}_3, \boldsymbol{\alpha}_5 - \boldsymbol{\alpha}_4$ 的秩为 4.

【证明】 **方法一** 因为 $r(Ⅰ) = r(Ⅱ) = 3$,所以 $\boldsymbol{\alpha}_1, \boldsymbol{\alpha}_2, \boldsymbol{\alpha}_3$ 线性无关,而 $\boldsymbol{\alpha}_1, \boldsymbol{\alpha}_2, \boldsymbol{\alpha}_3, \boldsymbol{\alpha}_4$ 线性相关,因此 $\boldsymbol{\alpha}_4$ 可由 $\boldsymbol{\alpha}_1, \boldsymbol{\alpha}_2, \boldsymbol{\alpha}_3$ 线性表出,设为 $\boldsymbol{\alpha}_4 = l_1\boldsymbol{\alpha}_1 + l_2\boldsymbol{\alpha}_2 + l_3\boldsymbol{\alpha}_3$.

若 $k_1\boldsymbol{\alpha}_1 + k_2\boldsymbol{\alpha}_2 + k_3\boldsymbol{\alpha}_3 + k_4(\boldsymbol{\alpha}_5 - \boldsymbol{\alpha}_4) = \boldsymbol{0}$,即

$$(k_1 - l_1k_4)\boldsymbol{\alpha}_1 + (k_2 - l_2k_4)\boldsymbol{\alpha}_2 + (k_3 - l_3k_4)\boldsymbol{\alpha}_3 + k_4\boldsymbol{\alpha}_5 = \boldsymbol{0},$$

由于 $r(Ⅲ) = 4$,即 $\boldsymbol{\alpha}_1, \boldsymbol{\alpha}_2, \boldsymbol{\alpha}_3, \boldsymbol{\alpha}_5$ 线性无关. 故必有

$$\begin{cases} k_1 - l_1k_4 = 0, \\ k_2 - l_2k_4 = 0, \\ k_3 - l_3k_4 = 0, \\ \quad\quad k_4 = 0, \end{cases} \quad 解出 k_4 = 0, k_3 = 0, k_2 = 0, k_1 = 0.$$

于是 $\boldsymbol{\alpha}_1, \boldsymbol{\alpha}_2, \boldsymbol{\alpha}_3, \boldsymbol{\alpha}_5 - \boldsymbol{\alpha}_4$ 线性无关. 即其秩为 4.

方法二 从线性表示与秩的关系看,$r(Ⅲ) = 4 \Leftrightarrow \boldsymbol{\alpha}_5 - \boldsymbol{\alpha}_4$ 不能用 $\boldsymbol{\alpha}_1, \boldsymbol{\alpha}_2, \boldsymbol{\alpha}_3$ 表示,条件说明 $\boldsymbol{\alpha}_4$ 可用 $\boldsymbol{\alpha}_1, \boldsymbol{\alpha}_2, \boldsymbol{\alpha}_3$ 表示,而 $\boldsymbol{\alpha}_5$ 不可,于是 $\boldsymbol{\alpha}_5 - \boldsymbol{\alpha}_4$ 不可用 $\boldsymbol{\alpha}_1, \boldsymbol{\alpha}_2, \boldsymbol{\alpha}_3$ 表示.

综 述

要理解向量组的极大线性无关组的概念,掌握其求法,通常情况下极大无关组是不唯一的.但若 $\boldsymbol{\alpha}_{i_1},\boldsymbol{\alpha}_{i_2},\cdots,\boldsymbol{\alpha}_{i_r}$ 与 $\boldsymbol{\alpha}_{j_1},\boldsymbol{\alpha}_{j_2},\cdots,\boldsymbol{\alpha}_{j_t}$ 都是 $\boldsymbol{\alpha}_1,\boldsymbol{\alpha}_2,\cdots,\boldsymbol{\alpha}_s$ 的极大线性无关组,则必有 $r=t$.由此引出向量组秩的概念.要了解矩阵的秩与向量组秩之间的关系,会求秩.

四、矩阵的秩

9.(18,4分) 设 A,B 为 n 阶矩阵,记 $\mathrm{r}(\boldsymbol{X})$ 为矩阵 $\boldsymbol{X}$ 的秩,$(\boldsymbol{X},\boldsymbol{Y})$ 表示分块矩阵,则

(A) $\mathrm{r}(\boldsymbol{A},\boldsymbol{AB}) = \mathrm{r}(\boldsymbol{A})$.　　　　　　(B) $\mathrm{r}(\boldsymbol{A},\boldsymbol{BA}) = \mathrm{r}(\boldsymbol{A})$.

(C) $\mathrm{r}(\boldsymbol{A},\boldsymbol{B}) = \max\{\mathrm{r}(\boldsymbol{A}),\mathrm{r}(\boldsymbol{B})\}$.　　(D) $\mathrm{r}(\boldsymbol{A},\boldsymbol{B}) = \mathrm{r}(\boldsymbol{A}^{\mathrm{T}}\boldsymbol{B}^{\mathrm{T}})$.

【分析】 **方法一** 一方面,A 是 $(\boldsymbol{A},\boldsymbol{AB})$ 的子矩阵,因此 $\mathrm{r}(\boldsymbol{A},\boldsymbol{AB}) \geqslant \mathrm{r}(\boldsymbol{A})$.

另一方面,$(\boldsymbol{A},\boldsymbol{AB})$ 是 $A,(\boldsymbol{E},\boldsymbol{B})$ 的乘积:$(\boldsymbol{A},\boldsymbol{AB}) = \boldsymbol{A}(\boldsymbol{E},\boldsymbol{B})$

因此 $\mathrm{r}(\boldsymbol{A},\boldsymbol{AB}) \leqslant \mathrm{r}(\boldsymbol{A})$,得 $\mathrm{r}(\boldsymbol{A},\boldsymbol{AB}) = \mathrm{r}(\boldsymbol{A})$.

方法二 矩阵的秩就是其列向量组的秩.设

$$\boldsymbol{A} = (\boldsymbol{\alpha}_1,\boldsymbol{\alpha}_2,\cdots,\boldsymbol{\alpha}_n),\boldsymbol{B} = (\boldsymbol{\beta}_1,\boldsymbol{\beta}_2,\cdots,\boldsymbol{\beta}_n),\boldsymbol{AB} = (\boldsymbol{\gamma}_1,\boldsymbol{\gamma}_2,\cdots,\boldsymbol{\gamma}_n).$$

则　　　　　$\boldsymbol{\gamma}_i = \boldsymbol{A}\boldsymbol{\beta}_i = b_{1i}\boldsymbol{\alpha}_1 + b_{2i}\boldsymbol{\alpha}_2 + \cdots + b_{ni}\boldsymbol{\alpha}_n$

从而 $\boldsymbol{\gamma}_1,\boldsymbol{\gamma}_2,\cdots,\boldsymbol{\gamma}_n$ 可以用 $\boldsymbol{\alpha}_1,\boldsymbol{\alpha}_2,\cdots,\boldsymbol{\alpha}_n$ 线性表示,

$$\mathrm{r}(\boldsymbol{A},\boldsymbol{AB}) = \mathrm{r}(\boldsymbol{\alpha}_1,\cdots,\boldsymbol{\alpha}_n,\boldsymbol{\gamma}_1,\cdots,\boldsymbol{\gamma}_n) = \mathrm{r}(\boldsymbol{\alpha}_1,\cdots,\boldsymbol{\alpha}_n) = \mathrm{r}(\boldsymbol{A}).$$

选(A).

> **评注** 本题也可用排除法.
>
> 设 $A = \begin{bmatrix} 1 & 0 \\ 0 & 0 \end{bmatrix}$,$\mathrm{r}(\boldsymbol{A}) = 1$
>
> 若 $B = \begin{bmatrix} 0 & 0 \\ 1 & 0 \end{bmatrix}$,则 $\boldsymbol{BA} = \begin{bmatrix} 0 & 0 \\ 1 & 0 \end{bmatrix}$,
>
> $$\mathrm{r}(\boldsymbol{A},\boldsymbol{BA}) = \mathrm{r}\begin{bmatrix} 1 & 0 & 0 & 0 \\ 0 & 0 & 1 & 0 \end{bmatrix} = 2 > \mathrm{r}(\boldsymbol{A}),$$ 排除(B).
>
> $\mathrm{r}(\boldsymbol{A},\boldsymbol{B}) = 2$,$\max\{\mathrm{r}(\boldsymbol{A}),\mathrm{r}(\boldsymbol{B})\} = 1$,排除(C).
>
> 若 $B = \begin{bmatrix} 0 & 0 \\ 0 & 0 \end{bmatrix}$,则 $\mathrm{r}(\boldsymbol{A},\boldsymbol{B}) = \mathrm{r}(\boldsymbol{A}) = 1$,$\mathrm{r}(\boldsymbol{A}^{\mathrm{T}}\boldsymbol{B}^{\mathrm{T}}) = 0$.
>
> 排除(D).

10.(16,4分) 设矩阵 $\begin{pmatrix} a & -1 & -1 \\ -1 & a & -1 \\ -1 & -1 & a \end{pmatrix}$ 与 $\begin{pmatrix} 1 & 1 & 0 \\ 0 & -1 & 1 \\ 1 & 0 & 1 \end{pmatrix}$ 等价,则 $a = $ _____.

【分析】 这两个3阶矩阵等价的充要条件是秩相等.第2个矩阵秩为2,则第1个矩阵 A 的秩为2.

$$A = \begin{pmatrix} a & -1 & -1 \\ -1 & a & -1 \\ -1 & -1 & a \end{pmatrix} \rightarrow \begin{pmatrix} a-2 & -1 & -1 \\ a-2 & a & -1 \\ a-2 & -1 & a \end{pmatrix} \rightarrow \begin{pmatrix} a-2 & -1 & -1 \\ 0 & a+1 & 0 \\ 0 & 0 & a+1 \end{pmatrix}$$

则当 $a = 2$ 时,$r(A) = 2$.

要搞清矩阵的秩与向量组秩之间的关系,在线性相关的判断与证明中这种转换是重要的.

经初等变换矩阵的秩不变,这是求秩的最重要的方法,有时可以把定义法与初等变换法相结合来分析推导矩阵的秩.

矩阵的秩的重要公式:

(1) $r(A) = r(A^T)$.

(2) $r(kA) = r(A)$, $k \neq 0$.

(3) $r(A + B) \leqslant r(A) + r(B)$.

(4) $r(AB) \leqslant \min(r(A), r(B))$.

(5) 若 A 可逆,则 $r(AB) = r(B)$, $r(BA) = r(B)$.

(6) 若 $AB = 0$,A 是 $m \times n$ 矩阵,则 $r(A) + r(B) \leqslant n$.

(7) 若 $A \sim B$,则 $r(A) = r(B)$.

第四章　　线性方程组

编者按

　　线性方程组是否有解?若有解,那么一共有多少解?怎样求出其所有的解?

　　往年考题中,方程组出现的频率较高,大致有三种类型:一是线性方程组的求解(含对参数取值的讨论);二是齐次方程组基础解系的求解与证明;三是有解、有非零解的判定及解的结构.向量的线性表出实际上也是方程组的求解问题,而向量的线性相关实际上是齐次方程组是否有非 0 解的问题.

一、非齐次线性方程组的求解

1. (18,11 分)　　已知 a 是常数,且矩阵 $A = \begin{bmatrix} 1 & 2 & a \\ 1 & 3 & 0 \\ 2 & 7 & -a \end{bmatrix}$ 可经初等列变换化为矩阵 $B = \begin{bmatrix} 1 & a & 2 \\ 0 & 1 & 1 \\ -1 & 1 & 1 \end{bmatrix}$.

（Ⅰ）求 a;

（Ⅱ）求满足 $AP = B$ 的可逆矩阵 P.

【分析与求解】　（Ⅰ）条件说明 $r(A) = r(B)$. 求出 $r(A) = 2$,于是 $r(B) = 2$, $|B| = 0$.

$$|B| = \begin{vmatrix} 1 & a & 2 \\ 0 & 1 & 1 \\ -1 & 1 & 1 \end{vmatrix} = \begin{vmatrix} 1 & a & 2 \\ 0 & 1 & 1 \\ 0 & a+1 & 3 \end{vmatrix} = 2 - a, 得 \ a = 2.$$

（Ⅱ）$A = \begin{bmatrix} 1 & 2 & 2 \\ 1 & 3 & 0 \\ 2 & 7 & -2 \end{bmatrix}, B = \begin{bmatrix} 1 & 2 & 2 \\ 0 & 1 & 1 \\ -1 & 1 & 1 \end{bmatrix}.$

先解矩阵方程 $AX = B$.

$$\left[\begin{array}{ccc|ccc} 1 & 2 & 2 & 1 & 2 & 2 \\ 1 & 3 & 0 & 0 & 1 & 1 \\ 2 & 7 & -2 & -1 & 1 & 1 \end{array}\right] \rightarrow \left[\begin{array}{ccc|ccc} 1 & 2 & 2 & 1 & 2 & 2 \\ 0 & 1 & -2 & -1 & -1 & -1 \\ 0 & 3 & -6 & -3 & -3 & -3 \end{array}\right]$$

$$\rightarrow \left[\begin{array}{ccc|ccc} 1 & 0 & 6 & 3 & 4 & 4 \\ 0 & 1 & -2 & -1 & -1 & -1 \\ 0 & 0 & 0 & 0 & 0 & 0 \end{array}\right]$$

$$\Leftrightarrow \left[\begin{array}{ccc|ccc} 1 & 0 & 6 & 3 & 4 & 4 \\ 0 & 1 & -2 & -1 & -1 & -1 \\ 0 & 0 & 1 & c_1 & c_2 & c_3 \end{array}\right]$$

$$\rightarrow \begin{bmatrix} 1 & 0 & 0 & 3-6c_1 & 4-6c_2 & 4-6c_3 \\ 0 & 1 & 0 & -1+2c_1 & -1+2c_2 & -1+2c_3 \\ 0 & 0 & 1 & c_1 & c_2 & c_3 \end{bmatrix}$$

$AX = B$ 的通解为 $\begin{bmatrix} 3-6c_1 & 4-6c_2 & 4-6c_3 \\ -1+2c_1 & -1+2c_2 & -1+2c_3 \\ c_1 & c_2 & c_3 \end{bmatrix}$

其行列式 $= c_3 - c_2$，因此 $P = \begin{bmatrix} 3-6c_1 & 4-6c_2 & 4-6c_3 \\ -1+2c_1 & -1+2c_2 & -1+2c_3 \\ c_1 & c_2 & c_3 \end{bmatrix}, c_2 \neq c_3.$

----

2. (17,11 分)　设 3 阶矩阵 $A = (\boldsymbol{\alpha}_1, \boldsymbol{\alpha}_2, \boldsymbol{\alpha}_3)$ 有 3 个不同的特征值，且 $\boldsymbol{\alpha}_3 = \boldsymbol{\alpha}_1 + 2\boldsymbol{\alpha}_2.$

（Ⅰ）证明 $r(\boldsymbol{A}) = 2$；（Ⅱ）若 $\boldsymbol{\beta} = \boldsymbol{\alpha}_1 + \boldsymbol{\alpha}_2 + \boldsymbol{\alpha}_3$，求方程组 $\boldsymbol{AX} = \boldsymbol{\beta}$ 的通解.

【解】　（Ⅰ）由于 $\boldsymbol{\alpha}_3 = \boldsymbol{\alpha}_1 + 2\boldsymbol{\alpha}_2, |\boldsymbol{A}| = 0$，于是 0 是 $\boldsymbol{A}$ 的特征值. 设 $\boldsymbol{A}$ 的特征值为 $0, \lambda_1, \lambda_2$，由于

它们两两不等，λ_1, λ_2 都不为 0，并且 $\boldsymbol{A}$ 相似于 $\begin{bmatrix} 0 & 0 & 0 \\ 0 & \lambda_1 & 0 \\ 0 & 0 & \lambda_2 \end{bmatrix}$. 于是

$$r(\boldsymbol{A}) = r \begin{bmatrix} 0 & 0 & 0 \\ 0 & \lambda_1 & 0 \\ 0 & 0 & \lambda_2 \end{bmatrix} = 2.$$

（Ⅱ）　由 $\boldsymbol{\alpha}_3 = \boldsymbol{\alpha}_1 + 2\boldsymbol{\alpha}_2$，得 $\boldsymbol{\alpha}_1 + 2\boldsymbol{\alpha}_2 - \boldsymbol{\alpha}_3 = 0$，即 $A(1,2,-1)^{\mathrm{T}} = 0$. 说明 $(1,2,-1)^{\mathrm{T}}$ 是 $\boldsymbol{AX} = 0$ 的一个解.

由于 $r(\boldsymbol{A}) = 2, \boldsymbol{AX} = 0$ 的基础解系只包含一个解，

于是 $(1,2,-1)^{\mathrm{T}}$ 构成 $\boldsymbol{AX} = 0$ 的基础解系.

$$A(1,1,1)^{\mathrm{T}} = \boldsymbol{\alpha}_1 + \boldsymbol{\alpha}_2 + \boldsymbol{\alpha}_3 = \boldsymbol{\beta},$$

因此 $(1,1,1)^{\mathrm{T}}$ 是 $\boldsymbol{AX} = \boldsymbol{\beta}$ 的一个解. 于是 $\boldsymbol{AX} = \boldsymbol{\beta}$ 的通解为：

$$(1,1,1)^{\mathrm{T}} + C(1,2,-1), \ C \text{ 取任意常数.}$$

----

3. (13,11 分)　设 $A = \begin{bmatrix} 1 & a \\ 1 & 0 \end{bmatrix}, B = \begin{bmatrix} 0 & 1 \\ 1 & b \end{bmatrix}$. 当 a,b 为何值时，存在矩阵 C 使得 $AC - CA = B$，

并求所有矩阵 C.

【解】　设 $C = \begin{bmatrix} x_1 & x_2 \\ x_3 & x_4 \end{bmatrix}$，则 $AC = \begin{bmatrix} x_1+ax_3 & x_2+ax_4 \\ x_1 & x_2 \end{bmatrix}, CA = \begin{bmatrix} x_1+x_2 & ax_1 \\ x_3+x_4 & ax_3 \end{bmatrix}$，

于是由 $AC - CA = B$ 得方程组（Ⅰ）$\begin{cases} -x_2+ax_3 & = 0, \\ -ax_1+x_2 & +ax_4 = 1, \\ x_1 & -x_3-x_4 = 1, \\ x_2-ax_3 & = b. \end{cases}$

由于矩阵 C 存在，故方程组（Ⅰ）有解. 将（Ⅰ）的增广矩阵用初等行变换化为阶梯形，即

$$\begin{bmatrix} 0 & -1 & a & 0 & \vdots & 0 \\ -a & 1 & 0 & a & \vdots & 1 \\ 1 & 0 & -1 & -1 & \vdots & 1 \\ 0 & 1 & -a & 0 & \vdots & b \end{bmatrix} \rightarrow \begin{bmatrix} 1 & 0 & -1 & -1 & & 1 \\ 0 & -1 & a & 0 & & 0 \\ 0 & 0 & 0 & 0 & & 1+a \\ 0 & 0 & 0 & 0 & & b \end{bmatrix},$$

从而方程组（Ⅰ）有解 $\Leftrightarrow a = -1, b = 0$，则存在矩阵 C 使得 $AC - CA = B \Leftrightarrow a = -1, b = 0.$

以 $a=-1, b=0$ 代入,解得方程组的通解为
$$(1,0,0,0)^{\mathrm{T}} + k_1(1,-1,1,0)^{\mathrm{T}} + k_2(1,0,0,1)^{\mathrm{T}}, 其中 k_1, k_2 为任意常数.$$
于是所有矩阵 $\boldsymbol{C}$ 为 $\begin{bmatrix} 1+k_1+k_2 & -k_1 \\ k_1 & k_2 \end{bmatrix}$,其中 k_1, k_2 为任意常数.

4.(14,11分) 设 $\boldsymbol{A} = \begin{bmatrix} 1 & -2 & 3 & -4 \\ 0 & 1 & -1 & 1 \\ 1 & 2 & 0 & -3 \end{bmatrix}$,$\boldsymbol{E}$ 为 3 阶单位矩阵.

(1)求 $\boldsymbol{A}\boldsymbol{x} = \boldsymbol{0}$ 的一个基础解系;

(2)求满足 $\boldsymbol{A}\boldsymbol{B} = \boldsymbol{E}$ 的所有矩阵 $\boldsymbol{B}$.

【解】(1)用矩阵消元法:
$$\boldsymbol{A} = \begin{bmatrix} 1 & -2 & 3 & -4 \\ 0 & 1 & -1 & 1 \\ 1 & 2 & 0 & -3 \end{bmatrix} \to \begin{bmatrix} 1 & -2 & 3 & -4 \\ 0 & 1 & -1 & 1 \\ 0 & 4 & -3 & 1 \end{bmatrix} \to \begin{bmatrix} 1 & -2 & 3 & -4 \\ 0 & 1 & -1 & 1 \\ 0 & 0 & 1 & -3 \end{bmatrix}$$
$$\to \begin{bmatrix} 1 & -2 & 0 & 5 \\ 0 & 1 & 0 & -2 \\ 0 & 0 & 1 & -3 \end{bmatrix} \to \begin{bmatrix} 1 & 0 & 0 & 1 \\ 0 & 1 & 0 & -2 \\ 0 & 0 & 1 & -3 \end{bmatrix}$$

得 $\boldsymbol{A}\boldsymbol{x} = \boldsymbol{0}$ 的同解方程组
$$\begin{cases} x_1 & = -x_4 \\ x_2 & = 2x_4 \\ x_3 & = 3x_4 \end{cases}$$

得一个非零解 $\boldsymbol{\alpha} = (-1,2,3,1)^{\mathrm{T}}$,它构成 $\boldsymbol{A}\boldsymbol{x} = \boldsymbol{0}$ 的基础解系.

(2)所求 $\boldsymbol{B}$ 应是 4×3 矩阵,它的 3 个列向量依次是线性方程组 $\boldsymbol{A}\boldsymbol{x} = (1,0,0)^{\mathrm{T}}, \boldsymbol{A}\boldsymbol{x} = (0,1,0)^{\mathrm{T}}$ 和 $\boldsymbol{A}\boldsymbol{x} = (0,0,1)^{\mathrm{T}}$ 的解.因此解这 3 个方程组可得到 $\boldsymbol{B}$.这三个方程组的导出组都是 $\boldsymbol{A}\boldsymbol{x} = \boldsymbol{0}$,已求了基础解系,只需再对它们各求一个特解,就可写出通解了.这三个方程组的系数矩阵都是 $\boldsymbol{A}$,因此可一起用矩阵消元法求解.

$$(\boldsymbol{A}\mid\boldsymbol{E}) = \left[\begin{array}{cccc|ccc} 1 & -2 & 3 & -4 & 1 & 0 & 0 \\ 0 & 1 & -1 & 1 & 0 & 1 & 0 \\ 1 & 2 & 0 & -3 & 0 & 0 & 1 \end{array}\right] \to \left[\begin{array}{cccc|ccc} 1 & 0 & 0 & 1 & 2 & 6 & -1 \\ 0 & 1 & 0 & -2 & -1 & -3 & 1 \\ 0 & 0 & 1 & -3 & -1 & -4 & 1 \end{array}\right]$$

于是 $(2,-1,-1,0)^{\mathrm{T}}, (6,-3,-4,0)^{\mathrm{T}}, (-1,1,1,0)^{\mathrm{T}}$ 依次是这三个方程组的特解,即 $\boldsymbol{B}$ 的通解

为 $\begin{bmatrix} 2 & 6 & -1 \\ -1 & -3 & 1 \\ -1 & -4 & 1 \\ 0 & 0 & 0 \end{bmatrix} + (c_1\boldsymbol{\alpha}, c_2\boldsymbol{\alpha}, c_3\boldsymbol{\alpha}), c_1, c_2, c_3$ 任意.

> **评注** 解本题的另一种思路:类似于非齐次方程组解的性质,易看出:①$\boldsymbol{A}\boldsymbol{B} = \boldsymbol{E}$ 的任何两个解之差都是 $\boldsymbol{A}\boldsymbol{B} = \boldsymbol{0}$($\boldsymbol{0}$ 是 3 阶零矩阵)的解.②$\boldsymbol{A}\boldsymbol{B} = \boldsymbol{E}$ 的一个解与 $\boldsymbol{A}\boldsymbol{B} = \boldsymbol{0}$ 的一个解之和是 $\boldsymbol{A}\boldsymbol{B} = \boldsymbol{E}$ 的解.于是求出 $\boldsymbol{A}\boldsymbol{B} = \boldsymbol{E}$ 的一个特解,加上 $\boldsymbol{A}\boldsymbol{B} = \boldsymbol{0}$ 的通解就是 $\boldsymbol{A}\boldsymbol{B} = \boldsymbol{E}$ 的通解.$\boldsymbol{A}\boldsymbol{B} = \boldsymbol{0}$ 的通解为 $(c_1\boldsymbol{\alpha}, c_2\boldsymbol{\alpha}, c_3\boldsymbol{\alpha})$.$\boldsymbol{A}\boldsymbol{B} = \boldsymbol{E}$ 的特解为
> $$\boldsymbol{B}_0 = \begin{bmatrix} 2 & 6 & -1 \\ -1 & -3 & 1 \\ -1 & -4 & 1 \\ 0 & 0 & 0 \end{bmatrix}.$$
> 得本题的答案:$\boldsymbol{B}_0 + (c_1\boldsymbol{\alpha}, c_2\boldsymbol{\alpha}, c_3\boldsymbol{\alpha}), c_1, c_2, c_3$ 为任意常规.

5. (12,11分)　设 $A = \begin{bmatrix} 1 & a & 0 & 0 \\ 0 & 1 & a & 0 \\ 0 & 0 & 1 & a \\ a & 0 & 0 & 1 \end{bmatrix}$, $\boldsymbol{\beta} = \begin{bmatrix} 1 \\ -1 \\ 0 \\ 0 \end{bmatrix}$.

（Ⅰ）计算行列式 $|\boldsymbol{A}|$；

（Ⅱ）当实数 a 为何值时，方程组 $\boldsymbol{Ax} = \boldsymbol{\beta}$ 有无穷多解，并求其通解.

【分析与求解】　（Ⅰ）按第一列展开，即得

$$|\boldsymbol{A}| = 1 \cdot \begin{vmatrix} 1 & a & 0 \\ 0 & 1 & a \\ 0 & 0 & 1 \end{vmatrix} + a(-1)^{4+1} \begin{vmatrix} a & 0 & 0 \\ 1 & a & 0 \\ 0 & 1 & a \end{vmatrix} = 1 - a^4.$$

（Ⅱ）因为 $|\boldsymbol{A}| = 0$ 时，方程组 $\boldsymbol{Ax} = \boldsymbol{\beta}$ 有可能有无穷多解. 由（Ⅰ）知 $a = 1$ 或 $a = -1$.

1° 当 $a = 1$ 时，

$$(\boldsymbol{A} \vdots \boldsymbol{\beta}) = \begin{bmatrix} 1 & 1 & 0 & 0 & \vdots & 1 \\ 0 & 1 & 1 & 0 & \vdots & -1 \\ 0 & 0 & 1 & 1 & \vdots & 0 \\ 1 & 0 & 0 & 1 & \vdots & 0 \end{bmatrix} \to \begin{bmatrix} 1 & 1 & 0 & 0 & \vdots & 1 \\ 0 & 1 & 1 & 0 & \vdots & -1 \\ 0 & 0 & 1 & 1 & \vdots & 0 \\ 0 & 0 & 0 & 0 & \vdots & 2 \end{bmatrix},$$

由于 $r(\boldsymbol{A}) = 3$，$r(\overline{\boldsymbol{A}}) = 4$，故方程组无解. 因此，当 $a = 1$ 时不合题意，应舍去.

2° 当 $a = -1$ 时，

$$(\boldsymbol{A} \vdots \boldsymbol{\beta}) = \begin{bmatrix} 1 & -1 & 0 & 0 & \vdots & 1 \\ 0 & 1 & -1 & 0 & \vdots & -1 \\ 0 & 0 & 1 & -1 & \vdots & 0 \\ -1 & 0 & 0 & 1 & \vdots & 0 \end{bmatrix} \to \begin{bmatrix} 1 & 0 & 0 & -1 & \vdots & 0 \\ 0 & 1 & 0 & -1 & \vdots & -1 \\ 0 & 0 & 1 & -1 & \vdots & 0 \\ 0 & 0 & 0 & 0 & \vdots & 0 \end{bmatrix},$$

由于 $r(\boldsymbol{A}) = r(\overline{\boldsymbol{A}}) = 3$，故方程组 $\boldsymbol{Ax} = \boldsymbol{\beta}$ 有无穷多解. 选 x_3 为自由变量，得方程组通解为：
$$(0, -1, 0, 0)^{\mathrm{T}} + k(1, 1, 1, 1)^{\mathrm{T}} (k \text{ 为任意常数}).$$

---

6. (10,11分)　设 $A = \begin{bmatrix} \lambda & 1 & 1 \\ 0 & \lambda - 1 & 0 \\ 1 & 1 & \lambda \end{bmatrix}$, $\boldsymbol{b} = \begin{bmatrix} a \\ 1 \\ 1 \end{bmatrix}$. 已知线性方程组 $\boldsymbol{Ax} = \boldsymbol{b}$ 存在 2 个不同的解，

（Ⅰ）求 λ, a；

（Ⅱ）求方程组 $\boldsymbol{Ax} = \boldsymbol{b}$ 的通解.

【解】　（Ⅰ）因为线性方程组 $\boldsymbol{Ax} = \boldsymbol{b}$ 有两个不同的解，所以 $r(\boldsymbol{A}) = r(\overline{\boldsymbol{A}}) < n$.

由　　$|\boldsymbol{A}| = \begin{vmatrix} \lambda & 1 & 1 \\ 0 & \lambda - 1 & 0 \\ 1 & 1 & \lambda \end{vmatrix} = (\lambda - 1) \begin{vmatrix} \lambda & 1 \\ 1 & \lambda \end{vmatrix} = (\lambda + 1)(\lambda - 1)^2 = 0,$

知 $\lambda = 1$ 或 $\lambda = -1$.

当 $\lambda = 1$ 时，必有 $r(\boldsymbol{A}) = 1$，$r(\overline{\boldsymbol{A}}) = 2$. 此时线性方程组无解.

而当 $\lambda = -1$ 时，

$$\overline{\boldsymbol{A}} = \begin{bmatrix} -1 & 1 & 1 & \vdots & a \\ 0 & -2 & 0 & \vdots & 1 \\ 1 & 1 & -1 & \vdots & 1 \end{bmatrix} \to \begin{bmatrix} 1 & 1 & -1 & \vdots & 1 \\ 0 & -2 & 0 & \vdots & 1 \\ 0 & 0 & 0 & \vdots & a + 2 \end{bmatrix},$$

若 $a = -2$，则 $r(\boldsymbol{A}) = r(\overline{\boldsymbol{A}}) = 2$，方程组 $\boldsymbol{Ax} = \boldsymbol{b}$ 有无穷多解.

故 $\lambda = -1$，$a = -2$.

（Ⅱ）当 $\lambda = -1$，$a = -2$ 时，

$$\overline{A} \rightarrow \begin{bmatrix} 1 & 0 & -1 & \Big| & \dfrac{3}{2} \\ 0 & 1 & 0 & \Big| & -\dfrac{1}{2} \\ 0 & 0 & 0 & \Big| & 0 \end{bmatrix},$$

所以方程组 $Ax = b$ 的通解为 $\left(\dfrac{3}{2}, -\dfrac{1}{2}, 0\right)^{\mathrm{T}} + k(1,0,1)^{\mathrm{T}}$, 其中 k 是任意常数.

7.（09,11 分） 设

$$A = \begin{bmatrix} 1 & -1 & -1 \\ -1 & 1 & 1 \\ 0 & -4 & -2 \end{bmatrix}, \quad \xi_1 = \begin{bmatrix} -1 \\ 1 \\ -2 \end{bmatrix}.$$

（Ⅰ）求满足 $A\xi_2 = \xi_1$, $A^2\xi_3 = \xi_1$ 的所有向量 ξ_2, ξ_3;

（Ⅱ）对（Ⅰ）中的任意向量 ξ_2, ξ_3, 证明 ξ_1, ξ_2, ξ_3 线性无关.

【解】（Ⅰ）对于方程组 $Ax = \xi_1$, 由增广矩阵作初等行变换, 有

$$\begin{bmatrix} 1 & -1 & -1 & \vdots & -1 \\ -1 & 1 & 1 & \vdots & 1 \\ 0 & -4 & -2 & \vdots & -2 \end{bmatrix} \rightarrow \begin{bmatrix} 1 & -1 & -1 & \vdots & -1 \\ 0 & 2 & 1 & \vdots & 1 \\ 0 & 0 & 0 & \vdots & 0 \end{bmatrix},$$

得方程组通解 $x_1 = t, x_2 = -t, x_3 = 1 + 2t$, 即 $\xi_2 = (t, -t, 1+2t)^{\mathrm{T}}$, 其中 t 为任意常数.

由于 $A^2 = \begin{bmatrix} 2 & 2 & 0 \\ -2 & -2 & 0 \\ 4 & 4 & 0 \end{bmatrix}$, 对 $A^2 x = \xi_1$, 由增广矩阵作初等行变换, 有

$$\begin{bmatrix} 2 & 2 & 0 & \vdots & -1 \\ -2 & -2 & 0 & \vdots & 1 \\ 4 & 4 & 0 & \vdots & -2 \end{bmatrix} \rightarrow \begin{bmatrix} 2 & 2 & 0 & \vdots & -1 \\ 0 & 0 & 0 & \vdots & 0 \\ 0 & 0 & 0 & \vdots & 0 \end{bmatrix},$$

得方程组通解 $x_1 = -\dfrac{1}{2} - u, x_2 = u, x_3 = v$, 即 $\xi_3 = \left(-\dfrac{1}{2} - u, u, v\right)^{\mathrm{T}}$, 其中 u, v 为任意常数.

（Ⅱ）因为行列式

$$\begin{vmatrix} -1 & t & -\dfrac{1}{2} - u \\ 1 & -t & u \\ -2 & 1+2t & v \end{vmatrix} = \begin{vmatrix} 0 & 0 & -\dfrac{1}{2} \\ 1 & -t & u \\ -2 & 1+2t & v \end{vmatrix} = -\dfrac{1}{2} \neq 0,$$

所以对任意的 t, u, v, 恒有 $|\xi_1, \xi_2, \xi_3| \neq 0$, 即对任意的 ξ_2, ξ_3, 恒有 ξ_1, ξ_2, ξ_3 线性无关.

8.（08,6 分） 设 n 元线性方程组 $Ax = b$, 其中

$$A = \begin{bmatrix} 2a & 1 & & & & \\ a^2 & 2a & 1 & & & \\ & a^2 & 2a & 1 & & \\ & & \ddots & \ddots & \ddots & \\ & & & a^2 & 2a & 1 \\ & & & & a^2 & 2a \end{bmatrix}_{n \times n}, \quad x = \begin{bmatrix} x_1 \\ x_2 \\ \vdots \\ x_n \end{bmatrix}, \quad b = \begin{bmatrix} 1 \\ 0 \\ \vdots \\ 0 \end{bmatrix}.$$

（Ⅰ）当 a 为何值时, 该方程组有唯一解, 并求 x_1;

（Ⅱ）当 a 为何值时, 该方程组有无穷多解, 并求通解.

【解】（Ⅰ）由克莱姆法则, $|A| \neq 0$ 时方程组有唯一解, 故 $a \neq 0$ 时方程组有唯一解, 且用克莱姆法则（记 n 阶行列式 $|A|$ 的值为 D_n）, 有

$$x_1 = \cfrac{\begin{vmatrix} 1 & 1 & & & & \\ 0 & 2a & 1 & & & \\ 0 & a^2 & 2a & 1 & & \\ \vdots & & \ddots & \ddots & \ddots & \\ 0 & & & a^2 & 2a & 1 \\ & & & & & 0 \end{vmatrix}}{D_n} = \frac{na^{n-1}}{(n+1)a^n} = \frac{n}{(n+1)a}.$$

（Ⅱ）当 $a = 0$ 时，方程组 $\begin{bmatrix} 0 & 1 & & & \\ & 0 & 1 & & \\ & & \ddots & \ddots & \\ & & & \ddots & 1 \\ & & & & 0 \end{bmatrix} \begin{bmatrix} x_1 \\ x_2 \\ \vdots \\ x_n \end{bmatrix} = \begin{bmatrix} 1 \\ 0 \\ \vdots \\ 0 \end{bmatrix}$ 有无穷多解.

其通解为 $(0,1,0,\cdots,0)^{\mathrm{T}} + k(1,0,0,\cdots,0)^{\mathrm{T}}, k$ 为任意常数.

▶练习题

(1)(96,4,9 分)　已知线性方程组
$$\begin{cases} x_1 + x_2 - 2x_3 + 3x_4 = 0, \\ 2x_1 + x_2 - 6x_3 + 4x_4 = -1, \\ 3x_1 + 2x_2 + px_3 + 7x_4 = -1, \\ x_1 - x_2 - 6x_3 - x_4 = t, \end{cases}$$
讨论参数 p,t 取何值时，方程组有解、无解；当有解时，试用其导出组的基础解系表示通解.

【解】　对增广矩阵作初等行变换，有

$$\bar{A} = \begin{bmatrix} 1 & 1 & -2 & 3 & \vdots & 0 \\ 2 & 1 & -6 & 4 & \vdots & -1 \\ 3 & 2 & p & 7 & \vdots & -1 \\ 1 & -1 & -6 & -1 & \vdots & t \end{bmatrix} \rightarrow \begin{bmatrix} 1 & 1 & -2 & 3 & \vdots & 0 \\ 0 & -1 & -2 & -2 & \vdots & -1 \\ 0 & -1 & p+6 & -2 & \vdots & -1 \\ 0 & -2 & -4 & -4 & \vdots & t \end{bmatrix} \rightarrow \begin{bmatrix} 1 & 1 & -2 & 3 & \vdots & 0 \\ & 1 & 2 & 2 & \vdots & 1 \\ & & p+8 & 0 & \vdots & 0 \\ & & & & \vdots & t+2 \end{bmatrix}.$$

当 $t \neq -2$ 时，$\mathrm{r}(A) \neq \mathrm{r}(\bar{A})$，方程组无解.

当 $t = -2$ 时，$\forall p$，恒有 $\mathrm{r}(A) = \mathrm{r}(\bar{A})$，方程组有解.

(1) 若 $p \neq -8$，则 $\mathrm{r}(A) = \mathrm{r}(\bar{A}) = 3$，得通解
$$(-1,1,0,0)^{\mathrm{T}} + k(-1,-2,0,1)^{\mathrm{T}}，其中 k 为任意常数.$$

(2) 若 $p = -8$，则 $\mathrm{r}(A) = \mathrm{r}(\bar{A}) = 2$，得通解
$$(-1,1,0,0)^{\mathrm{T}} + k_1(4,-2,1,0)^{\mathrm{T}} + k_2(-1,-2,0,1)^{\mathrm{T}}，其中 k_1,k_2 为任意常数.$$

(2)(02,2,6 分)　已知 4 阶方阵 $A = (\boldsymbol{\alpha}_1, \boldsymbol{\alpha}_2, \boldsymbol{\alpha}_3, \boldsymbol{\alpha}_4)$，$\boldsymbol{\alpha}_1, \boldsymbol{\alpha}_2, \boldsymbol{\alpha}_3, \boldsymbol{\alpha}_4$ 均为 4 维列向量，其中 $\boldsymbol{\alpha}_2$，$\boldsymbol{\alpha}_3, \boldsymbol{\alpha}_4$ 线性无关，$\boldsymbol{\alpha}_1 = 2\boldsymbol{\alpha}_2 - \boldsymbol{\alpha}_3$. 如果 $\boldsymbol{\beta} = \boldsymbol{\alpha}_1 + \boldsymbol{\alpha}_2 + \boldsymbol{\alpha}_3 + \boldsymbol{\alpha}_4$，求线性方程组 $A\boldsymbol{x} = \boldsymbol{\beta}$ 的通解.

【分析】　方程组的系数没有具体给出，应当从解的理论，解的结构入手来求解.

【解】　由 $\boldsymbol{\alpha}_2, \boldsymbol{\alpha}_3, \boldsymbol{\alpha}_4$ 线性无关及 $\boldsymbol{\alpha}_1 = 2\boldsymbol{\alpha}_2 - \boldsymbol{\alpha}_3$ 知，向量组的秩 $\mathrm{r}(\boldsymbol{\alpha}_1, \boldsymbol{\alpha}_2, \boldsymbol{\alpha}_3, \boldsymbol{\alpha}_4) = 3$，即矩阵 A 的秩为 3. 因此 $A\boldsymbol{x} = \boldsymbol{0}$ 的基础解系中只包含一个向量. 那么由

$$(\boldsymbol{\alpha}_1, \boldsymbol{\alpha}_2, \boldsymbol{\alpha}_3, \boldsymbol{\alpha}_4) \begin{bmatrix} 1 \\ -2 \\ 1 \\ 0 \end{bmatrix} = \boldsymbol{\alpha}_1 - 2\boldsymbol{\alpha}_2 + \boldsymbol{\alpha}_3 = \boldsymbol{0}$$
知，$A\boldsymbol{x} = \boldsymbol{0}$ 的基础解系是 $(1,-2,1,0)^{\mathrm{T}}$.

再由 $\boldsymbol{\beta} = \boldsymbol{\alpha}_1 + \boldsymbol{\alpha}_2 + \boldsymbol{\alpha}_3 + \boldsymbol{\alpha}_4 = (\boldsymbol{\alpha}_1, \boldsymbol{\alpha}_2, \boldsymbol{\alpha}_3, \boldsymbol{\alpha}_4) \begin{bmatrix} 1 \\ 1 \\ 1 \\ 1 \end{bmatrix} = A \begin{bmatrix} 1 \\ 1 \\ 1 \\ 1 \end{bmatrix}$ 知，$(1,1,1,1)^{\mathrm{T}}$ 是 $A\boldsymbol{x} = \boldsymbol{\beta}$ 的一个特解.

故 $\boldsymbol{Ax} = \boldsymbol{\beta}$ 的通解是 $k\begin{bmatrix} 1 \\ -2 \\ 1 \\ 0 \end{bmatrix} + \begin{bmatrix} 1 \\ 1 \\ 1 \\ 1 \end{bmatrix}$,其中 k 为任意常数.

> **评注**　因为方程组 $\boldsymbol{Ax} = \boldsymbol{\beta}$ 的向量形式为
> $$x_1\boldsymbol{\alpha}_1 + x_2\boldsymbol{\alpha}_2 + x_3\boldsymbol{\alpha}_3 + x_4\boldsymbol{\alpha}_4 = \boldsymbol{\alpha}_1 + \boldsymbol{\alpha}_2 + \boldsymbol{\alpha}_3 + \boldsymbol{\alpha}_4,$$
> 那么利用 $\boldsymbol{\alpha}_1 = 2\boldsymbol{\alpha}_2 - \boldsymbol{\alpha}_3$ 及 $\boldsymbol{\alpha}_2, \boldsymbol{\alpha}_3, \boldsymbol{\alpha}_4$ 线性无关可以得到
> $$(2x_1 + x_2 - 3)\boldsymbol{\alpha}_2 + (-x_1 + x_3)\boldsymbol{\alpha}_3 + (x_4 - 1)\boldsymbol{\alpha}_4 = \boldsymbol{0}. \qquad (*)$$
> 故知　$\begin{cases} 2x_1 + x_2 - 3 = 0, \\ -x_1 + x_3 = 0, \\ x_4 - 1 = 0. \end{cases} \qquad (**)$
>
> 于是 $\boldsymbol{Ax} = \boldsymbol{\beta}$ 与上述方程组同解,解此方程组就可得到 $\boldsymbol{Ax} = \boldsymbol{\beta}$ 的通解.
>
> 　　从随机抽样的情况分析,数学二本题的人均得分为 2.16 分,反映出考生习惯于常规的线性方程组,对于抽象的不知从何处入手,接口切入点不清楚;也有相当一部分考生基本运算不熟练,错误多,例如把 $\boldsymbol{\alpha}_1 = 2\boldsymbol{\alpha}_2 - \boldsymbol{\alpha}_3$ 代入后整理出的 $(*)$ 式不正确,方程组 $(**)$ 的求解无论是特解还是相应齐次方程组的基础解系都有种种谬误,这一切希望大家要引以为戒.

综　述

　　对于常见基础题,作初等行变换时要正确(若在这里出错,往下还有意义吗?),作有解判定时不要遗漏情况.

　　近年来这类题目新的动向(如第 1 题),要求考生通过矩阵运算,自己建立起方程组然后再求解,或利用解的结构从逻辑推理的角度,或用构造同解方程组的方法来求解.这样题目的综合性、灵活性增加,对考生能力的要求提高了.

二、齐次方程组有非零解、基础解系、通解等问题

　　9.(20,4 分)　设 4 阶矩阵 $\boldsymbol{A} = (a_{ij})$ 不可逆,a_{12} 的代数余子式 $A_{12} \neq 0$,$\boldsymbol{\alpha}_1, \boldsymbol{\alpha}_2, \boldsymbol{\alpha}_3, \boldsymbol{\alpha}_4$ 为矩阵 $\boldsymbol{A}$ 的列向量组,$\boldsymbol{A}^*$ 为 $\boldsymbol{A}$ 的伴随矩阵,则方程组 $\boldsymbol{A}^*\boldsymbol{x} = \boldsymbol{0}$ 的通解为

(A) $\boldsymbol{x} = k_1\boldsymbol{\alpha}_1 + k_2\boldsymbol{\alpha}_2 + k_3\boldsymbol{\alpha}_3$,其中 k_1, k_2, k_3 为任意常数.

(B) $\boldsymbol{x} = k_1\boldsymbol{\alpha}_1 + k_2\boldsymbol{\alpha}_2 + k_3\boldsymbol{\alpha}_4$,其中 k_1, k_2, k_3 为任意常数.

(C) $\boldsymbol{x} = k_1\boldsymbol{\alpha}_1 + k_2\boldsymbol{\alpha}_3 + k_3\boldsymbol{\alpha}_4$,其中 k_1, k_2, k_3 为任意常数.

(D) $\boldsymbol{x} = k_1\boldsymbol{\alpha}_1 + k_2\boldsymbol{\alpha}_3 + k_3\boldsymbol{\alpha}_4$,其中 k_1, k_2, k_3 为任意常数.

【分析】　求 $\boldsymbol{A}^*\boldsymbol{x} = \boldsymbol{0}$ 的通解,就先要找到 $\boldsymbol{A}^*\boldsymbol{x} = \boldsymbol{0}$ 的基础解系,它是由 $4 - r(\boldsymbol{A}^*)$ 个线性无关的解构成.

　　由于 $\boldsymbol{A}$ 不可逆,$r(\boldsymbol{A}^*) \leq 1$;又因为 $A_{12} \neq 0$,所以 $\boldsymbol{A}^* \neq \boldsymbol{O}$,则 $r(\boldsymbol{A}^*) \neq 0$.于是 $r(\boldsymbol{A}^*) = 1$,$\boldsymbol{A}^*\boldsymbol{x} = \boldsymbol{O}$ 的基础解系由 3 个线性无关的解构成.

　　因为 $\boldsymbol{A}^*\boldsymbol{A} = |\boldsymbol{A}|\boldsymbol{E} = \boldsymbol{O}$,则 $\boldsymbol{A}^*\boldsymbol{\alpha}_i = \boldsymbol{O}, i = 1, 2, 3, 4$,即 $\boldsymbol{\alpha}_1, \boldsymbol{\alpha}_2, \boldsymbol{\alpha}_3, \boldsymbol{\alpha}_4$ 都是 $\boldsymbol{A}^*\boldsymbol{x} = \boldsymbol{O}$ 的解.

再由 $A_{12} \neq 0$，得 $\mathrm{r}(\alpha_1, \alpha_3, \alpha_4) = 3$，即 $\alpha_1, \alpha_3, \alpha_4$ 线性无关，它们构成 $\boldsymbol{A}^* x = \boldsymbol{O}$ 的基础解系，于是(C)正确. 故选(C)

> **评注** 另三个选项中出现的解组 $\alpha_1, \alpha_2, \alpha_3$；$\alpha_1, \alpha_2, \alpha_4$ 和 $\alpha_2, \alpha_3, \alpha_4$ 都不能断定是否线性无关，因此不能选它们.）

---

10. (19, 4 分) 设 A 是 4 阶矩阵，A^* 为 A 的伴随矩阵，若线性方程组 $Ax = 0$ 的基础解系只有 2 个向量，则 $\mathrm{r}(A^*) =$

(A) 0. (B) 1.

(C) 2. (D) 3.

【分析】 $AX = 0$ 的基础解系只包含 2 个解向量，则

$$4 - r(A) = 2, \quad r(A) = 2$$

再根据 $r(A^*)$ 和 $r(A)$ 的关系得到 $r(A^*) = 0$.

选(A).

---

11. (16, 11 分) 设矩阵 $\boldsymbol{A} = \begin{pmatrix} 1 & 1 & 1-a \\ 1 & 0 & a \\ a+1 & 1 & a+1 \end{pmatrix}, \boldsymbol{\beta} = \begin{pmatrix} 0 \\ 1 \\ 2a-2 \end{pmatrix}$ 且方程组 $\boldsymbol{Ax} = \boldsymbol{\beta}$ 无解，

（Ⅰ）求 a 的值；

（Ⅱ）求方程组 $\boldsymbol{A}^{\mathrm{T}}\boldsymbol{Ax} = \boldsymbol{A}^{\mathrm{T}}\boldsymbol{\beta}$ 的通解.

【解】 （Ⅰ）用初等行变换把 $Ax = \beta$ 的增广矩阵化简：

$$(A, \beta) = \begin{pmatrix} 1 & 1 & 1-a & 0 \\ 1 & 0 & a & 1 \\ a+1 & 1 & a+1 & 2a-2 \end{pmatrix} \to \begin{pmatrix} 1 & 1 & 1-a & 0 \\ 0 & -1 & 2a-1 & 1 \\ 0 & -a & a^2+a & 2a-2 \end{pmatrix}$$

$$\to \begin{pmatrix} 1 & 1 & 1-a & 0 \\ 0 & -1 & 2a-1 & 1 \\ 0 & 0 & 2a-a^2 & a-2 \end{pmatrix}$$

则当 $a = 0$ 时，$r(A) = 2, r(A, B) = 3, Ax = \beta$ 无解.

（Ⅱ） $A = \begin{pmatrix} 1 & 1 & 1 \\ 1 & 0 & 0 \\ 1 & 1 & 1 \end{pmatrix}, \beta = \begin{pmatrix} 0 \\ 1 \\ -2 \end{pmatrix}$

$$A^T A = \begin{pmatrix} 1 & 1 & 1 \\ 1 & 0 & 1 \\ 1 & 0 & 1 \end{pmatrix}\begin{pmatrix} 1 & 1 & 1 \\ 1 & 0 & 0 \\ 1 & 1 & 1 \end{pmatrix} \to \begin{pmatrix} 3 & 2 & 2 \\ 2 & 2 & 2 \\ 2 & 2 & 2 \end{pmatrix}$$

$$A^T \beta = \begin{pmatrix} 1 & 1 & 1 \\ 1 & 0 & 1 \\ 1 & 0 & 1 \end{pmatrix}\begin{pmatrix} 0 \\ 1 \\ -2 \end{pmatrix} = \begin{pmatrix} -1 \\ -2 \\ -2 \end{pmatrix}$$

$$(A^T A, A^T \beta) = \begin{pmatrix} 3 & 2 & 2 & -1 \\ 2 & 2 & 2 & -2 \\ 2 & 2 & 2 & -2 \end{pmatrix} \to \begin{pmatrix} 1 & 1 & 1 & -1 \\ 1 & 0 & 0 & 1 \\ 0 & 0 & 0 & 0 \end{pmatrix}$$

$$\to \begin{pmatrix} 1 & 0 & 0 & 1 \\ 0 & 1 & 1 & -2 \\ 0 & 0 & 0 & 0 \end{pmatrix}.$$

得 $A^T AX = A^T \beta$ 的同解方程组 $\begin{cases} x_1 = 1, \\ x_2 + x_3 = -2. \end{cases}$

解得通解为 $\begin{pmatrix} 1 \\ -2 \\ 0 \end{pmatrix} + c \begin{pmatrix} 0 \\ 1 \\ -1 \end{pmatrix}$, c 任意.

----

12. (11,4 分)　设 $A = (\alpha_1, \alpha_2, \alpha_3, \alpha_4)$ 是 4 阶矩阵, A^* 为 A 的伴随矩阵. 若 $(1,0,1,0)^{\mathrm{T}}$ 是方程组 $Ax = 0$ 的一个基础解系, 则 $A^* x = 0$ 的基础解系可为

(A)　α_1, α_3.　　　　(B)　α_1, α_2.　　　　(C)　$\alpha_1, \alpha_2, \alpha_3$.　　　　(D)　$\alpha_2, \alpha_3, \alpha_4$.

【分析一】　本题没有给出具体的方程组, 因而求解应当由解的结构、由秩开始.

因为 $Ax = 0$ 只有 1 个线性无关的解, 即 $n - \mathrm{r}(A) = 1$, 从而 $\mathrm{r}(A) = 3$. 那么 $\mathrm{r}(A^*) = 1 \Rightarrow n - \mathrm{r}(A^*) = 4 - 1 = 3$. 故 $A^* x = 0$ 的基础解系中有 3 个线性无关的解, 可见选项 (A)、(B) 均错误.

再由 $A^* A = |A| E = 0$, 知 A 的列向量全是 $A^* x = 0$ 的解, 而秩 $\mathrm{r}(A) = 3$, 故 A 的列向量中必有 3 个线性无关.

最后, 因向量 $(1,0,1,0)^{\mathrm{T}}$ 是 $Ax = 0$ 的解, 故 $A \begin{bmatrix} 1 \\ 0 \\ 1 \\ 0 \end{bmatrix} = (\alpha_1, \alpha_2, \alpha_3, \alpha_4) \begin{bmatrix} 1 \\ 0 \\ 1 \\ 0 \end{bmatrix} = \mathbf{0}$, 即 $\alpha_1 + \alpha_3 = \mathbf{0}$,

说明 α_1, α_3 相关 $\Rightarrow \alpha_1, \alpha_2, \alpha_3$ 相关. 从而应选 (D).

【分析二】　用排除法. 求出 $\mathrm{r}(A^*) = 3$, 排除选项 (A),(B); 由 $\alpha_1 + \alpha_3 = \mathbf{0}$, 即 α_1, α_3 线性相关, 排除选项 (C), 只能选 (D).

> **评注**　① 本题考查齐次线性方程组的基础解系及相关概念, 是一道综合题.
> 　　　首先, 确定系数矩阵的秩, 这样可以知道基础解系包含多少个解向量. 其次, 从方程组的解向量集合中找出一个线性无关组, 当其所包含的向量个数等于基础解系所包含向量的个数时, 即为所求基础解系. 但本题所需各项均隐含在题目所提供的条件中, 需要通过相关概念和理论推导出来. 这正是本题的难点所在.
> 　　　② 有相当多的考生错选 (A), 究其原因可能是错误地将向量 $(1,0,1,0)^{\mathrm{T}}$ 理解为暗示 α_1, α_3. 这本质上是对基本概念的错误理解. 齐次方程组的基础解系是经常要考查的内容, 考生必须真正理解基本概念和相关的理论, 尤其要记住基础解系不能包含零向量.

▶ **基础解系要过关**

(01,2,6 分)　已知 $\alpha_1, \alpha_2, \alpha_3, \alpha_4$ 是线性方程组 $Ax = 0$ 的一个基础解系, 若 $\beta_1 = \alpha_1 + t\alpha_2$, $\beta_2 = \alpha_2 + t\alpha_3$, $\beta_3 = \alpha_3 + t\alpha_4$, $\beta_4 = \alpha_4 + t\alpha_1$, 讨论实数 t 满足什么关系时, $\beta_1, \beta_2, \beta_3, \beta_4$ 也是 $Ax = 0$ 的一个基础解系.

【分析】　基础解系应满足三个条件: 首先, 应是解向量; 其次, 应线性无关; 第三, 向量个数为 $s = n - \mathrm{r}(A)$. 本题关键是证明 $\beta_1, \beta_2, \beta_3, \beta_4$ 线性无关.

【解】　由于 $\beta_1, \beta_2, \beta_3, \beta_4$ 均为 $\alpha_1, \alpha_2, \alpha_3, \alpha_4$ 的线性组合, 所以 $\beta_1, \beta_2, \beta_3, \beta_4$ 均为 $Ax = 0$ 的解. 下面证明 $\beta_1, \beta_2, \beta_3, \beta_4$ 线性无关. 设 $k_1 \beta_1 + k_2 \beta_2 + k_3 \beta_3 + k_4 \beta_4 = \mathbf{0}$, 即

$$(k_1 + tk_4)\alpha_1 + (tk_1 + k_2)\alpha_2 + (tk_2 + k_3)\alpha_3 + (tk_3 + k_4)\alpha_4 = \mathbf{0},$$

由于 $\alpha_1, \alpha_2, \alpha_3, \alpha_4$ 线性无关, 因此其系数全为零, 即

$$\begin{cases} k_1 + tk_4 = 0, \\ tk_1 + k_2 = 0, \\ tk_2 + k_3 = 0, \\ tk_3 + k_4 = 0. \end{cases} \qquad \text{其系数行列式} \begin{vmatrix} 1 & 0 & 0 & t \\ t & 1 & 0 & 0 \\ 0 & t & 1 & 0 \\ 0 & 0 & t & 1 \end{vmatrix} = 1 - t^4.$$

可见, 当 $1 - t^4 \neq 0$, 即 $t \neq \pm 1$ 时, 上述方程组只有零解 $k_1 = k_2 = k_3 = k_4 = 0$, 因此向量组 $\beta_1, \beta_2,$

$\boldsymbol{\beta}_3$,$\boldsymbol{\beta}_4$ 线性无关,又因 $A\boldsymbol{x}=\boldsymbol{0}$ 的基础解系是4个向量,故 $\boldsymbol{\beta}_1$,$\boldsymbol{\beta}_2$,$\boldsymbol{\beta}_3$,$\boldsymbol{\beta}_4$ 也是 $A\boldsymbol{x}=\boldsymbol{0}$ 的一个基础解系.

> **评注** 对于一个抽象向量组的线性相关性的讨论,基本方法有二:一是定义法(如本题的证明),二是用秩.
>
> 本题也可用秩来证明:由题设向量组 $\boldsymbol{\beta}_1$,$\boldsymbol{\beta}_2$,$\boldsymbol{\beta}_3$,$\boldsymbol{\beta}_4$ 可由向量组 $\boldsymbol{\alpha}_1$,$\boldsymbol{\alpha}_2$,$\boldsymbol{\alpha}_3$,$\boldsymbol{\alpha}_4$ 线性表示,且
>
> $$(\boldsymbol{\beta}_1,\boldsymbol{\beta}_2,\boldsymbol{\beta}_3,\boldsymbol{\beta}_4)=(\boldsymbol{\alpha}_1,\boldsymbol{\alpha}_2,\boldsymbol{\alpha}_3,\boldsymbol{\alpha}_4)\begin{bmatrix}1&0&0&t\\t&1&0&0\\0&t&1&0\\0&0&t&1\end{bmatrix},$$
>
> 可见,向量组 $\boldsymbol{\alpha}_1$,$\boldsymbol{\alpha}_2$,$\boldsymbol{\alpha}_3$,$\boldsymbol{\alpha}_4$ 可由向量组 $\boldsymbol{\beta}_1$,$\boldsymbol{\beta}_2$,$\boldsymbol{\beta}_3$,$\boldsymbol{\beta}_4$ 线性表示的充要条件是行列式
>
> $$\begin{vmatrix}1&0&0&t\\t&1&0&0\\0&t&1&0\\0&0&t&1\end{vmatrix}=1-t^4\neq 0,$$
>
> 即当 $t\neq\pm 1$ 时,向量组 $\boldsymbol{\alpha}_1$,$\boldsymbol{\alpha}_2$,$\boldsymbol{\alpha}_3$,$\boldsymbol{\alpha}_4$ 与向量组 $\boldsymbol{\beta}_1$,$\boldsymbol{\beta}_2$,$\boldsymbol{\beta}_3$,$\boldsymbol{\beta}_4$ 等价,那么 $r(\boldsymbol{\beta}_1\,\boldsymbol{\beta}_2\,\boldsymbol{\beta}_3\,\boldsymbol{\beta}_4)=r(\boldsymbol{\alpha}_1\,\boldsymbol{\alpha}_2\,\boldsymbol{\alpha}_3\,\boldsymbol{\alpha}_4)=4$.从而有向量组 $\boldsymbol{\beta}_1$,$\boldsymbol{\beta}_2$,$\boldsymbol{\beta}_3$,$\boldsymbol{\beta}_4$ 线性无关,因此也为 $A\boldsymbol{x}=\boldsymbol{0}$ 的一个基础解系.

综 述

> 总体上看这一部分考得不十分理想,看来在基础解系概念的理解与求解上还有问题.复习时应当理解齐次线性方程组的基础解系与通解的概念,要掌握齐次线性方程组的基础解系和通解的求法,否则在特征向量的求解上还要出问题.
>
> $n-r(A)$ 这个数有两层含义,它既表示齐次方程组 $A\boldsymbol{x}=\boldsymbol{0}$ 的基础解系中有 $n-r(A)$ 个解向量,又表示每个解中有 $n-r(A)$ 个自由变量,搞清这个数会减少一些无谓的失误.
>
> 目前考生在基础解系上解答的种种失误,希望引起重视.

三、有解判定及解的结构

13. (22,5分) 设 $A=\begin{pmatrix}1&1&1\\1&a&a^2\\1&b&b^2\end{pmatrix}$,$b=\begin{pmatrix}1\\2\\4\end{pmatrix}$,则线性方程组 $A\boldsymbol{x}=\boldsymbol{b}$ 解的情况为( )。

(A) 无解

(B) 有解

(C) 有无穷多解或无解

(D) 有唯一解或无解

【分析】 当 $1,a,b$ 两两不相等时,$|A|\neq 0$,方程组唯一解;当 $1,a,b$ 中有两个相等时,对应的两个方程矛盾,方程组无解。

----

14. (15,4分) 设矩阵 $A=\begin{bmatrix}1&1&1\\1&2&a\\1&4&a^2\end{bmatrix}$,$\boldsymbol{b}=\begin{bmatrix}1\\d\\d^2\end{bmatrix}$,若集合 $\Omega=\{1,2\}$,则线性方程组 $A\boldsymbol{x}=\boldsymbol{b}$ 有

无穷多解的充分必要条件为

(A) $a \notin \Omega, d \notin \Omega$ (B) $a \notin \Omega, d \in \Omega$

(C) $a \in \Omega, d \notin \Omega$ (D) $a \in \Omega, d \in \Omega$

【分析】 $AX = b$ 有无穷多解 $\Leftrightarrow r(A \mid b) = r(A) < 3$.

$|A|$ 是一个范得蒙行列式, 值为 $(a-1)(a-2)$. 如果 $a \notin \Omega$, 则 $|A| \neq 0, r(A) = 3$. 此时 $AX = b$ 有唯一解, (A), (B) 排除.

类似地, 如果 $d \notin \Omega$, 则 $r(A \mid b) = 3$, (C) 排除.

当 a, d 都属于 Ω 时, $r(A \mid b) = r(A) = 2$. $AX = b$ 有无穷多解. 选 (D).

▶ 下面这些概念清晰吗?

(00,3/4,3 分) 设 $\alpha_1, \alpha_2, \alpha_3$ 是 4 元非齐次线性方程组 $Ax = b$ 的三个解向量, 且秩 $(A) = 3, \alpha_1 = (1,2,3,4)^T, \alpha_2 + \alpha_3 = (0,1,2,3)^T, c$ 表示任意常数, 则线性方程组 $Ax = b$ 的通解 $x =$

(A) $\begin{bmatrix} 1 \\ 2 \\ 3 \\ 4 \end{bmatrix} + c \begin{bmatrix} 1 \\ 1 \\ 1 \\ 1 \end{bmatrix}$. (B) $\begin{bmatrix} 1 \\ 2 \\ 3 \\ 4 \end{bmatrix} + c \begin{bmatrix} 0 \\ 1 \\ 2 \\ 3 \end{bmatrix}$. (C) $\begin{bmatrix} 1 \\ 2 \\ 3 \\ 4 \end{bmatrix} + c \begin{bmatrix} 2 \\ 3 \\ 4 \\ 5 \end{bmatrix}$. (D) $\begin{bmatrix} 1 \\ 2 \\ 3 \\ 4 \end{bmatrix} + c \begin{bmatrix} 3 \\ 4 \\ 5 \\ 6 \end{bmatrix}$.

【分析】 方程组 $Ax = b$ 有解, 应搞清解的结构.

由于 $n - r(A) = 4 - 3 = 1$, 所以通解形式为 $\alpha + k\eta$, 其中 α 是特解, η 是导出组 $Ax = 0$ 的基础解系. 现在特解可取为 α_1, 下面应找出 $Ax = 0$ 的一个非零解:

由于 $A\alpha_i = b$, 有 $A[2\alpha_1 - (\alpha_2 + \alpha_3)] = 0$, 即 $2\alpha_1 - (\alpha_2 + \alpha_3) = (2,3,4,5)^T$ 是 $Ax = 0$ 的一个非零解. 故应选 (C).

综 述

对非齐次线性方程组要会判断何时无解? 何时有唯一解? 何时有无穷多解? 当方程组有无穷多解时, 解的性质与结构是什么? 当系数矩阵没有具体给出时, 如何求通解? 当方程组有无穷多解或无解时, 如何求参数?

四、公共解、同解

15. (21,5 分) 设 3 阶矩阵 $A = (\alpha_1, \alpha_2, \alpha_3), B = (\beta_1, \beta_2, \beta_3)$, 若向量组 $\alpha_1, \alpha_2, \alpha_3$ 可以由向量组 $\beta_1, \beta_2, \beta_3$ 线性表出

(A) $Ax = 0$ 的解均为 $Bx = 0$ 的解 (B) $A^T x = 0$ 的解均为 $B^T x = 0$ 的解

(C) $Bx = 0$ 的解均为 $Ax = 0$ 的解 (D) $B^T x = 0$ 的解均为 $A^T x = 0$ 的解

【分析】 $\alpha_1, \alpha_2, \alpha_3$ 可由 $\beta_1, \beta_2, \beta_3$ 线性表示的条件说明存在矩阵 C, 得 $A = BC$, 则 $A^T = C^T B^T$

如果 α 是 $B^T x = O$ 的解, 则 $B^T \alpha = O$, 于是 $A^T \alpha = C^T B^T \alpha = O$, 从而 α 也是 $A^T x = O$ 的解.

选 (D)

▶ 练习题

(1) (02,4,8 分) 设 4 元齐次线性方程组 (I) 为

$$\begin{cases} 2x_1 + 3x_2 - x_3 = 0, \\ x_1 + 2x_2 + x_3 - x_4 = 0, \end{cases}$$

而已知另一 4 元齐次线性方程组（Ⅱ）的一个基础解系为

$$\boldsymbol{\alpha}_1 = (2, -1, a+2, 1)^{\mathrm{T}}, \quad \boldsymbol{\alpha}_2 = (-1, 2, 4, a+8)^{\mathrm{T}}.$$

（1）求方程组（Ⅰ）的一个基础解系；

（2）当 a 为何值时，方程组（Ⅰ）与（Ⅱ）有非零公共解? 在有非零公共解时，求出全部公共解．

【解】（1）对方程组（Ⅰ）的系数矩阵作初等行变换，有

$$\begin{bmatrix} 2 & 3 & -1 & 0 \\ 1 & 2 & 1 & -1 \end{bmatrix} \rightarrow \begin{bmatrix} 1 & 2 & 1 & -1 \\ & 1 & 3 & -2 \end{bmatrix}.$$

由于 $n - r(\boldsymbol{A}) = 4 - 2 = 2$，基础解系由 2 个线性无关的解向量所构成，取 x_3, x_4 为自由变量，所以

$$\boldsymbol{\beta}_1 = (5, -3, 1, 0)^{\mathrm{T}}, \quad \boldsymbol{\beta}_2 = (-3, 2, 0, 1)^{\mathrm{T}}$$

是方程组（Ⅰ）的基础解系．

（2）**解法一** 方程组（Ⅰ）与（Ⅱ）的非零公共解，则存在不全为 0 的 k_1, k_2 使得 $k_1 \boldsymbol{\alpha}_1 + k_2 \boldsymbol{\alpha}_2$ 可由 $\boldsymbol{\beta}_1, \boldsymbol{\beta}_2$ 线性表示，即

$$r(\boldsymbol{\beta}_1, \boldsymbol{\beta}_2, k_1\boldsymbol{\alpha}_1 + k_2\boldsymbol{\alpha}_2) = 2.$$
$$(\boldsymbol{\beta}_1, \boldsymbol{\beta}_2, k_1\boldsymbol{\alpha}_1 + k_2\boldsymbol{\alpha}_2)$$
$$= \begin{bmatrix} 5 & -3 & 2k_1 - k_2 \\ -3 & 2 & -k_1 + 2k_2 \\ 1 & 0 & (a+2)k_1 + 4k_2 \\ 0 & 1 & k_1 + (a+8)k_2 \end{bmatrix} \rightarrow \begin{bmatrix} 1 & 0 & (a+2)k_1 + 4k_2 \\ 0 & 1 & k_1 + (a+8)k_2 \\ 0 & 0 & -5(a+1)k_1 + 3(a+1)k_2 \\ 0 & 0 & 3(a+1)k_1 - 2(a+1)k_2 \end{bmatrix}.$$

于是 $\begin{cases} -5(a+1)x_1 + 3(a+1)x_2 = 0 \\ 3(a+1)x_1 - 2(a+1)x_2 = 0 \end{cases}$ 有非零解．

$$\begin{vmatrix} -5(a+1) & 3(a+1) \\ 3(a+1) & -2(a+1) \end{vmatrix} = 0, 得 a+1 = 0.$$

并且此时对任何 $k_1, k_2, k_1\boldsymbol{\alpha}_1 + k_2\boldsymbol{\alpha}_2$ 都可用 $\boldsymbol{\beta}_1, \boldsymbol{\beta}_2$ 表示，公共解为 $k_1\boldsymbol{\alpha}_1 + k_2\boldsymbol{\alpha}_2, k_1, k_2$ 任意．

解法二 公共解一定可表示为 $c_1\boldsymbol{\alpha}_1 + c_2\boldsymbol{\alpha}_2$，并且还满足（Ⅰ）．于是

有公共非零解 $\Leftrightarrow$ 存在 c_1, c_2 不全为 0，使得 $\boldsymbol{A}(c_1\boldsymbol{\alpha}_1 + c_2\boldsymbol{\alpha}_2) = \boldsymbol{0}$

$\Leftrightarrow$ 存在 c_1, c_2 不全为 0，使得 $c_1\boldsymbol{A}\boldsymbol{\alpha}_1 + c_2\boldsymbol{A}\boldsymbol{\alpha}_2 = \boldsymbol{0}$

$\Leftrightarrow \boldsymbol{A}\boldsymbol{\alpha}_1, \boldsymbol{A}\boldsymbol{\alpha}_2$ 线性相关．

求出 $\boldsymbol{A}\boldsymbol{\alpha}_1 = [-(a+1), a+1]^{\mathrm{T}}, \boldsymbol{A}\boldsymbol{\alpha}_2 = [0, -(a+1)]^{\mathrm{T}}$.

于是 $\boldsymbol{A}\boldsymbol{\alpha}_1, \boldsymbol{A}\boldsymbol{\alpha}_2$ 线性相关 $\Leftrightarrow a = -1$.

得有公共非零解的充分必要条件是 $a = -1$.

此时 $\boldsymbol{A}\boldsymbol{\alpha}_1 = \boldsymbol{0}, \boldsymbol{A}\boldsymbol{\alpha}_2 = \boldsymbol{0}$，即 $\boldsymbol{\alpha}_1, \boldsymbol{\alpha}_2$ 都满足（Ⅰ），则所有公共解就是（Ⅱ）的所有解 $c_1\boldsymbol{\alpha}_1 + c_2\boldsymbol{\alpha}_2, c_1, c_2$ 任意．

(2) $(05, \frac{3}{4}, 13 \text{分})$ 已知齐次线性方程组

（ⅰ）$\begin{cases} x_1 + 2x_2 + 3x_3 = 0, \\ 2x_1 + 3x_2 + 5x_3 = 0, \\ x_1 + x_2 + ax_3 = 0 \end{cases}$ 和 （ⅱ）$\begin{cases} x_1 + bx_2 + cx_3 = 0, \\ 2x_1 + b^2x_2 + (c+1)x_3 = 0 \end{cases}$

同解，求 a, b, c 的值．

【解法一】 因为方程组（ⅱ）中方程个数 < 未知数个数，（ⅱ）必有无穷多解，所以（ⅰ）必有无穷多解．因此（ⅰ）的系数行列式必为 0，即有

$$\begin{vmatrix} 1 & 2 & 3 \\ 2 & 3 & 5 \\ 1 & 1 & a \end{vmatrix} = 2 - a = 0 \Rightarrow a = 2 .$$

对（ⅰ）系数矩阵作初等行变换,有 $\begin{bmatrix} 1 & 2 & 3 \\ 2 & 3 & 5 \\ 1 & 1 & 2 \end{bmatrix} \rightarrow \begin{bmatrix} 1 & 2 & 3 \\ 0 & 1 & 1 \\ 0 & 0 & 0 \end{bmatrix}$,

可求出方程组（ⅰ）的通解是 $k(-1, -1, 1)^{\mathrm{T}}$.

因为 $(-1, -1, 1)^{\mathrm{T}}$ 应当是方程组（ⅱ）的解,故有

$$\begin{cases} -1 - b + c = 0 , \\ -2 - b^2 + c + 1 = 0 . \end{cases} \quad \text{解得 } b = 1, c = 2 \quad \text{或} \quad b = 0, c = 1 .$$

当 $b = 0, c = 1$ 时,方程组（ⅱ）为 $\begin{cases} x_1 + x_3 = 0 , \\ 2x_1 + 2x_3 = 0 , \end{cases}$

因其系数矩阵的秩为 1,从而（ⅰ）与（ⅱ）不同解,故 $b = 0, c = 1$ 应舍去.

当 $a = 2, b = 1, c = 2$ 时,（ⅰ）与（ⅱ）同解.

【解法二】 记 A, B 分别是（ⅰ）和（ⅱ）的系数矩阵,则（ⅰ）与（ⅱ）同解 $\Rightarrow$ 联立方程组 $\begin{cases} Ax = 0 \\ Bx = 0 \end{cases}$ 与它们也同解,从而有

$$\mathrm{r}(A) = \mathrm{r}(B) = \mathrm{r}\begin{bmatrix} A \\ B \end{bmatrix} .$$

显然 $\mathrm{r}(A) \geqslant 2, \mathrm{r}(B) \leqslant 2$,从而得 $\mathrm{r}\begin{bmatrix} A \\ B \end{bmatrix} = 2$.

$$\begin{bmatrix} A \\ B \end{bmatrix} = \begin{bmatrix} 1 & 2 & 3 \\ 2 & 3 & 5 \\ 1 & 1 & a \\ 1 & b & c \\ 2 & b^2 & c+1 \end{bmatrix} \rightarrow \begin{bmatrix} 1 & 2 & 3 \\ 0 & -1 & -1 \\ 0 & -1 & a-3 \\ 0 & b-2 & c-3 \\ 0 & b^2-4 & c-5 \end{bmatrix} \rightarrow \begin{bmatrix} 1 & 2 & 3 \\ 0 & -1 & -1 \\ 0 & 0 & a-2 \\ 0 & 0 & c-b-1 \\ 0 & 0 & c-b^2-1 \end{bmatrix}$$

则 $\mathrm{r}\begin{bmatrix} A \\ B \end{bmatrix} = 2 \Leftrightarrow \begin{cases} a = 2 \\ b^2 = b \\ c = b + 1 \end{cases}$ 由 $\begin{cases} b^2 = b \\ c = b + 1 \end{cases}$ 得 b, c 的两组解 ⅰ）$b = 0, c = 1$; ⅱ）$b = 1, c = 2$.

当 $b = 0, c = 1$ 时 $B = \begin{bmatrix} 1 & 0 & 1 \\ 2 & 0 & 2 \end{bmatrix}$,秩为 1,不合要求,舍去.

于是,得 $a = 2, b = 1, c = 2$.

综　述

所谓公共解,即它既是方程组（Ⅰ）的解,也是方程组（Ⅱ）的解.若两个方程组均已给出,那么把（Ⅰ）与（Ⅱ）联立所求出的解就是公共解;如果知道（Ⅰ）的基础解系,则可把其以（Ⅰ）通解的形式代入（Ⅱ）中来求公共解(如练习题第(3)题);如果已知两个方程组的基础解系,则可如练习题第(3)题来求公共解.

关于同解,即（Ⅰ）的解是（Ⅱ）的解,（Ⅱ）的解也是（Ⅰ）的解.由同解 $\Rightarrow$ 系数矩阵秩相等.但系数矩阵秩相等 $\not\Rightarrow$ 同解.如果（Ⅰ）是 $Ax = 0$,（Ⅱ）是 $Bx = 0$,则

$$Ax = 0 \text{ 与 } Bx = 0 \text{ 同解} \Leftrightarrow \mathrm{r}(A) = \mathrm{r}(B) = \mathrm{r}\begin{bmatrix} A \\ B \end{bmatrix} .$$

第五章　矩阵的特征值和特征向量
n 阶矩阵的相似与相似对角化

编者按

数学二从 2002 年才开始考特征值,题型还不够丰富,因此希望考数学二的同学把数学一、数学三相关考题好好地揣摩、理解、把握.

题目涉及特征值、特征向量的概念、性质以及计算(既有定义法,又有特征多项式、基础解系法);矩阵相似的概念、性质以及相似对角化的有关问题;实对称矩阵特征值和特征向量的性质以及用正交矩阵相似对角化等.

一、矩阵的特征值、特征向量的概念与计算

1. (18,4 分)　设 A 为 3 阶矩阵,$\boldsymbol{\alpha}_1,\boldsymbol{\alpha}_2,\boldsymbol{\alpha}_3$ 是线性无关的向量组,若 $A\boldsymbol{\alpha}_1 = 2\boldsymbol{\alpha}_1 + \boldsymbol{\alpha}_2 + \boldsymbol{\alpha}_3$,$A\boldsymbol{\alpha}_2 = \boldsymbol{\alpha}_2 + 2\boldsymbol{\alpha}_3$,$A\boldsymbol{\alpha}_3 = -\boldsymbol{\alpha}_2 + \boldsymbol{\alpha}_3$,则 A 的实特征值为 _____.

【分析】
$$A(\boldsymbol{\alpha}_1,\boldsymbol{\alpha}_2,\boldsymbol{\alpha}_3) = (2\boldsymbol{\alpha}_1 + \boldsymbol{\alpha}_2 + \boldsymbol{\alpha}_3, \boldsymbol{\alpha}_2 + 2\boldsymbol{\alpha}_3, -\boldsymbol{\alpha}_2 + \boldsymbol{\alpha}_3)$$
$$= (\boldsymbol{\alpha}_1,\boldsymbol{\alpha}_2,\boldsymbol{\alpha}_3)\begin{bmatrix} 2 & 0 & 0 \\ 1 & 1 & -1 \\ 1 & 2 & 1 \end{bmatrix}.$$

记 $\boldsymbol{P} = (\boldsymbol{\alpha}_1,\boldsymbol{\alpha}_2,\boldsymbol{\alpha}_3)$,因为 $\boldsymbol{\alpha}_1,\boldsymbol{\alpha}_2,\boldsymbol{\alpha}_3$ 线性无关,所以 $\boldsymbol{P}$ 可逆. 于是

$$\boldsymbol{P}^{-1}\boldsymbol{A}\boldsymbol{P} = \begin{bmatrix} 2 & 0 & 0 \\ 1 & 1 & -1 \\ 1 & 2 & 1 \end{bmatrix}.$$

$$\boldsymbol{A} \sim \begin{bmatrix} 2 & 0 & 0 \\ 1 & 1 & -1 \\ 1 & 2 & 1 \end{bmatrix},$$有相同的特征值.

$$\left|\lambda\boldsymbol{E} - \begin{bmatrix} 2 & 0 & 0 \\ 1 & 1 & -1 \\ 1 & 2 & 1 \end{bmatrix}\right| = \begin{vmatrix} \lambda - 2 & 0 & 0 \\ -1 & \lambda - 1 & 1 \\ -1 & -2 & \lambda - 1 \end{vmatrix} = (\lambda - 2)(\lambda^2 - 2\lambda + 3)$$

其实根只有 2 一个.

---

2. (17,4 分)　设矩阵 $A = \begin{bmatrix} 4 & 1 & -2 \\ 1 & 2 & a \\ 3 & 1 & -1 \end{bmatrix}$ 的一个特征向量为 $\begin{bmatrix} 1 \\ 1 \\ 2 \end{bmatrix}$,则 $a =$ _____.

【解析】 $\begin{bmatrix} 1 \\ 1 \\ 2 \end{bmatrix}$ 是 A 的特征向量,于是 $A\begin{bmatrix} 1 \\ 1 \\ 2 \end{bmatrix}$ 与 $\begin{bmatrix} 1 \\ 1 \\ 2 \end{bmatrix}$ 线性相关.

$$A\begin{bmatrix} 1 \\ 1 \\ 2 \end{bmatrix} = \begin{bmatrix} 1 \\ 3 + 2a \\ 2 \end{bmatrix},$$

得 $3 + 2a = 1, a = -1.$

▶ 这样考你能顺利完成吗?

(1) (02,3,3 分) 设 A 是 n 阶实对称矩阵, P 是 n 阶可逆矩阵. 已知 n 维列向量 $\boldsymbol{\alpha}$ 是 A 的属于特征值 λ 的特征向量, 则矩阵 $(P^{-1}AP)^{\mathrm{T}}$ 属于特征值 λ 的特征向量是

(A) $P^{-1}\boldsymbol{\alpha}$.   (B) $P^{\mathrm{T}}\boldsymbol{\alpha}$.   (C) $P\boldsymbol{\alpha}$.   (D) $(P^{-1})^{\mathrm{T}}\boldsymbol{\alpha}$.

【分析】 因为 A 是实对称矩阵, 故

$$(P^{-1}AP)^{\mathrm{T}} = P^{\mathrm{T}}A^{\mathrm{T}}(P^{-1})^{\mathrm{T}} = P^{\mathrm{T}}A(P^{\mathrm{T}})^{-1}.$$

那么, 由 $A\boldsymbol{\alpha} = \lambda\boldsymbol{\alpha}$ 知

$$(P^{-1}AP)^{\mathrm{T}}(P^{\mathrm{T}}\boldsymbol{\alpha}) = \left[P^{\mathrm{T}}A(P^{\mathrm{T}})^{-1}\right](P^{\mathrm{T}}\boldsymbol{\alpha}) = P^{\mathrm{T}}A\boldsymbol{\alpha} = \lambda(P^{\mathrm{T}}\boldsymbol{\alpha}).$$

所以应选(B).

(2) (08,1,4 分) 设 A 为 2 阶矩阵, $\boldsymbol{\alpha}_1, \boldsymbol{\alpha}_2$ 为线性无关的 2 维列向量, $A\boldsymbol{\alpha}_1 = \boldsymbol{0}, A\boldsymbol{\alpha}_2 = 2\boldsymbol{\alpha}_1 + \boldsymbol{\alpha}_2$, 则 A 的非零特征值为_____.

【分析】 用定义. 由 $A\boldsymbol{\alpha}_1 = \boldsymbol{0} = 0\boldsymbol{\alpha}_1, A(2\boldsymbol{\alpha}_1 + \boldsymbol{\alpha}_2) = A\boldsymbol{\alpha}_2 = 2\boldsymbol{\alpha}_1 + \boldsymbol{\alpha}_2$, 知 A 的特征值为 1 和 0. 因此 A 的非 0 特征值为 1.

或者, 利用相似, 有

$$A(\boldsymbol{\alpha}_1, \boldsymbol{\alpha}_2) = (\boldsymbol{0}, 2\boldsymbol{\alpha}_1 + \boldsymbol{\alpha}_2) = (\boldsymbol{\alpha}_1, \boldsymbol{\alpha}_2)\begin{bmatrix} 0 & 2 \\ 0 & 1 \end{bmatrix},$$

可知 $A \sim \begin{bmatrix} 0 & 2 \\ 0 & 1 \end{bmatrix}$, 亦可得 A 的特征值 1 和 0. 因此 A 的非 0 特征值为 1.

(3) (03,4,13 分) 设矩阵 $A = \begin{bmatrix} 2 & 1 & 1 \\ 1 & 2 & 1 \\ 1 & 1 & a \end{bmatrix}$ 可逆, 向量 $\boldsymbol{\alpha} = \begin{bmatrix} 1 \\ b \\ 1 \end{bmatrix}$ 是矩阵 A^* 的一个特征向量, λ 是 $\boldsymbol{\alpha}$ 对应的特征值, 其中 A^* 是矩阵 A 的伴随矩阵. 试求 a, b 和 λ 的值.

【解】 已知 $A^*\boldsymbol{\alpha} = \lambda\boldsymbol{\alpha}$, 利用 $AA^* = |A|E$, 有 $|A|\boldsymbol{\alpha} = \lambda A\boldsymbol{\alpha}$.

因为 A 可逆, 知 $|A| \neq 0, \lambda \neq 0$, 于是有 $A\boldsymbol{\alpha} = \dfrac{|A|}{\lambda}\boldsymbol{\alpha}$, 即

$$\begin{bmatrix} 2 & 1 & 1 \\ 1 & 2 & 1 \\ 1 & 1 & a \end{bmatrix}\begin{bmatrix} 1 \\ b \\ 1 \end{bmatrix} = \frac{|A|}{\lambda}\begin{bmatrix} 1 \\ b \\ 1 \end{bmatrix}.$$

由此得方程组

$$\begin{cases} 3 + b = \dfrac{|A|}{\lambda}, & \textcircled{1} \\[2mm] 2 + 2b = \dfrac{|A|}{\lambda}b, & \textcircled{2} \\[2mm] a + b + 1 = \dfrac{|A|}{\lambda}. & \textcircled{3} \end{cases}$$

$\textcircled{3} - \textcircled{1}$ 得 $a = 2$. 又由 $\textcircled{1} \times b - \textcircled{2}$ 得 $b^2 + b - 2 = 0$, 知 $b = 1$ 或 $b = -2$.

因为 $|A| = \begin{vmatrix} 2 & 1 & 1 \\ 1 & 2 & 1 \\ 1 & 1 & a \end{vmatrix} = \begin{vmatrix} 2 & 1 & 1 \\ 1 & 2 & 1 \\ 1 & 1 & 2 \end{vmatrix} = 4 \xRightarrow{\text{由}\textcircled{1}} \lambda = \dfrac{|A|}{3 + b} = \dfrac{4}{3 + b}.$

所以, 当 $b = 1$ 时, $\lambda = 1$; 当 $b = -2$ 时, $\lambda = 4$.

> **评注** 要有转换的思想, 要会用定义法建立方程组求参数.

数学二

综 述

从上题不难看出,首先应当掌握由 $|\lambda E - A| = 0$ 求矩阵 A 的特征值,由 $(\lambda E - A)x = 0$ 求基础解系而得到属于特征值 λ 的线性无关的特征向量,特别地,若 $r(A) = 1$,则矩阵 A 的特征值是 $\lambda_1 = \sum a_{ii}, \lambda_2 = \cdots = \lambda_n = 0$.

其次,要会用定义法分析出抽象矩阵的特征值,应当熟悉 $A, A^2, A + kE, A^{-1}, A^*, \cdots$ 等矩阵的特征值、特征向量之间的相互关系.

第三,要会用特征值、特征向量的定义建立方程组来求解参数,应当有转换的思想.

第四,特征值、特征向量有许多重要的性质,例如 $|A| = \prod \lambda_i, \sum a_{ii} = \sum \lambda_i$,若能灵活运用这些公式,将给我们的计算及判断带来方便.

二、相似矩阵与相似对角化

3. (22,5 分) 设 $\Lambda = \begin{pmatrix} 1 & 0 & 0 \\ 0 & -1 & 0 \\ 0 & 0 & 0 \end{pmatrix}$,则 A 的特征值为 $1, -1, 0$ 的充分必要条件是（　　）。

（A）　存在可逆矩阵 P, Q,使得 $A = P\Lambda Q$
（B）　存在可逆矩阵 P,使得 $A = P\Lambda P^{-1}$
（C）　存在正交矩阵 Q,使得 $A = Q\Lambda Q^{-1}$
（D）　存在可逆矩阵 P,使得 $A = P\Lambda P^{\mathrm{T}}$

【分析】　如果 3 阶矩阵 A 的特征值为 $1, -1, 0$,则 A 有 3 个不同特征值,因此相似于对角矩阵 Λ,反之若 $A \sim \Lambda$,则 A 和 Λ 的特征值一样,也为 $1, -1, 0$. 于是 A 的特征值为 $1, -1, 0$ 的充分必要条件为 A 相似于 Λ,也就是(B).

- -

4. (21,12 分) 设矩阵 $A = \begin{pmatrix} 2 & 1 & 0 \\ 1 & 2 & 0 \\ 1 & a & b \end{pmatrix}$ 仅有两个不同的特征值,若 A 相似于对角矩阵,求 a, b 的值,并求可逆矩阵 P,使 $P^{-1}AP$ 为对角矩阵.

【分析与求解】　先求 A 的特征值

$$|\lambda E - A| = \begin{vmatrix} \lambda - 2 & -1 & 0 \\ -1 & \lambda - 2 & 0 \\ -1 & -a & \lambda - b \end{vmatrix} = (\lambda - b)(\lambda^2 - 4\lambda + 3) = (\lambda - b)(\lambda - 1)(\lambda - 3).$$

A 的特征值为 $b, 1, 3$.

因为 A 只有两个不同特征值,$b = 1$ 或 3.

(1) 当 $b = 1$ 时,1 是 A 的二重特征值. 因为 A 相似于对角矩阵,所以 $r(A - E) = 1$.

$$A - E = \begin{pmatrix} 1 & 1 & 0 \\ 1 & 1 & 0 \\ 1 & a & 0 \end{pmatrix} \rightarrow \begin{pmatrix} 1 & 1 & 0 \\ 0 & a-1 & 0 \\ 0 & 0 & 0 \end{pmatrix}$$

则 $a = 1$.

求出 $(A - E)x = O$ 的一个基础解系 $\alpha_1 = (1, -1, 0)^{\mathrm{T}}, \alpha_2 = (0, 0, 1)^{\mathrm{T}}$.

求出 $(A - 3E)x = O$ 的一个非零解 $\alpha_3 = (1,1,1)^T$.

令 $P = (\alpha_1, \alpha_2, \alpha_3)$，则

$$P^{-1}AP = \begin{pmatrix} 1 & 0 & 0 \\ 0 & 1 & 0 \\ 0 & 0 & 3 \end{pmatrix}$$

（2）当 $b = 3$ 时，3 是 A 的二重特征值，$r(A - 3E) = 1$

$$A - 3E = \begin{pmatrix} -1 & 1 & 0 \\ 1 & -1 & 0 \\ 1 & a & 0 \end{pmatrix} \rightarrow \begin{pmatrix} -1 & 1 & 0 \\ 0 & 0 & 0 \\ 0 & a+1 & 0 \end{pmatrix},$$

则 $a = -1$.

求出 $(A - 3E)x = O$ 的一个基础解系 $\eta_1 = (1,1,0)^T, \eta_2 = (0,0,1)^T$

求出 $(A - E)x = O$ 的一个非零解 $\eta_3 = (1, -1, -1)^T$.

令 $P = (\eta_1, \eta_2, \eta_3)$，则 $P^{-1}AP = \begin{pmatrix} 3 & 0 & 0 \\ 0 & 3 & 0 \\ 0 & 0 & 1 \end{pmatrix}$.

5.（20,11 分） 设 A 为 2 阶矩阵，$P = (\alpha, A\alpha)$，其中 α 是非零向量且不是 A 的特征向量.

（1）证明 P 为可逆矩阵；

（2）若 $A^2\alpha + A\alpha - 6\alpha = O$，求 $P^{-1}AP$，并判断 A 是否相似于对角矩阵.

【分析于求解】（1）因为 $\alpha \neq O$，且不是 A 的特征向量，所以 $\alpha, A\alpha$ 线性无关，于是 $r(P) = r(\alpha, A\alpha) = 2$，$P$ 可逆.

（2）因为 $P^{-1}P = E$，所以 $P^{-1}\alpha = \begin{pmatrix} 1 \\ 0 \end{pmatrix}, P^{-1}A\alpha = \begin{pmatrix} 0 \\ 1 \end{pmatrix}$. 于是

$$P^{-1}AP = P^{-1}(A\alpha, A^2\alpha)$$

$$= P^{-1}(A\alpha, -A\alpha + 6\alpha) = \begin{pmatrix} 0 & 6 \\ 1 & -1 \end{pmatrix}.$$

因为 A 与 $P^{-1}AP$ 相似，它们有相同的特征值.

$$|\lambda E - P^{-1}AP| = \begin{vmatrix} \lambda & -6 \\ -1 & \lambda+1 \end{vmatrix} = \lambda^2 + \lambda - 6 = (\lambda + 3)(\lambda - 2)$$

于是 A 的特征值为 -3 和 2，因此 A 的 2 个特征值都是一重的，A 相似于对角矩阵.

6.（19,11 分） 矩阵 $A = \begin{bmatrix} -2 & -2 & 1 \\ 2 & x & -2 \\ 0 & 0 & -2 \end{bmatrix}, B = \begin{bmatrix} 2 & 1 & 0 \\ 0 & -1 & 0 \\ 0 & 0 & y \end{bmatrix}$ 相似

（Ⅰ）求 x, y；

（Ⅱ）求可逆矩阵 P，使得 $P^{-1}AP = B$.

【分析与求解】（Ⅰ）A 与 B 相似，则 $\mathrm{tr}(A) = \mathrm{tr}(B)$，得 $x - 4 = y + 1$；

$|A| = |B|$，得 $4(x - 2) = -2y$

解得 $x = 3, y = -2$.

（Ⅱ）$A = \begin{bmatrix} -2 & -2 & 1 \\ 2 & 3 & -2 \\ 0 & 0 & -2 \end{bmatrix}, B = \begin{bmatrix} 2 & 1 & 0 \\ 0 & -1 & 0 \\ 0 & 0 & -2 \end{bmatrix}$

它们的特征值都是 $2, -1, -2$.

依次对特征值 $2, -1, -2$ 求出 A 的一个相应的特征向量 $(1, -2, 0)^T, (2, -1, 0)^T$ 和 $(1, -2,$

$-4)^T.$

构造可逆矩阵

$$P_1 = \begin{bmatrix} 1 & 2 & 1 \\ -2 & -1 & -2 \\ 1 & 0 & -4 \end{bmatrix}, \quad \text{则} \quad P_1^{-1}AP_1 = \begin{bmatrix} 2 & 0 & 0 \\ 0 & -1 & 0 \\ 0 & 0 & -2 \end{bmatrix}.$$

依次对特征值 2, -1, -2 求出 B 的一个相应的特征向量 $(1,0,0)^T$, $(-1,3,0)^T$ 和 $(0,0,1)^T$.

构造可逆矩阵

$$P_2 = \begin{bmatrix} 1 & -1 & 0 \\ 0 & 3 & 0 \\ 0 & 0 & 1 \end{bmatrix}, \quad \text{则} \quad P_2^{-1}BP_2 = \begin{bmatrix} 2 & 0 & 0 \\ 0 & -1 & 0 \\ 0 & 0 & -2 \end{bmatrix}.$$

令 $P = P_1P_2^{-1}$,则 $P^{-1}AP = B$.

$$P = \begin{bmatrix} 1 & 1 & 1 \\ -2 & -1 & -2 \\ 1 & 0 & -4 \end{bmatrix}.$$

---

7. (18,4 分) 下列矩阵中与矩阵 $\begin{bmatrix} 1 & 1 & 0 \\ 0 & 1 & 1 \\ 0 & 0 & 1 \end{bmatrix}$ 相似的为

(A) $\begin{bmatrix} 1 & 1 & -1 \\ 0 & 1 & 1 \\ 0 & 0 & 1 \end{bmatrix}.$

(B) $\begin{bmatrix} 1 & 0 & -1 \\ 0 & 1 & 1 \\ 0 & 0 & 1 \end{bmatrix}.$

(C) $\begin{bmatrix} 1 & 1 & -1 \\ 0 & 1 & 0 \\ 0 & 0 & 1 \end{bmatrix}.$

(D) $\begin{bmatrix} 1 & 0 & -1 \\ 0 & 1 & 0 \\ 0 & 0 & 1 \end{bmatrix}.$

【分析】 设 $A = \begin{bmatrix} 1 & 1 & 0 \\ 0 & 1 & 1 \\ 0 & 0 & 1 \end{bmatrix}$. A 和各选项中的矩阵都不相似于对角矩阵. 对这样的两个矩阵,要判定它们相似没有有效的方法,而判定它们不相似是有办法的. 因此本题采用排除法较好.

工具:相似的矩阵秩相等. 若 A 相似于 B,则 $A - E$ 相似于 $B - E$,从而 $r(A - E) = r(B - E)$.

$$A - E = \begin{bmatrix} 0 & 1 & 0 \\ 0 & 0 & 1 \\ 0 & 0 & 0 \end{bmatrix}, \quad r(A - E) = 2.$$

而当 B 取(B),(C),(D) 中的任一矩阵时 $r(B - E) = 1$. 从而(B),(C),(D) 都排除,故选(A).

---

8. (17,4 分) 设 A 为三阶矩阵,$P = (\alpha_1, \alpha_2, \alpha_3)$ 为可逆矩阵,使得 $P^{-1}AP = \begin{bmatrix} 0 & 0 & 0 \\ 0 & 1 & 0 \\ 0 & 0 & 2 \end{bmatrix}$,则 $A(\alpha_1$

$+ \alpha_2 + \alpha_3) =$

(A) $\alpha_1 + \alpha_2.$ (B) $\alpha_2 + 2\alpha_3.$

(C) $\alpha_2 + \alpha_3.$ (D) $\alpha_1 + 2\alpha_2.$

【解析】 $P^{-1}AP = \begin{bmatrix} 0 & 0 & 0 \\ 0 & 1 & 0 \\ 0 & 0 & 2 \end{bmatrix}$,说明 $\alpha_1, \alpha_2, \alpha_3$ 都是 A 的特征向量,特征值依次为 0,1,2. 于是

$$A(\alpha_1 + \alpha_2 + \alpha_3) = A\alpha_1 + A\alpha_2 + A\alpha_3 = \alpha_2 + 2\alpha_3$$

故选(B).

---

9. (17,4 分) 已知矩阵 $A = \begin{bmatrix} 2 & 0 & 0 \\ 0 & 2 & 1 \\ 0 & 0 & 1 \end{bmatrix}, B = \begin{bmatrix} 2 & 1 & 0 \\ 0 & 2 & 0 \\ 0 & 0 & 1 \end{bmatrix}, C = \begin{bmatrix} 1 & 0 & 0 \\ 0 & 2 & 0 \\ 0 & 0 & 2 \end{bmatrix}$, 则

(A) A 与 C 相似，B 与 C 相似.

(B) A 与 C 相似，B 与 C 不相似.

(C) A 与 C 不相似，B 与 C 相似.

(D) A 与 C 不相似，B 与 C 不相似.

【解析】 A 和 B 都是上三角矩阵，特征值是对角线上的元素，都是 $1,2,2$. 它们是否与 C 相似只用看是否可相似对角化.

对二重特征值 $2, n - r(A - 2E) = 3 - 1 = 2$(等于重数)，于是 A 可相似对角化，A 相似于 C.

对二重特征值 $2, n - r(B - 2E) = 3 - 2 = 1$(小于重数)，于是 B 不可相似对角化，B 不相似于 C.

选(B).

---

10. (16,4 分) 设 A, B 是可逆矩阵，且 A 与 B 相似，则下列结论错误的是

(A) A^{T} 与 B^{T} 相似.

(B) A^{-1} 与 B^{-1} 相似.

(C) $A + A^{\mathrm{T}}$ 与 $B + B^{\mathrm{T}}$ 相似.

(D) $A + A^{-1}$ 与 $B + B^{-1}$ 相似.

【分析】 用排除法.

设可逆矩阵 P，使得 $P^{-1}AP = B$，则两边取逆得 $P^{-1}A^{-1}P = B^{-1}$，(B) 正确.

两边转置得 $P^{\mathrm{T}}A^{\mathrm{T}}(P^{\mathrm{T}})^{-1} = B^{\mathrm{T}}$，(A) 正确.

于是 $P^{-1}(A + A^{-1})P = P^{-1}AP + P^{-1}A^{-1}P = B + B^{-1}$，(D) 正确. 故(A),(B),(D) 都排除，选(C).

---

11. (15,11 分) 设矩阵 $A = \begin{bmatrix} 0 & 2 & -3 \\ -1 & 3 & -3 \\ 1 & -2 & a \end{bmatrix}$ 相似于矩阵 $B = \begin{bmatrix} 1 & -2 & 0 \\ 0 & b & 0 \\ 0 & 3 & 1 \end{bmatrix}$.

(Ⅰ)求 a, b 的值；(Ⅱ)求可逆矩阵 P，使 $P^{-1}AP$ 为对角矩阵.

【解】 (Ⅰ) 因为 A, B 相似，所以 $\mathrm{tr}(A) = \mathrm{tr}(B)$，并且 $|A| = |B|$，得

$$\begin{cases} 3 + a = 2 + b, \\ 2a - 3 = b, \end{cases}$$

解得 $a = 4, b = 5$.

(Ⅱ)$A = \begin{bmatrix} 0 & 2 & -3 \\ -1 & 3 & -3 \\ 1 & -2 & 4 \end{bmatrix}, \quad B = \begin{bmatrix} 1 & -2 & 0 \\ 0 & 5 & 0 \\ 0 & 3 & 1 \end{bmatrix},$

$|\lambda E - B| = (\lambda - 1)^2(\lambda - 5)$，$B$ 的特征值为 $1,1,5$. A, B 相似，A 的特征值也是 $1,1,5$.

求 A 的属于特征值 1 的特征向量：

$$A - E = \begin{bmatrix} -1 & 2 & -3 \\ -1 & 2 & -3 \\ 1 & -2 & 3 \end{bmatrix} \rightarrow \begin{bmatrix} 1 & -2 & 3 \\ 0 & 0 & 0 \\ 0 & 0 & 0 \end{bmatrix},$$

$(A - E)X = 0$ 和 $x_1 - 2x_2 + 3x_3 = 0$ 同解，求得两个无关的特征向量 $(2,1,0)^{\mathrm{T}}$ 和 $(3,0,-1)^{\mathrm{T}}$.

求 A 的属于特征值 5 的特征向量：

$$A - 5E = \begin{bmatrix} -5 & 2 & -3 \\ -1 & -2 & -3 \\ 1 & -2 & -1 \end{bmatrix} \rightarrow \begin{bmatrix} 1 & 0 & 1 \\ 0 & 1 & 1 \\ 0 & 0 & 0 \end{bmatrix},$$

$(A - 5E)X = 0$ 和 $\begin{cases} x_1 + x_3 = 0 \\ x_2 + x_3 = 0 \end{cases}$ 同解，求得一个特征向量 $(1,1,-1)^T$.

构造矩阵 $P = \begin{bmatrix} 2 & 3 & 1 \\ 1 & 0 & 1 \\ 0 & -1 & -1 \end{bmatrix}$，则 $P^{-1}AP = \begin{bmatrix} 1 & 0 & 0 \\ 0 & 1 & 0 \\ 0 & 0 & 5 \end{bmatrix}$.

------

12. (13,4分)　矩阵 $\begin{bmatrix} 1 & a & 1 \\ a & b & a \\ 1 & a & 1 \end{bmatrix}$ 与 $\begin{bmatrix} 2 & 0 & 0 \\ 0 & b & 0 \\ 0 & 0 & 0 \end{bmatrix}$ 相似的充分必要条件为

(A)　$a = 0, b = 2$.

(B)　$a = 0, b$ 为任意常数.

(C)　$a = 2, b = 0$.

(D)　$a = 2, b$ 为任意常数.

【分析】　记 $A = \begin{bmatrix} 1 & a & 1 \\ a & b & a \\ 1 & a & 1 \end{bmatrix}$，$A$ 是实对称矩阵，相似于对角矩阵，因此只用看两个矩阵特征值是否一样. 考察矩阵 A 的特征值为 $2, b, 0$ 的条件.

首先，显然 $|A| = 0$，因此 0 是 A 的特征值.

其次，矩阵 A 的迹 $\text{tr}(A) = 2 + b$，因此如果 2 是矩阵 A 的特征值，则 b 就是矩阵 A 的另一个特征值. 于是"充要条件"为 2 是 A 的特征值. 由

$$|2E - A| = \begin{vmatrix} 1 & -a & -1 \\ -a & 2-b & -a \\ -1 & -a & 1 \end{vmatrix} = -4a^2 = 0 \Rightarrow a = 0.$$

因此充要条件为 $a = 0, b$ 为任意常数，故应选（B）.

------

13. (14,11分)　证明 n 阶矩阵 $\begin{bmatrix} 1 & 1 & \cdots & 1 \\ 1 & 1 & \cdots & 1 \\ \vdots & \vdots & & \vdots \\ 1 & 1 & \cdots & 1 \end{bmatrix}$ 与 $\begin{bmatrix} 0 & \cdots & 0 & 1 \\ 0 & \cdots & 0 & 2 \\ \vdots & \cdots & & \vdots \\ 0 & \cdots & 0 & n \end{bmatrix}$ 相似.

【证明】　记 A, B 分别是左，右这两个矩阵.

① 先说明 A 与 B 特征值相同

B 是上三角矩阵，特征值为对角线上元素 $0, 0, \cdots, 0, n$.

A 的秩为 1，特征值为 $0, 0, \cdots, 0, \text{tr}(A) = n$.

A, B 的特征值都是 $0(n-1$ 重$)$ 和 $n(1$ 重$)$.

② 再说明 A 与 B 都相似于对角矩阵.

A 是实对称矩阵. 可相似对角化，对于 B，其 $n-1$ 重特征值 0 满足重数 $n-1 = n - r(B - 0E)$，因此 B 也可相似对角化.

于是 A 与 B 都相似于 $\begin{bmatrix} 0 & 0 & \cdots & 0 \\ 0 & 0 & \cdots & 0 \\ \vdots & \vdots & & \vdots \\ 0 & 0 & \cdots & n \end{bmatrix}$. 由相似关系的传递性，得 $A \sim B$.

14.（09,4分）　设 $\boldsymbol{\alpha}, \boldsymbol{\beta}$ 为 3 维列向量，$\boldsymbol{\beta}^T$ 为 $\boldsymbol{\beta}$ 的转置. 若矩阵 $\boldsymbol{\alpha}\boldsymbol{\beta}^T$ 相似于 $\begin{bmatrix} 2 & 0 & 0 \\ 0 & 0 & 0 \\ 0 & 0 & 0 \end{bmatrix}$，则 $\boldsymbol{\beta}^T\boldsymbol{\alpha} =$

_____.

【分析】 记 $A = \alpha \beta^T$，由于 $A \sim \begin{bmatrix} 2 & & \\ & 0 & \\ & & 0 \end{bmatrix}$，所以它们有相同的迹，即

$$\sum a_{ii} = 2 + 0 + 0 = 2, \text{于是} \beta^T \alpha = 2.$$

注意 $\quad A = \begin{bmatrix} a_1 \\ a_2 \\ a_3 \end{bmatrix} (b_1, b_2, b_3) = \begin{bmatrix} a_1 b_1 & a_1 b_2 & a_1 b_3 \\ a_2 b_1 & a_2 b_2 & a_2 b_3 \\ a_3 b_1 & a_3 b_2 & a_3 b_3 \end{bmatrix},$

则迹 $\quad tr(A) = a_1 b_1 + a_2 b_2 + a_3 b_3 = \beta^T \alpha = \alpha^T \beta.$

本题考查相似矩阵的性质以及秩为 1 的矩阵 $\alpha \beta^T$ 的迹就是 $\alpha^T \beta$.

► 下面的题目应当掌握

(1)(05,4,13 分) 设 A 为 3 阶矩阵，$\alpha_1, \alpha_2, \alpha_3$ 是线性无关的 3 维列向量，且满足

$$A\alpha_1 = \alpha_1 + \alpha_2 + \alpha_3, \quad A\alpha_2 = 2\alpha_2 + \alpha_3, \quad A\alpha_3 = 2\alpha_2 + 3\alpha_3.$$

(Ⅰ)求矩阵 B，使得 $A(\alpha_1, \alpha_2, \alpha_3) = (\alpha_1, \alpha_2, \alpha_3)B$；　(Ⅱ)求矩阵 A 的特征值；

(Ⅲ)求可逆矩阵 P，使得 $P^{-1}AP$ 为对角矩阵.

【解】 (Ⅰ)按已知条件，有

$$A(\alpha_1, \alpha_2, \alpha_3) = (\alpha_1 + \alpha_2 + \alpha_3, 2\alpha_2 + \alpha_3, 2\alpha_2 + 3\alpha_3) = (\alpha_1, \alpha_2, \alpha_3) \begin{bmatrix} 1 & 0 & 0 \\ 1 & 2 & 2 \\ 1 & 1 & 3 \end{bmatrix},$$

所以矩阵 $B = \begin{bmatrix} 1 & 0 & 0 \\ 1 & 2 & 2 \\ 1 & 1 & 3 \end{bmatrix}.$

(Ⅱ)因为 $\alpha_1, \alpha_2, \alpha_3$ 线性无关，矩阵 $C = (\alpha_1, \alpha_2, \alpha_3)$ 可逆，所以 $C^{-1}AC = B$，即 A 与 B 相似. 由

$$|\lambda E - B| = \begin{vmatrix} \lambda - 1 & 0 & 0 \\ -1 & \lambda - 2 & -2 \\ -1 & -1 & \lambda - 3 \end{vmatrix} = (\lambda - 1)^2 (\lambda - 4),$$

知矩阵 B 的特征值是 1,1,4. 故矩阵 A 的特征值是 1,1,4.

(Ⅲ)对于矩阵 B，由 $(E - B)x = 0$，$E - B = \begin{bmatrix} 0 & 0 & 0 \\ -1 & -1 & -2 \\ -1 & -1 & -2 \end{bmatrix} \rightarrow \begin{bmatrix} 1 & 1 & 2 \\ 0 & 0 & 0 \\ 0 & 0 & 0 \end{bmatrix},$

得特征向量 $\eta_1 = (-1, 1, 0)^T$，　$\eta_2 = (-2, 0, 1)^T$.

由 $(4E - B)x = 0$，$4E - B = \begin{bmatrix} 3 & 0 & 0 \\ -1 & 2 & -2 \\ -1 & -1 & 1 \end{bmatrix} \rightarrow \begin{bmatrix} 1 & 0 & 0 \\ 0 & 1 & -1 \\ 0 & 0 & 0 \end{bmatrix},$

得特征向量 $\eta_3 = (0, 1, 1)^T$.

那么令 $P_1 = (\eta_1, \eta_2, \eta_3)$，有 $P_1^{-1}BP_1 = \begin{bmatrix} 1 & & \\ & 1 & \\ & & 4 \end{bmatrix}.$

从而 $P_1^{-1}C^{-1}ACP_1 = \begin{bmatrix} 1 & & \\ & 1 & \\ & & 4 \end{bmatrix}.$

故当 $P = CP_1 = (\alpha_1, \alpha_2, \alpha_3) \begin{bmatrix} -1 & -2 & 0 \\ 1 & 0 & 1 \\ 0 & 1 & 1 \end{bmatrix} = (-\alpha_1 + \alpha_2, -2\alpha_1 + \alpha_3, \alpha_2 + \alpha_3)$ 时，

$$P^{-1}AP = \begin{bmatrix} 1 & & \\ & 1 & \\ & & 4 \end{bmatrix}.$$

评注 若 $C^{-1}AC = B, B\alpha = \lambda\alpha$, 则 $A(C\alpha) = \lambda(C\alpha)$.

因为矩阵 B 关于 $\lambda = 1$ 的特征向量是 η_1, η_2, 所以矩阵 A 关于 $\lambda = 1$ 的特征向量是 $C\eta_1, C\eta_2$, 即

$$(\alpha_1, \alpha_2, \alpha_3)\begin{bmatrix} -1 \\ 1 \\ 0 \end{bmatrix}, \quad (\alpha_1, \alpha_2, \alpha_3)\begin{bmatrix} -2 \\ 0 \\ 1 \end{bmatrix}.$$

又因矩阵 B 关于 $\lambda = 4$ 的特征向量是 η_3, 所以矩阵 A 关于 $\lambda = 4$ 的特征向量是 $C\eta_3$, 即

$$(\alpha_1, \alpha_2, \alpha_3)\begin{bmatrix} 0 \\ 1 \\ 1 \end{bmatrix}.$$

这样矩阵 A 的三个特征向量为: $-\alpha_1 + \alpha_2, -2\alpha_1 + \alpha_3, \alpha_2 + \alpha_3$. 那么按相似对角化原理,令

$$P = (-\alpha_1 + \alpha_2, -2\alpha_1 + \alpha_3, \alpha_2 + \alpha_3), \text{有 } P^{-1}AP = \begin{bmatrix} 1 & & \\ & 1 & \\ & & 4 \end{bmatrix}.$$

(2) (03,2,10分) 若矩阵 $A = \begin{bmatrix} 2 & 2 & 0 \\ 8 & 2 & a \\ 0 & 0 & 6 \end{bmatrix}$ 相似于对角矩阵 Λ, 试确定常数 a 的值;并求可逆矩阵 P,使 $P^{-1}AP = \Lambda$.

【解】 由矩阵 A 的特征多项式

$$|\lambda E - A| = \begin{vmatrix} \lambda - 2 & -2 & 0 \\ -8 & \lambda - 2 & -a \\ 0 & 0 & \lambda - 6 \end{vmatrix} = (\lambda - 6)\begin{vmatrix} \lambda - 2 & -2 \\ -8 & \lambda - 2 \end{vmatrix} = (\lambda - 6)^2(\lambda + 2),$$

得知 A 的特征值为 $\lambda_1 = \lambda_2 = 6, \lambda_3 = -2$.

由于 A 相似于对角矩阵 Λ, 而 $\lambda = 6$ 是二重特征值,故 $\lambda = 6$ 应有两个线性无关的特征向量,因此矩阵 $6E - A$ 的秩必为 1. 从而由

$$6E - A = \begin{bmatrix} 4 & -2 & 0 \\ -8 & 4 & -a \\ 0 & 0 & 0 \end{bmatrix} \rightarrow \begin{bmatrix} 4 & -2 & 0 \\ 0 & 0 & a \\ 0 & 0 & 0 \end{bmatrix} \Rightarrow a = 0.$$

当 $\lambda = 6$ 时,由 $(6E - A)x = 0$, $6E - A = \begin{bmatrix} 4 & -2 & 0 \\ -8 & 4 & 0 \\ 0 & 0 & 0 \end{bmatrix} \rightarrow \begin{bmatrix} 2 & -1 & 0 \\ 0 & 0 & 0 \\ 0 & 0 & 0 \end{bmatrix}$,

得到矩阵 A 属于特征值 $\lambda = 6$ 的线性无关的特征向量为 $\alpha_1 = (1,2,0)^T$, $\alpha_2 = (0,0,1)^T$.

当 $\lambda = -2$ 时,由 $(-2E - A)x = 0$,

$$-2E - A = \begin{bmatrix} -4 & -2 & 0 \\ -8 & -4 & 0 \\ 0 & 0 & -8 \end{bmatrix} \rightarrow \begin{bmatrix} 2 & 1 & 0 \\ 0 & 0 & 1 \\ 0 & 0 & 0 \end{bmatrix},$$

得到属于特征值 $\lambda = -2$ 的特征向量为 $\alpha_3 = (1, -2, 0)^T$.

那么,令

$$P = (\alpha_1, \alpha_2, \alpha_3) = \begin{bmatrix} 1 & 0 & 1 \\ 2 & 0 & -2 \\ 0 & 1 & 0 \end{bmatrix},$$

则 $P^{-1}AP = \Lambda = \begin{bmatrix} 6 & & \\ & 6 & \\ & & -2 \end{bmatrix}$.

> **评注** 做这类题时,要知道相似对角化的充分必要条件.
>
> 若 $P^{-1}AP = \Lambda = \begin{bmatrix} a_1 & & \\ & a_2 & \\ & & a_3 \end{bmatrix}$,其中 $P = (\boldsymbol{\alpha}_1, \boldsymbol{\alpha}_2, \boldsymbol{\alpha}_3)$,则矩阵 A 的特征值是 a_1, a_2, a_3,而 $\boldsymbol{\alpha}_1$,
>
> $\boldsymbol{\alpha}_2, \boldsymbol{\alpha}_3$ 分别是属于特征值 a_1, a_2, a_3 的特征向量.
>
> 求可逆矩阵 P 就是求矩阵 A 的特征向量;求对角矩阵 Λ 就是求 A 的特征值.

综 述

要理解矩阵相似的概念,掌握相似矩阵的性质,了解矩阵可相似对角化的充分必要条件,掌握将矩阵化为相似对角矩阵的方法.

应当会用相似的性质建立方程组求矩阵的参数,会用相似对角化的理论,通过秩来求参数,用特征值、特征向量的定义建立方程组来求参数.这是特征值问题中三个重要的求参数的方法.

要会求 $P^{-1}AP = \Lambda$ 时的矩阵 P 及 Λ.当 $P^{-1}AP = B$ 时,如何求矩阵 P?

如何用相似对角化的理论,由特征值、特征向量反求矩阵 A?求 A^n 及 $A^n \boldsymbol{\beta}$?

三、实对称矩阵的特征值与特征向量

15.(20,4分) 设 A 为 3 阶矩阵,$\boldsymbol{\alpha}_1, \boldsymbol{\alpha}_2$ 为 A 的属于特征值 1 的线性无关的特征向量,$\boldsymbol{\alpha}_3$ 为 A 的

属于特征值 -1 的特征向量,则满足 $P^{-1}AP = \begin{pmatrix} 1 & 0 & 0 \\ 0 & -1 & 0 \\ 0 & 0 & 1 \end{pmatrix}$ 的可逆矩阵 P 可为

(A) $(\boldsymbol{\alpha}_1 + \boldsymbol{\alpha}_3, \boldsymbol{\alpha}_2, -\boldsymbol{\alpha}_3)$ (B) $(\boldsymbol{\alpha}_1 + \boldsymbol{\alpha}_2, \boldsymbol{\alpha}_2, -\boldsymbol{\alpha}_3)$

(C) $(\boldsymbol{\alpha}_1 + \boldsymbol{\alpha}_3, \boldsymbol{\alpha}_3, -\boldsymbol{\alpha}_2)$ (D) $(\boldsymbol{\alpha}_1 + \boldsymbol{\alpha}_2, \boldsymbol{\alpha}_3, -\boldsymbol{\alpha}_2)$

【分析】 要使得 $P^{-1}AP = \begin{pmatrix} 1 & 0 & 0 \\ 0 & -1 & 0 \\ 0 & 0 & 1 \end{pmatrix}$,矩阵 P 的 3 个列向量必须是 A 的 3 个线性无关的特征向

量,并且特征值依次为 $1, -1, 1$.

因为 $\boldsymbol{\alpha}_1, \boldsymbol{\alpha}_3$ 是 A 的特征值不同的两个特征向量,所以 $\boldsymbol{\alpha}_1 + \boldsymbol{\alpha}_3$ 不是 A 的特征向量,因此(A),(C)都排除.

$$A(-\boldsymbol{\alpha}_3) = -A(\boldsymbol{\alpha}_3) = -(-\boldsymbol{\alpha}_3).$$

因此 $-\boldsymbol{\alpha}_3$ 是 A 的特征向量,特征值是 -1.于是(B)也可排除.用排除法知应选(D).

也可直接说明(D)正确.因为 $\boldsymbol{\alpha}_1, \boldsymbol{\alpha}_2$ 线性无关,所以 $\boldsymbol{\alpha}_1 + \boldsymbol{\alpha}_2 \neq \boldsymbol{O}$,且

$$A(\boldsymbol{\alpha}_1 + \boldsymbol{\alpha}_2) = A\boldsymbol{\alpha}_1 + A\boldsymbol{\alpha}_2 = \boldsymbol{\alpha}_1 + \boldsymbol{\alpha}_2,$$

于是 $\boldsymbol{\alpha}_1 + \boldsymbol{\alpha}_2$ 是 A 的特征值为 1 的特征向量.又 $\boldsymbol{\alpha}_1, \boldsymbol{\alpha}_2$ 线性无关,有 $r(\boldsymbol{\alpha}_1, \boldsymbol{\alpha}_2) = 2$,则 $r(\boldsymbol{\alpha}_1 + \boldsymbol{\alpha}_2, \boldsymbol{\alpha}_2) = r(\boldsymbol{\alpha}_1,$

$\boldsymbol{\alpha}_2) = 2$,因此 $\boldsymbol{\alpha}_1 + \boldsymbol{\alpha}_2, \boldsymbol{\alpha}_2$ 线性无关,加进与它们特征值不一样的 $-\boldsymbol{\alpha}_3$,得线性无关特征向量组 $\boldsymbol{\alpha}_1 + \boldsymbol{\alpha}_2,$

$-\boldsymbol{\alpha}_3,\boldsymbol{\alpha}_2$,并且它们的特征值依次为 $1,-1,1$,符合要求,因此(D) 正确. 故选(D)

---

16. (11,11 分) 　设 A 为 3 阶实对称矩阵,A 的秩为 2,且

$$A\begin{bmatrix}1 & 1\\0 & 0\\-1 & 1\end{bmatrix}=\begin{bmatrix}-1 & 1\\0 & 0\\1 & 1\end{bmatrix}.$$

（Ⅰ）求 A 的所有特征值与特征向量;

（Ⅱ）求矩阵 A.

【解】 （Ⅰ）因 $\mathrm{r}(A)=2$,所以 $\lambda=0$ 是 A 的特征值.

又　　　$A\begin{bmatrix}1\\0\\-1\end{bmatrix}=\begin{bmatrix}-1\\0\\1\end{bmatrix}=-\begin{bmatrix}1\\0\\-1\end{bmatrix},\quad A\begin{bmatrix}1\\0\\1\end{bmatrix}=\begin{bmatrix}1\\0\\1\end{bmatrix},$

所以按定义 $\lambda=1$ 是 A 的特征值,$\boldsymbol{\alpha}_1=(1,0,1)^{\mathrm{T}}$ 是 A 属于 $\lambda=1$ 的特征向量;

$\lambda=-1$ 是 A 的特征值,$\boldsymbol{\alpha}_2=(1,0,-1)^{\mathrm{T}}$ 是 A 属于 $\lambda=-1$ 的特征向量.

设 $\boldsymbol{\alpha}_3=(x_1,x_2,x_3)^{\mathrm{T}}$ 是 A 属于特征值 $\lambda=0$ 的特征向量,作为实对称矩阵,不同特征值对应的特征向量相互正交,因此

$$\begin{cases}\boldsymbol{\alpha}_1^{\mathrm{T}}\boldsymbol{\alpha}_3=x_1\quad+x_3=0,\\\boldsymbol{\alpha}_2^{\mathrm{T}}\boldsymbol{\alpha}_3=x_1\quad-x_3=0,\end{cases}\quad 解出\ \boldsymbol{\alpha}_3=(0,1,0)^{\mathrm{T}}.$$

故矩阵 A 的特征值为 $1,-1,0$;特征向量依次为

$$k_1(1,0,1)^{\mathrm{T}},\ k_2(1,0,-1)^{\mathrm{T}},\ k_3(0,1,0)^{\mathrm{T}},$$

其中 k_1,k_2,k_3 均是不为 0 的任意常数.

（Ⅱ）由 $A(\boldsymbol{\alpha}_1,\boldsymbol{\alpha}_2,\boldsymbol{\alpha}_3)=(\boldsymbol{\alpha}_1,-\boldsymbol{\alpha}_2,\mathbf{0})$,有

$$A=(\boldsymbol{\alpha}_1,-\boldsymbol{\alpha}_2,\mathbf{0})(\boldsymbol{\alpha}_1,\boldsymbol{\alpha}_2,\boldsymbol{\alpha}_3)^{-1}=\begin{bmatrix}1 & -1 & 0\\0 & 0 & 0\\1 & 1 & 0\end{bmatrix}\begin{bmatrix}1 & 1 & 0\\0 & 0 & 1\\1 & -1 & 0\end{bmatrix}^{-1}=\begin{bmatrix}0 & 0 & 1\\0 & 0 & 0\\1 & 0 & 0\end{bmatrix}.$$

评注 　①本题考查用定义法(观察!)求特征值与特征向量,同时考查用实对称矩阵的隐含信息通过正交来求特征向量 $\boldsymbol{\alpha}_3$. 反求矩阵 A 亦是常考的题型.

②本题也可设 $A=\begin{bmatrix}a & b & c\\b & d & e\\c & e & f\end{bmatrix}$,由 $A\begin{bmatrix}1 & 1\\0 & 0\\-1 & 1\end{bmatrix}=\begin{bmatrix}-1 & 1\\0 & 0\\1 & 1\end{bmatrix}$ 有 $\begin{cases}a-c=-1,\\a+c=1,\\b-e=0,\\b+e=0,\\c-f=1,\\c+f=1,\end{cases}$

易得 $a=0,c=1,b=0,e=0,f=0$. 即有 $A=\begin{bmatrix}0 & 0 & 1\\0 & d & 0\\1 & 0 & 0\end{bmatrix}$,再由 $\mathrm{r}(A)=2\Rightarrow d=0$.

然后再来求特征值、特征向量.

---

17. (10,4 分) 　设 A 为 4 阶实对称矩阵,且 $A^2+A=\mathbf{0}$. 若 A 的秩为 3,则 A 相似于

(A) $\begin{bmatrix}1 & & & \\ & 1 & & \\ & & 1 & \\ & & & 0\end{bmatrix}.$　　　　　　(B) $\begin{bmatrix}1 & & & \\ & 1 & & \\ & & -1 & \\ & & & 0\end{bmatrix}.$

$$(C)\begin{bmatrix}1 & & & \\ & -1 & & \\ & & -1 & \\ & & & 0\end{bmatrix}. \qquad (D)\begin{bmatrix}-1 & & & \\ & -1 & & \\ & & -1 & \\ & & & 0\end{bmatrix}.$$

【分析】 由 $A\alpha = \lambda\alpha, \alpha \neq \mathbf{0}$ 知 $A^n\alpha = \lambda^n\alpha$.

那么对于 $A^2 + A = \mathbf{0}$ 有 $(\lambda^2 + \lambda)\alpha = \mathbf{0} \Rightarrow \lambda^2 + \lambda = 0$.

因此矩阵 A 的特征值只能是 -1 或 0.

又因 A 是实对称矩阵, A 可以相似对角化(即 $A \sim \Lambda$), 而 Λ 的对角线上的元素即是矩阵 A 的特征值, 再由相似矩阵有相同的秩 $\mathrm{r}(A) = \mathrm{r}(\Lambda) = 3$, 可知

$$A \sim \begin{bmatrix}-1 & & & \\ & -1 & & \\ & & -1 & \\ & & & 0\end{bmatrix}.$$

故应选(D).

> **评注** 也可从(A),(B),(C)这3个对角矩阵都有特征值1,看出它们不可能相似于 A. 都可排除.

---

18. (10,11 分) 设 $A = \begin{bmatrix} 0 & -1 & 4 \\ -1 & 3 & a \\ 4 & a & 0 \end{bmatrix}$, 正交矩阵 Q 使得 $Q^{\mathrm{T}}AQ$ 为对角矩阵. 若 Q 的第 1 列为 $\frac{1}{\sqrt{6}}(1,2,1)^{\mathrm{T}}$, 求 a, Q.

【分析】 因为 Q 是正交矩阵 $\Leftrightarrow Q^{\mathrm{T}} = Q^{-1}$, 所以 $Q^{\mathrm{T}}AQ = \Lambda$, 即 $Q^{-1}AQ = \Lambda$. Λ 的对角线上的元素是 A 的特征值, Q 的每个列向量都是 A 的特征向量.

【解】 按已知条件, $(1,2,1)^{\mathrm{T}}$ 是矩阵 A 的特征向量, 设特征值是 λ_1, 那么

$$\begin{bmatrix} 0 & -1 & 4 \\ -1 & 3 & a \\ 4 & a & 0 \end{bmatrix}\begin{bmatrix}1\\2\\1\end{bmatrix} = \lambda_1\begin{bmatrix}1\\2\\1\end{bmatrix} \Rightarrow \begin{cases} 0 + (-2) + 4 = \lambda_1, \\ -1 + 6 + a = 2\lambda_1, \\ 4 + 2a + 0 = \lambda_1, \end{cases} \Rightarrow \begin{cases}\lambda_1 = 2, \\ a = -1.\end{cases}$$

由

$$|\lambda E - A| = \begin{vmatrix} \lambda & 1 & -4 \\ 1 & \lambda-3 & 1 \\ -4 & 1 & \lambda \end{vmatrix}$$

$$= (\lambda - 2)(\lambda - 5)(\lambda + 4),$$

知矩阵 A 的特征值是: $2, 5, -4$.

对 $\lambda = 5$, 由 $(5E - A)x = \mathbf{0}$, $\begin{bmatrix} 5 & 1 & -4 \\ 1 & 2 & 1 \\ -4 & 1 & 5 \end{bmatrix} \to \begin{bmatrix} 1 & 2 & 1 \\ 0 & 1 & 1 \\ 0 & 0 & 0 \end{bmatrix}$,

得基础解系 $\alpha_2 = (1, -1, 1)^{\mathrm{T}}$.

对 $\lambda = -4$, 由 $(-4E - A)x = \mathbf{0}$, $\begin{bmatrix} -4 & 1 & -4 \\ 1 & -7 & 1 \\ -4 & 1 & -4 \end{bmatrix} \to \begin{bmatrix} 1 & -7 & 1 \\ 0 & 1 & 0 \\ 0 & 0 & 0 \end{bmatrix}$,

得基础解系 $\alpha_3 = (-1, 0, 1)^{\mathrm{T}}$.

因为 A 是实对称矩阵, 不同特征值对应的特征向量相互正交, 故只需把 α_2, α_3 单位化, 有

$$\gamma_2 = \frac{1}{\sqrt{3}}(1, -1, 1)^{\mathrm{T}},$$

$$\gamma_3 = \frac{1}{\sqrt{2}}(-1,0,1).$$

那么令 $Q = \begin{bmatrix} \dfrac{1}{\sqrt{6}} & \dfrac{1}{\sqrt{3}} & -\dfrac{1}{\sqrt{2}} \\ \dfrac{2}{\sqrt{6}} & -\dfrac{1}{\sqrt{3}} & 0 \\ \dfrac{1}{\sqrt{6}} & \dfrac{1}{\sqrt{3}} & \dfrac{1}{\sqrt{2}} \end{bmatrix}$，则 $Q^{\mathrm{T}}AQ = Q^{-1}AQ = \begin{bmatrix} 2 & & \\ & 5 & \\ & & -4 \end{bmatrix}.$

▶练习题

(1)(06,9分) 设3阶实对称矩阵 A 的各行元素之和均为3，向量 $\boldsymbol{\alpha}_1 = (-1,2,-1)^{\mathrm{T}}$，$\boldsymbol{\alpha}_2 = (0,-1,1)^{\mathrm{T}}$ 是线性方程组 $A\boldsymbol{x} = \boldsymbol{0}$ 的两个解.

（Ⅰ）求 A 的特征值与特征向量；

（Ⅱ）求正交矩阵 Q 和对角矩阵 $\boldsymbol{\Lambda}$，使得 $Q^{\mathrm{T}}AQ = \boldsymbol{\Lambda}$.

【解】 （Ⅰ）因为 $A\begin{bmatrix} 1 \\ 1 \\ 1 \end{bmatrix} = \begin{bmatrix} 3 \\ 3 \\ 3 \end{bmatrix} = 3\begin{bmatrix} 1 \\ 1 \\ 1 \end{bmatrix}$，所以3是矩阵 A 的特征值，$\boldsymbol{\alpha} = (1,1,1)^{\mathrm{T}}$ 是 A 属于3的特

征向量. 又 $A\boldsymbol{\alpha}_1 = \boldsymbol{0} = 0\boldsymbol{\alpha}_1$，$A\boldsymbol{\alpha}_2 = \boldsymbol{0} = 0\boldsymbol{\alpha}_2$，故 $\boldsymbol{\alpha}_1,\boldsymbol{\alpha}_2$ 是矩阵 A 属于 $\lambda = 0$ 的特征向量.

因此矩阵 A 的特征值是 $3,0,0$.

$\lambda = 3$ 的特征向量为 $k(1,1,1)^{\mathrm{T}}$，其中 $k \neq 0$ 为常数；

$\lambda = 0$ 的特征向量为 $k_1(-1,2,-1)^{\mathrm{T}} + k_2(0,-1,1)^{\mathrm{T}}$，其中 k_1,k_2 是不全为0的任意常数.

（Ⅱ）因为 $\boldsymbol{\alpha}_1,\boldsymbol{\alpha}_2$ 不正交，故要 Schmidt 正交化.

$$\boldsymbol{\beta}_1 = \boldsymbol{\alpha}_1 = (-1,2,-1)^{\mathrm{T}},$$

$$\boldsymbol{\beta}_2 = \boldsymbol{\alpha}_2 - \frac{(\boldsymbol{\alpha}_2,\boldsymbol{\beta}_1)}{(\boldsymbol{\beta}_1,\boldsymbol{\beta}_1)}\boldsymbol{\beta}_1 = \begin{bmatrix} 0 \\ -1 \\ 1 \end{bmatrix} - \frac{-3}{6}\begin{bmatrix} -1 \\ 2 \\ -1 \end{bmatrix} = \frac{1}{2}\begin{bmatrix} -1 \\ 0 \\ 1 \end{bmatrix}.$$

单位化 $\boldsymbol{\gamma}_1 = \dfrac{1}{\sqrt{6}}\begin{bmatrix} -1 \\ 2 \\ -1 \end{bmatrix}$，$\boldsymbol{\gamma}_2 = \dfrac{1}{\sqrt{2}}\begin{bmatrix} -1 \\ 0 \\ 1 \end{bmatrix}$，$\boldsymbol{\gamma}_3 = \dfrac{1}{\sqrt{3}}\begin{bmatrix} 1 \\ 1 \\ 1 \end{bmatrix}.$

那么令 $Q = (\boldsymbol{\gamma}_1,\boldsymbol{\gamma}_2,\boldsymbol{\gamma}_3) = \begin{bmatrix} -\dfrac{1}{\sqrt{6}} & -\dfrac{1}{\sqrt{2}} & \dfrac{1}{\sqrt{3}} \\ \dfrac{2}{\sqrt{6}} & 0 & \dfrac{1}{\sqrt{3}} \\ -\dfrac{1}{\sqrt{6}} & \dfrac{1}{\sqrt{2}} & \dfrac{1}{\sqrt{3}} \end{bmatrix}$，得 $Q^{\mathrm{T}}AQ = \boldsymbol{\Lambda} = \begin{bmatrix} 0 & & \\ & 0 & \\ & & 3 \end{bmatrix}.$

---

(2)(07,11分) 设3阶实对称矩阵 A 的特征值 $\lambda_1 = 1,\lambda_2 = 2,\lambda_3 = -2$，$\boldsymbol{\alpha}_1 = (1,-1,1)^{\mathrm{T}}$ 是 A 的属于 λ_1 的一个特征向量. 记 $B = A^5 - 4A^3 + E$，其中 E 为3阶单位矩阵.

（Ⅰ）验证 $\boldsymbol{\alpha}_1$ 是矩阵 B 的特征向量，并求 B 的全部特征值与特征向量；　（Ⅱ）求矩阵 B.

【解】 （Ⅰ）由 $A\boldsymbol{\alpha} = \lambda\boldsymbol{\alpha}$ 知 $A^n\boldsymbol{\alpha} = \lambda^n\boldsymbol{\alpha}$. 那么

$$B\boldsymbol{\alpha}_1 = (A^5 - 4A^3 + E)\boldsymbol{\alpha}_1 = A^5\boldsymbol{\alpha}_1 - 4A^3\boldsymbol{\alpha}_1 + \boldsymbol{\alpha}_1 = (\lambda_1^5 - 4\lambda_1^3 + 1)\boldsymbol{\alpha}_1 = -2\boldsymbol{\alpha}_1,$$

所以 $\boldsymbol{\alpha}_1$ 是矩阵 B 属于特征值 $\mu_1 = -2$ 的特征向量.

类似地，若 $A\boldsymbol{\alpha}_2 = \lambda_2\boldsymbol{\alpha}_2$，$A\boldsymbol{\alpha}_3 = \lambda_3\boldsymbol{\alpha}_3$，有

$$B\boldsymbol{\alpha}_2 = (\lambda_2^5 - 4\lambda_2^3 + 1)\boldsymbol{\alpha}_2 = \boldsymbol{\alpha}_2,\quad B\boldsymbol{\alpha}_3 = (\lambda_3^5 - 4\lambda_3^3 + 1)\boldsymbol{\alpha}_3 = \boldsymbol{\alpha}_3,$$

因此,矩阵 $\boldsymbol{B}$ 的特征值为 $\mu_1 = -2, \mu_2 = \mu_3 = 1$.

由矩阵 $\boldsymbol{A}$ 是实对称矩阵知矩阵 $\boldsymbol{B}$ 也是实对称矩阵,设矩阵 $\boldsymbol{B}$ 属于特征值 $\mu = 1$ 的特征向量是 $\boldsymbol{\beta} = (x_1, x_2, x_3)^{\mathrm{T}}$,那么

$$\boldsymbol{\alpha}_1^{\mathrm{T}} \boldsymbol{\beta} = x_1 - x_2 + x_3 = 0.$$

所以矩阵 $\boldsymbol{B}$ 属于特征值 $\mu = 1$ 的线性无关的特征向量是 $\boldsymbol{\beta}_2 = (1,1,0)^{\mathrm{T}}, \boldsymbol{\beta}_3 = (-1,0,1)^{\mathrm{T}}$.

因而,矩阵 $\boldsymbol{B}$ 属于特征值 $\mu_1 = -2$ 的特征向量是 $k_1(1, -1, 1)^{\mathrm{T}}$,其中 k_1 是不为 0 的任意常数.

矩阵 $\boldsymbol{B}$ 属于特征值 $\mu = 1$ 的特征向量是 $k_2(1,1,0)^{\mathrm{T}} + k_3(-1,0,1)^{\mathrm{T}}$,其中 k_2, k_3 是不全为 0 的任意常数.

（Ⅱ）由 $\boldsymbol{B}\boldsymbol{\alpha}_1 = -2\boldsymbol{\alpha}_1, \boldsymbol{B}\boldsymbol{\beta}_2 = \boldsymbol{\beta}_2, \boldsymbol{B}\boldsymbol{\beta}_3 = \boldsymbol{\beta}_3$ 有 $\boldsymbol{B}(\boldsymbol{\alpha}_1, \boldsymbol{\beta}_2, \boldsymbol{\beta}_3) = (-2\boldsymbol{\alpha}_1, \boldsymbol{\beta}_2, \boldsymbol{\beta}_3)$. 那么

$$\boldsymbol{B} = (-2\boldsymbol{\alpha}_1, \boldsymbol{\beta}_2, \boldsymbol{\beta}_3)(\boldsymbol{\alpha}_1, \boldsymbol{\alpha}_2, \boldsymbol{\alpha}_3)^{-1}$$

$$= \begin{bmatrix} -2 & 1 & -1 \\ 2 & 1 & 0 \\ -2 & 0 & 1 \end{bmatrix} \begin{bmatrix} 1 & 1 & -1 \\ -1 & 1 & 0 \\ 1 & 0 & 1 \end{bmatrix}^{-1} = \begin{bmatrix} -2 & 1 & -1 \\ 2 & 1 & 0 \\ -2 & 0 & 1 \end{bmatrix} \cdot \frac{1}{3} \begin{bmatrix} 1 & -1 & 1 \\ 1 & 2 & 1 \\ -1 & 1 & 2 \end{bmatrix}$$

$$= \begin{bmatrix} 0 & 1 & -1 \\ 1 & 0 & 1 \\ -1 & 1 & 0 \end{bmatrix}.$$

综　述

实对称矩阵必能相似对角化,且可用正交矩阵相似对角化,实对称矩阵不同特征值的特征向量相互正交,实对称矩阵的特征值必是实数,这些是实对称矩阵的重要性质.

用正交矩阵把 $\boldsymbol{A}$ 相似对角化这种常规题,解题方法步骤应清晰,若 $\boldsymbol{A}$ 的特征值有重根,则还要涉及到 Schmidt 正交化方法;练习题第(3)题考查的是"实对称矩阵不同特征值的特征向量相互正交";要清楚"实对称"这一条件是怎样应用的?

你能否想清楚,若 $\boldsymbol{A}$ 是实对称矩阵且秩 $r(\boldsymbol{A}) = r$,则 $\lambda = 0$ 必是 $\boldsymbol{A}$ 的 $n - r$ 重特征值.

第六章　二次型

编者按

　　本章是 2006 年新增加的一章. 关于二次型, 考生应重点掌握二次型的概念及标准形、二次型的正定性以及合同矩阵等内容.

一、二次型的概念及标准形

1. (22,12 分) 　已知二次型 $f(x_1,x_2,x_3) = 3x_1^2 + 4x_2^2 + 3x_3^2 + 2x_1x_3$,

(1) 求正交变换 $x = Qy$ 将 $f(x_1,x_2,x_3)$ 化为标准形;

(2) 证明 $\min\limits_{x \neq 0} \dfrac{f(x)}{x^T x} = 2$.

【分析】　(1) 写出 $f(x_1,x_2,x_3)$ 的矩阵

$$A = \begin{pmatrix} 3 & 0 & 1 \\ 0 & 4 & 0 \\ 1 & 0 & 3 \end{pmatrix}.$$

$|\lambda E - A| = (\lambda - 4)[(\lambda - 3)^2 - 1] = (\lambda - 4)^2(\lambda - 2)$

A 的特征秩为 4,4,2.

先求属于特征值 4 的两个正交特征向量, 即 $(A - 4E)x = 0$ 的两个正交非零解。

$(A - 4E)x = 0$ 和 $x_1 - x_3 = 0$ 同解。

$\alpha_1 = (1,0,1)^T, \alpha_2 = (0,1,0)^T$ 是两个正交非零解。

求出属于特征值 2 的特征向量 $\alpha_3 = (1,0,-1)^T$,

将 $\alpha_1,\alpha_2,\alpha_3$ 单位化得 A 的单位正交特征向量组:

$$\eta_1 = \frac{1}{\sqrt{2}}\alpha_1, \eta_2 = \alpha_2, \eta_3 = \frac{1}{\sqrt{2}}\alpha_3,$$

令 $Q = (\eta_1,\eta_2,\eta_3)$ 则 Q 是正交矩阵, 满足

$$Q^T A Q = Q^{-1} A Q = \begin{pmatrix} 4 & 0 & 0 \\ 0 & 4 & 0 \\ 0 & 0 & 2 \end{pmatrix},$$

则正交变换 $x = Qy$, 化 $f(x_1,x_2,x_3)$ 为 $g(x_1,x_2,x_3) = 4y_1^2 + 4y_2^2 + 2y_3^2$.

(2) 只要证明 $\min\limits_{y \neq 0} \dfrac{g(y)}{y^T y} = 2$ (见注)

$\dfrac{g(y)}{y^T y} = \dfrac{4y_1^2 + 4y_2^2 + 2y_3^2}{y_1^2 + y_2^2 + y_3^2} \geq 2$, 当 $y = (0,0,1)^T$ 时, $\dfrac{g(y)}{y^T y} = 2$, 因此最小值为 2.,

(注: $\dfrac{f(x)}{x^T x} = \dfrac{x^T A x}{x^T x} = \dfrac{y^T Q^T A Q y}{y Q^T Q y} = \dfrac{g(y)}{y^T y}$.)

2. (20,11 分) 设二次型 $f(x_1,x_2,x_3) = x_1^2 + x_2^2 + x_3^2 + 2ax_1x_2 + 2ax_1x_3 + 2ax_2x_3$ 经可逆线性变换

$$\begin{pmatrix} x_1 \\ x_2 \\ x_3 \end{pmatrix} = P\begin{pmatrix} y_1 \\ y_2 \\ y_3 \end{pmatrix}$$ 化为二次型 $g(y_1,y_2,y_3) = y_1^2 + y_2^2 + 4y_3^2 + 2y_1y_2$.

(1) 求 a 的值;

(2) 求可逆矩阵 P.

【分析于求解】 (1) 记 f 和 g 的矩阵分别为 A 和 B,则

$$A = \begin{pmatrix} 1 & a & a \\ a & 1 & a \\ a & a & 1 \end{pmatrix}, B = \begin{pmatrix} 1 & 1 & 0 \\ 1 & 1 & 0 \\ 0 & 0 & 4 \end{pmatrix}.$$

有 $P^TAP = B$,A 与 B 合同,从而 $r(A) = r(B)$.求出 $r(B) = 2$,则 $r(A) = 2$,$|A| = 0$

$$|A| = (2a+1)(a-1),$$

则 $a = 1$ 或 $-\dfrac{1}{2}$.当 $a = 1$ 时 $r(A) = 1$,不合要求,因此 $a = -\dfrac{1}{2}$.

(2) 所求 P 即是满足 $P^TAP = B$ 的可逆矩阵.

先分别求出将 f 和 g 化为规范形的变换.

① $f(x_1,x_2,x_3) = x_1^2 + x_2^2 + x_3^2 - x_1x_2 - x_1x_3 - x_2x_3$

$$= \left(x_1 - \dfrac{1}{2}x_2 - \dfrac{1}{2}x_3\right)^2 + \dfrac{3}{4}(x_2 - x_3)^2$$

则变换

$$\begin{cases} z_1 = x_1 - \dfrac{1}{2}x_2 - \dfrac{1}{2}x_3, \\ z_2 = \dfrac{\sqrt{3}}{2}x_2 - \dfrac{\sqrt{3}}{2}x_3, \\ z_3 = x_3, \end{cases}$$

将 f 化为 $z_1^2 + z_2^2$,记

$$U_1 = \begin{pmatrix} 1 & -\dfrac{1}{2} & -\dfrac{1}{2} \\ 0 & \dfrac{\sqrt{3}}{2} & -\dfrac{\sqrt{3}}{2} \\ 0 & 0 & 1 \end{pmatrix},$$

则 U_1^{-1} 是上述变换的变换矩阵

$$(U_1^{-1})^TAU_1^{-1} = \begin{pmatrix} 1 & 0 & 0 \\ 0 & 1 & 0 \\ 0 & 0 & 0 \end{pmatrix}.$$

② $g(y_1,y_2,y_3) = (y_1 + y_2)^2 + 4y_3^2$.

则变换

$$\begin{cases} z_1 = y_1 + y_2, \\ z_2 = 2y_3, \\ z_3 = y_2. \end{cases}$$

将 g 化为 $z_1^2 + z_2^2$.

记 $U_2 = \begin{pmatrix} 1 & 1 & 0 \\ 0 & 0 & 2 \\ 0 & 1 & 0 \end{pmatrix}$,

则 $(U_2^{-1})^T B U_2^{-1} = \begin{pmatrix} 1 & 0 & 0 \\ 0 & 1 & 0 \\ 0 & 0 & 0 \end{pmatrix}$

于是 $(U_1^{-1})^T A U_1^{-1} = (U_2^{-1})^T B U_2^{-1}$,

即 $U_2^T (U_1^{-1})^T A U_1^{-1} U_2 = B.$

$(U_1^{-1} U_2)^T A (U_1^{-1} U_2) = B.$

令 $P = U_1^{-1} U_2$, 则 $P^T A P = B.$

P 的计算可用初等变换法, 即由矩阵方程 $U_1 P = U_2$ 用初等变换法求出:

$$(U_1 \mid U_2) = \begin{pmatrix} 1 & -\frac{1}{2} & -\frac{1}{2} & \vdots & 1 & 1 & 0 \\ 0 & \frac{\sqrt{3}}{2} & -\frac{\sqrt{3}}{2} & \vdots & 0 & 0 & 2 \\ 0 & 0 & 1 & \vdots & 0 & 1 & 0 \end{pmatrix} \rightarrow \begin{pmatrix} 1 & -\frac{1}{2} & -\frac{1}{2} & \vdots & 1 & 1 & 0 \\ 0 & 1 & -1 & \vdots & 0 & 0 & \frac{4\sqrt{3}}{3} \\ 0 & 0 & 1 & \vdots & 0 & 1 & 0 \end{pmatrix}$$

$$\rightarrow \begin{pmatrix} 1 & -\frac{1}{2} & 0 & \vdots & 1 & \frac{3}{2} & 0 \\ 0 & 1 & 0 & \vdots & 0 & 1 & \frac{4\sqrt{3}}{3} \\ 0 & 0 & 1 & \vdots & 0 & 1 & 0 \end{pmatrix} \rightarrow \begin{pmatrix} 1 & 0 & 0 & \vdots & 1 & 2 & \frac{2\sqrt{3}}{3} \\ 0 & 1 & 0 & \vdots & 0 & 1 & \frac{4\sqrt{3}}{3} \\ 0 & 0 & 1 & \vdots & 0 & 1 & 0 \end{pmatrix}$$

$$P = \begin{pmatrix} 1 & 2 & \frac{2\sqrt{3}}{3} \\ 0 & 1 & \frac{4\sqrt{3}}{3} \\ 0 & 1 & 0 \end{pmatrix}.$$

(也可以先求出 U_1^{-1}, 再求 $P = U_1^{-1} U_2$, 计算量稍大些.)

---

3. (17, 11 分) 设二次型 $f(x_1, x_2, x_3) = 2x_1^2 - x_2^2 + ax_3^2 + 2x_1 x_2 - 8x_1 x_3 + 2x_2 x_3$ 在正交变换 $x = Qy$ 下的标准形为 $\lambda_1 y_1^2 + \lambda_2 y_2^2$, 求 a 的值及一个正交矩阵 Q.

【解】 f 的矩阵

$$A = \begin{bmatrix} 2 & 1 & -4 \\ 1 & -1 & 1 \\ -4 & 1 & a \end{bmatrix},$$

$\lambda_1 y_1^2 + \lambda_2 y_2^2$ 的矩阵

$$B = \begin{bmatrix} \lambda_1 & 0 & 0 \\ 0 & \lambda_2 & 0 \\ 0 & 0 & 0 \end{bmatrix}.$$

于是 A 相似于 B, 故 $|A| = |B| = 0.$

求出 $|A| = 6 - 3a$, 得 $a = 2.$

$$A = \begin{bmatrix} 2 & 1 & -4 \\ 1 & -1 & 1 \\ -4 & 1 & 2 \end{bmatrix}.$$

$$|\lambda E - A| = \begin{vmatrix} \lambda - 2 & -1 & 4 \\ -1 & \lambda + 1 & -1 \\ 4 & -1 & \lambda - 2 \end{vmatrix}$$

$$= \begin{vmatrix} \lambda - 6 & 0 & 6 - \lambda \\ -1 & \lambda + 1 & -1 \\ 4 & -1 & \lambda - 2 \end{vmatrix}$$

$$= \begin{vmatrix} \lambda - 6 & 0 & 0 \\ -1 & \lambda + 1 & -2 \\ 4 & -1 & \lambda + 2 \end{vmatrix}$$

$$= (\lambda - 6)(\lambda^2 + 3\lambda) = (\lambda - 6)(\lambda + 3)\lambda.$$

A 的特征值为 $6, -3, 0$.

求 A 的单位特征向量：

求出 $(A - 6E)X = 0$ 的一个非零解 $(1, 0, -1)^T$，单位化得 $\boldsymbol{\gamma}_1 = \dfrac{\sqrt{2}}{2}(1, 0, -1)^T$；

求出 $(A + 3E)X = 0$ 的一个非零解 $(1, -1, 1)^T$，单位化得 $\boldsymbol{\gamma}_2 = \dfrac{\sqrt{3}}{3}(1, -1, 1)^T$；

求出 $AX = 0$ 的一个非零解 $(1, 2, 1)^T$，单位化得 $\boldsymbol{\gamma}_3 = \dfrac{\sqrt{6}}{6}(1, 2, 1)^T$.

$\boldsymbol{\gamma}_1, \boldsymbol{\gamma}_2, \boldsymbol{\gamma}_3$ 依次是 A 属于 $6, -3, 0$ 的单位特征向量.

作正交矩阵 $\boldsymbol{Q} = (\boldsymbol{\gamma}_1, \boldsymbol{\gamma}_2, \boldsymbol{\gamma}_3)$，则 $f(x_1, x_2, x_3)$ 在正交变换 $X = QY$ 下化为 $6y_1^2 - 3y_2^2$.

---

4. (15, 4 分) 设二次型 $f(x_1, x_2, x_3)$ 在正交变换为 $\boldsymbol{x} = \boldsymbol{P}\boldsymbol{y}$ 下的标准形为 $2y_1^2 + y_2^2 - y_3^2$，其中 $\boldsymbol{P} = (\boldsymbol{e}_1, \boldsymbol{e}_2, \boldsymbol{e}_3)$，若 $\boldsymbol{Q} = (\boldsymbol{e}_1, -\boldsymbol{e}_3, \boldsymbol{e}_2)$，则 $f(x_1, x_2, x_3)$ 在正交变换 $\boldsymbol{x} = \boldsymbol{Q}\boldsymbol{y}$ 下的标准形为

(A) $2y_1^2 - y_2^2 + y_3^2$ (B) $2y_1^2 + y_2^2 - y_3^2$ (C) $2y_1^2 - y_2^2 - y_3^2$ (D) $2y_1^2 + y_2^2 + y_3^2$

【分析】 设二次型的矩阵为 $\boldsymbol{A}$，则

$$\boldsymbol{P}^{-1}\boldsymbol{A}\boldsymbol{P} = \boldsymbol{P}^T\boldsymbol{A}\boldsymbol{P} = \begin{bmatrix} 2 & 0 & 0 \\ 0 & 1 & 0 \\ 0 & 0 & -1 \end{bmatrix},$$

说明 $\boldsymbol{e}_1, \boldsymbol{e}_2, \boldsymbol{e}_3$ 都是 A 的特征向量，特征值依次为 $2, 1, -1$，于是 $-\boldsymbol{e}_3$ 也是 A 的特征向量，特征值也是 -1. 因此

$$\boldsymbol{Q}^T\boldsymbol{A}\boldsymbol{Q} = \boldsymbol{Q}^{-1}\boldsymbol{A}\boldsymbol{Q} = \begin{bmatrix} 2 & 0 & 0 \\ 0 & -1 & 0 \\ 0 & 0 & 1 \end{bmatrix},$$

从而正交变换 $\boldsymbol{X} = \boldsymbol{Q}\boldsymbol{Y}$ 下，化得标准二次型为 $2y_1^2 - y_2^2 + y_3^2$. 选 (A).

---

5. (13, 11 分) 设二次型 $f(x_1, x_2, x_3) = 2(a_1 x_1 + a_2 x_2 + a_3 x_3)^2 + (b_1 x_1 + b_2 x_2 + b_3 x_3)^2$，记

$$\boldsymbol{\alpha} = \begin{bmatrix} a_1 \\ a_2 \\ a_3 \end{bmatrix}, \quad \boldsymbol{\beta} = \begin{bmatrix} b_1 \\ b_2 \\ b_3 \end{bmatrix}.$$

（Ⅰ）证明二次型 f 对应的矩阵为 $2\boldsymbol{\alpha}\boldsymbol{\alpha}^T + \boldsymbol{\beta}\boldsymbol{\beta}^T$；

（Ⅱ）若 $\boldsymbol{\alpha}, \boldsymbol{\beta}$ 正交且均为单位向量，证明 f 在正交变换下可化为标准形为 $2y_1^2 + y_2^2$.

【分析与求解】 （Ⅰ）记 $\boldsymbol{X} = (x_1, x_2, x_3)^T$，则 $a_1 x_1 + a_2 x_2 + a_3 x_3 = \boldsymbol{X}^T \boldsymbol{\alpha} = \boldsymbol{\alpha}^T \boldsymbol{X}$，$b_1 x_1 + b_2 x_2 + b_3 x_3 = \boldsymbol{X}^T \boldsymbol{\beta} = \boldsymbol{\beta}^T \boldsymbol{X}$. 于是

$$f(x_1, x_2, x_3) = 2(a_1 x_1 + a_2 x_2 + a_3 x_3)^2 + (b_1 x_1 + b_2 x_2 + b_3 x_3)^2$$
$$= 2\boldsymbol{X}^T \boldsymbol{\alpha}\boldsymbol{\alpha}^T \boldsymbol{X} + \boldsymbol{X}^T \boldsymbol{\beta}\boldsymbol{\beta}^T \boldsymbol{X} = \boldsymbol{X}^T (2\boldsymbol{\alpha}\boldsymbol{\alpha}^T + \boldsymbol{\beta}\boldsymbol{\beta}^T)\boldsymbol{X},$$

其中 $2\boldsymbol{\alpha}\boldsymbol{\alpha}^T + \boldsymbol{\beta}\boldsymbol{\beta}^T$ 是对称矩阵.

所以二次型 f 对应的矩阵为 $2\boldsymbol{\alpha}\boldsymbol{\alpha}^T + \boldsymbol{\beta}\boldsymbol{\beta}^T$.

（Ⅱ）记 $A = 2\alpha\alpha^T + \beta\beta^T$. 由于 α 与 β 正交,则有 $\alpha^T\beta = \beta^T\alpha = 0$. 又 α,β 为单位向量,则 $\|\alpha\|$ $= \sqrt{\alpha^T\alpha} = 1$,于是 $\alpha^T\alpha = 1$. 同理 $\beta^T\beta = 1$.

因为 $r(A) = r(2\alpha\alpha^T + \beta\beta^T) \leqslant r(2\alpha\alpha^T) + r(\beta\beta^T) \leqslant 2 < 3$, 所以 $|A| = 0$,故 0 是 A 的特征值.

因为 $A\alpha = (2\alpha\alpha^T + \beta\beta^T)\alpha = 2\alpha$,所以 2 是 A 的特征值.

因为 $A\beta = (2\alpha\alpha^T + \beta\beta^T)\beta = \beta$,所以 1 是 A 的特征值.

于是 A 的特征值为 $2,1,0$,因此 f 在正交变换下可化为标准形 $2y_1^2 + y_2^2$.

---

6. (12,11 分)　已知 $A = \begin{bmatrix} 1 & 0 & 1 \\ 0 & 1 & 1 \\ -1 & 0 & a \\ 0 & a & -1 \end{bmatrix}$,二次型 $f(x_1,x_2,x_3) = x^T(A^TA)x$ 的秩为 2.

（Ⅰ）求实数 a 的值;

（Ⅱ）求正交变换 $x = Qy$ 将 f 化为标准形.

【分析与求解】　（Ⅰ）二次型 $x^T(A^TA)x$ 的秩为 2,即 $r(A^TA) = 2$.

因为对于实矩阵 A,$r(A^TA) = r(A)$,故 $r(A) = 2$. 对 A 作初等变换有

$$A = \begin{bmatrix} 1 & 0 & 1 \\ 0 & 1 & 1 \\ -1 & 0 & a \\ 0 & a & -1 \end{bmatrix} \rightarrow \begin{bmatrix} 1 & 0 & 1 \\ 0 & 1 & 1 \\ 0 & 0 & a+1 \\ 0 & 0 & 0 \end{bmatrix},$$

所以 $a = -1$.

（Ⅱ）当 $a = -1$ 时,$A^TA = \begin{bmatrix} 2 & 0 & 2 \\ 0 & 2 & 2 \\ 2 & 2 & 4 \end{bmatrix}$. 由

$$|\lambda E - A^TA| = \begin{vmatrix} \lambda - 2 & 0 & -2 \\ 0 & \lambda - 2 & -2 \\ -2 & -2 & \lambda - 4 \end{vmatrix} = \lambda(\lambda - 2)(\lambda - 6),$$

可知矩阵 A^TA 的特征值为 $0,2,6$.

对 $\lambda = 0$,由 $(0E - A^TA)x = 0$ 得基础解系 $(-1,-1,1)^T$,

对 $\lambda = 2$,由 $(2E - A^TA)x = 0$ 得基础解系 $(-1,1,0)^T$,

对 $\lambda = 6$,由 $(6E - A^TA)x = 0$ 得基础解系 $(1,1,2)^T$.

实对称矩阵特征值不同特征向量相互正交,故只需单位化.

$$\gamma_1 = \frac{1}{\sqrt{3}}(-1,-1,1)^T, \quad \gamma_2 = \frac{1}{\sqrt{2}}(-1,1,0)^T, \quad \gamma_3 = \frac{1}{\sqrt{6}}(1,1,2)^T.$$

那么令 $\begin{bmatrix} x_1 \\ x_2 \\ x_3 \end{bmatrix} = \begin{bmatrix} -\dfrac{1}{\sqrt{3}} & -\dfrac{1}{\sqrt{2}} & \dfrac{1}{\sqrt{6}} \\ -\dfrac{1}{\sqrt{3}} & \dfrac{1}{\sqrt{2}} & \dfrac{1}{\sqrt{6}} \\ \dfrac{1}{\sqrt{3}} & 0 & \dfrac{2}{\sqrt{6}} \end{bmatrix} \begin{bmatrix} y_1 \\ y_2 \\ y_3 \end{bmatrix}$,就有

$$x^T(A^TA)x = y^T\Lambda y = 2y_2^2 + 6y_3^2.$$

评注 由于
$$A^{\mathrm{T}}A = \begin{bmatrix} 1 & 0 & -1 & 0 \\ 0 & 1 & 0 & a \\ 1 & 1 & a & -1 \end{bmatrix}\begin{bmatrix} 1 & 0 & 1 \\ 0 & 1 & 1 \\ -1 & 0 & a \\ 0 & a & -1 \end{bmatrix} = \begin{bmatrix} 2 & 0 & 1-a \\ 0 & 1+a^2 & 1-a \\ 1-a & 1-a & 3+a^2 \end{bmatrix},$$

因为 $A^{\mathrm{T}}A$ 中有 2 阶子式 $\begin{vmatrix} 2 & 0 \\ 0 & 1+a^2 \end{vmatrix} = 2(1+a^2) \neq 0$,所以二次型 f 的秩为 $2 \Leftrightarrow |A^{\mathrm{T}}A| = 0$.

又 $|A^{\mathrm{T}}A| = (a+1)^2(a^2+3)$,所以 $a = -1$. 当然这样处理计算量大.

7. (09,11 分) 设二次型
$$f(x_1, x_2, x_3) = ax_1^2 + ax_2^2 + (a-1)x_3^2 + 2x_1x_3 - 2x_2x_3.$$

(Ⅰ) 求二次型 f 的矩阵的所有特征值;

(Ⅱ) 若二次型 f 的规范形为 $y_1^2 + y_2^2$,求 a 的值.

【解】 (Ⅰ) 二次型矩阵 $A = \begin{bmatrix} a & 0 & 1 \\ 0 & a & -1 \\ 1 & -1 & a-1 \end{bmatrix}$. 由特征多项式

$$|\lambda E - A| = \begin{vmatrix} \lambda-a & 0 & -1 \\ 0 & \lambda-a & 1 \\ -1 & 1 & \lambda-a+1 \end{vmatrix} = \begin{vmatrix} \lambda-a & \lambda-a & 0 \\ 0 & \lambda-a & 1 \\ -1 & 1 & \lambda-a+1 \end{vmatrix}$$

$$= (\lambda-a)(\lambda-a-1)(\lambda-a+2),$$

可知二次型矩阵 A 的 3 个特征值为: $a, a+1, a-2$.

(Ⅱ) 若二次型的规范形为 $y_1^2 + y_2^2$,说明正惯性指数 $p = 2$,负惯性指数 $q = 0$. 那么二次型矩阵 A 的特征值中应当 2 个特征值为正,1 个特征值为 0,所以必有 $a = 2$.

▶ **数学一及经济类这样考**

(1) (02,1,3 分) 已知实二次型 $f(x_1, x_2, x_3) = a(x_1^2 + x_2^2 + x_3^2) + 4x_1x_2 + 4x_1x_3 + 4x_2x_3$ 经正交变换 $x = Py$ 可化成标准形 $f = 6y_1^2$,则 $a = $ _____.

【分析】 因为二次型 $x^{\mathrm{T}}Ax$ 经正交变换化为标准形时,标准形中平方项的系数就是二次型矩阵 A 的特征值,所以 6,0,0 是 A 的特征值.

又因 $\sum a_{ii} = \sum \lambda_i$,故 $a + a + a = 6 + 0 + 0 \Rightarrow a = 2$.

由于经正交变换化二次型为标准形时,二次型矩阵与标准形矩阵不仅合同而且还相似,亦可由

$$\begin{bmatrix} a & 2 & 2 \\ 2 & a & 2 \\ 2 & 2 & a \end{bmatrix} \sim \begin{bmatrix} 6 & & \\ & 0 & \\ & & 0 \end{bmatrix}$$
来求 a.

(2) (11,3,4 分) 设二次型 $f(x_1, x_2, x_3) = x^{\mathrm{T}}Ax$ 的秩为 1,A 的各行元素之和为 3,则 f 在正交变换 $x = Qy$ 下的标准形为 _____.

【分析】 A 的各行元素之和为 3,即

$$\begin{cases} a_{11} + a_{12} + a_{13} = 3, \\ a_{21} + a_{22} + a_{23} = 3, \Rightarrow \\ a_{31} + a_{32} + a_{33} = 3 \end{cases} \begin{bmatrix} a_{11} & a_{12} & a_{13} \\ a_{21} & a_{22} & a_{23} \\ a_{31} & a_{32} & a_{33} \end{bmatrix}\begin{bmatrix} 1 \\ 1 \\ 1 \end{bmatrix} = \begin{bmatrix} 3 \\ 3 \\ 3 \end{bmatrix} \Rightarrow A\begin{bmatrix} 1 \\ 1 \\ 1 \end{bmatrix} = 3\begin{bmatrix} 1 \\ 1 \\ 1 \end{bmatrix}.$$

所以 $\lambda = 3$ 是 A 的一个特征值.

再由二次型 $x^{\mathrm{T}}Ax$ 的秩为 $1 \Rightarrow r(A) = 1 \Rightarrow \lambda = 0$ 是 A 的 2 重特征值.

因此,正交变换下标准形为: $3y_1^2$.

评注　也可为 $3y_2^2$ 或 $3y_3^2$.

(3)(05,1,9分)　已知二次型 $f(x_1,x_2,x_3) = (1-a)x_1^2 + (1-a)x_2^2 + 2x_3^2 + 2(1+a)x_1x_2$ 的秩为 2.

（Ⅰ）求 a 的值;（Ⅱ）求正交变换 $\boldsymbol{x} = \boldsymbol{Q}\boldsymbol{y}$,把 $f(x_1,x_2,x_3)$ 化成标准形;

（Ⅲ）求方程 $f(x_1,x_2,x_3) = 0$ 的解.

【解】　（Ⅰ）二次型矩阵 $\boldsymbol{A} = \begin{bmatrix} 1-a & 1+a & 0 \\ 1+a & 1-a & 0 \\ 0 & 0 & 2 \end{bmatrix}$,由秩为 2 知 $a = 0$.

（Ⅱ）由 $|\lambda \boldsymbol{E} - \boldsymbol{A}| = \begin{vmatrix} \lambda-1 & -1 & 0 \\ -1 & \lambda-1 & 0 \\ 0 & 0 & \lambda-2 \end{vmatrix} = \lambda(\lambda-2)^2 = 0,$

知矩阵 $\boldsymbol{A}$ 的特征值是 $2,2,0$.

对 $\lambda = 2$,由 $(2\boldsymbol{E} - \boldsymbol{A})\boldsymbol{x} = \boldsymbol{0}$, $\begin{bmatrix} 1 & -1 & 0 \\ -1 & 1 & 0 \\ 0 & 0 & 0 \end{bmatrix} \rightarrow \begin{bmatrix} 1 & -1 & 0 \\ 0 & 0 & 0 \\ 0 & 0 & 0 \end{bmatrix},$

得特征向量 $\boldsymbol{\alpha}_1 = (1,1,0)^{\mathrm{T}}$, $\boldsymbol{\alpha}_2 = (0,0,1)^{\mathrm{T}}$.

对 $\lambda = 0$,由 $(0\boldsymbol{E} - \boldsymbol{A})\boldsymbol{x} = \boldsymbol{0}$, $\begin{bmatrix} -1 & -1 & 0 \\ -1 & -1 & 0 \\ 0 & 0 & -2 \end{bmatrix} \rightarrow \begin{bmatrix} 1 & 1 & 0 \\ 0 & 0 & 1 \\ 0 & 0 & 0 \end{bmatrix},$

得特征向量 $\boldsymbol{\alpha}_3 = (1, -1, 0)^{\mathrm{T}}$.

由于特征向量已经两两正交,只需单位化,于是有

$$\boldsymbol{\gamma}_1 = \frac{1}{\sqrt{2}}(1,1,0)^{\mathrm{T}}, \quad \boldsymbol{\gamma}_2 = (0,0,1)^{\mathrm{T}}, \quad \boldsymbol{\gamma}_3 = \frac{1}{\sqrt{2}}(1,-1,0)^{\mathrm{T}}.$$

令 $\boldsymbol{Q} = (\boldsymbol{\gamma}_1, \boldsymbol{\gamma}_2, \boldsymbol{\gamma}_3) = \begin{bmatrix} \frac{1}{\sqrt{2}} & 0 & \frac{1}{\sqrt{2}} \\ \frac{1}{\sqrt{2}} & 0 & -\frac{1}{\sqrt{2}} \\ 0 & 1 & 0 \end{bmatrix}$,那么,经正交变换 $\boldsymbol{x} = \boldsymbol{Q}\boldsymbol{y}$ 有

$$f(x_1,x_2,x_3) = 2y_1^2 + 2y_2^2.$$

（Ⅲ）方程 $f(x_1,x_2,x_3) = x_1^2 + x_2^2 + 2x_3^2 + 2x_1x_2 = (x_1 + x_2)^2 + 2x_3^2 = 0$,

即 $\begin{cases} x_1 + x_2 & = 0, \\ 2x_3 & = 0, \end{cases}$ 所以方程的解是 $k(1, -1, 0)^{\mathrm{T}}$.

(4)(03,3,13分)　设二次型

$$f(x_1,x_2,x_3) = \boldsymbol{X}^{\mathrm{T}}\boldsymbol{A}\boldsymbol{X} = ax_1^2 + 2x_2^2 - 2x_3^2 + 2bx_1x_3 \quad (b > 0),$$

其中二次型的矩阵 $\boldsymbol{A}$ 的特征值之和为 1,特征值之积为 -12.

（1）求 a,b 的值.

（2）利用正交变换将二次型 f 化为标准形,并写出所用的正交变换和对应的正交矩阵.

【解】　（1）二次型 f 的矩阵为 $\boldsymbol{A} = \begin{bmatrix} a & 0 & b \\ 0 & 2 & 0 \\ b & 0 & -2 \end{bmatrix}$.设 $\boldsymbol{A}$ 的特征值为 $\lambda_i(i = 1,2,3)$,由题设,有

$$\begin{cases} \lambda_1 + \lambda_2 + \lambda_3 = a + 2 + (-2) = 1, \\ \lambda_1\lambda_2\lambda_3 = |\boldsymbol{A}| = 2(-2a - b^2) = -12 \end{cases} \Rightarrow a = 1, b = 2 \text{（已知 } b > 0\text{）}.$$

（2）由矩阵 A 的特征多项式

$$|\lambda E - A| = \begin{vmatrix} \lambda - 1 & 0 & -2 \\ 0 & \lambda - 2 & 0 \\ -2 & 0 & \lambda + 2 \end{vmatrix} = (\lambda - 2) \begin{vmatrix} \lambda - 1 & -2 \\ -2 & \lambda + 2 \end{vmatrix} = (\lambda - 2)^2 (\lambda + 3),$$

得到 A 的特征值 $\lambda_1 = \lambda_2 = 2, \lambda_3 = -3$.

对于 $\lambda = 2$, 由 $(2E - A)x = \mathbf{0}$, $\begin{bmatrix} 1 & 0 & -2 \\ 0 & 0 & 0 \\ -2 & 0 & 4 \end{bmatrix} \rightarrow \begin{bmatrix} 1 & 0 & -2 \\ 0 & 0 & 0 \\ 0 & 0 & 0 \end{bmatrix}$,

得到属于 $\lambda = 2$ 的线性无关的特征向量 $\boldsymbol{\alpha}_1 = (0,1,0)^{\mathrm{T}}$, $\boldsymbol{\alpha}_2 = (2,0,1)^{\mathrm{T}}$.

对于 $\lambda = -3$, 由 $(-3E - A)x = \mathbf{0}$, $\begin{bmatrix} -4 & 0 & -2 \\ 0 & -5 & 0 \\ -2 & 0 & -1 \end{bmatrix} \rightarrow \begin{bmatrix} 2 & 0 & 1 \\ 0 & 1 & 0 \\ 0 & 0 & 0 \end{bmatrix}$,

得到属于 $\lambda = -3$ 的特征向量 $\boldsymbol{\alpha}_3 = (1,0,-2)^{\mathrm{T}}$.

由于 $\boldsymbol{\alpha}_1, \boldsymbol{\alpha}_2, \boldsymbol{\alpha}_3$ 已两两正交, 故只需单位化, 有

$$\boldsymbol{\gamma}_1 = (0,1,0)^{\mathrm{T}}, \quad \boldsymbol{\gamma}_2 = \frac{1}{\sqrt{5}}(2,0,1)^{\mathrm{T}}, \quad \boldsymbol{\gamma}_3 = \frac{1}{\sqrt{5}}(1,0,-2)^{\mathrm{T}}.$$

那么, 令 $P = (\boldsymbol{\gamma}_1, \boldsymbol{\gamma}_2, \boldsymbol{\gamma}_3) = \begin{bmatrix} 0 & \dfrac{2}{\sqrt{5}} & \dfrac{1}{\sqrt{5}} \\ 1 & 0 & 0 \\ 0 & \dfrac{1}{\sqrt{5}} & -\dfrac{2}{\sqrt{5}} \end{bmatrix}$, 则 P 为正交矩阵, 在正交变换 $x = Py$ 下, 有

$$P^{\mathrm{T}}AP = P^{-1}AP = \begin{bmatrix} 2 & & \\ & 2 & \\ & & -3 \end{bmatrix}.$$

二次型的标准形为 $f = 2y_1^2 + 2y_2^2 - 3y_3^2$.

> **评注**　若不熟悉 $\sum \lambda_i = \sum a_{ii}, \prod \lambda_i = |A|$ 这两个关系式, 本题也可由求 A 的特征值入手, 即
>
> $$|\lambda E - A| = \begin{vmatrix} \lambda - a & 0 & -b \\ 0 & \lambda - 2 & 0 \\ -b & 0 & \lambda + 2 \end{vmatrix} = (\lambda - 2) \begin{vmatrix} \lambda - a & -b \\ -b & \lambda + 2 \end{vmatrix}$$
>
> $$= (\lambda - 2)[\lambda^2 - (a - 2)\lambda - (2a + b^2)],$$
>
> 那么 $\lambda_1 = 2, \lambda_2 + \lambda_3 = a - 2, \lambda_2 \lambda_3 = -(2a + b^2)$.
>
> 于是 $\begin{cases} 2 + a - 2 = 1, \\ -2(2a + b^2) = -12. \end{cases}$　下略.
>
> 注意, 通常情况下, 若 $\lambda_1 = \lambda_2$, 则由 $(\lambda_1 E - A)x = \mathbf{0}$ 求基础解系 $\boldsymbol{\alpha}_1, \boldsymbol{\alpha}_2$ 时, $\boldsymbol{\alpha}_1$ 与 $\boldsymbol{\alpha}_2$ 并不正交, 而求正交矩阵时, 则应先对 $\boldsymbol{\alpha}_1, \boldsymbol{\alpha}_2$ 用 Schmidt 正交化处理. 而本题的 $\boldsymbol{\alpha}_1, \boldsymbol{\alpha}_2$ 已经正交, 故只单位化处理.

综　述

要掌握用正交变换化二次型为标准形的方法. 用正交变换化二次型 $x^{\mathrm{T}}Ax$ 为标准形 $y^{\mathrm{T}}\Lambda y$ 时, 矩阵 A 不仅与 Λ 合同, 而且 $A \sim \Lambda$, 因而标准形中平方项的系数就是 A 的特征值, 已知标准形也就是已知矩阵 A 的特征值.

二、二次型的正定性

大纲修订后,2007 年数学二开始考二次型,但正定的考题还没出现.

▶ **经济类的考题你会吗?**

(1)(98,3,7 分) 设矩阵 $A = \begin{bmatrix} 1 & 0 & 1 \\ 0 & 2 & 0 \\ 1 & 0 & 1 \end{bmatrix}$,矩阵 $B = (kE + A)^2$,其中 k 为实数,E 为单位矩阵.

求对角矩阵 Λ,使 B 与 Λ 相似,并求 k 为何值时,B 为正定矩阵.

【分析】 由于 B 是实对称矩阵,B 必可相似对角化,而对角矩阵 Λ 即 B 的特征值,只要求出 B 的特征值即知 Λ,又因正定的充分必要条件是特征值全大于 0,k 的取值亦可求出.

【解】 由于 A 是实对称矩阵,有
$$B^{\mathrm{T}} = \left[(kE + A)^2 \right]^{\mathrm{T}} = \left[(kE + A)^{\mathrm{T}} \right]^2 = (kE + A)^2 = B.$$
即 B 是实对称矩阵,故 B 必可相似对角化.

由
$$|\lambda E - A| = \begin{vmatrix} \lambda - 1 & 0 & 1 \\ 0 & \lambda - 2 & 0 \\ -1 & 0 & \lambda - 1 \end{vmatrix}$$
$$= \lambda(\lambda - 2)^2,$$
可得到 A 的特征值是 $\lambda_1 = \lambda_2 = 2, \lambda_3 = 0$.

那么,$kE + A$ 的特征值是 $k + 2, k + 2, k$,而 $(kE + A)^2$ 的特征值是 $(k + 2)^2, (k + 2)^2, k^2$.

故
$$B \sim \Lambda = \begin{bmatrix} (k + 2)^2 & & \\ & (k + 2)^2 & \\ & & k^2 \end{bmatrix}.$$

因为矩阵 B 正定的充分必要条件是特征值全大于 0,可见当 $k \neq -2$ 且 $k \neq 0$ 时,矩阵 B 正定.

> **评注** 本题也可用"实对称矩阵必可相似对角化"的方法来处理.
> 因为 A 是实对称矩阵,故存在可逆矩阵 P 使 $P^{-1}AP = \Lambda$,即 $A = P\Lambda P^{-1}$.
>
> 那么 $\quad B = (kE + A)^2 = (kPP^{-1} + P\Lambda P^{-1})^2$
> $$= \left[P(kE + \Lambda)P^{-1} \right]^2 = P\left[kE + \Lambda P^{-1}P(kE + A) \right]P^{-1}$$
> $$= P(kE + \Lambda)^2 P^{-1}.$$
> 即 $\quad P^{-1}BP = (kE + \Lambda)^2.$
>
> 故 $\quad B \sim \begin{bmatrix} (k + 2)^2 & & \\ & (k + 2)^2 & \\ & & k^2 \end{bmatrix}.$

(2)(00,3,9 分) 设有 n 元实二次型
$$f(x_1, x_2, \cdots, x_n) = (x_1 + a_1 x_2)^2 + (x_2 + a_2 x_3)^2 + \cdots + (x_{n-1} + a_{n-1} x_n)^2 + (x_n + a_n x_1)^2,$$
其中 $a_i(i = 1, 2, \cdots, n)$ 为实数. 试问:当 $a_1, a_2, \cdots, a_n$ 满足何种条件时,二次型 $f(x_1, x_2, \cdots, x_n)$ 为正定二次型.

【解】 由已知条件知,对任意的 $x_1, x_2, \cdots, x_n$,恒有
$$f(x_1, x_2, \cdots, x_n) \geqslant 0,$$
其中等号成立的充分必要条件是

$$\begin{cases} x_1 + a_1 x_2 = 0, \\ \quad x_2 + a_2 x_3 = 0, \\ \qquad \cdots\cdots \\ x_{n-1} + a_{n-1} x_n = 0, \\ x_n + a_n x_1 = 0. \end{cases} \qquad ①$$

根据正定的定义,只要 $\boldsymbol{x} \neq \boldsymbol{0}$,恒有 $\boldsymbol{x}^{\mathrm{T}} \boldsymbol{A} \boldsymbol{x} > 0$,则 $\boldsymbol{x}^{\mathrm{T}} \boldsymbol{A} \boldsymbol{x}$ 是正定二次型. 为此,只要方程组 ① 仅有零解,就必有当 $\boldsymbol{x} \neq \boldsymbol{0}$ 时,$x_1 + a_1 x_2, x_2 + a_2 x_3, \cdots$ 恒不全为0,从而 $f(x_1, x_2, \cdots, x_n) > 0$,亦即 f 是正定二次型.

而方程组 ① 只有零解的充分必要条件是系数行列式

$$\begin{vmatrix} 1 & a_1 & 0 & \cdots & 0 & 0 \\ 0 & 1 & a_2 & \cdots & 0 & 0 \\ 0 & 0 & 1 & \cdots & 0 & 0 \\ \vdots & \vdots & \vdots & & \vdots & \vdots \\ 0 & 0 & 0 & \cdots & 1 & a_{n-1} \\ a_n & 0 & 0 & \cdots & 0 & 1 \end{vmatrix} = 1 + (-1)^{n+1} a_1 a_2 \cdots a_n \neq 0, \qquad ②$$

即当 $a_1 a_2 \cdots a_n \neq (-1)^n$ 时,二次型 $f(x_1, x_2, \cdots, x_n)$ 为正定二次型.

评注　记 $\boldsymbol{A} = \begin{bmatrix} 1 & a_1 & 0 & \cdots & 0 & 0 \\ 0 & 1 & a_2 & \cdots & 0 & 0 \\ 0 & 0 & 1 & \cdots & 0 & 0 \\ \vdots & \vdots & \vdots & & \vdots & \vdots \\ 0 & 0 & 0 & \cdots & 1 & a_{n-1} \\ a_n & 0 & 0 & \cdots & 0 & 1 \end{bmatrix}$,

则 $f(x_1, x_2, \cdots, x_n) = \boldsymbol{x}^{\mathrm{T}} \boldsymbol{A}^{\mathrm{T}} \boldsymbol{A} \boldsymbol{x}$ 矩阵为 $\boldsymbol{A}^{\mathrm{T}} \boldsymbol{A}$. 则 f 正定 $\Leftrightarrow \boldsymbol{A}^{\mathrm{T}} \boldsymbol{A}$ 正定 $\Leftrightarrow |\boldsymbol{A}| \neq 0$.

综　述

要理解二次型正定的概念,掌握正定矩阵的性质,要会用定义法、特征值法来证明正定,要会用顺序主子式来求参数.

三、惯性指数与合同问题

1.(21,5分) 二次型 $f(x_1, x_2, x_3) = (x_1 + x_2)^2 + (x_2 + x_3)^2 - (x_3 - x_1)^2$ 的正惯性指数与负惯性指数依次为

(A)2,0 　　　　　(B)1,1 　　　　　(C)2,1 　　　　　(D)1,2

【分析一】　用配方法

$$\begin{aligned} f(x_1, x_2, x_3) &= (x_1 + x_2)^2 + (x_2 + x_3)^2 - (x_3 - x_1)^2 \\ &= 2x_2^2 + 2x_1 x_2 + 2x_1 x_3 + 2x_2 x_3 \\ &= 2\left(x_2 + \frac{1}{2}x_1 + \frac{1}{2}x_3\right)^2 - (x_1 - x_3)^2 \end{aligned}$$

可见 f 的正负惯性指数都是1.

选(B)

f 的矩阵

$$A = \begin{pmatrix} 0 & 1 & 1 \\ 1 & 2 & 1 \\ 1 & 1 & 0 \end{pmatrix}$$

$$|\lambda E - A| = \begin{vmatrix} \lambda & -1 & -1 \\ -1 & \lambda - 2 & -1 \\ -1 & -1 & \lambda \end{vmatrix} = \lambda(a + \lambda)(\lambda - 3),$$

A 的特征值为 $0, -1, 3$. 正、负特征值各一个.

选(B)

【分析三】 初等变换法:用成对的初等行、列变换把 A 合同地化为对角矩阵

$$A = \begin{pmatrix} 0 & 1 & 1 \\ 1 & 2 & 1 \\ 1 & 1 & 0 \end{pmatrix} \rightarrow \begin{pmatrix} -\frac{1}{2} & 0 & \frac{1}{2} \\ 0 & 2 & 0 \\ \frac{1}{2} & 0 & -\frac{1}{2} \end{pmatrix} \rightarrow \begin{pmatrix} -\frac{1}{2} & 0 & 0 \\ 0 & 2 & 0 \\ 0 & 0 & 0 \end{pmatrix} = B$$

A 合同于 B,惯性指数相同,显然 B 的正负惯性指数都为 1.

选(B)

---

2. (19,4 分) 设 A 是 3 阶实对称矩阵,E 是 3 阶单位矩阵,若 $A^2 + A = 2E$,且 $|A| = 4$,则二次型 $x^T A x$ 的规范形为

(A)　$y_1^2 + y_2^2 + y_3^2$.

(B)　$y_1^2 + y_2^2 - y_3^2$.

(C)　$y_1^2 - y_2^2 - y_3^2$.

(D)　$-y_1^2 - y_2^2 - y_3^2$.

【分析】 条件 $A^2 + A = 2E$ 说明 A 的特征值 λ 都要满足 $\lambda^2 + \lambda = 2$,因此只能是 1 或 -2,又 $|A| = 4$ 说明 A 的 3 个特征值的乘积等于 4,于是为 $1, -2, -2$,从而 A 的正、负惯性指数分别是 1 和 2,规范形是 $y_1^2 - y_2^2 - y_3^2$.

选(C).

---

3. (18,11 分) 设实二次型 $f(x_1, x_2, x_3) = (x_1 - x_2 + x_3)^2 + (x_2 + x_3)^2 + (x_1 + ax_3)^2$,其中 a 是参数.

(Ⅰ)求 $f(x_1, x_2, x_3) = 0$ 的解;

(Ⅱ)求 $f(x_1, x_2, x_3)$ 的规范形.

【分析与求解】 (Ⅰ) $f(x_1, x_2, x_3) = 0 \Leftrightarrow \begin{cases} x_1 - x_2 + x_3 = 0, \\ \quad\quad x_2 + x_3 = 0, \\ x_1 \quad\quad + ax_3 = 0. \end{cases}$

解此齐次方程组:

$$\begin{bmatrix} 1 & -1 & 1 \\ 0 & 1 & 1 \\ 1 & 0 & a \end{bmatrix} \rightarrow \begin{bmatrix} 1 & 0 & 2 \\ 0 & 1 & 1 \\ 0 & 1 & a-1 \end{bmatrix} \rightarrow \begin{bmatrix} 1 & 0 & 2 \\ 0 & 1 & 1 \\ 0 & 0 & a-2 \end{bmatrix}.$$

若 $a \neq 2$,此齐次方程只有零解,即只当 $x_1 = x_2 = x_3 = 0$ 时 $f(x_1, x_2, x_3) = 0$.

若 $a = 2$,此齐次方程组与 $\begin{cases} x_1 \quad\quad + 2x_3 = 0 \\ \quad x_2 + x_3 = 0 \end{cases}$ 同解,通解为 $c(2, 1, -1)^T$,c 任意.

即 $f(x_1, x_2, x_3) = 0$ 的条件为 $x_1 = 2c, x_2 = c, x_3 = -c$,$c$ 任意.

(Ⅱ)当 $a \neq 2$ 时,则当 $(x_1, x_2, x_3)^T \neq 0$ 时 $f(x_1, x_2, x_3) > 0$,即 f 正定,规范形为 $y_1^2 + y_2^2 + y_3^2$.

当 $a = 2$ 时,因为 $f(x_1, x_2, x_3) \geq 0$,因此负惯性指数为 0. 从而正惯性指数 $= f$ 的秩.

$$f = (x_1 - x_2 + x_3)^2 + (x_2 + x_3)^2 + (x_1 + 2x_3)^2$$
$$= 2x_1^2 + 2x_2^2 + 6x_3^2 - 2x_1x_2 + 6x_1x_3,$$

f 的矩阵 $A = \begin{bmatrix} 2 & -1 & 3 \\ -1 & 2 & 0 \\ 3 & 0 & 6 \end{bmatrix}$. 求出 $r(A) = 2$. 于是 f 的正惯性指数为 2, 规范形为 $y_1^2 + y_2^2$.

> **评注** $a = 2$ 时也可对 f 用配方法化标准形, 再得到其规范形; 或对 A 求特征值, 求出正惯性指数, 得规范形.

----

4. (16, 4 分) 设二次型 $f(x_1, x_2, x_3) = a(x_1^2 + x_2^2 + x_3^2) + 2x_1x_2 + 2x_2x_3 + 2x_1x_3$ 的正、负惯性指数分别为 1, 2, 则

(A) $a > 1$.　　(B) $a < -2$.　　(C) $-2 < a < 1$.　　(D) $a = 1$ 或 $a = -2$.

【分析】 f 的正、负惯性指数分别为 1, 2, 即 f 的矩阵 A 的特征值中 1 个正, 2 个负.

$$A = \begin{pmatrix} a & 1 & 1 \\ 1 & a & 1 \\ 1 & 1 & a \end{pmatrix}$$

求出 A 的特征值为 $a-1, a-1, a+2$. 于是特征值 1 正 2 负的充分必要条件为 $-2 < a < 1$. 选(C).

----

5. (14, 4 分) 设二次型 $f(x_1, x_2, x_3) = x_1^2 - x_2^2 + 2ax_1x_3 + 4x_2x_3$ 的负惯性指数为 1, 则 a 的取值范围是_____.

【分析】 **方法一** 用配方法.
$$f(x_1, x_2, x_3) = x_1^2 - x_2^2 + 2ax_1x_3 + 4x_2x_3 = (x_1 + ax_3)^2 - (x_2 - 2x_3)^2 + (4 - a^2)x_3^2$$
由负惯性指数为 1, 得 $(4 - a^2) \geqslant 0$, $-2 \leqslant a \leqslant 2$.

方法二 f 的矩阵 $A = \begin{bmatrix} 1 & 0 & a \\ 0 & -1 & 2 \\ a & 2 & 0 \end{bmatrix}$.

设 A 的 3 个特征值 $\lambda_1 \leqslant \lambda_2 \leqslant \lambda_3$, 则 $\lambda_1 + \lambda_2 + \lambda_3 = 0$. 负惯性指数为 1, 即 $\lambda_1 < 0 \leqslant \lambda_2 \leqslant \lambda_3$, 必有 $|A| \leqslant 0$. 反之, 如果 $|A| < 0$, 则特征值必为 2 正 1 负; 如果 $|A| = 0$, 则特征值一定是 1 正, 1 负, 1 个 0, 于是

负惯性指数为 1 $\Leftrightarrow$ $|A| \leqslant 0$
$$|A| = a^2 - 4, \quad 得 -2 \leqslant a \leqslant 2.$$

----

6. (11, 4 分) 二次型 $f(x_1, x_2, x_3) = x_1^2 + 3x_2^2 + x_3^2 + 2x_1x_2 + 2x_1x_3 + 2x_2x_3$, 则 f 的正惯性指数为_____.

【分析】 **方法 1°** 求二次型矩阵 A 的特征值. 二次型矩阵 $A = \begin{bmatrix} 1 & 1 & 1 \\ 1 & 3 & 1 \\ 1 & 1 & 1 \end{bmatrix}$, 由

$$|\lambda E - A| = \begin{vmatrix} \lambda-1 & -1 & -1 \\ -1 & \lambda-3 & -1 \\ -1 & -1 & \lambda-1 \end{vmatrix} = \lambda(\lambda-1)(\lambda-4) = 0,$$

知矩阵 A 的特征值为 0, 1, 4. 故正惯性指数 $p = 2$.

方法 2° 用配方法.
$$f = x_1^2 + 2x_1(x_2 + x_3) + (x_2 + x_3)^2 + 3x_2^2 + x_3^2 + 2x_2x_3 - (x_2 + x_3)^2$$
$$= (x_1 + x_2 + x_3)^2 + 2x_2^2,$$
那么经坐标变换 $x^T A x = y^T \Lambda y = y_1^2 + 2y_2^2$, 亦知 $p = 2$.

----

7. (08, 4 分) 设 $A = \begin{bmatrix} 1 & 2 \\ 2 & 1 \end{bmatrix}$, 则在实数域上与 A 合同的矩阵为

(A) $\begin{bmatrix} -2 & 1 \\ 1 & -2 \end{bmatrix}$. (B) $\begin{bmatrix} 2 & -1 \\ -1 & 2 \end{bmatrix}$. (C) $\begin{bmatrix} 2 & 1 \\ 1 & 2 \end{bmatrix}$. (D) $\begin{bmatrix} 1 & -2 \\ -2 & 1 \end{bmatrix}$.

【分析】 A 与 B 合同 $\Leftrightarrow$ $x^{\mathrm{T}}Ax$ 与 $x^{\mathrm{T}}Bx$ 有相同的正惯性指数,及相同的负惯性指数.而正(负)惯性指数的问题可由特征值的正(负)来决定.因为

$$|\lambda E - A| = \begin{vmatrix} \lambda - 1 & -2 \\ -2 & \lambda - 1 \end{vmatrix} = (\lambda - 3)(\lambda + 1) = 0, 故 \ p = 1, q = 1.$$

本题中(D)之矩阵,特征值为

$$\begin{vmatrix} \lambda - 1 & 2 \\ 2 & \lambda - 1 \end{vmatrix} = (\lambda - 3)(\lambda + 1) = 0, 故 \ p = 1, q = 1.$$

所以选(D).

> 评注 本题的矩阵 $A = \begin{bmatrix} 1 & 2 \\ 2 & 1 \end{bmatrix}$ 不仅和矩阵 $\begin{bmatrix} 1 & -2 \\ -2 & 1 \end{bmatrix}$ 合同,而且它们也相似,因为它们都和对角
>
> 矩阵 $\begin{bmatrix} 3 & \\ & -1 \end{bmatrix}$ 相似.

▶ 数学一及经济类是这样考的

(1)(01,1,3分) 设 $A = \begin{bmatrix} 1 & 1 & 1 & 1 \\ 1 & 1 & 1 & 1 \\ 1 & 1 & 1 & 1 \\ 1 & 1 & 1 & 1 \end{bmatrix}, B = \begin{bmatrix} 4 & 0 & 0 & 0 \\ 0 & 0 & 0 & 0 \\ 0 & 0 & 0 & 0 \\ 0 & 0 & 0 & 0 \end{bmatrix}$,则 A 与 B

(A) 合同且相似.　　　　　　　(B) 合同但不相似.
(C) 不合同但相似.　　　　　　(D) 不合同且不相似.

【分析】 由 $|\lambda E - A| = \lambda^4 - 4\lambda^3 = 0$,知矩阵的 A 的特征值是 $4, 0, 0, 0$.又因 A 是实对称矩阵,A 必能相似对角化,所以 A 与对角矩阵 B 相似.

作为实对称矩阵,当 $A \sim B$ 时,知 A 与 B 有相同的特征值,从而二次型 $x^{\mathrm{T}}Ax$ 与 $x^{\mathrm{T}}Bx$ 有相同的正负惯性指数.因此 A 与 B 合同.

所以本题应当选(A).

注意,实对称矩阵合同时,它们不一定相似,但相似时一定合同.例如

$$A = \begin{bmatrix} 1 & 0 \\ 0 & 2 \end{bmatrix} 与 B = \begin{bmatrix} 1 & 0 \\ 0 & 3 \end{bmatrix},$$

它们的特征值不同,故 A 与 B 不相似,但它们的正惯性指数为 2,负惯性指数均为 0.则 A 与 B 合同.

(2)(96,3,8分) 设矩阵

$$A = \begin{bmatrix} 0 & 1 & 0 & 0 \\ 1 & 0 & 0 & 0 \\ 0 & 0 & y & 1 \\ 0 & 0 & 1 & 2 \end{bmatrix}.$$

(Ⅰ)已知 A 的一个特征值为 3,试求 y; (Ⅱ)求可逆矩阵 P,使 $(AP)^{\mathrm{T}}(AP)$ 为对角矩阵.

【解】 (Ⅰ)因为 $\lambda = 3$ 是 A 的特征值,故

$$|3E - A| = \begin{vmatrix} 3 & -1 & 0 & 0 \\ -1 & 3 & 0 & 0 \\ 0 & 0 & 3 - y & -1 \\ 0 & 0 & -1 & 1 \end{vmatrix} = \begin{vmatrix} 3 & -1 \\ -1 & 3 \end{vmatrix} \cdot \begin{vmatrix} 3 - y & -1 \\ -1 & 1 \end{vmatrix} = 8(2 - y) = 0,$$

所以 $y = 2$.

（Ⅱ）由于 $A^T = A$，要 $(AP)^T(AP) = P^TA^2P = \Lambda$，而 $A^2 = \begin{bmatrix} 1 & 0 & 0 & 0 \\ 0 & 1 & 0 & 0 \\ 0 & 0 & 5 & 4 \\ 0 & 0 & 4 & 5 \end{bmatrix}$

是对称矩阵，故可构造二次型 x^TA^2x，将其化为标准形 $y^T\Lambda y$，即有 A^2 与 Λ 合同，亦即 $P^TA^2P = \Lambda$。

由于
$$x^TA^2x = x_1^2 + x_2^2 + 5x_3^2 + 5x_4^2 + 8x_3x_4$$
$$= x_1^2 + x_2^2 + 5\left(x_3^2 + \frac{8}{5}x_3x_4 + \frac{16}{25}x_4^2\right) + 5x_4^2 - \frac{16}{5}x_4^2$$
$$= x_1^2 + x_2^2 + 5\left(x_3 + \frac{4}{5}x_4\right)^2 + \frac{9}{5}x_4^2,$$

那么，令 $y_1 = x_1, y_2 = x_2, y_3 = x_3 + \frac{4}{5}x_4, y_4 = x_4$，即经变换

$$\begin{bmatrix} x_1 \\ x_2 \\ x_3 \\ x_4 \end{bmatrix} = \begin{bmatrix} 1 & 0 & 0 & 0 \\ 0 & 1 & 0 & 0 \\ 0 & 0 & 1 & \frac{4}{5} \\ 0 & 0 & 0 & 1 \end{bmatrix} \begin{bmatrix} y_1 \\ y_2 \\ y_3 \\ y_4 \end{bmatrix},$$

有 $x^TA^2x = y_1^2 + y_2^2 + 5y_3^2 + \frac{9}{5}y_4^2$.

所以，取 $P = \begin{bmatrix} 1 & 0 & 0 & 0 \\ 0 & 1 & 0 & 0 \\ 0 & 0 & 1 & \frac{4}{5} \\ 0 & 0 & 0 & 1 \end{bmatrix}$,

有
$$(AP)^T(AP) = P^TA^2P = \begin{bmatrix} 1 & & & \\ & 1 & & \\ & & 5 & \\ & & & \frac{9}{5} \end{bmatrix}.$$

> **评注** 本题的（Ⅰ）是考查特征值的基本概念，而（Ⅱ）是把实对称矩阵合同于对角矩阵的问题转化成二次型求标准形的问题，用二次型的理论与方法来处理矩阵中的问题。
>
> 只要题目没有限定，将二次型 x^TAx 化成标准形既可以用配方法也可以用正交变换法，如若后续问题涉及到特征值就应选用正交变换法，因为配方法所得标准形的系数不是特征值。本题用配方法只需一步是简捷的，请读者用正交变换法完成本题。

综　述

> 二次型 x^TAx 经变换 $x = Cy$，有 $x^TAx = (Cy)^TA(Cy) = y^T(C^TAC)y = y^TBy$。由此引出 $B = C^TAC$，即实对称矩阵 A 与 B 合同。根据惯性定理，$A \simeq B \Leftrightarrow A$ 与 B 有相同的正、负惯性指数。
>
> 若实对称矩阵 A 与 B 相似，则 A 与 B 有相同的特征值，从而 x^TAx 与 x^TBx 有相同的正负惯性指数，因此 A 与 B 合同，但 A 与 B 合同时，推不出 A 与 B 相似。